华 章 数 学 译 丛

57

Numerical Methods

Design, Analysis, and Computer Implementation of Algorithms

数值方法

设计、分析和算法实现

[美] 安妮·戈林鲍姆（Anne Greenbaum） 蒂莫西 P. 夏蒂埃（Timothy P.Chartier） 著

吴兆金 王国英 范红军 译

机械工业出版社
CHINA MACHINE PRESS

图书在版编目（CIP）数据

数值方法：设计、分析和算法实现 /（美）戈林鲍姆（Greenbaum, A.），（美）夏蒂埃（Chartier, T. P.）著；吴兆金，王国英，范红军译．—北京：机械工业出版社，2016.4（2024.6 重印）

（华章数学译丛）

书名原文：Numerical Methods: Design, Analysis, and Computer Implementation of Algorithms

ISBN 978-7-111-53147-0

I. 数…　II. ①戈…　②夏…　③吴…　④王…　⑤范…　III. 电子计算机 – 数值计算　IV. TP301.6

中国版本图书馆 CIP 数据核字（2016）第 041224 号

北京市版权局著作权合同登记　图字：01-2013-0216 号。

本书介绍了传统数值分析教材所涵盖的内容，也介绍了非传统的内容，比如数学建模、蒙特卡罗方法、马尔可夫链和分形．书中选取的例子颇具趣味性和启发性，涉及信息检索和动画等现代应用领域以及来自物理和工程的传统主题．习题用 MATLAB 求解，使计算结果更容易理解．各章都简短介绍了数值方法的历史．

本书理论和应用完美结合，适合作为数学、计算机科学的本科生教材，以及其他理工科硕士公共必修课“数值分析”的教材，授课老师可以根据是侧重数学理论还是应用领域而灵活选取内容．

出版发行：机械工业出版社（北京市西城区百万庄大街 22 号　邮政编码：100037）

责任编辑：迟振春　　责任校对：董纪丽

印　　刷：固安县铭成印刷有限公司　　版　　次：2024 年 6 月第 1 版第 7 次印刷

开　　本：186mm×240mm　1/16　　印　　张：23

书　　号：ISBN 978-7-111-53147-0　　定　　价：69.00 元

客服电话：（010）88361066　68326294

译 者 序

本书是由美国华盛顿大学的 Anne Greenbaum 和 Timothy P. Chartier 教授合著的一本内容丰富、结构合理、颇有特色的教材，既具有纯数学理论的抽象性和严谨性，又具有实用性和实验性，适合数学、工程、计算机科学或相关领域的大学生和研究生作为数值分析课程的教材或参考书. 书中不仅介绍了科学计算中常用的算法和方法，给出了样本程序，而且十分注重这些方法的数学基础，并配备了大量的习题供教师和学生选用. 除了注重分析的习题外，本书还将 MATLAB 的使用和编程的基本技巧渗透其中，作者不仅鼓励学生自行设计程序，加深对数值方法原理的理解，还建议学生使用现成的 MATLAB，让学生从中获得更多的知识，得到更全面的提升.

本书的翻译工作是由吴兆金、王国英和范红军合作完成的，其中前言、第 4 章、第 6～8章、第 12 章、目录和附录由吴兆金翻译，第 9～11 章、第 13～14 章和索引由王国英翻译，第 1～3 章和第 5 章由范红军翻译，最后由吴兆金负责统稿.

南京大学郑维行教授和沈祖和教授对本书的部分章节进行了细致的审校，在此表示感谢.

由于本书内容丰富，涉及面宽，故深感时间紧迫. 在机械工业出版社多位编辑的理解与支持下，终于按时完成. 由于水平有限，书中的错误和不足之处在所难免，恳请专家、教学同仁和广大读者批评指正.

吴兆金

前言

本书试图结合一些富有启发性的例子、应用以及相关历史背景对初等数值分析给予适当严格的数学描述．它可作为数学系、计算机科学系或相关领域高年级本科生数值分析课程的教科书．要求学生具有微积分课程基础并了解 Taylor 定理，尽管这些内容已在书中作了介绍．另外还要求学生具备线性代数课程知识．部分内容要求多变量微积分知识，而这些部分可以被省略．根据学生的兴趣、背景和能力，讲授时可突出这一课程的不同方面——算法的设计、分析和计算机实现．

我们从第 1 章"数学建模"开始，使读者了解数值计算问题的起源以及数值方法的许多用途．在数值分析课程中，可以通读该章所有或部分应用，或者只是指定学生去阅读．第 2 章介绍 MATLAB[94] 基础，它在全书中用作样本程序与练习．只要它能容易执行像解线性方程组或计算 QR 分解等高水平线性代数的程序语言，就能代替另一种如 SAGE[93] 那样的高级语言．这就使学生专心于这些程序的使用与特性，而非程序的细节，但为了给出结果的确切解释，程序执行的主要方面都包含在本教程中．

第 3 章扼要介绍蒙特卡罗方法．此方法通常不包含在数值分析课程中，但应当包含进去．因为它们是非常广泛使用的计算技术并体现了数学建模与数值方法之间的紧密联系．在学生将要进入的几乎所有领域中，了解这些结果的基础统计都很有用．

第 4～7 章包括数值分析中的更多标准主题——一元非线性方程的解、浮点运算、问题的条件化与算法的稳定性、线性方程组的解与最小二乘问题，以及多项式与分段多项式插值．这些内容多数是标准的，但是我们着重加入关于用 Chebyshev 点作为插值基点时多项式插值有效性的一些新结果．我们指明，被称作 chebfun 的 MATLAB 软件包在进行插值时的用途，这种插值要求适当选择插值多项式的次数以使精确水平接近机器精度．第 8～9 章讨论这种方法在数值微分与积分中的应用．我们发现有关多项式与分段多项式插值的内容可以用于一学季，而一学期课程还要包括数值微分与积分甚至一些关于常微分方程(ODE)数值解的内容．附录 A 介绍了关于线性代数的背景材料，以备复习之需．

本书的其余几章讨论微分方程的数值解．第 11 章介绍常微分方程初值问题的数值解．11.5 节介绍非线性方程组的求解，此内容是关于求解一元非线性方程的方法的简单推广，要求学生有多元微积分知识．多元的基本 Taylor 定理放在附录 B 中．关于这一点，在一学年情形中，我们通常在第 12 章中覆盖相关内容，包括特征值问题与求解大线性方程组的迭代法．第 13～14 章讨论两点边值问题与偏微分方程(PDE)的数值解，其中包括快速 Fourier 变换(FFT)，它可以用于 Poisson 方程的快速求解．FFT 也是前面讲过的 chebfun 包的积分部分，因此可以多告诉读者一些关于如何有效地进行多项式插值的内容．

可以安排每个学季(或学期)的内容使之依赖于前一学季(学期)，也可以把每个主题安排成独立的课程．这样便要求在每一课程开始时复习 MATLAB，通常还要复习带余项的 Taylor 定理以及前几章少量内容，但是要求复习(如复习线性代数章节以便学习 ODE 章节)的量必须足够少，并且通常能与这样的课程相适应.

我们试图通过描述数学建模在各种新的应用领域的广泛应用，例如电影制作与信息检索，来表明数值方法不仅在工程与科学计算中，而且在很多其他领域十分重要. 通过各种例子与习题，我们在强调结果的分析与理解的同时希望表明数值方法各种各样的应用. 习题很少仅由一问组成；在大多数情形下一个计算题由收敛性、精度的阶或舍入效果组成. 重要的问题往往是，“你的计算结果有多大的可信度”？我们希望证实令人兴奋的新应用与传统分析的混合是成功的.

致谢

感谢 Richard Neidinger 于 Davidson 大学用本书稿教学之后的贡献与高见. 也感谢 Davidson大学的学生们为改进本书而给予的宝贵意见，特别感谢 Danield Orr 对习题的贡献. 附加题是 Washington 大学的 Peter Blossey 与 Ramdall LeVeque 提供的. 还要感谢 Macalester 大学的 Danny Kaplan 在教学中使用本书的早期版本，并且感谢 Dan Goldman 提供了关于数值方法在特殊方面应用的信息.

目 录

第1章 数学建模

数值方法在现代科学中扮演着重要的角色．科研工作往往在计算机上进行，而不是依赖于种种实验设备．当然，科学实验室的角色极少能被计算机模拟完全取代，后者通常作为实验手段的补充而存在．

例如，在图 1-1a 中描绘的是对两辆纳斯卡汽车进行的空气动力学模拟．为实现这一模拟，我们需要求出相关**偏微分方程组**(Partial Differential Equation，PDE)的数值解，这组方程对流过车体的气流建立数学模型．由于汽车的车身必须光滑平顺，所以我们对它的建模常常用上三次(或更高次)的样条函数．类似的建模方法也在飞机设计当中使用．第 8 章和第 14 章将探讨使用样条函数求解偏微分方程组的数值问题．

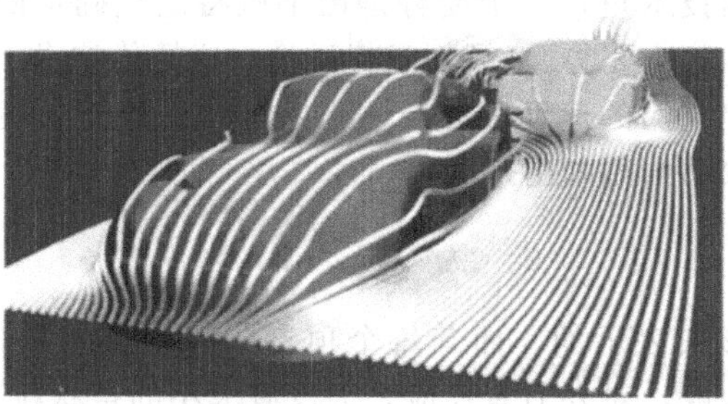

a）两辆纳斯卡汽车描绘的当其中一辆刚经过另一辆时引起的空气流线型模拟（用STAR-CCM+模拟）

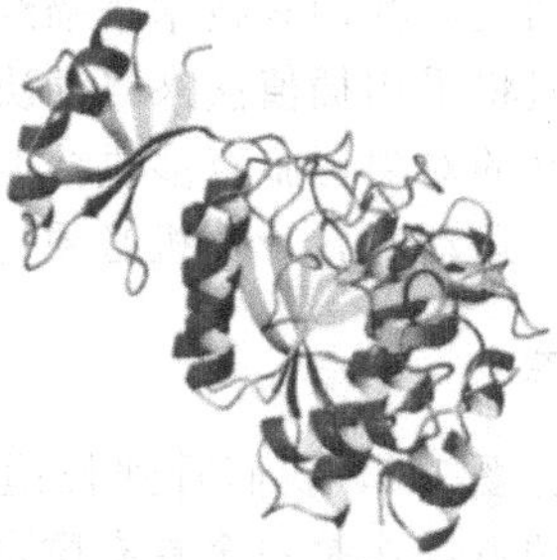

b）利用数值优化求解蛋白质折叠模型

图 1-1

生物数学这一在工业、学术和政界中都火热的研究领域，为我们提供了另外的例子，数值算法在其中扮演了关键性的角色．比如，蛋白质折叠模型通常作为一个大规模的**优化**(optimization)问题得以解决，而蛋白质本身是用“最小能量原则”来确定自身形状的——对大自然来说，这样的设定是小事一桩，不足挂齿，但对人类的计算来说，它就很难了．数值最优化本身是一个完整的主题，本书不便多涉；然而，大多数优化过程的核心内容仍由本书所述的数值方法所组成．

在学习如何分析和应用诸多有效而精确的数值方法之前，我们不妨先一窥数学建模这个主题，它能将现实世界中的问题转化成一系列方程，使得数值分析师有其用武之地．数学上的方程通常不过是表示真实的物理状态的一个**模型**(model)，因此，对数值分析家或计算机科学家而言，对这一模型的来源能有所认识，是至关重要的．实际上，数值分析师有时与设计出这些模型的科学家、工程师一起工作．这样的互动之所以重要有着以下的原因：第一，许多算法无法求出真实解，而只能获得近似解，为判断什么样的近似解精确到可以接受，人们必须明了原问题的来源．若是在战场上定位敌方坦克，数厘米的误差足可容忍；但是在激光外科手术中确定肿瘤位置时，这种误差将是无法容忍的．第二，即使算法在理论上能有精确解，但在一台精度有限的计算机上应用时，求得的结果也大多是不精确的；弄明白有限精度运算对结果准确性的影响，也是数值分析的任务之一．有关有限精度计算的问题，将在第 5 章研究．本章将介绍数值计算的大量应用，它们来自各行各业的数学建模实践．

1.1 计算机动画中的建模

计算机生成的许多主导银幕的图像是由动态模拟技术产生的，即，运用物理定律建立模型，然后用数值方法计算该模型的结果．本节将展示在 2002 年电影《星球大战前传Ⅱ：克隆人的进攻》的动画中数字的作用．特别是，我们要仔细考察用于创造绝地大师尤达这个角色的一些数值特效．尤达大师在 1980 年的《星球大战 2：帝国反击战》首次出现，彼时他是由一个线控木偶饰演的．而在 2002 年的电影里，尤达已经鸟枪换炮，由采用大量数值算法的数码技术来打造了．

创建一个数字化的尤达大师，关键就是要让这个角色的举止看上去逼真．尤达身体的动作采用关键帧动画技术来描绘．在关键帧技术里，一个姿势是由某些特定点确定的，之后计算机将采用插值法来自动决定中间帧的相应姿势．（第 8 章将讨论一些插值技术．）动画师对运动的对象可施以多重控制，比如指定它们的速度和方向．当绘制者们确定尤达大师身体如何运动时，计算机必须把其长袍的拂动给刻画出来．

长袍模型

参见图 1-2，我们看到长袍是用三角形来表示的，而其每个顶点的运动必须要确定．

2 将每个顶点看作是一个具有质量、位置、速度，对外力有反应，但没有大小的点状粒子．

a）　b）　c）　d）

图 1-2

图 1-2 是《星球大战前传Ⅱ》中尤达大师和杜库伯爵战斗场景的各个模拟阶段的示意．在 b 和 c 里能看到尤达的两层衣服，它们是分开计算的．一个称作“碰撞检测”的方法保证不会透过外衣看见他的内衣．简化的衣物图饰模型构建一个真正衣服的外观，最终渲染出 d 的效果[22]．（图片由 Lucasfilm 有限公司提供．《星球大战前传Ⅱ：克隆人的进攻》中© 2002 Lucasfilm 公司．版权所有．授权使用．非授权复制违反相关法律．数字化的工作由工业光魔公司完成．）粒子的运动要遵守牛顿第二定律，它由以下方程表示

$$\boldsymbol{F} = m\boldsymbol{a} = m(\mathrm{d}^2 \boldsymbol{y}/\mathrm{d}t^2) \tag{1.1}$$

其中，$\boldsymbol{y}$ 是时间 t 的距离函数．请注意，因为我们在三维空间中计算，所以方程涉及向量

值函数。由于粒子具有质量($m\neq0$)，式(1.1)可以改写为二阶常微分方程(ODE)

$$\frac{\mathrm{d}^2\boldsymbol{y}}{\mathrm{d}t^2}=\frac{\boldsymbol{F}}{m} \tag{1.2}$$

因为在某个初始时刻粒子的状态已经给定了，所以这个常微分方程是一个初值问题的一部分. 在电影的情况下，这个初始时刻指的是在一个可能持续几秒或几分之一秒的场景的开始.

为了保持长袍的形状，相邻粒子会用弹力相互连接到一起. 胡克定律规定弹簧对两端施加的力 F_s 是与弹簧当前长度及其不受力时的长度 x_0 的差成正比的. 数学表达式为

$$F_s=-k(x-x_0)$$

其中，x 表示弹簧的当前长度，k 是弹性系数. 为简单起见，我们给出的是胡克定律在一维情况下的公式，但模拟尤达大师的长袍需要一个三维版本.

在制造尤达大师长袍的动画时，许多其他的力也要考虑到，包括重力、风力、碰撞力、摩擦力，甚至其他凭空造出来的力，它们的存在仅仅是为了实现满足导演要求的动作. 在最简单的情况下，这个长袍模型的解析解可能存在. 然而，在计算机动画设计中，作用于粒子的力在不断地改变，因此要在每一帧找到一个分析解，即便可 3
能，也是不切实际的. 相反，数值方法通过模拟粒子在离散时间下每一步的状况，用来求近似解. 常微分方程组初值问题的数值解有很多文献，其中有一些方法会在第 11 章讲述.

对物理定律的扭曲

在模拟《星球大战Ⅱ》中尤达大师的长袍的运动时，动画师发现，如果实际执行这个特效，那么长袍将会被强大的加速度给撕开. 为解决这个问题，动画师特意在模拟中加入了为这款袍子量身定做的“保护”特效，使得加速度能降低. 最终，通过超人的运动，穿在数字演员身上的衣服变形较小，在左侧的图中，我们看到欧比旺·克诺比(由伊万·麦格雷戈饰演)在《星球大战Ⅱ》中表演一个对大活人来说极其危险的特技. 注意，他的头发就像衣服一样，用一束束被弹簧串联在一起的粒子来模拟[22]. (图片由 Lucasfilm 有限公司提供.《星球大战前传Ⅱ：克隆人的进攻》中 ©2002 Lucasfilm 公司. 版权所有. 授权使用. 非授权复制违反相关法律. 数字化的工作由工业光魔公司完成.)

创造令观众信服的模拟效果，是动画电影的一个目标. 作为科学模拟的首要目标，准确性可能与这个目标产生了冲突. 虽然数值模拟被科学家和娱乐业用于不同目的，但它们有很多共同的数学工具和策略. 现在，让我们把注意力转向科学中的模拟.

1.2 物理建模：辐射的传播

辐射传输可以用随机过程描述，用蒙特卡罗模拟来建模. 蒙特卡罗方法将在第 3 章讲

述．辐射传输的模型，也可以由微分-积分方程——玻尔兹曼迁移方程建立．这是一个带有积分式的偏微分方程．第 14 章会讨论偏微分方程数值解，而第 10 章将讨论数值积分方法．
4 结合这些想法以及用于求解大型线性系统的迭代方法(12.2 节)，可用来求玻尔兹曼迁移方程的近似解．

你知道你的身体接受一次牙科 X 射线检查所受的辐射量有多大吗？你大概还记得在检查的时候穿的防护衣吧？还记得在 X 光机打开的时候牙医助理匆忙离开的背影吗？穿上防护衣是为了屏蔽辐射．为了有助于设计这样的保护材料和验证其有效性，我们应该怎样对 X 射线光子的传播建模呢？在这里，光子是随着电子束的开关而产生的．单个光子的能量和方向无法预测，但是 X 射线的整体能量分布和方向能够被近似估算出来．

能量、位置、方向、制造光子的时间是系统模型中的自变量．可以认为每个变量都是随机的，但遵循着一定的分布．例如，光子能量的分布如图 1-3 所示．

假定入射光子在进入被测物之前是沿直线运动的，然后它们以一定的概率(具体概率依赖于射入材料的性质)和该物体的原子碰撞，如图 1-4 所示．这种碰撞通常会把光子的能量转移到原子内部的电子上去，之后光子能量减弱，方向也发生了变化．在最极端的情况下，光子会把自己所有的能量转移给电子，这样它就整个被原子吸收了．

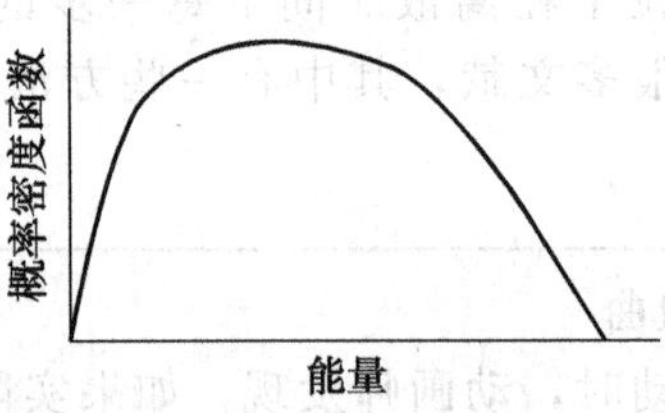

图 1-3 光子能量分布的一个例子

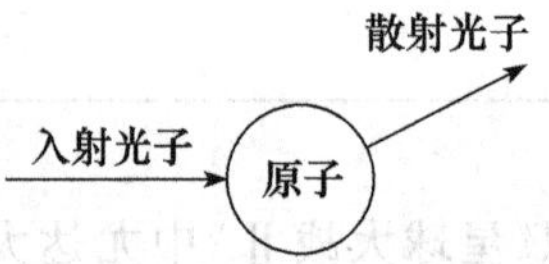

图 1-4 光子与原子的碰撞

为了做好模拟工作，以上事件发生的概率是需要知晓的．这些概率可以从 X 射线以及可能用来屏蔽的材料的理论和实测性质中推算出来．人们可以运行通常包含了百万数量级光子的计算机模拟程序，其中的每个光子都遵守由概率分布决定的随机路径．每个光子都
5 会被追踪，直到它们被吸收，或飞出系统一去不复返为止．模拟的平均结果可以用来确定在特定位置接受到的辐射量．

研究半导体

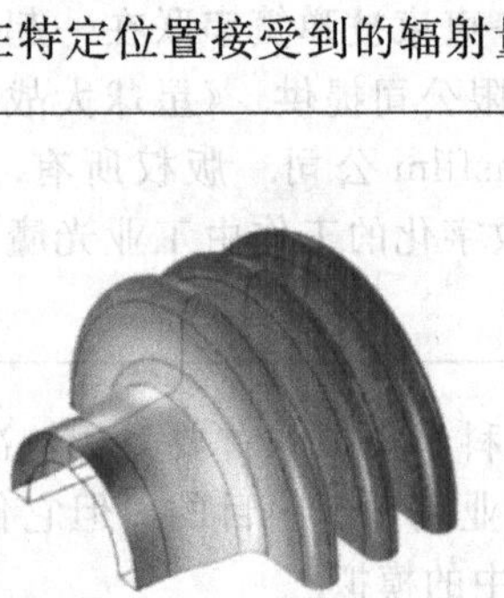

研究半导体材料中电子的行为需要求解玻尔兹曼迁移方程，该方程包含复杂的积分．确定性方法和蒙特卡罗方法有时可用于这种情形．左边的图是用在辐射迁移问题的确定性模型中的有限元离散化方法(图像源自伦敦帝国学院和 EDF 能源办的应用模型及计算小组，保留版权归拥有者的所有其他版权)．

1.3 运动建模

在世界杯足球赛中，球员们总是尝试利用足球在空中飘忽迷离的曲线和回旋的轨迹来迷惑守门员，把球送入球门. 世界级的球员（如巴西的罗伯特·卡洛斯，德国的巴拉克和英格兰的贝克汉姆）尤其擅长从任意球中踢出这样的曲线来.

根据谢菲尔德大学体育工程研究组和福鲁特欧洲公司（Fluent Europe）的计算流体力学（CFD）的研究，足球的形状和表面，以及它的初始方向，对球在空中的轨迹起重要的作用. 特别地，这项研究增加了人们对"旋转球"效果的了解，有时这种效果让众多站在最后一道防线的守门员困惑. 为了得到这种结果，人们把足球分块数字化了，再如图 1-5 所示拼接起来. 注意，在接缝附近的分块格外细，这是边界层恰当建模所需要的.

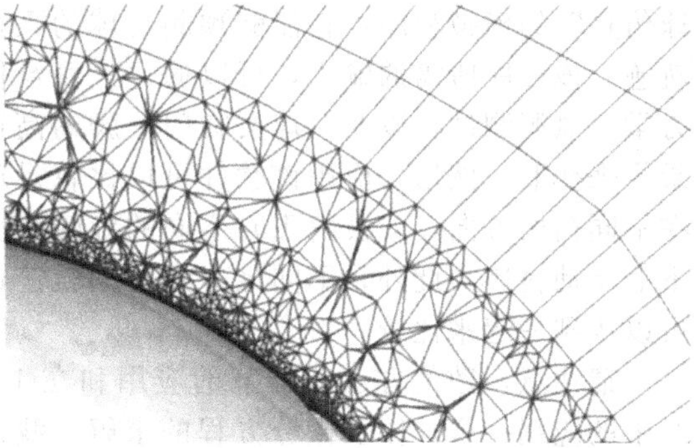

图 1-5 在谢菲尔德大学进行的计算流体力学模拟中，重要的一步是用一台三维接触式激光扫描仪捕捉足球的几何构型. 本图显示了由约 900 万个单元所构成的足球网格的一部分（图片由谢菲尔德和安塞思大学提供）

有时候任意球的初速会高达每小时 70 英里[⊖]. 风洞实验表明根据足球表面结构和纹理，足球的运动以每小时 20～30 英里的速度由层流转向湍流，如图 1-6 所示.

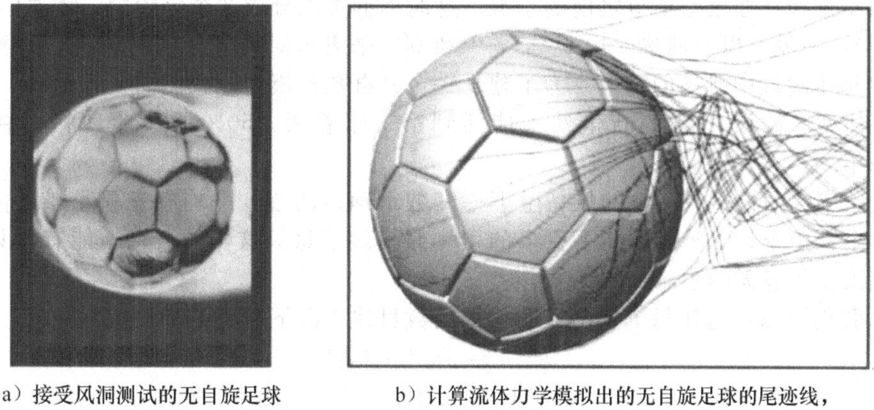

a）接受风洞测试的无自旋足球

b）计算流体力学模拟出的无自旋足球的尾迹线，气流速度是27英里/小时（图片由谢菲尔德和安塞思大学提供）

图 1-6

贝克汉姆在 2001 年世界杯预选赛英格兰对阵希腊的比赛中有一个令人难忘的进球，谢菲尔德大学开发的技术促进了对这个进球的详细分析. 从某种意义上说，贝克汉姆的临门一脚运用了复杂的物理学. 虽然谢菲尔德的 CFD 研究仅仅在超过平均时间时能够准确地模

⊖ 1 英里/小时＝0.44704 米/秒。

拟湍流，因此还不能给出所有情况下的轨迹，但这样的研究已经足以影响从初学到专业的
6 各个层次的运动员. 例如，足球制造商们可以利用现有的研究成果来制造轨迹更一致的或更有趣的足球，以满足不同层次球友的需要. 这一研究工作也能影响到足球运动员的训练. 参考文献[6]和[7]能提供更多的信息.

为此，谢菲尔德大学开发了一个名叫“足球仿真”的模拟程序，它能够预测足球的飞行轨迹. 该程序所需的输入，可以通过计算流体力学、风洞测试，以及对球员临门一脚的高速录像来获取. 然后，应用该软件可以比较足球在不同初始方向，或被踢飞时不同的旋转状况下的运动轨迹. 此外，不同足球的运动轨迹也可以放到一起来比较.

图 1-7 2006 年“团队之星”足球的局部速度着色的高速气流迹线(由谢菲尔德和安塞恩大学授权使用)

请注意，数值方法在本节的应用和在 1.1 节中的应用一样，涉及微分方程的求解. 我们讨论的下一个应用涉及离散现象.

7 1.4 生态模型

数值方法在计算生物学领域的应用日益增长. 本节将要探索生态学中一个简化的例子.

假设我们要研究某种鸟的种群数目，这些鸟在每年春天出生，至多有三年寿命. 我们将跟踪每年这种鸟在繁殖季节之前的总数. 这时鸟群可以分成 3 个年龄段：零岁(在上一个春季出生)，一岁，以及两岁. 用 $v_0^{(n)}$，$v_1^{(n)}$ 和 $v_2^{(n)}$ 来表示对第 n 年的种群进行观察时，得到第 n 年每年龄段中雌鸟的数目. 为了建立一个种群数量模型，我们需要知道：

- 存活率. 假设 20% 的新生幼鸟能活到第二年春天，50% 的一龄鸟将会存活到下一年.
- 繁殖率. 假设每只一龄的雌鸟生下一窝数量确定的蛋，平均有三只小雌鸟能活到下一个繁殖季；二龄雌鸟能下更多的蛋，假设对于每只这样的雌鸟，能有六只成功活到第二年春天的小雌鸟.

那么我们可以对每年每个年龄段的雌鸟的数目建立以下模型：

$$\begin{aligned} v_0^{(n+1)} &= 3v_1^{(n)} + 6v_2^{(n)} \\ v_1^{(n+1)} &= 0.2v_0^{(n)} \\ v_2^{(n+1)} &= 0.5v_1^{(n)} \end{aligned}$$

用矩阵-向量的形式来表示，则为

$$\boldsymbol{v}^{(n+1)} = \boldsymbol{A}\boldsymbol{v}^{(n)} = \begin{bmatrix} 0 & 3 & 6 \\ 0.2 & 0 & 0 \\ 0 & 0.5 & 0 \end{bmatrix} \begin{bmatrix} v_0^{(n)} \\ v_1^{(n)} \\ v_2^{(n)} \end{bmatrix} \tag{1.3}$$

8

式(1.3)中的这个矩阵 $\boldsymbol{A}$ 可以用来预测种群未来的数目以及长期的变化规律. 这种可以反映存活率和繁殖率的矩阵，叫作**莱斯利矩阵**(Leslie matrix).

假设在一开始，种群里有 3000 只雌鸟，每个年龄段各 1000 只. 代入式(1.3)，得到

$$v^{(0)}=\begin{bmatrix}1000\\1000\\1000\end{bmatrix}\quad v^{(1)}=Av^{(0)}=\begin{bmatrix}0&3&6\\0.2&0&0\\0&0.5&0\end{bmatrix}v^{(0)}=\begin{bmatrix}9000\\200\\500\end{bmatrix}$$

$$v^{(2)}=Av^{(1)}=\begin{bmatrix}3600\\1800\\100\end{bmatrix}\quad v^{(3)}=Av^{(2)}=\begin{bmatrix}6000\\720\\900\end{bmatrix}$$

以年份为自变量，将每个年龄组的鸟的数目作为年份的函数，可以画出如 1-8a 所示的种群数目示意图. 显然，种群里鸟的数量呈指数增长. 图 1-8b 显示的是每个年龄段鸟的数目占种群总数的比例，同样以年份为自变量. 注意，随着时间的推移，每年龄段鸟的数目占总数的比例会稳定下来.

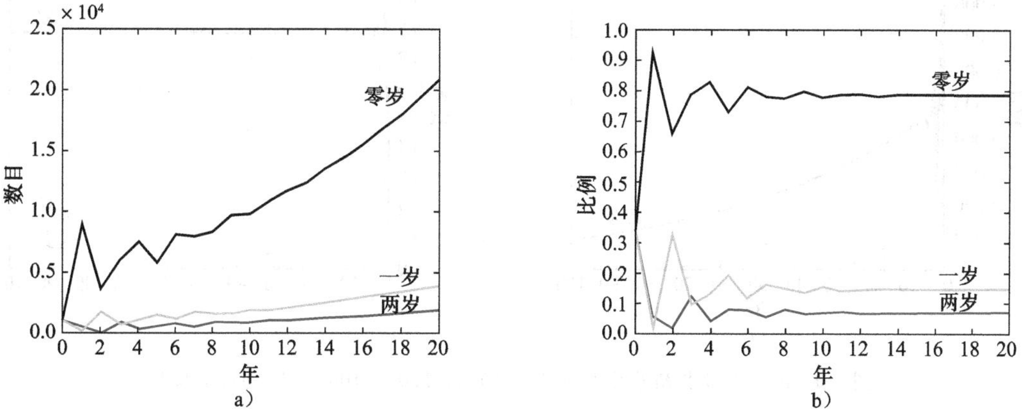

图 1-8　$a_{32}=0.5$ 及初始数据 $v^{(0)}=(1000,\ 1000,\ 1000)^T$ 时的鸟群总数

为了做得更定量一些，我们可以对比 $v^{(20)}$ 和 $v^{(19)}$ 这两个种群数向量. 可以算出 $v^{(20)}=(20\,833,\ 3873,\ 1797)^T$，这表示在第 20 个年头，每个年龄段的鸟的数目占总数的比例分别为 $(0.7861,\ 0.1461,\ 0.0068)^T$. 比较 $v^{(20)}$ 和 $v^{(19)}$，我们发现种群总数在这两年间增长了 1.0760 倍.

注意，$v^{(n)}=Av^{(n-1)}=A^2v^{(n-2)}=\cdots=A^nv^{(0)}$. 在第 12 章里，我们将要看到上面的这个式子是如何表明这个线性系统的渐近性态(经过长时间后的性态)可以通过矩阵 A 的主特征值(绝对值最大的特征值)和与之联系的特征向量而被预测出来. A 的特征值可以被算出是 1.0759，$-0.5380+0.5179i$，$-0.5380-0.5179i$($i=\sqrt{-1}$). 其中模最大的特征值是 1.0759，在各分量的和为 1 这一条件的约束下，相应的特征向量是 $\hat{v}=(0.7860,\ 0.1461,$
$0.0679)^T$. 模最大的特征值决定了经过足够长时间后种群数目的增长率，特征向量 $\hat{v}$ 里的 9
元素给出了各年龄段的鸟的数目占种群总数的比例. 像 A 一样 3×3 矩阵的特征值和特征向量可以通过分析计算得到，在第 12 章，我们将学习一些方法来以数值形式模拟更大矩阵的特征值和特征向量.

捕捉策略(Harvesting Stratagies)

我们采用这个模型去研究以下问题：假设我们为了控制生物数目的指数式增长，或者为了利用它们作为食物来源(或者兼有以上两种目的)，需要捕捉整个种群中一定比例的成员，那么我们需要捕捉多少，才能既有效控制它们的增长，又不至于让这种生物灭绝呢？

捕捉将会降低生存率．我们希望把生存率降低到一个值上，使得相关问题里矩阵的主特征值的绝对值非常接近 1，这意味着长期来看，这种生物的总数会保持稳定．如果我们把生存率降得太低，使得所有特征值的绝对值都小于 1，那么该生物种群的数量将会指数型减少，以至灭绝．

例如，假设我们捕猎了 20% 的一龄鸟，使得存活率从 0.5 降到 0.3．这么一来，矩阵 $\mathbf{A}$ 的元素 a_{32} 将会从 0.5 降到 0.3，使得最大特征值降到 0.9830．图 1-9 是这些参数下种群数目变化的模拟图．

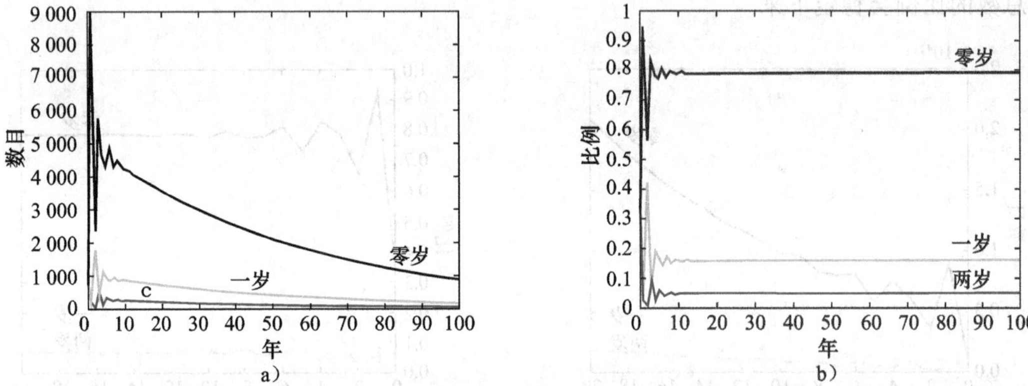

图 1-9　$a_{32}=0.3$ 及初始数据 $\boldsymbol{v}^{(0)}=(1000,\ 1000,\ 1000)^{\mathrm{T}}$ 时的鸟群总数

注意，此时这种鸟的数量面临指数式的衰减，最终面临灭绝．数目的减少是逐渐的，在 100 年之内，鸟的数目将会从 3000 降到 1148．渐渐地(长期来看)，每年鸟的总数会降到上一年的 0.9830．所以，如果我们花了 100 年的时间，才把鸟的数量降到 1148 只，那么还需要多少年才能把它们的数目降到小于 1(也就是灭绝)呢？这个年数 k 将满足方程 $1148(0.9830)^k=1$，经计算得出 $k=-\log(1148)/\log(0.9830)\approx 411$ 年．

人们可以尝试求出 a_{32} 的值使得该问题 $\mathbf{A}$ 中模最大特征值大小恰好为 1，从种群数量控制
10 的角度来看，这是一个有趣的数学问题，但它可能会成为徒劳无功之举．毕竟，上面的这个模型是高度简化的，即使是存活率和繁殖率，也会随着时间变化，而不是像假设那样保持不变．为了对特别的捕捉策略进行调整以适应环境的变化，必须频繁地监测种群的数目．

1.5　对网络冲浪者和谷歌的建模

向搜索引擎提交查询是信息检索的常用方法．众多公司为了占据搜索引擎网页上靠前的位置而竞争．事实上，一些公司的业务就是帮助付费客户使其网页能在被搜索的时候更靠前一些．这是通过利用搜索引擎算法相关的知识而得以实现的．虽然有不少关于搜索算法的知识是公开的，但仍有一些仅为公司所有，不为外人所知的部分．本节将讨论如何基于网页的内容对其排序，本质上是介绍性的．欢迎感兴趣的读者进一步研究搜索引擎分析的文献，这是一个不断发展的领域．在这里，我们会考虑一个简单的向量空间模型，用于

执行搜索任务. 这种方法将不考虑万维网的超链接结构，所以从这个模型得出来的结果应该与考虑网站的超链接结构的算法的结果相结合. 谷歌的 PageRank 算法就是这样的方法，本节将对其简要讨论，更详细的叙述见 3.4 节和 12.1.5 节.

1.5.1 向量空间模型

向量空间模型包含了两个主要部分：文件表和术语的词典. 文件表包含了那些要在上面实施检索的文档，而词典本身是一个包含各关键字的数据库. 尽管词典的内容可以涵盖每个文档里的所有术语，但这么做在计算上不现实，也不为人乐见. 不在词典内的词在被搜索时会返回空值.

当文件表内含 n 个文件，关键字有 m 个的时候，向量空间模型构造出一个 $m\times n$ 的文件矩阵 $\boldsymbol{A}$，

$$a_{ij}=\begin{cases}1 & \text{若文件 } j \text{ 与关键字 } i \text{ 相关}\\ 0 & \text{其他}\end{cases}\tag{1.4}$$

发出查询时，查询向量 $\boldsymbol{q}=(q_1, \cdots, q_m)^{\mathrm{T}}$ 生成，如果向量含有第 i 个关键字，那么 $q_i=1$，否则 $q_i=0$. 这个查询和每个文档的接近度可以由查询向量 $\boldsymbol{q}$ 与 $\boldsymbol{A}$ 中代表该文档的列向量的夹角的余弦值来表示. 令 $\boldsymbol{a}_j$ 表示 $\boldsymbol{A}$ 的第 j 列(若 a_j 中元素不全为零)，则 $\boldsymbol{q}$ 与 $\boldsymbol{a}_j$ 之间的夹角 θ_j 满足

$$\cos(\theta_j)=\frac{\boldsymbol{a}_j^{\mathrm{T}}\boldsymbol{q}}{\|\boldsymbol{a}_j\|_2\|\boldsymbol{q}\|_2}\tag{1.5}$$ 11

由于两向量的夹角越小，这个夹角的余弦值就越大，所以文件表要按照与查询内容的相关性来排序，也就是按这个余弦值降序排列.

构造文件矩阵 $\boldsymbol{A}$ 的主要困难在于如何去判断一个文档与给定的关键字是否相关. 不过完成这个工作的方法有不少. 例如，在每一个文档中搜索每一个关键字. 如果这个文档包含了某个关键字，那么我们就认为它和该字是相关的. 当文档和关键字的数目很大时，这种做法在计算量上将会付出很大的代价. 一些搜索引擎采用了替代的方法，就是只读入和分析每个文档的一部分内容. 比如谷歌和雅虎只从每个网页文本里读入 100～500KB 来分析[12]. 其他要做的选择包括是寻求精确匹配还是允许同义词出现在搜索结果里，以及是否考虑到词序. 比如我们认为 boat show 和 show boat 这两个词组，究竟是相同，还是不同呢？所有的这些选择对拣选出最相关的文档都有很大的影响[36]. 为了说明这个方法，我们举一个简单的例子，只要文件标题包含关键字，它就被视为相关.

表 1-1 应用在三维例子中的文件和词典

词典		文件
电子化	Ⅰ	战争的艺术
击剑	Ⅱ	剑术大师
花剑	Ⅲ	花剑、重剑和佩剑的击剑技术
	Ⅳ	构建电子化击剑的热点提示

在小空间内检索

假设我们的词典只含有三个关键字："electric"，"fencing" 和 "foil". 文档也只有四个，分别为 "the art of war"，"the fencing master"，"fencing techniques of foil, epee, and saber" 和 "hot tips on building electric fencing". 这些文档的标题和词典里的各个单词都用小写字母来表示，以免产生大小写匹配上的问题. 为便于参考，这些信息都记录

在表 1-1 里.

为构造矩阵 $\boldsymbol{A}$——第 1、2、3 行分别对应了“electeic”，“fencing”和“foil”3 个词，而第 1、2、3、4 列对应着文档Ⅰ、Ⅱ、Ⅲ、Ⅳ，采用式(1.4)所述的对应法得出矩阵

$$\boldsymbol{A}=\begin{bmatrix}0&0&0&1\\0&1&1&1\\0&0&1&0\end{bmatrix}$$

12 图 1-10 以三维空间的向量形式描绘了 $\boldsymbol{A}$ 的各列(除了第一列之外，其他列都被归一化成长度为 1).

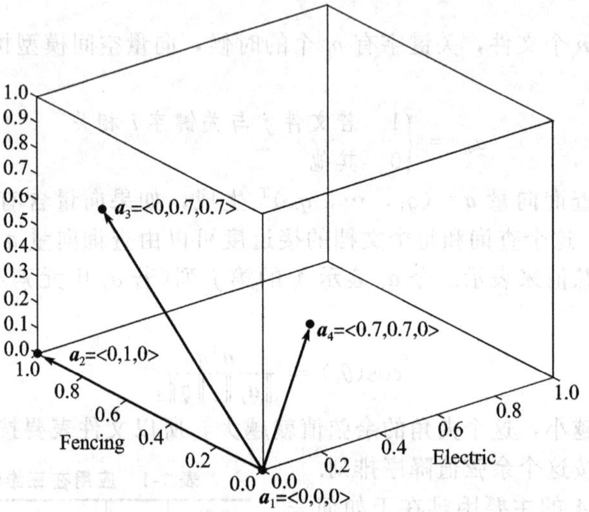

图 1-10 三维向量空间搜索例子的直观形象化

假设我们要检索 fencing 这个词，那么，检索向量 $\boldsymbol{q}=(0,\ 1,\ 0)^{\mathrm{T}}$，我们发现它正好是 $\boldsymbol{A}$ 的第 2 列. 所以文档Ⅱ可以被判定是与检索内容相关度最大的. 为确定剩下文档的相关次序，我们利用式(1.5)计算 $\boldsymbol{q}$ 和 $\boldsymbol{A}$ 的每个非零列之间夹角的余弦，得出

$$\cos(\theta_3)=\frac{\boldsymbol{a}_3^{\mathrm{T}}\boldsymbol{q}}{\|\boldsymbol{a}_3\|_2\|\boldsymbol{q}\|_2}=\frac{1}{\sqrt{2}}$$

$$\cos(\theta_4)=\frac{\boldsymbol{a}_4^{\mathrm{T}}\boldsymbol{q}}{\|\boldsymbol{a}_4\|_2\|\boldsymbol{q}\|_2}=\frac{1}{\sqrt{2}}$$

所以文档Ⅲ和Ⅳ的相关度是一样的，排于文档Ⅱ之后.

1.5.2 谷歌的 PageRank 算法

现实世界中的搜索引擎要处理在计算领域中一些最大的数学和计算机科学问题. 有趣的是，“Google”是单词“googol”的变形，后者表示 10^{100}，这反映了该公司的目标是把万维网上的所有信息组织到一起来.

当你向 Google 提交一个检索(比如查询 numerical analysis)的时候，搜索引擎将如何在排第一的网页和其他(比如排第 100)的网页中做出区分呢？有许多因素影响选择，一个因

素是网页和检索内容的关联，前面已讨论过，另一个重要因素则是网页的“质量”和“重要程度”．“重要”的网页，通常被许多其他网页指向，从而很可能抓住你的目光．一个叫 PageRank的算法用来衡量网页的重要程度，它基于一个网络冲浪的模型． 13

同任何其他关于现实的模型一样，谷歌也是用近似的方法对网络冲浪建模的．PageRank 的一个重要功能就是它对冲浪者通过链接，从当前页面跳到另一个页面的百分比的假设．具体的假设是公司的内部数据，但通常认为谷歌估计出，冲浪者通过点击超链接而打开页面的概率是 85%，这种做法所打开的链接没有倾向性；而其他 15%的情况是冲浪者通过键入 URL 地址来打开另一网页，很可能是重新载入当前浏览的页面．

这些关于冲浪行为的假设不仅影响了模型的准确性，还影响了用来对这个模型求解的数值技术的效率．注意，谷歌为数以十亿计的网页建立了索引，使得与此相关的计算成了有史以来解决过的最大规模的计算问题！第 12 章将要更多地讨论解决这类问题的数值方法．

图 1-11　由 David F. Gleich 基于 OPTE 项目提供的图像和数据绘制的因特网示意图

1.6　第 1 章习题

1. 斐波那契数及其性质． 定义斐波那契数列 $F_1=1$，$F_2=1$，$F_3=F_2+F_1=2$，$F_4=F_3+F_2=3$，…一般地，$F_{j+1}=F_j+F_{j-1}(j=2, 3, \cdots)$．写下 F_5，F_6 和 F_7．

人们经常观察到，一朵花的花瓣数或者一株树的枝条数是一个斐波那契数．例如，大多数雏菊有 34，55 或 89 个花瓣，这些数字分别是第 9、第 10 和第 11 个斐波那契数．因为 4 不是斐波那契数，所以四片叶子的三叶草相当稀少．

为什么呢？考虑下面这个树枝生长的模型．我们从主干开始计算($F_1=1$)，经历了一个季度的生长($F_2=1$)，在第三个季度长出了两个分支——一根较粗，另一根较细．在接下来的一季中粗的那根枝条又长出了一粗一细两个分支，而细的枝条长粗了，准备在下一季才开始分支．所以，此时树上有 $F_4=$ 3 根枝条——两粗和一细．当下一季结束时，这两根粗枝分叉了，变成了两粗两细一共四条枝条，而细的那根枝条长粗了，所以此时有 $F_5=5$ 根枝条．而有 $F_4=3$ 根粗枝在下一季将分叉开来．试解释由这个树枝生长模型产生斐波那契数的原因． 14

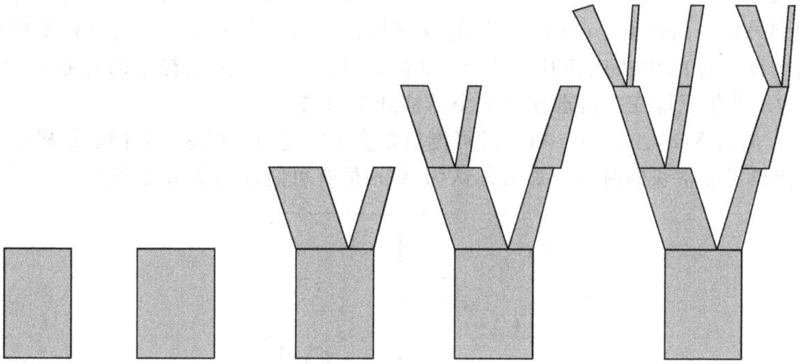

2. 醉鬼行走问题． 一个醉鬼在下图的点 x 处开始行进．他每走一步，往右的概率是 0.5，往左的概率也

是0.5. 如果他走到了酒吧，他就会待在那里，喝醉为止. 如果他能走到家，就会上床睡觉. 你想知道他在到达酒吧之前就回到了家的概率 $p(x)$.

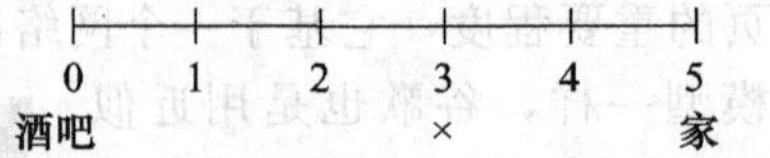

这是一个典型的马尔可夫链问题，后面将会讨论它. 注意，$p(0)=0$，$p(5)=1$，因为在这两种情况下该醉鬼都没有必要再移动了. 对于 $x=1$，2，3，4，$p(x)=0.5p(x-1)+0.5p(x+1)$，因为他下一步往左走或向右走都有一半概率.

(a) 让该醉鬼在 $x=3$ 处开始，那么一步之后他又可能站在哪个点？他一步之后走到这些点的概率分别是多少？如果他走了两步，又会怎样？

(b) 对于每个内点 x，你认为在这个点上开始步行的醉鬼更有可能到达酒吧还是回到家？为什么？

这是一个典型的随机步行问题，虽然它听起来挺傻的，但它有着实际的物理运用.

考虑一个把相等的电阻串联起来的电路，所有电阻两端的电压是1V.

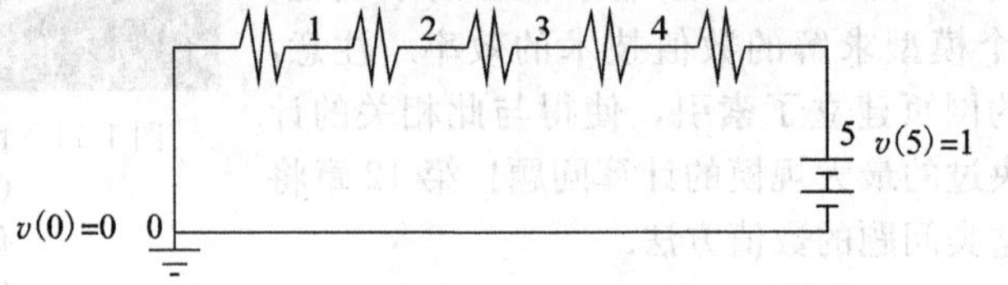

15

电压函数 $v(x)$ 在 $x=0$，1，2，3，4，5 这几个点上有定义. 把 $x=0$ 这点接地，使得 $v(0)=0$，而在 $x=5$ 处和电源之间并没有电阻，所以 $v(5)=1$. 由基尔霍夫定律，流入 x 的电流必须和流出 x 的电流相等. 由欧姆定律，如果点 x 和 y 被值为 R 的电阻隔开，则通过这两点的电流

$$i_{xy}=\frac{v(x)-v(y)}{R}$$

所以对 $x=1$，2，3，4，有

$$\frac{v(x-1)-v(x)}{R}=\frac{v(x)-v(x+1)}{R}$$

两边乘以 R，合并同类项，得到 $v(x)=0.5v(x-1)+0.5v(x+1)$. 这和以 $p(x)$ 为未知函数的醉鬼走路问题的方程是完全一致的，连边值条件也一样.

你能想到其他也用这个方法建模的问题吗？或许股票价格变动的行为可以？如果你推广了醉鬼走路的问题，让他往左走和往右走的概率不同，比如有0.6的概率向右，有0.4的概率向左，那么怎样推广电阻问题使之与这个醉鬼走路的问题相关呢？[提示：考虑阻值不一样的电阻.]

3. 埃伦费斯特的瓮. 考虑两个瓮，里面一共分布着 N 个小球. 每个单位时间里，你从某个瓮里取出一个球，将它移动到另外一只瓮里，选择每个球的概率是相等的，都是 $1/N$. 所以被挑中的球在给定的瓮中的概率和这个瓮里球的个数成正比. 用 $X(t)$ 表示时间为 t 时左边瓮中的球数，设 $X(0)=0$，这样 $X(1)=1$，因为一开始只能在右边选择一个小球移到左边去.

(a) 令 $N=100$，那么 $X(2)$、$X(3)$、$X(4)$ 的可能值是多少？它们取得这些可能值的概率分别各是多少？

(b) 如果搬运持续了非常长的时间，那么你认为 $X(t)$ 最有可能取到的值是多少？

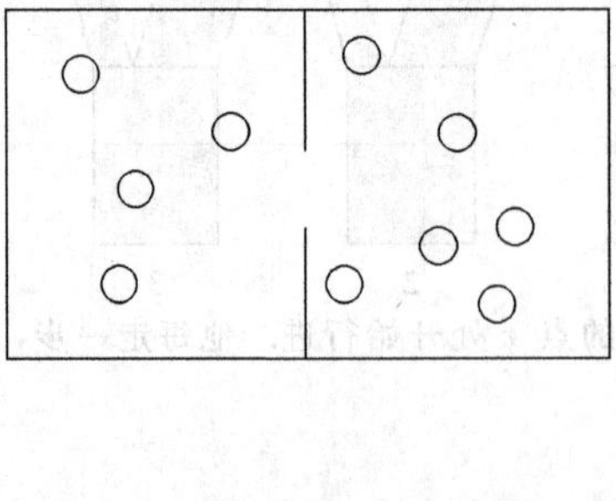

这个模型是 20 世纪早期由 Paul Ehrenfest 和 Tatiana Ehrenfest-Afanassjewa 引入的，描述了气体分子穿过半透膜的扩散过程．例如，我们可以查看位于 http://en.wikipedia.org/wiki/Ehrenfest_model 上关于该模型和热力学第二定律之间关系的讨论．第 3 章将要讨论物理过程中的蒙特卡罗模拟，其采用 16
的模型与这里相似．你能想到其他或许能用这样的过程来建模的状况吗？除了物理和化学过程之外，你也许应该考虑譬如经济决策和社会制约之类的过程．

4. 每年都有本科生参加数学建模竞赛(MCM)．请浏览 www.mcm.org．下面是竞赛参加者需要解决的数学建模问题的一个范例：

在一个周围有众多建筑物环绕的大露天广场上有一个观赏喷泉，它把水喷到空中．在刮大风的日子，风会把喷泉的水吹到路人身上．喷泉的流量由和测速仪(测量风速和风向)相连的机关控制，而测速仪放置在相邻建筑物的顶部．进行这种控制的目的是让路人在欣赏诱人景观和被淋透之间达成一个平衡．风越大，喷出的水量应该就越少，水柱的高度就越低，使得溅出喷池的水量也越少．

你的任务是设计一个算法，它能采用测速器的各项数据，当风的速度和方向改变时，对喷泉的水流进行调节．

想想看你应该怎样构造这个问题的数学模型，比较一下你的解决方案和其他学生的解决方案，他们给的解法可以在 *UMAP*：*Journal of Undergrade Mathematics and its Applications*. 2002. 23(3)：187-271 中找到．

5. 考察由以下关键字构成的词典：

巧克力、冰淇淋、碎末

和如下文档表：

D1：我只吃了蛋糕外的巧克力

D2：我喜欢巧克力和香草冰淇淋

D3：孩子们喜欢撒有碎末的巧克力蛋糕

D4：如果你既有撒在上面的碎末又有巧克力汁，我可以再来一勺冰淇淋吗？

构造文档矩阵 **A**，采用向量空间模型按照它们与查询词“巧克力”，“冰淇淋”的相关性，对 D1、D2、D3 和 D4 进行排序．

6. 当你向搜索引擎提交一个请求时，一个有序的网页列表会回复给你．网页按照与你查询内容的相关性和质量进行排序．考虑如图 1-12 所示的由网页构成的小型有向图．假设这是你的搜索引擎产生过索引的网页的集合．每个顶点表示一个网页．如果网页 i 有指向网页 j 的链接，那么表示 i 的点和表示 j 的点之间将由一条有向线段连接．例如，我们看到网页 1 就有一个指向网页 4 的链接．由 Larry Page 和 Sergey 17
Brin 提出的 PageRank 算法[18]假设网络冲浪者在 85% 的情况下通过点击链接打开另一个网页，每个网页被打开的概率是一样的；剩下 15% 的情况里，冲浪者会键入 URL 地址，很可能是当前正在访问的网页，其他的网页被打开的概率也是相同的．令 $X_i(t)$ 表示冲浪者在 t 步之后来到第 i 个页面上的概率．假设他从第 1 个页面开始浏览，那么 $X_1(0)=1$，$X_i(0)=0$，$i=2, 3, 4, 5$．

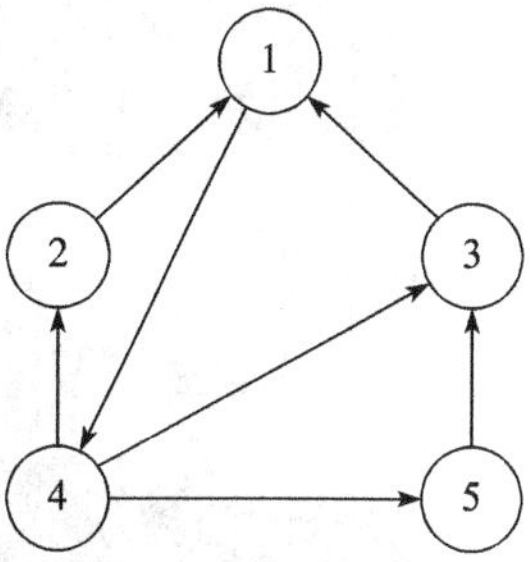

图 1-12　网页的一个小型网络

(a) 当 $1\leqslant i\leqslant 5$ 时，算出 $X_i(1)$．

(b) 当 $1\leqslant i\leqslant 5$ 时，算出 $X_i(2)$．

作为对网页质量的衡量，对所有 i，PageRank 会近似给出 $\lim\limits_{t\to\infty} X_i(t)$ 的值． 18

第 2 章　MATLAB 的基本操作

本书关注于对连续数学问题中算法的理解. 其中，理解的一部分是指实现这些算法的能力. 但是，为了避免过于注重实现算法的细节，我们将尽可能地以最简单的方式完成这种算法实现，即使这可能不是最有效的. 而一个使得算法实现格外容易的系统就是MATLAB[94] (MATrix LABoratory 的简称).

MATLAB 是一个有助于学术研究的工具，同时也被企业和政府机关广泛使用. 例如，美国国家航空航天管理局的喷气推进实验室中，在火星探险漫游者号航天器发射之前，工程师们就使用 MATLAB 来估计系统运转情况.

本章包括 MATLAB 基本命令的简短介绍，更多的命令会在全书的程序中体现. 关于使用 MATLAB 的更多信息请参见[52]等.

2.1　启动 MATLAB

MATLAB 是高级程序语言，特别适合于线性代数的计算，同时也适用于处理几乎所有的数值问题. 下面是 MATLAB 的一些基本特征，可以利用它们完成书中的程序练习. 根据所使用的系统，可以通过双击 MATLAB 图标，或输入“matlab”等类似方法来启动 MATLAB. 当 MATLAB 已经启动并可以输入的时候，你可以看到一个提示符，如>>.

你可以像用计算器一样使用 MATLAB. 例如，如果你在提示符处输入

```
>> 1+2*3
```

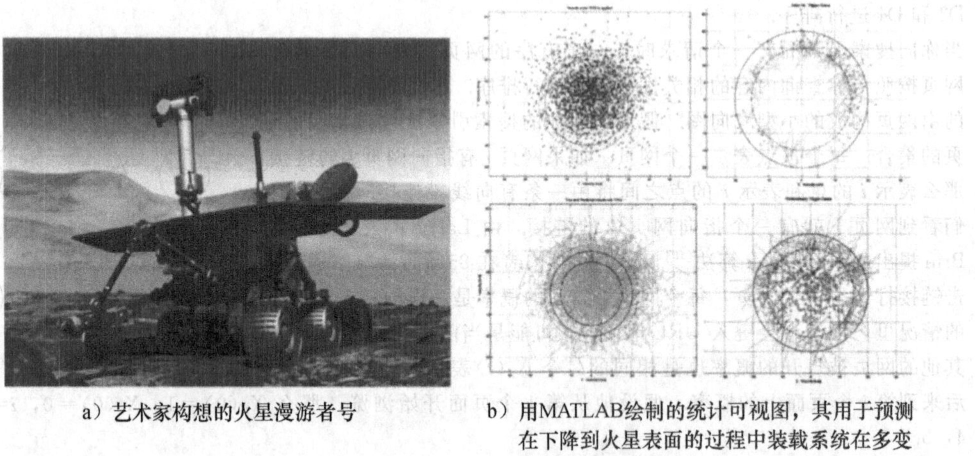

a）艺术家构想的火星漫游者号

b）用MATLAB绘制的统计可视图，其用于预测在下降到火星表面的过程中装载系统在多变的大气环境下的反应
（图片来源：美国国家航空航天管理局/喷气推进实验室/康奈尔大学）

图　2-1

则 MATLAB 返还答案 19

```
ans =
     7
```

由于你没有给结果指定一个名称，因此 MATLAB 将这个结果视为一个变量来存储，而变量的名称是 ans. 可以使用 ans 中的结果做进一步计算：

```
>> ans/4
```

那么 MATLAB 将返还结果

```
ans =
    1.7500
```

2.2 向量

MATLAB 可以存储列向量或者行向量，命令

```
>>  v = [1; 2; 3; 4]
v =
     1
     2
     3
     4

>> w = [5, 6, 7, 8]
w =
     5     6     7    8
```

生成一个包含 4 个元素的列向量 v 和一个包含 4 个元素的行向量 w. 一般来说，当定义一个矩阵或者向量时，分号用于区分行，而逗号或空格用于区分行中的元素. 可以通过给出 20
它的索引指出一个向量中的一个元素：

```
>> v(2)
ans =
     2

>> w(3)
ans =
     7
```

MATLAB 可以进行同维度向量间的加法运算，但是不能计算 v+w，因为 v 是 4×1，而 w 是 1×4. 如果你进行上述操作，MATLAB 会给予提示错误的信息：

```
>> v+w
??? Error using ==> +
Matrix dimensions must agree.
```

w 的转置标记为 w'：

```
>> w'
ans =
     5
     6
     7
     8
```

可以使用一般的向量加法计算 v＋w'：

```
>> v + w'
ans =
     6
     8
    10
    12
```

假设你想计算 v 中各元素的和. 一种方法如下：

```
>> v(1) + v(2) + v(3) + v(4)
ans =
    10
```

另一种方法是使用循环语句：

21
```
>> sumv = 0;
>> for i=1:4, sumv = sumv + v(i); end;
>> sumv
sumv =
    10
```

该代码设定 sumv 的初始值为 0，通过每个 i＝1，2，3，4 进行循环且用 sumv＋v(i)代替当前 sumv 的值. 循环语句那一行实际上包含了三条 MATLAB 命令. 该语句可以写成下面的形式：

```
for i=1:4
  sumv = sumv + v(i);
end
```

MATLAB 允许一行中包含多条命令，命令之间用逗号或者分号加以区分. 因此，在一行的循环语句中，我们必须在 for i＝1：4 后面加上逗号(或分号). 当然逗号(或分号)也可以出现在三行的循环语句中，但并不是必须的. 注：我们在三行的循环语句中将语句进行了缩进. 这种做法也不是必须的，但却是一个好的编程习惯. 这样会很容易就看出哪些语句是循环内的，哪些是循环外的. 注：sumv＝0 和循环内的 sumv＝sumv＋v(i)后面都跟有分号，这样就禁止了当前结果的输出. 如果我们不在第一句结尾加上分号，MATLAB 将输出结果 sumv＝0. 同样，如果不在 sumv＝sumv＋v(i)后加分号，则每次循环 MATLAB 都将输出当前 sumv 的值. 这对于一个长度为 4 的循环还是能接受的；但是如果是长度为 400 万的循环，那就不能想象了！当要查询最后 sumv 的值时，我们可以简单地输入 sumv 而并不加分号，MATLAB 就会显示它的值. 当然，如果结果并不是我们想要的，我们也可以返回并且在 sumv＝sumv＋v(i)语句后面省略分号，这样我们就能看到每一步的结果了. 额外的输出在调试程序时常常是有用的.

2.3 使用帮助

实际上，向量中各元素求和最简单的实现方法是使用名为 sum 的内置 MATLAB 函数. 如果你不确定如何使用一个 MATLAB 函数或者命令，可以输入 help 并在后面加上命令名称，那么 MATLAB 将给出关于使用该命令的解释：

```
>> help sum
 SUM Sum of elements.
     For vectors, SUM(X) is the sum of the elements of X. For
     matrices, SUM(X) is a row vector with the sum over each
```
22

```
 column. For N-D arrays, SUM(X) operates along the first
 non-singleton dimension.

SUM(X,DIM) sums along the dimension DIM.

Example: If X = [0 1 2
                 3 4 5]

then sum(X,1) is [3 5 7] and sum(X,2) is [ 3
                                          12];

See also PROD, CUMSUM, DIFF.
```

一般来说，可以在 MATLAB 里输入 help 得到一份命令分类概要，这些命令是可以用 help 查询的. 如果你不确定你要寻找的命令名称，有另外两个有用的命令. 第一个是输入 helpdesk 来显示帮助浏览器，这是一个非常有用的工具. 此外，可以输入 doc 得到同样的帮助浏览器或者输入 doc sum 查看有关 MATLAB sum 命令的超文本文件. 其次，如果你对于有关求和的命令感兴趣，你可以输入 lookfor sum. 利用这个命令，MATLAB 会在所有帮助词条中搜索具体的关键词“sum”. 这个命令的结果如下：

```
>> lookfor sum
TRACE  Sum of diagonal elements.
CUMSUM Cumulative sum of elements.
SUM Sum of elements.
SUMMER Shades of green and yellow colormap.
UIRESUME Resume execution of blocked M-file.
UIWAIT Block execution and wait for resume.
RESUME Resumes paused playback.
RESUME Resumes paused recording.
```

要想准确地找到你寻找的主题和(或)命令则要花费一些时间搜索.

2.4 矩阵

MATLAB 也可以处理矩阵：

```
>> A = [1, 2, 3; 4, 5, 6; 7, 8, 0]
A =
     1     2     3
     4     5     6
     7     8     0
```

23

```
>> b = [0; 1; 2]
b =
     0
     1
     2
```

有很多嵌入函数可以解决矩阵问题．例如，要解线性方程组 $\boldsymbol{Ax}=\boldsymbol{b}$，输入 A \ b：

```
>> x = A\b
x =
    0.6667
   -0.3333
    0.0000
```

注意，输出的解只有四位小数．而实际上存储了大约十六位小数(见第 5 章)．为了显示更多数位，可以输入：

```
>> format long
>> x
x =
    0.66666666666667
   -0.33333333333333
    0.00000000000000
```

其他选项包括 format short e 和 format long e，可以将结果用科学计数法显示．

可以输入 b－A * x 来检验答案．A * x 表示标准的矩阵向量乘法，当用 A * x 减 b 时，则使用标准向量减法．如果 x 是方程组的精确解，则得到的向量应为 0．由于机器只带有 16 位小数，因此我们并不期望结果恰好是 0，但是之后我们将看到，它只是一个 10^{-16} 量级上足够接近 0 的数．

```
>> format short
>> b - A*x
ans =
   1.0e-15 *

   -0.0740
   -0.2220
         0
```

这就是个很好的结果了！

2.5　生成和运行 M 文件

如果你只需要运行一次计算，并且不需要调试和再运行，那么可以直接在窗口中输入 MATLAB 命令. 但是一旦退出 MATLAB，所有输入的命令就会丢失. 为了保存所输入的 24
命令以便再执行，必须将其放入名为 *filename*.m 的文件中. 之后，在 MATLAB 环境下，当输入 *filename* 时，就会从文件中运行命令. 我们称这种文件为 M 文件. 用任何文字编辑器都能生成 M 文件，例如可以在 MATLAB 的部分窗口中进行编辑生成. 文件一旦保存，就可以在以后使用. 在 MATLAB 中执行一个 M 文件之前，必须记得把工作路径改为文件所在的路径.

2.6　注释

添加文件到 MATLAB 代码中可以让你和其他人维持你的代码以便于以后使用. 许多程序员编写出似乎是清晰的算法实现过程，可之后却迷失在了成串的命令中. 注释能有助于减少这个问题. 在 MATLAB 代码中添加注释很容易. 简单地添加一个%则使这一行后面的部分成为注释内容. 用这种方法，可以把整行变为注释：

```
% Solve Ax=b
```

或者可以在一个 MATLAB 命令后面附加注释，如：

```
x = A\b;     % This solves Ax=b and stores the result in x.
```

%之后的文字只是程序员的注释，MATLAB 则会忽略它们.

2.7　绘图

对我们来说，图表比起长串的数字常常更有帮助. 假设你有兴趣观察 $\cos(50x)$ 在 $0\leqslant x\leqslant 1$ 上的图像. 你可以生成两个向量，一个由 x 值构成，另一个由 $y=\cos(50x)$ 对应的值构成，并且使用 MATLAB 绘图命令 plot. 为了绘制 $\cos(50x)$ 在 $x=0$，0.1，0.2，…，1 处的值，输入

```
>> x = 0:0.1:1;    % Form the (row) vector of x values.
>> y = cos(50*x); % Evaluate cos(50*x) at each of the x values.
>> plot(x,y)       % Plot the result.
```

注意，命令 $x=0$：0.1：1 相当于以下 for 循环语句.

```
>> for i=1:11, x(i) = 0.1*(i-1); end;
```
25

注意，除非具体指定，不然每条命令生成的都是一个行向量. 为了生成一个列向量，一种方法是用 x(i，1)代替上述循环中的 x(i)，或者用 x=[0：0.1：1]'代替代码开始部分的命令；显然，少量的估计点不足以产生高质量的解，如图 2-2a 所示.

而在另一页代码中，我们改变 x，使之包含更多的点，并且图像中也包含标题和坐标轴的标签.

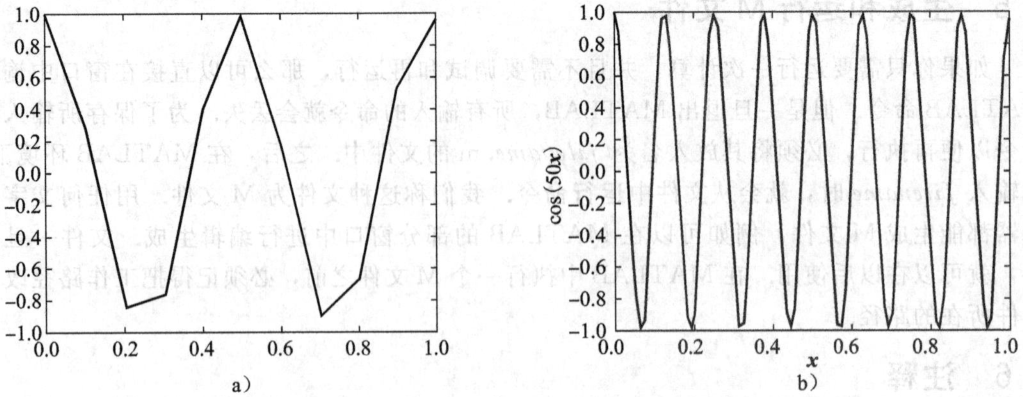

图 2-2　余弦函数的基础 MATLAB 图像

```
>> x = 0:0.01:1;       % Create a vector of 101 x values.
>> plot(x,cos(50*x)) % Plot x versus cos(50*x).
>> title('Plot of x versus cos(50x)')
>> ylabel('cos(50x)')
>> xlabel('x')
```

图 2-2b 是上述命令的绘图结果.

在同一张图中绘制多个函数也是可行的. 输入:

```
>> plot(x,cos(50*x),x,x)
```

可以在同一张图中绘制 $f(x)=\cos(50x)$ 和 $g(x)=x$ 两个函数. 其结果见图 2-3. 注意，图中的小方框要使用指令 legend('cos(50x)','x')添加.

在同一张图中绘制两个函数的另一种方法，是先绘制一个，再输入 hold on，之后再绘制另一个. 如果不输入 hold on，则第二个图像会替换第一个，但是这条命令告诉 MATLAB 保持已经生成在屏幕上的图像. 要返回默认状态，即新图像添加之前移除旧图像，只要输入 hold off. 再输入 help plot 可得到更多关于绘图的信息，或者输入 doc plot 打开关于绘图指令的 Helpdesk 文件. 其他有用的命令是 axis 和 plot3. 有点兴趣的是，输入命令:

26

```
>> x = 0:0.001:10;
>> comet(x,cos(3*x))
```

输入命令 hndlgraf、hndlaxis 和 ardemo 可以得到更多可见的绘图选项信息.

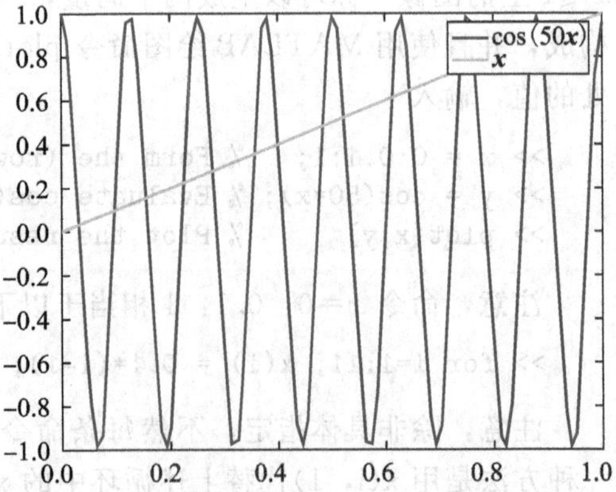

图 2-3　带有图例的余弦函数与一条直线的基础 MATLAB 图像

2.8　生成自己的函数

你可以生成自己的函数以便在 MATLAB 中使用. 如果函数是很简单的(如 $f(x)=x^2+2x$), 那么可以用命令 inline 来输入:

```
>> f = inline('x.^2 + 2*x')
f =
     Inline function:
     f(x) = x.^2 + 2*x
```

注意记号“.^2.” 如果 x 是一个标量, x^2 则表示 x 的平方, 但是如果 x 是个向量就会被提示有错误, 因为标准的向量乘法只有在维数相同时才能定义(即, 第一个向量是 1×n 并且第二个向量是 n×1, 或者第一个是 n×1, 第二个是 1×n). 但是, 运算 .^应用于一个向量则会对其每个分量分别平方. 由于我们希望估计向量 x 每个元素所对应的函数值, 我们必须使用“.^”运算. 要估计 f 在 0～5 之间的整数处的值, 可以输入:

```
>> f([0:5])
ans =
     0     3     8     15     24     35
```

类似地, 可以生成一个匿名函数.

```
>> f = @(x)(x.^2 + 2*x)
f =
    @(x)(x.^2+2*x)
```

27

如果是更复杂的函数, 可以生成以 .m 结尾的文件来告诉 MATLAB 如何计算该函数. 输入 help function, 可以看到函数文件格式. 这里, 函数可以用下述文件计算(名为 f. m):

```
function output = f(x)
output = x.^2 + 2*x;
```

这个函数可以用和之前同样的方式从 MATLAB 中调用, 而且 f(x)中的 x 既可以是标量也可以是向量.

2.9　输出

虽然图像输出是一种重要的可视化工具, 但是数字结果常常以表格的形式呈现. MATLAB 有多种方式在屏幕上呈现输出结果. 第一种就是用 display 命令简单地展示一个变量的内容:

```
>> x = 0:.5:2;
>> display(x)
x =
          0    0.5000    1.0000    1.5000    2.0000
```

很多情况下, 由 display 命令造成的额外的换行会使得输出结果显得混乱. 因此, 与 display 相似的命令 disp 是有用的.

```
>> disp(x)
         0    0.5000    1.0000    1.5000    2.0000
```

你也许希望输出变量名称．在输出结果后加上一个文本数组就可以实现该目的了．

```
>> disp(['x = ',num2str(x)])
x = 0         0.5         1          1.5         2
```

要了解更多的信息，请输入 help num2str.

如下表格可以用 disp 生成.

```
>> disp('   Score 1  Score 2  Score 3'), disp(rand(5,3))
   Score 1  Score 2  Score 3
   0.4514   0.3840   0.6085
   0.0439   0.6831   0.0158
   0.0272   0.0928   0.0164
   0.3127   0.0353   0.1901
   0.0129   0.6124   0.5869
```

28

就结果的表格来说，可以发现命令 fprintf 使用起来更加容易．例如，考虑一个简单的循环：

```
>> fprintf('   x          sqrt(x)\n=====================\n')
for i=1:5, fprintf('%f     %f\n',i,sqrt(i)), end
   x          sqrt(x)
=====================
1.000000     1.000000
2.000000     1.414214
3.000000     1.732051
4.000000     2.000000
5.000000     2.236068
```

命令 fprintf 将格式说明符和变量以特定的格式输出．%f 格式表明在一行固定位置输出一个数字，而 \n 要求两个数值 i 和 sqrt(i)输出后换行．可以替换%f 来规定总区域的宽度和输出小数点后几位数字，如%8.4f 表示全部数字显示在 8 个空格之内并且输出小数点后四位数字．可以将输出结果发送到一个文件中而不是屏幕上，只要输入：

```
fid = fopen('sqrt.txt','w');
fprintf(fid,'   x       sqrt(x)\n=================\n');
for i=1:5, fprintf(fid,'%4.0f      %8.4f\n',i,sqrt(i)); end
```

下列表格将显示在名为 sqrt. txt 的文件中．

```
   x      sqrt(x)
=================
   1      1.0000
   2      1.4142
   3      1.7321
   4      2.0000
   5      2.2361
```

另外，更多的信息请查阅 MATLAB 文档.

2.10 更多的循环语句和条件语句

我们已经看过在 MATLAB 中如何使用 for 循环语句来有限次地执行一系列命令. 那么，假设要执行命令直到某一条件满足为止. 例如，在估计给定函数 f(x)的一个根的过程中，我们通过对区间粗略地分割进行第一次绘图判断根的位置，之后再将区间划分得越来越细进行绘制，直到所判断的根满足所需的精度. 这可以用下述 MATLAB 代码实现. 29

```
xmin = input(' Enter initial xmin: ');
xmax = input(' Enter initial xmax: ');
tol = input(' Enter tolerance: ');
while xmax-xmin > tol,
  x = [xmin:(xmax-xmin)/100:xmax];
  y = f(x);
  plot(x,y)
  xmin = input(' Enter new value for xmin: ');
  xmax = input(' Enter new value for xmax: ');
end;
```

使用者依据图像来决定位于根的左侧的一个 xmin 值和根的右侧的一个 xmax 值. 然后在下一次绘图时只绘制两者之间的部分，以便进一步选择更接近的 xmin 和 xmax 值. 第 4 章会讨论更有效地求解 f(x)根的方法.

另一种重要的语句是条件语句 if. 在上述代码片段中，希望让使用者能够知道，可能代码运行并找到一个点，且这个点所对应的 f 的绝对值小于某个公差 delta，这可以通过在语句 y=f(x)后插入下列几行来实现：

```
[ymin,index] = min(abs(y));
% This finds the minimum absolute value of y and its index.
if ymin < delta,
 fprintf(' f( %f ) = %f\n', x(index), y(index))
 % This prints the x and y values at this index.
end;
```

if 语句也可以包含一个 else 子句. 例如，当 ymin 大于或者等于 delta 时想额外写一条信息，则可以将上述 if 语句修改为：

```
if ymin < delta,
  fprintf(' f( %f ) = %f\n', x(index), y(index))
  % This prints the x and y values at this index.
else
  fprintf(' No points found where |f(x)| < %f\n', delta)
end;
```

30

2.11 清除变量

可以输入：

```
>> clear x
```

清除特定的变量. 或者要清除所有变量，只要输入

```
>> clear all
```

当你想从记忆库中抹掉所有的变量名称时，这条命令很重要.

2.12 记录会话

记录 MATLAB 会话的方法是输入：

```
>> diary('hw1.txt')
... some other commands ...
>> diary off
```

这条命令将记录所有输入的命令和 MATLAB 的反馈信息并存入名为 hw1. txt 的文件中. 可以用与内容有关的更形象的名字代替 hw1. txt. 但是注意，不能在MATLAB中运行这个文件；这个仅仅是对命令窗口中出现的内容的记录手段.

还要注意，如果在一个用日志命令记录的文案中执行一个 M 文件，你也许需要在运行 M 文件之前输入 echo. 这种方式下，M 文件中的命令会与 MATLAB 的响应信息一起回显. 否则，日志文件只能包含响应信息而没有命令.

2.13 更多的高级命令

很明显，从本章开始的关于火星探索漫游者号的参考资料中可以看出 MATLAB 有大量的命令. 本章最后通过一个例子展示一些绘图功能.

命令

```
[X,Y] = meshgrid(-3:.125:3);
Z = peaks(X,Y);
meshc(X,Y,Z);
31 axis([-3 3 -3 3 -10 5])
```

绘制的图像见图 2-4. 为了理解这个图像，查询 MATLAB 文档中关于 meshgrid、peaks、meschc 和 axis 的命令. 本章只是让大家开始使用 MATLAB，有效使用 MATLAB 文档将是编写更复杂程序的关键.

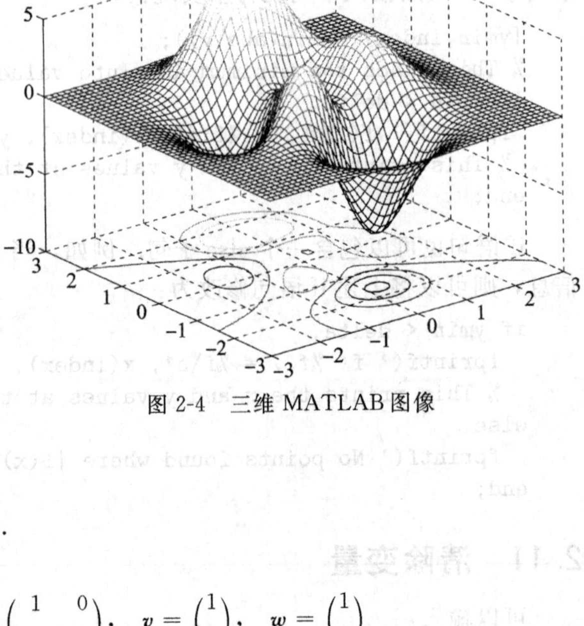

图 2-4　三维 MATLAB 图像

2.14 第 2 章习题

1. 用 MATLAB 运行本章中的例子，并检验结果.

2. 给出矩阵和向量

$$\boldsymbol{A}=\begin{pmatrix}10 & -3\\ 4 & 2\end{pmatrix},\quad \boldsymbol{B}=\begin{pmatrix}1 & 0\\ -1 & 2\end{pmatrix},\quad \boldsymbol{v}=\begin{pmatrix}1\\ 2\end{pmatrix},\quad \boldsymbol{w}=\begin{pmatrix}1\\ 1\end{pmatrix}$$

利用给出的矩阵和向量分别笔算和用 MATLAB 计算下列问题. 对于 MATLAB 的计算，用 dairy 命令

记录会话(使用终端)时间.

(a) $\boldsymbol{v}^{\mathrm{T}}\boldsymbol{w}$;　(b) $\boldsymbol{v}\boldsymbol{w}^{\mathrm{T}}$;　(c) $\boldsymbol{Av}$;　(d) $\boldsymbol{A}^{\mathrm{T}}\boldsymbol{v}$;　(e) $\boldsymbol{AB}$;

(f) $\boldsymbol{BA}$;　(g) $\boldsymbol{A}^2(=\boldsymbol{AA})$;　(h) 求向量 $\boldsymbol{y}$，使得 $\boldsymbol{By}=\boldsymbol{w}$;　(i) 求向量 $\boldsymbol{x}$，使得 $\boldsymbol{Ax}=\boldsymbol{v}$.

3. 使用 MATLAB 绘制函数 $\sin(kx)$在$[0, 2\pi]$上的图像，$k=1, \cdots, 5$.

4. 用 MATLAB 输出关于 x、$\sin x$、$\cos x$ 值的表格，其中 $x=0, \frac{\pi}{6}, \frac{2\pi}{6}, \cdots, 2\pi$. 给表格的列添加标签. 32

MATLAB 的创始人

克里夫·莫勒是 MathWorks 的主席和首席科学家. 在 20 世纪 70 年代中期，他是 LINPACK 和 EISPACK 的创立者之一——关于数值计算 Fortran 语言的程序库. 为了让他在新墨西哥大学的学生容易地使用这些程序库，莫勒发明了 MATLAB. 1984 年，他与杰克·利特合办了 MathWorks 来经营 MATLAB 程序. 克里夫·莫勒在加州理工大学取得本科学位，然后在斯坦福大学取得博士学位. 莫勒先后在密歇根大学、斯坦福大学和新墨西哥大学担任数学和计算科学的教授近 20 年. 在 1989 年全职加入 MathWorks 之前，他还在英特尔超立方体公司和 Ardent Computer 公司工作过. 1997 年，莫勒被选为美国国家工程院院士. 在 2007～2008 年，他还担任 SIAM 的主席[68](图片由克里夫·莫勒提供).

5. 从本书的配套网站下载 plotfunction1. m 文件并运行，会在下一页产生两幅图. 上面一张是函数 $f(x)=2\cos x-\mathrm{e}^x$ 在$-6\leqslant x\leqslant 3$ 之间的图像，该图像中显示出有三个根在这个区间内. 下面一张是在一个根附近的放大视图，其显示 $f(x)$有一个根靠近 $x=-1.454$. 注意图中垂直刻度和水平刻度的不同. 还要注意，当我们放大该函数时，它在这个短区间中近似于线性的. 这种方法在我们研究近似根的数值方法时很重要.

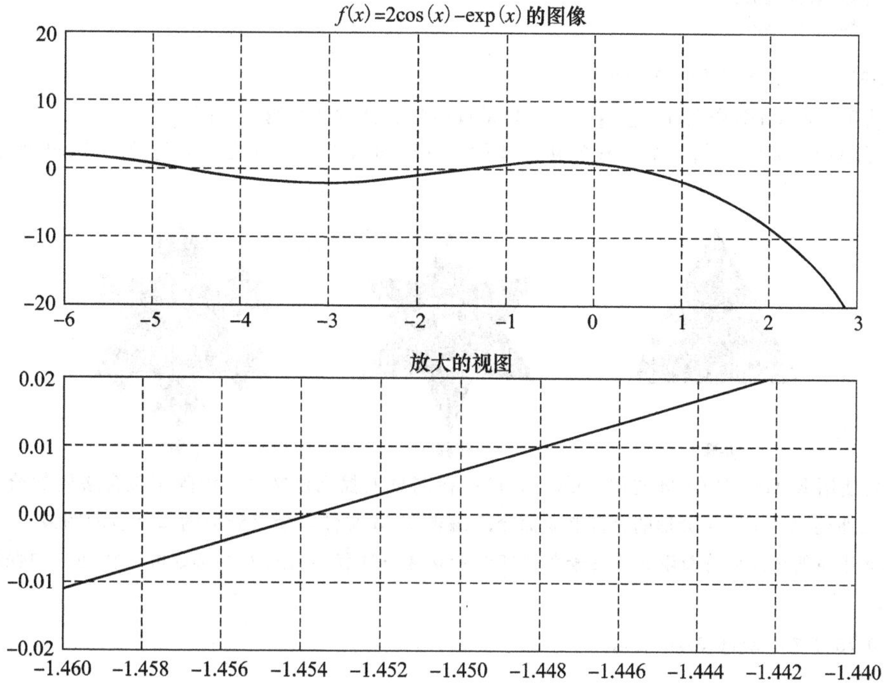

(a) 修改脚本使得下面的图像显示最左边根附近的放大视图．估计这个根的值，至少保留 3 位小数．首先在 MATLAB 中使用放大的功能来观察根的大概位置，再为第二个图选择适当的坐标轴，这种方法是很有用的．

(b) 从(a)部分编辑脚本绘制函数

$$f(x)=\frac{4x\sin x-3}{2+x^2}$$

在 $0\leqslant x\leqslant 4$ 之间的图像并绘制最左侧根的放大视图．从中写出根的估计值并保留 3 位小数．注意，

33 一旦你定义适当的向量 x，你将需要使用适当的分量方式乘法和除法来估计表达式：

```
y = (4*x.*sin(x) - 3) ./ (2 + x.^2);
```

6. 在指定的定义域上绘制下列函数图像．所生成的四张图利用 subplot 命令放在同一页中．

(a) $f(x)=|x-1|$，其中 $-3\leqslant x\leqslant 3$．（使用 MATLAB 中的 abs.）

(b) $f(x)=\sqrt{|x|}$，其中 $-4\leqslant x\leqslant 4$．（使用 MATLAB 中的 sqrt.）

(c) $f(x)=e^{-x^2}=\exp(-x^2)$，其中 $-4\leqslant x\leqslant 4$．（使用 MATLAB 中的 exp.）

(d) $f(x)=\dfrac{1}{10x^2+1}$，其中 $-2\leqslant x\leqslant 2$.

7. 用 MATLAB 画圆

$$(x-2)^2+(y-1)^2=2$$

$$(x-2.5)^2+y^2=3.5$$

并放大图像来近似求出两圆相交位置．

提示：一种办法是如下绘制出第一个圆：

```
theta = linspace(0, 2*pi, 1000);
r = sqrt(2);
x = 2 + r*cos(theta);
y = 1 + r*sin(theta);
plot(x,y)
axis equal       %  所以圆看起来是圆形的!
```

之后，使用 hold on 命令在屏幕上保留这个圆的同时用相似方法画第二个圆．

8. 在这个习题中，你将绘制一个过程的初始步骤，这个过程产生一个分形，称之为 Koch 雪花，描述

34 如下．

步骤0　　步骤1　　步骤2

该练习要使用 MATLAB 的 M 文件 koch. m，可以在网页上找到该文件．中除了包含必要的绘图命令之外，M 文件还包含了产生分形的全部必要命令．编辑该 M 文件，绘出分形的每一步的图像．［提示：只要在整个外部循环语句前面添加绘图命令就可以完成这一过程.］加入下列命令可以在动画中保持图像的一致性．

```
axis([-0.75 0.75 -sqrt(3)/6 1]);
axis equal
```

注意：cla 命令会清除所有坐标轴．最后，在适当地方添加命令 pause(0.5)来减慢动画．(fill 命令和 polt 相反，生成上述所描述的实心的分形.)在第 4 章中我们将会用牛顿法生成分形．

9. 魔术方阵是由数字 $1\sim n^2$ 按照一定顺序排列在一个 $n\times n$ 的矩阵中，满足每个数字只出现一次且任意行、列及对角线上元素的和相同．MATLAB 命令 magic(n)可以生成一个 $n\times n$ 的魔术方阵．生成一个 5×5 的魔术方阵并且使用 MATLAB 中的 sum 命令检验其行、列和对角线上的和相等．创建会话日志来记录工作．[提示：为了求出对角线上的和，请阅读关于 diag 和 flipud 命令的文档。]

10. 在 MATLAB 程序中可以使用更多的高级绘图命令．

(a) 在 MATLAB 命令窗口输入

```
[X,Y,Z] = peaks(30);
surf(X,Y,Z);
```

(b) 给图像命名为"3-D shaded surface plot".

(c) 输入 colormap hot 并观察图像的变化．

(d) 以给定的标题输出最终图像．

11. 计算机制图使得矩阵运算被广泛使用．例如，旋转是简单的矩阵向量运算．在二维情况下，一条曲线可以关于原点逆时针旋转角 θ，只要将曲线上的每一点乘以旋转矩阵 35

$$\boldsymbol{R}=\begin{pmatrix}\cos\theta & -\sin\theta\\ \sin\theta & \cos\theta\end{pmatrix}$$

作为一个例子，让我们将顶点为[1，0]，[0，1]，[−1，0]和[0，−1]的矩形旋转角 $\theta=\frac{\pi}{4}$．在 MATLAB 中，输入下列代码生成初始和旋转的正方形图像，其中一个在另一个上方．

```
% create matrix whose columns contain the coordinates of
% each vertex.
U = [1, 0, -1, 0; 0, 1, 0, -1];

theta = pi/4;

% Create a red unit square
% Note U(1,:) denotes the first row of U
fill(U(1,:),U(2,:),'r')

% Retain current plot and axis properties so that
% subsequent graphing commands add to the existing graph
hold on

% Set the axis
axis([-2 2 -2 2]);

% Perform rotation.
R = [cos(theta) -sin(theta); sin(theta) cos(theta)];
V = R*U;

fill(V(1,:), V(2,:),'b');

axis equal tight, grid on
```

注意：在 MATLAB 中 fill 命令绘制的是实心的多边形，它由两个含有顶点的 x 和 y 坐标的向量决定．

(a) 调整代码绘制顶点为(5，0)，(6，2)和(4，1)的三角形．绘制初始三角形旋转了$\frac{\pi}{2}$、π 和$\frac{3\pi}{2}$弧度后的三角形．将四个三角形置于同一个坐标系上．

(b) 旋转 θ 弧度，再旋转 −θ 弧度，则图像不变．这等价于先乘以 $\boldsymbol{R}(\theta)$再乘以 $\boldsymbol{R}(-\theta)$．用 MATLAB

证实 $\theta=\pi/3$ 和 $\pi/4$ 的矩阵是可逆的(即，它们的乘积是单位矩阵).

36 (c) 利用三角恒等式 $\cos\theta=\cos(-\theta)$ 和 $-\sin\theta=\sin(-\theta)$ 证明对于任意 θ，$\boldsymbol{R}(\theta)$ 与 $\boldsymbol{R}(-\theta)$ 互逆.

(d) 令 $\boldsymbol{R}$ 为逆时针旋转 $\pi/8$ 的矩阵，令 $\hat{\boldsymbol{R}}=0.9*\boldsymbol{R}$. 则矩阵 $\hat{\boldsymbol{R}}$ 同时旋转和收缩其作用的对象. 编写上述代码反复旋转和收缩(每一步的数值都相同)正方形(又是初始坐标为[1, 0]，[0, 1]，[−1, 0]和[0, −1])，迭代 50 次. 图像应为在同一个坐标系中显示的 51 个正方形.

(e) 应用 $\hat{\boldsymbol{R}}$ 但是现在每一次旋转之后将正方形沿 x 方向移动 1 个单位，沿 y 方向移动 2 个单位. 注意，必须对于所有正方形顶点使用旋转和平移. 事实上，得到的正方形应存在一个不动点. 这个点满足等式

$$\begin{pmatrix}x\\y\end{pmatrix}=\hat{\boldsymbol{R}}\begin{pmatrix}x\\y\end{pmatrix}+\begin{pmatrix}1\\2\end{pmatrix}$$

解该方程，求出不动点的数值.

12. 之前的习题是在二维情况下使用旋转矩阵. 现在我们探究在三维情况下计算机绘图模型中矩阵运算的速度. 在图 2-5 中我们看到尤达大师的一个模型. 这种棋盘状布置包括 33 862 个顶点，令 $\boldsymbol{V}$ 是一个 3 列33 862行的矩阵，其中第 i 行含有模型中第 i 个顶点的 x，y，z 坐标. 图像可以通过平移矩阵 $\boldsymbol{T}$ 沿 y 方向平移 t 个单位，其中

$$T=\begin{bmatrix}0&t&0\\0&t&0\\\vdots&\vdots&\vdots\\0&t&0\end{bmatrix}$$

如果 $\boldsymbol{V}_t=\boldsymbol{V}+\boldsymbol{T}$，那么 $\boldsymbol{V}_t$ 包含沿 y 方向平移 t 个单位后的模型的顶点信息.

从网页下载 yoda. m 和 yodapose_low. mat 文件. 在 MATLAB 中运行 yoda. m. 用矩阵加法可以看到模型的动画在空间中平移.

(a) 将 $\boldsymbol{V}$ 右乘 $\boldsymbol{R}_y$，图像可以关于 y 轴旋转 θ 弧度，其中

$$\boldsymbol{R}_y=\begin{bmatrix}\cos\theta&0&-\sin\theta\\0&1&0\\\sin\theta&0&\cos\theta\end{bmatrix}$$

编辑代码连续旋转图像 $\pi/24$ 弧度直到图像关于 y 轴做了完全旋转.

(b) 当使用矩阵乘法(用 $\boldsymbol{R}_y$ 作用)一次旋转图像 $\pi/24$ 弧度时，要执行多少次乘法运算？(记住，$\boldsymbol{V}$ 是一个 33 862×3 的矩阵.)记住这个数，同时观察 MATLAB 运行计算和显示结果的速度.

图 2-5 尤达大师模型由 33 862 个顶点构成.（模型由 Kecskemeti B. Zolton 创建. 图片由 Lucasfilm 有限公司提供.《星球大战前传Ⅱ：克隆人的进攻》中©2002 Lucasfilm 公司. 版权所有. 授权使用. 非授权复制违反相关法律. 数字化的工作由工业光魔公司完成.）

37 **13.** 输入下述 MATLAB 命令，你可以看到一只山魈的图片.

```
load mandrill, image(X), colormap(map), axis off equal
```

220×3 的矩阵的每一行对应一种颜色，且每行的第一、第二和第三个元素分别对应着红、绿、蓝的强度.

(a) 写出一个 3×3 的矩阵 T，当其作用于 map 右边时将颠倒列的顺序. 用 MATLAB 命令 map2＝map＊T；colormap(map2)观察效果. 并解释现象和原因.

(b) 写出一个 3×3 的矩阵 S，当其作用于 map 右边时保持第一、二列不变，第三列变为 0. 使用 MATLAB 命令 map3＝map＊S；colormap(map3)观察这个变换的效果. 并解释现象和原因. 你可

能需要输入 help colormap 来找出具体的新颜色对应着什么.

14. 这个习题中，我们将生成一条不规则的海岸线. 分形有很多用途，这里我们会看到如何使用分形来制造逼真的图画.

我们将使用下列迭代算法来生成二维的不规则景象. 38

0. 开始是一条直线段.

1. 对于当前图中每条线段，找出中点，在图下面用实心菱形标记.

2. 在 x、y 方向上移动随机量得到一个新点，如下所示. 每次迭代会调整随机位移的大小.

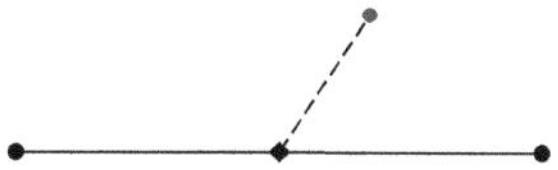

3. 将初始线段的端点与新的点相连.

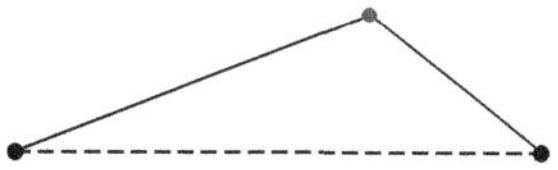

4. 如果图达到要求则停止，否则调整随机位移的大小并回到步骤 1.

为了获得逼真的图画，你需要对每次迭代中的随机位移确定一个适当的范围. 下面的图像是一种选择结果.

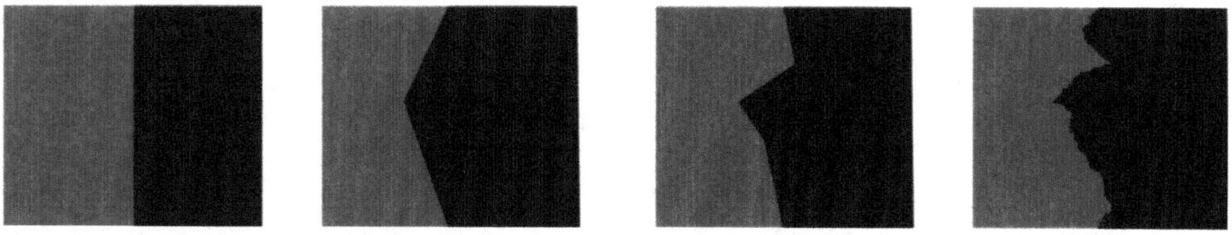

迭代0 迭代1 迭代2 迭代8

本习题中，你不需要为陆地和水着色(尽管可以用 fill 命令实现)，而是仅仅生成一条逼真的海岸线. 如果程序将不规则海岸线上点的 x 和 y 的值分别存储到向量 xValues 和 yValues 中，然后 39
MATLAB 命令：

```
plot(xValues,yValues)
axis equal
```

将在坐标轴上以 1∶1 的纵横比绘制不规则的海岸线.

不规则的海岸线

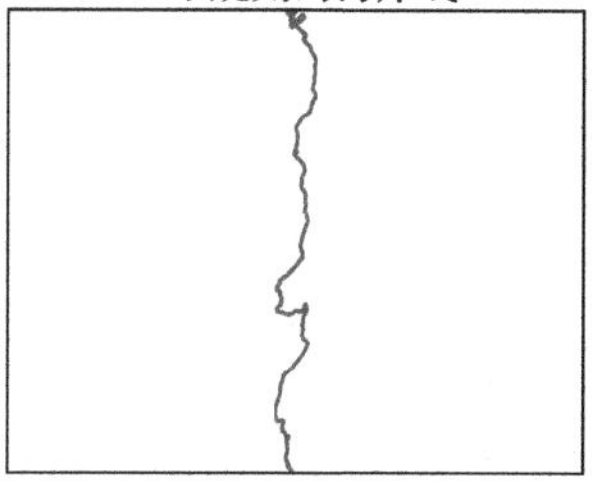

(a) 用上述算法编写生成不规则海岸线的程序.

(b) 对于每次迭代的第 2 步中的替换，描述如何调整运行中随机数的范围.

(c) 用代码至少生成两条不规则的海岸线.

15. 通过输入 helpdesk 或者 doc movie 找出关于 movie 命令的文档. 在关于该命令的文档底部，将能找到如下代码：

```
Z = peaks;
surf(Z);
axis tight
set(gca,'nextplot','replacechildren');
for j = 1:20
    surf(sin(2*pi*j/20)*Z,Z)
    F(j) = getframe;
end movie(F,5)
```

剪切、粘贴该代码到 MATLAB 命令窗口并且描述结果. 通过有效地使用现成的文档可以快速提高对
40 MATLAB 程序的熟练度.

第3章 蒙特卡罗方法

讨论完关于数学建模的内容，现在我们进一步探讨模型中最简单的一种——基于概率模拟自然现象. 这种方法要大量利用随机数，称为**蒙特卡罗**(Monte Carlo)方法.

蒙特卡罗方法本质上是被精心设计出来可以预测有趣现象的机会的游戏. 然而，蒙特卡罗方法和电子计算机之间没有必然联系，计算机实现极大地提高了这类方法的有效性. 一个人也许能亲手把实验做几十遍上百遍甚至一千遍，但是计算机代码可以在几秒钟内模拟相同的实验几百上千遍，甚至是几百万遍. 因为这些计算使用随机数，那么可以获得关于确定性现象的有意义的结果似乎让人感到意外. 而且蒙特卡罗方法还有效地运用于许多问题，它们来自物理学、机械学、经济学及许多其他领域.

3.1 数学纸牌游戏

虽然蒙特卡罗方法已经被用了数百年，但是作为一种搜索工具使用的重要进展却是出现在二战时期，这时期还出现了包括约翰·冯·诺伊曼和斯坦尼斯拉夫·乌拉姆在内的数学家和现代计算机的开端.

乌拉姆在1946年思考一种纸牌游戏取胜可能性的问题时提出了蒙特卡罗方法. 先设定一些必要的假设，它们是关于洗牌的方式和比赛过程中一个游戏者如何做出判定，但是即使有了这些假设，关于取胜可能性的分析性计算也是极其复杂的. 取而代之，乌拉姆开辟了另一条路. 他进行了很多次的游戏，然后观察获胜次数所占的比例. 于是，乌拉姆运用一台早期的大型计算机模拟纸牌进行游戏. 他运行了几百次并且计算了获胜的比例[68].

不再进一步探讨这种纸牌游戏，我们将把注意力转移到一个更现代的纸牌游戏，名为得克萨斯扑克.

得克萨斯扑克中的几率

> “得克萨斯扑克——学会只用一分钟，却要用一生去掌握.”
>
> ——迈克·塞克斯汀，世界扑克巡回赛

如若不然呢? 因为计算机能在几秒钟模拟成百上千次游戏，我们能减少掌握它的时间么? 如果掌握这个游戏意味着学会在防止被他们看懂的同时能有效看懂你对手的心思，那么可能并非如此. 但是如果我们对于利用已有的知识了解取胜几率有些许兴趣，那么计算机可以通过模拟几千次或者几百万次的随机游戏并且计数每位玩家的赢、输和平局的比例. 这种模拟称为蒙特卡罗模拟.

比赛的规则如下：向每个玩家发两张牌，牌面向下. 然后展示五张公用牌，面朝上. 每位玩家从两张手牌和五张公用牌中选出五张配出自己最好的牌型，而牌型最好的人获胜. 在交易过程中有几轮下注的机会，并且其中蕴含着大量的德州扑克策略. 如果一个人的手气很差，他可以下很大的注以迷惑对手，使其他玩家弃牌（由于担心继续加注会失去更多，从而放弃并失去所有目前为止所下的赌注）．这种策略叫**诈唬**（bluffing）．尽管已做了大量努力来开发计算机程序，使之能智能下注和唬骗，但是这是一项极其困难的任务并且远远超出了本书的范围．这里，我们简单讨论在没有玩家放弃的情况下，给定第一行两张牌的胜率．当比赛在电视上播出的时候，这些几率可以迅速公布在屏幕上．那他们正确么？这些几率是怎么判定的？

表 3-1 显示了两人比赛中一人胜利、失败和平局的几率，其中给定了任意初始牌并且假设对手的两张手牌和五张公用牌是从剩余牌中随机抽取的．另外，假设过程中没有弃牌．根据数据绘制图 3-1．取胜或失败的概率绘成了连续的线，但是曲线上标着 o 的点对应着顶部 8 种牌型和尾部 3 种牌型．

表 3-1 两人比赛中胜负几率，假设无弃牌．W＝胜，L＝负，T＝平，s＝匹配的，u＝不匹配的

初始两张牌	W	L	T	初始两张牌	W	L	T	初始两张牌	W	L	T
A，A	0.85	0.15	0.01	A，5(s)	0.58	0.38	0.04	K，4(s)	0.53	0.43	0.04
K，K	0.82	0.17	0.01	K，10(u)	0.59	0.39	0.03	A，2(u)	0.53	0.43	0.04
Q，Q	0.79	0.20	0.01	A，6(s)	0.58	0.39	0.04	K，6(u)	0.52	0.44	0.04
J，J	0.77	0.23	0.01	A，8(u)	0.58	0.39	0.03	J，8(s)	0.52	0.44	0.03
10，10	0.75	0.24	0.01	Q，10(s)	0.58	0.39	0.03	K，3(s)	0.52	0.44	0.04
9，9	0.72	0.28	0.01	A，4(s)	0.57	0.39	0.04	Q，7(s)	0.52	0.44	0.04
8，8	0.69	0.30	0.01	A，7(u)	0.57	0.40	0.03	10，9(s)	0.52	0.44	0.03
A，K(s)	0.66	0.32	0.02	A，3(s)	0.56	0.40	0.04	3，3	0.53	0.45	0.02
A，Q(s)	0.65	0.33	0.02	K，8(s)	0.56	0.40	0.03	Q，8(u)	0.52	0.45	0.03
7，7	0.65	0.33	0.01	Q，J(u)	0.57	0.41	0.03	Q，6(s)	0.51	0.45	0.04
A，J(s)	0.65	0.33	0.02	K，9(u)	0.56	0.41	0.03	K，5(u)	0.51	0.45	0.04
A，K(u)	0.64	0.34	0.02	Q，9(s)	0.56	0.41	0.03	K，2(s)	0.51	0.45	0.04
A，10(s)	0.64	0.34	0.02	K，7(s)	0.56	0.41	0.03	J，9(u)	0.52	0.45	0.03
A，Q(u)	0.63	0.35	0.02	A，6(u)	0.56	0.41	0.04	Q，5(s)	0.51	0.45	0.04
A，J(u)	0.63	0.35	0.02	J，10(s)	0.56	0.41	0.03	K，4(u)	0.50	0.45	0.04
K，Q(s)	0.62	0.36	0.02	A，5(u)	0.55	0.41	0.04	J，7(s)	0.51	0.46	0.04
6，6	0.63	0.36	0.01	A，2(s)	0.56	0.41	0.04	10，8(s)	0.50	0.46	0.04
A，9(s)	0.61	0.36	0.03	Q，10(u)	0.56	0.41	0.03	Q，4(s)	0.50	0.46	0.04
A，10(u)	0.62	0.36	0.02	4，4	0.56	0.42	0.02	Q，7(u)	0.50	0.46	0.04
K，J(s)	0.61	0.36	0.02	A，4(u)	0.55	0.41	0.04	10，9(u)	0.50	0.47	0.03
A，8(s)	0.60	0.37	0.03	K，6(s)	0.55	0.42	0.04	J，8(u)	0.50	0.47	0.04
K，10(s)	0.60	0.37	0.02	Q，8(s)	0.54	0.42	0.03	K，3(u)	0.49	0.46	0.04
K，Q(u)	0.60	0.38	0.02	K，8(u)	0.54	0.42	0.03	Q，3(s)	0.49	0.47	0.04
A，7(s)	0.59	0.37	0.03	A，3(u)	0.54	0.42	0.04	Q，6(u)	0.49	0.47	0.04
K，J(u)	0.60	0.38	0.02	K，5(s)	0.54	0.42	0.04	J，6(s)	0.49	0.47	0.04
A，9(u)	0.59	0.38	0.03	J，9(s)	0.54	0.43	0.03	9，8(s)	0.49	0.47	0.04
5，5	0.60	0.39	0.01	Q，9(u)	0.54	0.43	0.03	10，7(s)	0.49	0.47	0.04
Q，J(s)	0.59	0.39	0.02	J，10(u)	0.54	0.43	0.03	2，2	0.50	0.49	0.02
K，9(s)	0.59	0.39	0.03	K，7(u)	0.53	0.43	0.04	K，2(u)	0.48	0.47	0.04

(续)

初始两张牌	W	L	T	初始两张牌	W	L	T	初始两张牌	W	L	T
Q，2(s)	0.48	0.48	0.04	7，6(s)	0.43	0.52	0.05	7，3(s)	0.37	0.57	0.05
J，5(s)	0.48	0.48	0.04	10，2(s)	0.43	0.53	0.05	6，5(u)	0.37	0.57	0.06
Q，5(u)	0.48	0.48	0.04	8，7(u)	0.43	0.53	0.05	5，3(s)	0.37	0.57	0.06
J，7(u)	0.48	0.48	0.04	8，5(s)	0.42	0.53	0.05	8，4(u)	0.37	0.58	0.06
10，8(u)	0.48	0.48	0.04	9，6(u)	0.42	0.53	0.05	6，3(s)	0.37	0.58	0.06
Q，4(u)	0.47	0.49	0.04	J，2(u)	0.42	0.53	0.05	9，2(u)	0.36	0.58	0.05
9，7(s)	0.47	0.49	0.04	9，4(s)	0.42	0.54	0.05	4，3(s)	0.36	0.59	0.06
10，6(s)	0.47	0.49	0.04	10，5(u)	0.41	0.54	0.05	7，4(u)	0.36	0.59	0.06
J，4(s)	0.47	0.49	0.04	7，5(s)	0.41	0.54	0.05	7，2(s)	0.35	0.59	0.05
Q，3(u)	0.46	0.50	0.04	10，4(u)	0.41	0.54	0.05	5，4(u)	0.35	0.59	0.06
8，7(s)	0.46	0.50	0.04	9，3(s)	0.41	0.54	0.05	6，4(u)	0.35	0.59	0.06
9，8(u)	0.46	0.50	0.04	8，6(u)	0.41	0.54	0.05	6，2(s)	0.35	0.59	0.06
J，3(s)	0.46	0.50	0.04	6，5(s)	0.40	0.54	0.06	5，2(s)	0.35	0.59	0.06
10，7(u)	0.46	0.50	0.04	8，4(s)	0.40	0.55	0.05	8，3(u)	0.35	0.60	0.05
J，6(u)	0.46	0.50	0.04	9，5(u)	0.40	0.55	0.05	4，2(s)	0.34	0.60	0.06
J，2(s)	0.45	0.50	0.04	10，3(u)	0.40	0.55	0.05	8，2(u)	0.34	0.61	0.06
Q，2(u)	0.45	0.50	0.04	9，2(s)	0.40	0.55	0.05	7，3(u)	0.33	0.61	0.06
J，5(u)	0.45	0.50	0.05	7，6(u)	0.39	0.55	0.05	5，3(u)	0.33	0.61	0.06
9，6(s)	0.45	0.50	0.05	7，4(s)	0.39	0.55	0.05	6，3(u)	0.33	0.61	0.06
10，5(s)	0.45	0.51	0.05	8，5(u)	0.39	0.56	0.05	3，2(s)	0.33	0.61	0.06
10，6(u)	0.44	0.51	0.04	10，2(u)	0.39	0.56	0.05	4，3(u)	0.32	0.62	0.06
10，4(s)	0.44	0.51	0.05	6，4(s)	0.38	0.56	0.06	7，2(u)	0.32	0.63	0.06
J，4(u)	0.44	0.51	0.05	5，4(s)	0.38	0.56	0.06	5，2(u)	0.31	0.63	0.06
9，7(u)	0.44	0.52	0.04	8，3(s)	0.39	0.56	0.05	6，2(u)	0.31	0.63	0.06
8，6(s)	0.44	0.52	0.05	9，4(u)	0.38	0.57	0.05	4，2(u)	0.30	0.64	0.06
9，5(s)	0.43	0.52	0.05	7，5(u)	0.38	0.57	0.06	3，2(u)	0.29	0.65	0.06
J，3(u)	0.43	0.52	0.05	8，2(s)	0.38	0.57	0.05				
10，3(s)	0.43	0.52	0.05	9，3(u)	0.37	0.57	0.05				

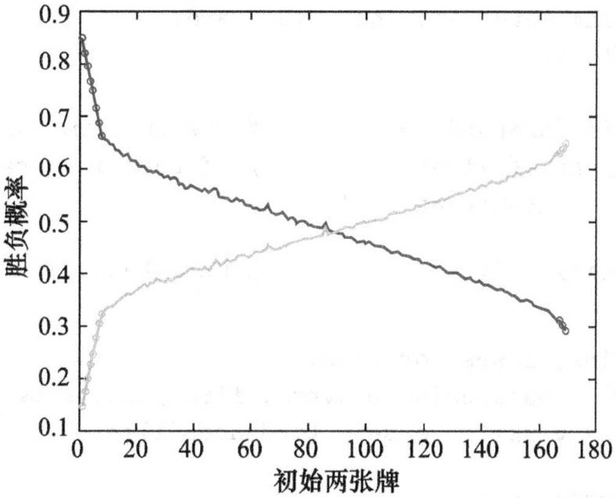

图 3-1　表 3-1 中每种 2 张初始手牌的取胜(黑)和失败(灰)概率．水平轴是牌型数从头(1＝A，A)到尾(169＝3，2(u))．头 8 种和尾 3 种在曲线上用 o 标出

图 3-2 显示了大部分的 MATLAB 代码，其用于生成这份图表的数据．代码中使用 function whowins(没有显示)来比较玩家的牌型和判断胜负．

```
% User specifies his first two cards, the number of players, and the number of
% simulations to run. This routine runs the desired number of simulations of
% Texas Holdem and reports the number of wins, losses, and ties.
%
% Cards:
%    rank: 2=2, ..., 10=10, J=11, Q=12, K=13, A=14.
%    suit: C=1, D=2, H=3, S=4.
%    cardno = (rank-2)*4 + suit    (1--52)
%
taken = zeros(52,1);   % Keep track of cards that have alreadybeen dealt.
% Get input from user.
no_players = input(' Enter number of players: ');
first_two = input(' Enter first two cards: [cardno1; cardno2]');
  taken(first_two(1,1)) = 1;  taken(first_two(2,1)) = 1;    % Mark user's cards
                                                            % as taken.
no_plays = input(' Enter number of times to play this hand: ');
% Loop over simulations, counting wins, losses, and ties.
wins = 0;  ties = 0;  losses = 0; takeninit = taken;
for play=1:no_plays,
%    Deal first two cards to other players.
  for m=2:no_players,
    for i=1:2,
      first_two(i,m) = fix(52*rand) + 1;    % Use uniform random distribution.
      while taken(first_two(i,m))==1,       % If card is already taken, try again.
        first_two(i,m) = fix(52*rand) + 1;
      end;
      taken(first_two(i,m)) = 1;                % Mark this card as taken.
    end;
  end;
%    Deal the flop, the turn, and the river card.
  show_cards = zeros(5,1);
  for i=1:5,
    show_cards(i) = fix(52*rand) + 1;        % Use uniform random distribution.
    while taken(show_cards(i))==1,           % If card is already taken, try again.
      show_cards(i) = fix(52*rand) + 1;
    end;
    taken(show_cards(i)) = 1;                % Mark this card as taken.
  end;

%    See if hand 1 wins, loses, or ties.
  [winner, tiedhands] = whowins(no_players, first_two, show_cards);
  if winner==1, wins = wins+1;  elseif tiedhands(1)==1,
  ties = ties+1;
  else losses = losses+1; end;
  taken = takeninit;                         % Prepare for new hand.
end;
wins, losses, ties                           % Print results.
```

图 3-2 模拟德州扑克的 MATLAB 代码

分发卡牌是用 MATLAB 随机数生成器 rand 模拟的. 它从 0 到 1 的均匀分布中产生一个随机数. 但是牌是从 1(梅花 2)到 52(黑桃 A). 为了确定下一张牌，我们用表达式 fix(52 * rand)+1. 如果 rand 的结果在区间$\left[\frac{k}{52}, \frac{(k+1)}{52}\right]$，其中 k 为某一非负整数，那么 52 * rand 就处于区间$[k, k+1]$. MATLAB 函数 fix 用于截取参数的整数部分，所以 42
fix(52 * rand)生成整数 k. 由于 k 位于 0 和 51 之间，我们将这个数加 1 来获得牌的数字. 当然，已经分发的牌不能再出现，所以我们用向量 taken 记录哪些牌已经出现了. 如果生成了一张随机牌但发现它已经作为 taken 被标记，那么我们就简单地重试直到生成的随机牌没有出现过. 其他方法将使用 MTALAB 命令 randperm，它使用 rand 生成全副 52 张牌 43
的一个排列. 用这种方法，则不需要担心有重牌，但是要想使一副牌中实际使用的牌数适中，却要花费相对长的时间. 另一方面，如果有大量玩家且对图 3-2 使用代码会产生许多重牌时，这种办法确实会更加有效率.

如果仔细研究表 3-1，将发现一些明显的反常. 用每种牌型进行了 100 000 次比赛，再依据胜负从最好到最差分类. 虽然概率值只输出两位小数，但是胜、负、平局的次数被准确记录并且作为了排序的根据.

有时声称 2，7(u)可能是最差的第一手牌，理由是尽管 2，3(u)，…，2，6(u)是更小的牌，但是如果公用牌合适，它们每个都可能成为顺子，但是 2，7(u)没有这种可能. 然而表 3-1 显示 2，3(u)是最差的初始手牌，其获胜概率是 0.29，而 2，7(u)是 0.32. 这个差别是真的吗？或者是当差别很小时 100 000 次模拟不足以断定哪个初始手牌更好？

注意 A，5(s)比 A，6(s)高，或许是因为 A，5 可能成顺子(A，2，3，4，5)，但那么为什么 A，6(u)比 A，5(u)高？也许这里的差别非常小以至于在 100 000 次模拟中不足以判定哪一个初始手牌更好. 相似的可能的反常还发生在 5，3(s 或 u)比 6，3(s 或 u)高，5，4(u)比 6，4(u)高，以及 5，2(u)比 6，2(u)高. 也许代码存在细微的错误. 蒙特卡罗代码是臭名昭著的难以调试，因为从一个运行到下一个的结果中有大量变量. 假设代码中没有错误，如何知道这些结果是否真实或者处于期望的统计误差中？ 44

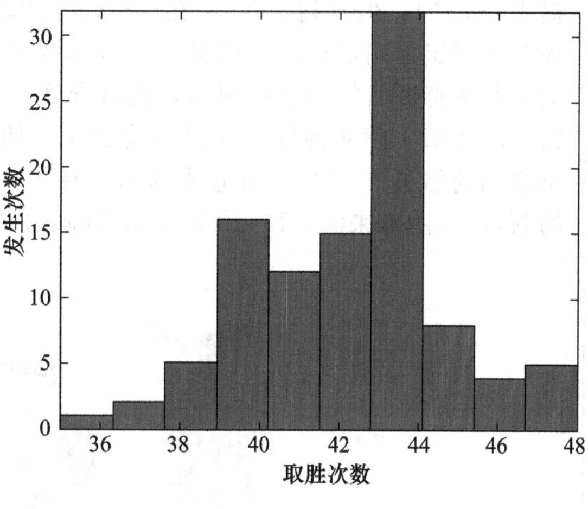

图 3-3　初始牌是双 A 的德州扑克 50 次模拟后取胜次数柱状图

我们不能准确地回答这个问题，但是我们将叙述一些定理，它们是关于蒙特卡罗代码产生的结果的预期分布，将对于一个计算结果有多少可信度给我们一些指示. 45

在把注意力转向为理解蒙特卡罗结果所需要的基础统计之前，让我们先运行代码看看哪些类型的模式出现. 用 MATLAB 文件 holdem.m，whowins.m 和 findhand.m，我们模拟 50 局比赛，每次初始为一张黑桃 A 和一张红桃 A，然后发对手两张随机牌. 该实验赢 44 输 6 平 0. 这表明初始牌有两张 A 有 88% 的取胜机会. 我们又重复了

50局实验，这次胜36输14，表明只有72%的取胜几率．图3-3显示了每100次实验中取胜的次数柱状图，其中每次实验室模拟了50局初始牌为双A对抗随机初始牌．

从柱状图中，我们能看到计算的取胜概率在72%到96%之间变化．这是一个相对比较大的变化范围，并且可以猜想这种变化随着每次实验中模拟局数的增多而减小．

假设我们增加每次实验的比赛次数到10 000．图3-4显示了100次实验中取胜次数的柱状图，其中每次实验由10 000局比赛构成．注意到胜利的概率现在仅在84%到86%之间变动．在接下来的一节，我们将叙述一个由于增加每次试验中比赛局数而使变动范围缩小的定量结果．还要注意大部分结果如何落到了柱状图的中心，产生结果的实验数量明显不同于这个随我们远离中心而减小的中心值．这个观察也将由中心极限定理来量化．

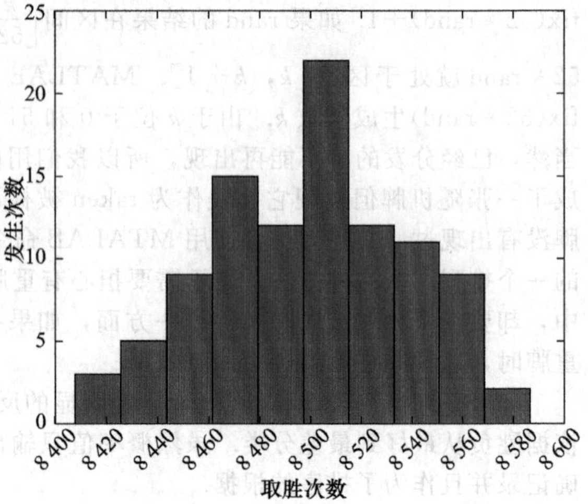

图3-4　初始牌是双A的德州扑克10 000次模拟后取胜次数柱状图

3.2　基础统计

46 为了理解蒙特卡罗模拟的结果，我们开始讨论所需的基础统计．

蒙提霍尔问题

蒙提霍尔问题最初是由史蒂夫·塞尔文在1975年写给《美国统计学家》的一封信里提出来的[89]，但直到1990年在《Parade》杂志的玛莉莲·沃斯·萨文特专栏“请教玛莉莲”上登出才引起广泛的关注．该问题陈述为门后的山羊和汽车．在她的专栏中，沃斯·萨文特断言换门是有利的，而这导致在数千封的来信中有92%的人坚持认为是她错了．沃斯·萨文特号召全国的数学课上使用便士和纸杯来估计此概率，后来的报告符合她的结果[86,100-102]．在这章最后的练习里，你有机会利用蒙特卡罗模拟来验证莎凡的断言．（图像来源：Real Carriage Door公司．）

47

3.2.1 离散随机变量

一个离散随机变量 X 取值 x_i 的概率是 $p_i(i=1, \cdots, m)$，其中 $\sum_{i=1}^{m} p_i = 1$.

例 3.2.1 投一个均匀骰子，令 X 是顶面呈现的值. 那么 X 取值 1 到 6，每个取值的概率是 1/6. ■

例 3.2.2(蒙提霍尔问题) 你被告知有一百美元在三扇门中的一扇后面，并且其他两扇后面什么也没有. 选择一扇门并且令 X 为你在门后发现的钱数. 则 X 为 100 的概率是 1/3，为 0 的概率是 2/3. ■

现在假设在选择一扇门之后但在打开它之前，你被告知另外两扇中的一扇里没有钱；假设 100 美元确实在第一扇门后面. 如果你猜第一扇，则被告知第二或者第三扇中没有；如果你猜第二扇，则被告知第三扇里没有钱；而如果你猜第三扇，则被告知第二扇里没有钱. 你现在也许改变猜测选剩下的门——你最开始没有选择的并且没有被告知是否有 100 美元的那扇门. 令 Y 是你改变猜测后找到的钱数. 那么 Y 取值 100 的可能性是 2/3，取值 0 的可能性是 1/3. 知道为什么吗？

如果你最初的猜测是对的并且你改了选择，那么你什么也得不到. 这件事发生的概率是 1/3. 但是如果你最初的猜测是错的，这种情况的概率是 2/3，现在被告知了另外的门中哪个没有钱，因此如果改主意选剩下的门，你将得到 100 美元. 如果你还是不能相信，试着和一个朋友玩这个游戏 10 次或 20 次. (但是不要为了钱玩!)最初试着坚持初始选择，然后试着改变选择的门，当附加信息显示时，看那种策略更奏效.

一个离散随机变量 X 的**期望**定义为

$$E(X) \equiv \langle X \rangle = \sum_{i=1}^{m} p_i x_i$$

它有时也叫作随机变量 X 的**平均值**，记为 μ.

在例 3.2.1 中，

$$E(X) = \frac{1}{6} \cdot 1 + \frac{1}{6} \cdot 2 + \frac{1}{6} \cdot 3 + \frac{1}{6} \cdot 4 + \frac{1}{6} \cdot 5 + \frac{1}{6} \cdot 6 = \frac{7}{2}$$

在例 3.2.2 中，

$$E(X) = \frac{1}{3} \cdot 100 + \frac{2}{3} \cdot 0 = 33\,\frac{1}{3}$$

$$E(Y) = \frac{2}{3} \cdot 100 + \frac{1}{3} \cdot 0 = 66\,\frac{2}{3}$$

48

如果 X 是一个离散随机变量，且 g 是任意函数，那么 $g(X)$是离散随机变量，且

$$E(g(X)) = \sum_{i=1}^{m} p_i g(x_i)$$

例 3.2.3 $g(X)=aX+b$，a 和 b 是常数.

$$E(g(X)) = \sum_{i=1}^{m} p_i (ax_i + b)$$

$$= a\sum_{i=1}^{m} p_i x_i + b \quad (\text{因} \sum_{i=1}^{m} p_i = 1)$$
$$= a \cdot E(X) + b$$
■

例 3.2.4 $g(X)=X^2$. 那么 $E(g(X)) = \sum_{i=1}^{m} p_i x_i^2$. ■

在例 3.2.1 中，

$$E(X^2) = \frac{1}{6}\cdot 1^2 + \frac{1}{6}\cdot 2^2 + \frac{1}{6}\cdot 3^2 + \frac{1}{6}\cdot 4^2 + \frac{1}{6}\cdot 5^2 + \frac{1}{6}\cdot 6^2 = \frac{91}{6}$$

又 $\mu=E(X)$是 X 的期望. X 和 μ 差的平方和的期望是

$$E((X-\mu)^2) = \sum_{i=1}^{m} p_i(x_i-\mu)^2 = \sum_{i=1}^{m} p_i(x_i^2 - 2\mu x_i + \mu^2)$$
$$= \sum_{i=1}^{m} p_i x_i^2 - 2\mu\sum_{i=1}^{m} p_i x_i + \mu^2 = E(X^2) - \mu^2 = E(X^2) - (E(X))^2$$

数值 $E(X^2)-(E(X))^2$ 称为随机变量 X 的**方差**，记为 $\mathrm{var}(X)$. 注意标量 c 乘以随机变量 X 的方差是 $c^2\mathrm{var}(X)$，这是因为 $E((cX)^2)-(E(cX))^2 = c^2[E(X^2)-(E(X))^2] = c^2\mathrm{var}(X)$. 方差的平方根 $\sigma \equiv \sqrt{\mathrm{var}(X)}$称为**标准差**. 在例 3.2.1 中，

$$\mathrm{var}(X) = \frac{91}{6} - \left(\frac{7}{2}\right)^2 = \frac{35}{12}, \quad \sigma(X) = \sqrt{\frac{35}{12}} \approx 1.708$$

令 X 和 Y 是两个随机变量，那么 $X+Y$ 和的期望是两个期望的和：$E(X+Y)=E(X)+$
49 $E(Y)$. 为了理解这个结论，假设 X 取值 x_i，对应概率为 $p_i(i=1, \cdots, m)$，而 Y 取值 y_i，对应概率为 $q_j(j=1, \cdots, n)$，那么

$$E(X+Y) = \sum_{i=1}^{m}\sum_{j=1}^{n}(x_i+y_j)\cdot Prob(X=x_i \text{ 且 } Y=y_j)$$
$$= \sum_{i=1}^{m} x_i \sum_{j=1}^{n} Prob(X=x_i \text{ 且 } Y=y_j) + \sum_{j=1}^{n} y_j \sum_{i=1}^{m} Prob(X=x_i \text{ 且 } Y=y_j)$$
$$= \sum_{i=1}^{m} x_i p_i + \sum_{j=1}^{n} y_j q_j = E(X) + E(Y)$$

最后一行是因为 $\sum_{j=1}^{n} Prob(X=x_i \text{ 且 } Y=y_j)$ 是 $X=x_i$ 且 $Y=y_j(j=1, \cdots, n)$的概率，又 Y 取遍 $y_1, \cdots, y_n$ 中每一个的概率为 1. 因此这个和恰好是 $Prob(X=x_i)=p_i$，且相似地，$\sum_{i=1}^{m} Prob(X=x_i \text{ 且 } Y=y_j)$ 是 $Y=y_j$ 的概率 q_j .

两个随机变量的和的方差有一点复杂. 再令 X 和 Y 是两个随机变量，c_1 和 c_2 是两个常数. 那么 c_1X+c_2Y 的方差可以如下采用期望表示：

$$\mathrm{var}(c_1X+c_2Y) = E((c_1X+c_2Y)^2) - (E(c_1X+c_2Y))^2$$
$$= E(c_1^2X^2 + 2c_1c_2XY + c_2^2Y^2) - (c_1E(X) + c_2E(Y))^2$$
$$= c_1^2E(X^2) + 2c_1c_2E(XY) + c_2^2E(Y^2) - [(c_1^2(E(X))^2$$
$$+ 2c_1c_2E(X)E(Y) + c_2^2(E(Y))^2]$$

$$= c_1^2 \mathrm{var}(X) + c_2^2 \mathrm{var}(Y) + 2c_1c_2(E(XY) - E(X)E(Y))$$

X 和 Y 的**协方差**记为 $\mathrm{cov}(X, Y)$，等于 $E(XY)-E(X)E(Y)$.

两个随机变量 X 和 Y 称为**独立的**，如果一个的值不依赖于另一个，即无论 Y 取何值 $X=x_i$ 的概率都相同，且无论 X 取何值 $Y=y_j$ 的概率都相同. 等价地，$X=x_i$ 且 $Y=y_j$ 的概率是 $X=x_i$ 的概率和 $Y=y_j$ 的概率的乘积.

例 3.2.5 投掷两个均匀硬币. 有四种相等概率的可能出现：HH，HT，TH，TT. 如果第一个硬币是正面令 X 为 1，是反面为 0. 如果第二个是正面令 Y 为 1，是反面为 0. 那么 X 和 Y 是独立的，因为，例如

$$Prob(X = 1 \text{ 且 } Y = 0) = \frac{1}{4} = \frac{1}{2} \cdot \frac{1}{2} = Prob(X = 1) \cdot Prob(Y = 0)$$

且相似地，对于其他所有可能值， 50

$$Prob(X = x_i \text{ 且} Y = y_j) = Prob(X = x_i) \cdot Prob(Y = y_j)$$

反之，如果我们定义结果是 TT 则 Y 为 0 而其他情况为 1，那么 X 和 Y 不独立，因为，例如 $Prob(X=1 \text{ 且 } Y=0)=0$，但是 $Prob(X=1)=\frac{1}{2}$ 且 $Prob(Y=0)=\frac{1}{4}$. ■

如果 X 和 Y 是独立随机变量，那么 $\mathrm{cov}(X, Y)=0$，且

$$\mathrm{var}(c_1X + c_2Y) = c_1^2 \mathrm{var}(X) + c_2^2 \mathrm{var}(Y)$$

3.2.2 连续随机变量

如果一个随机变量 X 能取到一串连续值中的任意值，比方说 0 和 1 之间的任意值，那么我们不能用列出所有 x_i 和给出 $X=x_i$ 的概率 p_i 的方法定义它；对于任意单个的 x_i，$Prob(X=x_i)$是 0. 取而代之，我们可以定义**累积分布函数**，$F(x) \equiv Prob(X < x)$，或**概率密度函数(pdf)**，

$$\rho(x)\mathrm{d}x \equiv Prob(X \in [x, x+\mathrm{d}x]) = F(x+\mathrm{d}x) - F(x)$$

两边除以 $\mathrm{d}x$，且令 $\mathrm{d}x \to 0$，我们得到

$$\rho(x) = F'(x), \quad F(x) = \int_{-\infty}^{x} \rho(t)\mathrm{d}t$$

连续随机变量 X 的期望定义为

$$E(X) = \int_{-\infty}^{\infty} x\rho(x)\mathrm{d}x$$

注意，由定义可得 $\int_{-\infty}^{\infty} \rho(x)\mathrm{d}x = 1$. X^2 的期望是

$$E(X^2) = \int_{-\infty}^{\infty} x^2 \rho(x)\mathrm{d}x$$

且方差仍定义为 $E(X^2)-(E(X))^2$.

例 3.2.6 [0，1]上的均匀分布：

$$F(x) = \begin{cases} 0 & \text{若 } x < 0 \\ x & \text{若 } 0 \leqslant x \leqslant 1 \\ 1 & \text{若 } x > 1 \end{cases} \qquad \rho(x) = \begin{cases} 0 & \text{若 } x < 0 \\ 1 & \text{若 } 0 \leqslant x \leqslant 1 \\ 0 & \text{若 } x > 1 \end{cases}$$

$$E(X)=\int_{-\infty}^{\infty}x\rho(x)\mathrm{d}x=\int_{0}^{1}x\mathrm{d}x=\frac{1}{2}$$

51

$$\mathrm{var}(X)=\int_{0}^{1}x^2\,\mathrm{d}x-\left(\frac{1}{2}\right)^2=\frac{1}{3}-\frac{1}{4}=\frac{1}{12}$$

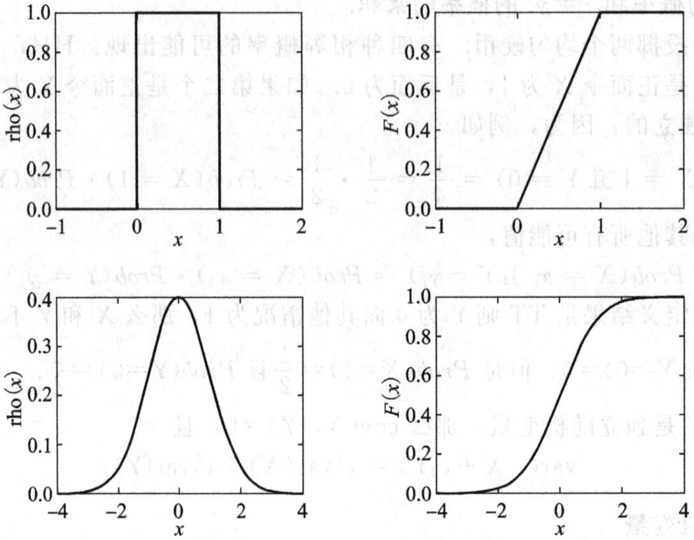

图 3-5　区间[0，1]中的均匀分布和期望是 0，方差是 1 的正态分布的概率密度函数 $\rho(x)$和累积分布函数 $F(x)$ ■

例 3.2.7　正态(高斯)分布，期望μ，方差σ^2：

$$\rho(x)=\frac{1}{\sigma\sqrt{2\pi}}\exp\left(-\frac{(x-\mu)^2}{2\sigma^2}\right)$$

$$F(x)=\frac{1}{\sigma\sqrt{2\pi}}\int_{-\infty}^{x}\exp\left(-\frac{(t-\mu)^2}{2\sigma^2}\right)\mathrm{d}t$$

在 MATLAB 中：

rand 从 0 和 1 间的均匀分布中生成随机数.

假设你需要−1 和 3 之间的均匀分布的随机数. 如何用 rand 生成这样一个分布呢?

答： 4 * rand 是 0 和 4 之间的均匀分布，所以 4 * rand-1 给出了−1 和 3 之间的均匀分布.

randn 从期望为 0，方差为 1 的正态分布生成随机数.

假设你需要随机数来自一个期望为 6 和方差为 4 的正态分布. 如何利用 randn 来获得这样一个分布?

52 **答：** 因为一个标量乘上随机变量的方差为该标量的平方乘以该随机变量的方差，为了得到方差为 4 的正态分布，我们必须取 2 * randn. 这样就从期望为 0，方差为 4 的正态分布中生成一个随机数. 为了将期望变为 6，我们简单地加上 6：2 * randn+6 即可得到想要的结果. ■

3.2.3　中心极限定理

令 X_1，…，X_N 是独立且同分布(iid)的随机变量，期望为 μ，方差为 σ^2．考虑平均值 $A_N=\frac{1}{N}\sum_{i=1}^{N}X_i$．根据大数定律，当 N→∞时，这个平均值接近期望 μ 的概率为 1.

例 3.2.8　如果你投掷一个均匀的硬币足够多次，正面的比例将接近$\frac{1}{2}$.

中心极限定理叙述为：对于足够大的 N，随机变量 A_N 的值是关于 μ 及方差$\frac{\sigma^2}{N}$的正态分布．方差的表达式来自我们得到的方差加法和乘法的结果：

$$\mathrm{var}(A_N)=\frac{1}{N^2}\sum_{i=1}^{N}\mathrm{var}(X_i)=\frac{\sigma^2}{N}$$

■

定理 3.2.1(中心极限定理)　*令 X_1，X_2，…，X_N 是独立同分布的(iid)随机变量．那么当样本的数量趋于无穷时，样本平均 A_N 趋近于一个正态分布．这个分布的期望是每个 X_i 的期望，且该分布的方差是每个 X_i 的方差除以样本数 N.*

花一点时间来看看这个定理的力量．该定理允许任意独立同分布的随机变量 X_i．两个随机变量 X_i 和 Y_i 也许有相差很大的分布，比如一个是均匀分布一个是高偏斜分布．但是，如果对每个多次重复试验，当样本数量增加时，样本平均值的分布结果都趋向于一个正态(高斯)分布.

作为一个例子，假设我们投一个均匀硬币 1000 次，并且记录其出现正面次数的比例．我们可以考虑分数 A_{1000} 作为 1000 个随机变量 X_i 的平均值，其中 X_i 的定义为

$$X_i=\begin{cases}1 & \text{有 } i \text{ 次正面}\\ 0 & \text{有 } i \text{ 次反面}\end{cases}$$

虽然单个随机变量 X_i 取值只有离散的 0 和 1 两个值，每一个的概率是 0.5，中心极限定理告诉我们其平均 $A_{1000}=\frac{1}{1000}\sum_{i=1}^{1000}X_i$ 将接近正态分布；即，如果我们进行这个 1000 投硬币实验，比如说 100 次，每次记录正面的比例，然后将结果绘成条形图，它将看起来很像一个正态分布，且结果主要位于期望 0.5 附近并随着远离期望值而减小．当然，所有 A_{1000} 53
的值将位于 0 和 1 之间，所以这不是一个精确的正态分布，但是中心极限定理保证如果实验数量足够大，那么样本平均值将接近正态分布.

关于 A_{1000} 的值所服从的正态分布，我们还能有更多细节．它的期望是 0.5(单独 X_i 的期望)及方差等于$\frac{\mathrm{var}(X_i)}{1000}$．因为随机变量 X_i 只取值 0 和 1，所以它的期望容易计算．随机变量 X_i^2 也只取值 0 和 1，且如果 X_i 为 1 时为 1，X_i 为 0 时为 0，所以它的期望和 X_i 相同，即 0.5．因此 $\mathrm{var}(X_i)=E(X_i^2)-(E(X_i))^2=0.5-0.5^2=0.25$．于是 A_{1000} 的方差是 0.000 25 且标准差是该数的平方根，大约为 0.0158．一个服从正态分布的随机变量落在与期望偏差一个标准差范围里的部分的概率大约是 68%，落在与期望偏差两个标准差范围里的部分大约是 95%，而落在与期望偏差三个标准差范围里的部分大约是 99.7%．这意味着 A_{1000} 的值有大约 68% 将在 0.4842 到 0.5158 之间，大约 95% 在 0.4684 到 0.5316 之间，大约 99.7% 在 0.4526 到 0.5474 之间.

在实际中如何运用中心极限定理呢？假设进行 N 次实验(N 是很大的数)，生成服从独立同分布的随机变量 $X_i(i=1, \cdots, N)$的值. 令 x_i 为第 i 次实验获得的值，令 $a_N = \frac{1}{N}\sum_{i=1}^{N} x_i$ 为获得的平均值. a_N 的值可以看成每个独立随机变量 X_i 的期望 μ 的近似. 但是这个近似值有多好呢？根据中心极限定理，它是服从方差为 $\frac{\mathrm{var}(X_i)}{N}$ 的正态分布的随机变量的一个样本.

如果知道 $\mathrm{var}(X_i)$，那么可给出一个指标判断结果 a_N 有多少可信度. 但大多数情况下，并不知道独立随机变量 X_i 的方差. 这个方差仍然可以用实验数据估计：

$$\mathrm{var}(X_i) = E((X_i - \mu)^2) \approx \frac{1}{N-1}\sum_{i=1}^{N}(x_i - a_N)^2 \tag{3.1}$$

因子 $\frac{1}{(N-1)}$ 代替 $\frac{1}{N}$ 也许有些不可思议. 这是数学家夫里德里克・贝塞尔著名的**贝塞尔修正**，用来修正由于使用估计期望所用的相同数据来进行方差估计产生的偏差. 至于更多的细节，请参考任一本优秀的统计书籍或在维基百科上查阅“贝塞尔修正”. 对于大的 N，它产生的差别很小. 通过记录 X 和 Y，我们可以估计方差及 A_N 的标准差，因此确定结果 a_N 的置信区间. 注意，由于标准差是方差的平方根，

$$\sigma(A_N) = \frac{\sigma(X_i)}{\sqrt{N}}$$

所以当增加 N 时，置信区间的宽度仅可能减小 $\frac{1}{\sqrt{N}}$. 蒙特卡罗方法是慢收敛的(即 N 增加
54 时结果不会明显的改变).

让我们再考虑 3.1.1 节中的一些问题. 初始手牌 3，2(u)真如表 3.1 中显示的，比 7，2(u)差么，或者在 100 000 次实验中他们的胜负概率太接近以至于不能判断？假设我们初始手牌是 3，2(u). 令 X_i 是一个随机变量，如果我们第 i 次取胜则为 1，失败为 −1，平局则为 0. 当起始为 7，2(u)时，令 Y_i 定义类似. 实验中获得的准确数字为

3，2(u)	29 039 胜	64 854 负	6107 平	胜−负＝−35 815
7，2(u)	31 618 胜	62 662 负	5720 平	胜−负＝−31 044

我们断定 X_i 的期望为样本平均值 $a_{X100\,000} = -0.358\,15$，而 Y_i 的是 $a_{Y100\,000} = -0.310\,44$. 我们不知道 X_i 和 Y_i 的方差，但是他们可以用实验数据估计. 用公式(3.1)以及计算出的样本平均值，

$$\mathrm{var}(X_i) \approx \frac{1}{99\,999}[29\,039(1+0.358\,15)^2 + 64\,854(-1+0.358\,15)^2 + 6107(0+0.358\,15)^2] \approx 0.82$$

$$\mathrm{var}(Y_i) \approx \frac{1}{99\,999}[31\,618(1+0.310\,44)^2 + 62\,662(-1+0.310\,44)^2 + 5720(0+0.310\,44)^2] \approx 0.85$$

由此，我们断定样本平均值 $a_{X100\,000}$ 和 $a_{Y100\,000}$ 中的方差大约分别为 0.82×10^{-5} 和 0.85×10^{-5}，在每种情况下给定的标准差大约为 0.0029. 样本平均值之间的差为 0.048，或大约 16 个标准差. 这是很大的数！X_i 的期望确实大于 Y_i 的期望是极不可能的，即 3，2(u)确实是好

于 7，2(u)的初始牌．另一方面，如果我们实验足够多次，每次取 x_i 和 y_i 的超过 100 000 次比赛的平均值，那么实验的绝大部分将对于 X_i 产生一个样本平均值，其小于 Y_i 的．

表 3-1 中其他可能的反常更难以证明．A，5(s)真的好于 A，6(s)？这里，实验中获得的数字是

A，5(s)	58 226 胜	38 147 负	3627 平	胜－负＝20 079
A，6(s)	57 928 胜	38 550 负	3522 平	胜－负＝19 378

再次，我们对于初始牌为 A，5(s)，设 X_i 是一个随机变量，如果我们第 i 次取胜则为 1，失败为－1，平局则为 0．初始牌为 A，6(s)，设 Y_i 定义类似．但这种情况下，X_i 的样本平均值是 0.200 79 而 Y_i 的是 0.193 78．他们的差大约是 0.007，仅仅是所估计的他们的标准差 0.003 的大约两倍．所以排序可能是正确的，但是为了更可信，我们需要进行更多次的实验．增加比赛的数量从乘以 10 到乘以一百万，将降低标准差由乘以 $\sqrt{10}$ 到 0.001． 55
这样也许就足够做出判断了．

不幸的是，这样一个实验的结果——实际上是一千万次的比赛实验——是无法计算的．一千万次比赛，样本平均值方差应该仅有大约 0.0003．但是这种情况下的结果为

A，5(s)	5 806 365 胜	3 823 200 负	370 435 平	胜－负＝1 983 165
A，6(s)	5 814 945 胜	3 839 292 负	345 763 平	胜－负＝1 975 653

两个样本平均值的差是 0.198 316 5－0.197 565 3＝0.000 751 2，仍仅仅稍微大于两倍标准差．可以试着平均更多次的比赛，但是这需要大量的计算时间．另一种方法是将计算与一些分析结合，仅在可能显示两个初始手牌明显差别的范围内模拟大量比赛．这是**重要性取样**的基本想法，我们将与蒙特卡罗积分联系更深入地讨论．

3.3　蒙特卡罗积分

虽然之前对于蒙特卡罗方法的讨论集中于概率，但是一件事情发生的概率实际上可以视为一个体积比或积分比：结果集合(构成了一个成功)的体积被所有可能结果的集合的体积划分．因此蒙特卡罗方法是一项真正的数字积分技术．在第 10 章，我们将讨论其他技术，它们对于在较小维数下的近似积分更有效——比如说 1，2，或者 3 维——但是超过 10 或者更高维数的积分，蒙特卡罗方法也许是仅有的实用方法．近似中的错误始终减少到$\frac{1}{\sqrt{N}}$，这里 N 是点样本数，但是比起确定的方法，这也许相当好了．那些确定的方法需要至少在每一维上有适当数量的点：10 维中每个维度有 10 个积分点就意味着总共有 10^{10} 个点！

我们以用蒙特卡罗方法估计 π 这样一个非常早期的例子开始．

3.3.1　布丰的针

1773 年，乔治斯-路易斯·雷克勒和孔德·德·布丰描述了一个实验，它将实数 π 与随机事件联系起来．问题的初始构想描述一个游戏，在游戏中两个赌徒把一块法式面包掉在一块宽地板上．他们打赌这块面包是否会掉落到地板的缝隙上．布丰将这个问题转化为相对于地板的宽度，那块面包要多长才能使得这是一个公平的游戏．并且在 1777 年他回答了这个问题．布丰也考虑了跳棋棋盘式地板的情况．然而布丰对于第二个游戏给出了错误 56
的解答，正确的解答由拉普拉斯给出[103,104]．

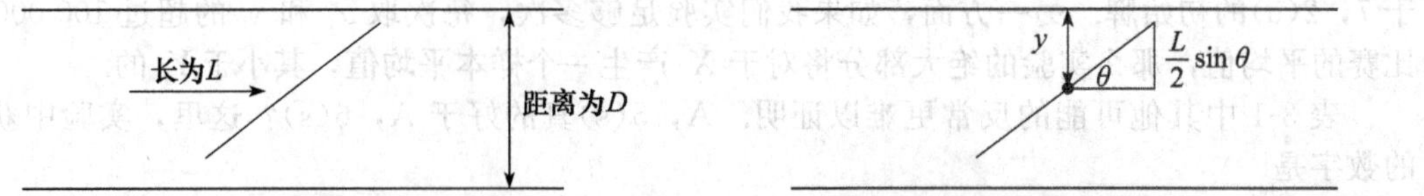

a）描绘了在距离为D的两平行线之间的投掷长度为L的针的试验　　b）y表示针的中点与最近平行线之间的距离，θ表示针与水平线之间的夹角

图 3-6　Buffon 的投针实验

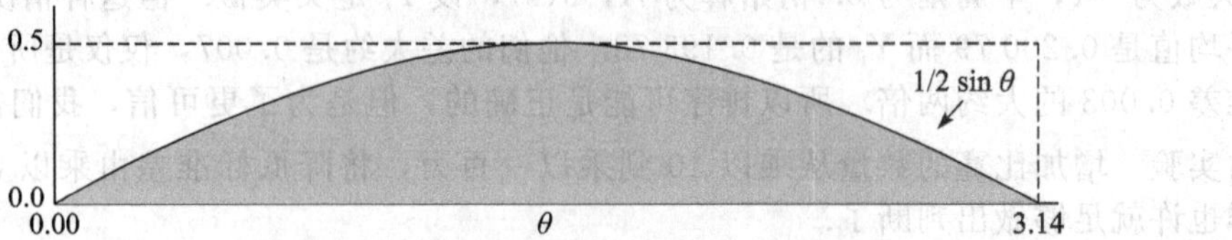

图 3-7　辅助分析布丰投针试验的$\frac{1}{2}\sin\theta$的图像

布丰游戏的一个简化版本为：一根长为 L 的直针随机掉落到一个平面上，平面上划有距离为 D 的直线如图 3.6a. 针将与其中一条线相交的概率 p 是多少？布丰亲手重复试验来决定 p. 在数字计算机出现以前，这种徒手计算限制着许多数学实验的可行性.

布丰得到了数学上的 p 值. 令 y 为针的中点和最近的一条线的距离，令 θ 是针与水平成的角度(参考图 3-6b). 这里 y 和 θ 都是随机变量，并假设其各自服从 0 到$\frac{D}{2}$之间和 0 到 π 之间的均匀分布. 如果 $y\leqslant\frac{L}{2}\sin\theta$，则针相交一条线.

为了简单，取 $L=D=1$. 考虑图 3-7 中显示的$\frac{1}{2}\sin\theta$的图像. 针与线相交的概率是阴影区域与整个矩形区域的面积比. 矩形区域的面积很明显是 $\pi/2$. 阴影面积是 $\int_0^\pi \frac{1}{2}\sin\theta \mathrm{d}\theta=$
57 1，这意味着相交的概率是 $p=\frac{1}{\left(\frac{\pi}{2}\right)}=\frac{2}{\pi}$.

表 3-2　布丰投针试验模拟中 π 的估计，来自连续地投长 $L=1$ 的针于距离为 $D=1$ 的直线间

投掷总数	估计	误差
10^2	3.125 00	1.7×10^{-2}
10^3	3.284 07	-1.4×10^{-1}
10^4	3.168 57	-2.7×10^{-2}
10^5	3.149 36	-7.8×10^{-3}
10^6	3.141 12	4.7×10^{-4}
10^7	3.140 28	1.3×10^{-3}

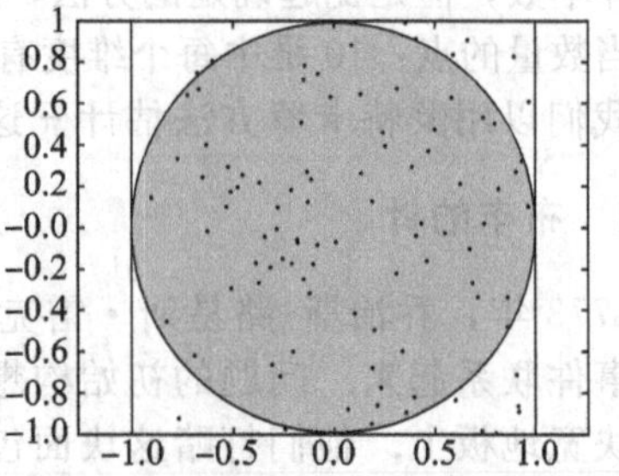

图 3-8　掉落在面积为 4 的正方形中的随机点. 落在半径为 1 的内接圆中的比例是 $\pi/4$ 的一个估计

因此，π 的一种估计是

$$\pi \approx 2\left(\frac{\text{投针数}}{\text{相交数}}\right)$$

为了获得合理的 π 的估计，要进行多少次这个实验呢？忽略区分短线相交和接近(未相交)的困难，答案则是在得到一个精确 π 的估计之前必须要进行成千上万次实验. 表 3-2 表明了一千万次投针(计算机模拟)后估计值为 3.140 28. 这方法显示了期望的 $O\left(\frac{1}{\sqrt{N}}\right)$收敛，尽管许多错误中的跳跃和偏倾是由于实验的随机特性而产生的.

3.3.2　估计 π

另一个在计算机上用蒙特卡罗方法估计 π 的简单方法——且是一个容易扩展到复杂区域的面积和体积估计的方法——如下：

在面积为 4 的[−1，1]×[−1，1]正方形中产生随机点(见图 3-8). 被正方形围着的半径为 1 的内接圆的面积是 π. 因此落在圆里的点的比例的估计为 $\pi/4$，或者，4 乘这个占比是 π 的一个估计. 下面是完成这个方法的简单 MATLAB 代码. 58

徒手估计 π

1864 年，美国天文学家阿萨夫·霍尔(见左图)，发现了火星的两个卫星并且计算了它们的轨道，鼓励他的朋友 O.C. 福克斯上尉在军事医院恢复美国国内战争中所受的重伤期间来进行布丰投针试验. 福克斯构造了一个木板平面，上面画着等距平行的线，在上面他投掷一个适当的铁丝. 据说他的第一次试验导致 π 的估计是 3.1780. 福克斯想减少由于他的位置或他如何拿着平面上的铁丝而产生的投掷中的任何偏差. 所以，在投掷铁丝之前，他加了轻微的旋转运动，据说这导致了估计精度提高为 3.1423 和 3.1416. 每次实验要投掷大约 500 次[49].

(给定小的投掷数和在接近交叉的判断限制，他准确的找到这样精确的 π 的估计是不可能的. 实际上在他最后的最准确的实验中，可以推出以下结论：如果他已经观察了更少的相交，他对 π 的估计将是 3.1450(一个相对不准确的近似值)，且如果他观察了更多的相交,，他对 π 的估计将是更不准确的数值 3.1383. 也许有偏差没有在他的投掷中但是出现在了他的实验指导或报告中.)

(照片：阿萨夫·霍尔教授，摄于赤道楼，1899 年 8 月. 图片来源：海军气象和海洋指挥部)

```
N = input('Enter number of points: ');

numberin = 0;          % Count number inside circle.
for i=1:N,             % Loop over points.
  x = 2*rand - 1;      % Random point in the square.
  y = 2*rand - 1;
```

```
    if x^2 + y^2 < 1,   % See if point is inside the circle.
      numberin = numberin + 1;   % If so, increment counter.
    end;
  end;
  pio4 = numberin/N;     % Approximation to pi/4.
59  piapprox = 4*pio4      % Approximation to pi.
```

一如既往的，当这个代码返还 π 的一个估计，我们希望知道它是一个多好的估计. 当然，因为我们确实知道 π 的值，我们可以用它来和这个值作比较(这个值可以在 MATLAB 中通过简单的键入 pi 生成)，但这是欺骗，因为这个主意是建立一个方法来逼近我们不知道的面积!

上述代码可以认为是取独立同分布的随机变量

$$X_i = \begin{cases} 1 & \text{如果点 } i \text{ 在圆内} \\ 0 & \text{其他} \end{cases}$$

的一个平均值.

X_i 的期望是 $\pi/4$. 因为 X_i 仅取 0 和 1，随机变量 X_i^2 与 X_i 相等. 因此 X_i 的方差是 $\mathrm{var}(X_i)=E(X_i^2)-(E(X_i))^2=(\frac{\pi}{4})-(\frac{\pi}{4})^2$. 但是，再一次，我们假设我们不知道 π，所以这怎么解决？答案是我们能用近似值 pio4 来估计 X_i 的方差. 用公式(3.1)或者基本相同的公式(除了用 $\frac{1}{N}$ 替换(3.1)中的 $\frac{1}{(N-1)}$)，表达式 pio4－pio4^2 作为每个 X_i 的方差的一个估计，我们可以用中心极限定理来断定对于 $\pi/4$ 的近似值 pio4 的置信区间，且据此我们能断定 π 的近似值 piapprox 的置信区间. 但是，记住 $4X_i$ 的方差是 X_i 的方差的 $4^2=16$ 倍. 因此，如果我们希望添加一些 MATLAB 代码来估计 π 的近似值的标准差，我们也许要增加这几行

```
varpio4 = (pio4 - pio4^2)/N;
% Variance in approximation to pi/4.
varpi = 16*varpio4;          % Variance in approximation to pi.
                             %  Note factor of 16.
stdpi = sqrt(varpi)          % Estimated standard deviation in
                             %  approximation to pi.
```

3.3.3　蒙特卡罗积分的另一个例子

图 3-9 中，我们看到一个三维区域，它由不等式 $xyz\leqslant 1$ 和 $-5\leqslant x\leqslant 5$，$-5\leqslant y\leqslant 5$，$-5\leqslant z\leqslant 5$ 确定. 假设我们想求出该物体的质量 $\iiint_{\text{volume}} \gamma(x,y,z)\,\mathrm{d}x\mathrm{d}y\mathrm{d}z$，这里 $\gamma(x, y, z)$ 是给定密度. 解析计算这样一个积分将很困难或者是不可能的，但是用蒙特卡罗积分进行
60 近似是很容易的.

假设密度函数 $\gamma(x, y, z)=\mathrm{e}^{0.5z}$. 图 3-10 的 MATLAB 代码依据接近这些数值的随机变量的标准差来估计该物体的体积和质量.

如果运行这段代码，你将会发现质量估计的标准差明显高于体积估计的——用 100 000

个样点，我们获得一个大约为 7.8 的质量标准差估计，而体积的是 1.6. 为了探究原因，见图 3-11，这是根据密度函数 $\gamma(x, y, z)=\mathrm{e}^{0.5z}$ 着色的结果. z 方向上，密度指数增加，所以物体质量大部分来自 z 值高的点. z 值低的点对于计算质量贡献很小，因此不经常取做样本，对计算结果也没有明显影响. 另一方面，做一个变量代换，比如说 $u=\mathrm{e}^{0.5z}$，使得 z 在 -5 和 5 之间时，u 的范围在 $\mathrm{e}^{-2.5}\approx 0.08$ 和 $\mathrm{e}^{+2.5}\approx 12.2$ 之间，且 u 的均匀分布给出和正 z 值几乎对应的点. 由于这个变量代换，因为 $\mathrm{d}u=0.5\mathrm{e}^{0.5z}\mathrm{d}z$，质量积分变为

$$\int_{-5}^{5}\int_{-5}^{5}\int_{-5}^{5}\begin{cases}0 & 若\ xyz>1\\ \mathrm{e}^{0.5z} & 若\ xyz\leqslant 1\end{cases}\mathrm{d}x\mathrm{d}y\mathrm{d}z=2\int_{\mathrm{e}^{-2.5}}^{\mathrm{e}^{+2.5}}\int_{-5}^{5}\int_{-5}^{5}\begin{cases}0 & 若\ 2xy\ln(u)>1\\ 1 & 若\ 2xy\ln(u)\leqslant 1\end{cases}\mathrm{d}x\mathrm{d}y\mathrm{d}u$$

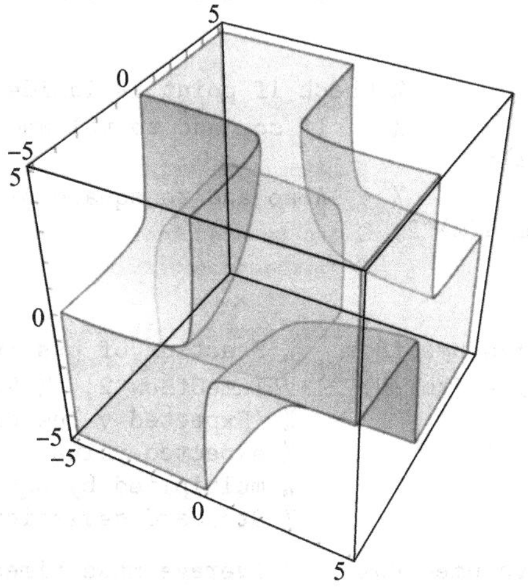

图 3-9　一块体积和质量将用蒙特卡罗积分计算的区域. 积分的极限不易被写成封闭形式

作为练习，用这个变量替换对图 3-10 的代码做修改并再次估计物体的质量和这个估计的标准差. 用 100 000 个样点，比起之前方法的 7.8，我们用新公式计算标准差约为 3.8. 回顾要在蒙特卡罗计算中减半标准差通常需要四倍的样点(因此带来四倍的计算时间)；这 61
里一个聪明的变量代换达到了减少错误又不增加计算时间的效果.

蒙特卡罗方法不仅非常适合计算一个复杂物体(如图 3-9)的体积或者质量，它也用于更常见的多重积分. 例如估计

$$\int_{a_1}^{b_1}\int_{a_2}^{b_2}\cdots\int_{a_m}^{b_m}f(x_1,x_2,\cdots,x_m)\mathrm{d}x_m\cdots\mathrm{d}x_2\mathrm{d}x_1$$

其中内部积分的积分端点由外部变量的值决定(例 $a_2\equiv a_2(x_1)$ 或 $b_m\equiv b_m(x_1, \cdots, x_{m-1})$)，我们能生成随机 m 元组$(x_1, x_2, \cdots, x_m)$均匀分布于包含积分区域的一个体积中. 例如，如果 $A_j\leqslant\min_{x_1,\cdots,x_{j-1}}a_j(x_1, \cdots, x_{j-1})$ 且 $B_j\geqslant\max_{x_1,\cdots,x_{j-1}}b_j(x_1, \cdots, x_{j-1})$，那么乘积区域$[A_1, B_1]\times\cdots\times[A_m, B_m]$包含积分区域，所以可以生成均匀分布于这整个体积中的点. 如果一个 62
点位于积分区域中，那么在该点指定 f 的值，而如果这一点落在外面，那么它的值为 0. 这些值的平均值乘以体积$(B_1-A_1)\cdots(B_m-A_m)$则是要求的积分的一个近似值，这是因为这个过程可以看成是在整个区域上一个函数 g 的积分近似，g 在内部区域等于 f 而在外面为 0. 为了近似这个积分，将 g 的样本值求和再乘以体积增量$(B_1-A_1)\cdots(B_m-A_m)/(\#\text{samples})$.

```
N = input(' Enter number of sample points: ');
gamma = inline('exp(0.5*z)');       % Here gamma is a function of z only.

volumeOfBox = 10*10*10;             % Volume of surrounding box.

vol = 0;  mass = 0;                 % Initialize volume and mass of object.
volsq = 0;  masssq = 0;             % Initialize their squares.
                                    % (to be used in computing variance and
                                    %  standard deviation).

for i=1:N,                          % Loop over sample points.
  x = -5 + 10*rand;                 % Generate a point from surrounding box.
  y = -5 + 10*rand;
  z = -5 + 10*rand;
  if x*y*z <= 1,                    % Check if point is inside object.
    vol = vol + 1;                  %    If so, add to vol and mass.
    mass = mass + gamma(z);
    volsq = volsq + 1;              %    Also add to square of vol and mass.
    masssq = masssq + gamma(z)^2;
  end;
end;

volumeOfObject = (vol/N)*volumeOfBox   % Fraction of pts inside times vol of box
volvar = (1/N)*((volsq/N) - (vol/N)^2)*volumeOfBox^2;  % Variance in vol of object:
                                       % (Expected value of volsq - square of
                                       % expected value of vol) divided by N and
                                       % multiplied by square of factor volumeOfBox.
volstd = sqrt(volvar)                  % Standard deviation in volume of object.

massOfObject = (mass/N)*volumeOfBox    % Average mass times volume of box
massvar = (1/N)*((masssq/N) - (mass/N)^2)*volumeOfBox^2; % Variance in mass:
                                       % (Expected value of masssq - square of
                                       % expected value of mass) divided by N and
                                       % multiplied by square of factor volumeOfBox.
massstd = sqrt(massvar)                % Standard deviation in mass of object.
```

图 3-10　用蒙特卡罗积分计算图 3-9 中物体质量和体积的 MATLAB 代码

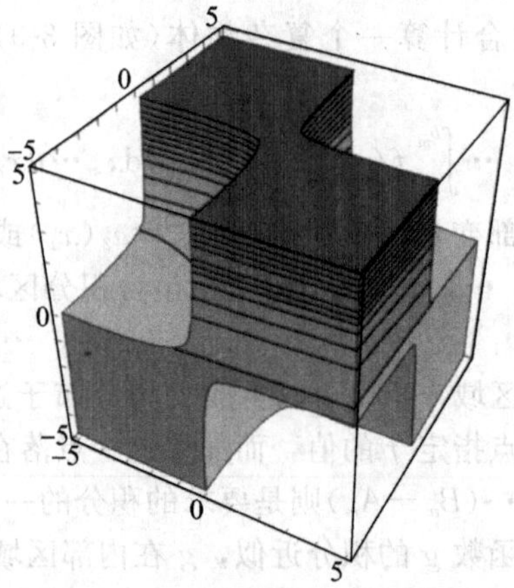

图 3-11　图 3-9 中相同区域，但根据其密度 $\gamma=e^{0.5z}$ 着色

例 3.3.1 用蒙特卡罗方法估计

$$\int_0^1 \left[\int_x^1 \left(\int_{xy}^2 \cos(xye^z)\,dz \right) dy \right] dx$$

下面的 MATLAB 代码生成了[0，1]×[0，1]×[0，2]区域上的随机点，检验这点是否在积分区域里，如果是，将 $\cos(xye^z)$加到变量 int 上．然后除以点数再乘以点被提取的区域体积((1−0)(1−0)(2−0)=2)来获得积分的一个近似．

```
f = inline('cos(x*y*exp(z))');     % Define integrand.

N = input(' Enter number of sample points: ');
int = 0;                           % Initialize integral.
for i=1:N,                         % Loop over sample points.
% Generate a point from surrounding box.
  x = rand; y = rand; z = 2*rand;
  if x <= y & x*y <= z,  % Check if point is inside region.
    int = int + f(x,y,z);          % If so, add to int.
  end;
end;
int = (int/N)*2                    % Approximation to integral.
```

63

取 N=10 000 个点运行三次产生的估计是 0.5201，0.5275 和 0.5212，而取 N=1 000 000 个点(其标准差是 N=10 000 个点的十分之一)产生的估计是 0.5206.

3.4 网上冲浪的蒙特卡罗模拟

当你递交一个问题给一个搜索引擎，它返还一个网页顺序列表．有各种各样的因素决定着这个顺序，其中之一是网页与你的问题的相关度．用来测量这个性质的一项技术显示在 1.5 节中．两个也很重要的因素是页面的“性质”和“重要性”．一个称为 PageRank 的算法提供了一种上网行为模型中这个性质的测量，此算法是由 Google 创始人拉里・佩奇和谢尔盖・布林开发的．

这个算法由布林和佩奇两人提出，在他们最初的 PageRank 构想中，假设一个上网者 85%的时间在一个有效的正被访问的网页上进行链接．其他 15%的时间，他随机浏览网点中任何有效的网页．如果一个上网者访问一个没有链接的网页，那么上网者的下一步是随机访问网点中任一个有效的网页(等可能的)． 64

用蒙特卡罗抓住射线

光线追踪是一种产生逼真数字影像的方法，可以用蒙特卡罗积分完成．例如，蒙特卡罗方法用于计算从一处光源发出到一点的光线．随着在一个特定像素上样本数量的变大，影子的平滑度也逐渐增加．这个影像用 POV-Ray 免费软件在 http://www.povray.org 或 http://mac.povray.org 上可以看到．(图像由泰勒・麦克勒莫尔提供)

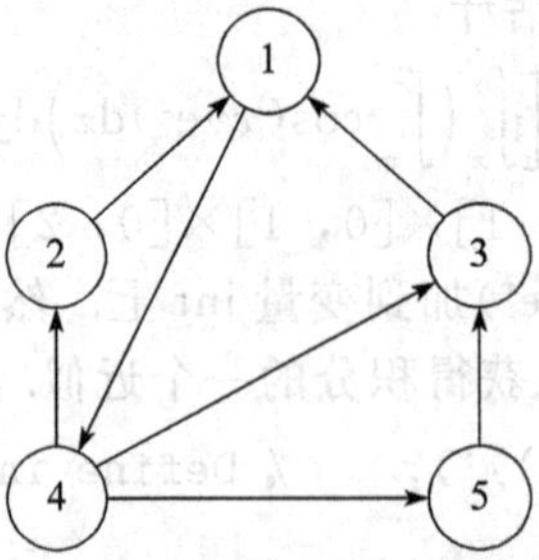

图 3-12　一个网页的小型网络

表 3-3　一个上网者在图 3-12 的网格上的动作高达 5000 次的模拟得到的计算概率

模拟次数	第 1 页	第 2 页	第 3 页	第 4 页	第 5 页
1000	0.297	0.106	0.191	0.295	0.111
2000	0.294	0.106	0.197	0.288	0.115
3000	0.294	0.104	0.201	0.284	0.117
4000	0.294	0.107	0.201	0.284	0.113
5000	0.294	0.106	0.203	0.281	0.116

让我们看下图 3-12 描绘的小型网络．如果一个上网者停留在网页 1 上，那么 85％的时间里他将连到网页 4．15％的其他时间，上网者将等可能的输入网格中任一个随机网页的网址．因此，由于网页 1 只向外连接网页 4，所以有 $0.85 \cdot 1 + 0.15 \cdot (1/5) = 0.88$ 的机会使得上网者会用网页 1 到网页 4；而有 $0.15 \cdot (1/5) = 0.03$ 机会使上网者去浏览网页 1，2，3 和 5 中的一个．

用这个模型，我们也许会问，经过长时间后，上网者会用多少时间访问网页 1？对每个网页回答这个问题能使我们确定访问最多或“受欢迎”的网页．时间比例或者访问一个网页的概率是网页的 PageRank. Google 用这样一个观点来排序流行和重要的网页．在 12.1.5 节，我们将更充分地讨论这个模型．

现在，我们将用蒙特卡罗模拟确定这些概率．图 3-13 中的 MATLAB 代码模拟了图 3-12中网格的上网时段．

运行该程序产生的结果在表 3-3 中．这个模拟看来像是对于网页排名已经足够准确了，但是我们也许想用估计方差或者运行更多次模拟来检验这一点．我们知道，用在以后的课
65 文中叙述的其他方法相对排名不变．(实际上，网页 2 和 5 都是最不受欢迎的网页，因为他们都仅仅被网页 4 指向)．

从这些结果中，我们看到一个上网者被预期访问网页 1 的时间大约是 30％，因此这使得网页 1 是最受欢迎的网页．想想一个更大的网格，比如说十亿网页或更多，用 Google 的搜索引擎来做索引．这种情况下，我们将预期需要用更多模拟来达到合适的准确度．在 12.1.5 节，我们将看到一个替换的方法来找到这些概率，它们涉及马尔科夫链(与蒙特卡罗模拟相对)．

```
numsims = 5000;  % Parameter controlling the number of simulations

% Connectivity matrix of the network
G = [0 0 0 1 0; 1 0 0 0 0; 1 0 0 0 0; 0 1 1 0 1; 0 0 1 0 0];
n = length(G);  % size of network

state = 1;      % initial state of the system

p = 0.85;       % probability of following link on web page
M = zeros(n,n); % create the matrix of probabilities
for i = 1:n;
    for j = 1:n;
        M(i,j) = p*G(i,j)/sum(G(i,:)) + (1-p)/n;
    end
end

pages = zeros(1,n);   % vector to hold number of times page visited

fprintf('\n\n');
fprintf('=====================================================\n');
fprintf('Computed Probabilities from %d simulations\n\n',numsims);
fprintf('Simulations  Page 1  Page 2  Page 3  Page 4  Page 5 \n');
fprintf('=====================================================\n');

% Simulate a surfer's session
for i=1:numsims
    prob = rand;
    if prob < M(state,1)
        state = 1;
    elseif prob < M(state,1) + M(state,2)
        state = 2;
    elseif prob < M(state,1) + M(state,2) + M(state,3)
        state = 3;
    elseif prob < M(state,1) + M(state,2) + M(state,3) + M(state,4)
        state = 4;
    else state = 5;
    end;

    pages(state) = pages(state) + 1;

    if ~mod(i,numsims/5)
       fprintf('%6d  %5.3f  %5.3f  %5.3f  %5.3f  %5.3f \n',
                i,pages/sum(pages));
    end
end
```

图 3-13 模拟在图 3-12 中网格上网的 MATLAB 代码

66

3.5 第3章习题

1. 假设你有一个伪随机数生成器(称为 rand)可以生成均匀分布在 0 和 1 之间的随机数. 如何用它生成一个离散随机变量，使得其等概率取值在 1 到 6 之间?

2. 写一个 MATLAB 代码来模拟投掷一个均匀骰子：即，它能生成一个离散随机变量，取值在 1 到 6 且每个取值的概率是 1/6. 运行这个代码 1000 次并且绘制条形图来显示 1，2，3，…的个数. 你的代码也许与下面的有相似之处：

```
bins = zeros(6,1);
for count=1:1000,
%   Generate a random no. k with value 1,2,3,4,5, or 6,
%   each with prob. 1/6.
%   (You fill in this section.)

% Count the times each number is generated.
  bins(k) = bins(k) + 1;
end;
bar(bins)                          % Plot the bins.
```

上交你的图像和代码清单. 确定随机变量 k 的期望和方差.

现在令 A_{1000} 是生成的平均值. 运行代码 100 次，每次记录平均值 A_{1000}. 例如，你可以修改上述代码如下：

```
A = zeros(100,1);              % Initialize average values.
for n_tries=1:100,             % Try the experiment 100 times.

  for count=1:1000,
%   Generate a random no. k with value 1,2,3,4,5, or 6,
%   each with prob. 1/6.
%   (You fill in this section.)

    A(n_tries) = A(n_tries) + k; % Add each value k.
  end;
  A(n_tries) = A(n_tries)/1000;
% Divide by 1000 to get the average of k.

end;
hist(A)
% This plots a histogram of average values.
```

67

上交你的分布图和代码清单. 随机变量 A_{1000} 如何能看似服从(均匀，正态或其他)分布? 它的期望，方差和标准差大概是多少? [提示：用中心极限定理]

3. 回顾 3.2.1 节中的蒙提霍尔问题. 玛丽莲·沃斯·萨文特号召“全国数学课”来用便士和纸杯估计换与不换门的获胜概率. 写一个蒙特卡罗模拟来验证这些概率.

4. 在网上文章“德芙琳的天使”中，基思·德芙林公布了下面的关于蒙提霍尔问题的改变[34].

   假设你在玩一个 7 个门版本的游戏. 你选择 3 扇门. 蒙提现在打开剩下的门中的三扇来证明后面没有奖品. 然后他说，“你愿意保留你已经选择的 3 扇门么，或者换掉其中的一扇?”你怎么做? 你保留三扇门还是 3 选 1 换成他提供的?

   写出一个蒙特卡罗模拟来找出你坚持最初 3 扇门的获胜概率和你换成剩下的一扇门的获胜概率. 再看看你是否能解析地导出这些概率.

5. 蒙提霍尔问题也以其他背景提出. 例如：假设在淋浴的是爱丽丝或者贝蒂是等可能的. 然后你听到淋浴者在唱歌. 你知道爱丽丝常常在淋浴的时候唱歌，而贝蒂只有 1/4 时间唱歌. 爱丽丝在淋浴的概率是多大？写一个蒙特卡罗模拟来回答这个问题.

6. 考虑双骰赌博游戏的最简单形式．在游戏中，我们投一副骰子．如果第一次投掷的和是 7 或 11，那么我们立刻获胜，如果是 2，3，或 12 则立刻输掉．其他的和(即 4，5，6，8，9 或者 10)，我们继续投掷骰子直到得到或者是一个 7(这种情况下我们输)或者与第一次的和相同(这种情况我们赢)．假设骰子是均匀的，写出一个蒙特卡罗模拟来判定获胜几率.

7. 一个屋子里有多少人才能使得有两个人同一天生日的概率不少于 50%？虽然这个概率可以解析地计算出来，但是请写出蒙特卡罗模拟来回答这个问题．忽略生日为 2 月 29 号，且假设生日在一年 365 天中均匀分布．代码中令 m 为人数，且对于每个 m 值，进行试验、运行，比如说对于你随机给定生日的 10 68
000 次试验．然后判断这些实验中两个人有相同生日的比例．改变 m 直到这个比例刚刚超过 0.5.

8. 假设你有个伪随机数生成器，如 MATLAB 中的 rand，它能生成服从 0 和 1 之间均匀分布的随机数．你希望生成服从分布 X 的随机数，这里

$$Prob(X \leqslant a) = \sqrt{a},\quad 0 \leqslant a \leqslant 1$$

你怎样用均匀随机数生成器来得到这个分布的随机数？

9. 在布丰投针试验中，当针长为 L 和平行线间距为 D 时，其中 $L \leqslant D$，得到一个 π 的估计公式．[注意：对于 $L > D$，近似值更复杂且用到 arcsin.]

10. 用生成矩形[−2，2]×[−1，1]中均匀分布的随机点来估计椭圆

$$\frac{x^2}{4} + y^2 = 1$$

内部的面积，且看看多少点在椭圆内部．落进椭圆内的比例乘以矩形的面积则给出了内接椭圆的面积估计.

(a) 先用 MATLAB 绘出椭圆．输入 hold on 使椭圆保持在屏幕上.

(b) 接下来生成 1000 个随机点(x_i，y_i)，其中 x_i 服从−2 到 2 之间的均匀分布，y_i 服从−1 到 1 之间的均匀分布．在椭圆的同一张图上绘出每个点.

(c) 判定落进椭圆内的点的比例且用这个来估计内接椭圆的面积.

(d) 令 X_i 为一个随机变量，如果第 i 个点在椭圆内，它为 1，不然为 0.
根据你的结果，估计 X_i 的期望、方差和标准差.

(e) 令 $A_{1000} = \frac{1}{1000}\sum_{i=1}^{1000} X_i$．用中心极限定理估计 A_{1000} 的期望、方差和标准差.

(f) 用前部分的结果，估计 $8A_{1000}$ 的期望、方差和标准差，$8A_{1000}$ 是椭圆面积的一个近似值．根据这个结果，你对自己的答案有多少信心(它有可能偏离，比如说：0.001，0.01，0.1，1，10 或者其他数)？ 69

11. 用变量代换 $u=e^{0.5z}$ 修改图 3-10 的代码，并且估计物体的质量和它的标准差.

12. 下面的 10-重积分可以用解析方法计算

$$\int_0^2\int_0^2\cdots\int_0^2 x_1 x_2 \cdots x_{10}\,dx_1\,dx_2\cdots dx_{10}$$

(a) 用解析方法求出积分值.

(b) 写一个蒙特卡罗代码来估计这个积分值和你的近似值的标准差.

(c) 用 N=10 000，N=40 000 和 N=160 000 个点来运行代码，得到标准差，通过它来比较你的计算结果与(a)中正确答案的差距.

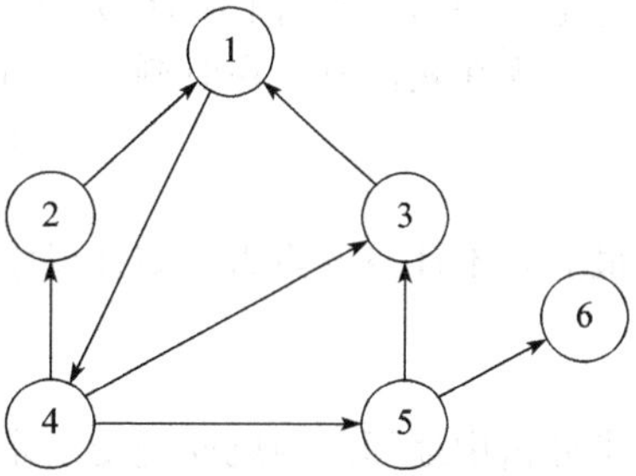

图 3-14　一个网页的网络

13. 编辑图 3-13 中的 MATLAB 代码对图 3-14 的网页排序. 70

第 4 章　一元非线性方程的解

前一章叙述了广泛应用于模拟物理现象的蒙特卡罗方法．蒙特卡罗方法包含随机模型，因此分析它的主要工具是统计学．本书其余部分将讨论确定性方法，或更传统地冠名为数值分析，尽管这种分法稍微有点勉强，但这两类方法在计算科学中都是重要的．我们从非常基本的求解含一个未知量的单个非线性方程开始．尽管这个最基本的问题需要考虑许多至今尚未论述的问题：解是否存在？如果存在，是否唯一？如果存在一个以上的解，其中一个特解是否因为它在物理上准确或者更适合要求而比另一个更可取？尽管不再有随机因素，蒙特卡罗方法中出现的精确性问题同样将在确定性计算中出现．什么东西构成一个非线性方程的可接受的好的近似解？给定一个产生这种近似解的算法，计算时间如何随着达到精确水准而增加？

以下是一些需要解含一个未知量的单个非线性方程的应用的例子：

1. **抛射体运动**．炮兵军官想炮击离阵地 d 米的敌军．为了命中目标他应该瞄准大炮与水平线的角度 θ 为多少？

他知道炮弹以初速度 v_0 米/秒离开炮口，不计空气阻力，炮弹仅受到向下的 $g\approx 9.8$ 米/秒^2 的重力加速度作用．因此在任何时刻 $t>0$，炮弹的高度 $y(t)$ 满足微分方程

71

$$y''(t)=-g$$

假设初始高度 $y(0)=0$（由于大炮炮筒并不准确地放在地平线上，这是近似值），垂直方向的初始速度是 $v_0\sin\theta$，这个方程唯一地确定在任何时间 $t>0$ 的高度．

我们可以通过积分解这个方程

$$y'(t)=-gt+c_1$$

这里 $c_1=v_0\sin\theta$，这是因为 $y'(0)=v_0\sin\theta$．所以再积分一次得

$$y(t)=-\frac{1}{2}gt^2+v_0t\sin\theta+c_2$$

这里 $c_2=0$，这是因为 $y(0)=0$．

现在我们有了在时刻 $t>0$ 的高度公式，就能确定炮弹击中地面之前的时间：

$$0=-\frac{1}{2}gt^2+v_0t\sin\theta\Rightarrow t=0\text{ 或 }t=\frac{2v_0\sin\theta}{g}$$

最后，不计空气阻力，炮弹以水平常速度 $v_0\cos\theta$ 运行，因此它在距离发射地

$$\frac{2v_0^2\sin\theta\cos\theta}{g}$$

米处击中地面．因此问题变成求解大炮应对着什么角度 θ 瞄准的非线性方程

$$\frac{2v_0^2\sin\theta\cos\theta}{g}=d \tag{4.1}$$

我们能够调用现有的非线性方程软件包数值求解这一问题，在回答炮手确定的 θ 值之前有几件事情应考虑：

(a) 上面建立的模型只是一种近似．因此即使我们给出了方程(4.1)的精确解 θ，发射

大炮结果也可能没有命中目标．强风可能使发射的炮弹越过扎营的敌人，或者空气阻力使发射落地太近，这些因素使我们必须对模型进行调整．

(b) 方程(4.1)可能无解，知道这一点很重要．$\sin\theta\cos\theta$ 在 $\theta=\frac{\pi}{4}$ 处取最大值，$\sin\theta\cos\theta=\frac{1}{2}$．假如 $d>\frac{v_0^2}{g}$，那么问题无解，而且目标在射程之外．

(c) 假如解存在，它可能不唯一．假如 θ 满足方程(4.1)，那么 $\theta\pm 2k\pi(k=1, 2, \cdots)$ 也都满足(4.1)，并且 $\frac{\pi}{2}-\theta$ 也满足．θ 或者 $\frac{\pi}{2}-\theta$ 都可能作为解，这取决于哪一个位于大炮的前方． 72

(d) 实际上，这个问题可以解析求解，利用三角恒等式 $2\sin\theta\cos\theta=\sin(2\theta)$，可得

$$\theta=\frac{1}{2}\arcsin\frac{dg}{v_0^2}$$

然而就以上(a)而言，我们可以谨慎地进一步写出数值处理这个问题的代码，这是因为许多实际模型可能需要用数值方法得到近似解．

例如，我们可以用方程

$$y''(t)=-g-ky'(t) \tag{4.2}$$

代替上面关于 $y(t)$ 的微分方程来模拟空气阻力的影响．这里，我们假定空气阻力与物体的速度成正比，而且比例常数 $k>0$．类似地，$x(t)$ 将满足 $x''(t)=-kx'(t)$．关于 $y(t)$ 的方程又能解析求解：

$$y'(t)=e^{-kt}v_0\sin\theta-\frac{g}{k}(1-e^{-kt})$$

$$y(t)=-\frac{1}{k}e^{-kt}v_0\sin\theta-\frac{g}{k}\left(t+\frac{1}{k}e^{-kt}\right)+c_3 \tag{4.3}$$

这里，$c_3=\left(\frac{1}{k}\right)v_0\sin\theta+\frac{g}{k^2}$，于是 $y(0)=0$．但是，现在我们对于正的 t 值不再能写出满足 $y(t)=0$ 的解析公式．因此我们不能解析地确定 x 在这一时间的值并用它来求出合适的 θ 角．对更加实际的模型我们甚至不可能写出 $y(t)$ 的公式，更不用说求出使 $y(t)=0$ 的 t．还有，对给定的角 θ，我们应能数值近似 $y(t)$ 和 $x(t)$ 并修改 θ，直到使 $y=0$ 的时间与 $x=d$ 的时间相一致．

(e)数值求解非线性方程，通常我们以把方程写成 $f(\theta)=0$ 的形式开始．方程(4.1)可以写成

$$f(\theta)\equiv\frac{2v_0^2\sin\theta\cos\theta}{g}-d=0$$

这个函数足够简单，可以解析求导．我们在下面几节将看到这类函数的根能用牛顿法求得．对于更复杂的模型，$f(\theta)$ 只能被数值近似，更加合适的求根方法包括分半法、正割法以及拟牛顿法，这些都将在这一章中讲述．

2. 反问题．常见的数值问题是求解用一组给定的参数模拟某些物理现象的微分方程．例如，在模型(4.2)中，如上所做，我们可以对给定的 k 求 $y(t)$，并且求时间 $T>0$，使 $y(T)=0$．另一方面，如果参数 k 未知，那么我们通过实验，观察当用给定的 θ 角瞄准时， 73

炮弹用多少时间着地，利用(4.3)中这个值导出关于 k 的非线性方程

$$0 \equiv y(T) = -\frac{1}{k}\mathrm{e}^{-kt}v_0\sin\theta - \frac{g}{k}\left(T + \frac{1}{k}\mathrm{e}^{-kT}\right) + c_3$$

这种问题有时叫作**反问题**．它们经常出现在医学应用和影像科学中，医生和研究者想用微创检查对人体内某些器官重新造影．例如层析 X 射线摄影法和磁共振影像已应用于检测物质内部的性质．

3. **金融数学**．非线性方程经常出现在贷款、利率和储蓄的问题中．这些问题一般能解析求解，但有时情况并非如此．

假设你以利率 $R\%$ 借 100 000 美元购买房屋．每个月你支付 p 美元，并且贷款要在 30 年内还清．给定利率 R，我们能确定月付 p．另外你可能已决定每月支付一定的量 p，那么利率是多少才能担负得起这笔贷款．令 $r=\dfrac{R}{1200}$ 表示贷款每月带来的利息部分 $\left(\text{因此，作为例子，假如 } R=6\%\text{，那么 } r=\dfrac{0.06}{12}=0.005\right)$．要对这个问题建立方程，注意到一个月后你所欠的贷款为

$$A_1 = 100\,000(1+r) - p$$

因为利息使所欠的量达到 $100\,000(1+r)$，但是，现在你已支付了 p．两个月后，就变成

$$A_2 = A_1(1+r) - p = 100\,000(1+r)^2 - p[1+(1+r)]$$

以这种方式继续下去，我们发现 360 个月(30 年)以后，剩余的贷款是

$$A_{360} = 100\,000(1+r)^{360} - p[1+(1+r)+(1+r)^2+\cdots+(1+r)^{359}]$$
$$= 100\,000(1+r)^{360} - p\frac{(1+r)^{360}-1}{r}$$

令 A_{360} 为 0，我们容易得用 r 表示的 p：

$$p = 100\,000r\frac{(1+r)^{360}}{(1+r)^{360}-1}$$

但是给定 p，对这个方程我们只能求出近似解 r．

4. **计算机制图**．隐藏线和表面的问题在计算机图形渲染中是重要的．这些问题包括找出二维或三维物体的交线，通常要解非线性方程组．作为一个
74 简单例子，假定我们想描绘平面上由不等式

$$x^4 + y^4 \leqslant 1$$

所确定的物体，并且想给出一条直线(譬如，$y=x+0.5$)在该物体后面通过，就像图 4-1 中所描述的．

要确定该直线哪部分出现，我们必须确定它在哪里与该物体相交，直线在 x 满足

$$x^4 + (x+0.5)^4 = 1$$

的点处到达该物体的边界．

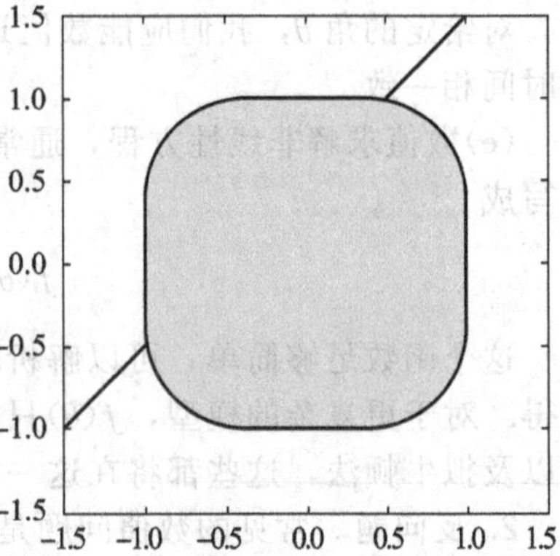

图 4-1　计算机图形渲染中包括检查何时直线消失在物体之后

这个四次方程有四个解，但其中仅有两个是实数

并相应于实际交点．一旦交点的 x 坐标已知，那么 y 坐标为 $x+0.5$ 是容易计算的，但是要确定这个 x 值需要求解上面的多项式方程．实际上，四次(但五次就未必)多项式的根能用根式写出，但是这种公式很复杂，而采用更一般的多项式方程的解法求有关的根可能更为容易．

4.1 分半法

如何解前一节中的几个非线性方程呢？早在 Galileo(伽利略)用惯性定律解释抛射体运动之前，炮兵已通过试验和失误来学会把他们的大炮瞄准目标．如果发射落地太近他们就调整角度，如果下一次发射落地太远，他们就把角度在前两个角度之间稍微移动一点，或许移动到前两个角度的平均值处来对准目标．今天这些调整是由计算机来做的，但是基本思想是相同的，这种简单过程就是**分半法**．它可用来解任何方程 $f(x)=0$，只要 f 是 x 的连续函数并且我们有初始值 x_1 和 x_2，f 在这两值处异号． 75

分半电话本

让朋友随机地从你的本地电话本中选一个名字．和他打赌用少于 30 个是或否的问题，你就能够猜出所选择的名字．这个任务很简单，把一半左右的页放在你的左手(或者你愿意的话也可放右手)并且问你的朋友："这个名字是在电话本的这一半内吗?"在这个问题中，你大约淘汰了一半名字．把尚未淘汰的那一半页面继续分为两部分，再问同样的问题，重复这个过程直到你找到了包含该名字的页面．继续提出使名字减半的问题，直到找到这个名字．和分半法一样，使用了对你有利的指数型衰减速度(随每提一次问题剩下的名字数目减半)，因为 $\left(\frac{1}{2}\right)^{30}$ 大约等于 9.3×10^{-10}，而美国的人口大约为 2 亿 8000 万，你能看到任何城市的电话本都能实现上述过程(你应为错误留下足够的余地)．

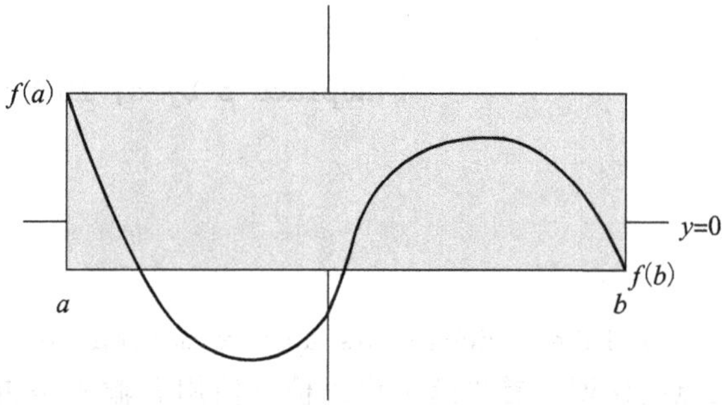

图 4-2 分半法形成一个矩形区域，它必须包含连续问题的根

分半法的基础是介值定理．

定理 4.1.1(介值定理) 如果 f 在区间 $[a, b]$ 上连续，而且 y 在 $f(a)$ 与 $f(b)$ 之间，那么存在一点 $x\in[a, b]$，使得 $f(x)=y$．

假设 $f(a)$和 $f(b)$中一个是正的，一个是负的，那么在$[a, b]$内存在 $f(x)=0$ 的解. 在分半算法中，我们从区间$[a, b]$开始，这里 $\mathrm{sign} f(a)\neq \mathrm{sign} f(b)$，然后求得中点$\frac{a+b}{2}$，并计算 $f\left(\frac{a+b}{2}\right)$. 然后我们用$\frac{a+b}{2}$代替端点($a$ 或b)，f 在这个端点处与$f\left(\frac{a+b}{2}\right)$同号. 再重复进行.

下面是执行分半算法的一种简单的MATLAB代码.

76

```
% This routine uses bisection to find a zero of a user-supplied
% continuous function f. The user must supply two points a and
% b such that f(a) and f(b) have different signs. The user also
% supplies a convergence tolerance delta.

fa = f(a);
if fa==0, root = a; break; end;  % Check to see if a is a root.
fb = f(b);
if fb==0, root = b; break; end;  % Check to see if b is a root.

if sign(fa)==sign(fb),           % Check for an error in input.
 display('Error: f(a) and f(b) have same sign.')
 break
end;

while abs(b-a) > 2*delta,
  % Iterate until interval width <= 2*delta.
  c = (a+b)/2;                   % Bisect interval.
  fc = f(c);                     % Evaluate f at midpoint.
  if fc==0, root = c; break; end; % Check to see if c is a root.

  if sign(fc)==sign(fa),         % Replace a by c, fa by fc.
    a = c;
    fa = fc;
  else                           % Replace b by c, fb by fc.
    b = c;
    fb = fc;
  end;
end;

root = (a+b)/2;    % Take midpoint as approximation to root.
```

关于这个代码有几点要说明. 首先这个代码检查使用者输入是否出错以及提供的两点处 f 是否同号. 当为他人使用编写代码时，检查输入的错误是有益的. 当然，为程序员打出这些东西是耗时的，因此当我们为自己编写代码时，有时就省掉这些东西. 其次要检查是否碰巧刚好是“精确”根，即 f 在这点取零值. 假如发生这种情形，就把这一点作为计算得到的根. 这不是必需，我们可以继续平分这个区间直到这个区间长度达到 2 * delta. 当自变量为正时，MATLAB 符号函数返回 1，当自变量为负时，返回 -1，当自变量为 0

时，返回 0，因此，假如 fc=0，那么编码将用 c 代替 b 并结束.

例 4.1.1　用分半法求 $f(x)=x^3-x^2-1$ 在区间$[a, b]$中的根，这里 $a=0$，$b=2$. 表 4-1 给出了分半法结果的一览表. 这些结果的图形描绘在图 4-3 中. 77

表 4-1　$f(x)=x^3-x^2-1$ 的分半法 8 步的结果. 区间左端点 a_n，右端点 b_n，中点 r_n，以及 f 在 r_n 的值

n	a_n	b_n	r_n	$f(r_n)$
1	0	2	1	−1
2	1	2	1.5	0.125
3	1	1.5	1.25	−0.609
4	1.25	1.5	1.375	−0.291
5	1.375	1.5	1.4375	−0.096
6	1.4375	1.5	1.468 75	0.011
7	1.4375	1.468 75	1.453 125	−0.043
8	1.4531 25	1.468 75	1.460 937 5	−0.016

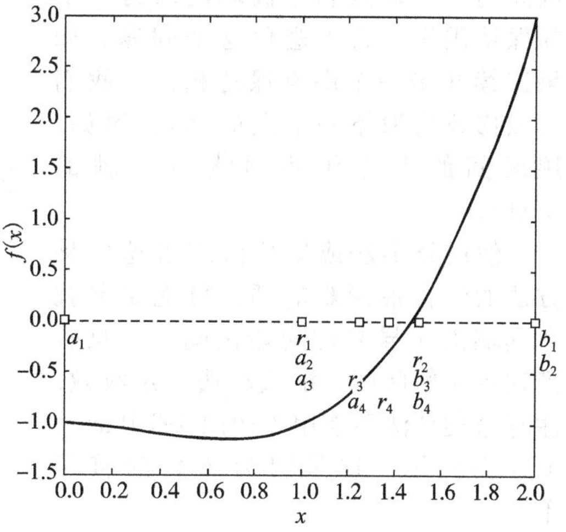

图 4-3　$f(x)=x^3-x^2-1$ 的分半法的图形描绘

■

收敛速度　关于分半法的收敛速度我们能说些什么？因为每步区间长度减半，k 步后区间长度是$\frac{|b-a|}{2^k}$，当 $k\to\infty$时，它趋于 0. 要得到长度为 2δ 的区间，我们要求

$$\frac{|b-a|}{2^k}\leqslant 2\delta \Leftrightarrow 2^{k+1}\geqslant\frac{|b-a|}{\delta}\Leftrightarrow k\geqslant\log_2\left(\frac{|b-a|}{\delta}\right)-1$$

假如近似根取为这个区间的中点，那么它与实际的根最多相差 δ.

例 4.1.2　假如 $a=1$，$b=2$，我们要保证误差小于或等于 10^{-4}. 应进行多少次迭代？

$$\frac{|b-a|}{2^k}\leqslant 2\cdot 10^{-4}\Leftrightarrow 2^{k+1}\geqslant\frac{|b-a|}{10^{-4}}\Leftrightarrow k\geqslant\log_2\left(\frac{|b-a|}{10^{-4}}\right)-1$$ 78

因为 $b-a=1$，于是为了保证误差小于或等于 10^{-4}，就需要 $k\geqslant 12.29$ 次迭代. 13 次迭代后可能你的答案误差已远远小于 10^{-4}，而将不再有大于 10^{-4}的误差. ■

因为每一步以常数因子 2 减小误差(即，括号长度减半)，所以称分半法**线性收敛**.

人们可以尝试用比简单的分半区间的方法更复杂的策略在目前两个点 a 和 b 之间选择一个点，在该点我们希望 f 有一个根. 例如，假设$|f(a)|>>|f(b)|$，那么就有理由希望这个根与 a 的距离相比更靠近 b，事实上，我们可画一条通过点$(a, f(a))$和$(b, f(b))$的直线并选取这条直线与 x 轴的交点作为下一个点 c. 这可以看成是正割法(将在 4.4.3 节中叙述)与分半法的组合. 它被称为试位法(regula falsi 或 false position). 然而，注意这种方法每一步并不以二分之一减小区间的长度，事实上可能比分

半法要慢．图 4-4 说明试位法在求 $f(x)=2x^3-4x^2+3x$ 在区间[−1，1]中的根的执行情况．

这种单边收敛性是典型的试位法，区间的一个端点总是被取代而另一个却保持固定．为了避免这个问题，如果连续几步一个端点保持相同，我们可以修改选取下一个点的公式(譬如：用区间的中点代替割线与 x 轴的交点)．

使用分半法或试位法或者这两种方法的组合最困难的部分可能是寻找在其端点 f 异号的初始区间．一旦找到这种初始区间，那么算法一定收敛．注意这类算法不能用于像图 4-5 中 $x^2=0$ 这类问题，这是因为函数的符号

79 不变．

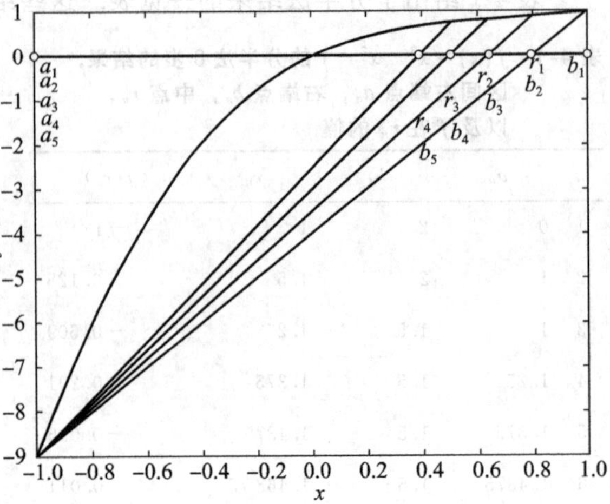

图 4-4　$f(x)=2x^3-4x^2+3x$ 试位法的图形描绘

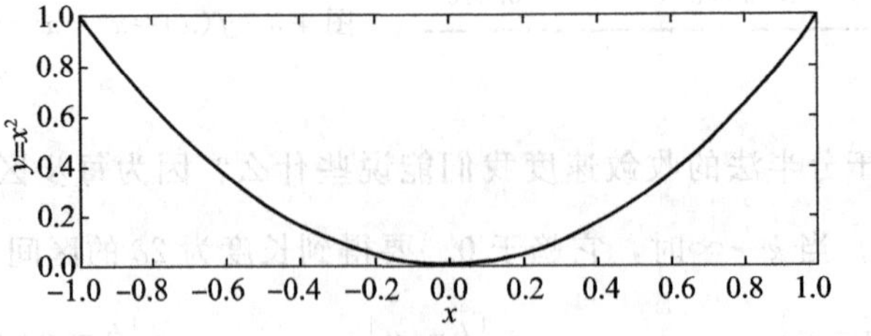

图 4-5　像 $x^2=0$ 这种曲线图对分半法或试位法是无效的

图 4-6　布鲁克·泰勒(1685—1731)

(来源：George Crabb 著的《全球历史词典》，1825 年出版(雕版)．英语学院(19 世纪)(以后)私人收藏/版权属于观察与思考/Bridgeman 国际艺术图书馆．)

在以后各节叙述的方法，譬如牛顿法可用于这类问题．但在叙述牛顿法之前，我们复习一下 Taylor 定理．

4.2 Taylor 定理

在数值分析中用得最多的可能是 Taylor 定理，特别是带有余项的 Taylor 定理. 复习这个重要结论是值得的.

定理 4.2.1(带余项的 Taylor 定理) 假设在区间$[a, b]$上 f, f', …, $f^{(n)}$ 连续，且当 $x\in(a, b)$时 $f^{(n+1)}(x)$存在. 那么存在一个数 $\xi\in(a, b)$使

$$f(b)=f(a)+(b-a)f'(a)+\frac{(b-a)^2}{2!}f''(a)+\cdots+\frac{(b-a)^n}{n!}f^{(n)}(a)+\frac{(b-a)^{n+1}}{(n+1)!}f^{(n+1)}(\xi) \tag{4.4}$$

当(4.4)中两个点 a 和 b 互相靠近时，我们常把 b 写成 $b=a+h$, h 是一个很小的数. 因为 f 光滑的区间可能比(4.4)中所涉及的两个点之间的区间大得多，因此对这个区间中的任意两点 x 和 $x+h$，我们常把(4.4)写成 80

$$f(x+h)=f(x)+hf'(x)+\frac{h^2}{2!}f''(x)+\cdots+\frac{h^n}{n!}f^{(n)}(x)+\frac{h^{(n+1)}}{(n+1)!}f^{(n+1)}(\xi) \tag{4.5}$$

其中 $\xi\in(x, x+h)$. 要强调展开式是关于固定点 a，并且对 f 充分光滑的区间中的任一点 x 也成立的事实，我们也能写成

$$f(x)=f(a)+(x-a)f'(a)+\frac{(x-a)^2}{2!}f''(a)+\cdots+\frac{(x-a)^n}{n!}f^{(n)}(a)+\frac{(x-a)^{n+1}}{(n+1)!}f^{(n+1)}(\xi) \tag{4.6}$$

其中 ξ 在 x 和 a 之间. (4.5)和(4.6)都与(4.4)等价，仅仅用了稍微不同的记法. 公式(4.4)(或(4.5)或(4.6))也能用求和记号写成

$$f(b)=\sum_{j=0}^{n}\frac{(b-a)^j}{j!}f^{(j)}(a)+\frac{(b-a)^{(n+1)}}{(n+1)!}f^{(n+1)}(\xi)$$

在 $f(x)$关于 a 的 Taylor 级数展开式(4.6)中余项

$$R_n(x)\equiv f(x)-\sum_{j=0}^{n}\frac{(x-a)^j}{j!}f^{(j)}(a)=\frac{(x-a)^{n+1}}{(n+1)!}f^{(n+1)}(\xi)$$

有时写成 $O((x-a)^{n+1})$，这是因为存在有限常数 $C\left(\text{即}\frac{f^{n+1}(a)}{(n+1)!}\right)$，使得

$$\lim_{x\to a}\frac{R_n(x)}{(x-a)^{n+1}}=C$$

另外，有时记号 $O(\cdot)$用来表示不存在更高的幂次 $j>n+1$ 使得$\lim\limits_{x\to a}\frac{R_n(x)}{(x-a)^j}$有限. 上面的常数 C 不为 0 将是这种情形.

假如 f 无穷可微，那么 $f(x)$关于 a 的 Taylor 级数展开式是

$$\sum_{j=0}^{\infty}\frac{(x-a)^j}{j!}f^{(j)}(a)$$

根据 f 的性质，Taylor 级数可以是处处收敛，或者在点 a 的某个区间收敛，或者仅在 a 点收敛. 像 e^x(也表示为 $\exp x$)、$\sin x$ 和 $\cos x$ 这些性质非常好的函数，Taylor 级数处处收敛.

关于 $x=0$ 的 Taylor 级数有时常称为 Maclaurin 级数.

81 Taylor 级数包含无穷多项. 如果我们仅对函数在 a 的邻域内的性态感兴趣. 那么仅仅需要 Taylor 级数的前面几项

$$f(x) \approx P_n(x) = \sum_{j=0}^{n} \frac{(x-a)^j}{j!} f^{(j)}(a)$$

Taylor 多项式 $P_n(x)$可以作为函数的一种近似. 在我们能处理多项式但不能处理任意函数 f 的情形，这可能是有用的，例如，可能无法解析积分 f 但对 f 的近似多项式却常能积分.

例 4.2.1　求 $e^x=\exp(x)$关于 1 的 Taylor 级数，首先求出函数及其各阶导数在 $x=1$ 处的值：

$$\begin{aligned} f(1) &= \exp(1) \\ f'(1) &= \exp(1) \\ f''(1) &= \exp(1) \\ &\vdots \end{aligned}$$

其次，利用这些值及 $a=1$ 构造级数

$$\begin{aligned} \exp(x) &= \underbrace{f(1)}_{=\exp(1)} + (x-1)\underbrace{f'(1)}_{=\exp(1)} + \frac{(x-1)^2}{2!}\underbrace{f''(1)}_{=\exp(1)} + \frac{(x-1)^3}{3!}\underbrace{f^3(1)}_{=\exp(1)} + \cdots \\ &= \exp(1)\left[1 + (x-1) + \frac{(x-1)^2}{2!} + \frac{(x-1)^3}{3!} + \cdots\right] \\ &= \exp(1)\sum_{k=0}^{\infty} \frac{(x-1)^k}{k!} \end{aligned}$$

■

例 4.2.2　求 $\cos x$ 的 Maclaurin 级数. 首先求函数 $f(x)=\cos x$ 及其各阶导数在 $x=0$ 处的值：

$$\begin{aligned} f(0) &= \cos(0) = 1 \\ f'(0) &= -\sin(0) = 0 \\ f''(0) &= -\cos(0) = -1 \\ f^{(3)}(0) &= \sin(0) = 0 \\ f^{(4)}(0) &= \cos(0) = 1 \\ &\vdots \end{aligned}$$

其次，利用这些值及 $a=0$ 构造级数

$$\begin{aligned} \cos x &= \underbrace{f(0)}_{=1} + x\underbrace{f'(0)}_{=0} + \frac{x^2}{2!}\underbrace{f''(0)}_{=-1} + \frac{x^3}{3!}\underbrace{f^{(3)}(0)}_{=0} + \frac{x^4}{4!}\underbrace{f^{(4)}(0)}_{=1} + \cdots \\ &= 1 - \frac{x^2}{2} + \frac{x^4}{4!} + \cdots = \sum_{k=0}^{\infty} \frac{(-1)^k x^{2k}}{(2k)!} \end{aligned}$$

■

例 4.2.3　求 $\cos x$ 关于 $x=0$ 的四阶 Taylor 多项式 $P_4(x)$，利用上例的结果，我们求得

82

$$p_4(x) = 1 - \frac{1}{2}x^2 + \frac{1}{24}x^4.$$

■

图 4-7　艾萨克·牛顿(1643—1727)

接下来，将用 Taylor 定理导出一种数值方法，在本章最后习题 19 讨论了 Brook Taylor 同时期的人 John Machin 如何利用 Taylor 定理求出 π 的 100 位小数.

4.3　牛顿法

微积分的奠基人艾萨克·牛顿(Isaac Newton)，在他的《微分和无穷级数方法》[20,77] 中叙述了一种解方程的方法. 然而这种目前称为牛顿法的方法可能更确切地应归功于 Thomas Simpson(托马斯·辛普森)，是他首先叙述了既用迭代又用导数表示的求根算法[60].

我们从牛顿法的几何推导开始，假设我们要解 $f(x)=0$，并且已给定解的初始猜测 x_0，我们计算 $f(x_0)$然后在 x_0 作 f 的切线，并求出它与 x 轴的交点. 如果 f 是线性的，那么这就是 f 的根，一般地，它可能给出比 x_0 对根的更好的近似，如在图 4-8a 和 b 中描绘的. 这条切线的斜率是 $f'(x_0)$，并且它经过点$(x_0, f(x_0))$，因此它的方程是 $y-f(x_0)=f'(x_0)(x-x_0)$，假设 $f'(x_0)\neq 0$. 它在 $x=x_0-\dfrac{f(x_0)}{f'(x_0)}$处与 x 轴$(y=0)$相交. 设 x_1 是这条切线与 x 轴的交点，这一过程能够通过作 f 在 x_1 的切线而重复进行，确定它与 x 轴的交点并称它为 x_2，等等. 这个过程称为牛顿法.

> 求解 $f(x)=0$ 的**牛顿法**
>
> 给定初始猜测 x_0，对 $k=0, 1, 2, \cdots$
>
> 令
> $$x_{k+1}=x_k-\frac{f(x_k)}{f'(x_k)}$$

作为历史的注解，牛顿在 1669 年用数值例子解释了他的方法，但并没有用这里给出的包括用曲线的切线来近似曲线这种几何启发. 他的工作也没有建立上面给出的循环关系，这是由英国数学家 Joseph-Raphson 在 1690 年建立的. 为此这个方法经常叫作 Newton-Raphson 方法. 但是如前面的注解，这个方法或许应叫作 Simpson 方法，这是因为他似乎在 1740 年已经最早给出这种既包括迭代又包括导数的方法的叙述[60]. 83

可惜牛顿法并不都收敛，你能想象出使牛顿法出问题的几种情形吗？

图 4-8c 和 d 说明牛顿法失效的情形. 在情形 c 中，牛顿法发散，而在 d 中它在几个点中循环，永不趋于函数的真正的零点.

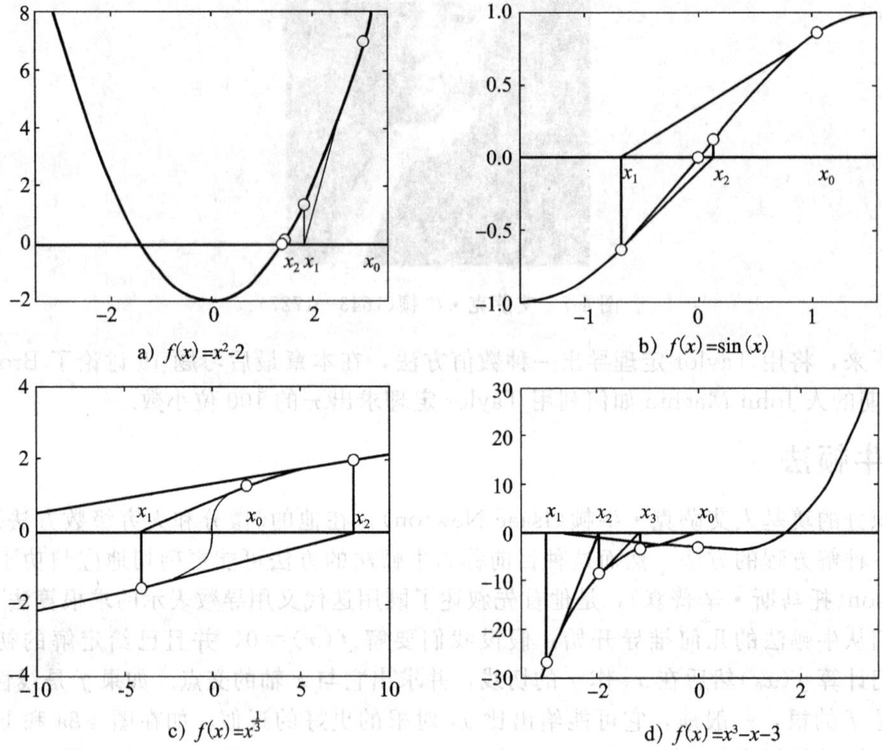

图 4-8 牛顿法

我们可以把牛顿法与分半法结合起来得到一种更可靠的算法. 一旦确定了函数改号的区间，根据介值定理我们知道这个区间内包含根，因此如果下一牛顿步落在区间之外，那么不采用它而代之以分半步. 这样修改后，只要找到一个区间，函数在其端点处异号，这种方法一定是收敛的. 这种结合将用来解图 4-8 中情形 c，因为当 x_0 和 x_1 确定后，下一步

84 牛顿迭代 x_2 将被丢弃，并用$\dfrac{(x_0+x_1)}{2}$代替. 在图 4-8d 中仍将失败，这是因为算法不能确定任一对点使函数在其上异号.

牛顿法也能从 Taylor 定理导出. 根据 Taylor 定理，对在 x_0 和 x 之间某一ξ，

$$f(x)=f(x_0)+(x-x_0)f'(x_0)+\frac{(x-x_0)^2}{2}f''(\xi)$$

如果 $f(x_*)=0$，那么

$$0=f(x_0)+(x_*-x_0)f'(x_0)+\frac{(x_*-x_0)^2}{2}f''(\xi) \tag{4.7}$$

而且，如果 x_0 靠近根 x_*，那么包含$(x_*-x_0)^2$ 的最后一项可以预计小于其他项. 略去最

后这项，确定 x_1(而不是 x_*)就是满足此时方程的点，我们有

$$0 = f(x_0) + (x_1 - x_0) f'(x_0)$$

或

$$x_1 = x_0 - \frac{f(x_0)}{f'(x_0)}$$

对 $k=0$，1，2，…，重复这个过程，给出

$$x_{k+1} = x_k - \frac{f(x_k)}{f'(x_k)} \tag{4.8}$$

这就导出以下关于牛顿法收敛性的定理.

定理 4.3.1　假设 $f \in \boldsymbol{C}^2$，如果 x_0 充分接近 f 的根 x_*，并且如果 $f'(x_*) \neq 0$，那么牛顿法收敛于 x_*，而且最终收敛速度是二次的，即存在常数 $C_* = \left|\frac{f''(x_*)}{2f'(x_*)}\right|$ 使得

$$\lim_{k \to \infty} \frac{|x_{k+1} - x_*|}{|x_k - x_*|^2} = C_* \tag{4.9}$$

证明这定理之前，我们首先做一些观察，(4.9)中描述的二次收敛速度意味着对充分大的 k，收敛将是很快的，如果 C 是大于 C_* 的任一常数，从(4.9)得到，存在 K，使得对所有的 $k \geqslant K$ 有

$$|x_{k+1} - x_*| \leqslant C|x_k - x_*|^2$$

譬如，如果 $C=1$，$|x_K - x_*| = 0.1$，那么，我们将有 $|x_{K+1} - x_*| \leqslant 10^{-2}$，$|x_{K+2} - x_*| \leqslant 10^{-4}$，$|x_{K+3} - x_*| \leqslant 10^{-8}$，等等. 然而，还有许多重要的限制. 首先，定理要求初始猜测 x_0 要充分靠近所求的根 x_*，但是不仅没有准确地指出充分靠近意味什么，也没有提供一种检查给定的初始猜测是否充分靠近所要求的根的方法. 证明将弄清楚为什么说怎样靠近才是充分靠近是困难的. 其次，它说明最终收敛速度是二次的，但没有讲在达到二次收敛速度之前可能需要迭代多少次，这也将依赖于初始猜测如何靠近解. 85

定理的证明　在方程(4.7)中用 x_k 代替 x_0，则对某个在 x_k 与 x_* 之间的 ξ_k，可得到

$$x_* = x_k - \frac{f(x_k)}{f'(x_k)} - \frac{(x_* - x_k)^2}{2} \frac{f''(\xi_k)}{f'(x_k)}$$

由方程(4.8)减去上式得

$$x_{k+1} - x_* = \frac{f''(\xi_k)}{2f'(x_k)} (x_k - x_*)^2 \tag{4.10}$$

因为 f'' 连续，$f'(x_*) \neq 0$，如果 $C_* = \left|\frac{f''(x_*)}{2f'(x_*)}\right|$，那么，对任意 $C > C_*$，存在关于 x_* 的区间，对这个区间中的 x 和 ξ 有 $\left|\frac{f''(\xi)}{2f'(x)}\right| \leqslant C$. 如果对某个 K，x_K 位于这个区间中，而且如果还有 $|x_K - x_*| < \frac{1}{C}$(它一定成立，即使对 $K=0$，只要 x_0 充分靠近 x_*)，那么(4.10)隐含 $|x_{K+1} - x_*| \leqslant C|x_K - x_*|^2 < |x_K - x_*|$，所以 x_{K+1} 也位于这个区间中并且满足 $|x_{K+1} - x_*| < \frac{1}{C}$. 由归纳法继续下去，我们发现所有迭代 x_k，$k \geqslant K$ 都位于这个区间中，

所以根据(4.10)，有

$$\begin{aligned}|x_{k+1}-x_*| &\leqslant C|x_k-x_*|^2\leqslant(C|x_k-x_*|)\cdot|x_k-x_*|\\&\leqslant(C|x_k-x_*|)(C|x_{k-1}-x_*|)\cdot|x_{k-1}-x_*|\\&\vdots\\&\leqslant(C|x_k-x_*|)\cdots(C|x_K-x_*|)\cdot|x_K-x_*|\\&\leqslant(C|x_K-x_*|)^{k+1-K}|x_K-x_*|\end{aligned}$$

由于$C|x_K-x_*|<1$，所以当$k\to\infty$时，$(C|x_K-x_*|)^{k+1-K}\to 0$．因此当$k\to\infty$时，就有$x_k\to x_*$．最后，因为$x_k$及(4.10)中的$\xi_k$收敛于$x_*$，从(4.10)得到

$$\frac{|x_{k+1}-x_*|}{|x_k-x_*|^2}=\left|\frac{f''(\xi_k)}{2f'(x_k)}\right|\to C_*$$

□

如前指出，因为我们不知道根x_*，x_0充分靠近根x_*的假设一般是不可能检验的(这里“充分靠近”可以认为x_0落在x_*的邻域内，其中$\left|\frac{f''}{2f'}\right|$小于等于某个常数$C$以及$|x_0-x_*|<\frac{1}{C}$)．有很多保证牛顿法收敛的关于初始猜测的其他的充分条件的定理，这些条件一般很难或不可能检验，或者它们可能大大超出必需的限制，因此我们在这里不再提及这些结果．考虑牛顿法收敛条件的早期数学家包括Mourraille(1768)以及后来的Lagrange．1818年，Fourier考虑了收敛速度的问题，在1821年以及1829年Cauchy又提出这个问题．关于这个方

86 法历史发展的更多信息见[20]．

例 4.3.1　用牛顿法计算$\sqrt{2}$，即解$x^2-2=0$．

因为$f(x)=x^2-2$，所以有$f'(x)=2x$．因此牛顿法为

$$x_{k+1}=x_k-\frac{x_k^2-2}{2x_k},k=0,1,\cdots$$

从$x_0=2$开始，令e_k表示误差$x_k-\sqrt{2}$，我们得到

$$\begin{aligned}x_0&=2, & e_0&=0.59,\\x_1&=1.5, & e_1&=0.086,\\x_2&=1.4167, & e_2&=0.0025,\\x_3&=1.414\,215\,7, & e_3&=2.1\times10^{-6}\approx0.35e_2^2\end{aligned}$$

这个问题中，常数$\left|\frac{f''(x_*)}{2f'(x_*)}\right|$是$\frac{1}{2\sqrt{2}}\approx0.3536$．注意，如果$x_0=0$，这个问题的牛顿法失败．对$x_0>0$，它收敛到$\sqrt{2}$，对$x_0<0$，它收敛到$-\sqrt{2}$．■

例 4.3.2　假设$f'(x_*)=0$，牛顿法可能仍然收敛，但仅是线性收敛．

考虑问题$f(x)\equiv x^2=0$，由于$f'(x)=2x$，牛顿法为

$$x_{k+1}=x_k-\frac{x_k^2}{2x_k}=\frac{1}{2}x_k$$

例如从$x_0=1$开始，我们得到$e_0=1$，$x_1=e_1=\frac{1}{2}$，$x_2=e_2=\frac{1}{4}$，…，$x_k=e_k=\frac{1}{2^k}$，每一步不是误差的平方而是以误差的二分之一减少．■

例 4.3.3　考虑问题$f(x)\equiv x^3=0$，由于$f'(x)=3x^2$，牛顿法为

$$x_{k+1}=x_k-\frac{x_k^3}{3x_k^2}=\frac{2}{3}x_k$$

显然误差(x_k 与真根 $x_*=0$ 的差)在每一步乘以因子$\frac{2}{3}$. ■

例 4.3.4　假设 $f(x)\equiv x^j$，牛顿法的误差缩减因子是多少?

为了理解例题 4.3.2，在定理 4.3.1 的证明中选出公式(4.10)：

$$x_{k+1}-x_*=\frac{f''(\xi_k)}{2f'(x_k)}(x_k-x_*)^2$$

由于在例题 4.3.2 中，$f'(x_*)=0$，当 x_k 趋于 x_* 时，因子乘以$(x_k-x_*)^2$ 变得越来越大，所以我们不能期望平方收敛. 然而，如果我们用 Taylor 级数把 $f'(x_k)$在 x_* 展开，则对于 x_* 和 x_k 之间的某个 η_k 成立，就有

$$f'(x_k)=f'(x_*)+(x_k-x_*)f''(\eta_k)=(x_k-x_*)f''(\eta_k)$$ 87

把这个表达式代入上面的 $f'(x_k)$就得到

$$x_{k+1}-x_*=\frac{f''(\xi_k)}{2f''(\eta_k)}(x_k-x_*)$$

如果 $f''(x_*)\neq 0$，那么这就建立了收敛因子靠近$\frac{1}{2}$的线性收敛性(在 x_0 充分靠近 x_* 的假设下). 在 $f'(x_k)$关于 x_* 的 Taylor 级数展开式中保留更多的项，这种相同的方法可以用来解释例 4.3.3 和 4.3.4. ■

定理 4.3.2　对 $p\geq 1$，假设 $f\in \boldsymbol{C}^{p+1}$，如果 x_0 充分靠近 f 的根 x_*，且$f'(x_*)=\cdots=f^{(p)}(x_*)=0$，但是 $f^{(p+1)}(x_*)\neq 0$，那么牛顿法线性收敛到 x_*，其最终误差每一步由大约$\frac{p}{p+1}$的因子减小；即

$$\lim_{k\to\infty}\frac{|x_{k+1}-x_*|}{|x_k-x_*|}=\frac{p}{p+1}$$

证明　在公式(4.8)两边减去 x_*，得

$$x_{k+1}-x_*=x_k-x_*-\frac{f(x_k)}{f'(x_k)} \tag{4.11}$$

关于 x_* 展开 $f(x_k)$和 $f'(x_k)$，则对 x_k 和 x_* 中的某个点 ξ_k 和 η_k 得

$$f(x_k)=\frac{(x_k-x_*)^{p+1}}{(p+1)!}f^{(p+1)}(\xi_k)$$

$$f'(x_k)=\frac{(x_k-x_*)^p}{p!}f^{(p+1)}(\eta_k)$$

这是因为第一个 Taylor 级数展开式中的前 $p+1$ 项和第二个 Taylor 级数展开式中的前 p 项都是零. 把上述两个展开式代入(4.11)得

$$x_{k+1}-x_*=(x_k-x_*)\left(1-\frac{1}{p+1}\frac{f^{(p+1)}(\xi_k)}{f^{(p+1)}(\eta_k)}\right) \tag{4.12}$$

因为 $f^{(p+1)}(x_*)\neq 0$ 而且 $f^{(p+1)}$连续，因此对任意 $\varepsilon>0$，存在关于 x_* 的区间，每当 ξ 和 η 在这区间里，因子$\frac{1-\left(\frac{1}{p+1}\right)f^{p+1}(\xi)}{f^{(p+1)}(\eta)}$在 $\xi=\eta=x_*$ 处的值$\left(即\ 1-\frac{1}{p+1}=\frac{p}{(p+1)}\right)$不超过 ε. 特

别地，对充分小的 ε，这个因子将在常数 $C<1$ 上有界．从(4.12)得到，如果 x_k 落在这个区间，那么 $|x_{k-1}-x_*|<C|x_k-x_*|$，所以，x_{k+1} 也落在这个区间中，而且如果 x_0 在这个区间中，则由归纳得 $|x_{k+1}-x_*|\leqslant C^{k+1}|x_0-x_*|$，所以，当 $k\to\infty$ 时，$x_k\to x_*$．误差缩减因子的极限值是 $\dfrac{p}{(p+1)}$． □

作为另一个例子，考虑函数 $f_1(x)=\sin x$，$f_2(x)=\sin^2 x$，两者都有根 $x_*=\pi$．注意，在 $x_*=\pi$ 处，$f'_1(x)=\cos x\neq 0$，但是在 $x_*=\pi$ 处，$f'_2(x)=2\sin x\cos x=0$．然而，注意 $f''_2(\pi)\neq 0$．因此当牛顿法分别用于 $f_1(x)$ 和 $f_2(x)$ 时，我们
88 希望二次和线性 $\left(\text{收敛因子约为}\dfrac{1}{2}\right)$ 收敛．在图 4-9 中可以清楚地看到这一点．对 f_1，根 $x_*=\pi$ 称为有重数 1 或者是一个单根，而对 f_2，它是一个重数 2 的根．牛顿法对重数大于 1 的根仅线性收敛．

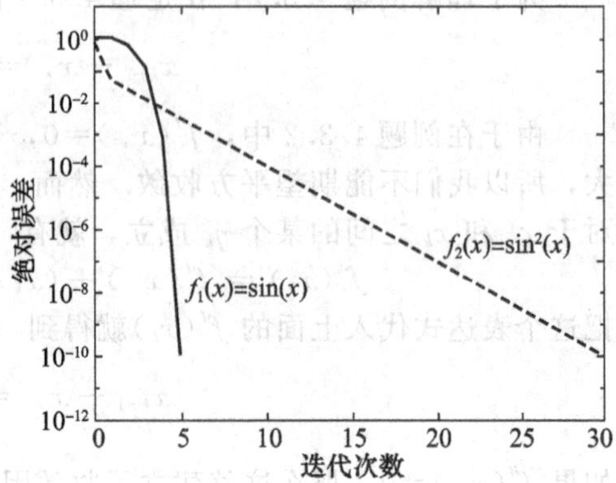

图 4-9 对有一重根的函数和对有二重根的函数的牛顿法的收敛性比较

4.4 拟牛顿法

4.4.1 避免求导数

在充分靠近根时，牛顿法有非常好的二次收敛性．这意味着我们能从靠近的点很快地逼近一个根．它比分半法要快得多．其代价是在每一步必须计算 f 和它的导数．对以上所提出的简单例子，这并不困难．然而在许多问题中，函数 f 十分复杂．它可能无法用解析表示．我们也许不得不执行程序来计算 $f(x)$．在这种情形，解析求导 f 是困难的或者是不可能的．而且，即使能找到一个公式，它的求值代价也将很大．对这类问题，我们希望避免计算导数，或者至少尽可能少计算，并且要在某种程度上保持接近二次收敛．形式为

$$x_{k+1}=\frac{x_k-f(x_k)}{g_k},\quad \text{其中 } g_k\approx f'(x_k) \tag{4.13}$$

这种迭代有时称为拟牛顿法．

4.4.2 常数梯度法

一种想法是当在 x_0 算得 f' 后就令式(4.13)中的所有 g_k 等于 $f'(x_0)$．在迭代时，如果
89 f 的斜率改变不太大，那么我们就可以预期这个方法与牛顿法的情况极为相似．这种方法称为**常数梯度法**：

$$x_{k+1}=x_k-\frac{f(x_k)}{g},\quad \text{其中 } g=f'(x_0) \tag{4.14}$$

为了分析这种迭代，我们再次使用 Taylor 定理．关于根 x_* 展开 $f(x_k)$，我们得

$$f(x_k)=(x_k-x_*)f'(x_*)+O((x_k-x_*)^2)$$

这里没有显式地写出余项而是用记号 $O(\cdot)$ 代替．在式(4.14)两边减去 x_* 并且再令

$e_k \equiv x_k - x_*$ 表示在 x_k 的误差，我们有

$$e_{k+1} = e_k - \frac{f(x_k)}{g} = e_k\left(1 - \frac{f'(x_*)}{g}\right) + O(e_k^2)$$

如果 $\left|\frac{1-f'(x_*)}{f'(x_0)}\right| < 1$，那么对充分靠近 x_* 的 x_0（充分靠近使上面的 $O(e_k^2)$ 项可忽略），这个方法收敛而且收敛是线性的．一般地，对常数梯度法，我们不能期望其收敛性比线性收敛更好．

这种想法的变形是偶尔更新导数值．不是对(4.13)中的所有的 k 取 g_k 作为 $f'(x_0)$，而是跟踪这个迭代的收敛状况，当它似乎慢下来了，就计算一个新的导数 $f'(x_k)$．这比常数梯度法需要更多的导数计算，但它可以用更少次迭代来收敛．选择解非线性方程的方法通常是在迭代的耗费与要达到所要求的精确水平所需要的迭代次数之间的权衡．

4.4.3　正割法

正割法是通过取(4.13)中的 g_k 为

$$g_k = \frac{f(x_k) - f(x_{k-1})}{x_k - x_{k-1}} \tag{4.15}$$

定义的．

注意：当 x_{k-1} 趋于 x_k 时，g_k 的极限趋于 $f'(x_k)$，所以当 x_{k-1} 靠近 x_k 时，能够预期 g_k 是对 $f'(x_k)$ 的合理的近似．它实际上是经过点 $(x_{k-1}, f(x_{k-1}))$ 和 $(x_k, f(x_k))$ 的直线的斜率．称它为曲线 f 的**割线**，这是因为它与曲线相交于这两点．于是正割法定义为

$$x_{k+1} = x_k - \frac{f(x_k)(x_k - x_{k-1})}{f(x_k) - f(x_{k-1})}, \qquad k = 1,2,3,\cdots \tag{4.16}$$

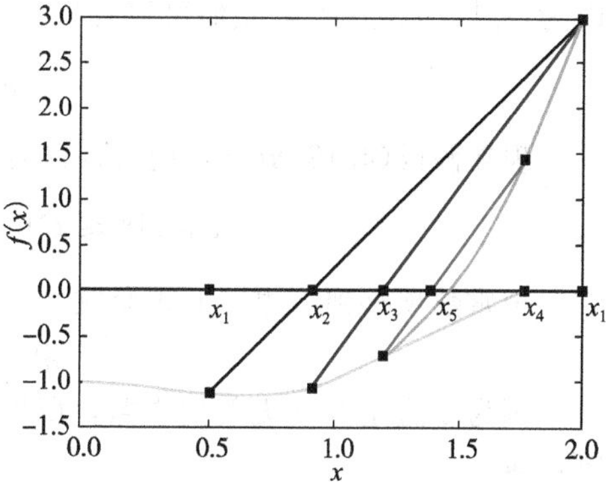

图 4-10　取 $x_0=0.5$ 及 $x_1=2$，用正割法求 $f(x)=x^3-x^2-1$ 的根

要执行正割法，我们需要两个起始点 x_0 和 x_1，在图 4-10 中给出了取 $x_0=0.5$ 及 $x_1=2$，求 $f(x)=x^3-x^2-1$ 的根的正割法的说明．

例 4.4.1　取 $x_0=1$，$x_1=2$，重新考虑问题 $f(x)\equiv x^2-2=0$，则正割法得出以下近似解及误差 90

$$\begin{aligned} x_2 &= 1.3333 & e_2 &= -0.0809 \\ x_3 &= 1.4 & e_3 &= -0.0142 \\ x_4 &= 1.4146 & e_4 &= 4.2\times 10^{-4} \\ x_5 &= 1.4142114 & e_5 &= -2.1\times 10^{-6} \end{aligned}$$

从例 4.4.1 的结果中很难准确地确定正割法的收敛速度可能是什么？它似乎比线性收敛快：比值 $\left|\frac{e_{k+1}}{e_k}\right|$ 随着 k 而变得更小．但是它似乎比二次收敛慢：$\left|\frac{e_{k+1}}{e_k^2}\right|$ 似乎随着 k 变得更大．你能够猜出收敛阶是多少吗？

结果显示正割法的收敛阶是$\frac{1+\sqrt{5}}{2}\approx 1.62$，你或许并没有猜中！这个结果来自下述引理. ■

引理 4.4.1　假设 $f\in C^2$，如果 x_0 及 x_1 充分靠近 f 的根 x_*，并且如果 $f'(x_*)\neq 0$，那么在正割法中的误差 e_k 满足

$$\lim_{k\to\infty}\frac{e_{k+1}}{e_k e_{k-1}}=C_* \tag{4.17}$$

其中 $C_*=\frac{f''(x_*)}{2f'(x_*)}$.

表达式(4.17)表示对足够大的 k

$$e_{k+1}\approx C_* e_k e_{k-1} \tag{4.18}$$

当我们选择充分大的 k，上述近似式能满足我们希望的靠近.

在证明这个引理之前，我们来说明为什么这个结果能够得出所述的收敛速度. 假定存在常数 a 和 α 使得对所有充分大的 k 有

$$|e_{k+1}|\approx a|e_k^{\alpha}|$$

在这里我们能够再一次选择足够大的 k，使得上式与实际的等式像我们希望的那么靠近.

91 (在正式的证明中，这个假设是需要证明的，但是我们只是在论证中作出了这种假设.) 又因为 $|e_k|\approx a|e_{k-1}|^{\alpha}$，我们可以写成

$$|e_{k-1}|\approx\left(\frac{|e_k|}{a}\right)^{\frac{1}{\alpha}}$$

现在假设(4.18)成立，把 e_{k-1} 和 e_{k+1} 的表达式代入(4.18)，得

$$a|e_k|^{\alpha}\approx C|e_k|\left(\frac{|e_k|}{a}\right)^{\frac{1}{\alpha}}=C|e_k|^{1+\frac{1}{\alpha}}a^{-\frac{1}{\alpha}}$$

把常数项移到一边，上式变成

$$a^{1+\frac{1}{\alpha}}C^{-1}\approx|e_k|^{1+\frac{1}{\alpha}-\alpha}$$

因为左边是与 k 无关的常数，所以右边必须也是如此. 这就意味着 $|e_k|$ 的指数必须是零，即

$$1+\frac{1}{\alpha}-\alpha=0$$

解出 α，我们得到

$$\alpha=\frac{1\pm\sqrt{5}}{2}$$

为使方法收敛，α 必须是正的. 所以，收敛阶必须是正值 $\alpha=\frac{(1+\sqrt{5})}{2}$.

引理的证明　(4.16)的两边减去 x_* 给出

$$e_{k+1}=e_k-\frac{f(x_k)(e_k-e_{k-1})}{f(x_k)-f(x_{k-1})}$$

其中我们对 x_k-x_{k-1} 已作了代换 $e_k-e_{k-1}=(x_k-x_*)-(x_{k-1}-x_*)$. 并项后，上式成为

$$e_{k+1}=\frac{f(x_k)e_{k-1}-f(x_{k-1})e_k}{f(x_k)-f(x_{k-1})}=e_k e_{k-1}\left[\frac{\frac{f(x_k)}{e_k}-\frac{f(x_{k-1})}{e_{k-1}}}{x_k-x_{k-1}}\cdot\frac{x_k-x_{k-1}}{f(x_k)-f(x_{k-1})}\right] \tag{4.19}$$

当 x_k 及 x_{k-1} 趋于 x_* 时，(4.19)的括号内最后的因子收敛于 $\frac{1}{f'(x_*)}$. 第一个因子可以写成

$$\frac{\dfrac{f(x_k)-f(x_*)}{x_k-x_*}-\dfrac{f(x_{k-1})-f(x_*)}{x_{k-1}-x_*}}{x_k-x_{k-1}}$$

如果我们定义

$$g(x)\equiv\frac{f(x)-f(x_*)}{x-x_*} \tag{4.20}$$

那么式(4.19)括号内的第一个因子是 $\frac{g(x_k)-g(x_{k-1})}{x_k-x_{k-1}}$，当 x_k 和 x_{k-1} 趋于 x_* 时，它收敛到 $g'(x_*)$. 对表达式(4.20)求导，我们得到

$$g'(x)=\frac{(x-x_*)f'(x)-(f(x)-f(x_*))}{(x-x_*)^2}$$

92

当 $x\to x_*$ 时取极限，利用 L'Hôpital(洛必达)法则，给出

$$\lim_{x\to x_*}g'(x)=\lim_{x\to x_*}\frac{(x-x_*)f''(x)}{2(x-x_*)}=\frac{f''(x_*)}{2}$$

假设当 $k\to\infty$ 时，e_k 和 e_{k-1} 都收敛于 0，则从式(4.19)得到

$$\lim_{k\to\infty}\frac{e_{k+1}}{e_k e_{k-1}}=\frac{1}{2}\frac{f''(x_*)}{f'(x_*)}$$

最后，假设 x_0 和 x_1 充分靠近 x_* 是指对任意 $C>\frac{1}{2}\left|\frac{f''(x_*)}{f'(x_*)}\right|$，我们能假定 x_0 及 x_1 落在关于 x_* 的一个区间内，在其中 $|e_2|\leqslant C|e_1|\cdot|e_0|$，也就是说 $|e_1|\leqslant\frac{1}{2C}$ 及 $|e_0|\leqslant\frac{1}{2C}$. 由此推出 $|e_2|\leqslant\frac{1}{2}\min\{|e_1|,|e_0|\}\leqslant\frac{1}{4C}$，所以，$x_2$ 也落在这个区间，由归纳得到所有的迭代 x_k 都落在这个区间，而且 $|e_k|\leqslant\frac{1}{2}|e_{k-1}|\leqslant\cdots\leqslant\frac{1}{2^k}|e_0|$. 因此当 $k\to\infty$ 时，e_k 及 e_{k-1} 均收敛于 0. □

如前指出，像牛顿法一样，如果我们找到一对点 x_k 及 x_{k-1}，f 在其上异号，正割法能和分半法结合. 在正割法中，这意味着不是以新的点对 x_{k+1} 及 x_k 自动进行工作而是依据 $f(x_k)$ 或 $f(x_{k-1})$ 是否与 $f(x_{k+1})$ 异号，对 x_{k+1} 及 x_k 或者 x_{k-1} 进行工作. 这样我们永远保持一个包含 f 的根的区间. 这叫作试位算法，而且它保证收敛，如我们以前所见，它可能仅有慢的线性收敛速度. 令人多少有些意外的是迭代移到已知包含一个根的区域之外，实际上可能导致更快地收敛到这个根.

4.5　不动点分析法

有时并不把非线性方程写成形式 $f(x)=0$，而是写成**不动点问题**的形式：$x=\varphi(x)$；即问题是在映射 φ 下，求一个保持不动的点. 解这种问题的自然的方法是从初始猜测 x_0 出发，按

$$x_{k+1}=\varphi(x_k) \tag{4.21}$$

迭代. 因为许多问题非常自然地表示成不动点问题，有必要了解形式(4.21)的一般的迭代.

有许多方式能把形式为 $f(x)=0$ 的方程转化成 $x=\varphi(x)$ 的形式，反过来也是一样. 例如，方程 $f(x)=0$ 可以写成 $\varphi(x)\equiv x+f(x)=x$ 或可以写成 $\varphi(x)\equiv x-f(x)=x$. 相反，方程 $x=\varphi(x)$ 可以写成 $f(x)\equiv x-\varphi(x)=0$，或者可以写成 $f(x)\equiv \exp(x-\varphi(x))-1=0$，在以上每种情形中，$f(x)=0$ 当且仅当 $\varphi(x)=x$.

93 牛顿法和常数梯度法都可以理解成不动点迭代. 尽管我们已经分析了这些方法，只要 $\varphi(x)$ 定义适当，这一节的分析同样适用. 对于牛顿法，因为 $x_{k+1}=x_k-\dfrac{f(x_k)}{f'(x_k)}$，所以求不动点的函数 φ 是 $\varphi(x)=x-\dfrac{f(x)}{f'(x)}$. 注意 $\varphi(x)=x$ 当且仅当 $f(x)=0$(假定 $f'(x)\neq 0$). 对于常数梯度法，因为 $x_{k+1}=x_k-\dfrac{f(x_k)}{g}$，我们有 $\varphi(x)=x-\dfrac{f(x)}{g}$，其中 $g=f'(x_0)$. 注意对于这个函数，$\varphi(x)=x$ 当且仅当 $f(x)=0$. 正割法，$x_{k+1}=x_k-\dfrac{f(x_k)(x_k-x_{k-1})}{f(x_k)-f(x_{k-1})}$ 不符合这种模式，这是因为其右边是 x_k 和 x_{k-1} 的函数.

图 4-11 说明不动点迭代收敛和发散的情形. 特别地，这种迭代能产生单调收敛，振荡收敛，周期性态或者混沌 / 拟周期的性态.

如图 4-11 所见，从几何上看，不动点位于直线 $y=x$ 和曲线 $y=\varphi(x)$ 的交点. 从数学上看，当函数的输出等于其输入，即 $\varphi(x)=x$ 时这种点就出现. 不动点相应于动力系统的平衡点，即对这种点，解在那里既不增长也不衰减.

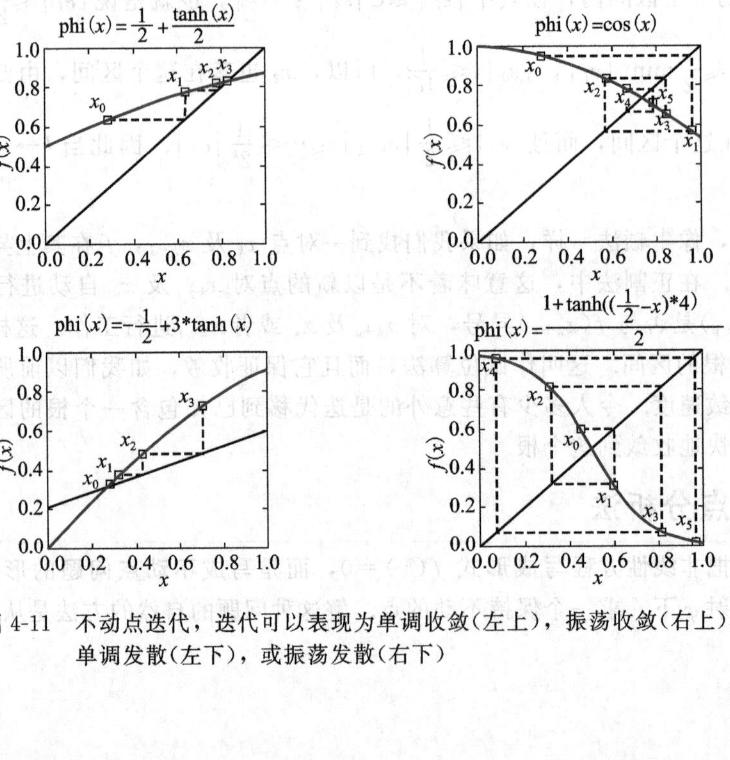

图 4-11　不动点迭代，迭代可以表现为单调收敛(左上)，振荡收敛(右上)，单调发散(左下)，或振荡发散(右下)

例 4.5.1　求 $\varphi(x)=x^2-6$ 的不动点.

首先，在同一坐标系画出 $y=x^2-6$ 及 $y=x$ 以得到交点的概念，见图 4-12. 在数学上，解二次方程 $x^2-6=x$ 或者 $x^2-x-6=(x-3)(x+2)=0$ 来确定不动点. 其解是 $x=3$ 及 $x=-2$. ■

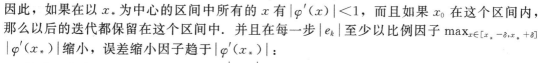

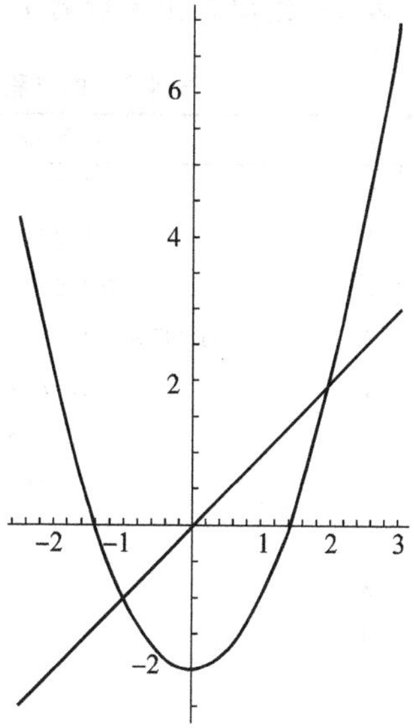

图 4-12　$y=x^2-6$ 及 $y=x$ 的曲线图

如何决定一个不动点迭代是否收敛？以下定理给出了收敛的一个充分条件.

定理 4.5.1　假设在以 φ 的不动点 x_* 为中心的某个区间 $[x_*-\delta, x_*+\delta]$ 内，$\varphi\in C^1$，$|\varphi'(x)|<1$，如果 x_0 在这个区间里，那么不动点迭代式(4.21)收敛到 x_*. 94

证明　将 $\varphi(x_k)$ 展开成关于 x_* 的 Taylor 级数，对 x_k 和 x_* 之间的某个 ξ_k 给出

$$x_{k+1}=\varphi(x_k)=\varphi(x_*)+(x_k-x_*)\varphi'(\xi_k)$$
$$=x_*+(x_k-x_*)\varphi'(\xi_k)$$

两边减去 x_* 并且记误差为 $e_k\equiv x_k-x_*$，上式变成

$$e_{k+1}=e_k\varphi'(\xi_k)$$

两边取绝对值给出

$$|e_{k+1}|=|\varphi'(\xi_k)||e_k|$$

因此，如果在以 x_* 为中心的区间中所有的 x 有 $|\varphi'(x)|<1$，而且如果 x_0 在这个区间内，那么以后的迭代都保留在这个区间中. 并且在每一步 $|e_k|$ 至少以比例因子 $\max_{x\in[x_*-\delta,x_*+\delta]}|\varphi'(x_*)|$ 缩小，误差缩小因子趋于 $|\varphi'(x_*)|$：

$$\lim_{k\to\infty}\frac{|e_{k+1}|}{|e_k|}=|\varphi'(x_*)|$$ □

注意定理 4.5.1 中的区间必须是以不动点 x_* 为中心的，这是为了保证新的迭代仍留在这个区间. 给出一个包含不动点 x_* 的一般的区间 $[a, b]$ 并且在其中 $|\varphi'(x)|<1$，我们可以假设 φ 把区间 $[a, b]$ 映射到 $[a, b]$；即如果 $x\in[a, b]$，那么 $\varphi(x)\in[a, b]$. 这也将保证如果以 $[a, b]$ 中的初始猜测 x_0 开始，那么以后的迭代仍留在这个区间. 定理的证明表示 95
误差 $|e_k|$ 每一步至少以比例因子 $\max_{x\in[a,b]}|\varphi'(x)|$ 减小.

例 4.5.2　作为例子，让我们考虑能从方程 $f(x)\equiv x^3+6x^2-8=0$ 导出的三种不动点迭代格式，因为 $f(1)=-1<0$，$f(2)=24>0$. 所以这个方程在区间 $[1, 2]$ 中有一个根. 所求不动点的函数是

1. $\varphi_1(x)=x^3+6x^2+x-8$
2. $\varphi_2(x)=\sqrt{\dfrac{8}{x+6}}$
3. $\varphi_3(x)=\sqrt{\dfrac{8-x^3}{6}}$

简单的代数运算指出这些函数都在区间 $[1, 2]$ 中有不动点，在这些点上 $f(x)=x^3+6x^2-8$ 有根；例如，如果 $x\geqslant0$ 并且 $x^2=\dfrac{8}{x+6}$ 或者 $x^3+6x^2-8=0$，$\varphi_2(x)=x$. [练习：证

明，如果 $x\in[0,2]$并且 $f(x)=0$，那么 $\varphi_3(x)=x$.]

表 4-2 给出以初始猜测 $x_0=1.5$ 用于这些函数的不动点迭代的性态.

表 4-2　由方程 $x^3+6x^2-8=0$ 导出的三种不同函数的不动点迭代

n	$\varphi_1(x)=x$	$\varphi_2(x)=x$	$\varphi_3(x)=x$
0	1.5	1.5	1.5
1	10.375	1.032 795 559	0.877 971 146 1
2	1764.990 234	1.066 549 452	1.104 779 810
3	551 697 375 9	1.063 999 177	1.052 898 680
4	1.679×10^{29}	1.064 191 225	1.067 142 690
5	4.734×10^{87}	1.064 176 759	1.063 386 479
6	1.061×10^{263}	1.064 177 849	1.064 388 114
7		1.064 177 767	1.064 121 800
8		1.064 177 773	1.064 192 663
9		1.064 177 772	1.064 173 811
10			1.064 178 826
11			1.064 177 492
12			1.064 177 847
13			1.064 177 753
14			1.064 177 778
15			1.064 177 771
16			1.064 177 773
17			1.064 177 772

这些结果可以用定理 4.5.1 来解释：

(a) 首先考虑 $\varphi_1(x)=x^3+6x^2+x-8$，这是一个不动点迭代很快发散的函数. 注意对
96 所有 $x>0$，$\varphi'_1(x)=3x^2+12x+1>1$. 从 $x_0=1.5$ 开始，我们一定能预期迭代在每一步增长，所以迭代过程发散.

(b) 下面考虑 $\varphi_2(x)=\sqrt{\dfrac{8}{x+6}}$. 在这种情形，$|\varphi'_2(x)|=\dfrac{\sqrt{2}}{(x+6)^{\frac{3}{2}}}$，对于 $x\geqslant2^{\frac{1}{3}}-6\approx-4.74$，它小于 1. 因为我们知道在区间$[1,2]$内的某处有一个不动点 x_*，从 $x_0=1.5$ 到这个不动点的距离最多是 0.5；因此区间$[x_*-0.5,x_*+0.5]\subset[0.5,2.5]$. 它包含 x_0 而且在这个区间上$|\varphi'_2(x)|<1$. 所以收敛性得到保证. 注意到 φ_2 把包含不动点的区间$[1,2]$映射到区间$\left[1,\sqrt{\dfrac{8}{7}}\right]\subset[1,2]$. 我们也能建立其收敛性. 因此通过定理 4.5.1 之后的讨论，这个迭代一定收敛.

(c) 最后考虑 $\varphi_3(x)=\sqrt{\dfrac{8-x^3}{6}}$. 在这种情形$|\varphi'_3(x)|=\dfrac{x^2}{4}\sqrt{\dfrac{6}{8-x^3}}$，可以检查当 x 大约小于 1.6 时，它小于 1. 但是如果我们仅仅知道在区间$[1,2]$中存在不动点，我们不能

推断出 φ_3 的不动点迭代将收敛．然而，因为我们从 φ_2 的不动点迭代的运行中知道不动点大约等于 1.06，我们又能推断出：在包含初始猜测 $x_0=1.5$ 的区间 $[x_*-0.5, x_*+0.5]$ 中，$|\varphi'_3(x)|<1$；因此不动点迭代将收敛于 x_*．

事实上，为了有收敛性，$\varphi'(x_*)$ 并不需要存在．如果 φ 是压缩映射，即存在常数 $L<1$，使得对所有 x 和 y 成立

$$|\varphi(x)-\varphi(y)|\leqslant L|x-y| \tag{4.22}$$

那么迭代(4.21)将收敛于不动点 x_*．■

定理 4.5.2　如果 φ 是压缩映射(在整个 R 上)，那么它有唯一的不动点 x_*，且从任意 x_0 迭代，$x_{k+1}=\varphi(x_k)$ 收敛于 x_*．

证明　我们将证明序列 $\{x_k\}_{k=0}^{\infty}$ 是 Cauchy 序列，因此收敛．为了明白这一点，令 k 与 j 是正整数 $(k>j)$，并利用三角不等式写出

$$|x_k-x_j|\leqslant|x_k-x_{k-1}|+|x_{k-1}-x_{k-2}|+\cdots+|x_{j+1}-x_j| \tag{4.23}$$

每个差 $|x_m-x_{m-1}|$ 可以写成 $|\varphi(x_{m-1})-\varphi(x_{m-2})|$，它的上界是 $L|x_{m-1}-x_{m-2}|$，这里 $L<1$ 是(4.22)中的常数．对 $|x_{m-1}-x_{m-2}|$ 重复这种讨论，我们得到 $|x_m-x_{m-1}|\leqslant L^2|x_{m-2}-x_{m-3}|$，如此继续下去给出 $|x_m-x_{m-1}|\leqslant L^{m-1}|x_1-x_0|$．把这些代入(4.23)得到

$$|x_k-x_j|\leqslant(L^{k-1}+L^{k-2}+\cdots+L^j)|x_1-x_0|=L^j\frac{1-L^{k-j}}{1-L}|x_1-x_0|$$ 97

如 k 和 j 都大于或等于某个正整数 N，我们将有

$$|x_k-x_j|\leqslant L^N\frac{1}{1-L}|x_1-x_0|$$

而且当 $N\to\infty$ 时，这个量趋于 0．这就证明了序列 $x_k(k=0, 1, \cdots)$ 是 Cauchy 序列，因此收敛．

为了证明到 x_k 收敛到 φ 的不动点，我们首先注意 φ 是压缩映射隐含它是连续的这个事实．因此，$\varphi(\lim\limits_{k\to\infty}x_k)=\lim\limits_{k\to\infty}\varphi(x_k)$．令 x_* 表示 $\lim\limits_{k\to\infty}x_k$，我们有

$$\varphi(x_*)\equiv\varphi(\lim_{k\to\infty}x_k)=\lim_{k\to\infty}\varphi(x_k)=\lim_{k\to\infty}x_{k+1}=x_*$$

所以序列 x_k 的极限确是不动点．最后，如果 y_* 也是不动点，那么因为 φ 是压缩映射，我们一定有

$$|x_*-y_*|=|\varphi(x_*)-\varphi(y_*)|\leqslant L|x_*-y_*|$$

这里 $L<1$．上式仅当 $y_*=x_*$ 能成立，因此不动点唯一．□

定理 4.5.2 能修改成仅假设 φ 在某个区间是压缩映射，在这个区间内 φ 把 $[a, b]$ 映射到其自身．结论将是在 $[a, b]$ 中存在唯一的不动点 x_* 而且不动点迭代从初始猜测 $x_0\in[a, b]$ 开始，那么它收敛到 x_*．

4.6　分形、Julia 集和 Mandelbrot 集

不动点迭代和牛顿法也能用于定义在复平面的问题．例如考虑求 $\varphi(z)\equiv z^2$ 的不动点问题，就很容易预测不动点迭代 $z_{k+1}=z_k^2$ 的性态．如果 $|z_0|<1$，那么序列 z_k 收敛到不动点 0．如果 $|z_0|>1$，那么迭代按模增大，因此这个方法发散．如果 $|z_0|=1$，那么对所有 k

有 $|z_k|=1$. 如果 $z_0=1$ 或 $z_0=-1$，这个序列很快落在不动点 1. 在另一方面，譬如说，如果 $z_0=e^{\frac{2\pi i}{3}}$，那么 $z_1=e^{\frac{4\pi i}{3}}$ 及 $z_2=e^{\frac{8\pi i}{3}}=e^{\frac{2\pi i}{3}}=z_0$，所以循环重复. 可以证明如果 $z_0=e^{2\pi i\alpha}$，这里的 α 是无理数. 那么点 z_k 列不会重复，但在单位圆上变得稠密. 点列 z_0，$z_1=\varphi(z_0)$，$z_2=\varphi(\varphi(z_0))$，…称为 z_0 从属于 φ 的**轨线**.

如果 $\varphi(x)$ 是多项式函数，其轨线保持有界的 z_0 的集合称为关于 φ 的**全 Julia 集**而它的边界称为 **Julia 集**. 因此关于 z^2 的全 Julia 集是闭的单位圆盘，而 Julia 集是单位圆. 这些集合是以法国数学家 Gaston Julia 命名的. 1918 年他和 Pierre Fatou 独立研究了这些集合的性质，这些集合比上面提出的简单例子让人产生更大的兴趣. 在 20 世纪 80 年代，当计算机绘图的发展使得数值试验和结果显现变得容易和有趣时[33]，他们的工作重新受到
98 关注.

Julia 集的 Julia

当 Gaston Julia（1893—1978）出版他的 199 页的 *Mémoire sur I'itération des fouctions rationelles*[56] 时，他才 25 岁. 出版使其在 20 世纪 20 年代研究分形而名声大振，但之后几乎被遗忘了直到 Benoit Mandelbrot 研究. 由于在第一次世界大战中严重受伤导致他失去了鼻子，我们看到皮条盖住了 Julia 的一部分脸.

图 4-13 给出了关于函数 $\varphi(z)=z^2-1.25$ 的全 Julia 集. 这个集合的边界是一个**分形**，意指它的维数既不是一维也不是二维而是二者之间的某个分数. 图形也是**自相似**的，意味着如果我们重复移向图中的一个小子集，其式样看起来仍像原来的.

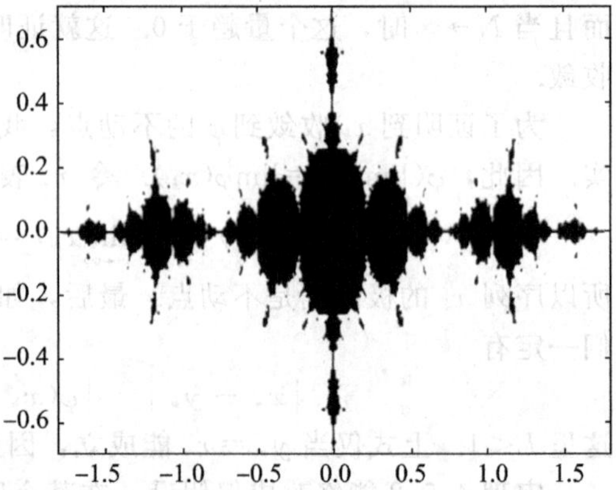

图 4-13　关于 $\varphi(z)=z^2-1.25$ 的全 Julia 集

图 4-13 中的图形是通过含有 φ 的两个不动点的矩形区域中许多不同的 z_0 开始，并执行不动点迭代直到下列三件事之一出现而得到的：各个 $|z_k|\geqslant 2$，在这种情形我们断定轨线无界，且 z_0 不在集合中；z_k 进入不动点的 10^{-6} 之内并且 5 次迭代都在这个距离之内，在这种情形我们断定迭代收敛到这个不动点，而且 z_0 在这集合中；在前面两种情况出现之前迭代次数 k 达到 100，在这种情形我们断定序列 z_k 不收敛到不动点，但却保持有界，因此 z_0 仍在这个集合中. 注意到由于 $|z_{k+1}|\geqslant|z_k|^2-1.25$，如果 $|z_k|\geqslant 2$，那么 $|z_{k+1}|\geqslant 4-1.25=2.75$，$|z_{k+2}|\geqslant 2.75^2-1.25\approx 6.3$，等
99 等，所以这个序列实际上是无界的. 绘制这个图形的代码在图 4-14 中给出.

```
phi = inline('z^2 - 1.25');      % Define the function whose fixed points we seek.
fixpt1 = (1 + sqrt(6))/2;        % These are the fixed points.
fixpt2 = (1 - sqrt(6))/2;

colormap([1 0 0; 1 1 1]);        % Points numbered 1 (inside) will be colored red;
                                 %  those numbered 2 (outside) will be white.
M = 2*ones(141,361);             % Initialize array of point colors to 2 (white).

for j=1:141,                     % Try initial values with imaginary parts between
  y = -.7 + (j-1)*.01;           %   -0.7 and 0.7
  for i=1:361,                   % and with real parts between
    x = -1.8 + (i-1)*.01;        %   -1.8 and 1.8.
    z = x + 1i*y;                % 1i is the MATLAB symbol for sqrt(-1).
    zk = z;
    iflag1 = 0;                  % iflag1 and iflag2 count the number of iterations
    iflag2 = 0;                  %   when a root is within 1.e-6 of a fixed point;
    kount = 0;                   % kount is the total number of iterations.

    while kount < 100 & abs(zk) < 2 & iflag1 < 5 & iflag2 < 5,
      kount = kount+1;
      zk = phi(zk);              % This is the fixed point iteration.

      err1 = abs(zk-fixpt1);     % Test for convergence to fixpt1.
      if err1 < 1.e-6, iflag1 = iflag1 + 1; else, iflag1 = 0; end;

      err2 = abs(zk-fixpt2);     % Test for convergence to fixpt2.
      if err2 < 1.e-6, iflag2 = iflag2 + 1; else, iflag2 = 0; end;

    end;
    if iflag1 >= 5 | iflag2 >= 5 | kount >= 100,    % If orbit is bounded, set
      M(j,i) = 1;                                   %   point color to 1 (red).
    end;
  end;
end;

image([-1.8 1.8],[-.7 .7],M),    % This plots the results.
axis xy                          % If you don't do this, vertical axis is inverted.
```

图 4-14　计算关于 $\varphi(z)=z^2-1.25$ 的全 Julia 集的 MATLAB 代码

当这少许分析使我们能够确定了轨线无界的充分条件时，我们实际上仅仅有了关于使轨线有界的点的一种猜测. 有可能对最初的 100 步这个迭代保持模小于 2，然后逐渐变得无界，或者它们似乎收敛于其中的一个不动点，但是继而又开始发散. 对此不进行进一步的分析，我们可以通过变更几个参数在计算中得到信心. 代替序列有界的假设，如果 100 次迭代保持迭代的绝对值小于 2，我们可以尝试 200 次迭代. 为了改进程序的效率，我们也可以少试几次迭代，譬如 50 次. 如果几次适当的参数选择都产生相同的结果，那么就设

想计算得到的集合可能是正确的，如果不同的参数选择产生不同的集合，那么就断定数值
100 结果是可疑的. 检测计算的其他方法包括与文献中其他结果比较，以及把计算结果与关于这集合的已知解析结果作比较. 这种数值结果和理论的比较在纯数学和应用数学中常常是重要的. 人们用理论检验数值结果，在缺少理论的情形，人们用数值结果来提示什么理论可能是正确的.

如果研究所有形如 $\varphi(z)=z^2+c$ 的 Julia 集合(这里 c 是复常数)，可以发现这些集合当中有些是连通的(可以在集合中任意两个点之间移动，而不离开这个集合)，而其他不是连通的. Julia 和 Fatou 同时发现了 $\varphi(z)$ 的 Julia 集连通性的简单准则：它是连通的当且仅当 0 在全 Julia 集中. Benoit Mandelbrot 在 1982 年利用计算机制图通过试验遍及复平面的 c 的不同的值，取初始值 $z_0=0$，运行如上的不动点迭代，研究了 c 的哪些值导出的 Julia 集是连通的，可以在图 4-15 中描绘的 Mandelbrot 集中发现惊人的答案. 黑色的点是使 Julia 集是连通的 c 的值，而画阴影的其他的点表示对 z^2+c 取 $z_0=0$ 的不动点迭代是发散的.

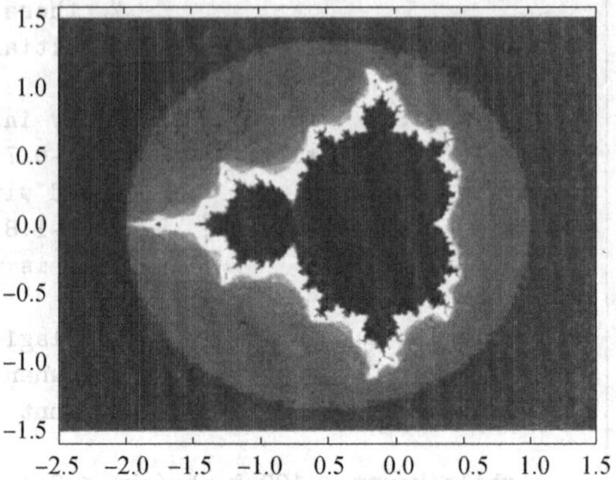

图 4-15　Mandelbrot 集

牛顿法也能用于复平面中的问题. 在其上或者收敛或者不收敛的点的图形就像从不动点法得到的那些结果一样美丽和有趣. 图 4-16 显示了牛顿法用于问题 $f(z)\equiv z^3+1=0$ 的性态. 这个方程有三个根：$z=-1$，$z=e^{\frac{\pi i}{3}}$，及 $z=e^{\frac{-\pi i}{3}}$. 使牛顿法收敛于第一个根的初始点颜色最浅，收敛于第二个根的初始点颜色最暗，而使其收敛于第三个根的初始点的颜色介于两者之间. 这个图形的边界也是分形，
101 移向图形的不同部分将看到其式样一样.

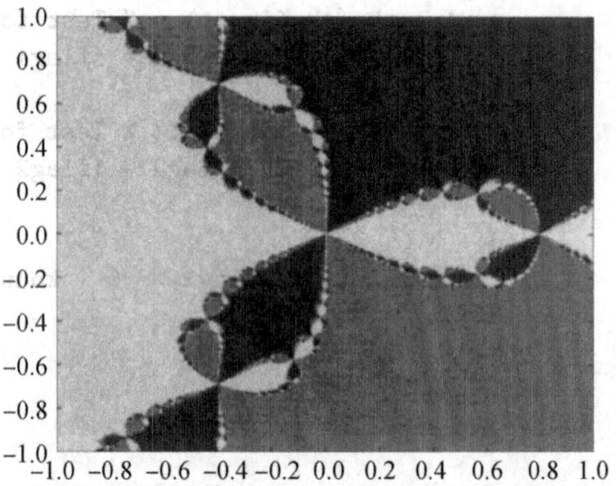

图　4-16

我们再次强调需要进一步分析来证实图 4-16. 该图形是通过尝试许多不同的牛顿迭代的初始猜测 z_0 连续 10 次落在一个根的 10^{-6} 之内并按照它所逼近的那个根对该初始猜测着色而得到的. 可能 10 次牛顿迭代部落在一个根的 10^{-6} 之内，而后面的迭代则收敛到不同的根或者发散.

进一步分析可以证实这个图，但这超出了本书的范围. 在复平面中对 Julia 集和牛顿法的卓越的基本讨论见[69].

4.7　第 4 章习题

1. (a) 写出 $y=f(x)$ 在 $x=p$ 处的切线方程.

(b) 解出方程(a)中直线的 x 截距. 能得到什么公式，p 和 x 起什么作用?

(c) 写出与曲线 $y=f(x)$ 交于 $x=p$ 和 $x=q$ 的直线方程.

(d) 解出方程(c)中直线的 x-截距. 能得到什么公式，p，q 和 x 起什么作用?

2. 用 MATLAB 画出当 x 在 0 和 5 之间的函数 $f(x)=(5-x)\exp(x)-5$ 的曲线图(这个函数是与 Wien 辐射定律相关的，它给出了估计星球表面温度的方法).

(a) 写出一段分半法程序或者利用书中网页中有用的分半法程序求函数 $f(x)$ 在区间[4, 5]中的根，精确到 6 位小数.(即找一个含有根的长度最多是 10^{-6} 的区间，所以这个区间的中点在根的 5×10^{-7} 之内). 每一步打印已知含有根的最小区间的端点. 不再进一步运行程序，回答下面的问题：把这个区间的长度减少到 10^{-12} 需要多少步? 解释你的回答.

(b) 写出牛顿法的程序或者利用从书中网页获得的牛顿程序，以初始估计 $x_0=5$ 求 $f(x)$ 的根，每一步打印你的近似解 x_k 及 $f(x_k)$ 直到 $|f(x_k)|\leqslant10^{-8}$. 不再进一步运行程序，或许应用你的程序中有关 $|f(x_k)|$ 减少率的信息，你能够估计为了使 $|f(x_k)|\leqslant10^{-16}$ 还需要多少步吗?(假定你的机器具 102
有足够位小数来进行这个运算.)解释你的回答.

(c) 把牛顿法的程序修改后运行正割法. 重复(b)中的运行，譬如，利用 $x_0=4$ 及 $x_1=5$，预测一下用正割法(不进一步运行程序)使 $|f(x_k)|$ 减少到 10^{-16} 以下需要多少步?(假定你机器有足够位小数进行运算). 解释你的回答.

3. 牛顿法能够用来计算倒数而不用除法. 要计算 $\frac{1}{R}$，令 $f(x)=x^{-1}-R$，所以当 $x=\frac{1}{R}$ 时 $f(x)=0$. 对这个问题写出牛顿迭代法并从 $x_0=0.5$ 开始，不用任何除法(用手算或计算器)计算逼近 $\frac{1}{3}$ 的前几步牛顿迭代. 如果你从 $x_0=1$ 开始将会发生什么? 对正数 R，用不动点迭代的理论来确定一个关于 $\frac{1}{R}$ 的区间，在此区间中牛顿法将收敛到 $\frac{1}{R}$.

4. 用牛顿法近似计算 $\sqrt{2}$ 到 6 位小数.

5. 从 $x_0=0$ 及 $x_1=1$ 开始，写出解 $x^2-3=0$ 的正割法的前几步迭代.

6. 考虑函数 $h(x)=\frac{x^4}{4}-3x$. 在这个问题中，我们将看到如何用牛顿法求函数 $h(x)$ 的最小值.

(a) 导出以 h 达到其最小值的点为根的函数 f. 写出用于 f 的牛顿法的公式.

(b) 从猜测 $x_0=1$ 开始(用手算)执行牛顿法一步.

(c) 以 $a=0$，$b=0$ 用分半法对 f 的根(即 h 的最小值)用手算执行两步.

7. 在用牛顿法求根中，以初始估计 $x_0=4$ 和 $f(x_0)=1$ 得到 $x_1=3$. f 在 x_0 的导数是什么?

8. 在用正割法求根中，$x_2=2$，$x_1=-1$ 及 $x_2=-2$ 和 $f(x_1)=4$ 及 $f(x_2)=3$. $f(x_0)$ 是什么?

9. 正割法能用于求函数 $f(x)=\sin x+1$ 的根吗? 为什么? 牛顿法能用于求这个函数的根(几个或一个)吗? 如果能，它的收敛阶会是什么? 为什么?

10. 函数

$$f(x)=\frac{x^2-2x+1}{x^2-x-2}$$

在区间[0, 3]中确含有一个零点 $x=1$，取 $a=0$ 及 $b=3$，以 delta=le-3 为停止准则对 $f(x)$ 运行分半法. 解释它为什么不收敛到根. 为什么介值定理(定理 4.1.1)不能保证其在[0, 1.5]或[1.5, 3]中有 103
一根? 用 MATLAB 描绘这个函数在这个区间上的曲线图以看清其走向. [提示：为了完全地表示其性态，你要在两个不同的 x 区间分别调用绘画指令].

11. 对以下每个函数写出其牛顿迭代公式. 对每个函数以及给定的初始值，写出牛顿法进行 5 次迭代的 MATLAB 正文，并按格式%25.15e 打印，这样你能看到所有的数字.

(a) $f(x)=\sin x$，$x_0=3$；

(b) $f(x)=x^3-x^2-2x$，$x_0=3$；

(c) $f(x)=1+0.99x-x$，$x_0=1$.

在精确的计算中，求这个函数的一个根需要多少次牛顿迭代？

12. 设函数 $\varphi(x)=\dfrac{x^2+4}{5}$

(a) 求 $\varphi(x)$的不动点.

(b) 对所有的初始估计 $x_0\in[0,\ 2]$，不动点迭代 $x_{k+1}=\varphi(x_k)$收敛到$[0,\ 2]$中的不动点吗？

13. 考虑方程 $a=y-\varepsilon\sin y$，这里 $0<\varepsilon<1$，$a\in[0,\ \pi]$. 把这个方程写成关于未知解 y 的不动点问题的形式，并证明它有唯一解. [*提示：你可以用带余项的 Taylor 定理把* $\sin y$ *表示为* $\sin x$ *加一个余项，来证明对所有的* x *和* y *有* $|\sin y-\sin x|\leqslant|y-x|$.]

14. 如果你把一个数输入一个手动计算器并且重复按 cosine 键，最终将(近似地)出现什么数？给出一个证明. [*注意：设置你的计算器为弧度制而不是角度制，否则你将得到不同的答案.*]

15. 函数 $\varphi(x)=\dfrac{1}{2}(-x^2+x+2)$在 $x=1$ 有一个不动点. 从 $x_0=0.5$ 开始，我们用 $x_{n+1}=\varphi(x_n)$得到序列 $\{x_n\}=\{0.5,\ 1.1250,\ 0.9297,\ 1.0327,\ 0.9831,\ \cdots\}$. 叙述这个序列的性态. (如果它收敛，它如何收敛？如果它发散，它如何发散？)

16. 解 $f(x)=0$ 的 Steffensen 法定义如下

$$x_{k+1}=x_k-\frac{f(x_k)}{g_k}$$

其中

$$g_k=\frac{f(x_k+f(x_k))-f(f_k)}{f(x_k)}$$

证明在适当的假设下，这是二次收敛的.

104 **17.** 回到在战争中炮兵军官所面临的问题，他需要确定大炮瞄准的角度 θ. 另外，要求的 θ 是非线性方程

$$\frac{2v_0^2\sin\theta\cos\theta}{g}=d \tag{4.24}$$

的一个解.

(a) 假设 v_0 及 d 固定而且$\dfrac{dg}{v_0^2}<1$，证明

$$\theta=\frac{1}{2}\arcsin\frac{dg}{v_0^2}$$

是方程(4.24)的解.

(b) 当 $v_0=126$ 米/秒，$d=1200$ 米，$g=9.8$ 米/秒^2 时，取 $\theta=\dfrac{\pi}{6}$作为初始点，用牛顿法求 θ(精确到二位小数).

18. 回忆函数 $f(x)$关于点 x_0 的 Taylor 级数展开式是

$$f(x)=f(x_0)+f'(x_0)(x-x_0)+\frac{1}{2!}f''(x_0)(x-x_0)^2+\frac{1}{3!}f'''(x_0)(x-x_0)^3+\cdots$$

根据此式我们可以定义一系列在点 x_0 附近逼近这个函数的次数增加的多项式. n 次 Taylor 多项式是

$$P_n(x)=f(x_0)+f'(x_0)(x-x_0)+\frac{1}{2!}f''(x_0)(x-x_0)^2+\frac{1}{6}f'''(x_0)(x-x_0)^3+\cdots+\frac{1}{n!}f^{(n)}(x_0)(x-x_0)^n$$

这里 $f^{(n)}(x_0)$表示 f 在 x_0 的 n 阶导数值.

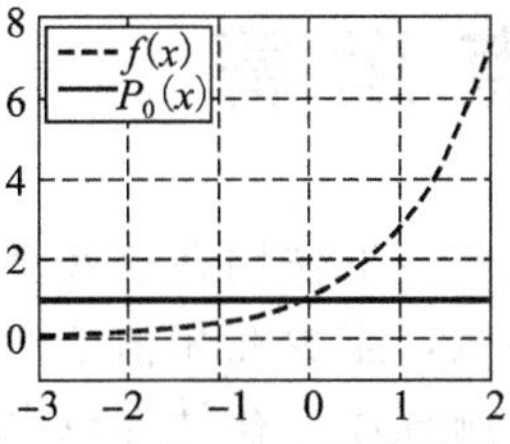

$p_0(x)$和 $f(x)$的曲线图

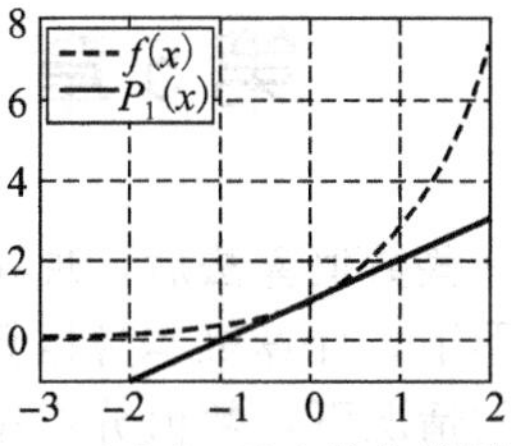

$p_1(x)$和 $f(x)$的曲线图

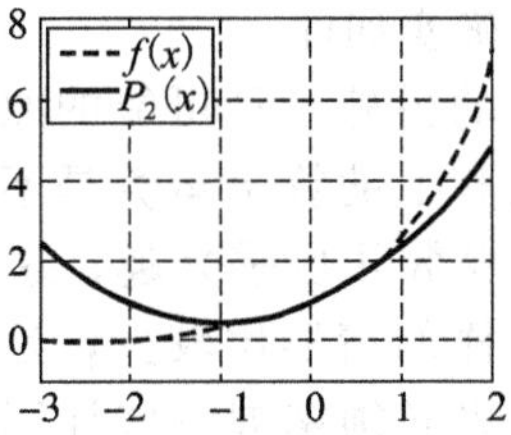

$p_2(x)$和 $f(x)$的曲线图

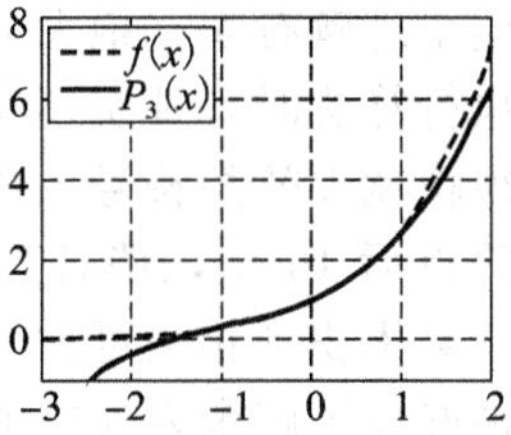

$p_3(x)$和 $f(x)$的曲线图

这个图形给出了函数 $f(x)=e^x$ 和在点 $x_0=0$ 展开式的最先四个 Taylor 多项式. 因为 $f(x)=e^x$ 的所有 105
导数恰恰又是 e^x，所以关于点 x_0 的展开式中 Taylor 多项式是

$$P_n(x)=e^{x_0}+e^{x_0}(x-x_0)+\frac{1}{2}e^{x_0}(x-x_0)^2+\frac{1}{6}e^{x_0}(x-x_0)^3+\cdots+\frac{1}{n!}e^{x_0}(x-x_0)^n$$

对于 $x_0=0$，我们得到

$$P_0(x)=1$$

$$P_1(x)=1+x$$

$$P_2(x)=1+x+\frac{1}{2}x^2$$

$$P_3(x)=1+x+\frac{1}{2}x^2+\frac{1}{6}x^3$$

这些就是在图中与 $f(x)$一起描绘出的函数.

从 $f(x)=e^{1-x^2}$ 关于点 $x_0=1$ 的 Taylor 级数展开式中引出的 Taylor 多项式产生了一组类似的四幅曲线图. 你可以从 M-文件(PlotTaylor. m)开始习惯地创作出以上的图形. 这能从本书的网页中找到. 选择 x 的值以及坐标参数使图形在该值的合理范围内很好地展示函数. 这种多项式在 $x_0=1$ 附近应对函数给出好的近似.

19. 通过求内接和外切直径为 1 的圆的 96 边形的面积，希腊数学家阿基米德(287—212 公元前)确定了 $\frac{223}{71}<\pi<\frac{22}{7}$. 大约 2 千年以后，John Machin(1680—1752)公开他同时代的 Brook Taylor 的最新发现，Taylor 级数. 他还使用了他发现的三角恒等式

$$\pi=16\arctan\left(\frac{1}{5}\right)-4\arctan\left(\frac{1}{239}\right)\tag{4.25}$$

(a) 求 $\arctan x$ 的 Maclaurin 级数.

(b) 写出中心在 $x=0$ 的 $\arctan x$ 的 n 阶 Taylor 多项式 $P_n(x)$.

(c) 用 $P_n(x)$和(4.25)近似计算 π. 特别地用以下近似

$$\pi\approx T_n=16P_n\left(\frac{1}{5}\right)-4P_n\left(\frac{1}{239}\right)$$

用 MATLAB，求 T_n 以及对 $n=1$，3，5，7 及 9 求绝对误差 $|T_n-\pi|$. 对 $n=9$ 能得到多少位精确小数? 几个世纪以来，Machin 公式一直作为探索 π 的主要工具. 直到 1973 年，π 的百万位小数才由 Gtuilloud 和 Bouyer 利用一种 Machin 公式的表达式在计算机上计算出来[5,10]. 106

第5章 浮点运算

学习并执行过一些数值算法后，现在让我们观察一下作用在这些算法上的计算机运算的效果. 大多数情形下，计算机本身运算的作用甚微，至少在相信他们的模型是正确的以及代码是没有问题的情况下，数值分析家们乐于编制程序、在计算机上运行之并相信输出的结果. 如果代码输出了明显不正确的结果，大家一般立刻会怀疑程序或输入数据有误、或者对算法或物理模型理解有误，绝大多数情况下确实如此.

当在计算机上执行算法时，其实还有产生误差的另外一种可能的原因. 除非是在使用一个对大规模运算很快就失效的符号系统，否则在其上的算术运算是不精确的. 典型的情况是机器舍入到小数点后16位，倘若只对答案的少数几位感兴趣，这就似乎可以忽略不计. 但有时舍入误差会累积到相当可怕的地步. 这样的情形比较少，且对其判断和理解是相当困难的，为了很好地了解舍入误差的情况，首先必须掌握一些计算机进行算术运算的方式.

大多数计算机以二进制形式存储数字，而由于计算机的字长是有限的，不是所有的数字都可以被准确地表示，它们必须被舍入到适合计算机的字长，这就意味着被执行的算术运算不是精确的. 尽管在一次运算中这样的误差通常可以忽略不计(在使用双精度时误差的相对大小大约是 10^{-16})，在得到最终计算结果时，一个设计糟糕的算法有可能将误差放大到没有任何精度. 因此了解舍入误差对计算结果的影响是重要的.

为说明舍入误差的作用，考虑下面的迭代：

$$x_{k+1}=\begin{cases}2x_k, x_k\in\left[0,\dfrac{1}{2}\right]\\[2ex] 2x_k-1, x_k\in\left(\dfrac{1}{2},1\right]\end{cases}\qquad(5.1)$$

设 $x_0=\dfrac{1}{10}$，则 $x_1=\dfrac{2}{10}$，$x_2=\dfrac{4}{10}$，$x_3=\dfrac{8}{10}$，$x_4=\dfrac{6}{10}$以及 $x_5=x_1$. 迭代在这些值之间周期循环. 而如果在计算机上利用浮点算术执行时，情况就
107 不一样了.

在表5-1中，直到迭代40次之前，计算结果与精确值在至少5位小数处是精确相同的，迭代40次时，累积的误差在小数点第五位开始出现，当迭代继续下去，到迭代55次时，计算结果取到了值1并且在之后的迭代中保持不变. 在本章的后面，我们将看出为什么这样的误差会发生.

表5-1 由迭代(5.1)计算的结果. 经过55次迭代后，计算值是1，而且在随后的所有迭代中保持不变

k	精确值	计算值
0	0.100 00	0.100 00
1	0.200 00	0.200 00
2	0.400 00	0.400 00
3	0.800 00	0.800 00
4	0.600 00	0.600 00
5	0.200 00	0.200 00
10	0.400 00	0.400 00
20	0.600 00	0.600 00
40	0.600 00	0.600 01
42	0.400 00	0.400 02
44	0.600 00	0.600 10
50	0.400 00	0.406 25
54	0.400 00	0.500 00
55	0.800 00	1.000 00

这一章我们从两个例子开始，说明忽略舍入误差造成的影响.

5.1 因舍入误差导致的重大灾难

因特尔奔腾处理器缺陷.[37,55,76,78,82]1994 年夏天，因特尔公司满心期待着其新的奔腾芯片在商业上的成功. 以同样的时钟频率运行，新的芯片运算除法比以前芯片快两倍. 就在此时，弗吉尼亚的林渠堡学院的数学家，托马斯 R. 莱斯利教授正在利用装有新奔腾芯片的计算机计算素数的倒数的和，其计算和理论上的结果相差很大. 而在一台使用老式 486CPU 的计算机上运算出来的结果是正确的. 最后，莱斯利把误差归咎于新的因特尔芯片. 在与因特尔接触并且几乎没有得到对其最初质疑的回应后，莱斯利在因特网上发表了一封公开信寻求其他的人来证实他的发现. 公开信(发布于 1994 年 10 月 30 号)以标题“奔腾 FPU 中的缺陷”[78]开始：

可以看出，在许多抑或所有的奔腾处理器的浮点单元(数字协同处理器)中含有缺陷.

这份邮件引发了诸多的热议，以至于数月后，在 12 月 13 号，IBM 公司停止了其奔腾机器的出货，并且在 12 月底，因特尔公司应要求同意更换所有的有缺陷的奔腾芯片， 108
公司预留了 4.2 亿美元的准备金作为补偿费用，一笔为缺陷的巨大投资. 在 11 月 29 号到 12 月 11 号之间的一系列因特网活动中，因特尔公司成了因特网笑话圈中的笑料，而这对因特尔公司来说并不有趣，在 12 月 16 号，星期五，因特尔公司的股票收盘在 59.50 美元，一周下跌了 3.25 美元.

图 5-1 一个微处理器芯片的缺陷导致因特尔耗费了巨额资金(来源：CPU 采集 Konstantin Lanzet.)

芯片在其算术运算中发生了什么样的错误？《纽约时报》印出了下述奔腾处理器缺陷的例子：设 $A=4\ 195\ 835.0$ 及 $B=3\ 145\ 727.0$，考虑下面的量：

$$A-\left(\frac{A}{B}\right)*B$$

当然，在精确的算术运算中，这将是 0，但奔腾处理器算出的是 256，因为商 $\frac{A}{B}$ 只精确到 5 位小数处. 而这足够近似吗？在许多应用场合这可能够了，但在下面的章节中我们可以看到，我们需要在计算机上进行比这个更好的计算.

这样的一个例子可能使得人们疑惑因特尔公司是怎样没有发现这个错误的，要注意下面的分析将证实这个错误的微妙性. MIT 的数学教授，阿兰·埃德蒙在 1997 年发表在 *SIAM* Review[37]上的一篇文章上写道：

我们也希望强调指出，撇开这个笑话不谈，这个缺陷比许多人认识到的情况要微妙得多……奔腾处理器中的这个缺陷容易发生但却难以发现.

阿丽亚娜 5 号火箭的灾难.[4,45]阿丽亚娜 5 号火箭——能够在每次发射中把一对三吨的卫星送入轨道的巨大火箭，欧洲航天局历经 10 年，耗资 70 亿美元才得以建成. 在众人热切期盼着该火箭将推动欧洲在商业空间领域占有领导地位时，它进行了首次发射.

1996 年 6 月 4 号，无人驾驶的火箭顺利发射了，但脱离了路线，并在发射 40 秒后爆炸了. 为什么？为回答这个问题，我们必须回到机载计算机的程序设计问题上.

在早先火箭的设计中，程序设计者决定执行一个额外的“特征”，即在倒计时开始后运行地平线定位函数(为了在地面上定位火箭而设计的)，期望会预测到延误起飞的可能
109 性. 由于现场期望中的偏离值很小，仅仅只有很少的一点存储(16 比特)被分配用于这些信息的存放. 在发射后，由于地平线偏离太大以至于靠 16 比特不能正确地存储数字，这就导致了意外错误的发生. 这个错误指示初始的单元关闭，接着所有的函数被转移到一个备用单元，生成了冗余以免初始单元关闭. 遗憾的是，备用系统包含有同样的缺陷，并且关闭了自己. 突然间，火箭脱离其路线在固体火箭的第一级和火箭的主体之间导致了损坏. 检测到机械错误后，主控程序就引发了在飞行中出现严重机械错误事件时设计好的自毁循环程序，刹那间，火箭及其昂贵的装备爆炸散落在发射地东边大约 12 平方公里的区域里. 倘若这些数据存放在程序中分配出的比 16 比特大的空间里的话，数百万的美元就会被节省下来了.

a）升空

b）因数值错误于1996年6月4号自毁（来源：ESA/CNES）

图 5-2　阿丽亚娜 5 号火箭

从这些例子可见，数值分析家们了解掌握舍入误差对其运算的影响是非常重要的. 本章给出了计算机算术和 IEEE 标准的基本知识，之后将看到更多的如何应用这些知识来分析算法. 有关计算机算术和 IEEE 标准的可读佳作，请参阅[79].

5.2　二进制表示和基数为 2 的算术运算

当今绝大多数的计算机都使用二进制或基数为 2 的算术. 这是自然的，因为开/关门能表示一个 1(开)，和一个 0(关)，而这些在基数 2 中是仅有的两个数字. 在基数为 10 时，一个自然数由从 0 到 9 这些数字的一个序列表示，其最右边的数字表示第一位(或 10^0 位)，接下来的表示 10 位(或 10^1 位)，再接下来的表示 100 位(或 10^2 位)，等等. 在基数 2 中，数字为 0 和 1，最右边的数字表示第一位(或 2^0 位)，接下来的表示 2 位(或 2^1 位)，再接下来的表示 4 位(或 2^2 位)，等等. 因此，例如说，10 进制数 10 按基 2 写成 1010_2：一个 $2^3=8$，零个
110 2^2，一个 2^1，零个 2^0. 10 进制数 27 是 11011_2：一个 $2^4=16$，一个 $2^3=8$，零个 2^2，一个 2^1，零个 $2^0=1$. 在决定一个正整数的二进制表示时，首先是要发现其最高次幂小于或等于的数字；在 27 的情形时，是 2^4，于是 1 就置于从数字的右边起的第五个位置：1 ____. 接着再从 27 中减去 2^4 以发现余下的是 11，因为 2^3 小于 11，一个 1 就置于第 4 个位置：11

____．11 减去 2^3 余 3，小于 2^2，于是一个 0 就置于接下来的位置：110 ____．由于 2^1 小于 3，一个 1 置于接下来的位置，因为 $3-2^1=1$，另外一个 1 就置于最右边的位置，于是得到 $27=11011_2$．

二进制算术的运算方式与十进制类似，只是在加上二进制数时要记住 1＋1 是 10_2．若要将两个数 10 和 27 相加，我们将它们的二进制数排成一排按下面的方法相加．最上面的行表示从一列到下一列执行的数字．

```
11 1
  1010
+11011
 -----
100101
```

可以检验 100101_2 等于 37．减法是类似的，就是当从 0 减去 1 时，需要从下一列"借"．乘法和除法遵从类似的性质．

正如我们用十进制展开方式表示有理数一样，我们也可以用二进制展开来表示有理数．十进制小数点右边的数字表示 10^{-1}位(十分之一位)，10^{-2}位(百分之一位)，等等．那些二进制小数点右边的数字表示 2^{-1}位(半位)，2^{-2}位(四分之一位)，等等．例如，分数$\frac{11}{2}$在十进制中是 5.5，在二进制中是 101.1_2：一个 2^2，一个 2^0，一个 2^{-1}．不是所有的有理数都可以用有限位的展开来表示的．例如数字$\frac{1}{3}$，表示成 $0.33\overline{3}$，3 上面的一杠表示这个数字永远重复下去．这对二进制展开表示也是一样的，尽管需要一个无限二进制展开表示的数字和需要无限十进制展开表示的数字是不一样的．例如，十进制数$\frac{1}{10}=0.1$ 以二进制表示为：$0.000\,\overline{1100}_2$．为看清这一点，可以仿照十进制长除法来做二进制的长除法：

```
          .0001100
          ----------
1010 /1.00000000
          1010
          ----
           1100
           1010
           ----
             10000
```

诸如 $\pi\approx3.141\,592\,654$ 的无理数只能近似地用十进制展开，对用二进制展开也是如此． 111

5.3　浮点表示

计算机字处理程序包含若干的比特，要么是开的(表示 1)，要么是关的(表示 0)．一些早期的计算机使用**定点表示法**，其中一个比特用来记数字的符号，余下的一些比特用来存储二进制点位左边的二进制数字的部分，另一些比特用来存储二进制点位右边的部分．该系统的困难在于它只能在一个很有限的范围存储数．如果说 16 比特用来存储二进制点位左边的部分，则其最左边的比特表示 2^{15}，那么大于或等于 2^{16} 的数就无法存储了，类似的，比如说，15 比特用来存储二进制点位右边的部分，则其最右边的比特表示 2^{-15}，则小于 2^{-15} 的正数就不能被存储了.

一个更灵活的系统是基于科学计数法的**浮点表示**. 这时一个数写成形式 $\pm m\times 2^{E}$，其中 $1\leqslant m<2$. 则数 $10=1010_2$ 可被写成 $1.010_2\times 2^3$，而 $\frac{1}{10}=0.000\,\overline{1100}_2$ 可被写成 $1.100\,\overline{1100}_2\times 2^{-4}$. 计算机字处理程序包含三个部分：一部分给符号，一部分给指数 E，另外一部分给有效位数 m. 一个**单精度**计算机信息单元包含 32 比特，：1 个比特给符号(0 给＋，1 给—)，8 比特给指数，23 比特给有效数字. 于是数 $10=1.010_2\times 2^3$ 可存储成形式

0	$E=3$	1.010...0

而 $5.5=1.011_2\times 2^2$ 可储存成形式

0	$E=2$	1.011...0

(以后我们会解释指数部分具体是如何存储的.)利用这种格式可以精确存储的数称作**浮点数**. 数 $\frac{1}{10}=1.100\,\overline{1100}_2\times 2^{-4}$ 不是浮点数，因为它必须舍入近似后才能存储.

在讨论舍入运算前，我们考虑在这种基本存储格式上的一点改进. 回忆下当我们以形式 $m\times 2^{E}$，其中 $1\leqslant m<2$，写下一个二进制数时，二进制点位左边的第一个比特总是 1，因此就没有必有存储它，如果有效数字有形式 $b_0.b_1\ldots b_{23}$，则并不是存储 $b_1\ldots b_{23}$，既然 b_0 是 1，保留一个额外的位置给 $b_1\ldots b_{23}$. 这称为**隐藏位表示**. 利用这种格式，数 $10=1.010_2\times 2^3$ 可存储为

0	$E=3$	010...0

112

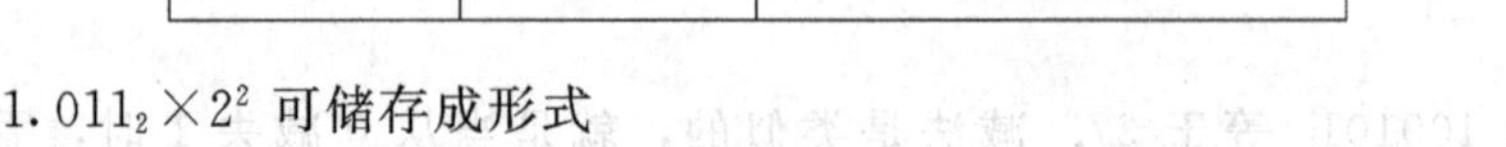

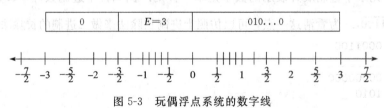

图 5-3　玩偶浮点系统的数字线

数 $\frac{1}{10}=1.\overbrace{00110011001100110011001}^{23\text{bits}}\overline{1100}_2\times 2^{-4}$ 可近似表示成

0	$E=-4$	10011001100110011001100

或表示成

0	$E=-4$	10011001100110011001101

这取决于所用的舍入模型(参见 5.5 节). 这种格式有个困难，就是如何表示 0，因为 0 不能写成形式 $1.b_1b_2\cdots\times 2^{E}$，我们需要一个特殊的方式来表示 0.

1 和下一个大的浮点数之间的距离叫作**机器精度**，通常记为 ε(MATLAB 中，这个数

叫作 eps)．[注意：一些资料定义了机器精度是这个数字的$\frac{1}{2}$．]在单精度下，1 下面的一个浮点数是 $1+2^{-23}$，存储为

0	$E=0$	000...01

于是对单精度而言，我们有 $\varepsilon=2^{-23}\approx1.2\times10^{-7}$．

MATLAB 中缺省的不是单精度而是双精度，其中一个字长包含 64 比特：1 个给符号，11 个给指数，52 个给有效数字．于是在双精度下，1 下面的一个大的浮点数是 $1+2^{-52}$，则机器精度就是 $\varepsilon=2^{-52}\approx2.2\times10^{-16}$．

由于单一双精度字包含大规模的比特，所以很难感觉到什么数可以或不可以被表示．转而考虑一个玩偶系统是有益的，在其中只有形式为 $1.b_1b_2$ 的有效数字可以被表示，只有指数 0，1 和 −1 可被存储；[79]讨论了这样的系统．这个系统中能被表示的数是什么？因为 $1.00_2=1$，我们可以表示 $1\times2^0=1$，$1\times2^1=2$，及 $1\times2^{-1}=\frac{1}{2}$．因为 $1.01_2=\frac{5}{4}$，我们可以存储数$\frac{5}{4}$，$\frac{5}{2}$和$\frac{5}{8}$．因为 $1.10_2=\frac{3}{2}$，我们可以存储数$\frac{3}{2}$，3 和$\frac{3}{4}$．最后，$1.11_2=\frac{7}{4}$给了我们数$\frac{7}{4}$，$\frac{7}{2}$和$\frac{7}{8}$，这些数描绘在图 5.3 中．

对玩偶系统还要了解几件事，首先，机器精度 ε 是 0.25，因为紧靠 1 右边的数是$\frac{5}{4}$．第二，当我们从原点移开时，被表示的数之间的间隔就会变大，这是可以接受的，因为相对间隔，即连续两个数之间的差除以它们的均值，保持了合适的大小．需要注意到，0 和 113
最小正数之间的间隔比最小与次最小正数之间的间隔大得多，这对单和双精度浮点数是一样的．在任何这样的系统里，最小的正(规格化)浮点数是 1.0×2^{-E}，其中 $-E$ 是最小的可表示的指数；接着的最小的数是 $(1+\varepsilon)\times2^{-E}$，其中 ε 是机器精度，于是，这两个数之间的间隔等于 ε 乘以 0 与第一个正数之间的间隔，这个间隔可以用**次正规数**填满．次正规数比正规化的浮点数精度稍差并将在下一节讨论．

5.4　IEEE 浮点运算

在 20 世纪 60 和 70 年代，每个计算机生产商开发了自己的浮点系统，结果就导致了在不同的机器上程序的表现很不一致．大多数计算机使用二进制算术，而 IBM 的 360/70 系列使用十六进制(基数 16)，赫拉特-帕卡德机器采用十进制．在 80 年代早期，主要由于威廉・卡汉的努力，计算机生产商采用了统一的标准：IEEE(美国电气和电子工程师协会)标准．这个标准需要：

- 不同机器之间相容一致的浮点数表示
- 正确的舍入算术
- 对像除以 0 这样的例外情况有一致合理的处理方法

为遵守 IEEE 标准，计算机要按之前部分描述的方式表示数．0 需要一个特殊的表示方法(因为它不能用标准隐藏比特格式表示)，对 $\pm\infty$(一个非零数除以 0 的结果)也是如此，

NaN(不是一个数，比如，$\frac{0}{0}$)也是这样．在指数部分由特殊的比特完成，而这样只是略微减小了可能指数的范围．在指数部分的特殊的比特也可用于表示次正规数．

有三种标准的精度，正如前面所述，单精度字处理器包含 32 比特，其中 1 个比特给符号，8 个给指数，23 个给有效数字．**双精度**字处理器包含 64 比特，其中 1 个比特给符号，11 个给指数，52 个给有效数字．**扩展精度**字处理器包含 80 比特，其中 1 个比特给符号，15 个给指数，64 个给有效数字．［注意，在扩展精度中存储的数并不使用隐藏比特存储器.］

表 5-2 给出了浮点数，次正规数，以及可以用 IEEE 双精度表示的例外的情况．

表 5-2　IEEE 双精度

如果指数范围是	则数为	数的类型
00000000000	$\pm(0.b_1\ldots b_{52})_2\times 2^{-1022}$	0 或次正规
$00000000001=1_{10}$	$\pm(1.b_1\ldots b_{52})_2\times 2^{-1022}$	正规化数
$00000000010=2_{10}$	$\pm(1.b_1\ldots b_{52})_2\times 2^{-1021}$	
⋮	⋮	
$01111111111=1023_{10}$	$\pm(1.b_1\ldots b_{52})_2\times 2^{-0}$	指数范围是
⋮	⋮	(实际指数)＋1023
$01111111110=2046_{10}$	$\pm(1.b_1\ldots b_{52})_2\times 2^{-1023}$	
11111111111	$\pm\infty$若 $b_1=\ldots b_{52}=0$，否则为 NaN	例外

从表中可以看出，能够被存储的最小的正规格化浮点数是 $1.0_2\times 2^{-1022}\approx 2.2\times 10^{-308}$，而最大的数是 $1.1\cdots 1_2\times 2^{1023}\approx 1.8\times 10^{308}$．规格化的浮点数的指数部分表示实际的指数加上 1023，因此，利用 11 个指数比特(把为特殊情形准备的两个可能的比特配置放于一边)
114 我们可以表示的指数范围在－1022 到＋1023 之间．

两个特殊的指数范围比特模式是所有为 0 和所有为 1．一个全由 0 构成的指数范围或表示 0 或表示一个次正规数．注意到次正规数在二进制小数点前面有一个 0 而不是 1，且总是乘以 2^{-1022}，所以数 $1.1_2\times 2^{-1024}=0.011_2\times 2^{-1022}$ 将表示为指数范围是一连串的 0，有效数字范围是 0110...0．次正规数比正规化浮点数精度要低，是因为有效数字右移导致其少量的比特不能存储．可以表示出的最小的正次正规数有 51 个 0，并在有效数字范围接着有一个 1，其值为 $2^{-52}\times 2^{-1022}=2^{-1074}$．数 0 表示成指数范围全是 0，有效数字范围全是 0．全部由 1 组成的指数范围是个例外．如果有效数字里的比特全是 0，则它是$\pm\infty$，否则它表示 NaN．

威廉・卡汉

威廉・卡汉是著名的数学家、数值分析家和计算机科学家，他为在计算机上用有限精度求解数值问题的精确和有效方法的研究做出了重要的贡献．在他的诸多的贡献中，他是规范浮点运算的 IEEE754 标准的主要的设计师．卡汉的工作被广为重视和承认，其中包括 1989 年获图灵奖，1994 年被任命为 ACM 成员．卡汉是加州大学伯克利分校数学与计算机科学以及电子工程专业的教授，他在继续为 IEEE754 标准的不断改进做出贡献．(照片来源：Peg
115 Skorpinski)

5.5 舍入

IEEE 标准中有四种舍入模型，如果 x 是一个不能被精确存储的实数，则其按下列某条规则被一个最近的浮点数所代替：

- 向下舍入——round(x)是小于或等于 x 的最大浮点数.
- 向上舍入——round(x)是大于或等于 x 的最小浮点数.
- 向 0 舍入——round(x)是或者向下舍入 round-down(x)或者向上舍入 round-up(x)，使其在 0 和 x 之间，因此，如果 x 是正数，则 round(x)＝round-down(x)，而如果 x 是负数，则 round(x)＝round-up(x).
- 向最近的舍入——round(x)是或者 round-down(x)或者 round-up(x)，使其靠的最近. 在结的情形，它是最小有效(最右边)比特是 0 的那一个.

缺省状态是向最近的舍入.

利用双精度，数$\frac{1}{10}=1.100\,\overline{1100}_2\times 2^{-4}$被表示为

0	01111111011	1001100110011001100110011001100110011001100110011001

使用向下或向 0 舍入，它变成

0	01111111011	1001100110011001100110011001100110011001100110011010

使用向上或最近的舍入. [注意到 1019 或 1023 的二进制表示的指数范围加上指数－4]

一个数 x 的**绝对舍入误差**定义为$|\text{round}(x)-x|$. 在双精度下，如果 $x=\pm(1.b_1\cdots b_{52}b_{53}\cdots)_2\times 2^E$，其中 E 在可表示的指数范围(－1022 到 1023)之内，则 x 的绝对舍入误差对任何舍入模型都小于 $2^{-52}\times 2^E$；例如说对某些大的数 n，如果 $b_{53}=b_{54}=\cdots=b_n=1$，使用向 0 舍入，则可能发生最坏的舍入误差. 按向最近的舍入，绝对舍入误差小于或等于 $2^{-52}\times 2^E$，最坏的情况会在，比如说当 $b_{53}=1$，$b_{54}=\cdots=0$ 时发生；在这种情况下，如果 $b_{52}=0$，则 x 将被 $1.b_1\cdots b_{52}\times 2^E$ 所替代，如果当 $b_{52}=1$，则 x 将被这个数加上 $2^{-52}\times 2^E$ 所替代. 注意到对双精度而言，2^{-52}是机器精度. 在单精度和扩展精度下，我们有类似的结果，绝对舍入误差对任何舍入模型都小于 $\varepsilon\times 2^E$，对向最近舍入模型，小于或等于$\frac{\varepsilon}{2}\times 2^E$.

通常我们感兴趣的不是绝对舍入误差，而是定义为$\frac{|\text{round}(x)-x|}{|x|}$的**相对舍入误差**，由于我们已经看到当 x 具有形式$\pm m\times 2^E$，$1\leqslant m<2$ 时，$|\text{round}(x)-x|<\varepsilon\times 2^E$，由此说明相对舍入误差小于$\frac{\varepsilon\times 2^E}{(m\times 2^E)}\leqslant\varepsilon$. 对向最近的舍入，相对舍入误差小于$\frac{\varepsilon}{2}$. 这意味着对任何实数 x(在可被规格化浮点数表示的数的范围里)我们可以记 116

$$\text{round}(x)=x(1+\delta),\quad \text{其中}\ |\delta|<\varepsilon\ \left(\text{或者}\leqslant\frac{\varepsilon}{2},\text{对向最近舍入模型}\right)$$

IEEE 标准要求在两个浮点数上进行的一个运算的结果(加、减、乘和除)必须是准确值的正确的舍入近似．对数值分析而言，这是本章最重要的说明．这意味着如果 a 和 b 是浮点数，⊕，⊖，⊗和⊘代表浮点加、减、乘和除，则我们有

$$a \oplus b = \text{round}\,(a+b) = (a+b)(1+\delta_1)$$

$$a \ominus b = \text{round}\,(a-b) = (a-b)(1+\delta_2)$$

$$a \otimes b = \text{round}\,(ab) = (ab)(1+\delta_3)$$

$$a \oslash b = \text{round}\,\left(\frac{a}{b}\right) = \left(\frac{a}{b}\right)(1+\delta_4)$$

其中 $|\delta_i| < \epsilon \left(\text{或者} \leqslant \frac{\epsilon}{2}\text{，对向最近舍入模型}\right)(i=1, \cdots, 4)$，这在许多算法的分析中是重要的．

购买维克沃的股票[65,70,84]

1983 年 11 月 25 号，星期五，投资者和经纪人们眼睁睁地看着一场明显的熊市慢慢在持续地摧毁维克沃股票交易市场(VSE)．接下来的星期一，几乎是魔幻一般，VSE 比周五闭市时高开了 550 点，而股票价格自周五闭市以来并没有改变，周末也没有发生什么交易．原来在周五晚上到周一上午，对指数进行了校正，这是从多伦多到加州的专家们花费了三个星期的工作成果．从 1982 年一月 VSE 以 1000 点的水平开盘起，一个误差就已造成大约一天一个点或者是一个月 20 个点的损失．

代表 1500 只股票的指数在每个已记录的交易后被重新计算到四位小数点处，然后即刻被截断到只有三位小数点处．因此，如果指数计算为 560.9349，它将被截断为 560.934 而不是舍入到最近的数 560.935．

每天大约指数会被重新计算 3000 次，误差就会累积，直到 1983 年 11 月 25 号 VSE 跌至 520 点．接下来的星期一，指数被重新正确地计算为 1098.892，于是，已经被复
117 利计算了 22 个月的截断误差得以校正．

5.6　正确地舍入浮点运算

正确地舍入浮点运算的想法是很自然和理所当然的(为什么有人会执行不正确的舍入浮点运算?!)．实际上是因为完成这项工作并不容易．这里我们给出一些实践例子的细节以供品味．

首先考虑浮点加法和减法．设 $a=m\times 2^E$，$1\leqslant m<2$ 和 $b=p\times 2^F$，$1\leqslant p<2$，是两个正的浮点数．如果 $E=F$，则 $a+b=(m+p)\times 2^E$．如果 $m+p\geqslant 2$，这个结果需要进一步的正则化处理．下面是两个例子，其中在二进制小数点后我们保留了三位数字：

$$1.100_2\times 2^1 + 1.000_2\times 2^1 = 10.100_2\times 2^1 \rightarrow 1.010_2\times 2^2$$

$$1.100_2\times 2^0 + 1.000_2\times 2^0 = 10.100_2\times 2^0 \rightarrow 1.010_2\times 2^1$$

第二个例子需要舍入，我们使用向最近的舍入．

接着假设 $E\neq F$，为了相加这些数，我们首先需要将其中一个数移动使有效数字排成一行，如同下例：

$$1.100_2 \times 2^1 + 1.100_2 \times 2^{-1} = 1.100_2 \times 2^1 + 0.011_2 \times 2^1 = 1.111_2 \times 2^1$$

作为另一个例子，考虑相加两个单精度数 1 和 $1.11_2 \times 2^{-23}$. 这在下面可以看得很清楚，第 23 位比特后的数字部分表示在垂线的右边：

1.00000000000000000000000		$\times 2^0$
+0.00000000000000000000001	11	$\times 2^0$
1.00000000000000000000001	11	$\times 2^0$

使用向最近的舍入，结果变成 1.0，$\cdots010_2$.

现在我们考虑从 1 中减去单精度数 $1.1\cdots1_2 \times 2^{-1}$：

1.00000000000000000000000		$\times 2^0$
−0.11111111111111111111111	11	$\times 2^0$
1.00000000000000000000000	11	$\times 2^0$

结果是 $1.0_2 \times 2^{-24}$，一个很完美的浮点数，所以 IEEE 标准要求完美精确地计算这个数. 为了做到这一点，需要一个防护比特在第二个数被移动后跟踪寄存器右边的 1，由于没有防护比特，Cray 计算机过去常常出此错误. 118

上面的说明，使用两个防护比特和一个黏性比特来标示一些棘手的情形就可以实现正确的舍入算术. 下面是一个棘手情形的例子. 假设我们希望从 1 减去 $1.0\cdots01_2 \times 2^{-25}$：

1.00000000000000000000000		$\times 2^0$
−0.00000000000000000000000	0100000000000000000000001	$\times 2^0$
0.11111111111111111111111	1011111111111111111111111	$\times 2^0$

再规格化并使用向最近的舍入，结果是 $1.1\cdots1_2 \times 2^{-1}$. 这是真实差 $1-2^{-25}-2^{-48}$ 的正确的舍入值. 然而，如果仅有两个防护比特或者有少于 25 个的防护比特，计算的结果是：

1.00000000000000000000000		$\times 2^0$
−0.00000000000000000000000	01	$\times 2^0$
0.11111111111111111111111	11	$\times 2^0$

使用向最近的舍入，得到了不正确的结果 $1.0_2 \times 2^0$. 这时需要一个黏性比特来标示这种问题. 实际上，浮点运算经常使用 80—比特的扩展精度寄存器来执行以尽可能地减少必须要标示的特殊情况的数目.

相比于加法和减法，浮点乘法要相对容易一些. 乘积 $(m \times 2^E) \times (p \times 2^F)$ 结果是 $(m \times p) \times 2^{E+F}$. 这个结果可能需要再规格化，但不需要因子的移动了.

5.7 例外

通常，如果在程序中出现除以 0 的情况，原因在于程序设计错误，但也有这样的情形，有人愿意这样做并接受这样的结果就好像这是适合的数学量，即要么当分子非零时为 $\pm\infty$，要么当分子是 0 时为 NaN. 以前，当出现除以 0 时，计算机要么停机并给出一个错误信息，要么置结果为最大的浮点数．后者的处理会带来令人遗憾的结果，就是两个错误会互相抵消：$\frac{1}{0}-\frac{2}{0}=0$．现在$\frac{1}{0}$将置为$\infty$，$\frac{2}{0}$将置为$\infty$，它们的差$\infty-\infty$将置为 NaN．这些量$\pm\infty$和 NaN 服从标准的数学规则，比如说，$\infty\times 0=\text{NaN}$，$\frac{0}{0}=\text{NaN}$，$\infty+a=\infty$和$a-\infty=-\infty$，其中$a$是浮点数．

溢出是例外情况的另一种类型．这发生在当一个运算的真实的结果大于最大的浮点数时(在双精度下，$1.1\cdots1_2\times 2^{1023}\approx 1.8\times 10^{308}$)．如何处理这个问题取决于舍入的模型．使用向上或向最近舍入，则结果置为∞；使用向下或向 0 的舍入，则结果置为最大的浮点数．
119 下溢发生在真实的结果小于最小的浮点数时．如果结果在次规格化数的范围里，则作为次规格化数存储，否则置为 0．

5.8 第 5 章习题

1. 写出下列十进制数的 IEEE 双精度表示：

(a) 1.5，使用向上舍入．

(b) 5.1，使用向最近舍入．

(c) −5.1，使用向 0 舍入．

(d) −5.1，使用向下舍入．

2. 使用向最近舍入，写出十进制数 50.2 的 IEEE 双精度表示．

3. 2 和接下来的一个较大的双精度数之间的距离是多少？

4. 201 和接下来的一个较大的双精度数之间的距离是多少？

5. 有多少个不同的规格化的双精度数？使用 2 的幂次表示你的答案．

6. 描述一个算法来比较两个双精度浮点数a和b，比较它们从左到右的位数以决定$a<b$，$a=b$还是$a>b$，当遇到不同时就停止．

7. IEEE 双精度表示为

0	10000000011	111000000000000000000000000000000000 0000000000000001000

的最大的十进制数x是什么？使用向最近的舍入．解释你的答案．

8. 考虑一个不大的系统，其中有效数字仅有形式$1.b_1b_2b_3$，指数仅为 0，1 和 −1．这个系统的机器精度ε是什么？假设不用次规格化数，这个系统中能被表示出来的最小的正数是什么？按十进制形式表示你的答案．

9. 考虑 IEEE 双精度浮点算术，使用向最近舍入．设a，b和c是规格化的双精度浮点数，设$\oplus$，$\ominus$，$\otimes$和$\oslash$表示正确的舍入浮点加法，减法，乘法和除法．

(a) $a\oplus b=b\oplus a$必定正确吗？解释为什么或者举例说明哪儿不成立．

(b) $(a\oplus b)\oplus c=a\oplus(b\oplus c)$必定正确吗？解释为什么或者举例说明哪儿不成立．

120 (c) 假设$c\neq 0$，确定$(a\otimes b)\oslash c$的最大可能的相对误差．(可以忽略阶为$O(\varepsilon^2)$以及更高阶的项．)假设$c=0$，$(a\otimes b)\oslash c$可能被指定的值是什么？

10. 设a和b是两个正浮点数，有相同的指数．试解释为什么使用 IEEE 算术计算$a\ominus b$总是精确的．

11. 解释这一章开始处的(5.1)的现象．首先注意到只要x_k的二进制表示的指数小于$-1$$\left(\text{以至于 } x_k<\frac{1}{2}\right)$，新

的迭代 x_{k+1} 只要用 2 乘以 x_k 即可得到. 利用 IEEE 双精度算术是如何做到这个的? 有舍入误差吗? 一旦 x_k 的指数达到 -1(假设其有效数字至少有一位非零), 新的迭代 x_{k+1} 用 2 乘以 x_k 即可(即把指数减少到 0)接着减 1. 如果数被重新规格化具有形式 $1.b_1\cdots b_{52}\times 2^E$, 那么对数的二进制表示怎么做? 基于这些观察, 你能解释为什么, 从 $x_0\in(0,1]$开始迭代, 计算迭代最终达到 1 并保持为 1?

12. 一个电子回路由两个分别为 R_1, R_2 的电阻并联组成, 其总电阻 T 由下面的公式给出

$$T=\frac{1}{\dfrac{1}{R_1}+\dfrac{1}{R_2}}$$

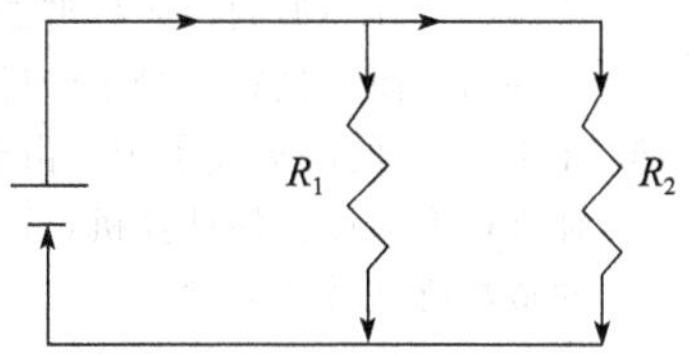

如果 $R_1=R_2=R$, 则总电阻是 $\frac{R}{2}$, 因为有一半的电流通过每个电阻. 另外一方面, 如果 R_2 比 R_1 小很多, 则大部分的电流将流过 R_2 而一小部分流过 R_1, 于是总电阻将比 R_2 略小点. 如果 $R_2=0$ 会怎样呢? 既然 $R_1\neq 0$, 则 T 将是 0, 所有的电流将流过 R_2, 如果 $R_1=0$ 则回路中就没有电阻了. 如果把 IEEE 算术用于上面的公式, 当 $R_2=0$ 时会得到正确的答案吗? 解释你的答案.

13. 在《辛普森一家系列剧之恐怖的树屋 VI》的第七季的一集中, 荷马做了一个恶梦, 梦中下列方程飞过他:

$$1782^{12}+1841^{12}=1922^{12} \tag{5.2}$$

注意这个方程, 如果是真的话, 将和费马大定理矛盾. 费马定理是: 对 $n\geqslant 3$, 不存在自然数 x, y 和 z 满足方程 $x^n+y^n=z^n$. 荷马梦到了费马定理的一个反例吗? 121

(a) 把下面的式子键入 MATLAB 来计算 $\sqrt[12]{1782^{12}+1841^{12}}$:

```
format short
(1782^12 + 1841^12)^(1/12)
```

MATLAB 算出什么结果? 用 format long 检查答案.

(b) 确定近似 $1782^{12}+1841^{12}\approx 1922^{12}$ 的绝对和相对误差. (这样的例子被称为接近费马, 因为有小的相对误差. 这个例子是辛普森一家的作者戴维.S. 科恩提出的, 他满怀数学兴趣意图抓住观众的眼球.)

(c) 注意到方程(5.2)的右端是偶数, 利用这一点证明方程不可能是正确的.

(d) 在接下来的名为《绿野仙踪》的一集中, 荷马写出来方程 $3987^{12}+4365^{12}=4472^{12}$. 你能指出这个方程的错误吗?

14. 在 1999 年的电影《上班一条虫》中, 其中的一个角色创造了一个程序把银行交易截断的零碎的分币值存到他自己的账户. 这并不是一个新主意, 曾经尝试过这样做的黑客已经被逮捕. 在这个练习中我们将模拟这个程序来决定以这种方式想成为百万富翁要经过多长时间.

假设我们已经访问了 50 000 个银行账户, 开始时我们取账户余额均匀分布在 100 美元到 100 000 美元之间, 账户上的年利率是 5%, 每天按复利计加进账户, 除去截断的零碎分值. 这些将存到一个初始余额为 0 美元的非法账户中.

模仿电影的剧情写一段 MATLAB 程序. 可以用下面的命令设置初始账户

```
accounts = 100 + (100000-100)*rand(50000,1);
% Sets up 50,000 accounts
% with balances
% between $100 and $100000.
accounts = floor(100*accounts)/100;
% Deletes fractions of a cent
% from initial balances.
```

(a) 写一段 MATLAB 程序以每天 $\left(\frac{5}{365}\right)$% 的利息增加账户余额, 截断每个账户到最近的便士, 并将截断的数额存入我们所说的非法账户. 假设非法账户可以持有分数值(即不截断该账户的值)并设

非法账户每天也自然增值．假设非法账户的初始余额是 0，运行你的代码以确定需要多少天可以
122 成为百万富翁．

(b) 不运行你的 MATLAB 程序回答下列问题：平均而言，靠这样挪用资金，你期望每天有多少钱会加入到非法账户？假设你已经访问了 100 000 个账户，每个账户的初始余额，比如说是 5000 美元．这种情况下，每天有多少钱会加入到非法账户？解释你的答案．

注意到这种类型的舍入模型是相应于定点截断而不是浮点，因为十进制小数点的右边仅有两个位置是允许的，而不论有多少个十进制数字出现在小数点的左边．

15. 在 1991 年的海湾战争中，由于舍入误差，爱国者导弹防御系统失败了．其困难来自一台带有内置时钟进行追逐计算的计算机，通过与一个逼近十分之一的 24 位的二进制近似值相乘，时钟在零点几秒的整数值被转换为秒：

$$0.1_{10} \approx 0.000110011001100110011001100_2 \tag{5.3}$$

(a) 把(5.3)中的二进制数转换成分数，称作 x．

(b) 这个数的绝对误差是什么，即 x 和 $\frac{1}{10}$ 之间的差的绝对值？

(c) 运算 100 小时后以秒数计算的时间误差是什么(即 $|360\,000-3\,600\,000x|$ 的值)？

(d) 在 1991 年的战争中，一枚飞毛腿导弹以大约 5 马赫(3750 英里每小时)的速度飞行．求出在(c)中计算出的时间误差期间，飞毛腿导弹将飞行多少距离．

在 1991 年 2 月 25 号，用来保卫达兰空军基地的爱国者导弹系统已经连续运行了超过 100 小时，舍入误差导致系统不能识别悄悄通过防御系统侵入的飞毛腿导弹，导弹在美军的兵营爆炸，杀死了 28 个
123 美军士兵．

第 6 章　问题的条件化和算法的稳定性

科学计算中经常出现多种误差：

1. 用数学模型代替物理问题中包含近似.

2. 用适合于数值求解的问题代替数学模型中可能包含近似；例如，在有限项之后截断无穷 Taylor 级数.

3. 数值问题常需要一些输入数据，它们可能来自测量或其他不精确的来源.

4. 一旦为数值问题设计了一个算法并在计算机上执行，舍入误差就将影响计算结果.

了解这些误差对最后结果的影响是重要的. 本书里主要处理第 2～4 种误差，把第 1 种误差留给特殊的应用领域. 本章中我们将假定已经以适用于数值求解的方式提出了数学问题并且研究第 3～4 种误差：输入数据的误差对数值问题精确解的影响，以及计算中的误差(譬如所有的量都舍入到 16 位小数)对求解数值问题的算法的输出的影响.

有许多测量误差的方法. 有一种称为计算值$\hat{y}$的*绝对误差*，它是$\hat{y}$和准确值 y 之差的绝对值：$|\hat{y}-y|$. 我们也能在*相对*意义下测量误差，这里感兴趣的量是$\frac{|\hat{y}-y|}{|y|}$. 它就是通常在应用中感兴趣的相对误差. 在第 7 章我们将处理当其答案是向量而不是单个数的数值问题及算法. 在这种情形，我们将介绍也能在绝对意义或相对意义下测量这种误差的各种不同的范数. 124

6.1　问题的条件化

问题的条件化度量了输入数据中小的改变对结果影响的敏感性[注意，这不依赖于用于计算结果的算法，它是问题的固有性质].

令 f 是关于标量参数 x 的标量值函数，假设$\hat{x}$靠近 x(比如，$\hat{x}$可能等于 round(x)). $y=f(x)$有多靠近$\hat{y}=f(\hat{x})$？我们可以在绝对意义下提出这个问题：如果

$$|\hat{y}-y|\approx C(x)|\hat{x}-x|$$

那么 $C(x)$可以称为函数 f 在点 x 的**绝对条件数**. 我们也可以在相对意义下提出这个问题：如果

$$\left|\frac{\hat{y}-y}{y}\right|\approx\kappa(x)\left|\frac{\hat{x}-x}{x}\right|$$

那么 $\kappa(x)$可以称为 f 在 x 的**相对条件数**.

为了确定 $C(x)$的可能的表达式，注意

$$\hat{y}-y=f(\hat{x})-f(x)=\frac{f(\hat{x})-f(x)}{\hat{x}-x}\cdot(\hat{x}-x)$$

以及对很靠近 x 的$\hat{x}$，$\frac{f(\hat{x})-f(x)}{\hat{x}-x}\approx f'(x)$. 所以定义 $C(x)=|f'(x)|$为绝对条件数. 为了定义相对条件数 $\kappa(x)$，注意

$$\frac{\hat{y}-y}{y}=\frac{f(\hat{x})-f(x)}{\hat{x}-x}\cdot\frac{\hat{x}-x}{x}\cdot\frac{x}{f(x)}$$

我们再用近似式$\frac{f(\hat{x})-f(x)}{\hat{x}-x}\approx f'(x)$确定

$$\kappa(x)=\left|\frac{xf'(x)}{f(x)}\right|$$

例 6.1.1 设 $f(x)=2x$. 那么 $f'(x)=2$，所以 $C(x)=2$ 及 $\kappa(x)=\frac{2x}{2x}=1$. 在 $C(x)$和$\kappa(x)$适当大小的意义下，这个问题是良态的(well conditioned). 什么能确切地算作“适当大小”依赖于问题的内容，但是一般我们希望，假如 x 改变一个预期的量(譬如 10^{-16}，如果改变是由双精度舍入误差引起的；或者一个大得多的相对量，如果改变是由测量误差引起的)，那么对于所考虑的应用而言，f 的改变可以忽略不计. ■

例 6.1.2 设 $f(x)=\sqrt{x}$. 那么 $f'(x)=\frac{1}{2}x^{-\frac{1}{2}}$，因此 $C(x)=\frac{1}{2}x^{-\frac{1}{2}}$ 以及 $\kappa(x)=\frac{1}{2}$，这个问题在相对意义下是良态的. 在绝对意义下，如果 x 不是太靠近 0，它是良态的，但是，譬如说如果 $x=10^{-16}$，那么 $C(x)=0.5\times10^{8}$，所以 x 的小的绝对改变(譬如 x 从 10^{-16} 改变到 0)将导致$\sqrt{x}$的绝对改变大约是 x 改变的 10^8 倍(即从 10^{-8} 到 0). ■

例 6.1.3 设 $f(x)=\sin x$. 那么 $f'(x)=\cos x$，所以 $C(x)=|\cos x|\leqslant 1$ 及 $\kappa(x)=$
125 $|x\cot x|$. 当 x 在$\pm\pi$，$\pm2\pi$ 等附近时这个函数的相对条件数非常大，而且当$|x|$很大且$|\cot x|$不是特别小时，它也非常大. 当 $x\to0$，我们发现

$$\kappa(x)\to\lim_{x\to0}\left|\frac{x\cos x}{\sin x}\right|=\lim_{x\to0}\left|\frac{\cos x-x\sin x}{\cos x}\right|=1$$ ■

在第 7 章，当我们处理参数向量的向量值函数时(例如，解线性方程组 $\boldsymbol{Ay}=\boldsymbol{b}$)，为了度量输入向量$\frac{\|\boldsymbol{b}-\hat{\boldsymbol{b}}\|}{\|\boldsymbol{b}\|}$的差和输出向量$\frac{\|\boldsymbol{y}-\hat{\boldsymbol{y}}\|}{\|\boldsymbol{y}\|}$的差，我们将定义范数.

6.2 算法的稳定性

假设我们有一个良态的问题以及解这个问题的一种算法. 当执行浮点算术运算时，算法会给出预期精度的答案吗？满足由问题的条件化定义的精度水平的算法称为**稳定的**，而那种由于舍入误差而得到不必要的不精确结果的算法称为**不稳定的**. 要确定算法的稳定性，我们可以进行舍入误差分析.

例 6.2.1(计算和数) 如果 x 和 y 是两个实数而且舍入为浮点数，在机器上以单位舍入 ε 计算它们的和，那么

$$\mathrm{fl}(x+y)\equiv\mathrm{round}(x)\oplus\mathrm{round}(y)=(x(1+\delta_1)+(1+\delta_2))(1+\delta_3)$$

$$|\delta_i|\leqslant\varepsilon\quad\left(\frac{\varepsilon}{2}\text{ 作为最接近的}\right)\tag{6.1}$$

这里 fl(·)表示浮点结果. ■

向前误差分析. 这里我们提出问题：计算值与精确解差多少？把式(6.1)中的各项相

乘，得到

$$\mathrm{fl}(x+y)=x+y+x(\delta_1+\delta_3+\delta_1\delta_3)+y(\delta_2+\delta_3+\delta_2\delta_3)$$

我们又能问及有关绝对误差

$$|\mathrm{fl}(x+y)-(x+y)|\leqslant(|x|+|y|)(2\varepsilon+\varepsilon^2)$$

或相对误差

$$\left|\frac{\mathrm{fl}(x+y)-(x+y)}{x+y}\right|\leqslant\frac{(|x|+|y|)(2\varepsilon+\varepsilon^2)}{|x+y|}$$

注意，如果 $y\approx-x$，那么相对误差可能很大！困难是由实数 x 和 y 的初始舍入造成的，而不是由两个浮点数的和的舍入造成的(事实上，可以精确地计算这个和，见第 5 章中的习题 10). 然而，在 $y\approx-x$ 这种情形，因为 x 和 y 很小的改变能够导致这个和很大的相对改变，所以将被称为病态(ill conditioned)问题；两个数相加的算法像我们所希望的一样好. 另一方面，在求解一个良态问题的某一算法中，两个几乎相等的数的减法可能仅是一步. 而在这种情形下，算法可能不稳定. 我们应当寻找避免这种困难的另一种算法. 126

向后误差分析. 这里我们试图指明计算得到的值是邻近问题的精确解. 如果给定的问题是病态的(即输入数据小的改变造成解的大的改变)，那么我们希望的最好结果可能是计算输入数据有微小差别的问题的精确解.

对于求两个数 x 和 y 的和的问题，从式(6.1)得到

$$\mathrm{fl}(x+y)=x(1+\delta_1)(1+\delta_3)+y(1+\delta_2)(1+\delta_3)$$

所以计算得到的值是与 x 和 y 相对误差不大于 $2\varepsilon+\varepsilon^2$ 的两个数的精确和. 求这两个数的和的算法是向后稳定的.

例 6.2.2　用 Taylor 级数展开式

$$\mathrm{e}^x=1+x+\frac{x^2}{2!}+\frac{x^3}{3!}+\cdots$$

计算 $\exp(x)$.

下面的 MATLAB 代码能用来计算 $\exp(x)$.

```
oldsum = 0;
newsum = 1;
term = 1;
n = 0;
while newsum ~= oldsum,   % Iterate until next term is negligible
   n = n + 1;
   term = term * x/n;     % x^n/n! = (x^{n-1}/(n-1)!) * x/n
   oldsum = newsum;
   newsum = newsum + term;
end;
```

这段代码把 Taylor 级数中的项相加，直到下一项非常小，以致在当前和中加上它对存储的浮点数没有造成改变. 这段代码对 $x>0$ 运行良好. 但是对 $x=-20$，计算结果是 5.6219×10^{-9}，正确的结果却是 2.0612×10^{-9}. 如表 6-1 所示，级数中项的大小在开始减小之前增加到 4.3×10^7(对 $n=20$). 这就得出双精度舍入误差的大小大约是 $4.3\times10^7\times10^{-16}=4.3\times10^{-9}$，当正确答案是 10^{-9} 阶时这将导致完全错的结果.

表 6-1　计算 e^x 的不稳定算法中相加的项

n	级数的第 n 项	n	级数的第 n 项
1	-20	25	$2.16\times10^{+07}$
2	200	30	$4.05\times10^{+06}$
3	$-1.33\times10^{+03}$	40	$1.35\times10^{+04}$
4	$6.67\times10^{+03}$	50	$3.70\times10^{+00}$
5	$-2.67\times10^{+04}$	60	1.39×10^{-04}
10	$2.82\times10^{+06}$	70	9.86×10^{-10}
15	$-2.51\times10^{+07}$	80	1.69×10^{-15}
20	$4.31\times10^{+07}$	90	8.33×10^{-22}

注意，对 $x=-20$，计算 $\exp(x)$ 的问题在绝对意义和相对意义下都是良态的. 因为 $C(x)\Big|_{x=-20}=\frac{\mathrm{d}}{\mathrm{d}x}\exp(x)\Big|_{x=-20}=\exp(-20)\ll1$ 以及 $\kappa(x)\Big|_{x=-20}=\left|\frac{x\exp(x)}{\exp(x)}\right|_{x=-20}=20$. 所以这里的困难在于算法，它是不稳定的. ■

练习：你能修正上面的代码，使得当 x 是负数时得出准确的结果吗？[提示：注意
127 $\exp(-x)=\frac{1}{\exp(x)}$.]

例 6.2.3(数值微分)　利用带余项的 Taylor 定理，我们能对函数 $f(x)$ 的导数进行近似：

$$f(x+h)=f(x)+hf'(x)+\frac{h^2}{2}f''(\xi),\quad \xi\in[x,x+h]$$

$$f'(x)=\frac{f(x+h)-f(x)}{h}-\frac{h}{2}f''(\xi)$$

当用 $\frac{f(x+h)-f(x)}{h}$ 近似 $f'(x)$ 时，$-\frac{h}{2}f''(\xi)$ 这一项就是截断误差或离散误差. 在这种情形，截断误差为 h 阶，表示为 $O(h)$，而且这个近似称为是一阶精度的.

假定我们以数值方式计算这个有限差商. 在最好的可能情形下，我们能够精确地存储 x 和 $x+h$，并且假设在计算 $f(x)$ 及 $f(x+h)$ 时，仅有的误差来自最后对结果的舍入. 于是，忽略减法或除法中的其他舍入误差，计算

$$\frac{f(x+h)(1+\delta_1)-f(x)(1+\delta_2)}{h}=\frac{f(x+h)-f(x)}{h}+\frac{\delta_1 f(x+h)-\delta_2 f(x)}{h}$$

因为 $|\delta_1|$ 和 $|\delta_2|$ 小于 ε，对于小的 h，由舍入引起的绝对误差大约不大于或等于 $\frac{2\varepsilon|f(x)|}{h}$. 注意，截断误差与 h 成正比，而舍入误差与 $\frac{1}{h}$ 成正比. h 的减小降低截断误差，但增大由于舍入引起的误差. ■

假设 $f(x)=\sin x$，$x=\frac{\pi}{4}$. 那么 $f'(x)=\cos x$ 及 $f''(x)=-\sin x$，所以截断误差大约是 $\frac{\sqrt{2}h}{4}$，而舍入误差大约是 $\frac{\sqrt{2}\varepsilon}{h}$. 当这两种误差近似相等时：

$$\frac{\sqrt{2}h}{4}=\frac{\sqrt{2}\varepsilon}{h}\Rightarrow h=2\sqrt{\varepsilon}$$

就得到最精确的近似．在这种情形，误差是机器精度的平方根阶．这大大小于我们所希望的结果！ 128

这种错误又一次与算法有关，而不是确定$\frac{\mathrm{d}}{\mathrm{d}x}\sin x\ \big|_{x=\frac{\pi}{4}}=\cos x\big|_{x=\frac{\pi}{4}}=\frac{\sqrt{2}}{2}$的问题．这个问题是良态的，因为如果输入的自变量$x=\frac{\pi}{4}$稍有改变，那么$\cos x$也只是稍有改变；从数量上来讲，绝对条件数是$C(x)\big|_{x=\frac{\pi}{4}}=\left|-\sin x\big|_{x=\frac{\pi}{4}}\right|=\frac{\sqrt{2}}{2}$，相对条件数是$\kappa(x)\big|_{x=\frac{\pi}{4}}=\left|-\frac{x\sin x}{\cos x}\Big|_{x=\pi/4}\right|=\frac{\pi}{4}$．当计算导数的问题用计算有限差商代替时，那么条件变坏．后面我们将看到如何利用对导数的高阶精度近似得到某些较好的结果，但是我们用有限差商将达不到其机器精度．

6.3　第 6 章习题

1. 以下函数的绝对和相对条件数是什么？它们在哪里取值很大？

(a) $(x-1)^{\alpha}$　　(c) $\ln x$　　(e) $x^{-1}\mathrm{e}^{x}$

(b) $\frac{1}{(1+x^{-1})}$　　(d) $\log_{10}x$　　(f) $\arcsin x$

2. 设 $f(x)=\sqrt[3]{x}$.

(a) 求 f 的绝对和相对条件数.

(b) 在绝对意义下 f 在哪里是良态的？在相对意义下呢？

(c) 假设用$\hat{x}=10^{-16}$代替 $x=10^{-17}$(一个小的绝对改变，但却是一个大的相对改变)．利用 f 的绝对条件数，对自变量的这种改变，f 的改变有多大？

3. 假设 $x=1$，$h=2^{-24}$，用有限差商$\frac{f(x+h)-f(x)}{h}$来近似计算 $f'(x)$．采用 IEEE 单精度计算结果将是什么？解释你的答案.

4. 对 $x_j=\frac{\pi}{4}+(2\pi)\times 10^{j}$ $(j=0，1，2，\cdots，20)$，用 MATLAB 或计算器计算 $\tan x_j$．在 MATLAB 中，用 format long e 输出答案中所有的数字．对 $x=x_j$，计算 $\tan x$ 这个问题的相对条件数是什么？假设计算自变量 $x_j=\frac{\pi}{4}+(2\pi)\times 10^{j}$ 所产生的误差源于把 π 舍入到 16 位小数；即假设加法、乘法及除法是精确的．你计算得到的参数$\hat{x}_j$ 与精确值在绝对量上将有多大不同？利用这些解释你的结果.

5. **复利**．假设 a_0 美元在银行储蓄的年利率是 5%，按季计算复利．一季度后账户的值是 $a_0\times\left(1+\frac{0.05}{4}\right)$美元．在第二季度末，银行不但付原来数量 a_0 的利息，而且还付第一季度获得的利息；因此在第二季度末这笔投资值是 129

$$\left[a_0\times\left(1+\frac{0.05}{4}\right)\right]\times\left(1+\frac{0.05}{4}\right)=a_0\times\left(1+\frac{0.05}{4}\right)^2$$

美元．在第三季度末银行按这个数量付利息，所以现在账户的值是 $a_0\left[1+\frac{0.05}{4}\right]^3$ 美元，而在全年年

底，这笔投资最后价值是

$$a_0 \times \left(1+\frac{0.05}{4}\right)^4$$

美元．一般地，如果 a_0 美元以年利率 x 储蓄，每年分 n 次计算复利，那么一年后账户的值是

$$a_0 \times I_n(x), \text{这里 } I_n(x)=\left(1+\frac{x}{n}\right)^n$$

这是复利公式．众所周知，对固定的 x，$\lim_{n\to\infty} I_n(x)=\exp(x)$.

(a) 对求 $I_n(x)$ 的值的问题，确定相对条件数 $\kappa I_n(x)$．对 $x=0.05$，你能确定这个问题是良态还是病态的？

(b) 对 $x=0.05$ 及 $n=1, 10, 10^2, \cdots, 10^{15}$，用 MATLAB 计算 $I_n(x)$．可以预期，用 format long e 来查看你的结果是否收敛于 $\exp(x)$．用你的结果给出一个表并且列出你用于计算这些结果的 MATLAB 指令.

(c) 试解释(b)部分的结果．特别地，对 $n=10^{15}$，你可能算得 1 作为你的答案，解释为什么。为了弄清楚对 n 的其他值看看发生了什么，当 n 很大时，考虑计算 z^n 的问题，这里 $z=1+\frac{x}{n}$．这个问题的相对条件数是什么？如果你在计算 z 时产生大约 10^{-16} 的误差，你估计 z^n 的误差大约有多大？

130 (d) 你能想出一个比你在(b)部分中用的方法更好的方法对 $x=0.05$ 及大的 n 值来精确计算 $I_n(x)$ 吗？用 MATLAB 演示你的新方法或解释为什么它能给出更精确的结果.

第7章　解线性方程组的直接方法和最小二乘问题

这是本书最长的一章. 考虑到大多数人在线性代数课上学习了求解线性方程组 $\boldsymbol{Ax}=\boldsymbol{b}$ 这个事实很可能令人奇怪. 关于这个问题还能讲多少！答案相当多；这个简单明了的问题实际上是许多科学计算的核心问题，它已成为数值分析界巨大努力的焦点. 无论何时，人们在处理非线性方程组或最优化问题，常微分方程或偏微分方程问题时(而实用上，每一个可以建模的物理现象都是用这些方程的某些组合来模拟的)所用的算法其核心几乎都是解线性代数方程组. 为此，这些解法的精确与有效就很重要. 这一章讨论精确性和有效性问题.

在计算机时代之初，有些数学家相信规模大于 40×40 的线性方程组绝不可能由计算机求解——不但因为时间太长而且因为舍入误差会累积起来并破坏所有的精度. Hotelling 在1943年早期的一篇文章[53]得到结论说 Gauss 消元法的误差可能随矩阵的规模呈指数级增长，使得算法对大型线性方程组都无用. 1947年，Goldstine 和 von Neumann 在随后的分析[99]中证明了算法能精确求解正定线性方程组，所以他们建议用 $\boldsymbol{A}^{\mathrm{T}}\boldsymbol{Ax}=\boldsymbol{A}^{\mathrm{T}}\boldsymbol{b}$ 代替通常的方程组 $\boldsymbol{Ax}=\boldsymbol{b}$；在这一章我们将看到这样做并不好. 尽管有这些不利的预言，到50年代早期科学家们成功地用计算机求解大型线性方程组：100×100 以及更大规模的[40,92]. 直到1961年，当 Wilkinson 把向后误差分析的思想用于解线性方程组时，算法得到了坚实的理论支持，以前的悲观论调得以消除[107]. 131

7.1　复习矩阵的乘法

在这一节，我们讨论经常是很有用的矩阵-向量及矩阵-矩阵相乘的不同方法. 一般关于线性代数更进一步的复习可见附录 A.

设 $\boldsymbol{A}$ 是 $m\times n$ 矩阵：

$$\boldsymbol{A}=\begin{bmatrix} a_{11} & \cdots & a_{1n} \\ \vdots & & \vdots \\ a_{m1} & \cdots & a_{mn} \end{bmatrix}$$

$\boldsymbol{A}$ 的**转置**表示为 $\boldsymbol{A}^{\mathrm{T}}$，它是$(i,j)$元素为 a_{ji} 的矩阵. 如果 $\boldsymbol{A}$ 中的元素是复数而不是实数，那么常用**埃尔米特(Hermitian)转置** $\boldsymbol{A}^*$，它的(i,j)元素是 a_{ji} 的共轭复数记为$\bar{a}_{ji}$. 如果 $\boldsymbol{A}=\boldsymbol{A}^{\mathrm{T}}$ $(\boldsymbol{A}=\boldsymbol{A}^*)$，则称矩阵 $\boldsymbol{A}$ 是**对称**的(埃尔米特型的). 注意为了使矩阵是对称的或埃尔米特型的它必须是方阵$(m=n)$，而且实对称矩阵也是埃尔米特型的.

设 $\boldsymbol{b}$ 是 n 维向量：

$$\boldsymbol{b}=\begin{bmatrix} b_1 \\ \vdots \\ b_n \end{bmatrix}$$

矩阵-向量乘积 $\boldsymbol{Ab}$ 是 m 维向量，定义如下

$$\boldsymbol{Ab}=\begin{bmatrix} a_{11}b_1+\cdots+a_{1n}b_n \\ \vdots \\ a_{m1}b_1+\cdots+a_{mn}b_n \end{bmatrix}$$

有时还有其他方法来考虑矩阵-向量乘积是有用的. $\boldsymbol{Ab}$ 的第 i 个元素是 $\boldsymbol{A}$ 的第 i 行与向量 $\boldsymbol{b}$ 的内积；即如果 $\boldsymbol{a}_{i,:}$[注意这个伪 MATLAB 记号；在 MATLAB 中它是 $\boldsymbol{A}(i,:)$]表示 $\boldsymbol{A}$ 的第 i 行(a_{i1}, …, a_{in})且$\langle.,.\rangle$表示内积，那么

$$\boldsymbol{Ab}=\begin{bmatrix}\langle \boldsymbol{a}_{1,:},\boldsymbol{b}\rangle\\ \vdots \\ \langle \boldsymbol{a}_{m,:},\boldsymbol{b}\rangle\end{bmatrix}$$

乘积 $\boldsymbol{Ab}$ 也可视为 $\boldsymbol{A}$ 的列的线性组合. 如果 $\boldsymbol{a}_{:,j}$ 表示 $\boldsymbol{A}$ 的第 j 列，$(a_{1j},\cdots,a_{mj})^{\mathrm{T}}$，那么

$$\boldsymbol{Ab}=\boldsymbol{a}_{:,1}b_1+\cdots+\boldsymbol{a}_{:,n}b_n$$

132 对 m 维行向量 $\boldsymbol{c}=(c_1,\cdots,c_m)$和 $m\times n$ 矩阵 $\boldsymbol{A}$ 的乘积可作类似的解释. 其结果是一个 n 维行向量：

$$\boldsymbol{cA}=\left(\sum_{i=1}^{m}c_i a_{i1},\cdots,\sum_{i=1}^{m}c_i a_{in}\right)$$

$\boldsymbol{cA}$ 的第 j 个元素是 c 与 $\boldsymbol{A}$ 的第 j 列的内积，向量 $\boldsymbol{cA}$ 也可以视为 $\boldsymbol{A}$ 的行 $\boldsymbol{a}_{i,:}$ 的线性组合：

$$\boldsymbol{cA}=\sum_{i=1}^{m}c_i\boldsymbol{a}_{i,:}$$

例 7.1.1 求 $\boldsymbol{Ab}$ 及 $\boldsymbol{cA}$，其中

$$\boldsymbol{A}=\begin{bmatrix}1&2&3\\4&5&6\end{bmatrix},\quad \boldsymbol{b}=\begin{bmatrix}-1\\0\\2\end{bmatrix},\quad \boldsymbol{c}=(-3,1)$$

利用标准的乘法法则，我们得到

$$\boldsymbol{Ab}=\begin{bmatrix}5\\8\end{bmatrix},\quad \boldsymbol{cA}=(1,-1,-3)$$

这些结果也可写成下面的形式：

$$\boldsymbol{Ab}=-1\cdot\begin{bmatrix}1\\4\end{bmatrix}+0\cdot\begin{bmatrix}2\\5\end{bmatrix}+2\cdot\begin{bmatrix}3\\6\end{bmatrix}$$

$$\boldsymbol{cA}=-3\cdot(1,2,3)+1\cdot(4,5,6)$$

如果 $\boldsymbol{G}$ 是 $n\times p$ 矩阵，那么乘积 $\boldsymbol{AG}$ 被定义为 $m\times p$ 维矩阵. $\boldsymbol{AG}$ 的(i,j)元素是 $(\boldsymbol{AG})_{ij}=\sum_{k=1}^{n}a_{ik}g_{kj}$. $\boldsymbol{AG}$ 的第 j 列是 $\boldsymbol{A}$ 与 $\boldsymbol{G}$ 的第 j 列的乘积，即 $\boldsymbol{a}_{:,1}g_{1j}+\cdots+\boldsymbol{a}_{:,n}g_{nj}$. $\boldsymbol{AG}$ 的第 i 行是 $\boldsymbol{A}$ 的第 i 行与 G 的乘积，即 $a_{i1}\boldsymbol{g}_{1,:}+\cdots+a_{in}\boldsymbol{g}_{n,:}$. ■

7.2 Gauss 消元法

假设 $\boldsymbol{A}$ 是 $n\times n$ 非奇异矩阵. 那么对任一 n 维向量 $\boldsymbol{b}$，线性方程组 $\boldsymbol{Ax}=\boldsymbol{b}$ 有唯一解 $\boldsymbol{x}$，它可以由 Gauss 消元法确定. 这类算法实际上出现在写于大约公元前 200 年的中国的九章算术中. Gauss 在研究小行星 Pallas 的轨道时系统地发展了这种方法. 利用在 1803—1809 年间收集到的数据，Gauss 导出了含 6 个未知量的 6 个线性方程的方程组，他采用了后来

133 冠其名的这种方法求解[39, p. 192].

矩阵方法的起源

九章算术是一本大约公元前 200 年的中文原稿，它包括 246 个问题以对诸如工程、测量、商业领域中的日常问题说明解法（从右边，我们看到第一章的开篇）. 这本古代文献的第八章详述了第一个称为方程的矩阵方法的例子. 这种方法就是几个世纪后为人熟知的 Gauss 消元法. 方程组的系数在“计算板”上写成一个表格. 正文还对每种方法在计算板运算的次数比较两种不同的方程方法[2,57].

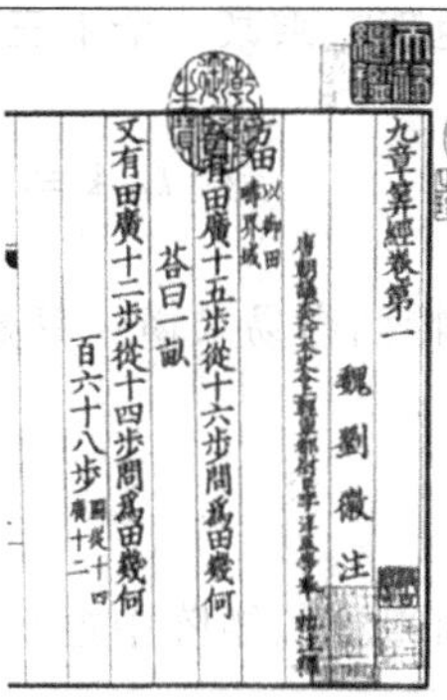

考虑下面的 3×3 线性方程组

$$\begin{bmatrix}1&2&3\\4&5&6\\7&8&0\end{bmatrix}\begin{bmatrix}x_1\\x_2\\x_3\end{bmatrix}=\begin{bmatrix}1\\0\\2\end{bmatrix}$$

这是线性方程组

$$\begin{aligned}x_1+2x_2+3x_3&=1\\4x_1+5x_2+6x_3&=0\\7x_1+8x_2&=2\end{aligned}$$

的简写形式. 为用 Gauss 消元法解这个线性方程组，我们可以把右边的向量附加到矩阵中去，然后以某行的倍数加到另一行中来消去对角线以下的元素. 例如用 −4 乘第一行加到第二行以及 −7 乘第一行加到第三行，我们得到

$$\left[\begin{array}{ccc|c}1&2&3&1\\4&5&6&0\\7&8&0&2\end{array}\right]\to\left[\begin{array}{ccc|c}1&2&3&1\\0&-3&-6&-4\\0&-6&-21&-5\end{array}\right]$$

为了消去(3，2)元素，把 −2 乘第二行加到第三行：

$$\left[\begin{array}{ccc|c}1&2&3&1\\0&-3&-6&-4\\0&0&-9&3\end{array}\right]$$

134

现在这个方程组是上三角型的，且能容易地用回代法解出. 上式就是下面线性方程组

$$\begin{aligned}x_1+2x_2+3x_3&=1\\-3x_2-6x3&=-4\\-9x_3&=3\end{aligned}$$

的简写. 我们解第三个方程得到 $x_3=\frac{-1}{3}$；把它代入第二个方程得到 $-3x_2-6\times\left(\frac{-1}{3}\right)=-4$，所以 $x_2=2$；把这两个都代入第一个方程得到 $x_1+2\times2+3\times\left(\frac{-1}{3}\right)=1$，所以 $x_1=-2$.

考虑 Gauss 消元法过程的另一种途径是把矩阵 $\boldsymbol{A}$ 分解成一个下三角和一个上三角矩阵的乘积. 当我们把 −4 乘第一行加到第二行，−7 乘第一行加到第三行时，我们实际上做

的是原矩阵左乘某一个下三角矩阵 $\boldsymbol{L}_1$：

$$\boldsymbol{L}_1\boldsymbol{A} \equiv \begin{bmatrix} 1 & 0 & 0 \\ -4 & 1 & 0 \\ -7 & 0 & 1 \end{bmatrix}\begin{bmatrix} 1 & 2 & 3 \\ 4 & 5 & 6 \\ 7 & 8 & 0 \end{bmatrix} = \begin{bmatrix} 1 & 2 & 3 \\ 0 & -3 & -6 \\ 0 & -6 & -21 \end{bmatrix}$$

矩阵 $\boldsymbol{L}_1$ 特别容易求逆：只要非对角线元素反号，其余不变：

$$\boldsymbol{L}_1^{-1} = \begin{bmatrix} 1 & 0 & 0 \\ 4 & 1 & 0 \\ 7 & 0 & 1 \end{bmatrix}$$

同样上面得到的矩阵中把 -2 乘第二行加到第三行等价于左乘另一个下三角矩阵 $\boldsymbol{L}_2$

$$\boldsymbol{L}_2\boldsymbol{L}_1\boldsymbol{A} \equiv \begin{bmatrix} 1 & 0 & 0 \\ 0 & 1 & 0 \\ 0 & -2 & 1 \end{bmatrix}\begin{bmatrix} 1 & 2 & 3 \\ 0 & -3 & -6 \\ 0 & -6 & -21 \end{bmatrix} = \begin{bmatrix} 1 & 2 & 3 \\ 0 & -3 & -6 \\ 0 & 0 & -9 \end{bmatrix}$$

$\boldsymbol{L}_2$ 的逆矩阵也可通过把非对角元素反号而得到．而且 $(\boldsymbol{L}_2\boldsymbol{L}_1)^{-1} = \boldsymbol{L}_1^{-1}\boldsymbol{L}_2^{-1}$ 也容易计算：对角线元素都是 1，非对角线中非零元素是 $\boldsymbol{L}_1^{-1}$ 与 $\boldsymbol{L}_2^{-1}$ 相应位置的元素之和；即

$$(\boldsymbol{L}_2\boldsymbol{L}_1)^{-1} = \boldsymbol{L}_1^{-1}\boldsymbol{L}_2^{-1} = \begin{bmatrix} 1 & 0 & 0 \\ 4 & 1 & 0 \\ 7 & 2 & 1 \end{bmatrix}$$

令 $\boldsymbol{U}$ 表示从 $\boldsymbol{A}$ 得到的上三角矩阵，我们有 $\boldsymbol{L}_2\boldsymbol{L}_1\boldsymbol{A}=\boldsymbol{U}$，所以 $\boldsymbol{A}=\boldsymbol{L}\boldsymbol{U}$，这里 $\boldsymbol{L}$ 是下三角矩阵 $(\boldsymbol{L}_2\boldsymbol{L}_1)^{-1}$.

如果人们希望求解系数矩阵相同但右端向量不同的几个线性方程组，那么可以储存下三角和上三角因子 $\boldsymbol{L}$ 及 $\boldsymbol{U}$．于是要解 $\boldsymbol{A}\boldsymbol{x}\equiv\boldsymbol{L}\boldsymbol{U}\boldsymbol{x}=\boldsymbol{b}$，我们首先解下三角方程组 $\boldsymbol{L}\boldsymbol{y}=\boldsymbol{b}$（得到
135 $\boldsymbol{y}=\boldsymbol{U}\boldsymbol{x}$），然后再解上三角方程组 $\boldsymbol{U}\boldsymbol{x}=\boldsymbol{y}$.

我们把上面的过程推广到任意 $n\times n$ 矩阵 $\boldsymbol{A}$，再看看 Gauss 消元法程序可以如何用 MATLAB 来表示．第一步，为了消去矩阵第一列对角线以下的元素我们把第一行的倍数加到其余每一行．对右端向量 $\boldsymbol{b}$ 进行同样的运算：

$$\left[\begin{array}{cccc|c} a_{11} & a_{12} & \cdots & a_{1n} & b_1 \\ a_{21} & a_{22} & \cdots & a_{2n} & b_2 \\ \vdots & \vdots & & \vdots & \vdots \\ a_{n1} & a_{n2} & \cdots & a_{nn} & b_n \end{array}\right] \to \left[\begin{array}{cccc|c} a_{11} & a_{12} & \cdots & a_{1n} & b_1 \\ 0 & a_{22}^{(1)} & \cdots & a_{2n}^{(1)} & b_2^{(1)} \\ \vdots & \vdots & & \vdots & \vdots \\ 0 & a_{n2}^{(1)} & \cdots & a_{nn}^{(1)} & b_n^{(1)} \end{array}\right]$$

这一步的 MATLAB 可以写成以下形式：

```
% Step 1 of Gaussian elimination.
for i=2:n                               % Loop over rows below row 1.
  mult = A(i,1)/A(1,1);         % Subtract this multiple of row 1
                                        % from row i to make A(i,1)=0.
  A(i,:) = A(i,:) - mult*A(1,:); % This is equivalent to the
                                        % for loop:
                                        % for k=1:n,
                                        % A(i,k) = A(i,k)-mult*A(1,k);
                                        % end;
  b(i) = b(i) - mult*b(1);
end;
```

为了消去矩阵第二列对角线以下的元素，下一步是在变更后的矩阵中把第二行的倍数加到 3 至 n 行，再对 $\boldsymbol{b}$ 进行同样的运算．一般地，第 j 步将在第 $j+1$ 行到第 n 行运算，为了消去第 j 列对角线以下的元素把第 j 行的倍数加到这些行中去：

$$\left[\begin{array}{ccccccc|c} 0 & \cdots & 0 & a_{jj}^{(j-1)} & a_{j,j+1}^{(j-1)} & \cdots & a_{jn}^{(j-1)} & b_j^{(j-1)} \\ 0 & \cdots & 0 & a_{j+1,j}^{(j-1)} & a_{j+1,j+1}^{(j-1)} & \cdots & a_{j+1,n}^{(j-1)} & b_{j+1}^{(j-1)} \\ \vdots & & \vdots & \vdots & \vdots & & \vdots & \vdots \\ 0 & \cdots & 0 & a_{nj}^{(j-1)} & a_{n,j+1}^{(j-1)} & \cdots & a_{nn}^{(j-1)} & b_n^{(j-1)} \end{array}\right] \rightarrow$$

$$\left[\begin{array}{ccccccc|c} 0 & \cdots & 0 & a_{jj}^{(j-1)} & a_{j,j+1}^{(j-1)} & \cdots & a_{jn}^{(j-1)} & b_j^{(j-1)} \\ 0 & \cdots & 0 & 0 & a_{j+1,j+1}^{(j)} & \cdots & a_{j+1,n}^{(j)} & b_{j+1}^{(j)} \\ \vdots & & \vdots & \vdots & \vdots & & \vdots & \vdots \\ 0 & \cdots & 0 & 0 & a_{n,j+1}^{(j)} & \cdots & a_{nn}^{(j)} & b_n^{(j)} \end{array}\right]$$ 136

要完成这一点，上面的 MATLAB 编码(稍作修改)必须由 $j=1$，…，$n-1$ 列的外循环联起来．其结果是：

```
% Gaussian elimination without pivoting.
for j=1:n-1                      % Loop over columns.
  for i=j+1:n                    % Loop over rows below j.
    mult = A(i,j)/A(j,j);        % Subtract this multiple of
                                 % row j from
                                 % row i to make A(i,j)=0.
    A(i,:) = A(i,:) - mult*A(j,:); % This does more work than
                                   % necessary;
                                   % do you see why?
    b(i) = b(i) - mult*b(j);
  end;
end;
```

回顾在 Gauss 消元法的第 j 步，第 j 行到第 n 行的第 1 列到第 $j-1$ 列元素都是零，所以从第 $i(i>j)$ 行减去 j 行的倍乘数并不改变这些为零的元素．因此上面的代码可以编制得更有效，它替换行

```
A(i,:) = A(i,:) - mult*A(j,:);
```

为

```
A(i,j:n) = A(i,j:n) - mult*A(j,j:n);
```

这些运算仅在第 i 行的第 j 到第 n 个元素上运行．

以上 Gauss 消元法编码可能失效！你能否看到可能发生什么困难？一个问题是，为了用第 j 行消去 j 列中的元素，必须保证(现已变更的)矩阵的(j，j)元素不是零；即在乘以乘数的表达式中的分母必须非零．要保证这一点，我们用在 7.2.3 节中叙述的所谓的部分主元程序．

7.2.1　运算计数

计算机编码的计时依赖于许多方面，其中之一是这个编码执行的算术运算量．这一点过去通常是决定计时的主要因素，但是随着当今计算机的更快速的算术运算的实现，其他

因素，诸如记忆参数频率以及能够平行执行的工作量开始发生作用. 我们将在 7.2.5 节提到这些其他的因素. 现在我们来计算由 Gauss 消元法编码执行的浮点运算（加，减，乘，除）的次数. 应该注意，历史上只计算乘法及除法，这是因为这些运算明显地比加法和减法慢. 如今，对大多数计算机而言，这些运算之间耗时差别不大，所以我们将关心浮点运
137 算的总数. 整数的运算，譬如循环指标的增加是典型的耗时较少，因此并不计数.

在上面的 Gauss 消元法的编码里，我们对 j 从 1 到 $n-1$ 进行循环. 因此执行的运算次数是 $\sum_{j=1}^{n-1}$（在第 j 步执行的运算次数）. 在每一 j 步，我们对 i 从 $j+1$ 到 n 进行循环，所以工作量是 $\sum_{j=1}^{n-1}\sum_{i=j+1}^{n}$（在 i 行第 j 步执行的运算次数）. 现在对每一行 i，我们计算乘数，它需要一次除法. 然后我们从第 i 行中减去乘以乘数的第 j 行，它需要 n 次乘法和 n 次减法（用以上编码，没有改进效率）. 最后，我们从 $b(i)$ 中减去乘以乘数的 $b(j)$ 的倍数，它需要一次乘法和一次减法. 于是在 i 行第 j 步的总的运算次数是 $1+2n+2=2n+3$. 现在遍及 i 和 j 求和，我们看到用 Gauss 消元法执行的浮点运算总次数是：

$$\sum_{j=1}^{n-1}\sum_{i=j+1}^{n}(2n+3)=\sum_{j=1}^{n-1}(n-j)(2n+3)=(2n+3)\sum_{j=1}^{n-1}(n-j)=(2n+3)\sum_{k=1}^{n-1}k$$
$$=(2n+3)\frac{n(n-1)}{2}=n^3+O(n^2)$$

通常我们对 n 很大，譬如说 $n\geqslant 1000$ 时，编码的计时感兴趣，这是因为对小的 n 编码运行很快. 因此通常是确定运算计数中 n 的最高次幂以及乘以最高次幂的常数，并且用记号 $O(\cdot)$ 写出其余的低阶项，这是因为它们对大的 n 意义不大. 有时上面的运算计数简单地写成 $O(n^3)$，表示它依赖于矩阵大小的立方，但是知道乘以 n^3 的常数也很重要，在目前这种情形，这个常数是 1.

上面已指出用仅在 i 行的 j 到 n 的元素进行运算代替 A(i,:)=A(i,:)-mult*A(j,:) 这一行可以改进 Gauss 消元法的效率. 因为这样做仅需要 $2(n-j+1)$ 次运算而不是 $2n$ 次运算，计算工作量变成

$$\sum_{j=1}^{n-1}\sum_{i=j+r}^{n}[2(n-j)+5]=\sum_{j=1}^{n-1}[2(n-j)^2+5(n-j)]$$
$$=2\sum_{k=1}^{n-1}k^2+5\sum_{k=1}^{n-1}k \tag{7.1}$$

现在要计算运算次数，我们需用前 $(n-1)$ 个整数的求和公式以及它们的平方的求和公式. 这些公式是

138 $$\sum_{k=1}^{m}k=\frac{m(m+1)}{2},\quad \sum_{k=1}^{m}k^2=\frac{m(m+1)(2m+1)}{6} \tag{7.2}$$

把这些代入式(7.1)，给出总的运算次数：

$$2\frac{(n-1)n(2n-1)}{6}+5\frac{(n-1)n}{2}=\frac{2}{3}n^3+O(n^2)$$

运算次数仍是 $O(n^3)$，但是乘以 n^3 的常数从 1 减小为 $\frac{2}{3}$.

(7.2)中第一个公式容易记忆：即前 m 个正整数的和是其平均值 $\frac{(m+1)}{2}$ 乘以项数 m. 第二个公式以及更高次幂的和的公式不太容易记忆，但它们的最高阶项能如下导出. 用一些矩形逼近曲线 x^p 之下的面积(p 是正整数)，我们得到

$$\int_0^m x^p \mathrm{d}x \leqslant 1^p + 2^p + \cdots + m^p \leqslant \int_1^{m+1} x^p \mathrm{d}x$$

这些不等式在图 7.1 作了说明.

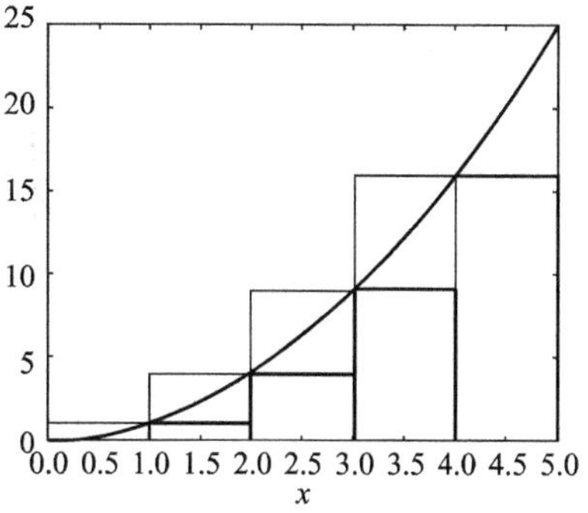

图 7-1　黑色矩形面积是 $\int_0^4 x^p \mathrm{d}x$ 的上界，蓝色矩形(它与黑色矩形一样)的面积是 $\int_1^5 x^p \mathrm{d}x$ 的下界

因为

$$\int_0^m x^p \mathrm{d}x = \frac{m^{p+1}}{p+1}$$

$$\int_1^{m+1} x^p \mathrm{d}x = \frac{(m+1)^{p+1} - 1}{p+1} = \frac{m^{p+1}}{p+1} + O(m^p)$$

并且这两个表达式的最高阶项都是 $\frac{m^{p+1}}{p+1}$，从上面的不等式可得到

$$\sum_{k=1}^{m} k^p = \frac{m^{l+1}}{p+1} + O(m^p)$$

7.2.2　LU 分解

前面我们把 Gauss 消元法解释为把矩阵分解成 $\boldsymbol{A}=\boldsymbol{LU}$ 的形式，其中 $\boldsymbol{L}$ 是对角线元素为 1 的下三角矩阵(常称为单位下三角矩阵)，而 $\boldsymbol{U}$ 是上三角矩阵. 容易修改 Gauss 消元法编码，省去 $\boldsymbol{L}$ 及 $\boldsymbol{U}$，使它们能用于解具有相同系数矩阵但有不同的右端向量的线性方程组. 事实上并不需要额外的存储就可以做到这一点，因为 $\boldsymbol{A}$ 的严格下三角形(矩阵在主对角线 139
以下的部分)中的元素在 Gauss 消元过程中已经化为零. 因此这个空间可用来存储 $\boldsymbol{L}$ 的严格下三角形部分，并且由于 $\boldsymbol{L}$ 的主对角线元素永远是 1，所以不需要存储它们. $\boldsymbol{L}$ 中的元素就是用于消去 $\boldsymbol{A}$ 的下三角形的元素的乘数(这个变量在前面的编码中称为倍乘数). 因此 Gauss 消元法编码可修改如下：

```
% LU factorization without pivoting.
for j=1:n-1                      % Loop over columns.
  for i=j+1:n                    % Loop over rows below j.
    mult = A(i,j)/A(j,j);        % Subtract this multiple of
                                 % row j from row i
                                 % to make A(i,j)=0.
    A(i,j+1:n) = A(i,j+1:n) - mult*A(j,j+1:n); % This works on
                                               % columns j+1
                                               % through n.
    A(i,j) = mult;               % Since A(i,j) becomes 0, use
                                 % the space to store L(i,j).
  end;
end;
```

如前所指出的，一旦 $\boldsymbol{A}$ 已分解成 $\boldsymbol{LU}$ 形式，我们可以先解 $\boldsymbol{Ly}=\boldsymbol{b}$ 再解 $\boldsymbol{Ux}=\boldsymbol{y}$ 就能解线性方程组 $\boldsymbol{Ax}\equiv\boldsymbol{LU}x=\boldsymbol{b}$. 为解 $\boldsymbol{Ly}=\boldsymbol{b}$，我们解第一个方程求出 y_1，然后再把这个值代入第二个方程以求 y_2，等等，如下所示：

$$\begin{bmatrix} \ell_{11} & 0 & \cdots & 0 \\ \ell_{21} & \ell_{22} & & 0 \\ \vdots & \vdots & \ddots & \vdots \\ \ell_{n1} & \ell_{2n} & \cdots & \ell_{nn} \end{bmatrix} \begin{bmatrix} y_1 \\ y_2 \\ \vdots \\ y_n \end{bmatrix} = \begin{bmatrix} b_1 \\ b_2 \\ \vdots \\ b_n \end{bmatrix} \Rightarrow$$

$$y_1 = \frac{b_1}{\ell_{11}}$$

$$y_2 = \frac{(b_2 - \ell_{21} y_1)}{\ell_{22}}$$

$$\vdots \quad \vdots$$

$$y_i = \frac{\left(b_i - \sum_{j=1}^{i-1} \ell_{ij} y_j\right)}{\ell_{ii}}$$

当 $\boldsymbol{L}$ 的对角元素全是 1 时，程序略作简化. 当 $\boldsymbol{L}$ 有单位对角元素及 $\boldsymbol{L}$ 的严格下三角形元素已经存储，下面的 MATLAB 函数解 $\boldsymbol{Ly}=\boldsymbol{b}$：

```
function y = lsolve(L, b)
%
% Given a lower triangular matrix L with unit diagonal
% and a vector b,
140 % this routine solves Ly = b and returns the solution y.
%
n = length(b);                    % Determine size of problem.
for i=1:n,                        % Loop over equations.
  y(i) = b(i);                    % Solve for y(i) using
  for j=1:i-1,                    % previously computed y(j),
                                  % j=1,...,i-1.
    y(i) = y(i) - L(i,j)*y(j);
  end;
end;
```

因为一次减法和一次乘法是在这个程序的最内部的循环内执行，所以总的运算次数是

$$\sum_{i=1}^{n} \sum_{j=1}^{i-1} 2 = \sum_{i=1}^{n} 2(i-1) = 2\sum_{k=1}^{n-1} k = n(n-1) = n^2 + O(n)$$

于是，一旦矩阵已经分解，三角解法就能仅仅用 $O(n^2)$ 次运算实现，而不是为分解所需的 $O(n^3)$ 次. 这就意味着如果 n 很大且省却了 $\boldsymbol{A}$ 的 LU 因子，那么就能用像解一个右端向量的问题几乎相同的代价来解许多不同的右端向量的问题.

作为习题，写一个解上三角方程组 $\boldsymbol{Ux}=\boldsymbol{y}$ 的 MATLAB 程序并计算所执行的运算次数.

7.2.3 选主元

如前所指出的，到目前为止我们已给出的编码可能失效. 如果在 Gauss 消元法的第 j 步

在变换后的矩阵中的(j, j)元素是零，那么这一行不可能消去第 j 列中的非零元素. 如果(j, j)元素是零，为了消去 j 列中其他的非零元素，那么我们可以用不同的行，譬如$k(>j)$行，它的第 j 个元素非零. 为了方便我们可以交换 k 行和 j 行(记住也要交换右边的元素 b_k 和 b_j)，使我们保持上三角的形式. 这种行交换过程叫作**选主元**. 而非零元素 a_{kj} 叫作**主元**.

假设第 j 列在主对角线上或以下没有非零元素，那么矩阵必是奇异的. 你明白为什么吗？这意味着 Gauss 消元法的第 $j-1$ 步之后，矩阵的前 j 列中每一列仅在其上面的 $j-1$ 个位置有非零元素. 现在长度为 $j-1$ 的任何 j 个向量必定是线性相关的. 这意指矩阵的前 j 列线性相关，所以矩阵是奇异的. 回忆起如果 $\boldsymbol{A}$ 奇异，那么线性方程组没有唯一解；它或者无解(若 $\boldsymbol{b}$ 在 $\boldsymbol{A}$ 的值域之外)或者有无穷多个解(若 $\boldsymbol{b}$ 在 $\boldsymbol{A}$ 的值域之内，在这种情形下，解集由任一特解加上 $\boldsymbol{A}$ 的零空间中任一元素组成). 在这种情形我们的 Gauss 消元法编码给出矩阵是奇异的错误信息是合理的. 141

于是确实 Guass 消元法编码的一种可能的办法是修改该编码以检验主元(倍乘中的分母)是否为零，如果是零，那么搜遍该列(主对角线以下)去找一个非零元素. 当找到了非零元素，就把这非零元素所在的行与主元行对换，然后再消元. 如果在该列找不到非零元素，那么给出错误信息.

在精确计算中这种策略是好的，但是在有限精度计算中它并非好主意. 假设某个主元在精确计算中是零，但由于舍入误差，计算出来的值却是某个小的数，譬如是机器精度 ε. 我们将通过把主元行的巨大乘数加到其他行的相应位置用这个小的(且不准确的)数消去其他行的元素. 这些结果可能是完全错误的. 即使在主元中没有错误，把主元的巨大乘数加到其他行就可能产生重大的错误，就像在下面的线性方程组所看到的

$$\begin{bmatrix}10^{-20} & 1\\ 1 & 1\end{bmatrix}\begin{bmatrix}x_1\\ x_2\end{bmatrix}=\begin{bmatrix}1\\ 2\end{bmatrix}$$

准确解非常接近 $x_1=x_2=1$(精确地讲，$x_2=1-\frac{1}{10^{20}-1}$，$x_1=1+\frac{1}{10^{20}-1}$). 用我们的 Gauss 消元法编码以双精度算术运算，第一步的结果是

$$\left[\begin{array}{cc|c}10^{-20} & 1 & 1\\ 1 & 1 & 2\end{array}\right]\rightarrow\left[\begin{array}{cc|c}10^{-20} & 1 & 1\\ 0 & -10^{20} & -10^{20}\end{array}\right]$$

因为倍乘数是 10^{20} 且 $1-10^{20}$ 和 $2-10^{20}$ 都舍入到 -10^{20}. 解上三角形方程组我们就得到 $x_2=1$ 和 $10^{-20}x_1+1=1$，所以 $x_1=0$.

这个错误是容易避免的！我们简单地交换这两行并用第二行作主元行，将得到

$$\left[\begin{array}{cc|c}1 & 1 & 2\\ 10^{-20} & 1 & 1\end{array}\right]\rightarrow\left[\begin{array}{cc|c}1 & 1 & 2\\ 0 & 1 & 1\end{array}\right]$$

这里乘数是 10^{-20} 且 $1-10^{-20}$ 和 $1-2\times10^{-20}$ 都舍入到 1. 这个上三角方程组的解是 $x_2=1$ 及 $x_1+1=2$，所以 $x_1=1$.

要避免小主元带来的困难，一般可采用所谓的**部分主元**这种策略. 这里我们寻找列中绝对值最大的元素，并用它作为主元. 这保证用来消除其他行中元素的主元行的乘数在绝对值上都小于或等于 1. 作为例子，我们考虑在本节开始给出的 3×3 问题：

142

$$\begin{bmatrix} 1 & 2 & 3 \\ 4 & 5 & 6 \\ 7 & 8 & 0 \end{bmatrix} \begin{bmatrix} x_1 \\ x_2 \\ x_3 \end{bmatrix} = \begin{bmatrix} 1 \\ 0 \\ 2 \end{bmatrix}$$

用部分主元法，我们把这个问题化成以下的上三角型：

$$\left[\begin{array}{ccc|c} 1 & 2 & 3 & 1 \\ 4 & 5 & 6 & 0 \\ 7 & 8 & 0 & 2 \end{array}\right] \xrightarrow{\text{选主元}} \left[\begin{array}{ccc|c} 7 & 8 & 0 & 2 \\ 4 & 5 & 6 & 0 \\ 1 & 2 & 3 & 1 \end{array}\right] \rightarrow \left[\begin{array}{ccc|c} 7 & 8 & 0 & 2 \\ 0 & \frac{3}{7} & 6 & -\frac{8}{7} \\ 0 & \frac{6}{7} & 3 & \frac{5}{7} \end{array}\right]$$

$$\xrightarrow{\text{选主元}} \left[\begin{array}{ccc|c} 7 & 8 & 0 & 2 \\ 0 & \frac{6}{7} & 3 & \frac{5}{7} \\ 0 & \frac{3}{7} & 6 & -\frac{8}{7} \end{array}\right] \rightarrow \left[\begin{array}{ccc|c} 7 & 8 & 0 & 2 \\ 0 & \frac{6}{7} & 3 & \frac{5}{7} \\ 0 & 0 & \frac{9}{2} & -\frac{3}{2} \end{array}\right]$$

注意用手算解这个问题时，如果没有选主元，运算是容易的，因为所有的乘数全是整数. 然而这是非常特殊的情形，通常在计算机上解线性方程组时应该选主元(如果必须)使乘数在数量上小于或等于 1(或者可能是其他适当大小的数). 在运算上选主元没有其他代价，但是在每一列求最大元素要有 $O(n^2)$的代价，以及还有附加数据运行的代价.

我们的 Gauss 消元代码可以结合部分选主元修改如下：

```
% Gaussian elimination with partial pivoting.
for j=1:n-1                         % Loop over columns.

  [pivot,k] = max(abs(A(j:n,j)));   % Find the pivot element
                                    % in column j.
                                    % pivot is the largest
                                    % absolute value of an
                                    % entry; k+j-1 is its index.
  if pivot==0,                      % If all entries in the
                                    % column are 0, return with
    disp(' Matrix is singular.')    % an error message.
    break;
  end;

  temp = A(j,:);                   % Otherwise,
  A(j,:) = A(k+j-1,:);             % Interchange rows j and k+j-1.
  A(k+j-1,:) = temp;
  tempb = b(j);
  b(j) = b(k+j-1);
  b(k+j-1) = tempb;

  for i=j+1:n                      % Loop over rows below j.
    mult = A(i,j)/A(j,j);          % Subtract this multiple
                                   % of row j from row
                                   % i to make A(i,j)=0.
```

143

```
      A(i,j:n) = A(i,j:n) - mult*A(j,j:n);
      b(i) = b(i) - mult*b(j);
    end;
  end;
```

在实际执行中，我们要用检测仅仅是由于舍入误差引起主元的小的非零值所反映的事实来代替检测主元是否是 0(if pivot==0)，在这种情形，我们要提醒用户这个矩阵可能是奇异的.

部分主元法也能结合矩阵因子分解变成编码的形式. 现在我们不把 $\boldsymbol{A}$ 分解成 $\boldsymbol{LU}$ 形式而把它分解成 $\boldsymbol{PLU}$ 的形式，这里 $\boldsymbol{P}$ 是置换矩阵，置换矩阵是每行和每列有一个 1，其他元素全为 0 的矩阵. 进行行交换可理解为用置换矩阵左乘该矩阵. 以下定理保证对任何非奇异矩阵 $\boldsymbol{A}$ 存在这种分解.

定理 7.2.1　每一个 $n\times n$ 非奇异矩阵 $\boldsymbol{A}$ 能分解成 $\boldsymbol{A}=\boldsymbol{PLU}$ 的形式，其中 $\boldsymbol{P}$ 是置换矩阵，$\boldsymbol{L}$ 是单位下三角矩阵，$\boldsymbol{U}$ 是上三角矩阵.

我们不想给读者留下这样的印象：用 MATLAB 解线性方程组 $\boldsymbol{Ax}=\boldsymbol{b}$，就必须打出上面所说的编码！要解 $\boldsymbol{Ax}=\boldsymbol{b}$，你就打出 A \ b. 以上就是在解线性方程组或计算 PLU 分解时，MATLAB 大致所做的事情.

7.2.4　带状矩阵和不需选主元的矩阵

对某些矩阵，Gauss 消元法并不需要选主元. 例如，对于对称正定矩阵，可以证明 Gauss 消元法无须选主元就能稳定地执行. 如果 $\boldsymbol{A}=\boldsymbol{A}^{\mathrm{T}}$，矩阵 $\boldsymbol{A}$ 是对称的，如果它的一切特征值都是正的，那么这个对称矩阵是**正定的**，一个对称正定矩阵的例子是

$$\begin{bmatrix} 2 & -1 & 0 \\ -1 & 2 & -1 \\ 0 & -1 & 2 \end{bmatrix} \tag{7.3}$$

它的特征值是 2，$2+\sqrt{2}$ 及 $2-\sqrt{2}$.

我们把对称正定矩阵的 LU 分解(其中 L 有单位对角线)换成 L 和 U 有相同的对角元素的分解. 这种调整就使 $\boldsymbol{U}$ 恰恰是 $\boldsymbol{L}$ 的转置，所以我们把 $\boldsymbol{A}$ 分解成 $\boldsymbol{A}=\boldsymbol{LL}^{\mathrm{T}}$ 的形式. 这叫作 **Cholesky 分解**.

严格对角占优矩阵的无须选主元的 Gauss 消元法也是稳定的. 如果对一切 $i=1, \cdots, n$　144

$$|a_{ii}| > \sum_{j\neq i} |a_{ij}|$$

即每个对角元素的绝对值大于这一行中所有非对角元素绝对值的和，那么矩阵 A 是**严格对角占优**(或严格行对角占优).

不少应用会引导出对称正定或者有时是严格对角占优以及**带状**的矩阵，即 $a_{ij}=0$，如果 $|i-j|>m$，其中 $m\ll n$ 是半带宽. (7.3)中的矩阵有半带宽 $m=1$. 全带宽是 $2m+1=3$. 所以这个矩阵叫作**三对角矩阵**.

对称正定矩阵和带状矩阵常产生于偏微分方程的离散化，今后将在正文中涵盖．例如在单位正方形上的 Poisson 方程（$\Delta u=f$）用 16×16 网格离散化，得到的矩阵是对称和正定的，而且有图 7-2 描绘出的带状非零结构．

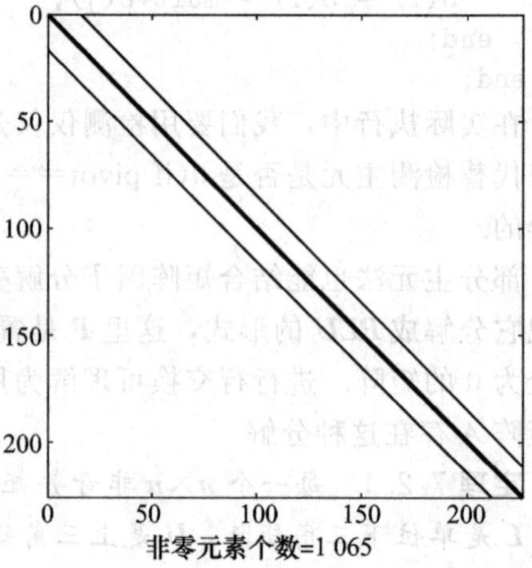

图 7-2 单位正方形上的 Poisson 方程离散化形成的矩阵的带状结构．尽管矩阵有 225×225 个元素，其中仅 1065 个非零

在 Gauss 消元法中利用带状结构我们能够节省工作量和存贮量．考虑半带宽 m 的矩阵．执行不选主元的 Gauss 消元法，我们在第 1 列中用第 1 行的元素消去从第 2 行到第 n 行的元素．但是在第 1 列中的 $m+2$ 行到 n 行的元素已经是 0，所以在第 1 列中仅需对 m 行的非零元素进行运算．而且我们并不需要对整行运算．只有第 1 列到 $m+1$ 列受到加上第一行的乘数的影响．这样，在 Gauss 消元法的第一阶段的工作量从 $2(n-1)n$ 次减少到 $2m(m+1)$
145 次，而且矩阵带宽没有增加．下面就此对半带宽为 2 的矩阵作说明：

$$\begin{bmatrix} a_{11} & a_{12} & a_{13} & 0 & 0 & 0 \\ a_{21} & a_{22} & a_{23} & a_{24} & 0 & 0 \\ a_{31} & a_{32} & a_{33} & a_{34} & a_{35} & 0 \\ 0 & a_{42} & a_{43} & a_{44} & a_{45} & a_{46} \\ 0 & 0 & a_{53} & a_{54} & a_{55} & a_{56} \\ 0 & 0 & 0 & a_{64} & a_{65} & a_{66} \end{bmatrix} \rightarrow \begin{bmatrix} a_{11} & a_{12} & a_{13} & 0 & 0 & 0 \\ 0 & \tilde{a}_{22} & \tilde{a}_{23} & a_{24} & 0 & 0 \\ 0 & \tilde{a}_{32} & \tilde{a}_{33} & a_{34} & a_{35} & 0 \\ 0 & a_{42} & a_{43} & a_{44} & a_{45} & a_{46} \\ 0 & 0 & a_{53} & a_{54} & a_{55} & a_{56} \\ 0 & 0 & 0 & a_{64} & a_{65} & a_{66} \end{bmatrix}$$

一般，在 Gauss 消元法的第 j 步，在 j 列我们必须消去从 $j+1$ 行到 n 行的元素．但是对于带状矩阵在 j 列中只有第 $j+1$ 行到 $\min\{j+m,\ n\}$ 行才有非零元素，且只有这些行的第 j 列到 $\min\{j+m,\ n\}$ 列会受到加上第 j 行的乘数的影响．所以不选主元带状 Gauss 消元法的全部工作量变成

$$\sum_{j=1}^{n-1} 2\min\{m,n-j\}\cdot\min\{m+1,n-j+1\}\approx 2m^2 n$$

当 $m\ll n$ 时，对于稠密 Gauss 消元法所需要的运算大大地节省了 $O(n^3)$ 次以上，然而，要注意在 Gauss 消元法中我们可以利用带状结构，却不能利用在带中的任何零元素．由偏微分方程引出的矩阵常常是半带宽 $m\approx\sqrt{n}$（对于二维问题）的带状矩阵，但是带内的大多数元素也是零．在 Gauss 消元过程中，这些带内的元素用非零的元素输入（fill in），因此它们必须进行贮存和运算．

看一个用 MATLAB 的例子，进入以下指令：

```
n = 15;
A = gallery('poisson',n);
[L,U] = lu(A);
subplot(1,3,1),spy(A), subplot(1,3,2),spy(L),
subplot(1,3,3),spy(U)
```

L 和 **U** 的带状结构可以分别在图 7-3a 和 b 中看到. 注意，与在图 7-2 中所见到的 **A** 中非零元素个数是 1065 相对比，**L** 和 **U** 中非零元素个数是 3389. 很明显，在这分解中出现了大量的输入数据.

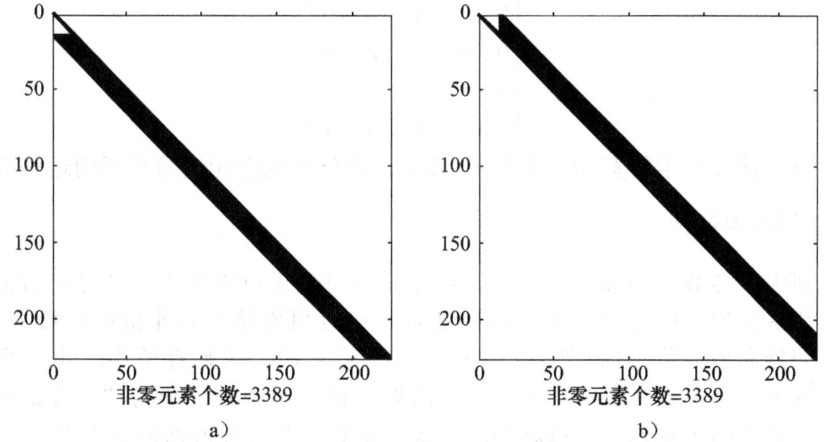

图 7-3　单位正方形上的 Poisson 方程离散化形成的矩阵的 L 和 U 的带状结构

假设我们需要用部分主元法. 在使用部分主元 Gauss 消元法时我们能利用带状结构吗？回答是肯定的；通过用部分主元法，因子 **U** 的半带宽最多加倍. 要明白这一点，例如考虑三对角矩阵

$$\begin{bmatrix} x & x & 0 & 0 & 0 \\ x & x & x & 0 & 0 \\ 0 & x & x & x & 0 \\ 0 & 0 & x & x & x \\ 0 & 0 & 0 & x & x \end{bmatrix}$$

146

这里 x 表示非零元素. 在第一阶段，第一行或第二行将被选为主元行. 如果选择第一行，那么带宽没有增大，但如果选择第二行并移到顶部，半带宽从 1 增大到 2. 并且新的第二行(原是第一行)中第 3 列的零元素输入了非零值. 于是矩阵呈下面形式

$$\begin{bmatrix} x & x & x & 0 & 0 \\ 0 & x & x & 0 & 0 \\ 0 & x & x & x & 0 \\ 0 & 0 & x & x & x \\ 0 & 0 & 0 & x & x \end{bmatrix}$$

现在第二行或第三行可选作为主元行. 如果选择第二行那么没有输入出现，但是如果选择第三行，那么当它移到第二行的位置，如第一行那样，新的第二行现在在对角线上方有两个非零元素；在消元的第二阶段，新的第三行(原是第二行)中第 4 列的零变成非零：

$$\begin{bmatrix} x & x & x & 0 & 0 \\ 0 & x & x & x & 0 \\ 0 & 0 & x & x & 0 \\ 0 & 0 & x & x & x \\ 0 & 0 & 0 & x & x \end{bmatrix}$$

以这种方式继续下去，不难看到每次行交换造成一个额外的零要输入非零值. 如果每步都进行行交换，那么最后的矩阵 $\boldsymbol{U}$ 将有形式

$$\begin{bmatrix} x & x & x & 0 & 0 \\ 0 & x & x & x & 0 \\ 0 & 0 & x & x & x \\ 0 & 0 & 0 & x & x \\ 0 & 0 & 0 & 0 & x \end{bmatrix}$$

147 作为习题，估计对半带宽 m 的矩阵用 Gauss 部分主元消元法所需要的运算次数.

7.2.5　高性能实现条件

早先提到内存参数(memory references)在如今的超级计算机上可能是昂贵的. 通常有一个内存系统带有如主内存的较大的存贮装置，或者更慢接近较小的贮存区域(诸如局部高速缓冲存储器和内存装置)的光盘. 在执行算术运算时，从贮存器中取出运算对象输入内存装置，算术运算在那里执行，然后，把结果贮存回主内存. 能为“贮存结果前从内存中取出”这句话做的工作越多，就越好. 一次取出和存贮大堆数据通常也更有效.

考虑 7.2.3 节中 Gause 消元法编码，要在第 j 阶段消去(i, j)元素，我们从记忆器中取出主元行 j 以及第 i 行$(i>j)$，然后在 i 行上进行运算并贮存结果. 这需要 $3(n-j+1)$ 次记忆过程以及大约 $2(n-j+1)$ 次算术运算(乘第 j 行并从第 i 行减去). 如果一次记忆过程的时间大于一次算术运算的时间，那么大部分时间将花在提取出运算对象和贮存结果.

另一方面，考虑以下基本的线性代数运算：

1. 矩阵-向量相乘：$\boldsymbol{y} \leftarrow \boldsymbol{A}\boldsymbol{x}+\boldsymbol{y}$，这里 $\boldsymbol{A}$ 是 $n\times n$ 矩阵，$\boldsymbol{x}$ 及 $\boldsymbol{y}$ 是 n 维向量. 在 A 中须取出 n^2 个元素，在 $\boldsymbol{x}$ 和 $\boldsymbol{y}$ 中取出 $2n$ 个元素并贮存 n 个元素到结果中，一共是 n^2+3n 次记忆过程. 计算矩阵 $\boldsymbol{A}$ 和向量 $\boldsymbol{x}$ 的乘积并把结果加到向量 $\boldsymbol{y}$ 的算术运算大约是 $2n^2$ 次. 于是，算术运算次数与内存过程的次数之比大约是 2.

2. 矩阵-矩阵相乘：$\boldsymbol{C} \leftarrow \boldsymbol{A}\boldsymbol{B}+\boldsymbol{C}$，其中 $\boldsymbol{A}$，$\boldsymbol{B}$ 及 $\boldsymbol{C}$ 是 $n\times n$ 矩阵. 这里必须在 $\boldsymbol{A}$，$\boldsymbol{B}$ 及 $\boldsymbol{C}$ 中提取 $3n^2$ 个元素并贮存 n^2 个元素到结果中，总共是 $4n^2$ 个内存存取. 计算乘积 $\boldsymbol{AB}$ 并把它加到 $\boldsymbol{C}$ 的工作量大约是上面进行矩阵向量相乘的工作量的 n 倍，即 $2n^3$. 于是算术运算与内存存取的比大约是 $\frac{n}{2}$.

如果可以用矩阵-向量，或更好一些地用矩阵-矩阵的相乘来表示 Gauss 消元法，那么算术运算与内存存取的比将增大，大部分时间都花费在实际的运算工作而不是提取数据和存储结果. 这些基本线性代数运算在所谓的 BLAS(Basic Linear Algebra Subroutines)[15] 的软件包中实现. 两个向量之间的运算(例如把标量乘一行加到另一行)，诸如在我们的 Guass 消元法编码中执行的一种运算，标记为 BLAS1，当记忆参数花费很大时是效率最低的. 矩阵-向量的运算由 BLAS2 程序组成，它们的效率是中等的，而矩阵-矩阵的运算由 BLAS3 程序组成，它们的效率是最高的.

148

块状算法

Guass 消元法可以有不同的安排. 假设我们把矩阵 $\boldsymbol{A}$ 分成 $m\times m$ 块状子矩阵 $\boldsymbol{A}_{ij}$ 的 $p\times$

p 分块矩阵，其中 $n=mp$：

$$\boldsymbol{A}=\begin{bmatrix}\boldsymbol{A}_{11} & \boldsymbol{A}_{12} & \cdots & \boldsymbol{A}_{1p}\\ \boldsymbol{A}_{21} & \boldsymbol{A}_{22} & \cdots & \boldsymbol{A}_{2p}\\ \vdots & \vdots & & \vdots\\ \boldsymbol{A}_{p1} & \boldsymbol{A}_{p2} & \cdots & \boldsymbol{A}_{pp}\end{bmatrix}\tag{7.4}$$

假设这时不需要选主元，通过计算

$$\begin{bmatrix}\boldsymbol{A}_{22} & \cdots & \boldsymbol{A}_{2p}\\ \vdots & & \vdots\\ \boldsymbol{A}_{p2} & \cdots & \boldsymbol{A}_{pp}\end{bmatrix}-\begin{bmatrix}\boldsymbol{A}_{21}\\ \vdots\\ \boldsymbol{A}_{p1}\end{bmatrix}\boldsymbol{A}_{11}^{-1}(\boldsymbol{A}_{12},\cdots,\boldsymbol{A}_{1p})$$

能消去第一块列对角线以下的块状矩阵．这个矩阵称为 $\boldsymbol{A}^{11}$ 在 $\boldsymbol{A}$ 中的 Schur 补(Schur complement)．

代替显式计算 $\boldsymbol{A}_{11}^{-1}$，把它分解成形式 $\boldsymbol{A}_{11}=\boldsymbol{L}_{11}\boldsymbol{U}_{11}$ 的形式，然后解右端乘以乘数的线性代数方程组，可以执行如下．首先在 $\boldsymbol{A}$ 的第一块列的长方矩阵上执行 Gauss 消元法．这相应于以下形式的分解

$$\begin{bmatrix}\boldsymbol{A}_{11}\\ \boldsymbol{A}_{21}\\ \vdots\\ \boldsymbol{A}_{p1}\end{bmatrix}=\begin{bmatrix}\boldsymbol{L}_{11}\\ \boldsymbol{L}_{21}\\ \vdots\\ \boldsymbol{L}_{p1}\end{bmatrix}\boldsymbol{U}_{11}\tag{7.5}$$

这里 $\boldsymbol{L}_{11}$ 及 $\boldsymbol{U}_{11}$ 分别是 $\boldsymbol{A}_{11}$ 的单位下三角和上三角因子，而 $\boldsymbol{L}_{21}$，…，$\boldsymbol{L}_{p1}$ 不是下三角的但包含用于消去块状子矩阵 $\boldsymbol{A}_{21}$，…，$\boldsymbol{A}_{p1}$ 的乘数．这一步需要大约 $2nm$ 次记忆过程，其工作量大约是 nm^2．要更新矩阵的其余部分，则计算

$$\begin{bmatrix}\boldsymbol{A}_{22} & \cdots & \boldsymbol{A}_{2p}\\ \vdots & & \vdots\\ \boldsymbol{A}_{p2} & \cdots & \boldsymbol{A}_{pp}\end{bmatrix}-\begin{bmatrix}\boldsymbol{L}_{21}\\ \vdots\\ \boldsymbol{L}_{p1}\end{bmatrix}\boldsymbol{L}_{11}^{-1}(\boldsymbol{A}_{21},\cdots,\boldsymbol{A}_{1p})\tag{7.6}$$

这里 $\boldsymbol{L}_{11}^{-1}(\boldsymbol{A}_{12}, \cdots, \boldsymbol{A}_{1p})$是通过解下三角数乘右端的方程组 $\boldsymbol{L}_{11}(\boldsymbol{U}_{12}, \cdots, \boldsymbol{U}_{1p})=(\boldsymbol{A}_{12}, \cdots, \boldsymbol{A}_{1p})$计算出来的．这是一种矩阵-矩阵(BLAS3)运算．它需要大约 $2n^2$ 次记忆过程(假设
$m\ll n$)以及大约 $2n^2m$ 次算术运算．逐次块列消元类似地进行． 149

执行 Gauss 消元法以及许多其他利用块状算法的线性代数运算使用的软件包叫作 LAPACK[1]．这是以 MATLAB 为基础的软件．

并行性

并行计算机包含一个以上的信息处理器，不同的信息处理器能够同时运算相同的问题．理论上，可以希望有了 p 个信息处理器后，一种算法运行将快 p 倍．然而即使用高度并行化的算法这种理想的增速也很少达到．这是因为各个信息处理器间的互通花费很大．这代表另一类存储系统．在**分布式存储**机器上，信息处理器可以很快地取出贮存在它自己的内存中的数据．但是如果它需要的信息在另一个信息处理器，那么寻回它的时间可能比较长．

Gauss 消元法为并行算法提供了许多机会，因为每一行(或者块行)的消元可以独立和并行地执行．在较好的水平，一行中的个别元素可以同时修改．除了改善执行时间外，使用并行处理器的一个重要原因是有更多的内存．矩阵可能太大并不适合整个信息处理器的
150 内存，但是如果将它合成(7.4)中的块，那么不同的块可以分布在各个信息处理器内．它们应该以互通花费最小的方式进行分布．

作为一个例子，但不必是最有效的例子，假设我们有 p 个信息处理器，每一个贮存(7.4)中一个块列，Gauss 消元法怎样才能并行化．第一个信息处理器在其块列工作，执行(7.5)中的运算．然后它把结果 $\boldsymbol{L}_{11}$，…，$\boldsymbol{L}_{p1}$，传递到同时按(7.6)更新其块列的其他信息处理器．注意对于这种数据安排，每一个信息处理器为了更新其他的块列，需要用到所有的块 $\boldsymbol{L}_{11}$，…，$\boldsymbol{L}_{p1}$．当第 2 个信息处理器完成了它的更新，它对第 2 个块列可以开始类似(7.5)的过程．但是在第 2 阶段开始做类似于(7.6)的更新之前，所有的信息处理器必须等候直到第 2 个信息处理器完成这项工作．这样，许多信息处理器同时运行，但是为了保持同步它们也必须相互等待．

知名的实验室 ScaLPACK(Scalable LAPACK)[14]用分布存储并行机执行了 Gauss 消元法及其他线性代数算法．

超级计算和线性系统

美国国家实验室安装了许多全世界最快的高性能计算机．世界上最快的计算机之一(事实上在 2010 年 6 月是最快的)是放置在 Oak Ridge 国家实验室的 Jaguar(下图)它每分秒执行 1.7×10^{15} 次浮点运算．这种计算机通常用于需要使用大规模平行计算来求解大型线性方程组(有时包含几十亿个变量并用本书后面将讨论的技巧迭代求解)．这些大型的线性方程组经常来自描述复杂物理现象的微分方程．要了解目前世界上最快的 500 台计算机的名单，请访问 http://www.top500.org.（图片来源：Oak Ridge 国家实验室，国家计算科学中心.）

7.3　解 $\boldsymbol{Ax}=\boldsymbol{b}$ 的其他方法

你可能感到惊奇对解 $\boldsymbol{Ax}=\boldsymbol{b}$ 我们为什么把注意力集中在 Gauss 消元法．你可能学过一些其他方法，例如，可以计算 $\boldsymbol{A}^{-1}$ 并置 $\boldsymbol{x}=\boldsymbol{A}^{-1}\boldsymbol{b}$．也可能学过解线性方程组的 Cramer 法则．这是手算解小型线性方程组的有用方法，但是我们也将看到，它对大型线性方程是完全不合适的．

这里我们将集中关注运算的次数．回忆 Gauss 消元法为把矩阵 $\boldsymbol{A}$ 分解成 $\boldsymbol{A}=\boldsymbol{PLU}$ 的形

式需要大约$\frac{2}{3}n^3$次运算，这里 $\boldsymbol{P}$ 是置换矩阵，$\boldsymbol{L}$ 是单位下三角矩阵，而 $\boldsymbol{U}$ 是上三角矩阵. 为要解线性方程组 $\boldsymbol{Ax}=\boldsymbol{b}$，需要另外的 $2n^2$ 次运算来解三对角方程组 $\boldsymbol{Ly}=\boldsymbol{b}$ 及 $\boldsymbol{Ux}=\boldsymbol{y}$.

下面是另两种方法的运算次数.

1. 计算 $\boldsymbol{A}^{-1}$ 并且置 $\boldsymbol{x}=\boldsymbol{A}^{-1}\boldsymbol{b}$

人们有时学过用这种方法解线性方程组，但即使用手算解小型问题，它的工作量比用 Gauss 消元法更大(更易出错!). 例如，考虑线性方程组

$$\begin{bmatrix}1&2&3\\4&5&6\\7&8&0\end{bmatrix}\begin{bmatrix}x_1\\x_2\\x_3\end{bmatrix}=\begin{bmatrix}1\\0\\2\end{bmatrix}$$

计算 $\boldsymbol{A}$ 的逆的标准程序包括把单位矩阵附加到 $\boldsymbol{A}$，消去 $\boldsymbol{A}$ 中对角线以下的元素，把对角线元素调整为 1. 再消去 A 中对角线之上的元素. 在附加矩阵上进行相同的运算，那么当完成了这程序，附加矩阵就是 $\boldsymbol{A}^{-1}$. 151

以下就是用于上述矩阵的步骤：

$$\left[\begin{array}{ccc|ccc}1&2&3&1&0&0\\4&5&6&0&1&0\\7&8&0&0&0&1\end{array}\right]\to\left[\begin{array}{ccc|ccc}1&2&3&1&0&0\\0&-3&-6&-4&1&0\\0&-6&-21&-7&0&1\end{array}\right]\to$$

$$\left[\begin{array}{ccc|ccc}1&2&3&1&0&0\\0&-3&-6&-4&1&0\\0&0&-9&1&-2&1\end{array}\right]\to\left[\begin{array}{ccc|ccc}1&2&3&1&0&0\\0&1&2&\frac{4}{3}&-\frac{1}{3}&0\\0&0&1&-\frac{1}{9}&\frac{2}{9}&-\frac{1}{9}\end{array}\right]\to$$

$$\left[\begin{array}{ccc|ccc}1&2&0&\frac{4}{3}&-\frac{2}{3}&\frac{1}{3}\\0&1&0&\frac{14}{9}&-\frac{7}{9}&\frac{2}{9}\\0&0&1&-\frac{1}{9}&\frac{2}{9}&-\frac{1}{9}\end{array}\right]\to\left[\begin{array}{ccc|ccc}1&0&0&-\frac{16}{9}&\frac{8}{9}&-\frac{1}{9}\\0&1&0&\frac{14}{9}&-\frac{7}{9}&\frac{2}{9}\\0&0&1&-\frac{1}{9}&\frac{2}{9}&-\frac{1}{9}\end{array}\right]$$

现在我们把 $\boldsymbol{A}^{-1}$ 用到右端向量 $\boldsymbol{b}$ 得到

$$\begin{bmatrix}x_1\\x_2\\x_3\end{bmatrix}=\frac{1}{9}\begin{bmatrix}-16&8&-1\\14&-7&2\\-1&2&-1\end{bmatrix}\begin{bmatrix}1\\0\\2\end{bmatrix}=\frac{1}{9}\begin{bmatrix}-18\\18\\-3\end{bmatrix}=\begin{bmatrix}-2\\2\\-\frac{1}{3}\end{bmatrix}$$

这个计算 $\boldsymbol{A}^{-1}$ 的过程非常像 Gauss 消元法中解系数矩阵为 $\boldsymbol{A}$，右端向量为 $\boldsymbol{e}_1$，…，$\boldsymbol{e}_n$ 的 n 个线性的方程组所做的，其中 $\boldsymbol{e}_i$ 在 i 位处为 1，其余处都是 0. 注意我们计算为把 $\boldsymbol{A}$ 简化为上三角形式所需要的乘数仅一次，然后把这些乘数用到附加的单位矩阵的每一列，即，每一个右端向量 $\boldsymbol{e}_1$，…，$\boldsymbol{e}_n$. 然后我们解 n 个带改变了过的右端向量的上三角方程组. 所包括的全部工作大约是

$$\frac{2}{3}n^3+n\times 2n^2=\frac{8}{3}n^3$$

对大的 n，它大约是 Gauss 消元法工作量的 4 倍．另外，我们还要计算 $\boldsymbol{A}^{-1}$ 与 $\boldsymbol{b}$ 的积，这又需要大约 $2n^2$ 次运算，比计算 $\boldsymbol{A}^{-1}$ 的运算量的阶要低．

2. Cramer 法则

这是用手算解小型线性方程组的有用的方法，但是，如我们将看到的，它对大型线性方程组完全不合适．要计算解的第 j 个分量，用右端向量 $\boldsymbol{b}$ 代替 $\boldsymbol{A}$ 的第 j 列，并计算这个矩阵的行列式与 $\boldsymbol{A}$ 的行列式之比．就我们这个例子，把行列式按第一行展开，我们得到

$$\det(\boldsymbol{A})=\det\begin{bmatrix}1&2&3\\4&5&6\\7&8&0\end{bmatrix}=1\cdot\det\begin{bmatrix}5&6\\8&0\end{bmatrix}-2\cdot\det\begin{bmatrix}4&6\\7&0\end{bmatrix}+3\cdot\det\begin{bmatrix}4&5\\7&8\end{bmatrix}$$

152

$$=-48-2\cdot(-42)+3\cdot(-3)=27$$

$$\det\begin{bmatrix}1&2&3\\0&5&6\\2&8&0\end{bmatrix}=1\cdot\det\begin{bmatrix}5&6\\8&0\end{bmatrix}-2\cdot\det\begin{bmatrix}0&6\\2&0\end{bmatrix}+3\cdot\det\begin{bmatrix}0&5\\2&8\end{bmatrix}$$

$$=1\cdot(-48)-2\cdot(-12)+3\cdot(-10)=-54$$

$$\det\begin{bmatrix}1&1&3\\4&0&6\\7&2&0\end{bmatrix}=54\qquad \det\begin{bmatrix}1&2&1\\4&5&0\\7&8&2\end{bmatrix}=-9$$

所以

$$x_1=\frac{-54}{27}=-2\qquad x_2=\frac{54}{27}=2\qquad x_3=\frac{-9}{27}=-\frac{1}{3}$$

把 Cramer 法则用于 $n\times n$ 线性方程组，我们需要计算 n 个行列式．我们来估计这里提到的用展开方法计算一个行列式的工作．计算 2×2 行列式

$$\det\begin{bmatrix}a&b\\c&d\end{bmatrix}=ad-bc$$

需要三次运算：2 次乘法和一次减法．计算 3×3 行列式

$$\det\begin{bmatrix}a&b&c\\d&e&f\\g&h&i\end{bmatrix}=a\cdot\det\begin{bmatrix}e&f\\h&i\end{bmatrix}-b\cdot\det\begin{bmatrix}d&f\\g&i\end{bmatrix}+c\cdot\det\begin{bmatrix}d&e\\g&h\end{bmatrix}$$

需要计算 3 个 2×2 行列式，并用适当的数量乘这些行列式再结果相加，总的大约是 3×(对 2×2 行列式的计算工作)+5=14 次运算．计算 4×4 行列式，必须计算 4 个 3×3 行列式，再乘以适当的数量并把结果相加．因此所做运算多于 4 倍计算 3×3 行列式的工作．一般地，假如 W_n 是计算 $n\times n$ 行列式需要的工作量，那么

$$W_n>nW_{n-1}>n(n-1)W_{n-2}>\cdots>n(n-1)(n-2)\cdots 2\cdot 1=n!$$

对 20 左右的 n，用这种方法计算行列式是不可能的，因为 $20!\approx 2.4\times 10^{18}$．假如说在每秒钟 10^9 次浮点运算的计算机上，这将需要大约 76 年！

有比这里给出的计算行列式更快的方法．实际上，能从矩阵的 LU 分解去求行列式，

因为 $\det(\boldsymbol{LU})=\det(\boldsymbol{L})\cdot\det(\boldsymbol{U})$，而三角矩阵的行列式正好是其对角线元的乘积．然而，用 Cramer 法则来计算就有违这一目的，因为我们是考虑它作为计算矩阵 LU 分解的另一种方法．因为这个理由，还有精度的考虑，在计算机上是不用 Cramer 法则解大型线性方程组的． 153

表 7-1 总结了解线性方程组的三种讨论过的方法的运算次数．

表 7-1　不同方法解线性方程组的运算次数

方法	运算次数的最高阶项
Gauss 消元法	$\left(\frac{2}{3}\right)n^3$
计算 $\boldsymbol{A}^{-1}$	$\left(\frac{8}{3}\right)n^3$
Cramer 法则	$>n!$，如果用递推计算行列式

7.4　线性方程组的条件化

在第 6 章，我们讨论了计算标量自变量的标量值函数问题的绝对和相对条件数．解 $\boldsymbol{Ax}=\boldsymbol{b}$ 的问题包括作为输入的矩阵 $\boldsymbol{A}$ 和右端向量 $\boldsymbol{b}$，而输出的是向量 $\boldsymbol{x}$．要度量由于输入的小的改变引起的输出的改变，我们必须讨论向量和矩阵范数．

7.4.1　范数

定义　向量的范数是一个函数 $\|\cdot\|$ 对任意 n 维向量 $\boldsymbol{v}$，$\boldsymbol{w}$ 满足

(i) $\|\boldsymbol{v}\|\geqslant 0$，当且仅当 $\boldsymbol{v}=\boldsymbol{0}$ 时等式成立；

(ii) $\|\alpha\boldsymbol{v}\|=|\alpha|\,\|\boldsymbol{v}\|$ 对任意标量 α 成立；

(iii) $\|\boldsymbol{v}+\boldsymbol{w}\|\leqslant\|\boldsymbol{v}\|+\|\boldsymbol{w}\|$（三角不等式）．

在 $\mathbf{R}^x$ 中最常用的向量范数是 2-范数或 Euclidean（欧几里得）范数：

$$\|\boldsymbol{v}\|_2\equiv\sqrt{\sum_{i=1}^{n}|v_i|^2}$$

另外常用的范数是∞-范数：

$$\|\boldsymbol{v}\|_\infty\equiv\max_{i=1,\cdots,n}|v_i|$$

以及 1-范数：

$$\|\boldsymbol{v}\|_1\equiv\sum_{i=1}^{n}|v_i|$$

更一般地可以证明对任意 $p\geqslant 1$（甚至 p 不必要是整数），由 $\|\boldsymbol{v}\|_p\equiv\left(\sum_{i=1}^{n}|v_i|^p\right)^{\frac{1}{p}}$ 定义的 154
p-范数是一种范数．我们通常使用 1-范数，2-范数或∞-范数．其中只有 2-范数来自内积；即

$$\|\boldsymbol{v}\|_2=\langle\boldsymbol{v},\boldsymbol{v}\rangle^{\frac{1}{2}},\quad 这里\langle\boldsymbol{x},\boldsymbol{y}\rangle=\sum_{i=1}^{n}x_iy_i$$

例 7.4.1　如果 $\boldsymbol{v}=(1,\ 2,\ -3)^{\mathrm{T}}$，那么 $\|\boldsymbol{v}\|_2=\sqrt{1^2+2^2+(-3)^2}=\sqrt{14}$，$\|\boldsymbol{v}\|_\infty=\max\{|1|,\ |2|,\ |-3|\}=3$ 以及 $\|\boldsymbol{v}\|_1=|1|+|2|+|-3|=6$．如果 $\boldsymbol{w}=(4,\ 5,\ 6)^{\mathrm{T}}$，那么 $\langle\boldsymbol{v},\ \boldsymbol{w}\rangle=1\times4+2\times5-3\times6=-4$．（你可以输入 v 和 w 并打出 norm(v, 1)，norm(v,'inf')，norm(v, 2)（或简单地 norm(v)）以及 w' * v 用 MATLAB 计算这些量）． ■

图 7-4 表示 $\mathbf{R}^2$ 中关于 1-范数(虚线)，2-范数(黑线)及∞-范数(灰线)的单位圆，即点 (x, y) 或向量 $\boldsymbol{v} \equiv (x, y)^{\mathrm{T}} \in \mathbf{R}^2$ 使得 $\|\boldsymbol{v}\|_1 = 1$，$\|\boldsymbol{v}\|_2 = 1$ 以及 $\|\boldsymbol{v}\|_\infty = 1$ 的集合．在 2-范数下的单位圆就是我们平常所想的圆．它是满足 $\sqrt{x^2+y^2}=1$ 的点 (x, y) 的集合．在 1-范数下的单位圆就完全不同，它是满足 $\|(x, y)\|_1 \equiv |x|+|y|=1$ 的点 (x, y) 的集合．这是一个顶点在(1, 0)，(0, 1)，(−1, 0)及(0, −1)的正方形．在∞-范数下的单位圆也是一个正方形，只不过现在与坐标轴对准平齐．它是满足 $\|(x, y)\|_\infty \equiv \max\{|x|, |y|\} = 1$ 的点的集合．它包括 $|y|=1$ 及 $-1 \leqslant x < 1$ 的直线段(顶边及底边)以及 $|x|=1$ 及 $-1 \leqslant y \leqslant 1$ 的直线段(左边及右边)．

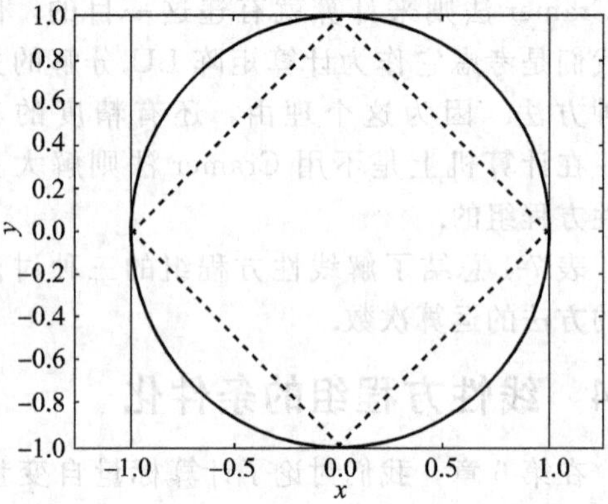

图 7-4　1-范数，2-范数及∞-范数下的单位圆

我们也能够定义矩阵的范数．

定义　矩阵范数 $\|\cdot\|$ 是一个函数，它对所有的 $m\times n$ 矩阵 $\boldsymbol{A}$，$\boldsymbol{B}$ 满足

(i) $\|\boldsymbol{A}\| \geqslant 0$，当且仅当 $\boldsymbol{A}=0$ 等式成立；

(ii) $\|\alpha\boldsymbol{A}\| = |\alpha|\,\|\boldsymbol{A}\|$ 对任意标量 α 成立；

(iii) $\|\boldsymbol{A}+\boldsymbol{B}\| \leqslant \|\boldsymbol{A}\| + \|\boldsymbol{B}\|$(三角不等式)．

155　注意这三个条件与对向量范数的要求相同．另外，有些定义需要矩阵范数是**从属(或相容)**的；即如果 $\boldsymbol{A}$ 是 $m\times n$ 矩阵，$\boldsymbol{C}$ 是 $n\times p$ 矩阵，那么乘积 $\boldsymbol{AC}$ 必须满足

(iv) $\|\boldsymbol{AC}\| \leqslant \|\boldsymbol{A}\| \cdot \|\boldsymbol{C}\|$．

我们永远假定矩阵范数是从属的．在我们谈及 $n\times 1$ 或 $1\times n$ 的矩阵 $\boldsymbol{C}$ 的范数时在记号上有些不明确，因为这样的“矩阵”也可以考虑为 n 维向量．然而，如果把 $\boldsymbol{C}$ 看成向量，我们将用粗体小写字母 $\boldsymbol{c}$ 表示它；于是 $\|\boldsymbol{C}\|$ 表示矩阵范数(它满足(iv))而 $\|\boldsymbol{c}\|$ 是向量范数．

如果 $\|\cdot\|$ 是向量范数，那么导出的矩阵范数是

$$\|\boldsymbol{A}\| = \max_{\|\boldsymbol{v}\|=1} \|\boldsymbol{A}\boldsymbol{v}\| = \max_{\boldsymbol{v}\neq 0} \frac{\|\boldsymbol{A}\boldsymbol{v}\|}{\|\boldsymbol{v}\|}$$

可以证明这个导出的范数满足上面列出的全部四条性质．注意如果矩阵范数 $\|\cdot\|$(除非其自变量是矩阵，它同样表示向量范数)是由向量范数 $\|\cdot\|$ 导出的，那么对于任何 $m\times n$ 矩阵 $\boldsymbol{A}$ 及任何非零 n 维向量 $\boldsymbol{v}$，

$$\|\boldsymbol{A}\| \geqslant \frac{\|\boldsymbol{A}\boldsymbol{v}\|}{\|\boldsymbol{v}\|}, \quad 或\ \|\boldsymbol{A}\boldsymbol{v}\| \leqslant \|\boldsymbol{A}\| \cdot \|\boldsymbol{v}\| \tag{7.7}$$

使不等式(7.7)成立的任意向量范数称为与矩阵范数相容(或从属于矩阵范数)．矩阵范数的性质(iv)保证存在一些与之相容的向量范数，无论何时，当我们把矩阵范数和向量范数混合在一起时，我们将假定它们是相容的(即不等式(7.7)成立)．

下面的定理给出了由向量的 1-范数，2-范数及∞-范数导出的矩阵范数的表达式．

定理 7.4.1　设 $\boldsymbol{A}$ 是 $m\times n$ 矩阵，$\|\boldsymbol{A}\|_1$ 表示由 n 维向量的 1-范数诱导出的矩阵范数．

那么$\|\boldsymbol{A}\|_1$是$\boldsymbol{A}$的列元素绝对值之和的最大值.

$$\|\boldsymbol{A}\|_1 = \max_{j=1\cdots n}\sum_{i=1}^{m}|a_{ij}|$$

证明　令$\boldsymbol{A}=(\boldsymbol{a}_{:,1},\dots\boldsymbol{a}_{:,n})$，这里$\boldsymbol{a}_{:,j}=(a_{1j},\ \cdots,\ a_{mj})^{\mathrm{T}}$表示$\boldsymbol{A}$的第$j$列. 如果$\boldsymbol{v}$是$n$维向量，那么$\boldsymbol{Av}=\sum_{j=1}^{n}\boldsymbol{a}_{:,j}v_j$，因此

$$\|\boldsymbol{Av}\|_1 = \left\|\sum_{j=1}^{n}\boldsymbol{a}_{:,j}v_j\right\|_1 \leqslant \sum_{j=1}^{n}|v_j|\cdot\|\boldsymbol{a}_{:,j}\|_1 \quad (\text{根据向量范数(iii) 及(ii)})$$

$$\leqslant \max_j\|\boldsymbol{a}_{:,j}\|_1\cdot\left(\sum_{j=1}^{n}|v_j|\right)=\max_j\|\boldsymbol{a}_{:,j}\|_1\cdot\|\boldsymbol{v}\|_1$$

这表明$\|A\|_1\leqslant\max\limits_j\|\boldsymbol{a}_{:,j}\|_1$. 另一方面，如果1-范数最大值的列相应的指标是$J$，并且如果$v_J=1$而$\boldsymbol{v}$中所有其他元素都是零，那么$\boldsymbol{Av}=\boldsymbol{a}_{:,J}$，所以$\|\boldsymbol{v}\|_1=1$以及$\|\boldsymbol{Av}\|_1=\max_j\|\boldsymbol{a}_{:,j}\|_1$. 156
这意味着$\|\boldsymbol{A}\|_1\geqslant\max_j\|\boldsymbol{a}_{:,j}\|_1$. 综合这两个结论我们就得到了等式. □

定理 7.4.2　设$\boldsymbol{A}$是$m\times n$矩阵，$\|\boldsymbol{A}\|_\infty$表示由$n$维向量的$\infty$-范数诱导出的矩阵范数. 那么$\|\boldsymbol{A}\|_\infty$是$\boldsymbol{A}$的行元素绝对值之和的最大值.

$$\|\boldsymbol{A}\|_\infty = \max_{i=1\cdots m}\sum_{j=1}^{n}|a_{ij}|$$

证明　对任何n维向量$\boldsymbol{v}$，我们有

$$\|\boldsymbol{Av}\|_\infty = \max_{i=1,\cdots,m}|(\boldsymbol{Av})_i| = \max_{i=1,\cdots,m}\left|\sum_{j=1}^{n}a_{ij}v_j\right| \leqslant \max_{i=1,\cdots,m}\sum_{j=1}^{n}|a_{ij}|\cdot|v_j|$$

$$\leqslant \max_{i=1,\cdots,m}\left(\max_{j=1,\cdots,n}|v_j|\right)\sum_{j=1}^{n}|a_{ij}| = \|\boldsymbol{v}\|_\infty\max_{i=1,\cdots,m}\sum_{j=1}^{n}|a_{ij}|$$

这表明$\|\boldsymbol{A}\|_\infty\leqslant\max\limits_{i=1,\cdots,m}\sum\limits_{j=1}^{n}|a_{ij}|$. 另一方面，当行的绝对值和的最大值的行相应的指标是I，而且如果$|v_j|=1$及对所有的j有$a_{Ij}v_j=|a_{Ij}v_j|=|a_{Ij}|$(即，如果$a_{Ij}v\geqslant0$则$v_j=1$以及如果$a_{Ij}<0$则$v_j=-1$)，那么我们将有上面的等式. 这是因为对每个$i$，$\left|\sum\limits_{i=1}^{n}a_{ij}v_j\right|\leqslant\sum\limits_{j=1}^{n}|a_{ij}|\leqslant\sum\limits_{j=1}^{n}|a_{Ij}|$，而当$i=I$时，这是一个等式. 这意味着$\|\boldsymbol{A}\|_\infty\geqslant\max\limits_{i=1,\cdots,m}\sum\limits_{j=1}^{n}|a_{ij}|$，结合这两个结果我们得到等式. □

定理 7.4.3　设$\boldsymbol{A}$是$m\times n$矩阵，$\|\boldsymbol{A}\|_2$表示由n维向量2-范数诱导出的矩阵范数，那么$\|\boldsymbol{A}\|_2$是$\boldsymbol{A}^{\mathrm{T}}\boldsymbol{A}$的最大特征值的平方根.

证明　这个定理的证明依赖于对称矩阵特征值的变分特征，我们在这里不加证明地叙述：对称矩阵$\boldsymbol{A}^{\mathrm{T}}\boldsymbol{A}$的最大特征值是$\max_{\|\boldsymbol{v}\|_2=1}\langle\boldsymbol{v},\ \boldsymbol{A}^{\mathrm{T}}\boldsymbol{Av}\rangle$. 因为$\|\boldsymbol{A}\|_2^2=\max_{\|\boldsymbol{v}\|_2=1}\|\boldsymbol{Av}\|_2^2=\max_{\|\boldsymbol{v}\|_2=1}\langle\boldsymbol{Av},\ \boldsymbol{Av}\rangle=\max_{\|\boldsymbol{v}\|_2=1}\langle\boldsymbol{v},\ \boldsymbol{A}^{\mathrm{T}}\boldsymbol{Av}\rangle$，得到结论. □

例 7.4.2　设$\boldsymbol{A}$是3×2矩阵.

$$\boldsymbol{A}=\begin{bmatrix}1 & -1\\ -2 & 3\\ 1 & 0\end{bmatrix}$$

那么$\|\boldsymbol{A}\|_1=\max\{0+2+1, 1+3+0\}=4$，$\|\boldsymbol{A}\|_\infty=\max\{0+1, 2+3, 1+0\}=5$. 对$\boldsymbol{A}^{\mathrm{T}}\boldsymbol{A}$，我们得到

157

$$\boldsymbol{A}^{\mathrm{T}}\boldsymbol{A}=\begin{bmatrix}0 & -2 & 1\\ -1 & 3 & 0\end{bmatrix}\begin{bmatrix}0 & -1\\ -2 & 3\\ 1 & 0\end{bmatrix}=\begin{bmatrix}5 & -6\\ -6 & 10\end{bmatrix}$$

表 7-2 解以 $n\times n$ Hilbert 矩阵作为系数矩阵的线性方程组的误差

n	$\|\boldsymbol{x}_c-\boldsymbol{x}\|_2$	n	$\|\boldsymbol{x}_c-\boldsymbol{x}\|_2$
2	8.95×10^{-16}	11	0.0317
5	6.74×10^{-12}	14	85.42①
8	2.87×10^{-07}		

①MATLAB 发出信息：警告：矩阵接近奇异或比例严重失调，结果可能不精确.

这个矩阵的特征值满足

$$\det\begin{bmatrix}5-\lambda & -6\\ -6 & 10-\lambda\end{bmatrix}=(5-\lambda)(10-\lambda)-36=\lambda^2-15\lambda+14$$
$$=(\lambda-1)(\lambda-14)=0$$

或者$\lambda_1=1$，$\lambda_2=14$，因此$\|\boldsymbol{A}\|_2=\sqrt{14}\approx3.7417$.（你可以通过输入$\boldsymbol{A}$并且分别打出 norm(A, 1), norm(A,'inf')，及 norm(A, 2)(或仅仅 norm(A))用 MATLAB 计算这些量. ■

7.4.2 线性方程组解的敏感性

考虑以下线性方程组：

$$\underbrace{\begin{bmatrix}1 & \frac{1}{2} & \cdots & \frac{1}{n}\\ \frac{1}{2} & \frac{1}{3} & \cdots & \frac{1}{n+1}\\ \vdots & \vdots & \ddots & \vdots\\ \frac{1}{n} & \frac{1}{n+1} & \cdots & \frac{1}{2n-1}\end{bmatrix}}_{\text{Hilbert矩阵}}\boldsymbol{x}=\boldsymbol{b}$$

这个矩阵是熟知的 Hilbert 矩阵，而且众所周知它是病态的. 要明白这意味什么，我们来建立一个已知其解的问题，并且用 MATLAB 去解这个线性方程组；我们可以把计算得到的答案与已知是正确的解进行比较. 令$\boldsymbol{x}$是分量全是 1 的向量，作矩阵-向量的乘积$\boldsymbol{Hx}$(这里$\boldsymbol{H}$是 Hilbert 矩阵)并令其为$\boldsymbol{b}$(当然，如果我们用有限精度算术运算计算$\boldsymbol{b}$，那么它不是相应于全是 1 的解的精确右端，但是能期望它与这个向量的差别仅是机器精度

158 的适当的倍数). 然后我们在 MATLAB 中打出 H \ b 计算这个解. 表 7-2 显示了$n=2$, 5, 8, 11, 14 的结果，其中我们给出了计算得到的向量$\boldsymbol{x}_c$和向量$\boldsymbol{x}=(1, \cdots, 1)^{\mathrm{T}}$之差的2-范数.

这似乎证明了在本章开始时引用的早期数学家的预言是正确的，即随着n增大，舍入

误差会累积并破坏计算线性方程组的解的所有精度. 但是这是一个很特殊的线性方程组，如我们将看到，计算得到的解大大不同于真实解的事实并不是算法的错误(事实上，对计算得到的 $\boldsymbol{b}$，$\boldsymbol{Ax}=\boldsymbol{b}$ 的真实解大大不同于全是 1 的向量). 甚至对一个中等大小的 n，这个线性方程组的解对于矩阵中的元素和右端向量中的元素的微小改变也极其敏感. 幸运地，大多数在实践中产生的线性方程组不属于这种极端病态的种类. 当人们通过模拟某些物理过程得出这种线性方程组，通常是因为没有用最好的方法来公式化这个问题；或许某些单位是埃(即10^{-8}厘米)而其他的单位却是英里，或者人们所求解的量实际上并不是被模拟系统的相关特征.

要说明更一般的情形，我们随机地用 $n\times n$ 矩阵代替 Hilbert 矩阵并得到表 7-3 中的结果. 假设我们以非奇异 $n\times n$ 线性方程组 $\boldsymbol{Ax}=\boldsymbol{b}$ 开始并用一个小量来改变右端向量 $\boldsymbol{b}$. 这个线性方程组的解改变多少? 在计算机上解线性方程组时，这个问题是重要的. 因为，如在第 5 章中指出的，$\boldsymbol{b}$ 中的元素可能不能精确地表示为浮点数. 但是不参照任何特别的计算系统或算法，可以一般化地提出这个问题. 这将告诉我们关于线性方程组的条件化问题，如在 6.1 节中所描述的.

表 7-3 解带随机 $n\times n$ 系数矩阵的线性方程组中的误差

n	$\|\boldsymbol{x}_c-\boldsymbol{x}\|_2$	n	$\|\boldsymbol{x}_c-\boldsymbol{x}\|_2$
2	2.48×10^{-16}	11	2.15×10^{-15}
5	1.46×10^{-15}	14	3.06×10^{-15}
8	9.49×10^{-16}		

然后，假设$\hat{\boldsymbol{b}}$是一个向量使得在某种范数下，$\|\boldsymbol{b}-\hat{\boldsymbol{b}}\|$是小的. $\boldsymbol{x}$ 表示线性方程组 $\boldsymbol{Ax}=\boldsymbol{b}$ 的解. 令$\hat{\boldsymbol{x}}$表示线性方程组 $\boldsymbol{A}\hat{\boldsymbol{x}}=\hat{\boldsymbol{b}}$的解，把这两个方程相减我们得到 $\boldsymbol{A}(\boldsymbol{x}-\hat{\boldsymbol{x}})=\boldsymbol{b}-\hat{\boldsymbol{b}}$或者 $\boldsymbol{x}-\hat{\boldsymbol{x}}=\boldsymbol{A}^{-1}(\boldsymbol{b}-\hat{\boldsymbol{b}})$. 两边取范数给出不等式

$$\|\boldsymbol{x}-\hat{\boldsymbol{x}}\|\leqslant\|\boldsymbol{A}^{-1}\|\cdot\|\boldsymbol{b}-\hat{\boldsymbol{b}}\| \tag{7.8}$$ 159

相应于 6.1 节中描述关于标量自变量的标量值函数的绝对条件数，因子$\|\boldsymbol{A}^{-1}\|$可以理解为这个问题的绝对条件数.

然而，如 6.1 节指出的，通常感兴趣的是相对误差而不是绝对误差；在这种情形，我们喜欢把$\dfrac{\|\boldsymbol{x}-\hat{\boldsymbol{x}}\|}{\|\boldsymbol{x}\|}$和$\dfrac{\|\boldsymbol{b}-\hat{\boldsymbol{b}}\|}{\|\boldsymbol{b}\|}$联系起来. 用$\|\boldsymbol{x}\|$除式(7.8)两边，我们得到

$$\frac{\|\boldsymbol{x}-\hat{\boldsymbol{x}}\|}{\|\boldsymbol{x}\|}\leqslant\|\boldsymbol{A}^{-1}\|\cdot\frac{\|\boldsymbol{b}-\hat{\boldsymbol{b}}\|}{\|\boldsymbol{x}\|}=\|\boldsymbol{A}^{-1}\|\frac{\|\boldsymbol{b}-\hat{\boldsymbol{b}}\|}{\|\boldsymbol{b}\|}\cdot\frac{\|\boldsymbol{b}\|}{\|\boldsymbol{x}\|}$$

因为$\dfrac{\|\boldsymbol{b}\|}{\|\boldsymbol{x}\|}=\dfrac{\|\boldsymbol{Ax}\|}{\|\boldsymbol{x}\|}\leqslant\|\boldsymbol{A}\|$，就得到

$$\frac{\|\boldsymbol{x}-\hat{\boldsymbol{x}}\|}{\|\boldsymbol{x}\|}\leqslant\|\boldsymbol{A}^{-1}\|\cdot\|\boldsymbol{A}\|\frac{\|\boldsymbol{b}-\hat{\boldsymbol{b}}\|}{\|\boldsymbol{b}\|} \tag{7.9}$$

这个数$\|\boldsymbol{A}\|\cdot\|\boldsymbol{A}^{-1}\|$就作为解 $\boldsymbol{Ax}=\boldsymbol{b}$ 这个问题的一种相对条件数.

定义 数 $\kappa(A)\equiv\|\boldsymbol{A}\|\cdot\|\boldsymbol{A}^{-1}\|$叫作非奇异矩阵 $\boldsymbol{A}$ 的条件数.

例 7.4.3 考虑 2×2 矩阵

$$\boldsymbol{A}=\begin{bmatrix}1 & -1\\ 2 & 2\end{bmatrix}$$

它的逆矩阵是

$$\boldsymbol{A}^{-1}=\frac{1}{4}\begin{bmatrix}2 & 1\\ -2 & 1\end{bmatrix}$$

在 1-范数下 $\boldsymbol{A}$ 的条件数是 $\kappa_1(\boldsymbol{A})=\|\boldsymbol{A}\|_1\cdot\|\boldsymbol{A}^{-1}\|_1=3\cdot 1=3$. 在∞-范数下，$\boldsymbol{A}$ 的条件数是 $\kappa_\infty(\boldsymbol{A})=\|\boldsymbol{A}\|_\infty\cdot\|\boldsymbol{A}^{-1}\|_\infty=4\cdot\frac{3}{4}=3$. 要求在 2-范数下的条件数，我们可以计算 $\boldsymbol{A}^{\mathrm{T}}\boldsymbol{A}$ 及 $\boldsymbol{A}^{-\mathrm{T}}\boldsymbol{A}^{-1}$，并求其特征值

$$\boldsymbol{A}^{\mathrm{T}}\boldsymbol{A}=\begin{bmatrix}5 & 3\\ 3 & 5\end{bmatrix},\quad \boldsymbol{A}^{-\mathrm{T}}\boldsymbol{A}^{-1}=\frac{1}{16}\begin{bmatrix}8 & 0\\ 0 & 2\end{bmatrix}$$

$\boldsymbol{A}^{\mathrm{T}}\boldsymbol{A}$ 的特征值满足 $(5-\lambda)^2-9=0$，所以 $\lambda_1=2$，$\lambda_2=8$. 这样，$\|\boldsymbol{A}\|_2=\sqrt{8}=2\sqrt{2}$. $\boldsymbol{A}^{-\mathrm{T}}\boldsymbol{A}^{-1}$ 的特征值是 $\frac{1}{2}$ 和 $\frac{1}{8}$，所以 $\|\boldsymbol{A}^{-1}\|_2=\frac{1}{\sqrt{2}}$. 因此得到 $\kappa_2(\boldsymbol{A})=\|\boldsymbol{A}\|_2\ \|\boldsymbol{A}^{-1}\|_2=2$.

可以用几何的观点来看矩阵的 2-范数条件数. 当一个 $n\times n$ 矩阵 $\boldsymbol{A}$ 作用于单位向量(相应于 $\mathbf{R}^n$ 中单位球面上的一个点)，它就旋转这个向量并以某一量伸长或缩短. 其结果是 $\boldsymbol{A}$ 把 $\mathbf{R}^n$ 中的单位球映射成**超椭球**，这就是 $\mathbf{R}^2$ 中的椭圆在 n 维中的类比. 在这个例子中，对这个 2×2 矩阵，$\mathbf{R}^2$ 中的单位圆映射成椭圆，其长轴与短轴之比就是 $\boldsymbol{A}$ 的条件数，因为其象分别是长半轴的单位向量是伸长最大的，短半轴的单位向量是伸长最小的. 结果是映射
160 到椭圆的长半轴和短半轴的单位向量正是 $\boldsymbol{A}^{\mathrm{T}}\boldsymbol{A}$ 的特征向量(也称为 $\boldsymbol{A}$ 的**右奇异向量**)，在这种情形它们是 $\left(\frac{1}{\sqrt{2}},\frac{-1}{\sqrt{2}}\right)^{\mathrm{T}}$ 及 $\left(\frac{1}{\sqrt{2}},\frac{1}{\sqrt{2}}\right)^{\mathrm{T}}$. 这两个向量的象分别是 $(\sqrt{2},0)^{\mathrm{T}}$ 和 $(0,2\sqrt{2})^{\mathrm{T}}$，并且它们长度之比是 $2=\kappa_2(\boldsymbol{A})$. 其象在图 7-5 中画出. ■

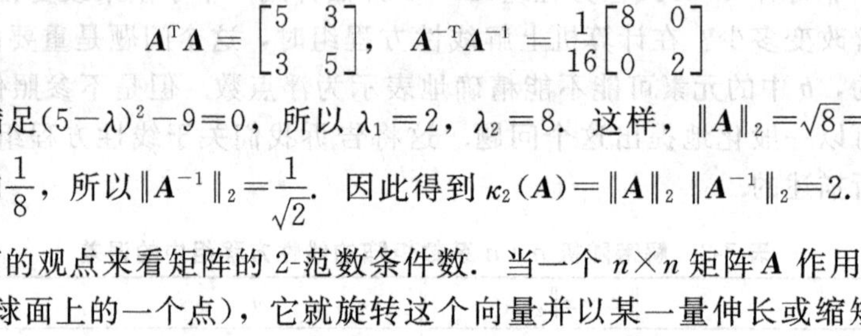

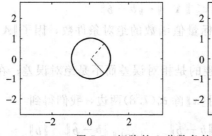

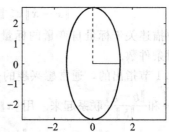

图 7-5　矩阵的 2-范数条件数的几何意义

假设 $\boldsymbol{x}$ 是 $\boldsymbol{A}\boldsymbol{x}=\boldsymbol{b}$ 的解，$\hat{\boldsymbol{x}}$ 是 $\boldsymbol{A}\,\hat{\boldsymbol{x}}=\hat{\boldsymbol{b}}$ 的解，其中 $\hat{\boldsymbol{b}}=\boldsymbol{b}+(\varepsilon_1,\varepsilon_2)^{\mathrm{T}}$. 那么利用 $\boldsymbol{A}^{-1}$ 的表达式可看到

$$\hat{\boldsymbol{x}}=\boldsymbol{x}+\frac{1}{4}\begin{bmatrix}2\varepsilon_1+\varepsilon_2\\ -2\varepsilon_1+\varepsilon_2\end{bmatrix}$$

譬如，如果 $\varepsilon_1=\varepsilon_2=\varepsilon>0$，那么

$$x - \hat{x} = -\frac{1}{4}\begin{bmatrix} 3\varepsilon \\ -\varepsilon \end{bmatrix}$$

如果考虑∞-范数，那么$\|x-\hat{x}\|_\infty=\frac{3}{4}\varepsilon=\frac{3}{4}\|b-\hat{b}\|_\infty$．回想起$\frac{3}{4}=\|A^{-1}\|_\infty$是这个问题的绝对条件数．假设$b=(0, 4)^T$，则$x=(1, 1)^T$．于是$\|x\|_\infty=1$以及$\|b\|_\infty=4$，所以，如果$\varepsilon_1=\varepsilon_2=\varepsilon$，有

$$\frac{\|x-\hat{x}\|_\infty}{\|x\|_\infty} = \frac{3}{4}\varepsilon = 3 \cdot \frac{\|b-\hat{b}\|_\infty}{\|b\|_\infty}$$

这里$3=\kappa_\infty(A)$是在∞-范数下的相对条件数．

例 7.4.4　对$n=2, 5, 8, 11, 14$，用 MATLAB 的命令 cond 计算这一节开始描述的$n\times n$ Hilbert 矩阵的 2-范数条件数．■

结果在表 7-4 中给出．由此可看出为什么准确解和早先给出的计算得到的解之间的差是所预期的．

表 7-4　$n\times n$ Hilbert 矩阵的条件数

n	$\kappa_2\|H_n\|$	n	$\kappa_2\|H_n\|$
2	19.28	11	$5.23\times10^{+14}$
5	$4.77\times10^{+05}$	14	$5.69\times10^{+17}$
8	$1.53\times10^{+10}$		

不等式(7.8)和(7.9)给出了由于b的小的改变引起x的改变的上界，这个上界并不是总能达到．扰动向量的个别分量的大小以及这个向量的范数可能起到重要作用．例如，在例 7.4.3 中良态矩阵A左乘对角元素变化很大的对角矩阵D．这可能相应于一个方程中的单位譬如说从毫米到千米的改变．于是调比矩阵$\mathbb{A}=DA$在所有的标准范数下可能是病态的，但是如果我们也处理已被D换算的右端向量以及受到与右端向量的元素相比是小的个别元素的扰动，这种病态条件化可能是无害的． 161

作为特例，设$D=\mathrm{diag}(1, 10^{-6})$，考虑线性方程组$\mathbb{A}x=\beta$，这里

$$\mathbb{A} = DA = \begin{bmatrix} 1 & -1 \\ 2\times10^{-6} & 2\times-10^{-6} \end{bmatrix}, \quad \beta = Db = \begin{bmatrix} b_1 \\ 10^{-6}b_2 \end{bmatrix}$$

假设$\hat{x}$是$\mathbb{A}\hat{x}=\hat{\beta}$的解，这里$\hat{\beta}=\beta+(\delta_1, \delta_2)^T$，$(\delta_1, \delta_2)^T=D(\varepsilon_1, \varepsilon_2)^T=(\varepsilon_1, 10^{-6}\varepsilon_2)^T$．

然而x和$\hat{x}$如在例 7.4.3 中那样相同，因此譬如说$\varepsilon_1=\varepsilon_2=\varepsilon$如在例中一样，那么$\|x-\hat{x}\|_\infty=\frac{3}{4}\varepsilon=\frac{3}{4}\|\beta-\hat{\beta}\|_\infty$．对这个问题，绝对条件数$\|\mathbb{A}^{-1}\|_\infty$是 250 000.5，这是因为

$$\mathcal{A}^{-1} = \frac{1}{4}\begin{bmatrix} 2 & 10^6 \\ -2 & 10^6 \end{bmatrix}$$

在这种情形，上界$\|x-\hat{x}\|_\infty\leqslant\|\mathbb{A}^{-1}\|_\infty\|\beta-\hat{\beta}\|_\infty$估计过度．因为这个原因，有时按分量研究误差界：如果用一个相对小的量把每个分量b_i改变成$b_i(1+\delta_i)$，解x能够改变多少？例如，参看[32]．这里我们将继续按范数来估计误差界，但是应该记住在某些特殊情况它们可能不紧密．假设我们现在不仅对b也对A作一个小的改变．我们怎样能够把解的改变与

$\boldsymbol{A}$ 和 $\boldsymbol{b}$ 的改变联系起来？下面的定理来证明，只要 $\boldsymbol{A}$ 的改变足够小使变更的矩阵仍非奇异且有逆，其范数接近 $\boldsymbol{A}^{-1}$ 的范数，我们便又得到了基于 $\boldsymbol{A}$ 的条件数的一种估计.

定理 7.4.4　设 $\boldsymbol{A}$ 是 $n\times n$ 非奇异矩阵，$\boldsymbol{b}$ 是给定的 n 维向量，$\boldsymbol{x}$ 满足 $\boldsymbol{Ax}=\boldsymbol{b}$. 设 $\boldsymbol{A}+\boldsymbol{E}$ 是另一个 $n\times n$ 非奇异矩阵，$\hat{\boldsymbol{b}}$ 是另一个 n 维向量，$\hat{\boldsymbol{x}}$ 满足 $(\boldsymbol{A}+\boldsymbol{E})\hat{\boldsymbol{x}}=\hat{\boldsymbol{b}}$. 那么

162

$$\frac{\|\boldsymbol{x}-\hat{\boldsymbol{x}}\|}{\|\boldsymbol{x}\|}\leqslant(\|(\boldsymbol{A}+\boldsymbol{E})^{-1}\|\cdot\|\boldsymbol{A}\|)\left(\frac{\|\boldsymbol{b}-\hat{\boldsymbol{b}}\|}{\|\boldsymbol{b}\|}+\frac{\|\boldsymbol{E}\|}{\|\boldsymbol{A}\|}\right)\tag{7.10}$$

如果 $\|\boldsymbol{E}\|$ 足够小使得 $\|\boldsymbol{A}^{-1}\|\cdot\|\boldsymbol{E}\|<1$，那么

$$\frac{\|\boldsymbol{x}-\hat{\boldsymbol{x}}\|}{\|\boldsymbol{x}\|}\leqslant\frac{\kappa(\boldsymbol{A})}{1-\dfrac{\kappa(\boldsymbol{A})\|\boldsymbol{E}\|}{\|\boldsymbol{A}\|}}\left(\frac{\|\boldsymbol{b}-\hat{\boldsymbol{b}}\|}{\|\boldsymbol{b}\|}+\frac{\|\boldsymbol{E}\|}{\|\boldsymbol{A}\|}\right)\tag{7.11}$$

证明　把两个方程 $(\boldsymbol{A}+\boldsymbol{E})\hat{\boldsymbol{x}}=\hat{\boldsymbol{b}}$ 和 $(\boldsymbol{A}+\boldsymbol{E})\boldsymbol{x}=\boldsymbol{b}+\boldsymbol{Ex}$ 相减，得到 $(\boldsymbol{A}+\boldsymbol{E})(\boldsymbol{x}-\hat{\boldsymbol{x}})=\boldsymbol{b}-\hat{\boldsymbol{b}}+\boldsymbol{Ex}$ 或 $\boldsymbol{x}-\hat{\boldsymbol{x}}=(\boldsymbol{A}+\boldsymbol{E})^{-1}(\boldsymbol{b}-\hat{\boldsymbol{b}}+\boldsymbol{Ex})$，两边取范数我们得到不等式

$$\|\boldsymbol{x}-\hat{\boldsymbol{x}}\|<\|(\boldsymbol{A}+\boldsymbol{E})^{-1}\|\cdot(\|\boldsymbol{b}-\hat{\boldsymbol{b}}\|+\|\boldsymbol{E}\|\|\boldsymbol{x}\|)$$

两边除以 $\|\boldsymbol{x}\|$ 得到

$$\frac{\|\boldsymbol{x}-\hat{\boldsymbol{x}}\|}{\|\boldsymbol{x}\|}\leqslant\|(\boldsymbol{A}+\boldsymbol{E})^{-1}\|\cdot\left(\frac{\|\boldsymbol{b}-\hat{\boldsymbol{b}}\|}{\|\boldsymbol{b}\|}\frac{\|\boldsymbol{b}\|}{\|\boldsymbol{x}\|}+\|\boldsymbol{E}\|\right)$$

因为 $\dfrac{\|\boldsymbol{b}\|}{\|\boldsymbol{x}\|}=\dfrac{\|\boldsymbol{Ax}\|}{\|\boldsymbol{x}\|}\leqslant\|\boldsymbol{A}\|$，这个不等式可以改写为

$$\frac{\|\boldsymbol{x}-\hat{\boldsymbol{x}}\|}{\|\boldsymbol{x}\|}\leqslant\|(\boldsymbol{A}+\boldsymbol{E})^{-1}\|\|\boldsymbol{A}\|\cdot\left(\frac{\|\boldsymbol{b}-\hat{\boldsymbol{b}}\|}{\|\boldsymbol{b}\|}+\frac{\|\boldsymbol{E}\|}{\|\boldsymbol{A}\|}\right)$$

这就建立了(7.10).

要建立(7.11)，我们用 $(\boldsymbol{A}+\boldsymbol{E})^{-1}$ 的 Neumann 级数展开式，它还将在 12 章中用于不同的方面. 把 $(\boldsymbol{A}+\boldsymbol{E})^{-1}$ 写成 $[\boldsymbol{A}(\boldsymbol{I}+\boldsymbol{A}^{-1}\boldsymbol{E})]^{-1}=(\boldsymbol{I}+\boldsymbol{A}^{-1}\boldsymbol{E})^{-1}\boldsymbol{A}^{-1}$，可以证明当 $\|\boldsymbol{A}^{-1}\boldsymbol{E}\|<1$ 时，则

$$(\boldsymbol{I}+\boldsymbol{A}^{-1}\boldsymbol{E})^{-1}=\boldsymbol{I}-\boldsymbol{A}^{-1}\boldsymbol{E}+(\boldsymbol{A}^{-1}\boldsymbol{E})^{2}-\cdots$$

恰如公式 $\dfrac{1}{1+\alpha}=1-\alpha+\alpha^{2}-\cdots$ 对 $|\alpha|<1$ 成立. 于是

$$(\boldsymbol{A}+\boldsymbol{E})^{-1}=\boldsymbol{A}^{-1}+\left(\sum_{k=1}^{\infty}(-1)^{k}(\boldsymbol{A}^{-1}\boldsymbol{E})^{k}\right)\boldsymbol{A}^{-1}$$

以及

$$\|(\boldsymbol{A}+\boldsymbol{E})^{-1}\|\leqslant\|\boldsymbol{A}^{-1}\|\left(1+\sum_{k=1}^{\infty}\|\boldsymbol{A}^{-1}\boldsymbol{E}\|^{k}\right)$$

对上述几何级数求和就得到

$$\|(\boldsymbol{A}+\boldsymbol{E})^{-1}\|\leqslant\|\boldsymbol{A}^{-1}\|\left(1+\frac{\|\boldsymbol{A}^{-1}\boldsymbol{E}\|}{1-\|\boldsymbol{A}^{-1}\boldsymbol{E}\|}\right)\leqslant\|\boldsymbol{A}^{-1}\|\left(1+\frac{\|\boldsymbol{A}^{-1}\|\|\boldsymbol{E}\|}{1-\|\boldsymbol{A}^{-1}\|\|\boldsymbol{E}\|}\right)$$

其右端可写成

$$\|\boldsymbol{A}^{-1}\|\left[1+\frac{\dfrac{\kappa(\boldsymbol{A})\|\boldsymbol{E}\|}{\|\boldsymbol{A}\|}}{1-\dfrac{\kappa(\boldsymbol{A})\|\boldsymbol{E}\|}{\|\boldsymbol{A}\|}}\right]=\|\boldsymbol{A}^{-1}\|\frac{1}{1-\dfrac{\kappa(\boldsymbol{A})\|\boldsymbol{E}\|}{\|\boldsymbol{A}\|}}$$

把它代入(7.10)中的$\|(\boldsymbol{A}+\boldsymbol{E})^{-1}\|$就得到结论(7.11). □ 163

例 7.4.5 设$\delta>0$是一个小的数，并设

$$\boldsymbol{A}=\begin{bmatrix}1 & 1+\delta\\ 1-\delta & 1\end{bmatrix}$$

那么

$$\boldsymbol{A}^{-1}=\frac{1}{\delta^2}\begin{bmatrix}1 & -1-\delta\\ -1+\delta & 1\end{bmatrix}$$

在∞-范数下$\boldsymbol{A}$的条件数是

$$\kappa_\infty(\boldsymbol{A})=\|\boldsymbol{A}\|_\infty\|\boldsymbol{A}^{-1}\|_\infty=\frac{(2+\delta)^2}{\delta^2}$$

如果$\delta=0.01$，那么$\kappa_\infty(\boldsymbol{A})=(201)^2=40\,401$. ■

这意味着如果我们从线性方程组$\boldsymbol{Ax}=\boldsymbol{b}$开始，用小量扰动$\boldsymbol{b}$及(或)$\boldsymbol{A}$，其解可能改变高达 40 401 倍. 例如，考虑线性方程组

$$\begin{bmatrix}1 & 1.01\\ 0.99 & 1\end{bmatrix}\begin{bmatrix}x\\ y\end{bmatrix}=\begin{bmatrix}2.01\\ 1.99\end{bmatrix}$$

它的解是$x=y=1$. 如果我们用线性方程组

$$\begin{bmatrix}1 & 1.01\\ 0.99 & 1\end{bmatrix}\begin{bmatrix}\hat{x}\\ \hat{y}\end{bmatrix}=\begin{bmatrix}2\\ 2\end{bmatrix}$$

来代替它，于是$\dfrac{\|\boldsymbol{b}-\hat{\boldsymbol{b}}\|_\infty}{\|\boldsymbol{b}\|_\infty}=\dfrac{0.01}{2.01}$，那么对新方程组其解为$\hat{x}=-200$，$\hat{y}=200$，在$\infty$-范数下相对改变了 201.

7.5 部分主元的 Gauss 消元法的稳定性

假设我们在计算机上用一些算法去解病态线性系统. 我们一定不能期盼求得接近真解的任何东西，这是因为当矩阵和右端向量贮存在计算机时可能已经被舍入. 那么，即使所有的其他算术运算都精确地执行，我们要解一个与想要解的方程稍有不同的线性方程组，其解也可能大不一样. 最多我们可期望求解一个邻近问题的精确解. 如在 6.2 节中提及的这样的算法称为**向后稳定**的. 于是我们可以提问：用部分主元的 Gauss 消元法是向后稳定的吗？我们讨论过的其他算法怎么样；即计算$\boldsymbol{A}^{-1}$，再形成$\boldsymbol{A}^{-1}b$或者用 Cramer 法则解线性方程组？

考虑下面的例子，我们用 Gauss 消元法把病态矩阵分解成LU形式，并且仅保留两位小数：

$$\begin{bmatrix}1 & 1.01\\ 0.99 & 1.01\end{bmatrix}\xrightarrow{\boldsymbol{L}_1}\begin{bmatrix}1 & 1.01\\ 0 & 0.01\end{bmatrix}$$ 164

因为$0.99\times1.01=0.9999$舍入到 1，这里计算$1.01-(0.99\times1.01)$得到的是 0.01. 注意因子$\boldsymbol{L}$和$\boldsymbol{U}$的乘积，我们得到

$$\begin{bmatrix}1 & 0\\ 0.99 & 1\end{bmatrix}\begin{bmatrix}1 & 1.01\\ 0 & 0.01\end{bmatrix}=\begin{bmatrix}1 & 1.01\\ 0.99 & 1.0099\end{bmatrix}$$

于是我们已算得一个邻近矩阵(它的元素与原来的那些元素仅大致相差机器精度)的精确

LU 分解.

事实证明对于几乎所有的问题，用部分主元 Gauss 消元法是向后稳定的. 它对邻近问题求出真解. 有一些例外，但极少. 在数值分析中一个未解决的问题是对用部分主元 Gauss 消元法不稳定的这些例子的“不可能性”的进一步分类和量化. 为说明这种可能的不稳定性，Wilkinson[108,p.212]提出了一个经典的例子，有一个矩阵 $\boldsymbol{A}$，主对角线上全是 1，严格下三角中全是 −1，最后一列全是 1，其余的全是零：

$$A=\begin{bmatrix}1 & & & 1\\ -1 & 1 & & 1\\ \vdots & \ddots & \ddots & \vdots\\ -1 & \cdots & -1 & 1\end{bmatrix}$$

取一个这种形式大小例如 $n=70$ 的矩阵，并试图用 MATLAB 解这种系数矩阵的线性方程组. 因为元素是整数，你可能看不到其不稳定性；在这种情形下试对最后一列用小的随机扰动，譬如说，A(:, n)=A(:, n)+1.e−6 * randn(n, 1). 你应当发现这个矩阵是好条件的(打印 cond(A)看它的条件数)，但是对计算得到的这种系数矩阵的线性方程组的解是极不正确的(你可以通过打出 x=randn(n, 1); b=A * x 设立一个你知道准确解的问题，然后再看 norm(A \ b−x)). 尽管存在这样罕见的例子，部分主元 Gauss 消元法仍是解线性方程组的最常用的算法. 它是使用 MATLAB 并且是数值分析中的接受的方法. 另一种选择是**全主元法**，其中我们寻找出整个矩阵中绝对值最大的元素或者余子矩阵并且交换行和列从而把这个元素移到主元位置.

如何来说明一个算法是否是向后稳定的？避开详细的分析，我们可以进行一些数值试验. 如果解 $\boldsymbol{Ax}=\boldsymbol{b}$ 的一种算法是向后稳定的，那么它能得出近似解$\hat{\boldsymbol{x}}$，其残量 $\boldsymbol{b}-\boldsymbol{A}\hat{\boldsymbol{x}}$是小的，即使这个问题是使误差 $x-\hat{\boldsymbol{x}}$不小的病态的. 为什么会这样，令 $\boldsymbol{x}$ 满足$\boldsymbol{Ax}=\boldsymbol{b}$ 并假设这个计算得的解$\hat{\boldsymbol{x}}$满足邻近线性方程组$(\boldsymbol{A}+\boldsymbol{E})\hat{\boldsymbol{x}}=\hat{\boldsymbol{b}}$. 那么 $\boldsymbol{b}-\boldsymbol{A}\hat{\boldsymbol{x}}=\hat{\boldsymbol{b}}-\boldsymbol{A}\hat{\boldsymbol{x}}+\boldsymbol{b}-\hat{\boldsymbol{b}}=\boldsymbol{E}\hat{\boldsymbol{x}}+\boldsymbol{b}-\hat{\boldsymbol{b}}$，两边取范数得不等式

165

$$\|\boldsymbol{b}-\boldsymbol{A}\hat{\boldsymbol{x}}\|\leqslant\|\boldsymbol{E}\|\cdot\|\hat{\boldsymbol{x}}\|+\|\boldsymbol{b}-\hat{\boldsymbol{b}}\|$$

两边除以$\|\boldsymbol{A}\|\cdot\|\hat{\boldsymbol{x}}\|$得

$$\frac{\|\boldsymbol{b}-\boldsymbol{A}\hat{\boldsymbol{x}}\|}{\|\boldsymbol{A}\|\cdot\|\hat{\boldsymbol{x}}\|}\leqslant\frac{\|\boldsymbol{E}\|}{\|\boldsymbol{A}\|}+\frac{\|\boldsymbol{b}-\hat{\boldsymbol{b}}\|}{\|\boldsymbol{b}\|}\frac{\|\boldsymbol{b}\|}{\|\boldsymbol{A}\|\cdot\|\hat{\boldsymbol{x}}\|}$$

对小的$\|\boldsymbol{E}\|$和$\|\boldsymbol{b}-\hat{\boldsymbol{b}}\|$，因子$\frac{\|\boldsymbol{b}\|}{\|\boldsymbol{A}\|\cdot\|\hat{\boldsymbol{x}}\|}$小于或约等于 1(因为$\frac{\|\boldsymbol{b}\|}{\|\boldsymbol{A}\|\cdot\|\boldsymbol{x}\|}\leqslant 1$)，所以对一个向后稳定的算法，我们应该期待左边的量达到机器精度 ϵ 的阶，与 $\kappa(\boldsymbol{A})$无关. 它常常是适当大小的常数，或是问题大小 n 的幂乘以 ϵ，但是这些情形也被判断是向后稳定的. 在习题中将要求你做几个数值试验证明部分主元 Gauss 消元法的向后稳定性，并测试通过计算 $\boldsymbol{A}^{-1}$或用 Cramer 法则解线性方程组是否是向后稳定的.

7.6　最小二乘问题

我们已讨论过解 n 个未知量，n 个方程的非奇异方程组 $\boldsymbol{Ax}=\boldsymbol{b}$. 这种方程组有唯一解. 另一方面，假设有比未知量个数多的方程. 那么这种方程组可能无解. 我们可以希望求满足

$\boldsymbol{Ax}\approx\boldsymbol{b}$ 的一个近似解 $\boldsymbol{x}$. 例如在把方程拟合数据时，就产生这一类问题，我们将在 7.6.3 节中讨论. 如果预期压力和温度两个量之间存在线性关系，那么就可以通过实验测量相应于不同压力的温度、标出数据点，看看它们是否近似地沿着一条直线，如图 7-6 所示.

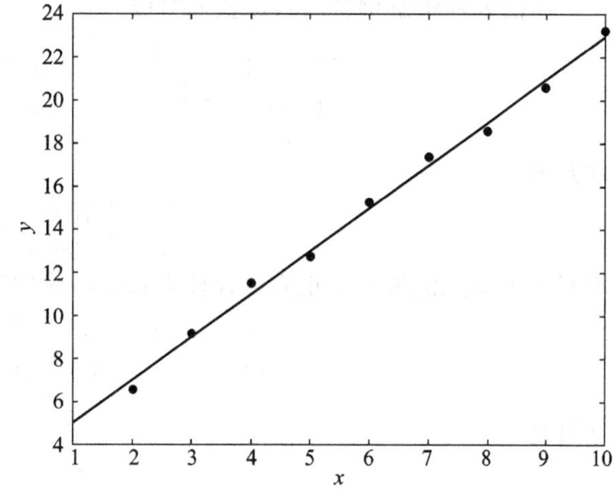

图 7-6　一组数据点的线性最小二乘拟合

极有可能，由于测量误差的影响，测量得到的数据没有精确地落在一条直线上，但是如果测量误差很小而且线性关系的猜测是正确的，那么可以预期一种“密切”的拟合. 166

“密切”拟合的确切意义是什么可能有赖于应用，但是基于直线近似人们常着眼于测量得到的值和它们的预期值之差的平方和最小. 这就是所谓的**最小二乘问题**，它相应于超定线性方程组的极小化残量的 2-范数的平方：$\|\boldsymbol{b}-\boldsymbol{Ax}\|_2^2$.

设 $\boldsymbol{A}$ 是 $m\times n$ 矩阵，$m>n$，$\boldsymbol{b}$ 是给定的 m 维向量. 我们寻求一个 n 维向量 $\boldsymbol{x}$ 使得 $\boldsymbol{Ax}\approx\boldsymbol{b}$. 例如：

$$\begin{bmatrix}1 & 1\\ 1 & -1\\ 2 & 1\end{bmatrix}\begin{bmatrix}x_1\\ x_2\end{bmatrix}\approx\begin{bmatrix}2\\ 0\\ 4\end{bmatrix} \tag{7.12}$$

更精确地，我们选择 $\boldsymbol{x}$ 以极小化残量范数的平方，

$$\|\boldsymbol{b}-\boldsymbol{Ax}\|_2^2=\sum_{i=1}^{m}\left(b_i-\sum_{j=1}^{n}a_{ij}x_j\right)^2 \tag{7.13}$$

这就是在这一节叙述的最小二乘问题，我们将讨论两种不同的逼近.

7.6.1　法方程组

确定 $\boldsymbol{x}$ 的值使式(7.13)达到极小的一种方法是关于每个分量 x_k 对 $\|\boldsymbol{b}-\boldsymbol{Ax}\|_2^2$ 求导并置这些导数等于 0. 因为这是一个二次函数，在这些导数等于 0 的点事实上是极值点. 求导得

$$\frac{\partial}{\partial x_k}(\|\boldsymbol{b}-\boldsymbol{Ax}\|^2)=\sum_{i=1}^{m}2\left(b_i-\sum_{j=1}^{n}a_{ij}x_j\right)(-a_{ik})$$

对 $k=1,\cdots,n$ 置这些导数为 0 得

$$\sum_{i=1}^{m}a_{ik}\left(\sum_{j=1}^{n}a_{ij}x_j\right)\equiv\sum_{i=1}^{m}a_{ik}\,(\boldsymbol{Ax})_i=\sum_{i=1}^{m}a_{ik}b_i$$

等价地，我们可以写成 $\sum_{i=1}^{m}(\boldsymbol{A}^{\mathrm{T}})_{ki}\,(\boldsymbol{Ax})_i=\sum_{i=1}^{m}(\boldsymbol{A}^{\mathrm{T}})_{ki}b_i\,(k=1,\cdots,n)$，或者，

$$\boldsymbol{A}^{\mathrm{T}}\boldsymbol{Ax}=\boldsymbol{A}^{\mathrm{T}}\boldsymbol{b} \tag{7.14}$$

方程组(7.14)叫作**法方程组**.

这种方法的缺陷是 $\boldsymbol{A}^{\mathrm{T}}\boldsymbol{A}$ 的 2-范数条件数是 $\boldsymbol{A}$ 的 2-范数的平方，因为根据定理 7.4.3，

$$\|\boldsymbol{A}^{\mathrm{T}}\boldsymbol{A}\|_2=\sqrt{(\boldsymbol{A}^{\mathrm{T}}\boldsymbol{A})^2\text{ 的最大特征值}}=(\boldsymbol{A}^{\mathrm{T}}\boldsymbol{A})\text{ 的最大特征值}=\|\boldsymbol{A}\|_2^2$$

而且同样地 $\|(\boldsymbol{A}^{\mathrm{T}}\boldsymbol{A})^{-1}\|_2=\|\boldsymbol{A}^{-1}\|_2^2$. 如在 7.4 节所见，大的条件数能导致在计算得到解中
167 失去精度.

用法方程组解例(7.12)，我们写成

$$\begin{bmatrix}1 & 1 & 2\\1 & -1 & 1\end{bmatrix}\begin{bmatrix}1 & 1\\1 & -1\\2 & 1\end{bmatrix}\begin{bmatrix}x_1\\x_2\end{bmatrix}=\begin{bmatrix}1 & 1 & 2\\1 & -1 & 1\end{bmatrix}\begin{bmatrix}2\\0\\4\end{bmatrix}$$

计算为

$$\begin{bmatrix}6 & 2\\2 & 3\end{bmatrix}\begin{bmatrix}x_1\\x_2\end{bmatrix}=\begin{bmatrix}10\\6\end{bmatrix}$$

用 Gauss 消元法解这个正方形线性方程组，我们得到

$$\left[\begin{array}{cc|c}6 & 2 & 10\\2 & 3 & 6\end{array}\right]\to\left[\begin{array}{cc|c}6 & 2 & 10\\0 & \frac{7}{3} & \frac{8}{3}\end{array}\right]$$

结果是

$$x_2=\frac{8}{7},\quad x_1=\frac{9}{7}$$

通过计算残量确保它看似合理来检查你的答案永远是好主意：

$$\begin{bmatrix}2\\0\\4\end{bmatrix}-\begin{bmatrix}1 & 1\\1 & -1\\2 & 1\end{bmatrix}\begin{bmatrix}\frac{9}{7}\\\frac{8}{7}\end{bmatrix}=\begin{bmatrix}-\frac{3}{7}\\-\frac{1}{7}\\\frac{2}{7}\end{bmatrix}$$

7.6.2　QR 分解

最小二乘问题能以不同的方法解决. 我们希望找一个向量 $\boldsymbol{x}$ 使得 $\boldsymbol{A}\boldsymbol{x}=\boldsymbol{b}_*$，其中 $\boldsymbol{b}_*$ 在 $\boldsymbol{A}$ 的值域内是(在 2-范数意义下)最接近 $\boldsymbol{b}$ 的向量. 这等价于最小化 $\|\boldsymbol{b}-\boldsymbol{A}\boldsymbol{x}\|_2$，这是因为根据 $\boldsymbol{b}_*$ 的定义，$\|\boldsymbol{b}-\boldsymbol{b}_*\|_2\leqslant\|\boldsymbol{b}-\boldsymbol{A}\boldsymbol{y}\|_2$ 对一切 $\boldsymbol{y}$ 成立.

你可以从线性代数回忆起在子空间中与给定向量最近的向量是该向量到这个子空间的**正交投影**，如图 7-7.

如果 $\boldsymbol{q}_1, \cdots, \boldsymbol{q}_k$ 组成子空间的一组**标准正交基**，那么 $\boldsymbol{b}$ 到该空间的正交投影是 $\sum_{j=1}^{k}\langle\boldsymbol{b},\boldsymbol{q}_j\rangle\boldsymbol{q}_j$. 假设 $\boldsymbol{A}$ 的列线性无关，所以 $\boldsymbol{A}$ 的值域($\boldsymbol{A}$ 的列张成)有 n 维. 那么在 range($\boldsymbol{A}$) 中最接近 $\boldsymbol{b}$ 的向量是

$$\boldsymbol{b}_*=\sum_{j=1}^{n}(\boldsymbol{b},\boldsymbol{q}_j)\boldsymbol{q}_j$$

这里 $\boldsymbol{q}_1, \cdots, \boldsymbol{q}_n$ 组成 range($\boldsymbol{A}$)的一组正交基. 设 $\boldsymbol{Q}$ 是 $m\times n$ 矩阵，它的列是正交向

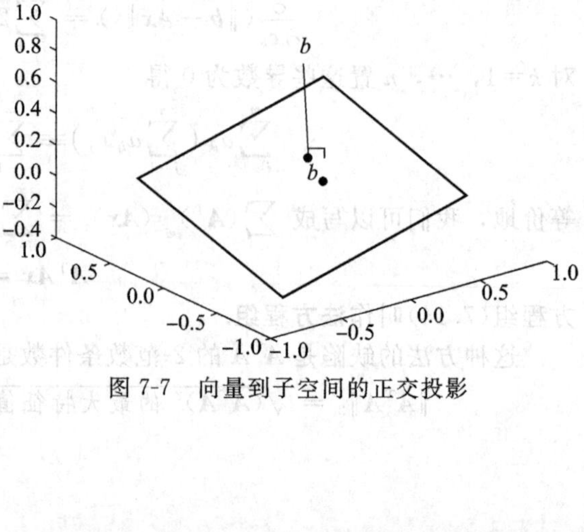

图 7-7　向量到子空间的正交投影

量 $\boldsymbol{q}_1$，…，$\boldsymbol{q}_n$. 于是 $\boldsymbol{Q}^{\mathrm{T}}\boldsymbol{Q}=\boldsymbol{I}_{n\times n}$ 而且 $\boldsymbol{b}_*$ 的公式能够紧凑地写成

$$\boldsymbol{b}_* = \boldsymbol{Q}^{\mathrm{T}}(\boldsymbol{Q}^{\mathrm{T}}\boldsymbol{b})$$

因为 $\boldsymbol{Q}(\boldsymbol{Q}^{\mathrm{T}}\boldsymbol{b}) = \sum_{j=1}^{n}\boldsymbol{q}_j\,(\boldsymbol{Q}^{\mathrm{T}}\boldsymbol{b})_j = \sum_{j=1}^{n}\boldsymbol{q}_j(\boldsymbol{q}_j^{\mathrm{T}}\boldsymbol{b}) = \sum_{j=1}^{n}\boldsymbol{q}_j\langle\boldsymbol{b},\boldsymbol{q}_j\rangle$ 168

格拉姆、施密特、拉普拉斯和柯西

Gram-Schmidt 方法是以 Jorgen Pedersen Gram(1850—1916)和 Erhard Schmidt(1876—1959)命名的. Schmidt 在 1907 提出这个过程的递推公式. Schmidt 在脚注中提到他的公式本质上与 J. P. Gram 已在 1883 年发表的论文相同. 事实上，既不是 Gram 也不是 Schmidt 首先使用这种方法的思想，因为这个过程好像是 Laplace 的一个结果，并且实质上 Cauchy 在 1836 年[75,75]用过.

格拉姆（Gram）

施密特（Schmidt）

拉普拉斯（Laplace）

柯西（Cauchy）

你也可以从线性代数回忆起，给定诸如 $\boldsymbol{A}$ 的列的一组线性无关向量，用 Gram-Schmidt 算法就能够构造一组张成同一空间的正交集：

给定一组线性无关的向量集 $\boldsymbol{v}_1$，$\boldsymbol{v}_2$，…，置 $\boldsymbol{q}_1=\dfrac{\boldsymbol{v}_1}{\|\boldsymbol{v}_1\|}$，且对 $j=2$，3，…

$$置\ \widetilde{\boldsymbol{q}}_j = \boldsymbol{v}_j - \sum_{i=1}^{j-1}\langle\boldsymbol{v}_j,\boldsymbol{q}_i\rangle\boldsymbol{q}_i$$

$$置\ \boldsymbol{q}_j = \frac{\widetilde{\boldsymbol{q}}_j}{\|\widetilde{\boldsymbol{q}}_j\|}$$

注意如果 $\boldsymbol{v}_1$，$\boldsymbol{v}_2$，…，$\boldsymbol{v}_n$ 是 $\boldsymbol{A}$ 的列，那么 Gram-Schmidt 算法可以理解为把 $m\times n$ 矩阵 $\boldsymbol{A}$ 分解为 $\boldsymbol{A}=\boldsymbol{QR}$ 的形式，这里 $\boldsymbol{Q}=(\boldsymbol{q}_1，\cdots，\boldsymbol{q}_n)$ 是一个标准正交列的 $m\times n$ 矩阵，$\boldsymbol{R}$ 是 169
$n\times n$ 上三角矩阵. 要明白这一点，把 Gram-Schmidt 算法的方程写成如下形式

$$\boldsymbol{v}_1 = r_{11}\boldsymbol{q}_1,\quad r_{11} = \|\boldsymbol{v}_1\|$$

$$\boldsymbol{v}_j = r_{jj}\boldsymbol{q}_j + \sum_{i=1}^{j-1}r_{ij}\boldsymbol{q}_i,\quad r_{jj} = \|\widetilde{\boldsymbol{q}}_j\|,\quad r_{ij} = (\boldsymbol{v}_j,\boldsymbol{q}_i),\quad j = 2,\cdots,n$$

这些方程能用矩阵写成

$$(\boldsymbol{v}_1,\cdots,\boldsymbol{v}_n) = (\boldsymbol{q}_1,\cdots,\boldsymbol{q}_n)\begin{bmatrix} r_{11} & r_{12} & \cdots & r_{1n} \\ & r_{22} & \cdots & r_{2n} \\ & & \ddots & \vdots \\ & & & r_{nn} \end{bmatrix}$$

于是如果 $\boldsymbol{v}_1$，…，$\boldsymbol{v}_n$ 是 $\boldsymbol{A}$ 的列，那么我们就把 $\boldsymbol{A}$ 写成 $\boldsymbol{A}=\boldsymbol{QR}$ 的形式．图形上，这种矩阵分解看上去像：

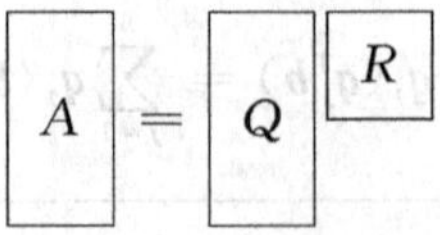

这叫作 $\boldsymbol{A}$ 的**约化 QR 分解**．（在**全 QR 分解**中，把正交集 $\boldsymbol{q}_1$，…，$\boldsymbol{q}_n$ 完备化成 $\mathbf{R}^m$ 的正交基：$\boldsymbol{q}_1$，…，$\boldsymbol{q}_n$，$\boldsymbol{q}_{n+1}$，…，$\boldsymbol{q}_m$ 使得 $\boldsymbol{A}$ 被分解成 $\underset{m\times n}{\boldsymbol{A}} = \underset{m\times m}{\boldsymbol{Q}}\underset{m\times n}{\begin{bmatrix}\boldsymbol{R}\\0\end{bmatrix}}$ 的形式．）

把 $\boldsymbol{A}$ 分解成了 $\boldsymbol{QR}$ 形式，最小二乘问题变成 $\boldsymbol{QRx}=\boldsymbol{b}_*=\boldsymbol{QQ}^{\mathrm{T}}\boldsymbol{b}$．因为 $\boldsymbol{b}_*=\boldsymbol{QQ}^{\mathrm{T}}\boldsymbol{b}$ 在 $\boldsymbol{A}$ 的值域中，我们知道这个方程组有解．因此，如果在每一边左乘 $\boldsymbol{Q}^{\mathrm{T}}$，得到的方程将有相同的解．因为 $\boldsymbol{Q}^{\mathrm{T}}\boldsymbol{Q}=\boldsymbol{I}$，留给我们的是上三角方程组 $\boldsymbol{Rx}=\boldsymbol{Q}^{\mathrm{T}}\boldsymbol{b}$．注意 $\boldsymbol{A}$ 有线性无关列的假设保证了 Gram-Schmidt 算法中各个量有定义．所以 $\boldsymbol{R}$ 中的对角线元素非零．因此这个 $n\times n$ 线性方程组有唯一解．如果 $\boldsymbol{A}$ 的列不是线性无关，那么必须修改这个算法．我们在这里不讨论这一特殊情形，相关例子可以参看[32]．于是解最小二乘问题的程序由两步组成：

1. 计算 $\boldsymbol{A}$ 的约化 QR 分解．
2. 解 $n\times n$ 上三角方程组 $\boldsymbol{Rx}=\boldsymbol{Q}^{\mathrm{T}}\boldsymbol{b}$．

当你输入 A \ b 时，这是 MATLAB 解方程个数多于未知量个数的问题的方法．然而
170 它并没有用 Gram-Schmidt 算法计算 QR 分解．我们经常用不同的方法进行 QR 分解，但在这里将不讨论这些，相关内容见[96]．你可以通过输入[Q，R]＝qr(A，0)用 MATLAB 计算约化 QR 分解，而[Q，R]＝qr(A)则给出完整 QR 分解．

要明白怎样能用 QR 分解来解问题(7.12)，我们首先用 Gram-Schmidt 算法来构造一对标准正交向量，它们与系数矩阵的列张成相同的空间：

$$\boldsymbol{q}_1=\frac{1}{\sqrt{6}}\begin{bmatrix}1\\1\\2\end{bmatrix},\quad r_{11}=\sqrt{6}$$

$$\tilde{\boldsymbol{q}}_2=\begin{bmatrix}-1\\-1\\1\end{bmatrix}-\frac{(1\cdot 1+(-1)\cdot 1+1\cdot 2)}{\sqrt{6}}\cdot\frac{1}{\sqrt{6}}\begin{bmatrix}1\\1\\2\end{bmatrix}=\frac{1}{3}\begin{bmatrix}2\\-4\\1\end{bmatrix},\quad r_{12}=\frac{2}{\sqrt{6}}$$

$$\boldsymbol{q}_2=\frac{1}{\sqrt{21}}\begin{bmatrix}2\\-4\\1\end{bmatrix},\quad r_{22}=\sqrt{\frac{7}{3}}$$

然后计算 $\boldsymbol{Q}^{\mathrm{T}}$ 和右端向量的乘积

$$\begin{bmatrix}\frac{1}{\sqrt{6}} & \frac{1}{\sqrt{6}} & \frac{2}{\sqrt{6}}\\ \frac{2}{\sqrt{21}} & -\frac{4}{\sqrt{21}} & \frac{1}{\sqrt{21}}\end{bmatrix}\begin{bmatrix}2\\0\\4\end{bmatrix}=\begin{bmatrix}\frac{10}{\sqrt{6}}\\ \frac{8}{\sqrt{21}}\end{bmatrix}$$

最后我们解三对角线性方程组，

$$\begin{bmatrix}\sqrt{6} & \dfrac{2}{\sqrt{6}} \\ 0 & \sqrt{\dfrac{7}{3}}\end{bmatrix}\begin{bmatrix}x_1 \\ x_2\end{bmatrix}=\begin{bmatrix}\dfrac{10}{\sqrt{6}} \\ \dfrac{8}{\sqrt{21}}\end{bmatrix}$$

得到

$$x_2=\frac{8}{7},\quad \sqrt{6}x_1+\frac{2}{\sqrt{6}}\cdot\frac{8}{7}=\frac{10}{\sqrt{6}}\rightarrow x_1=\frac{9}{7}$$

尽管 QR 分解是计算机解最小二乘问题比较常用的方法，但当用手算进行这种算法时，算术运算会变得凌乱．当用手算解小型问题时法方程方法通常比较容易．

7.6.3　数据的多项式拟合

给定一组测量数据点 $(x_i,\ y_i)$，$i=1,\ \cdots,\ m$，有时期望 $y=c_0+c_1x$ 这种形式的线性关系．因为测量误差的影响，这些点不会刚好落在一条直线上，但是它应该靠近某一直线，我们希望寻求一条与这些数据尽可能紧密匹配的直线，即我们可通过选取 c_0 171
及 c_1 使

$$\sum_{i=1}^{m}(y_i-(c_0+c_1x_i))^2$$

取极小以求超定线性方程组

$$\begin{aligned}c_0+c_1x_1&\approx y_1\\ c_0+c_1x_2&\approx y_2\\ &\vdots\\ c_0+c_1x_m&\approx y_m\end{aligned}$$

的最小二乘解．

用矩阵写出上面的方程组，我们有

$$\begin{bmatrix}1 & x_1 \\ 1 & x_2 \\ \vdots & \vdots \\ 1 & x_m\end{bmatrix}\begin{bmatrix}c_0 \\ c_1\end{bmatrix}\approx\begin{bmatrix}y_1 \\ y_2 \\ \vdots \\ y_m\end{bmatrix}$$

它可以用前两节介绍的法方程或 QR 分解求解．

假设我们希望用 $n-1<m$ 次多项式拟合测量得到的数据点；即我们希望求出系数 c_0，c_1，$\cdots$，c_{n-1} 使得

$$y_i\approx c_0+c_1x_i+c_2x_i^2+\cdots+c_{n-1}x_i^{n-1},\quad i=1,\cdots,m$$

或更精确地，使得 $\sum_{i=1}^{m}(y_i-\sum_{j=0}^{n-1}c_jx_i^j)^2$ 取极小．仍用矩阵写出这个方程组，我们有

$$\underbrace{\begin{bmatrix} 1 & x_1 & x_1^2 & \cdots & x_1^{n-1} \\ 1 & x_2 & x_2^2 & \cdots & x_2^{n-1} \\ \vdots & \vdots & \vdots & & \vdots \\ \vdots & \vdots & \vdots & & \vdots \\ \vdots & \vdots & \vdots & & \vdots \\ 1 & x_m & x_m^2 & \cdots & x_m^{n-1} \end{bmatrix}}_{m\times n} \underbrace{\begin{bmatrix} c_0 \\ c_1 \\ c_2 \\ \vdots \\ c_{n-1} \end{bmatrix}}_{n\times 1} \approx \underbrace{\begin{bmatrix} y_1 \\ y_2 \\ \vdots \\ \vdots \\ \vdots \\ y_m \end{bmatrix}}_{m\times 1}$$

这个 $m\times n$ 方程组又能用法方程或者系数矩阵的 QR 分解解出.

例 7.6.1 考虑以下数据：

x	y
1	2
2	3
3	6

172

要找最佳拟合这组数据的直线 $y=c_0+c_1x$，在最小二乘意义下，我们必须解超定方程组

$$\begin{bmatrix} 1 & 1 \\ 1 & 2 \\ 1 & 3 \end{bmatrix} \begin{bmatrix} c_0 \\ c_1 \end{bmatrix} \approx \begin{bmatrix} 2 \\ 3 \\ 6 \end{bmatrix}$$

用法方程方法，就有

$$\begin{bmatrix} 1 & 1 & 1 \\ 1 & 2 & 3 \end{bmatrix} \begin{bmatrix} 1 & 1 \\ 1 & 2 \\ 1 & 3 \end{bmatrix} \begin{bmatrix} c_0 \\ c_1 \end{bmatrix} = \begin{bmatrix} 1 & 1 & 1 \\ 1 & 2 & 3 \end{bmatrix} \begin{bmatrix} 2 \\ 3 \\ 6 \end{bmatrix}$$

或者

$$\begin{bmatrix} 3 & 6 \\ 6 & 14 \end{bmatrix} \begin{bmatrix} c_0 \\ c_1 \end{bmatrix} = \begin{bmatrix} 11 \\ 26 \end{bmatrix}$$

解这个 2×2 方程组，我们得到 $c_0=-\dfrac{1}{3}$ 及 $c_1=2$，所以最佳拟合直线方程为 $y=-\dfrac{1}{3}+2x$. 这组数据和这条直线在图 7-8a 中给出.

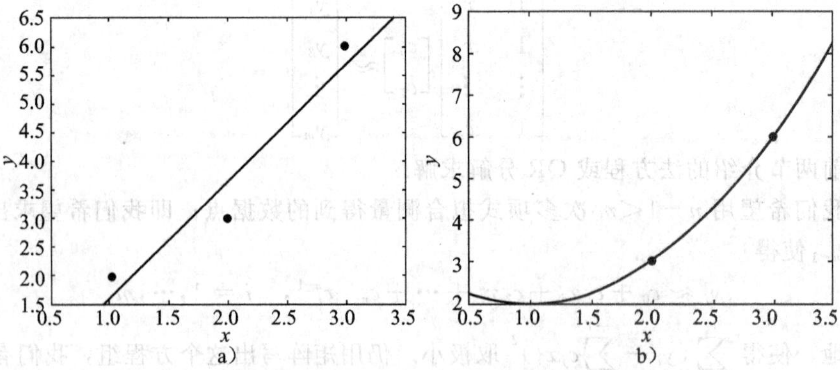

图 7-8 一些数据及其 a)线性拟合，b)二次最小二乘拟合

假设我们用二次多项式 $y=c_0+c_1x+c_2x^2$ 拟合上述数据．在下一节我们将看到存在唯一的二次多项式精确地拟合这三个数据点．这意味着当我们解这个最小二乘问题时，其残量是零．关于 c_0，c_1 及 c_2 的方程是

$$\begin{bmatrix}1 & 1 & 1\\1 & 2 & 4\\1 & 3 & 9\end{bmatrix}\begin{bmatrix}c_0\\c_1\\c_2\end{bmatrix}=\begin{bmatrix}2\\3\\6\end{bmatrix}$$

这里无须去构造法方程；我们可以直接解这个平方线性方程组得到 $c_0=3$，$c_1=-2$，$c_2=1$；即 $y=3-2x+x^2$．这条二次曲线和数据点一起绘在图 7-8b 中．■ 173

例 7.6.2 400 多年前伽利略研究投射体的轨道试图找到一个落体的数学描述．实验如下：让一个球沿着与水平倾斜成定角的斜槽滚下，球在高度为 0.778 米的桌子上面的固定高度 h 出发．当球离开槽端，沿桌子滚动短距离后落到地面．伽利略变更投放高度 h 并测量球在落地前经过的水平距离．表 7-5 显示了伽利略笔记的数据(测量单位从 puntos 转换成米(1punto≈0.94 毫米))[35，p. 35]．■

表 7-5　来自伽利略斜面实验的数据

投放高度	水平距离
0.282	0.752
0.564	1.102
0.752	1.248
0.940	1.410

我们可以用下面的 MATLAB 编码生成最小二乘线性拟合：

```
%%% Set up data
h = [0.282; 0.564; 0.752; 0.940]; d = [0.752; 1.102; 1.248; 1.410];

%%% Form the 4x2 matrix A and solve for the coefficient vector c.
A = [ones(size(h)), h];
c = A\d;
cc = flipud(c);          % order the coefficients in descending
                         % order for polyval

%%% Plot the data points
plot(h,d,'b*'), title('Least Squares Linear Fit'), hold
xlabel('release height'), ylabel('horizontal distance')

%%% Plot the line of best fit
hmin = min(h); hmax = max(h); h1 = [hmin:(hmax-hmin)/100:hmax];
plot(h1,polyval(cc,h1),'r'), axis tight
```

这编码生成了直线 $y=0.4982+0.9926x$．这条直线与数据点一起在图 7-9 中给出．残量的范数：

$$\sqrt{\sum_{i=1:4}(d_i-y(h_i))^2}=0.0555$$ 174

是对这些没有落在直线上的数据点的偏差的度量．

在后面的练习题中，你可以尝试去导出 h 和 d 之间的数学关系，然后进行最小二乘拟合，看看这些数据是否适合这个数学模型．

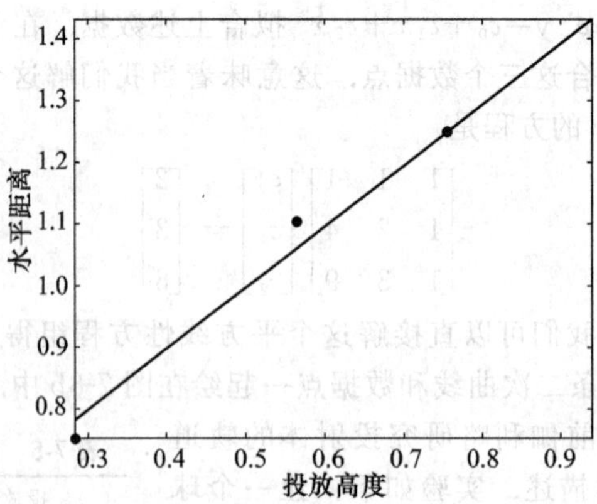

图 7-9　对伽利略收集的数据点的线性最小二乘拟合

7.7　第 7 章习题

1. 把下列矩阵写成 LU 形式，其中 L 是单位下三角矩阵，U 是上三角矩阵：

$$\begin{bmatrix} 4 & -1 & -1 \\ -1 & 4 & -1 \\ -1 & -1 & 4 \end{bmatrix}$$

把这个矩阵写成 LL^{T} 形式，其中 L 是下三角矩阵.

2. 类似于 7.2.2 节中的函数 lsolve，编写函数 usolve 以解上三角方程组 $Ux=y$. [提示：通过在 MATLAB 中输入：for i=n:−1:1，循环可向后运行，譬如说，从 n 下降到 1. 还要记住 U 中对角线元素不必是 1.]

3. 令

$$A=\begin{bmatrix} 10^{-16} & 1 \\ 1 & 1 \end{bmatrix},\quad b=\begin{bmatrix} 2 \\ 3 \end{bmatrix}$$

这里我们将看到把小元素用作主元的影响.

(a) 用手算精确求解线性方程组 $Ax=b$. 把你的答案写成可以清楚看出 x_1 和 x_2 的近似值的形式.

(b) 在 MATLAB 中输入矩阵 A 并打出 cond(A) 以确定 A 的 2-范数条件数. 你能说出这个矩阵在 2-范数下是良态的还是病态的？

175 (c) 写一段（或使用课文中的）不用部分主元的 MATLAB 编码求解线性方程组 $Ax=b$. 把由这种编码得到的答案和你通过手算所确定的答案以及通过在 MATLAB 中输入 A \ b（它就是执行部分主元的）所得到的答案进行比较.

4. 假设矩阵 A 满足 $PA=LU$，这里

$$P=\begin{bmatrix} 0 & 0 & 1 \\ 1 & 0 & 0 \\ 0 & 1 & 0 \end{bmatrix},\quad L=\begin{bmatrix} 1 & 0 & 0 \\ \frac{1}{2} & 1 & 0 \\ \frac{1}{3} & \frac{1}{4} & 1 \end{bmatrix},\quad \text{及 } U=\begin{bmatrix} 2 & 3 & 1 \\ 0 & 1 & 2 \\ 0 & 0 & 2 \end{bmatrix}$$

不构造矩阵 A 或取任何逆，利用这些因子解方程组 $Ax=b$，这里 $b=(2, 10, -12)^{\mathrm{T}}$，用手算写出向后和向前代入.

5. 把部分主元法加到 7.2.2 节的 LU 分解编码. 用一个向量，譬如说 piv 保持行交换的轨迹. 例如，你可以把 piv 初始化成[1: n]，那么如果 i 行 j 行交换，你就交换了 piv(i) 和 piv(j). 现在用向量 piv 以及因

子 $\boldsymbol{L}$ 和 $\boldsymbol{U}$ 解线性方程组 $\boldsymbol{Ax}=\boldsymbol{b}$. 为此，你首先要对 $\boldsymbol{b}$ 中元素进行与 $\boldsymbol{A}$ 中的行所执行的交换相同的交换. 然后，你可以用前面习题中的函数 usolve 解 $\boldsymbol{Ux}=\boldsymbol{y}$ 后，用 7.2.2 中的函数 lsolve 解 $\boldsymbol{Ly}=\boldsymbol{b}$. 你可以通过(应按机器精度的阶)计算 norm(b－A * x)来检查你的答案.

6. 以下需要多少次(加法，减法，乘法及除法)运算：

(a) 计算两个 n 维向量的和？

(b) 计算 $m\times n$ 矩阵与 n 维向量的积？

(c) 解 $n\times n$ 上三角线性方程组 $U\boldsymbol{x}=\boldsymbol{y}$?

7. 估算对半带宽为 m 的 $n\times n$ 矩阵用部分主元 Gauss 消元法需要的运算次数. 利用以下事实：在使用部分主元法时 U 的半带宽至多加一倍.

8. 计算向量

$$\boldsymbol{v}=\begin{bmatrix}4\\5\\-6\end{bmatrix}$$

的 2-范数，1-范数及∞-范数.

9. 计算矩阵

$$\boldsymbol{A}=\begin{bmatrix}5&6\\7&8\end{bmatrix}$$

的 1-范数和∞-范数.

再计算在 1-范数和∞-范数意义下的条件数 $\kappa(\boldsymbol{A})\equiv\|\boldsymbol{A}\|\cdot\|\boldsymbol{A}^{-1}\|$.

10. 对一切的 n 维向量 $\boldsymbol{v}$ 证明

(a) $\|\boldsymbol{v}\|_\infty\leqslant\|\boldsymbol{v}\|_2\leqslant\sqrt{n}\|\boldsymbol{v}\|_\infty$.

(b) $\|\boldsymbol{v}\|_2\leqslant\|\boldsymbol{v}\|_1$.

(c) $\|\boldsymbol{v}\|_1\leqslant n\|\boldsymbol{v}\|_\infty$. 176

对以上各不等式，确定一个非零向量 $\boldsymbol{v}(n>1)$使等式成立.

11. 对于任何非奇异 2×2 矩阵，证明其∞-范数条件数和 1-范数条件数相等.

[提示：利用 2×2 矩阵的逆矩阵是其行列式的倒数乘其伴随矩阵的事实.]

12. 在正文中(不等式(7.9))证明了如果 $\boldsymbol{Ax}=\boldsymbol{b}$ 及 $\boldsymbol{A}\hat{\boldsymbol{x}}=\hat{\boldsymbol{b}}$，那么

$$\frac{\|\boldsymbol{x}-\hat{\boldsymbol{x}}\|}{\|\boldsymbol{x}\|}\leqslant\kappa(\boldsymbol{A})\frac{\|\boldsymbol{b}-\hat{\boldsymbol{b}}\|}{\|\boldsymbol{b}\|}$$

通读一下这个不等式的证明并证明对某些非零向量 $\boldsymbol{b}$ 和 $\hat{\boldsymbol{b}}(\hat{\boldsymbol{b}}\neq\boldsymbol{b})$等式成立.

13. 编写一段程序以生成一个具有给定 2-范数条件数的 $n\times n$ 矩阵. 你可把程序写成在 MATLAB 中的常规函数，它取两个输入量(矩阵大小 n 及所要的条件数 condno)并生成具有给定条件数的 $n\times n$ 矩阵 $\boldsymbol{A}$ 作为输出：

```
function A = matgen(n, condno)
```

用两个随机正交矩阵 $\boldsymbol{U}$ 和 $\boldsymbol{V}$ 以及元素为 $\sigma_{ii}=\text{condno}^{-(i-1)/(n-1)}$ 的对角矩阵 Σ 构成 $\boldsymbol{A}$，并令 $\boldsymbol{A}=\boldsymbol{U\Sigma V}^{\mathrm{T}}$. [注意 $\boldsymbol{\Sigma}$ 中最大对角元素是 1，最小的是 condno^{-1}，所以其比是 condno.]你可以在 MATLAB 中先生成一个随机矩阵 Mat＝randn(n，n)，然后计算其 QR 分解，[Q，R]＝qr(Mat)来生成一个随机正交矩阵. 于是矩阵 $\boldsymbol{Q}$ 就是一个随机正交矩阵. 你可以用 MATLAB 中的函数 cond 检查生成的矩阵的条件数. 作出编码一览表.

对 condno＝(1，10^4，10^8，10^{12}，10^{16})，用你的程序生成一个条件数是 condno 的随机矩阵. 再生成一个长为 n 的随机向量 xtrue 并计算乘积 b＝A * xture.

用部分主元 Gauss 消元法解 $\boldsymbol{Ax}=\boldsymbol{b}$. 这可以在 MATLAB 中通过打出 $\boldsymbol{x}$＝A \ b 做到. 确定你的计算解

的相对误差的 2-范数，$\frac{\|x-xture\|}{\|xtrue\|}$. 解释这是如何联系到 A 的条件数. 计算相对残量的 2-范数，$\frac{\|b-Ax\|}{\|A\|\|x\|}$. 这种解 $Ax=b$ 的算法是否是向后稳定的，即计算得到的解是邻近问题的精确解吗？

通过求 A 的逆解 $Ax=b$：Ainv＝inv(A)，然后用 A^{-1} 乘 b：x＝Ainv ∗ b. 再看一下相对误差和残量. 这个算法是向后稳定的吗？

最后，用 Cramer 法则解 $Ax=b$. 用 MATLAB 函数 det 计算行列式.（别担心！这不是用在 7.3 节中讨论的 $n!$ 算法.）再看一下相对误差和残量并确定这个算法是否是向后稳定的.

177 给出表格显示这三种算法的相对误差和残量，每个被测问题的条件数，作出这些结论的简单解释.

14. 在 0 和 1 之间 50 个等距点 t 上，求最佳拟合函数 $b(t)=\cos(4t)$ 的 10 次多项式. 建立矩阵 A 和右端向量 b，并用两种不同的方法确定多项式系数：

(a) 用 MATLAB 指令 x＝A \ b(利用 QR 分解).

(b) 解法方程组 $A^{\mathrm{T}}Ax=A^{\mathrm{T}}b$. 在 MATLAB 中用 x＝(A' ∗ A) \ (A' ∗ b)能够做到这一点.

打印结果到 16 位小数(用 format long e)，对不同点作出解释. [注意：用 MATLAB 函数 cond 你能够计算 A 或 $A^{\mathrm{T}}A$ 的条件数.]

15. 在例 7.6.2 中描述的伽利略的斜面实验中，如果知道当球离开桌子并开始自由降落时的水平速度 v，就能确定由于重力球落至地面所用的时间 T，以及它触地前经过的水平距离 vT. 假设球在斜面上的加速度在倾斜方向是常数：$a(t)=C$，这里 C 依赖于重力和斜面的角. 那么速度 $v(t)$ 将正比于 t：$v(t)=Ct$，这是因为 $v(0)=0$. 所以球沿着斜面移动的距离是 $s(t)=\frac{1}{2}Ct^2$，这是因为 $s(0)=0$. 当 $s(t)=\frac{h}{\sin\theta}$时球到达斜面的底部，这里 θ 是斜面倾斜的角.

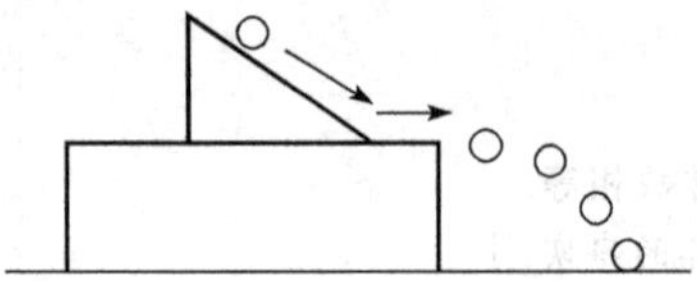

(a) 用 C，h 和 θ 写出球到达斜面底部的时间 t_b 的表达式，以及球在那时的速度 $v(t_b)$的表达式. 证明速度正比于$\sqrt{h}$.

(b) 当球触及桌子时改变了方向，所以当它飞离桌子的时候它沿斜面方向的速度现在已变成水平速度. 根据这种观察和(a)，我们可以预测伽利略测得的距离正比于$\sqrt{h}$. 修改例 7.6.2 中的 MATLAB 编码，对表 7.5 给出的距离 d 与形式为 $c_0+c_1\sqrt{h}$的函数进行最小二乘拟合. 确定最佳系数 c_0 和 c_1 以及残量范数 $\sqrt{\sum_{i=1}^{4}(d_i-(c_0+c_1\sqrt{h_i}))^2}$.

16. 考虑以下对运动队排名的最小二乘方法. 假定我们有 4 支学院足球队，简称为 T1，T2，T3 和 T4. 这四支球队相互比赛结局如下：

T1 打败 T2 赢 4 点：21 比 17

T3 打败 T1 赢 9 点：27 比 18

178 T1 打败 T4 赢 6 点：16 比 10

T3 打败 T4 赢 3 点：10 比 7

T2 打败 T4 赢 7 点：17 比 10

为对每队确定排名点 r_1，…，r_4，我们对超定方程组：

$$r_1 - r_2 = 4$$
$$r_3 - r_1 = 9$$
$$r_1 - r_4 = 6$$
$$r_3 - r_4 = 3$$
$$r_2 - r_4 = 7$$

进行最小二乘拟合.

然而，这个方程组没有唯一最小二乘解，这是因为如果$(r_1, \cdots, r_4)^T$是一个解，对它加上任何常向量，譬如向量$(1, 1, 1, 1)^T$，那么我们得到其残量完全相同的另一个向量. 证明：如果$(r_1, \cdots, r_4)^T$是上面方程组的最小二乘问题的解，那么对任意常数c，向量$(r_1+c, \cdots, r_4+c)^T$也是该最小二乘问题的解.

要做到解唯一，我们可以固定排名点总数，譬如，20. 为此，我们把下面的方程加到上面列出的方程中去：

$$r_1 + r_2 + r_3 + r_4 = 20$$

注意到这个方程要精确地满足，因为它不影响其他方程的近似程度. 用 MATLAB 来确定最接近满足这些方程的值r_1，r_2，r_3，r_4，并根据你的结果为棒球赛事排名这四支球队.（这种排名运动队的方法是 Ken Massey 在 1997 引入的方法[67]的一种简化.）它已发展成为了排名学院足球队的著名的 BCS (Bowl Championship Series)模型的一部分并且是决定哪个队参加棒球赛的一个因素.

17. 这个习题用手写数字的 MNIST 数据库，它包含 60 000 个数字的训练集和 10 000 个数字的试验集. 数据库每个数字安放在 28×28 灰色标记的影像中，其像素密集的中心就在图的中心. 要加载这个数据库，从书中的网页下载它并在 MATLAB 中输入 load mnist_all. mat. 输入 who to see the variables containing training digits(train0，…，train9)和 test digits(test0，…，test9). 你会找到打算训练识别在矩阵 train0 中手写 0 的数字的算法，这个矩阵有 5923 行和 784 列. 每行相应一个手写的零. 要显示这个矩阵的第一个影像，打出

```
digit = train0(1,:);
digitImage = reshape(digit,28,28);
image(rot90(flipud(digitImage),-1)),
colormap(gray(256)), axis square tight off;
```

注意，用了 rot90 和 flipud 指令所以这些数字看起来如我们手写的一样了. 其中像数字 2 和 3 更加 179
突出.

(a) 建立 10×784 矩阵T，它的第i行包括数$i-1$的所有训练影像的平均像素值. 例如T的第一行通过输入$T(1,:)=$mean(train0)形成；用 subplot 指令显示这些平均数字如下所见.

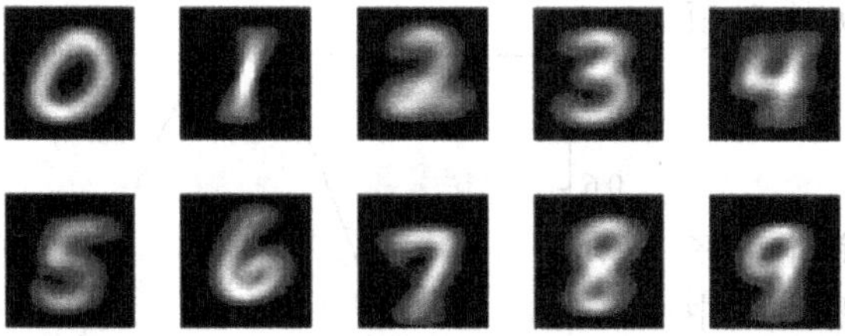

(b) 识别试验数字的一个简单方法是将它的像素与T中每行的那些像素进行比较，并确定哪一行最像这个试验数字. 通过输入 d=double(test0(1,:))置 d 为 test0 中的第一个试验数字；对每一行$i=1, \cdots, 10$，计算 norm(T(i,:)－d)，并确定使其最小的i的值；d 可能是数字$i-1$. 再试几个其他数字并给出你的结果.

(一种基于训练数据的识别每个数字特征性质并把这些性质与训练数字的那些性质相比较以进行识别的更高级的方法叫作**主成分分析法**(Principal Component Analysis，PCA). 180

第 8 章　多项式和分段多项式插值

8.1　Vandermonde 方程组

给定一组 $n+1$ 个数据点 (x_0, y_0)，(x_1, y_1)，…，(x_n, y_n)，我们能够求出一个精确拟合这些点的最多 n 次的多项式. 做到这一点的一种方法在前一节已说明. 因为我们要求

$$y_i = \sum_{j=0}^{n} c_j x_i^j, \quad i = 0, \cdots, n \tag{8.1}$$

其系数 c_0，…，c_n 必须满足

$$\begin{bmatrix} 1 & x_0 & x_0^2 & \cdots & x_0^n \\ 1 & x_1 & x_1^2 & \cdots & x_1^n \\ 1 & x_2 & x_2^2 & \cdots & x_2^n \\ \vdots & \vdots & \vdots & & \vdots \\ 1 & x_n & x_n^2 & \cdots & x_n^n \end{bmatrix} \begin{bmatrix} c_0 \\ c_1 \\ c_2 \\ \vdots \\ c_n \end{bmatrix} = \begin{bmatrix} y_0 \\ y_1 \\ y_2 \\ \vdots \\ y_n \end{bmatrix} \tag{8.2}$$

这个矩阵叫作 **Vandermonde 矩阵**. 它是以 Alexandre Théophile Vandermonde(1735—1796)命名的，他通常与行列式理论联系在一起. 只要 x_0，…，x_n 互不相同，就能证明该矩阵非奇异. 但是，很不幸，它可能是非常病态的，用 Gauss 消元法(或 QR 分解)解这个方程组需要 $O(n^3)$ 次运算. 由于病态情形和需要大量的运算，多项式插值问题通常不用这种方法求解. 下面几节中我们给出另外几种方法.

8.2　插值多项式的 Lagrange 形式

我们能简单地写出满足 $p(x_i)=y_i(i=0, \cdots, n)$ 的 n 次多项式(注意：当我们说到
181 n 次多项式时，我们总是指其最高次幂小于或等于 n 的多项式；要把它与最高次幂精确是 n 的多项式区别开来，后者将称为*精确 n 次多项式*). 为此，我们首先写出一个在 x_i 等于 1 而在其他所有结点处等于 0 的多项式 $\varphi_i(x)$：

$$\varphi_i(x) = \prod_{j \neq i} \frac{x - x_j}{x_i - x_j}$$

注意如果 $x = x_i$，那么该乘积的每个因子是 1，而如果对某个 $j \neq i$ 有 $x = x_j$，那么其中一个因子等于 0. 还要注意 $\varphi_i(x)$ 具有所要求的次数，因为这个乘积包含 $j=0$，…，n 中除了一个之外的 n 个因子. 在 x_i 取值 y_i，而在其他所有结点处的值为零的 n 次多项式是 $y_i\varphi_i(x)$. 这就得到在点 (x_0, y_0)，…，(x_n, y_n) 插值的 n 次多项式为

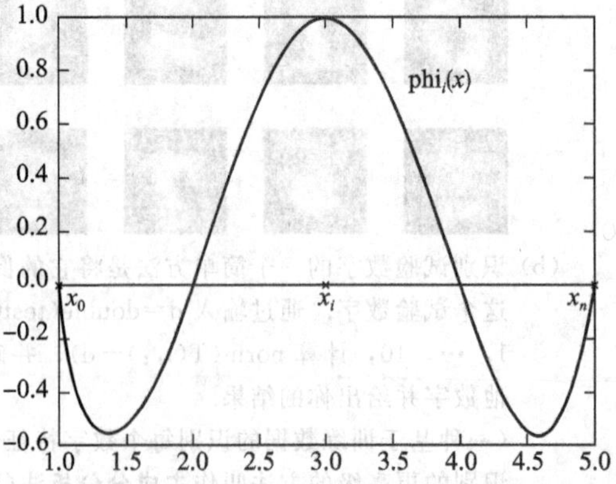

图 8-1　插值的 Lagrange 形式中 φ_i 的图像表示

$$p(x)=\sum_{i=0}^{n} y_i\varphi_i(x)=\sum_{i=0}^{n} y_i\left(\prod_{j\neq i}\frac{x-x_j}{x_i-x_j}\right) \tag{8.3}$$

这叫作插值多项式的 **Lagrange 形式**.

例 8.2.1 考虑例 7.6.1，在那里我们把一个二次多项式与三个数据点(1，2)，(2，3)和(3，6)拟合. 这个插值多项式的 Lagrange 形式是

$$p(x)=2\times\frac{(x-2)(x-3)}{(1-2)(1-3)}+3\times\frac{(x-1)(x-3)}{(2-1)(2-3)}+6\times\frac{(x-1)(x-2)}{(3-1)(3-2)}$$

可以验证它等于 x^2-2x+3，它与 7.6.3 节中从 Vandermonde 方程组计算得到的多项式是相同的. ■

因为我们只是写下了插值多项式的 Lagrange 形式，并没有涉及确定它的计算机时间，但是要在一个点处计算公式(8.3)需要 $O(n^2)$次运算，这是因为在和中(需要 n 次加法)有 $n+1$ 项而且每一项是 $n+1$ 个因子的乘积(需要 n 次乘法). 相比而言，如果我们已知(8.1)形式的 p，那么 p 在点 x 的值就能用 Horner 法则仅以 $O(n)$次运算确定：由置 $y=c_n$ 开始. 然后用 $yx+c_{n-1}$代替 y，得到 $y=c_nx+c_{n-1}$. 再用 $yx+c_{n-2}$代替这个值，所以 $y=c_nx^2+c_{n-1}x+c_{n-2}$. 继续 n 步，我们用了大约 $2n$ 次运算得到 $y=\sum_{j=0}^{n} c_jx^j$. 下一节中我们将用另一种形式来表示插值多项式，它要求比(8.3)稍微多一些工作量来确定但需要较少工作量来计算. 182

前一节说过 Vandermonde 矩阵可证实是非奇异的. 事实上，前面 Lagrange 插值多项式的推导就能用来证明这一点. 因为(8.3)中的多项式显然通过点$(x_0，y_0)$，…，$(x_n，y_n)$，这便表明线性方程组(8.2)对任何右端向量$(y_0，…，y_n)^{\mathrm{T}}$有解. 这就蕴含着 Vandermonde 矩阵是非奇异的，也就蕴含解的唯一性. 于是我们证明了下面的定理.

定理 8.2.1 如果结点 x_0，…，x_n 各不相同，那么对任何值 y_0，…，y_n，存在唯一的 n 次多项式 p，使得 $p(x_i)=y_i(i=0，…，n)$.

唯一性也能应用下面的事实来建立，即如果一个 n 次多项式在 $n+1$ 个不同的点上等于零，那么它一定恒等于零. 由此，如果有两个 n 次多项式 p 和 q 满足 $p(x_i)=q(x_i)=y_i$，$(i=0，…，n)$，则其差 $p-q$ 是满足$(p-q)(x_i)=0(i=0，…，n)$的 n 次多项式，因而应恒等于 0.

Lagrange 形式插值多项式(8.3)可以修改一下以改进计算量. 常常使用 Lagrange 插值公式的重心形式(以 A、B 和 C 为顶点的三角形中一点 P 的重心坐标是数 α、β 和 γ，满足 $P=\alpha A+\beta B+\gamma C$，这里 $\alpha+\beta+\gamma=1$. 于是在某种意义上，P 是 A、B 和 C 的“加权平均”，只是这些“权”α、β 和 γ 不必是正的. 我们将把插值多项式写成函数值的“加权平均”，只是这些“权”本身是其和等于 1 的函数). 定义 $\varphi(x)=\prod_{j=0}^{n}(x-x_j)$. 我们能把(8.3)改写为

$$p(x)=\varphi(x)\sum_{i=0}^{n}\frac{\omega_i}{x-x_i}y_i, \tag{8.4}$$

这里**重心权** ω_i 是

$$\omega_i=\frac{1}{\prod_{j\neq i}(x_i-x_j)},\quad i=0,\cdots,n \tag{8.5}$$

有时这叫作重心插值公式的第一形式. 这种形式的优点是尽管计算权 $\omega_i(i=0，…，n)$仍需 183

要 $O(n^2)$ 次运算，但是一旦知道这些值，就能以 $O(n)$ 次运算来计算此多项式在任何点 x 上的值．

注意到如果每个 y_i 等于 1，那么 $p(x)\equiv 1$，这是因为它是唯一的插值多项式．此事实能用来进一步改进公式(8.4)．于是对一切 x

$$1=\varphi(x)\sum_{i=0}^{n}\frac{\omega_i}{x-x_i}$$

解此方程求出 $\varphi(x)$，然后将 $\varphi(x)$ 代入(8.4)就推出第二形式或简称为**重心插值公式**

$$p(x)=\frac{\displaystyle\sum_{i=0}^{n}\frac{\omega_i}{x-x_i}y_i}{\displaystyle\sum_{i=0}^{n}\frac{\omega_i}{x-x_i}}\tag{8.6}$$

注意在这个公式中 y_i 的系数是

$$\frac{\dfrac{\omega_i}{x-x_i}}{\displaystyle\sum_{k=0}^{n}\frac{\omega_k}{x-x_k}}$$

而且这些系数之和等于 1．观察公式(8.6)，全然看不出它是一个多项式，但是基于上述推导，我们知道它确是一个多项式．

例 8.2.2　用重心插值公式(8.6)计算通过三个数据点(1，2)，(2，3)和(3，6)的二次多项式并证明这就是前面由公式(8.3)确定的同一个多项式．我们首先用(8.5)计算权：

$$\omega_0=\frac{1}{(1-2)(1-3)}=\frac{1}{2},\quad \omega_1=\frac{1}{(2-1)(2-3)}=-1,\quad \omega_2=\frac{1}{(3-1)(3-2)}=\frac{1}{2}$$

把这些值以及 $y_0=2$，$y_1=3$，$y_2=6$ 代入公式(8.6)，我们得到

$$p(x)=\frac{\dfrac{2}{2(x-1)}-\dfrac{3}{x-2}+\dfrac{6}{2(x-3)}}{\dfrac{1}{2(x-1)}-\dfrac{1}{x-2}+\dfrac{1}{2(x-3)}}$$

用 $\varphi(x)=(x-1)(x-2)(x-3)$ 去乘分子和分母，并化简可验证这仍是多项式 x^2-2x+3．

184　■

牛顿、拉格朗日和插值[20]

牛顿(左图)在 1675 年的一封信中首次提及插值这个课题，在信中他为建立准确到 8 位小数的从 1 到 10 000 的平方根、立方根和四次方根表提供了帮助．更早地，Wallis 在 *Arithmetica Infinitorum* 中已经首先使用拉丁动词 interpolare(插值)来描述这一数学过程，尽管线性和高阶插值的例子可以追溯到古代[72]．1795 年拉格朗日(下图)在一次讲演中提到这个由牛顿研究过的用“抛物曲线”插值一条给定曲线的问题；即用多项式插值一个函数．牛顿把他的

结果用到彗星的轨道，而拉格朗日的兴趣在于一个须确定三体的观察者位置的综述问题．拉格朗日的解用了试验和误差，它们引起必须用多项式逼近的误差曲线，为解决这个问题，拉格朗日提出了现今冠以他名字的插值多项式形式．拉格朗日显然不知道这个相同的公式早在 1779 年为 Waring 发表，而且在 1783 年又为欧拉重新发现[72]．它就是牛顿多项式，仅表达形式不同而已．

8.3　插值多项式的牛顿形式

考虑一组多项式

$$1, x-x_0, (x-x_0)(x-x_1), \cdots, \prod_{j=0}^{n-1}(x-x_i)$$

这些多项式组成全体 n 次多项式集合的一个**基**；即它们线性无关，而且任何 n 次多项式都能写成这些多项式的线性组合．插值多项式的**牛顿形式**是

$$p(x) = a_0 + a_1(x-x_0) + a_2(x-x_0)(x-x_1) + \cdots + a_n\prod_{j=0}^{n-1}(x-x_j) \tag{8.7}$$

这里选择 a_0，a_1，…，a_n 使得 $p(x_i)=y_i(i=0, \cdots, n)$． 185

在寻求怎样确定系数 a_0，…，a_n 之前，让我们估计一下计算这个多项式在点 x 的值的工作量．我们用一个有点像 Horner 法则的程序：

从置 $y=a_n$ 开始，for 循环 $i=n-1, n-2, \cdots, 0$，用 $y(x-x_i)+a_i$ 代替 y．

注意第一次执行 for 语句之后，$y=a_n(x-x_{n-1})+a_{n-1}$，第二次之后，$y=a_n(x-x_{n-1})(x-x_{n-2})+a_{n-1}(x-x_{n-2})+a_{n-2}$，等等，所以最终 y 包含了 $p(x)$ 的值，这个工作量需要大约 $3n$ 次运算．

要确定(8.7)中的系数，我们只需按次序一个接一个地应用条件 $p(x_i)=y_i$：

$$p(x_0) = a_0 = y_0$$

$$p(x_1) = a_0 + a_1(x-x_0) = y_1 \Rightarrow a_1 = \frac{y_1-a_0}{x_1-x_0}$$

$$p(x_2) = a_0 + a_1(x_2-x_0) + a_2(x_2-x_0)(x_2-x_1) = y_2 \Rightarrow$$

$$a_2 = \frac{y_2-a_0-a_1(x_2-x_0)}{(x_2-x_0)(x_2-x_1)}$$

$$\vdots$$

我们在这里实际做的是解一个关于系数 a_0，…，a_n 的下三角线性方程组

$$\begin{bmatrix} 1 & & & & \\ 1 & x_1-x_0 & & & \\ 1 & x_2-x_0 & (x_2-x_0)(x_2-x_1) & & \\ \vdots & \vdots & \vdots & \ddots & \\ 1 & x_n-x_0 & (x_n-x_0)(x_n-x_1) & \cdots & \prod_{j=0}^{n-1}(x_n-x_j) \end{bmatrix} \begin{bmatrix} a_0 \\ a_1 \\ a_2 \\ \vdots \\ a_n \end{bmatrix} = \begin{bmatrix} y_0 \\ y_1 \\ y_2 \\ \vdots \\ y_n \end{bmatrix} \tag{8.8}$$

我们知道解下三角方程组的工作量是 $O(n^2)$，而且一列接一列地计算三对角矩阵的工作量也是 $O(n^2)$. 于是确定插值多项式的牛顿形式比来自 Vandermonde 方程组(8.2)的形式(8.1)需要较少的工作，而且比 Lagrange 形式(8.3)需要较少的计算工作.

比起 Vandermonde 或 Lagrange 型，牛顿形式的另一个优点是如果你增加一个新的点 (x_{n+1}, y_{n+1})，前面计算的系数并不改变. 这相当于在下三角矩阵的底部多增加一行，以及一个新的未知数 a_{n+1} 和一个新的右端值 y_{n+1}. 然后把前面算得的系数代入最后一个方程以确定 a_{n+1}.

还要注意在 Lagrange 插值多项式的重心形式(8.6)中，增加一个新的点相对容易些. 在(8.5)中的每个 ω_i 除以新的因子 $(x_i - x_{n+1})$ 并且计算新的权

$$\omega_{n+1} = \frac{1}{\prod_{j=0}^{n}(x_{n+1} - x_j)}$$

工作量是 $O(n)$.

例 8.3.1　考虑与例题 8.2.2 中相同的问题，取 $x_0=1$，$x_1=2$ 及 $x_2=3$，我们把插值

186 多项式的牛顿形式写成

$$p(x) = a_0 + a_1(x-1) + a_2(x-1)(x-2)$$

由于 $y_0=2$，$y_1=3$ 及 $y_2=6$，通过解下三角方程组

$$\begin{bmatrix} 1 & & \\ 1 & 1 & \\ 1 & 2 & 2 \end{bmatrix}\begin{bmatrix} a_0 \\ a_1 \\ a_2 \end{bmatrix} = \begin{bmatrix} 2 \\ 3 \\ 6 \end{bmatrix}$$

确定系数 a_0，a_1 及 a_2，给出 $a_0=2$，$a_1=1$ 及 $a_2=1$. 你应检查这就是在例 8.2.2 中求出的同一多项式 x^2-2x+3.

假设我们加入另一数据点 $(x_3, y_3)=(5, 7)$. 那么插值这 4 个点的多项式是 3 次的而且能写成形式

$$q(x) = b_0 + b_1(x-1) + b_2(x-1)(x-2) + b_3(x-1)(x-2)(x-3)$$

这里的 b_0，b_1，b_2 及 b_3 满足

$$\begin{bmatrix} 1 & & & \\ 1 & 1 & & \\ 1 & 2 & 2 & \\ 1 & 4 & 12 & 24 \end{bmatrix}\begin{bmatrix} b_0 \\ b_1 \\ b_2 \\ b_3 \end{bmatrix} = \begin{bmatrix} 2 \\ 3 \\ 6 \\ 7 \end{bmatrix}$$

因为包含 b_0，b_1，b_2 的前三个方程与前面为求 a_0，a_1，a_2 的方程相同，所以 $b_i=a_i$，$i=0$，1，2. 因此求 b_3 的方程为 $a_0+4a_1+12a_2+24b_3=7$，故 $b_3=-\frac{11}{24}$.

回到二次插值，应注意牛顿多项式的形式(尽管不是多项式本身)依赖数据点的次序. 我们已把数据点标记为 $(x_0, y_0)=(3, 6)$，$(x_1, y_1)=(1, 2)$ 及 $(x_2, y_2)=(2, 3)$，那么我们将插值多项式写成

$$p(x) = \alpha_0 + \alpha_1(x-3) + \alpha_2(x-3)(x-1)$$

而且要从

$$p(3)=\alpha_0=6$$
$$p(1)=\alpha_0-2\alpha_1=2\Rightarrow\alpha_1=2$$
$$p(2)=\alpha_0-\alpha_1-\alpha_2=3\Rightarrow\alpha_2=1$$

中确定 α_0，α_1 及 α_2. 你还应检查这是同样的多项式 x^2-2x+3. 数据点的次序会影响算法的数值稳定性. ■

均差

建立三角方程组(8.8)的一个缺点是某些数值可能上溢或下溢. 如果结点 x_j 彼此分开很远，譬如，在毗邻两结点之间的距离大于 1，那么从第 n 个结点到其他任一结点之间的距离的乘积有可能是巨大的而且可能产生上溢. 另一方面，如果诸结点彼此靠近，譬如说所有的结点都包含在长度小于 1 的区间中，那么从第 n 个结点到其他每个结点之间距离的乘积有可能很小，而且可能下溢. 因为这些原因，一种也需要 $O(n^2)$ 次运算的不同的算法经常用来确定系数 a_0，…，a_n. 187

对这一点，稍微改变记号是方便的. 假定纵坐标 y_i 是某个函数 f 在 x_i 处的值：$y_i\equiv f(x_i)$. 我们有时将把 $f(x_i)$简记为 f_i.

给定取自结点 x_0，…，x_n 中的结点集合 x_{i_0}，x_{i_1}，…，x_{i_k}，定义 $f[x_{i_0}, x_{i_1}, \cdots, x_{i_k}]$(叫作 ***k* 阶均差**)为以$(x_{i_0}, f_{i_0})$，$(x_{i_1}, f_{i_1})$，…，$(x_{i_k}, f_{i_k})$为插值的 k 次多项式 x^k 项的系数. 在牛顿型插值多项式

$$\alpha_0+\alpha_1(x-x_{i_0})+\alpha_2(x-x_{i_1})(x-x_{i_0})+\cdots+\alpha_k\prod_{j=0}^{k-1}(x-x_{i_j})$$

中，它是 $\prod_{j=0}^{k-1}(x-x_{i_j})$ 的系数 α_k. 注意对插值为(x_{i_0}, f_{i_0})，…，(x_{i_k}, f_{i_k})，$(x_{i_{k+1}}, f_{i_{k+1}})$，…，的高次牛顿插值多项式，它也是第 $k+1$ 项 $\prod_{j=0}^{k-1}(x-x_{i_j})$ 的系数. 这是因为当加入更多的数据点时这些系数并不改变. 于是 $f[x_0, \cdots, x_k]$是(8.7)中的系数 a_k.

据此定义，可知

$$f[x_j]=f_j$$

这是因为 $p_{0,j}(x)\equiv f_j$ 是插值为(x_j, f_j)的零次多项式. 对任意两个结点 x_i 和 x_j，$j\neq i$，我们有

$$f[x_i,x_j]=\frac{f_j-f_i}{x_j-x_i}=\frac{f[x_j]-f[x_i]}{x_j-x_i}$$

这是因为 $p_{1,i,j}(x)\equiv f_i+\dfrac{f_j-f_i}{x_j-x_i}(x-x_i)$是插值为$(x_i, f_i)$和$(x_j, f_j)$的一次多项式，按这一方式进行下去，可知

$$f[x_i,x_j,x_k]=\frac{f[x_j,x_k]-f[x_i,x_j]}{x_k-x_i}$$

而且更一般地有：

定理 8.3.1 k 阶均差 $f[x_0, x_1, \cdots, x_k]$满足

$$f[x_0,x_1,\cdots,x_k] = \frac{f[x_1,\cdots,x_k] - f[x_0,\cdots,x_{k-1}]}{x_k - x_0} \tag{8.9}$$

在证明这个结论之前，让我们看一下如何用它递推计算牛顿插值多项式的系数．我们
188 可以构造一个表，它的列是 0，1，2 阶的均差等等．

$$\begin{array}{llll} f[x_0] = f_0 & & & \\ f[x_1] = f_1 & f[x_0,x_1] & & \\ f[x_2] = f_2 & f[x_1,x_2] & f[x_0,x_1,x_2] & \\ f[x_3] = f_3 & f[x_2,x_3] & f[x_1,x_2,x_3] & f[x_0,x_1,x_2,x_3] \end{array}$$

这个表中的对角线元素就是牛顿插值多项式(8.7)的系数．我们知道了表中的第一列．应用定理 8.3.1，可以求出每个毗邻列中的元，只要用其左边元及其上的元即可．如果 d_{ij} 是表中(i, j)元素，那么

$$d_{ij} = \frac{d_{i,j-1} - d_{i-1,j-1}}{x_{i-1} - x_{i-j}}$$

证明 设 p 是插值为(x_0, f_0)，…，(x_k, f_k)的 k 次多项式．q 是插值为(x_0, f_0)，…，(x_{k-1}, f_{k-1})的 $k-1$ 次多项式，以及 r 是插值为(x_1, f_1)，…，(x_k, f_k)的$k-1$次多项式、那么 p、q 及 r 分别有首项系数 $f[x_0, \cdots, x_k]$，$f[x_0, \cdots, x_{k-1}]$及$f[x_1, \cdots, x_k]$.

我们断言

$$p(x) = q(x) + \frac{x - x_0}{x_k - x_0}(r(x) - q(x)) \tag{8.10}$$

要证明这一点，我们将证明这个方程在每一点 $x_i(i=0, 1, \cdots, k)$上成立．因为 $p(x)$是 k 次多项式，而右端也是 k 次多项式．证明这两个多项式在 $k+1$ 个点相等就意味着它们处处相等．对 $x=x_0$，我们有 $p(x_0)=q(x_0)=f_0$，而且(8.10)右端第二项是零，所以我们得到等式．对 $i=1, \cdots, k-1$，$p(x_i)=q(x_i)=r(x_i)=f_i$，所以对 $x=x_i$，我们又得到等式(8.10)．最后，对 $x=x_k$，我们有 $p(x_k)=r(x_k)=f_k$ 以及(8.10)的右端是 $q(x_k)+r(x_k)-q(x_k)=f_k$，所以我们又得到等式．这就建立了(8.10)，并由此得到 $p(x)$中 x^k 的系数是 $\frac{1}{x_k - x_0}$乘以$r(x)-q(x)$中 x^{k-1}的系数，即

$$f[x_0,\cdots,x_k] = \frac{f[x_1,\cdots,x_k] - f[x_0,\cdots,x_{k-1}]}{x_k - x_0}$$ □

例 8.3.2 再来看前一节的例题，$(x_0, y_0)=(1, 2)$，$(x_1, y_1)=(2, 3)$及$(x_2, y_2)=(3, 6)$，我们计算出以下均差表：

$$\begin{array}{lll} f[x_0] = 2 & & \\ f[x_1] = 3 & f[x_0,x_1] = \dfrac{3-2}{2-1} = 1 & \\ f[x_2] = 6 & f[x_1,x_2] = \dfrac{6-3}{3-2} = 3 & f[x_0,x_1,x_2] = \dfrac{3-1}{3-1} = 1 \end{array}$$

看了表中的对角线元素，我们就知道牛顿形式的插值多项式的系数是 $a_0=2$，$a_1=1$ 及
189 $a_2=1$. ■

8.4 多项式插值的误差

假设我们用 n 次多项式 p 在 $n+1$ 个点插值一个光滑函数 f. 那么 $f(x)$和 $p(x)$在非插值点 x 处的差是多大(在插值点处这个差是 0)? 如果我们用越来越高次的多项式在越来越多的点插值 f，最终这个多项式会在某个区间的所有点很好地逼近 f 吗? 在这一节将讨论这个问题，答案可能使你料想不到.

定理 8.4.1 假设 $f\in C^{n+1}[a, b]$，x_0，…，x_n 在$[a, b]$中. 设 $p(x)$是在 x_0，…，x_n 插值 f 的 n 次多项式. 那么对$[a, b]$中的任何点 x，

$$f(x)-p(x)=\frac{1}{(n+1)!}f^{(n+1)}(\xi_x)\prod_{j=0}^{n}(x-x_j) \tag{8.11}$$

对$[a, b]$中某个点 ξ_x 成立.

证明 如果 x 是结点 x_0，…，x_n 中的一个，结论显然成立，所以固定除了这些点之外的某个点 $x\in[a, b]$. 令 q 是在 x_0，…，x_n 和 x 插值 f 的 $n+1$ 次多项式. 那么

$$q(t)=p(t)+\lambda\prod_{j=0}^{n}(t-x_j),\quad 这里\ \lambda=\frac{f(x)-p(x)}{\prod_{j=0}^{n}(x-x_j)} \tag{8.12}$$

定义 $\varphi(t)\equiv f(t)-q(t)$. 因为 $\varphi(t)$在 $n+2$ 个点 x_0，…，x_n 和 x 处为零，Rolle(罗尔)定理蕴含 $\varphi'(t)$在两个相邻点之间的某 $n+1$ 个点处为零. 再用 Rolle 定理，我们得到 φ''在某 n 个点处为零，继而 $\varphi^{(n+1)}$ 在$[a, b]$中至少有一个点 ξ_x 为零. 因此 $0=\varphi^{(n+1)}(\xi_x)=f^{(n+1)}(\xi_x)-q^{(n+1)}(\xi_x)$. 对(8.12)中的 $q(t)$求导 $n+1$ 次，因为 $p^{n+1}(t)=0$，我们发现，$q^{n+1}(t)=\lambda(n+1)!$. 所以

$$f^{n+1}(\xi_x)=\lambda(n+1)!=\frac{f(x)-p(x)}{\prod_{j=0}^{n}(x-x_j)}\cdot(n+1)!$$

于是得到结果(8.11). □

插值多项式的误差也能用均差来表示. 8.3.1 节中的均差公式可能已经使你有点想起导数，这是因为均差是导数的近似；n 阶均差近似于$\frac{1}{n!}$乘 n 阶导数. 再考虑(8.12)在点 x_0，…，x_n 和 x 处插值 f 的多项式 q. 根据定义，该公式中的系数 λ(t 的最高次幂的系数)是均差 $f[x_0, …, x_n, x]$. 因为 $q(x)=f(x)$，就得到 190

$$f(x)=p(x)+f[x_0,\cdots,x_n,x]\cdot\prod_{j=0}^{n}(x-x_j) \tag{8.13}$$

把它与(8.11)比较，我们看到

$$f[x_0,\cdots,x_n,x]=\frac{1}{(n+1)!}f^{n+1}(\xi_x) \tag{8.14}$$

例 8.4.1 设 $f(x)=\sin x$，令 p_1 是在 0 和$\frac{\pi}{2}$处插值 f 的一次多项式. 那么 $p_1(x)=\frac{\pi}{2}x$. 在区间$\left[0, \frac{\pi}{2}\right]$上这两个函数由图 8-2 给出.

因为 $|f''(x)|=|\sin x|\leqslant 1$，所以由定理 8.4.1，对任何点 x

$$|f(x)-p_1(x)|\leqslant\frac{1}{2!}\left|(x-0)\left(x-\frac{\pi}{2}\right)\right|$$

对 $x\in\left[0,\frac{\pi}{2}\right]$，当 $x=\frac{\pi}{4}$ 它取极大值，因此

$$|f(x)-p_1(x)|\leqslant\frac{1}{2}\left(\frac{\pi}{4}\right)^2$$

实际误差是 $\left|\sin\frac{\pi}{4}-\frac{2}{\pi}\cdot\frac{\pi}{4}\right|=\frac{\sqrt{2}-1}{2}\approx 0.207$，因此我们在区间 $\left[0,\frac{\pi}{2}\right]$ 内得到了比较好的近似.

然而假定我们在 π 点用 $p_1(x)$ 外推 f 的值. 因为 $\sin\pi=0$，而 $p_1(\pi)=2$，在这种情形误差将是 2. 定理 8.4.1 仅保证

$$|f(\pi)-p_1(\pi)|\leqslant\frac{1}{2}\left|(\pi-0)\left(\pi-\frac{\pi}{2}\right)\right|=\frac{\pi^2}{4}$$

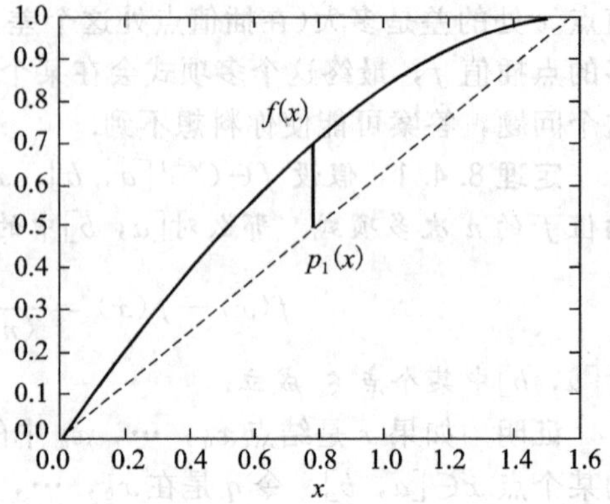

图 8-2　$f(x)=\sin x$ 和在 0 与 $\frac{\pi}{2}$ 处插值 f 的一次多项式的图像

假设我们在 0 和 $\frac{\pi}{2}$ 之间加入越来越多的插值点，我们能外推到 $x=\pi$ 并且得到对 $f(\pi)$ 的一个比较好的近似吗？因为 $f(x)=\sin x$ 的各阶导数的绝对值以 1 为上界，所以在这种情况答案是肯定的. 当插值点的个数 $n+1$ 增加时，在(8.11)中的因子 $\frac{1}{(n+1)!}$ 减小. 如果 $x=\pi$

191 而且每一个 $x_j\in\left[0,\frac{\pi}{2}\right]$，那么因子 $\left|\prod_{j=1}^{n+1}(x-x_j)\right|$ 增大，但是它比 $(n+1)!$ 增大得慢：

$$\lim_{n\to\infty}\frac{\pi^{n+1}}{(n+1)!}=0$$ ■

例 8.4.2（Runge 函数）　在区间 $I=[-5,5]$ 上考虑函数 $f(x)=\frac{1}{1+x^2}$，假设我们用在整个区间 I 内越来越多的等距点插值 f，插值多项式序列 p_n 在 I 上会收敛到 f 吗？答案是否定的. 在图 8-3 中绘出了函数 f 和它的 10 次插值多项式 p_{10}.

随着次数 n 增大，在区间的端点附近振荡变得越来越大. 这与定理 8.4.1 并不矛盾，因为在这种情形下(8.11)中的量 $\left|f^{(n+1)}(\xi_x)\prod_{j=0}^{n}(x-x_j)\right|$ 在 $x=\pm 5$ 附近随 n 甚至比 $(n+1)!$ 增大得更快. 通过考虑在复平面中有极点 $\pm i$ 的函数 $\frac{1}{1+z^2}$ 可以最

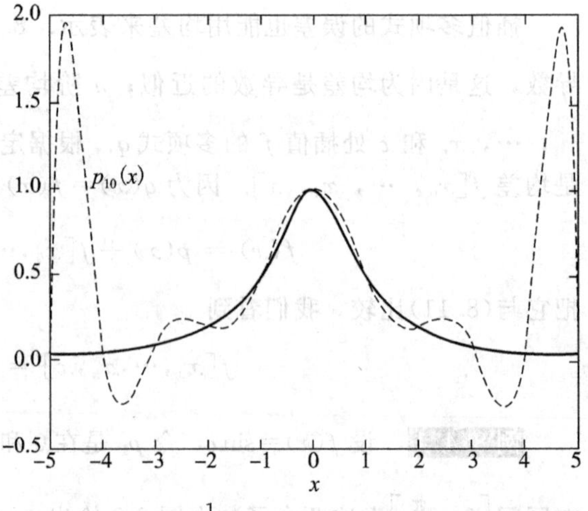

图 8-3　$f(x)=\frac{1}{1+x^2}$ 和它的 10 次插值多项式的图像

好地理解这个例子．这有点超出了本书的范围，但却是复分析课程中讨论的课题．

8.5　在 Chebyshev 点的插值和 chebfun

许多与高次多项式插值有关的困难能够通过在区间端点附近聚集插值点而非等距插值点得到克服．比如说 **Chebyshev 插值点**(也叫 Gauss-Lobatto 点)

$$x_j = \cos\left(\frac{\pi j}{n}\right), \quad j = 0, \cdots, n, \tag{8.15}$$

(或者这些点的伸缩与平移样式)常用于插值．事实上，有一种叫作 chebfun[9,97] 的完整的 MATLAB 软件包可以让用户应用于函数计算，这些函数在软件包内由依 Chebyshev 点(8.15)的插值多项式表示．插值多项式次数是自动选择的以便达到接近机器精度的精确水准．chebfun 软件包有效使用的关键是用快速傅里叶(Fourier)变换(FFT)对这个多项式插值的各种不同的表达式之间进行转换，在 14.5.1 节将讲述它的一种算法． 192

可以证明当 x_0，…，x_n 是 Chebyshev 点时，在误差公式(8.11)中的因子 $\prod_{j=0}^{n}(x-x_j)$ 满足 $\max_{x\in[-1,1]}\left|\prod_{j=0}^{n}(x-x_j)\right| \leqslant 2^{-n+1}$，它是接近最优的[88]．而且，在重心坐标插值公式(8.6)中的权取非常简单的形式：

$$w_j = \frac{2^{n-1}}{n}\begin{cases}\dfrac{(-1)^j}{2} & \text{如果 } j=0 \text{ 或 } j=n \\ (-1)^j & \text{其他情形}\end{cases} \tag{8.16}$$

这使得这个公式在计算非插值点的 x 处的 $p(x)$ 时特别方便．每一个 ω_i 中的因子 $\frac{2^{n-1}}{n}$ 可以去掉，因为它既是(8.6)中的分子，又是分母．

我们不加证明地叙述下面的定理[9]，在∞-范数下依 Chebyshev 点的插值多项式接近最佳逼近多项式，即在区间[−1，1]上它与函数的最大偏差最多是 $\min_{q_n}\|f-q_n\|_\infty$ 的适当的倍数，这里最小值是对所有 n 次多项式 q_n 而取的，且 $\|f-q_n\|_\infty = \max_{x\in[-1,1]}|f(x)-q_n(x)|$．

定理 8.5.1　设 $f(x)$ 是[−1，1]上的连续函数．p_n 是它依 Chebyshev 点(8.15)的 n 次插值多项式，而 p_n^* 是它在∞-范数下对区间[−1，1]上的所有 n 次多项式的最佳逼近．那么

1. $\|f-p_n\|_\infty \leqslant (2+\frac{2}{\pi}\log n)\|f-p_n^*\|_\infty$．

2. 对某个 $k\geqslant 1$，如果 f 在[−1，1]内有一个具有有界变差(意指沿着函数的图像的总垂直距离是有限的)的 k 阶导数，那么当 $n\to\infty$，$\|f-p_n\|_\infty = O(n^{-k})$．

3. 如果 f 在[−1，1]中的一个邻域内(在复平面内)解析，那么当 $n\to\infty$ 时，对某个 $C<1$，$\|f-p_n\|_\infty = O(C^n)$，特别地，如果 f 在焦点为±1，长半轴和短半轴长为 $M\geqslant 1$ 及 $m\geqslant 0$ 的闭椭圆内解析，那么我们可以取 $C=\frac{1}{M+m}$．

例 8.5.1(依 *Chebyshev* 点插值的 *Runge* 函数)　再考虑在区间 $I=[-5, 5]$ 上的 Runge 函数 $f(x)=\frac{1}{1+x^2}$．我们首先作变量变换 $t=\frac{x}{5}$ 并定义新的函数 $g(t)=f(x)$，所以

g 定义在 $t\in[-1, 1]$ 并且 $g(t)=f(5t)=\dfrac{1}{1+25t^2}$. 图 8-4 表示依 $n+1$ 个 Chebyshev 点 $t_j=\cos\left(\dfrac{\pi j}{n}\right)(j=0, \cdots, n)$ 对 $n=5$, 10, 20 及 40 插值 g 的结果. 对 $n\geqslant 20$, 在图 8-4 的图中函数与其插值多项式不能区分开来. $g(t)$ 的插值多项式 $p_n(t)$ 容易变回 f 在 $[-5, 5]$ 上的插值多项式; 如果 $q_n(x)=p_n\left(\dfrac{x}{5}\right)$, 那么 $f(x)-q_n(x)=g(t)-p_n(t)$. 把这些结果与前一节依等距点插值的例题进行比较.

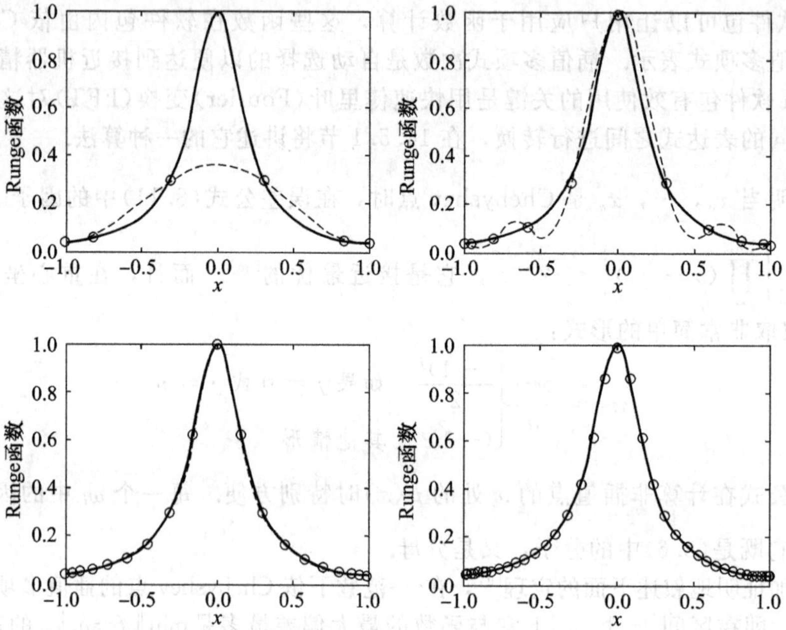

图 8-4 依 $n+1$ 个 Chebyshev 点 $t_j=\cos\left(\dfrac{\pi j}{n}\right)(j=0, \cdots, n)$ 对 $n=5$, 10, 20 及 40 插值 $g(t)=\dfrac{1}{1+25t^2}$

根据定理 8.5.1 第 2 部分, 因为 g 在区间 $[-1, 1]$ 内有无穷多次具有界变差的导数,
193 当 $n\to\infty$ 时 g 与其 n 次多项式插值的差的 ∞-范数比任何幂 n^{-k} 更快地收敛到 0. 表 8-1 表明关于所试验值 n 的误差的 ∞-范数. 注意比值 $\dfrac{\|g-p_n\|_\infty}{\|g-p_{\frac{n}{2}}\|_\infty}$ 随着 n 减小; 如果对某个固定的 $k\geqslant 1$, 误差像 $O(n^{-k})$ 一样减小(而不是像 n^{-1} 的某个更高次幂), 那么我们可以预期这些比值将逼近常数 2^{-k}.

表 8-1 依 $n+1$ 个 Chebyshev 点 $t_j=\cos\left(\dfrac{\pi j}{n}\right)(j=0, \cdots, n)$ 插值 $g(t)=\dfrac{1}{1+25t^2}$ 的误差

n	$\|g-p_n\|_\infty$	$\dfrac{\|g-p_n\|_\infty}{\|g-p_{\frac{n}{2}}\|_\infty}$
5	0.64	
10	0.13	0.21
20	0.018	0.13
40	3.33×10^{-4}	0.019

据定理 8.5.1 的第 3 部分可进一步解释这种误差的减小. 考虑复平面内一个中心在原点，焦点是 $\pm i$ 的椭圆，不通过或不围绕点 $\pm\frac{i}{5}$(这里 g 有奇点). 这种椭圆必须半短轴长 $m<\frac{1}{5}$. 因为从椭圆中心到它的任一个焦点的距离是 $\sqrt{M^2-m^2}$，于是得到 $M^2-m^2=1$，因此 $M<\frac{\sqrt{26}}{5}$. 按照定理，这蕴含着对任一常数 $C>\frac{5}{1+\sqrt{26}}\approx 0.82$，当 $n\to\infty$ 时 n 次多项式插值的误差像 $O(C^n)$一样减小. ■ 194

例 8.5.2(在 chebfun 中的 Runge 函数). 如果用 chebfun 系统对 Runge 函数操作，那么在 MATLAB 中打出

```
f = chebfun('1 ./ (1 + x.^2)',[-5,5])
```

去定义在区间[−5，5]上自变量 x 的函数 f. 然后软件包计算这个函数依 Chebyshev 点(按区间[−5，5]伸缩)的插值多项式，并选择多项式的次数以达到接近机器精度的精确水准，它返回以下关于 f 的信息.

```
f =
   chebfun column (1 smooth piece)
       interval              length    endpoint values
(        -5,           5)      183       0.038      0.038
vertical scale =    1
```

长度=183 表示软件包选择用依 183 个 Chebyshev 点插值 f 的 182 次多项式来表示 f. 这是一个比通常表示看似良好的函数所需要的更高次多项式，但是因为在复平面中有奇点 ±i，在这种情况下原来就是必需的. 通过打印 plot(f)就能画出得到的函数，而且在图 8-5 中从第一个图看到插值多项式确实像 Runge 函数. 还可以看出更多：为什么通过打印下列指令去选择那 183 个插值点.

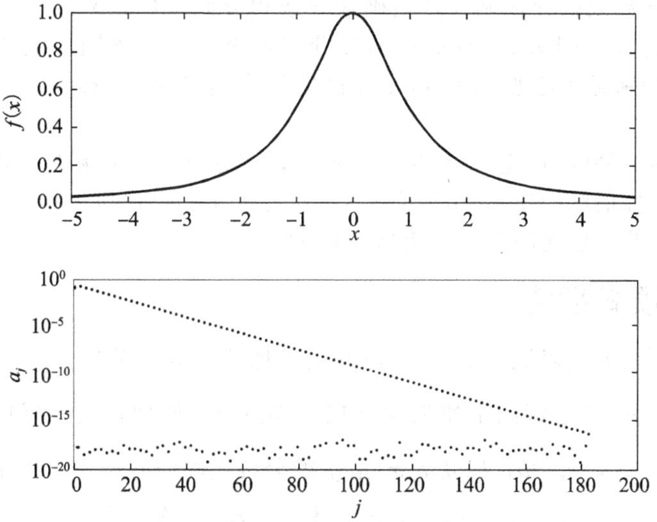

图 8-5　用 chebfun 系统对 Runge 函数的插值多项式(上图)和插值多项式系数的绝对值在 y 轴上的对数图像(下图) 195

```
coeffs = chebpoly(f);
np1 = length(coeffs);
semilogy([0:np1-1],abs(coeffs(np1:-1:1)),'.')
```

向量 coeffs 包含插值多项式依 Chebyshev 多项式展开的系数，并且我们从上面知道它的长度是 183. Chebyshev 多项式 $T_j(x)$ 由 $T_j(x)=\cos(j\arccos x)(j=0, 1, \cdots)$ 给出，而且它们也满足递推公式 $T_{j+1}(x)=2xT_j(x)-T_{j-1}(x)$，$T_0(x)=1$ 及 $T_1(x)=x$. 它们称为在区间$[-1, 1]$上关于权函数$(1-x^2)^{\frac{-1}{2}}$的正交多项式. 这是因为 $\int_{-1}^{1}T_j(x)T_k(x)(1-x^2)^{-\frac{1}{2}}\mathrm{d}x=0$，对 $j\neq k$ 成立. 在 10.3.1 节将进一步讨论正交多项式. 一般而言，把多项式 p 表示成像 Chebyshev 多项式这样的正交多项式的线性组合比把 p 写成 $p(x)=\sum_{j=0}^{n}c_jx^j$ 更好. 于是向量 coeffs 将包含值 a_0，…，a_n 使得 $p(x)=\sum_{j=0}^{n}a_jT_j(x)$，这里 p 是插值多项式. 命令 semilogy 以对数尺度绘出这些系数的绝对值，而且我们可以希望当所有剩下的系数等于机器精度的适当的倍数时终止这个展开式. 图 8-5 中第二个图证实了这一点. 奇次 Chebyshev 多项式的系数都接近 0，在认为此展开式足够精确表示这个函数之前，偶次 Chebyshev 多项式的系数下降到10^{-15}以下.

你能从网页 *www2.maths.ox.ac.uk/chebfun/* 看到关于 *chebfun* 的更多内容以及下载这个软件.

过去，数值分析教科书常常轻视高次多项式插值，特别是 Lagrange 插值公式，因为通常插值依等距结点进行，以及使用 Lagrange 公式的原型(8.3)而不是重心型(8.6). 如上述例题所示，现在看来这种观点是错误的. 实际上，依 Chebyshev 点插值以及用 Chebyshev 多项式的线性组合近似一个函数的优点已在[83]阐述. 我们在后面将看到用依 Chebyshev 点的插值多项式去解数值微分和积分问题的例子. 一个函数一旦被多项式精确地近似，它的导数或积分就能通过精确求导或积分此多项式来近似. 如果微分方程中涉及的函数用它们依 Chebyshev 点的插值多项式代替，此方程同样能够精确求解. 有关多项式插值以及特别是重心型 Lagrange 插值的更多信息见 Berrut 和 Trefethen 的优秀的综述文章[11].

下一节叙述另一种(或补充)高次多项式近似，即**分段多项式插值**. 即使在一些子区间
196 上使用高次多项式插值(依 Chebyshev 点)，考虑到函数 f 或它的某些导数的**不连续性**，把给定的区间分成一些子区间的考虑可能是必要的.

8.6　分段多项式插值

在区间$[a, b]$上逼近函数 f 的另一种方法是把这个区间分成 n 个子区间，每一个长 $h\equiv\frac{b-a}{n}$，并且在每一个子区间上用低次多项式逼近 f. 例如，如果这些子区间的端点是 $a\equiv x_0$，x_1，…，x_{n-1}，$x_n\equiv b$，以及 $\ell(x)$是 f 的分段线性插值式，那么在$[x_{i-1}, x_i]$上

$$\ell(x)=f(x_{i-1})\frac{x-x_i}{x_{i-1}-x_i}+f(x_i)\frac{x-x_{i-1}}{x_i-x_{i-1}}$$

[注意我们用了 $l(x)$的 Lagrange 形式.]函数和它的分段线性插值(多项)式在图 8-6 中画出.

有很多理由表明我们需要用分段多项式近似一个函数. 例如，假设我们想要计算 $\int_a^b f(x)\mathrm{d}x$. 解析地积分 f 或许是不可能的，但是积分多项式是容易的. 利用 f 的分段线性插值式，我们将得到近似

$$\begin{aligned}\int_a^b f(x)\mathrm{d}x &\approx \sum_{i=1}^{n}\int_{x_{i-1}}^{x_i}\left[f_{i-1}\frac{x-x_i}{x_{i-1}-x_i}\right.\\ &\qquad\left.+f_i\frac{x-x_{i-1}}{x_i-x_{i-1}}\right]\mathrm{d}x\\ &=\sum_{i=1}^{n}\left[f_{i-1}\frac{h}{2}+f_i\frac{h}{2}\right]\\ &=\frac{h}{2}[f_0+2f_1+\cdots+2f_{n-1}+f_n]\end{aligned}$$

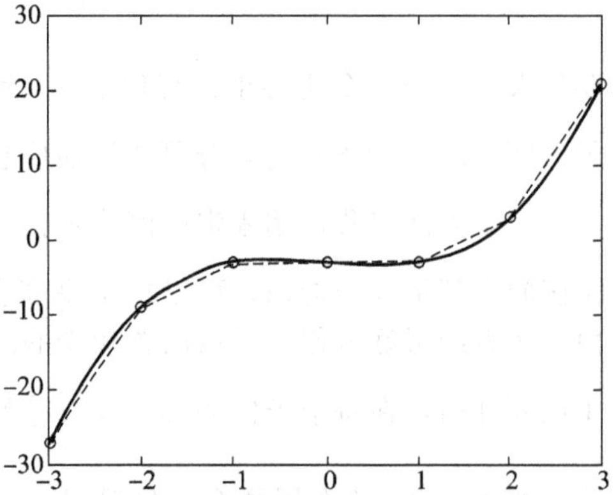

图 8-6　函数和它的分段线性插值

这里我们又用到简写 $f_i \equiv f(x_i)$. 你可能认出这是梯形法则. 数值积分方法将在第 10 章中讨论. 197

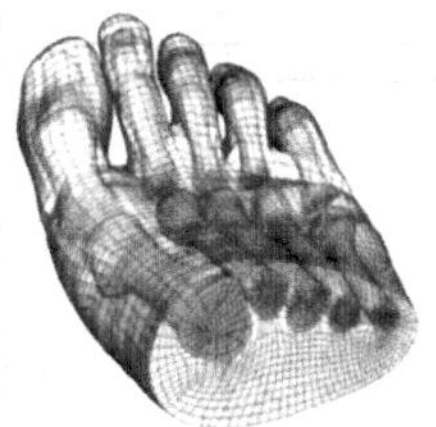

用分段线性插值建立模型

分段线性插值广泛地用于创造物体的镶嵌装饰. 左脚的模型包括 17 根骨头和软组织，在 Cleveland 的门诊部基金会的 Cavanagh 实验室就把这种模型用于生物工程和鞋袜设计. 这种模型经常与偏微分方程数值方法一起用于模拟复杂的物理现象.（影像来源：华盛顿大学的 Peter Cavanagh 博士，cavanagn@uw.edu）

另一种应用是在表中插值(尽管随着计算器的应用变得越来越不流行). 例如，假设你知道 $\sin\frac{\pi}{6}=\frac{1}{2}$ 及 $\sin\frac{\pi}{4}=\frac{\sqrt{2}}{2}$. 那你如何估计，譬如 $\sin\frac{\pi}{5}$ 的值? 一种可能是在区间 $\left[\frac{\pi}{6}, \frac{\pi}{4}\right]$ 上用 $\sin x$ 的线性插值式. 它是

$$\ell(x)=\frac{1}{2}\cdot\frac{x-\frac{\pi}{4}}{\frac{\pi}{6}-\frac{\pi}{4}}+\frac{\sqrt{2}}{2}\cdot\frac{x-\frac{\pi}{6}}{\frac{\pi}{4}-\frac{\pi}{6}}$$

因此 $\ell\left(\frac{\pi}{5}\right)=\frac{1}{2}\cdot\frac{3}{5}+\frac{\sqrt{2}}{2}\cdot\frac{2}{5}=\frac{3+2\sqrt{2}}{10}\approx 0.58$.

对分段线性插值式的误差能说些什么? 从定理 8.4.1 知道在子间区 $[x_{i-1}, x_i]$ 上，

$$f(x)-\ell(x)=\frac{f''(\xi_x)}{2!}(x-x_{i-1})(x-x_i)$$

对某个 $\xi_x\in[x_{i-1}, x_i]$ 成立. 如果对所有的 $x\in[x_{i-1}, x_i]$，$|f''(x)|\leqslant M$，那么

$$|f(x)-\ell(x)|\leqslant\frac{M}{2}\max_{x\in[x_{i-1},x_i]}|(x-x_{i-1})(x-x_i)|=\frac{M}{2}\left(\frac{h}{2}\right)^2=\frac{Mh^2}{8}$$

如果 $|f''(x)|\leqslant M$ 对所有的 $x\in[a, b]$ 成立，那么同样的估计对每个子区间成立. 因此，对一切 $x\in[a, b]$

$$|f(x)-\ell(x)| \leqslant \frac{Mh^2}{8}$$

要使误差小于某个所要求的容许值 δ，我们可以选择 h 使得 $\frac{Mh^2}{8}<\delta$，即 $h<\sqrt{\frac{8\delta}{M}}$. 于是当
198 子区间长度 h 趋于 0 时，分段线性插值总是收敛到函数 $f\in C^2[a, b]$.

为了方便，我们用固定的网格步长 $h\equiv\frac{b-a}{n}=x_i-x_{i-1}(i=0, 1, \cdots, n)$. 要用较少的子区间达到精确的近似，可以在 f 是高度非线性的区域放置较多的结点 x_i，而在函数可以由一条直线很好近似的区域放置较少的结点. 这可以自适应地执行. 我们可以从相当大的子区间开始，在每个子区间 $[x_{i-1}, x_i]$ 上检验 $f\left(\frac{x_i+x_{i-1}}{2}\right)$ 和 $l\left(\frac{x_i+x_{i-1}}{2}\right)$ 的差，并且如果这个差大于 δ，那么用两个长度都是 $\frac{x_i-x_{i-1}}{2}$ 的子区间代替这个子区间. 这种自适应的策略并不确保安全；f 和 l 在这个子区间的中点可能非常接近，而在其他点却不是这样，那么这个子区间就不能如它所应划的那样被划分. 然而，这种策略常执行得很好，并比用许多等距子区间低的代价给出 f 的一种好的分段线性近似.

提高插值精度的另一种方法是用较高次分段多项式；例如，在子区间中点和端点用二次多项式插值 f. 函数和它的分段二次插值多项式在图 8-7 中给出.

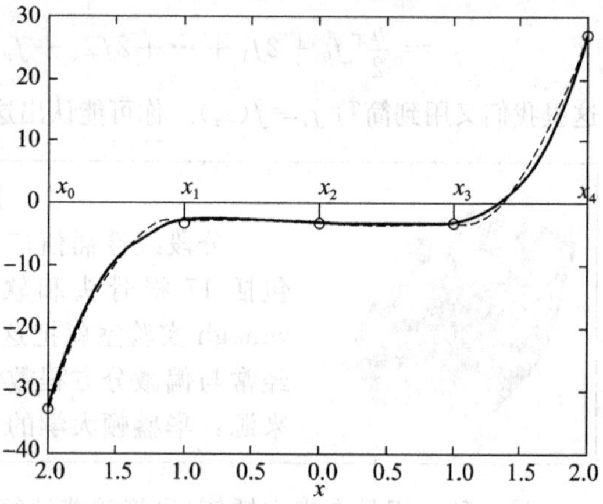

图 8-7　函数和它的分段二次插值

我们从定理 8.4.1 知道，在区间 $[x_{i-1}, x_i]$ 中，二次插值多项式 $q(x)$ 的误差是

$$f(x)-q(x)=\frac{f'''(\xi_x)}{3!}(x-x_{i-1})\left(x-\frac{x_i+x_{i-1}}{2}\right)(x-x_i)$$

对某点 $\xi_x\in[x_{i-1}, x_i]$. 如果对所有的 $x\in[a, b]$，$\left|\frac{f'''(x)}{3!}\right|$ 的值不超过常数 M，那么二次插值多项式中的误差像 $O(h^3)$ 一样减小，这是因为对任意 $x\in[x_{i-1}, x_i]$，因子 $\left|(x-x_{i-1})\left(x-\frac{x_i+x_{i-1}}{2}\right)(x-x_i)\right|$ 小于 h^3.

这种分段二次插值多项式像分段线性插值多项式一样是连续的，但是它们的导数一般不连续. 另一种想法是要求：$q(x_i)=f(x_i)$ 及 $q'(x_i)=f'(x_i)$，$i=0, 1, \cdots, n$. 但是如果我们试图用分段二次多项式 q 来达到这个要求，那么在每个子区间 $[x_{i-1}, x_i]$ 内 q' 必须是
199 f' 的线性插值：

$$q'(x)=f'(x_{i-1})\frac{x-x_i}{x_{i-1}-x_i}+f'(x_i)\frac{x-x_{i-1}}{x_i-x_{i-1}},\quad x\in[x_{i-1}, x_i]$$

积分 q'，得到 $q(x)=\int_{x_{i-1}}^{x} q'(t)\mathrm{d}t+C$，$C$ 是常数. 为了使 $q(x_{i-1})=f(x_{i-1})$，必须有 $C=$

$f(x_{i-1})$. 但是 C 是固定的，无法使 $q(x_i)=f(x_i)$. 于是用分段二次多项式不能达到匹配函数值和一阶导数的目的.

8.6.1 分段三次 Hermite 插值

假设改用分段三次多项式 p 而且要在网格点处匹配 f 和 f'. 在 x_{i-1} 和 x_i 匹配 f' 的二次多项式 p' 能够写成

$$p'(x)=f'(x_{i-1})\frac{x-x_i}{x_{i-1}-x_i}+f'(x_i)\frac{x-x_{i-1}}{x_i-x_{i-1}}+\alpha(x-x_{i-1})(x-x_i)$$

其中 $x\in[x_{i-1}, x_i]$. 这里为了匹配函数值我们引入了可变的附加参数 α，积分得

$$\begin{aligned}p(x)=&-\frac{f'(x_{i-1})}{h}\int_{x_{i-1}}^{x}(t-x_i)\mathrm{d}t+\frac{f'(x_i)}{h}\int_{x_{i-1}}^{x}(t-x_{i-1})\mathrm{d}t\\&+\alpha\int_{x_{i-1}}^{x}(t-x_{i-1})(t-x_i)\mathrm{d}t+C\end{aligned}$$

条件 $p(x_{i-1})=f(x_{i-1})$ 蕴含 $C=f(x_{i-1})$. 代入并积分得

$$\begin{aligned}p(x)=&-\frac{f'(x_{i-1})}{h}\left(\frac{(x-x_i)^2}{2}-\frac{h^2}{2}\right)+\frac{f'(x_i)}{h}\frac{(x-x_{i-1})^2}{2}\\&+\alpha(x-x_{i-1})^2\left(\frac{(x-x_{i-1})}{3}-\frac{h}{2}\right)+f(x_{i-1})\end{aligned}\tag{8.17}$$

那么条件 $p(x_i)=f(x_i)$ 蕴含着

$$p(x_i)=f'(x_{i-1})\frac{h}{2}+f'(x_i)\frac{h}{2}-\alpha\frac{h^3}{6}+f(x_{i-1})=f(x_i)\Rightarrow$$

$$\alpha=\frac{3}{h^2}(f'(x_{i-1})+f'(x_i))+\frac{6}{h^3}(f(x_{i-1})-f(x_i))\tag{8.18}$$

例 8.6.1 设 $f(x)=x^4$，$x\in[0, 2]$. 用两个子区间 $[0, 1]$ 和 $[1, 2]$ 求 f 的分段三次 Hermite 插值多项式.

对这个问题，$x_0=0$，$x_1=1$，$x_2=2$ 及 $h=1$. 把这些值及 f 和它的导数值代入(8.17)和(8.18)，我们得到 200

$$p(x)=\begin{cases}2x^3-x^2 & \text{在}[0,1]\\6x^3-13x^2+12x-4 & \text{在}[1,2]\end{cases}$$

你应该检查 p 和 p' 与 f 和 f' 在网格点 0，1 及 2 是否匹配. ■

样条在波音

第二次世界大战期间，英国飞机工业在一个大型设计放样间的地板上展开的设计中用细木条(称为样条)通过关键插值点的办法为飞机设计构造模板. 在 20 世纪 60 年代，波音公司的研究人员用数值样条代替这些放样技术. 到 90 年代中期在波音的计算常规地包含30—50 000个数据点，这是不能靠手工做的业绩. 波音对样条的使用超出了飞机的设计. 它们也用于海军和防卫系统. 2005 年，波音飞机飞行 42 000 多次，而且在公司内进行了10 000 多种设计应用和 20 000 多种工程应用[31]. 于是波音公司每天承担大约 5 亿个样条计算，而且这个数目还在每天看涨[47]. 样条在波音广泛地应用并遍及制造和工程部门.

8.6.2　三次样条插值

分段三次 Hermite 插值多项式有一阶连续导数，如果我们放弃在结点上插值函数的导数与 f 的导数相匹配的要求，那么我们能得到甚至更光滑的分段三次插值函数. **三次样条插值函数** s 是在结点(也叫节点)x_0，…，x_n 插值 f 的分段三次函数并有两阶连续导数.

我们不可能仅用 f 和它的导数在$[x_{i-1}, x_i]$上的值来写出 $s(x)$在这个子区间上的公式. 此时我们要解一个含有 f 在所有结点上的值的大型线性方程组去同时确定 $s(x)$在所有子区间上的公式. 在此之前，我们来计算一下方程和未知量(也称为自由度)的个数. 一个三次多项式由 4 个参数确定；因为 s 在每个子区间是三次多项式，而且有 n 个子区间，所以未知量的个数是 $4n$. 因为三次多项式在 n 个子区间中的每一个子区间必须在两个点匹配 f，所以条件 $s(x_i)=f_i(i=0, 1, \cdots, n)$产生 $2n$ 个方程. 条件 s'和 s''在 x_1，…，x_{n-1}连续产生另外 $2n-2$ 个方程，总共是含 $4n$ 个未知量的 $4n-2$ 个方程. 剩下 2 个自由度，这些可以用来在样条的端点附加各种条件，以得到不同类型的三次样条.

201 要推出三次样条插值的方程，我们从置 $z_i=s''(x_i)(i=1, \cdots, n-1)$开始. 假设现在已知 z_i 的值，由于 s''在每个子区间内是线性的，它必须在$[x_{i-1}, x_i]$满足

$$s''(x) = z_{i-1}\frac{x-x_i}{x_{i-1}-x_i} + z_i\frac{x-x_{i-1}}{x_i-x_{i-1}}$$

为简化记号起见，假定对所有的 i 用等距网格，$x_i-x_{i-1}=h$，这不是必须的，但的确使表达式简单一些. 在此假设下，再用 s_i 表示 s 在第 i 个子区间的限制，可得

$$s''_i(x) = \frac{1}{h}z_{i-1}(x_i-x) + \frac{1}{h}z_i(x-x_{i-1}) \tag{8.19}$$

积分得

$$s'_i(x) = -\frac{1}{h}z_{i-1}\frac{(x_i-x)^2}{2} + \frac{1}{h}z_i\frac{(x-x_{i-1})^2}{2} + C_i \tag{8.20}$$

和

$$s_i(x) = \frac{1}{h}z_{i-1}\frac{(x_i-x)^3}{6} + \frac{1}{h}z_i\frac{(x-x_{i-1})^3}{6} + C_i(x-x_{i-1}) + D_i \tag{8.21}$$

C_i 和 D_i 是常数.

现在我们来应用关于 s_i 的必要条件. 由(8.21)，条件 $s_i(x_{i-1})=f_{i-1}$蕴含

$$\frac{h^2}{6}z_{i-1} + D_i = f_{i-1}, \quad 或\ D_i = f_{i-1} - \frac{h^2}{6}z_{i-1} \tag{8.22}$$

条件 $s_i(x_i)=f_i$ 及(8.21)和(8.22)一起蕴含

$$\frac{h^2}{6}z_i + C_ih + f_{i-1} - \frac{h^2}{6}z_{i-1} = f_i$$

或

$$C_i = \frac{1}{h}\left[f_i - f_{i-1} + \frac{h^2}{6}(z_{i-1}-z_i)\right] \tag{8.23}$$

将这些代入(8.21)得

$$s_i(x) = \frac{1}{h}z_{i-1}\frac{(x_i-x)^3}{6} + \frac{1}{h}z_i\frac{(x-x_{i-1})^3}{6}$$

$$+\frac{1}{h}\left[f_i-f_{i-1}+\frac{h^2}{6}(z_{i-1}-z_i)\right]\times(x-x_{i-1})+f_{i-1}-\frac{h^2}{6}z_{i-1} \tag{8.24}$$

一旦知道参数 z_1，…，z_{n-1}，就能用这些公式来计算 s 在任何点的值.

我们将利用 s' 的连续性来确定 z_1，…，z_{n-1}. 条件 $s'_i(x_i)=s'_{i+1}(x_i)$ 与(8.20)及(8.23)一起蕴含

$$\frac{h}{2}z_i+\frac{1}{h}(f_i-f_{i-1})+\frac{h}{6}(z_{i-1}-z_i)=-\frac{h}{2}z_i+\frac{1}{h}(f_{i+1}-f_i)+\frac{h}{6}(z_i-z_{i+1})$$

$$i=1,\cdots,n-1$$ 202

把未知量 z_j 移到左边，并把已知量 f_j 移到右边，上式成为

$$\frac{2h}{3}z_i+\frac{h}{6}z_{i-1}+\frac{h}{6}z_{i+1}=-\frac{2}{h}f_i+\frac{1}{h}f_{i-1}+\frac{1}{h}f_{i+1},\quad i=1,\cdots,n-1$$

这是关于 z_1，…，z_{n-1} 的对称三对角线性方程组

$$\begin{bmatrix}\alpha_1 & \beta_1 & & \\ \beta_1 & \ddots & \ddots & \\ & \ddots & \ddots & \beta_{n-2} \\ & & \beta_{n-2} & \alpha_{n-1}\end{bmatrix}\begin{bmatrix}z_1\\ \vdots\\ \vdots\\ z_{n-1}\end{bmatrix}=\begin{bmatrix}b_1\\ \vdots\\ \vdots\\ b_{n-1}\end{bmatrix} \tag{8.25}$$

其中

$$\alpha_i=\frac{2h}{3},\quad \beta_i=\frac{h}{6}\quad \text{对一切 } i$$

$$b_i=\frac{1}{h}(f_{i+1}-2f_i+f_{i-1}),\quad i=2,\cdots,n-2$$

$$b_1=\frac{1}{h}(f_2-2f_1+f_0)-\frac{h}{6}z_0$$

$$b_{n-1}=\frac{1}{h}(f_n-2f_{n-1}+f_{n-2})-\frac{h}{6}z_n$$

我们可以自由地选择 z_0 和 z_n，且不同的选择给出不同类型的样条. 选择 $z_0=z_n=0$ 给出所谓的**自然三次样条**. 可以证明这是曲率(近似)最小的 f 的 C^2 分段三次插值. 取 z_0 和 z_n 使样条的一阶导数在端点与 f 的一阶导数匹配(或在端点取给定的值)就得到**完全样条**. 选择 z_0 和 z_n 保证三阶导数在 x_1 和 x_{n-1} 均连续就得到**非结点样条**. 如果没有端点的导数信息，这种选择是可取的.

例 8.6.2 设在[0, 2]上 $f(x)=x^4$. 用两个子区间[0, 1]和[1, 2]求 f 的自然三次样条插值.

因为这个问题仅有两个子区间($n=2$)，三对角方程组(8.25)是仅含一个未知量的一个方程. 于是 $\alpha_1=\frac{2}{3}$ 及 $b_1=f_2-2f_1+f_0=14$，所以 $z_1=21$. 利用这个值以及 $z_0=z_2=0$，在(8.24)中我们能求出 s_1 和 s_2：

$$s_1(x)=\frac{7}{2}x^3-\frac{5}{2}x$$

$$s_2(x)=-\frac{7}{2}x^3+21x^2-\frac{47}{2}x+7$$ 203

你应该检查所有条件

$$s_1(0)=f(0),\quad s_1(1)=s_2(1)=f(1),\quad s_2(2)=f(2)$$

$$s_1'(1)=s_2'(1),\quad s_1''(1)=s_2''(1)$$

及

$$s_1''(0)=s_2''(2)=0$$

都满足. ■

例 8.6.3 用 MATLAB 求通过点(0，0)，(1，0)，(3，2)和(4，2)的三次样条.

注意这个问题中结点间隔不均匀. 我们可默认用 MATLAB 中的样条函数计算非结点样条. 令 X=[0 1 3 4]，Y=[0 0 2 2]，则非结点样条可以算出并且用命令 plot(x, ppval(spline(X, Y), x))画出图来，这里 x 是用来计算样条绘图的一数组，如 x=linspace (0, 4, 200). 对于非结点样条，向量 x 和 y 有相同的长度. 给定在区间端点的斜率，并把这些值附加到向量 y 的起始和末尾就能得到完全三次样条插值，例如，命令 plot(x, ppval(spline(X, [0 Y 0])生成图 8-8 中满足 $f'(0)=f'(4)=0$ 的完全样条. 图 8-8 也显示了自然三次样条插值，且右边是在 $x=3$ 和 $x=4$ 之间样条的微观图，以突出端点条件的差别. 可以看到完全三次样条在 $x=4$ 有零斜率；此自然三次样条在 $x=4$ 确有零曲率但不易看出来. ■

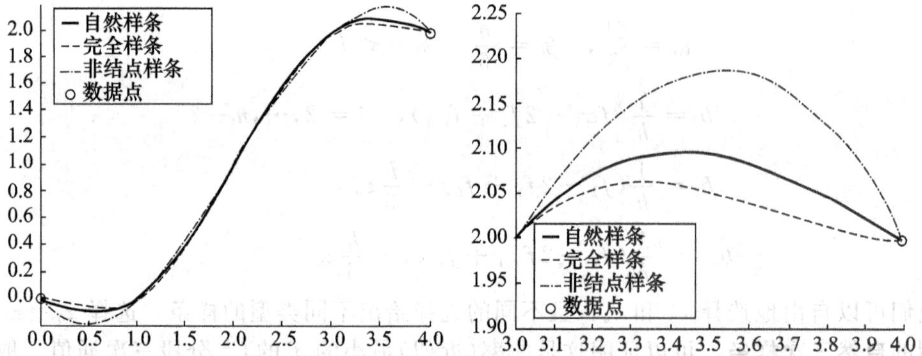

a）完全、自然三次和非结点样条　　b）样条微观图

图 8-8

8.7 若干应用

204 在这一章讨论过的几种数值插值技术广泛地用于工业、政府和学术界. 这一节我们只给出这些应用的例子，而不涉及所使用的具体算法细节.

NURBS. 非一致有理样条(NonUniform Rational B-Splines，NURBS)是一组能够精确模拟 2 或 3 维的复杂几何形体的数学函数. 它们常与计算机辅助设计(CAD)软件结合用在如计算机制图和制造领域. 在图 8-9a 中，我们看到以 CAD 软件，Rhinceros 生成的汽车 NURBS 模型，它是用于 Windows 的 NURBS 模拟软件. 公司的网页 http://www.rhino3d.com 有包括宝石、建筑、汽车、卡通人物的模型页面. 在图 8-9b 中，我们看到完全渲染后的同一汽车.

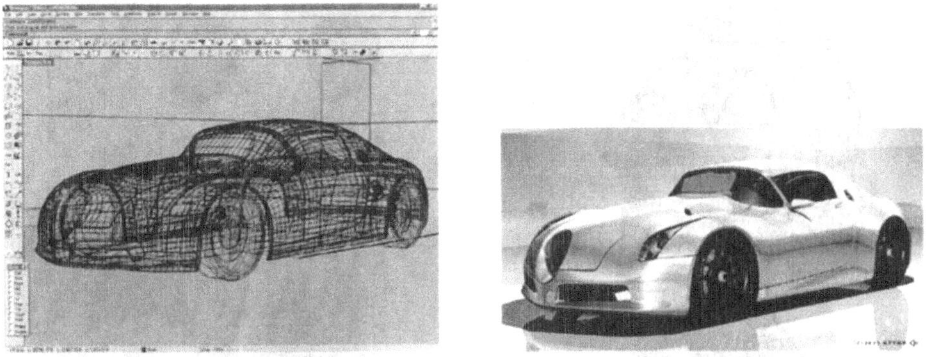

a）汽车的NURBS模型　　b）经过完全渲染后的同一辆汽车

图 8-9

注意汽车上的反射线是光滑曲线，要求光滑的反射线条是汽车设计的目标．另一方面，车身上的凹痕在经过变形处的反射线条时产生不连续．在汽车设计的早期，用黏土为汽车原型构造模型，然后涂上油漆使之反射．当今，汽车设计的许多方面都在计算机中进行了．例如，计算机能够模拟如图 8-10a 所示的反射线条．在图 8-10b 中，许多高端汽车制造者在汽车出厂前正忙着将反射线条作为检查质量的工具[38]． 205

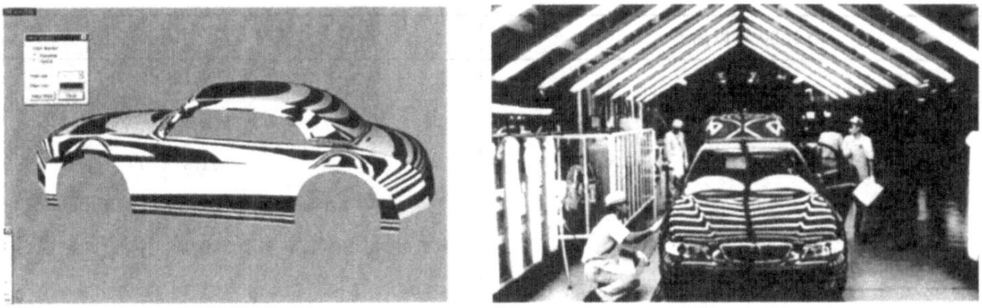

a）模拟的反射线条　　b）为保证质量检查反射线条

图 8-10

（照片来源：Gerald Farin 和 Dianne Hansford）

细分．不同于 NURBS，曲面细分不是基于样条曲面．这种算法用了一系列的两种简单的几何处理：分裂和平均．其想法是一个光滑物体可通过曲面的逐次细分来逼近，如图 8-11 中所示．Pixar 动画工作室在了解了这种技术一段时间后，在它的动画短片《棋逢敌手》中把这种算法提到一个新的高度．该片获 1998 奥斯卡最佳动画短片奖．Pixar 用曲面细分近似棋手的头和手这种复杂的曲面，如图 8-12 中所示．

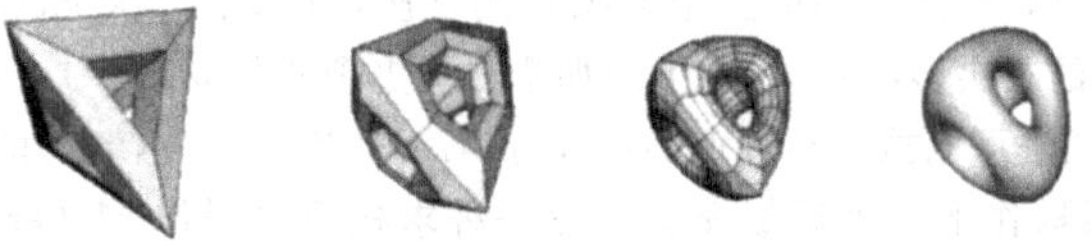

图 8-11　曲面的逐次细分

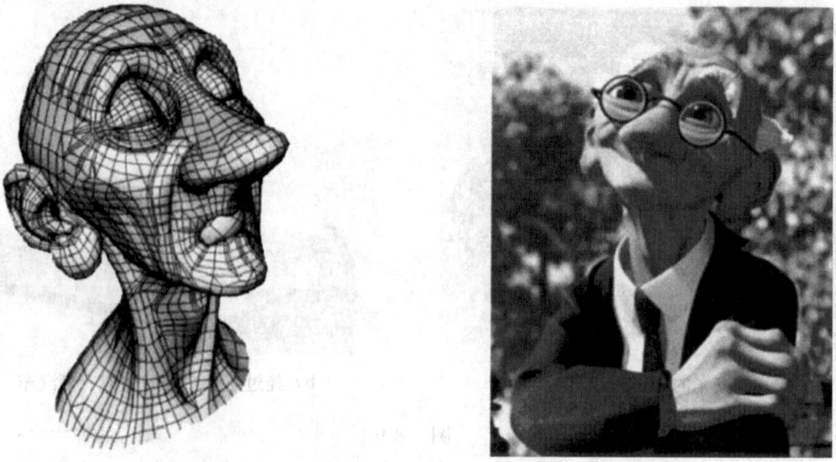

图 8-12　用曲面细分的 Pixar's 动画短片《棋逢敌手》
（© Pixar 动画工作室，1997）

8.8　第 8 章习题

1. 下面是 1900 到 2000 年之间的美国人口普查数据

年(1900 年以后)	人口(百万)
0	76.0
20	105.7
40	131.7
60	179.3
80	226.5
100	281.4

206

(a) 用 MATLAB 把 1900 年之后的年份输入到向量 x，把相应的人口输入到向量 y，并给出指令 plot (x, y,'o')，画出 1900 年之后按年份的人口图. 求通过每个数据点的 15 次多项式. 并求出它在 2020 年的值. 把这个多项式画在同一个图中作为人口数据(但是 x 轴要从 0 延伸到 120). 你认为这是估计未来年代美国人口的合理方法吗？(在 MATLAB 打印 census 看一下其他外推法的展示.)

回到你的曲线图和你估计在 2020 年的人口值以及其解释，说明这为什么是估计人口的好或不好的方法.

(b) 写出在 1900，1920 及 1940 年插值人口的 Lagrange 型的二次多项式.

(c) 分别确定插值第一个，前两个和前三个数据点的 0 次，1 次和 2 次 Newton 型插值多项式的系数. 验证你在这里构造的二次多项式与(b)中的那个二次多项式相同.

2. 求函数 $f(x)$的根的正割法可以拟合经过点$(x_{k-1}, f(x_{k-1}))$和$(x_k, f(x_k))$的一次多项式(即一条直线)并且把这个多项式的根取作下一个近似 x_{k+1}. 另一种求根算法叫作 Muller 法，可以拟合经过三个点$(x_{k-2}, f(x_{k-2}))$，$(x_{k-1}, f(x_{k-1}))$及$(x_k, f(x_k))$的二次多项式，并取这个二次多项式的最靠近 x_k 的

根作为下一个近似 x_{k+1}. 写出这个二次多项式的公式. 假设 $f(x)=x^3-2$，$x_0=0$，$x_1=1$ 及 $x_2=2$，求 x_3.

3. 对下面数据组

x	1	3/2	0	2
$f(x)$	2	6	0	14

写出均差表和牛顿型插值多项式. 证明怎样用四步类 Horner 法则来计算这个多项式在给定点上的值.

4. (a) 用 MATLAB 去拟合关于 Runge 函数

$$f(x)=\frac{1}{1+x^2}$$

在[−5，5]中 13 个等距结点插值的 12 次多项式.（你可以用命令 x=[−5:5/6:5]设置这些点.）你可以用 MATLAB 程序 polyfit 进行这种计算或者用你自己的程序(通过 help polyfit 查明在 MATLAB 中如何使用 polyfit). 在同一个图上画出这个函数和 12 次插值多项式，你用 MATLAB 的 polyval 程序能够计算多项式在整个区间[−5，5]中点的值，或者你可编写自己的程序. 作出你的图和代码表. 207

(b) 对依 13 个调比过的 Chebyshev 点

$$x_j=5\cos\frac{\pi j}{12},\quad j=0,\cdots,12$$

插值 f 的 12 次多项式重复(a)部分的工作.

你可以再通过 MATLAB 的 polyfit 和 polyval 程序在这些点用多项式拟合这个函数，并计算整个区间中的点的值，或者可用(8.5)或(8.16)定义的权的重心插值公式(8.6)，去计算在异于区间[−5，5]中插值点的点的值，给出你的图形和代码表.

(c) 如果要通过 MATLAB 的 polyfit 程序用更高次插值多项式去拟合 Runge 函数，MATLAB 将发出这个问题是病态的并且答案可能不精确的警告. 还有，带特殊的权(8.16)的重心插值公式(8.6)可以用于求依 Chebyshev 点插值 f 的多项式的值，用具有 21 个调比的 Chebyshev 点 $x_j=5\cos\frac{\pi j}{20}$($j=0$，…，20)去计算对这个函数更精确的近似. 给出插值多项式 $p_{20}(x)$的图，以及在区间[−5，5]上的误差 $|f(x)-p_{20}(x)|$.

(d) 从网页 http:/www2. maths. ox. ac. uk/chebfun/中下载 chebfun 软件包，并且按照那里的说明安装这个软件. 和例 8. 5. 2 一样把 Runge 函数输入到 chebfun：

```
f = chebfun('1 ./ (1 + x.^2)',[-5,5])
```

然后用 plot(f)打印出结果. 再在同一个图上画出实际的 Runge 函数. 这两个图应该没有区别.

5. (8.15)中的 Chebyshev 插值点是定义在区间[−1，1]上的. 假设我们想在区间[a，b]上逼近一个函数. 写出把区间[a，b]映射到[−1，1]的线性变换 l，满足 $l(a)=-1$，$l(b)=1$.

6. 在本书中曾说过 Chebyshev 多项式 $T_j(x)$($j=0$，1，…)能用两种方法定义：(1) $T_j(x)=\cos(j\arccos x)$；(2) $T_{j+1}(x)=2xT_j(x)-T_{j-1}(x)$，其中 $T_0(x)=1$ 及 $T_1(x)=x$. 注意 $\cos(0\cdot\arccos x)=1$ 及 $\cos(1\cdot\arccos x)=x$，所以对 $T_0(x)$和 $T_1(x)$这两种表达式是相同的.

用两角和及差的余弦公式证明 $T_{j+1}(x)$($j=1$，2，…)的两种定义是相同的，即

$$\cos((j+1)\arccos x)=2x\cos(j\arccos x)-\cos((j-1)\arccos x)$$

7. 取与习题 4(a)中相同的结点，用 MATLAB 对 Runge 函数进行几种分段多项式的拟合.

(a) 求 $f(x)$的分段线性插值多项式(你可以用 MATLAB 程序 interp1 或编写你自己的程序. 在 MATLAB 中打印 help interp1 去发现如何使用 interp1). 208

(b) 求 $f(x)$的分段三次 Hermite 插值多项式(用公式(8.17)和(8.18)写出你自己的程序).

(c) 求 $f(x)$的三次样条插值多项式(你可以用 MATLAB 中 interp1 命令或 spline 命令).

对上面每一种情形在同一图中画出 $f(x)$和插值式. 如果你愿意，可以用 subplot 命令把你的全部图形放在同一页面上.

8. 计算机文库经常用函数值表以及分段线性插值去计算像 $\sin x$ 这样的初等函数. 因为查表和插值能够比，譬如说用 Taylor 级数展开式更快些.

(a) 在 MATLAB 中，建立 0 到 π 之间 1000 个等距值的向量 x. 再建立正弦函数在每一个点上的值的向量 y.

(b) 再建立在 0 到 π 间 100 个随机分布的值的向量 r. (这能够在 MATLAB 中利用打印 r=pi * rand(100, 1)做到.)估计 sin r 如下：对每个值 r(j)，找两个相邻的 x 元素 x(i)和 x(i+1)满足 x(i)≤r(j)≤x(i+1). 验明这个子区间包含 r(j)后，用线性插值估计 sin(r(j)). 把你的结果与你用 MATLAB 打印的 sin(r)的值进行比较；求出结果中的最大绝对误差和最大相对误差.

9. 确定分段多项式函数

$$p(x) = \begin{cases} p_1(x) & \text{若 } 0 \leqslant x \leqslant 1 \\ p_2(x) & \text{若 } 0 \leqslant x \leqslant 2 \end{cases}$$

它由下面的条件定义：

- $p_1(x)$是线性的
- $p_2(x)$是二次的
- $p(x)$和 $p'(x)$在 $x=1$ 连续
- $p(0)=1$，$p(1)=-1$ 及 $p(2)=0$

画出这个函数.

10. 设给定函数 $f(x)$满足 $f(0)=1$，$f(1)=2$ 及 $f(2)=0$. **二次样条**插值函数 $r(x)$定义为依结点($x_0=0$，$x_1=2$ 及 $x_2=2$)插值 f 的分段二次函数，并且在整个区间上它的一阶导数连续. 求 f 的还满足 $r'(0)=0$的二次样条插值函数. [*提示：从左边子区间开始.*]

11. 设 $f(x)=x^2(x-1)^2(x-2)^2(x-3)^2$，$f$ 依结点 $x_0=0$，$x_1=1$，$x_2=2$，$x_3=3$ 的分段三次 Hermite 插值式是什么？设 $g(x)=ax^3+bx^2+cx+d$，a、b、c、d 是参数. 写出 g 依相同结点的分段三次

209 Hermite 插值式. [注意：对这两个问题你不需做任何算术运算.]

12. 证明下列函数是经过点(0，1)，(1，1)，(2，0)及(3，10)的自然三次样条：

$$s(x) = \begin{cases} 1+x-x^3 & 0 \leqslant x < 1 \\ 1-2(x-1)-3(x-1)^2+4(x-1)^3 & 1 \leqslant x < 2 \\ 4(x-2)+9(x-2)^2-3(x-2)^3 & 2 \leqslant x \leqslant 3 \end{cases}$$

13. 确定所有的值 a，b，c，d，e 及 f 使以下函数是三次样条：

$$s(x) = \begin{cases} ax^2+b(x-1)^3 & x \in (-\infty, 1] \\ cx^2+d & x \in [1,2] \\ ex^2+f(x-2)^3 & x \in [2,\infty) \end{cases}$$

14. 应用 MATLAB 的 spline 函数去求用 $x_0=0$ 和 $x_{21}=1$ 之间等长的 $n=20$ 个子区间 $f(x)=e^{-2x}\sin(10\pi x)$的非结点三次样条插值式(要知道如何使用样条程序，可在 MALTAB 中打印 help spline). 画出函数与它的三次样条插值并在曲线上标出结点.

15. 给出山腰高度的抽样如下：

高度 (x,y)

y ↑							
6	0	0	0	1	0	0	0
5	0	0	0	2	0	0	0
4	0	0	2	4	2	0	0
3	1	2	4	8	4	2	2
2	0	0	2	4	2	0	0
1	0	0	0	2	0	0	0
0	0	0	0	1	0	0	0
	0	1	2	3	4	5	6 → x

在这个习题中我们要拟合经过这些数据的二维三次样条(双三次样条)并画出结果.

(a) 用 spline 命令，对每一行的数据拟合非结点三次样条，计算该样条在点 $x=0$, 0.1, 0.2, …, 5.9, 6.0 的值. 这样将产生一个 7×61 数组.

(b) 对这个数组的每一列的数据拟合一条非结点三次样条，计算这些样条在 $y=0$, 0.1, 0.2, …, 5.9, 6.0 的值，这将产生一个 61×61 数组，称它为矩阵 M.

(c) 用命令 mesh(0: .1: 6, 0: .1: 6, M)给出 M 中的这些值.

(d) 另外，用命令

```
surfl(0:.1:6,0:.1:6,M);
colormap(copper), shading interp
```

给出 M 中的数据.

(e) 假定以上数据是发光物体反射光的抽样. 用指令 210

```
imagesc(0:.1:6,0:.1:6,M);
colormap(hot), colorbar
```

为其效果制作一幅图.

16. PostScript(手写字母)和 TrueType letters(正体字母)是对每个字母仅用了几个点用样条构造出来的. 下面的 MATLAB 代码用以下数据

t	0	1	2	3	4	5	6
x	1	2	3	2	1.2	2	2.7
y	1	0	1	2.5	3.4	4	3.2

构造了一个参数样条. 注意在得到的曲线中，y 并不是 x 的"函数"，因为在给定的 x 值曲线可能取多于一个的 y 值；所以构造了参数样条.

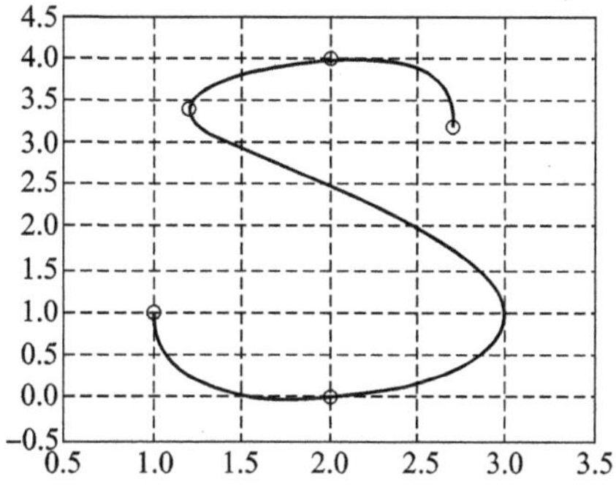

MATLAB 代码：

```
x = [1 2 3 2 1.2 2 2.7]; y = [1 0 1 2.5 3.4 4 3.2];
n = length(x);
t = 0:1:n-1;
tt = 0:.01:n-1;   % Finer mesh to sample spline
xx = spline(t,x,tt); yy = spline(t,y,tt); hold on
plot(xx,yy','LineWidth',2), plot(x,y,'o'), grid on
```

(a) 制作并打印由以下数据定义的手写字母.

t	0	1	2	3	4	5	6	7	8	9	10	11
x	3	1.75	0.90	0	0.50	1.50	3.25	4.25	4.25	3	3.75	6.00
y	4	1.60	0.50	0	1.00	0.50	0.50	2.25	4.00	4	3.25	4.25

(b) 在同一 x 轴上，打印这个字母和其两倍大的字母.（命令 2 * x 将在 x 方向按同一式样放大一倍.）注意用这种方式储存字母时调节其大小是容易的.

(c) 编写 MATLAB 代码用命令 comet(xx，yy)使字母的写法更生动.

211 (d) 制作并打印另一种手写字母.

第9章 数值微分和Richardson外推

假设科学家收集一组关于两种性质的数据，譬如温度和压力，或者下落物体的距离和释放时间，或者植物长成的产量和它获得的水量. 科学家假设存在描述这种联系的某种光滑函数，但是并不准确地知道这个函数是什么. 这个函数的一阶或者更高阶导数可能是需要的，但是没有解析表达式，导数仅能被数值近似. 有时函数是由运行计算机程序定义的. 它可能是依赖参数的设计问题的解，而且科学家可能希望优化与这个参数相关的设计的某些方面，这需要确定函数的导数是最优的. 虽然这个导数的解析表达式可能通过仔细地运行编码的每一行来确定，但是结果表达式也许非常复杂以至于简单地在数值上估计导数会有效得多.

数值微分的另一个应用是微分方程的近似解，这是一个将在本书后面各章讨论的课题. 用*有限差分方法*，导数被函数值的线性组合近似，微分方程因此被包含函数值的线性或非线性方程组所代替. 这些方程组可能包含百万或十亿个未知量. 一些世界上最快的超级计算机通常用来解带导数的数值近似的离散化微分方程组. 212

9.1 数值微分

我们已经看到(在6.2节)函数 f 的导数的一种近似方法

$$f'(x) \approx \frac{f(x+h)-f(x)}{h} \tag{9.1}$$

对某个小的数 h，要确定这种近似的精度，我们用 Taylor 定理，假设 $f \in C^2$：

$$f(x+h) = f(x) + hf'(x) + \frac{h^2}{2}f''(\xi), \quad \xi \in [x, x+h] \Rightarrow$$

$$f'(x) = \frac{f(x+h)-f(x)}{h} - \frac{h}{2}f''(\xi)$$

$\frac{h}{2}f''(\xi)$ 这一项叫作**截断误差**，或**离散误差**，并且因为截断误差是 $O(h)$ 的，这种近似叫作是一阶精度的.

然而，如6.2节所指出的，舍入在有限差商(9.1)的求值中起到重要作用. 例如，如果 h 如此之小使 $x+h$ 舍入到 x，那么计算得到的差商将是0. 更一般地，即使产生的误差仅仅来自舍入值 $f(x+h)$ 和 $f(x)$，那么计算得到的差商将是

$$\frac{f(x+h)(1+\delta_1)-f(x)(1+\delta_2)}{h} = \frac{f(x+h)-f(x)}{h} + \frac{\delta_1 f(+h)-\delta_2 f(x)}{h}$$

因为每个 $|\delta_i|$ 小于机器精度 ϵ，这就意味着舍入误差小于或等于

$$\frac{\epsilon(|f(x)|+|f(x+h)|)}{h}$$

因为截断误差正比于 h，而舍入误差正比于 $\frac{1}{h}$，当这两个量近似相等时达到最佳精度. 不

考虑常数 $\left|\dfrac{f''(\xi)}{2}\right|$ 和 $(|f(x)|+|f(x+h)|)$，这表示

$$h \approx \frac{\varepsilon}{h} \Rightarrow h \approx \sqrt{\varepsilon}$$

而且在这种情形，误差(截断误差或舍入误差)大约是 $\sqrt{\varepsilon}$. 于是，用公式(9.1)我们可以近似导数到大约仅是机器精度的平方根.

例 9.1.1　设 $f(x)=\sin x$，用(9.1)近似 $f'\left(\dfrac{\pi}{3}\right)=0.5$.

213 表 9-1 表示由 MATLAB 产生的结果，最初误差关于 h 线性地减小，但是当我们把 h 减小到 $\sqrt{\varepsilon}\approx 10^{-8}$ 以下，这种情形改变了，而且由于舍入，误差开始增长.

表 9-1　用公式(9.1)对 $f(x)=\sin x$ 在 $x=\dfrac{\pi}{3}$ 处的导数的近似结果

h	$\dfrac{\sin\left(\frac{\pi}{3}+h\right)-\sin\left(\frac{\pi}{3}\right)}{h}$	误差
1.0e−01	4.559018854107610e−01	4.4e−02
1.0e−02	4.956615757736871e−01	4.3e−03
1.0e−03	4.995669040007700e−01	4.3e−04
1.0e−04	4.999566978958203e−01	4.3e−05
1.0e−05	4.999956698670261e−01	4.3e−06
1.0e−06	4.999995669718871e−01	4.3e−07
1.0e−07	4.999999569932356e−01	4.3e−08
1.0e−08	4.999999969612645e−01	3.0e−09
1.0e−09	5.000000413701855e−01	−4.1e−08
1.0e−10	5.000000413701855e−01	−4.1e−08
1.0e−11	5.000000413701855e−01	−4.1e−08
1.0e−12	5.000444502911705e−01	−4.4e−05
1.0e−13	4.996003610813204e−01	4.0e−04
1.0e−14	4.996003610813204e−01	4.0e−04
1.0e−15	5.551115123125783e−01	−5.5e−02
1.0e−16	0	5.0e−01

近似导数的另一种方法是中心差公式

$$f'(x) \approx \frac{f(x+h)-f(x-h)}{2h} \tag{9.2}$$

我们又能用 Taylor 定理确定截断误差.（在这一章和这本书的其他各章，除了另外的说明，我们将假定在 Taylor 级数中展开的函数充分光滑使 Taylor 展开式存在. 需要的光滑度从使用的展开式中可知(见定理 4.2.1). 在这种情形，我们需要 $f\in C^3$.）关于点 x 展开 $f(x+h)$ 和 $f(x-h)$，我们得到

$$f(x+h) = f(x)+hf'(x)+\frac{h^2}{2}f''(x)+\frac{h^3}{6}f'''(\xi),\quad \xi\in[x,x+h]$$

$$f(x-h) = f(x)-hf'(x)+\frac{h^2}{2}f''(x)-\frac{h^3}{6}f'''(\eta),\quad \eta\in[x-h,x]$$

把这两个等式相减并解出 $f'(x)$ 得到

$$f'(x)=\frac{f(x+h)-f(x-h)}{2h}-\frac{h^2}{12}(f'''(\xi)+f'''(\eta))$$

于是截断误差是 $O(h^2)$，因此这个差分公式是二阶精度的.

要研究舍入的影响，我们再次作简化假设，舍入误差仅仅出现在舍入 $f(x+h)$和 $f(x-h)$值的过程中. 然后计算得到的差商是 214

$$\frac{f(x+h)(1+\delta_1)-f(x-h)(1+\delta_2)}{2h}=\frac{f(x+h)-f(x-h)}{2h}+\frac{\delta_1 f(x+h)-\delta_2 f(x-h)}{2h}$$

而舍入项 $\frac{\delta_1 f(x+h)-\delta_2 f(x-h)}{2h}$ 的绝对值有界于 $\frac{\varepsilon(|f(x+h)|+|f(x-h)|)}{2h}$，再一次不计包含 f 和它的导数的常数项，当

$$h^2\approx\frac{\varepsilon}{h}\Rightarrow h\approx\varepsilon^{\frac{1}{3}}$$

时，达到了最高精度，而且这时的误差(截断误差或者舍入误差)是 $\varepsilon^{\frac{2}{3}}$. 用这个公式，我们能获得更高的精度，大约达到机器精度的 $\frac{2}{3}$ 次幂. ■

例 9.1.2 设 $f(x)=\sin x$ 并用(9.2)近似 $f'\left(\frac{\pi}{3}\right)=0.5$.

表 9-2 表示 MATLAB 产生的结果，最初误差以 h 的平方减小，但当我们把 h 减小到 $\xi^{\frac{1}{3}}\approx10^{-5}$ 以下，这种情况就变化了，而且由于舍入，误差开始增加，误差的曲线表示在图 9-1中. 然而，达到的最佳精度比向前差分公式(9.1)高.

表 9-2 用公式(9.2)对 $f(x)=\sin x$ 在 $x=\frac{\pi}{3}$ 处的导数的近似结果

h	$\frac{\left(\sin\left(\frac{\pi}{3}+h\right)-\sin\left(\frac{\pi}{3}-h\right)\right)}{(2h)}$	误差
1.0e−01	4.991670832341411e−01	8.3e−04
1.0e−02	4.999916667083382e−01	8.3e−06
1.0e−03	4.999999166666047e−01	8.3e−08
1.0e−04	4.999999991661674e−01	8.3e−10
1.0e−05	4.999999999921734e−01	7.8e−12
1.0e−06	4.999999999588667e−01	4.1e−11
1.0e−07	5.000000002919336e−01	−2.9e−10
1.0e−08	4.999999969612645e−01	3.0e−09
1.0e−09	5.000000413701855e−01	−4.1e−08
1.0e−10	5.000000413701855e−01	−4.1e−08
1.0e−11	5.000000413701855e−01	−4.1e−08
1.0e−12	5.000444502911705e−01	−4.4e−05
1.0e−13	4.996003610813204e−01	4.0e−04
1.0e−14	4.996003610813204e−01	4.0e−04
1.0e−15	5.551115123125783e−01	−5.5e−02
1.0e−16	0	5.0e−01

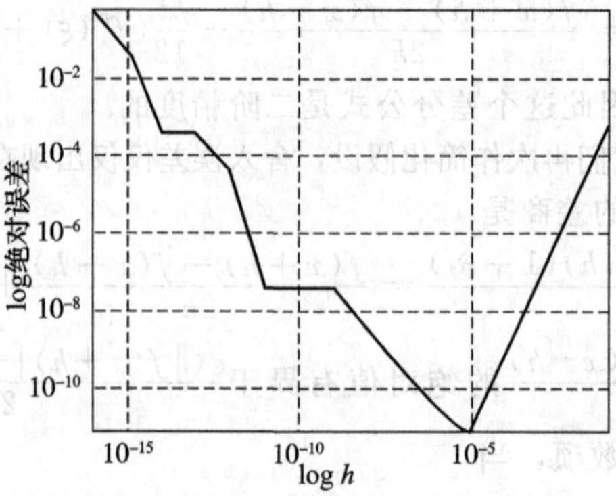

图 9-1　在计算 $\sin x$ 的一阶导数在 $x=\frac{\pi}{3}$ 的中心差分近似中误差的 log-log 图

215 我们同样能够近似更高阶的导数. 要对二阶导数推出二阶精度的近似，我们再用 Taylor 定理：

$$f(x+h)=f(x)+hf'(x)+\frac{h^2}{2}f''(x)+\frac{h^3}{6}f'''(x)+\frac{h^4}{4!}f''''(\xi),\quad \xi\in[x,x+h]$$

$$f(x-h)=f(x)-hf'(x)+\frac{h^2}{2}f''(x)-\frac{h^3}{6}f'''(x)+\frac{h^4}{4!}f''''(\eta),\quad \eta\in[x-h,x]$$

把这两个等式相加得到

$$f(x+h)+f(x-h)=2f(x)+h^2f''(x)+\frac{h^4}{12}f''''(v),\quad v\in[\eta,\xi]$$

解出 $f''(x)$，我们得到公式

$$f''(x)=\frac{f(x+h)-2f(x)+f(x-h)}{h^2}-\frac{h^2}{12}f''''(v)$$

用近似式

$$f''(x)\approx\frac{f(x+h)-2f(x)+f(x-h)}{h^2} \tag{9.3}$$

截断误差是 $O(h^2)$. 然而，注意类似的舍入误差分析预示着舍入误差的大小约为 $\frac{\varepsilon}{h^2}$，所以当 h 接近 $\varepsilon^{\frac{1}{4}}$ 时，出现最小的总误差，而且这时截断误差和舍入误差均靠近 $\sqrt{\varepsilon}$. 取机器精度 $\varepsilon\approx 10^{-16}$，这意味着 h 不应该取小于 10^{-4}. 高阶导数的标准有限差商公式的求值对舍入误差的影响更敏感. ■

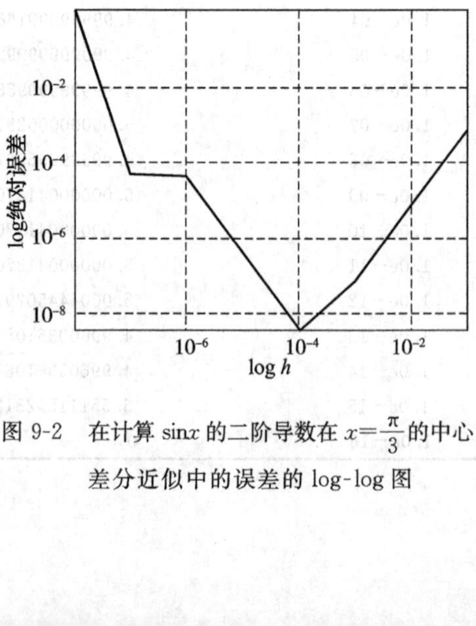

图 9-2　在计算 $\sin x$ 的二阶导数在 $x=\frac{\pi}{3}$ 的中心差分近似中的误差的 log-log 图

例 9.1.3　设 $f(x)=\sin x$，用(9.3)近似 $f''\left(\frac{\pi}{3}\right)=-\frac{\sqrt{3}}{2}$. 作一条对于 h 的误差曲线. 如预期的，我们从图 9-2 看到当 $h\approx 10^{-4}$ 时，出现

大约是10^{-8}的最小误差.

假设函数 f 不能在任意点求值，但是仅在一组测量点 x_0，…，x_n 是已知的. 设 f 在这些点的测量值是 y_0，…，y_n，如果测量点间的距离是小的(但不能小到舍入误差破坏我 216 们的结果)，那么可以预期用包含在 x 附近的测量函数值的近似得到对 $f'(x)$，$f''(x)$的合理的近似. 例如，如果 x 位于 x_{i-1} 和 x_i 之间，那么我们能用 f 在 x_{i-1} 和 x_i 处的值近似 $f'(x)$. 在 x 处展开 $f(x_{i-1})$和 $f(x_i)$成 Taylor 级数，我们得到

$$f(x_{i-1}) = f(x) + (x_{i-1} - x)f'(x) + \frac{(x_{i-1} - x)^2}{2!}f''(\xi), \quad \xi \in [x_{i-1}, x]$$

$$f(x_i) = f(x) + (x_i - x)f'(x) + \frac{(x_i - x)^2}{2!}f''(\eta), \quad \eta \in [x, x_i]$$

两式相减并除以 $x_i - x_{i-1}$，得

$$f'(x) = \frac{f(x_i) - f(x_{i-1})}{x_i - x_{i-1}} - \frac{(x_i - x)^2}{2(x_i - x_{i-1})}f''(\eta) + \frac{(x_{i-1} - x)^2}{2(x_i - x_{i-1})}f''(\xi)$$

近似式

$$f'(x) \approx \frac{f(x_i) - f(x_{i-1})}{x_i - x_{i-1}}$$

有小于或等于$(x_i - x_{x-1})$乘 f''在这个区间上的最大绝对值的截断误差.（如果 x 碰巧是区间的中点，那么截断误差实际上正比于$(x_i - x_{i-1})^2$，在 Taylor 级数展开式中多保留一项就能看到这一点.）

然而，假设测量的函数值 y_{i-1}和 y_i 有误差，在测量中的误差通常比计算机舍入误差大得多. 用于观察舍入误差的同样的分析能够用于观察测量数据误差的影响. 如果 $y_i = f(x_i)(1+\delta_1)$及 $y_{i-1} = f(x_{i-1})(1+\delta_2)$，那么值$\frac{y_i - y_{i-1}}{x_i - x_{i-1}}$和打算要的导数近似$\frac{f(x_i) - f(x_{i-1})}{x_i - x_{i-1}}$之 217 差是

$$\frac{\delta_1 f(x_i) - \delta_2 f(x_{i-1})}{x_i - x_{i-1}}$$

为了得到 $f'(x)$的合理的近似，x_i 和 x_{i-1}的距离必须足够小，使得截断误差$(x_i - x_{i-1})$乘 f''在区间的最大绝对值是小的，但是还必须足够大使得$\frac{\delta(|f(x_i)| + |f(x_{i-1})|)}{x_i - x_{i-1}}$还是小的，这里的 δ 是测量中的最大误差. 这种结合可能很难(或不可能)达到. 对于高阶导数，在测量点上的限制和测量的精确性甚至更为严格. 如果已经有了 f 在 x，$x+h$ 和 $x-h$ 的测量值，并且把这些测量值用到差分公式(9.3)求二阶导数，为了用测量值的差商接近想要的差商，测量误差 δ 必须比 h^2 小. 因为这些原因，用测量得到的数据来近似一个函数的导数可能充满困难.

计算导数的另一种可能的逼近是用一个多项式插值 f 并对这个多项式求导. 给定 f 在 x_0，…，x_n 的值，我们能写出在这些点插值 f 的 n 次多项式. 然而，考虑我们已指出的在等距点的高次多项式插值的某些困难，对于非常大的 n 并不推荐这种逼近. 除非点x_0，…，x_n 像 Chebyshev 点(8.15)那样分布(即聚集在区间的端点附近).

对 $p(x)$的重心公式(8.6)能直接求导得到

$$p'(x)=\frac{-s_1(x)s_2(x)+s_3(x)s_4(x)}{(s_1(x))^2} \tag{9.4}$$

这里

$$s_1(x)=\sum_{i=0}^{n}\frac{w_i}{x-x_i},\quad s_2(x)=\sum_{i=0}^{n}\frac{w_i}{(x-x_i)^2}y_i$$

$$s_3(x)=\sum_{i=0}^{n}\frac{w_i}{x-x_i}y_i,\quad s_4(x)=\sum_{i=0}^{n}\frac{w_i}{(x-x_i)^2} \tag{9.5}$$

但是能够导出可能需要较少工作求值并且有更好的数值特性的其他公式，例如见[11]．在8.5节介绍的Chebyshev软件包中，$p(x)$表示为Chebyshev多项式的线性组合，$p(x)=\sum_{j=0}^{n}a_jT_j(x)$，然后进行一次简单的计算就可以确定在展开式$p'(x)=\sum_{j=0}^{n-1}b_jT_j(x)$中的系数$b_0$，…，$b_{n-1}$[9]． ■

例 9.1.4 在标出的Chebyshev点$x_j=\pi\cos\frac{\pi j}{n}(j=0,\ \cdots,\ n)$处插值$\sin x$，并且用(9.4)和(9.5)对得到的插值多项式$p(x)$求导．

采用$n=5$，10，20及40插值点并计算在$[-\pi,\ \pi]$上的最大误差，得出表9-3中的
218 结果．

表 9-3 在标出的Chebyshev点$x_j=\pi\cos\left(\frac{\pi j}{n}\right)(j=0,\ \cdots,\ n)$处，插值函数再对插值多项式求导得到$f(x)=\sin x$的一阶导数的近似的结果

n	$\max_{x\in[-\pi,\pi]}\lvert p'(x)-\cos x\rvert$
5	0.07
10	3.8e−05
20	1.5e−13
40	3.4e−13

用这种逼近我们好像被限制到大约13位小数的精度．

这种相同的计算以及更高阶导数的计算能够用chebfun软件包执行．要计算$\sin x$的前二阶导数，打印

```
f = chebfun('sin(x)',[-pi,pi])
fp = diff(f)
fpp = diff(f,2)
```

Chebfun报告f的长度是22，表示它已在区间$[-\pi,\ \pi]$上用21次多项式表示函数$\sin x$，这个多项式在22个标度Chebyshev点$x_j=\pi\cos\frac{\pi j}{21}(j=0,\ \cdots,\ 21)$插值$\sin x$．fp的长度是21，这是因为它是ffp的插值多项式的导数而低一次，类似地，fpp的长度是20，在整个区间$[-\pi,\ \pi]$的许多点上计算fp和fpp而且计算fp和$\left(\frac{d}{dx}\right)\sin x=\cos x$的差的最大绝对值以及fpp和$\left(\frac{d^2}{dx^2}\right)\sin x=-\sin x$的差的最大绝对值，我们发现fp中的误差是4.2×

10^{-14}，而 fpp 中的误差是 1.9×10^{-12}. ■

例 9.1.5（在 chebfun 中计算 Runge 函数的导数）　在 8.4 节我们介绍了 Runge 函数，作为在等距间隔结点的高次多项式插值极端病态的函数的一个例子. 然而在下一节我们证明在 Chebyshev 点(8.15)插值可能十分有效. 而且这可用 chebfun 软件包执行. 我们在 Chebfun 中通过打印

```
f = chebfun('1 ./ (1 + x.^2)',[-5,5]);
```

定义 Runge 函数.

我们通过打印 fp=diff(f)能够容易地对这个函数求导，或者通过打印 fpp=diff(f, k)对它求导任意 k 次. 回想起这个函数本身由 182 次多项式表示，所以这个多项式的导数有 181 次，而且它的 k 阶导数有 $182-k$ 次. 这在 Chebyshev，f，fp 和 fpp 的 length 中可以反映. 219

在图 9-3 上图的曲线中，我们已经绘制了由 chebfun 产生的 Runge 函数的插值多项式以及它的一阶导数和二阶导数. 通过检查最高次 chebyshev 多项式在它们的展开式中的系数的大小我们能够得出一阶和二阶导数的精度的概念，恰如在 8.5 节中我们检查在 f 的展开式中的系数. 要做这项工作，我们打印

```
coeffs = chebpoly(f); coeffsfp = chebpoly(fp);
coeffsfpp = chebpoly(fpp); np1 = length(coeffs);
semilogy([0:np1-1],abs(coeffs(np1:-1:1)),'.', ...
         [0:np1-2],abs(coeffsfp(np1-1:-1:1)),'.r', ...
         [0:np1-3],abs(coeffsfpp(np1-2:-1:1)),'.g')
```

结果在图 9-3 的下图曲线显示. 注意在高阶导数中某些精度不可避免地损失，但是这是一个很好的结果. 不论在 fp 还是 fpp 的系数在展开式终止前很快地降落到10^{-10}以下. 如果我们微分在等距点上插值这个函数的多项式，其结果将是灾难性的. 在这一节较早时，我们讨

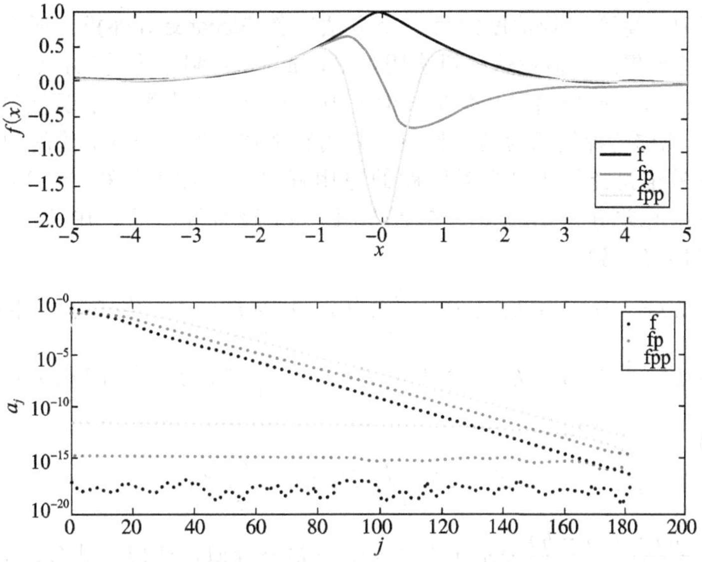

图 9-3　由 chebfun 产生的 Runge 函数的多项式插值以及它的一阶和二阶导数(上图).
最高次 chebyshev 多项式在它们的展开式中的系数(下图)

论过函数值，譬如说 $f(x)$ 和 $f(x+h)$ 的改变对相应的有限差商譬如 $\dfrac{f(x+h)-f(x)}{h}$ 的影响. 我们发现由于 f 的改变是 $\dfrac{1}{h}$ 的倍数，如果 h 很小，那么计算有限差商的问题是病态的（坏条件）. 但是目标不是计算有限差商而是计算这个函数实际的导数，就像在前两个例题中说明的，这能够用不同的方法完成.

给定 a 和 f 的值，计算导数 $f'(x)\big|_{x=a}$ 的
220
条件是什么？图 9-4 应该使你确信这个问题也可能是病态的；两个函数在整个区间能够有非常接近的值，但是仍有十分不同的导数. 在这个图中，实直线有斜率 1，而虚曲线的导数在整个区间变化很大. 如果它插值的函数值与直线上的点稍有不同，这条虚线可能是作为实直线的一种"插值多项式"得到的. 然而，这个例子与数值插值的通常情况不同. 在那种情况，插值点间的距离与函数值间的误差具有相同阶的大小. 当函数间的误差来自计算机舍入误差，它们通常比函数值用到的点之间的距离小得多. 因此，由于这个原因，我们在数值微分时常能够得到适当的精度. ■

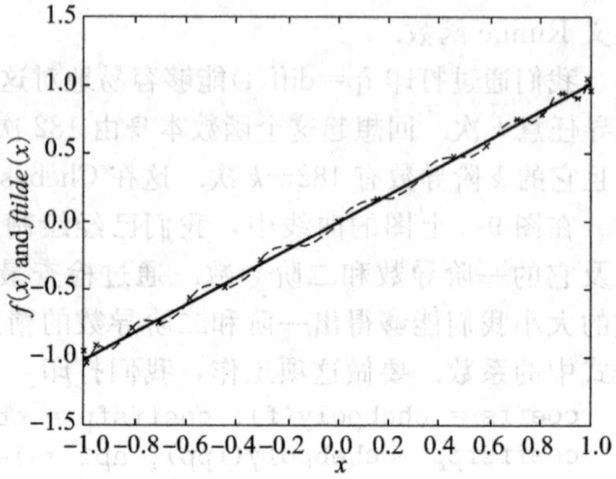

图 9-4　函数值很接近但导数很不同的两个函数

9.2 Richardson 外推

在导数的近似中得到高阶精度的另一个方法叫作 **Richardson 外推**. 通常认为是 Huygens（惠更斯）提出了这种想法，他把这种想法用到 Archimedes（阿基米德）方法中求圆周. 在 1910 年，Lewis Fry Richardson 提出以几个步长消去中心差分公式中第一个误差项得到的结果的应用. 在 1927 年，他称这种技术为延迟趋限，并用它来解六阶微分特征值问题[17,19].

Richardson 外推是能用于许多类问题的通用程序. 譬如近似积分、微分方程求解以及求导数. 再考虑中心差分公式(9.2). 它是从 Taylor 级数导出的，在 Taylor 级数中舍去一些多余的项，我们将得到

$$f(x+h)=f(x)+hf'(x)+\frac{h^2}{2}f''(x)+\frac{h^3}{6}f'''(x)+\frac{h^4}{24}f''''(x)+O(h^5)$$

221

$$f(x-h)=f(x)-hf'(x)+\frac{h^2}{2}f''(x)-\frac{h^3}{6}f'''(x)+\frac{h^4}{24}f''''(x)+O(h^5)$$

相减并求出

$$f'(x)=\frac{f(x+h)-f(x-h)}{2h}-\frac{h^2}{6}f'''(x)+O(h^4) \tag{9.6}$$

令 $\varphi_0(h)\equiv\dfrac{f(x+h)-f(x-h)}{2h}$ 表示 $f'(x)$ 的中心差分近似，所以等式(9.6)能够写成形式

$$f'(x)=\varphi_0(h)-\frac{h^2}{6}f'''(x)+O(h^4) \tag{9.7}$$

LEWIS FRY RICHARDSON

Lewis Fry Richardson(1881—1953)作出了许多数学贡献，其中包括最早用数学预报天气. 这项工作(它出现在 20 世纪 10 年代和 20 年代)早于计算机时代. Richardson 计算将需 60 000 人执行手工计算去预报气候尚未来到之前的第二天的气候. Richardson，一个和平主义者，模拟了战争的原因，建立方程控制国家军备，并研究减小战争频率的因素. Richardson 的工作产生了关系到战争规模和它的频率的幂律分布. 当他寻找两个国家进行战争的可能性和他们公共边界的长度的关系时，Richardson 关于战争原因的研究导致他测量海岸线，这项工作后来影响了 Benoit Mandelbrot 以及他的分形理论的诞生.

那么用结点间隔$\frac{h}{2}$，对 $f'(x)$的中心差分近似 $\varphi_0\left(\frac{h}{2}\right)$满足

$$f'(x)=\varphi_0\left(\frac{h}{2}\right)-\frac{\left(\frac{h}{2}\right)^2}{6}f'''(x)+O(h^4) \tag{9.8}$$

如果我们把等式(9.8)乘 4 再减去(9.7)，那么包含 h^2 的项将消去，把这个结果除以 3，我们有

$$f'(x)=\frac{4}{3}\varphi_0\left(\frac{h}{2}\right)-\frac{1}{3}\varphi_0(h)+O(h^4) \tag{9.9}$$

这样我们已经导出差分公式，$\varphi_1(h)=\frac{4}{3}\varphi_0\left(\frac{h}{2}\right)-\frac{1}{3}\varphi_0(h)$，它的误差是 $O(h^4)$. 它需要二阶中心差分公式大约两倍的工作，这是因为我们必须在 h 和$\frac{h}{2}$计算 φ_0，但是现在截断误差随 h 减小得非常快. 而且当它作为中心差分公式时，能预期舍入误差是$\frac{\varepsilon}{h}$阶，所以对于 $h^4\approx\frac{\varepsilon}{h}$或 $h\approx\varepsilon^{\frac{1}{5}}$，将达到最高精度，而这时误差将大约是 $\varepsilon^{\frac{4}{5}}$. 222

表 9-4 用中心差分和一步 Richardson 外推对 $f(x)=\sin x$ 的一阶导数在 $x=\frac{\pi}{3}$ 的近似结果

h	$\varphi_1(h)\equiv\frac{4}{3}\varphi_0\left(\frac{h}{2}\right)-\frac{1}{3}\varphi_0(h)$	误差
1.0e−01	4.999998958643311e−01	1.0e−07
1.0e−02	4.999999999895810e−01	1.0e−11
1.0e−03	4.999999999999449e−01	5.5e−14

重复这一过程，等式(9.9)能写成形式

$$f'(x)=\varphi_1(h)+Ch^4+O(h^5) \tag{9.10}$$

这里我们把 $O(h^4)$这一项写成 $Ch^4+O(h^5)$. 用间隔$\frac{h}{2}$的类似等式是

$$f'(x)=\varphi_1\left(\frac{h}{2}\right)+C\left(\frac{h}{2}\right)^4+O(h^5)$$

如果我们取 2^4 乘这个等式并减去(9.10)，于是 $O(h^4)$项将消去. 把这个结果除以 $2^4-1=15$ 将给出 $f'(x)$的截断误差最高是 $O(h^5)$的一个差分公式(更仔细的分析表明它实际上是 $O(h^6)$，这是因为 $O(h^5)$也消掉了).

$$f'(x)=\frac{16}{15}\varphi\left(\frac{h}{2}\right)-\frac{1}{15}\varphi_1(h)+O(h^6)$$

例 9.2.1 设 $f(x)=\sin x$. 我们将用中心差分和 Richardson 外推近似 $f'\left(\frac{\pi}{3}\right)=0.5$. 设 $\varphi_0(h)$表示 $f'\left(\frac{\pi}{3}\right)$的中心差分公式：

$$\varphi_0(h)=\frac{\sin\left(\frac{\pi}{3}+h\right)-\sin\left(\frac{\pi}{3}-h\right)}{2h}$$

在 MATLAB 中用这个公式以及一步 Richardson 外推产生的结果在表 9-4 中. 首先我们能看到 4 阶收敛性，但是当我们达到 $h=1.0e-0.3$ 时，我们接近机器精度，而且舍入误差开始起重要作用. 因为这个原因，h 的值越小给出的结果精度越低. 如果我们执行 Richardson 外推的第二步，定义 $\varphi_2(h)=\frac{16}{15}\varphi_1\left(\frac{h}{2}\right)-\frac{1}{15}\varphi_1(h)$，那么对 $h=1.0e-0.1$，我们得到一种误差是 1.6e−12 的近似.

要一般地应用这个过程，假设我们想要用依赖参数 h 的近似式 $\varphi_0(h)$来近似 L 值并且其误差能表成 h 的幂次项：

$$L=\varphi_0(h)+a_1h+a_2h^2+a_3h^3+\cdots$$

如果我们用同样的过程但用$\frac{h}{2}$代替 h，那么有

223

$$L=\varphi_0\left(\frac{h}{2}\right)+\frac{a_1}{2}h+\frac{a_2}{4}h^2+\frac{a_3}{8}h^3+\cdots$$

近似式 $2\varphi_0\left(\frac{h}{2}\right)-\varphi_0(h)$将有误差 $O(h^2)$，这是因为两倍第一个等式再减去第一个等式给出

$$L=2\varphi_0\left(\frac{h}{2}\right)-\varphi_0(h)-\frac{1}{2}a_2h^2-\frac{3}{4}a_3h^3+\cdots$$

定义 $\varphi_1(h)\equiv2\varphi_0\left(\frac{h}{2}\right)-\varphi_0(h)$，上式可以写成形式

$$L=\varphi_1(h)+b_2h^2+b_3h^3+\cdots$$

对某些常数 b_1，b_2 等，类似地用 $\varphi_1\left(\frac{h}{2}\right)$近似 L，我们有

224

$$L=\varphi_1\left(\frac{h}{2}\right)+\frac{b_2}{4}h^2+\frac{b_3}{8}h^3+\cdots$$

把这个等式乘以 4，再减去前一个等式并除以 3 给出

$$L=\frac{4}{3}\varphi_1\left(\frac{h}{2}\right)-\frac{1}{3}\varphi_1(h)-\frac{1}{6}b_3h^3+\cdots$$

用这种方式继续下去，我们可以定义近似式 $\varphi_2(h)\equiv\frac{4}{3}\varphi_1\left(\frac{h}{2}\right)-\frac{1}{3}\varphi_1(h)$，其误差是$O(h^3)$，等等. 一般地，每用一次 Richardson 外推误差阶增高一次. 但是当某些幂在误差公式中不出现时这一过程效果特别好. 例如，如果误差仅含 h 的偶次幂，那么每一个外推步误差提高二阶. ■

外推帮助阿基米德(ARCHIMEDES)

阿基米德(公元前 287—前 212 年)用确定圆内接多边形的周长来近似 π，假定圆的半径是 1，π 的值就在圆内接多边形周长的一半和外切多边形周长的一半之间，设$\{C_n\}$表示单位圆的内接 n 边形的周长. 那么 $\lim\limits_{n\to\infty}C_n=2\pi$. 阿基米德用 96 边形确定$\frac{223}{71}<\pi<\frac{22}{7}$，它在我们现代十进制计数法中转化成 3. 1408<π<3. 1429.

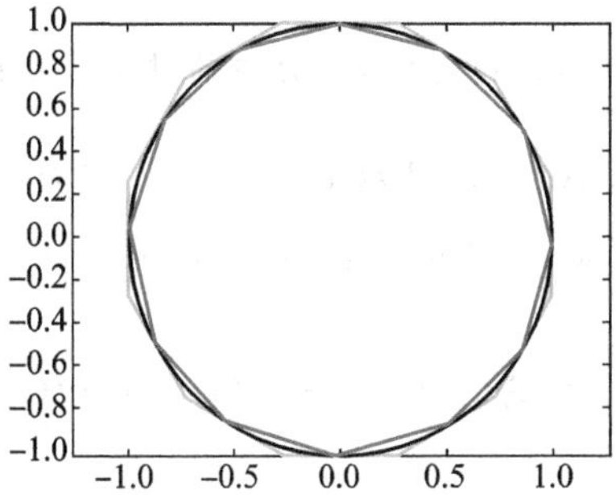

让我们考虑用 Richardson 外推. 单位圆的内接正方形周长是 $2\sqrt{2}\approx2.8284$. 而内接正六边形的周长准确地是 3. 0. 这种近似的误差可以表示成具有$\left(\frac{1}{n}\right)^2$阶. 这里的 n 是边的数目，于是这种误差的比是 9∶4. 于是，外推值是

$$\frac{9}{5}\cdot3-\frac{4}{5}\cdot2.8284=3.137\,28$$

不用 Richardson 外推要得到这个精度的估计可能需要 35 边形.

9.3　第 9 章习题

1. 对 $f(x)=\sin x$，$x=\frac{\pi}{6}$，用 MATLAB 对 $f''(x)$计算二阶精度近似(9.3). 试取 $h=10^{-1}$，10^{-2}，…，10^{-16}，并且作出由 h 的值、计算得到的有限差商及误差所组成的表. 解释你的结果.

2. 取 $h=0.2$，$h=0.1$ 及 $h=0.05$ 用公式(9.3)近似 $f''(x)$. 这里 $f(x)=\sin x$，$x=\frac{\pi}{6}$. 用一步 Richardson 外推，把 $h=0.2$ 和 $h=0.1$ 的结果结合起来得到更高阶精度的近似. 对 $h=0.1$ 和 $h=0.05$ 的结果进行同样的工作. 最后进行第二步 Richardson 外推. 把前面两步的外推值结合起来得到更高阶精度的近似. 作出计算结果和误差的表. 你认为一步 Richardson 外推后精度的阶是多少？两步以后呢？

3. 对 $f(x)=\sin x$，$x=\frac{\pi}{6}$用 Chebfun 计算 $f''(x)$. 对 f 产生的插值多项式的次数是多少？在它对$f''\left(\frac{\pi}{6}\right)$

的近似中误差是多少？

4. (a) 利用公式 $T_j(x)=\cos(j\arccos x)$ 对 Chebyshev 多项式证明

$$\int T_j(x)\mathrm{d}x = \frac{1}{2}\left[\frac{\cos((j+1)\arccos x)}{j+1}-\frac{\cos((j-1)\arccos x)}{j-1}\right]+C$$
$$=\frac{1}{2}\left[\frac{T_{j+1}(x)}{j+1}-\frac{T_{j-1}(x)}{j-1}\right]+C, j=2,3,\cdots$$

这里 C 是任意常数．［提示：先换元 $x=\cos\theta$，$\mathrm{d}x=-\sin\theta\mathrm{d}\theta$，积分变成 $\int T_j(x)\mathrm{d}x=-\int\cos(j\theta)\sin\theta\mathrm{d}\theta$．现在用恒等式 $\frac{1}{2}[\sin((j+1)\theta)-\sin((j-1)\theta)]=\cos(j\theta)\sin\theta$ 计算积分．］

(b) 假设 $p(x)=\sum_{j=0}^{n}a_jT_j(x)$，用(a)部分以及事实 $T_0=1$，$T_1(x)=x$，$T_2(x)=2x^2-1$ 决定系数 A_0，…，A_n，A_{n+1} 使得 $\int p(x)\mathrm{d}x=\sum_{j=0}^{n+1}A_jT_j(x)$；即用 a_0，…a_n 表示 A_0，…，A_n，A_{n+1}．［注意：
225 系数 A_0 可能是任意计及不定积分中的任意常数．］

(c) 现在假设 $q(x)=\sum_{j=0}^{n+1}A_jT_j(x)$．逆行(b)部分中的过程，决定系数 a_0，…，a_n 使得 $q'(x)=\sum_{j=0}^{n+1}a_jT_j(x)$；即用 A_0，…，A_n，A_{n+1} 表示 a_0，…，a_n．［提示：逆向进行，先用 A_{n+1} 表示 a_n，然后用 A_n 表示 a_{n-1}，再用 A_j 和 a_{j+1} 表示 $a_{j-1}(j=n-1,\cdots,1)$．］

5. 用 Taylor 级数对近似

$$f'(x)\approx\frac{1}{2h}[-3f(x)+4f(x+h)-f(x+2h)]$$

导出误差项．

6. 考虑对二阶导数的向前差分近似形式

$$f''(x)\approx Af(x)+Bf(x+h)+Cf(x+2h)$$

用 Taylor 定理确定给出最高阶精度的系数 A，B 及 C，并确定这个阶是多少．

7. 假设在点 x_0+h 和 x_0-h 上给定 f 和 f' 的值，并且你想要近似 $f'(x_0)$．求系数 α 和 β 使下面的近似精度为 $O(h^4)$：

$$f'(x_0)\approx\alpha\frac{f'(x_0+h)+f'(x_0-h)}{2}+\beta\frac{f(x_0+h)-f(x_0-h)}{2h}$$

把 $f(x)$ 和 $f'(x)$ 在 x_0 的 Taylor 级数结合起来计算这些系数．

$$f(x)=f(x_0)+(x-x_0)f'(x_0)+\frac{(x-x_0)^2}{2!}f''(x_0)+\frac{(x-x_0)^3}{3!}f'''(x_0)+\frac{(x-x_0)^4}{4!}f^{(4)}(x_0)+\frac{(x-x_0)^5}{5!}f^{(5)}(c_1)$$

$$f'(x)=f'(x_0)+(x-x_0)f''(x_0)+\frac{(x-x_0)^2}{2!}f'''(x_0)+\frac{(x-x_0)^3}{3!}f^{(4)}(x_0)+\frac{(x-x_0)^4}{4!}f^{(5)}(c_2)$$

［提示：把 Taylor 展式结合进 $(f(x_0+h)-f(x_0-h))$ 和 $(f'(x_0+h)+f'(x_0-h))$ 中，然后把这两个结
226 合起来消去最高阶误差项(在这种情形是 $O(h^2)$)．］

第10章 数值积分

许多看似简单的函数不能解析求积，例如

$$\int e^{-x^2}\,\mathrm{d}x$$

这个积分在概率和统计中非常重要，它有一个特殊的名称——**误差函数**或 erf：

$$\operatorname{erf}(x) \equiv \frac{2}{\sqrt{\pi}}\int_0^x e^{-t^2}\,\mathrm{d}t$$

这个函数值的表已经编好．不定积分不能用基本代数式和超越函数表示，然而定积分必定可以被数值近似．要处理这些问题，对定积分的近似我们需要好的数值方法．执行的公式常叫作**求积公式**．这个名字来自意思是平方的拉丁文字 quadratus．古代数学家企图通过近似相同面积的正方形以求得在一条曲线下的面积．

在微积分中你可能学过几种求积法则——例如梯形法则和 Simpson 法则．这些可以被看作为低阶 Newton-Cotes 公式，它们将在 10.1 节中讨论．一般人们近似在一条曲线之下的面积是通过与曲线交于几个点的梯形或其他形状的面积之和．这些是复合法则的例子，它们将在 10.2 节讨论．更复杂的求积公式能通过被积函数在仔细选择的点上用多项式进行插值并准确地积分这些多项式导出．10.3 节讨论 Gauss 求积公式，10.4 节讨论 Clenshaw-Curtis 求积公式．

10.1 Newton-Cotes 公式

$\int_a^b f(x)\,\mathrm{d}x$ 的一种近似方法是把 f 用它的多项式插值代替并且积分这些多项式．把多项式插值写成 Lagrange 形式，这就变成

$$\int_a^b f(x)\,\mathrm{d}x \approx \sum_{i=0}^{n} f(x_i)\int_a^b \left(\prod_{\substack{j=0\\ j\neq i}}^{n} \frac{x-x_j}{x_i-x_j}\right)\mathrm{d}x$$

采用等距结点这种方法导出的公式叫作 **Newton-Cotes 公式**，这是以 Isaac Newton 和 Roger Cotes 命名的．

对 $n=1$，Newton-Cotes 公式就是**梯形法则**，因为在 a 和 b 插值 f 的一次多项式是

$$p_1(x) = f(a)\,\frac{x-b}{a-b} + f(b)\,\frac{x-a}{b-a}$$

当对 $p_1(x)$ 积分就得到

$$\begin{aligned}\int_a^b f(x)\,\mathrm{d}x \approx \int_a^b p_1(x)\,\mathrm{d}x &= \frac{f(a)}{a-b}\,\frac{(x-b)^2}{2}\bigg|_a^b + \frac{f(b)}{b-a}\,\frac{(x-a)^2}{2}\bigg|_a^b \\ &= \frac{b-a}{2}[f(a)+f(b)]\end{aligned}$$

这就是在 a 点高 $f(a)$，在 b 点高 $f(b)$ 的梯形的面积，如图 10-1 所示．

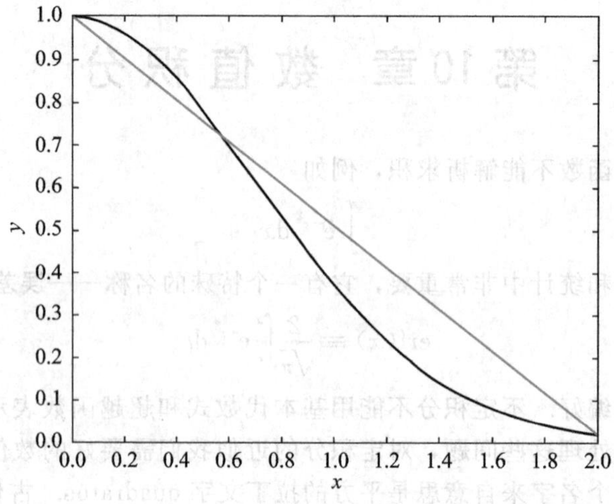

图 10-1　从 a 到 b 的曲线之下的面积用梯形的面积近似

要求出 Newton-Cotes 公式的误差，我们对于 $f(x)$和 $p(x)$的差应用式(8.11)并对 x 积分：

228

$$\int_a^b f(x)\mathrm{d}x - \int_a^b p(x)\mathrm{d}x = \frac{1}{(n+1)!}\int_a^b f^{(n+1)}(\xi_x)\Big(\prod_{\ell=0}^{n}(x-x_\ell)\Big)\mathrm{d}x$$

对于梯形法则($n=1$)，这变成

$$\begin{aligned}\int_a^b f(x)\mathrm{d}x - \int_a^b p_1(x)\mathrm{d}x &= \frac{1}{2}\int_a^b f''(\xi_x)(x-a)(x-b)\mathrm{d}x \\ &= \frac{1}{2}f''(\eta)\int_a^b (x-a)(x-b)\mathrm{d}x,\quad \eta\in[a,b] \\ &= -\frac{1}{12}(b-a)^3 f''(\eta) \qquad (10.1)\end{aligned}$$

注意，由于$(x-a)(x-b)$在整个区间$[a,\ b]$同号(即负号)，因此由积分第二中值定理可知，上面的第二行是正确的.

ROGER COTES

Roger Cotes(1682—1716)与牛顿一起工作准备第 2 版的《哲学原理》，其关于牛顿的微分方法的论文在去世后发表. 他说明其定理在阅读牛顿的原文之前提出，对这种方法作了更多的解释，并为用 3～11 个等间距的点的数值积分提供了公式.

例 10.1.1　用梯形法则近似$\int_0^2 \mathrm{e}^{-x^2}\mathrm{d}x$，我们有

$$\int_0^2 \mathrm{e}^{-x^2}\mathrm{d}x \approx \mathrm{e}^0 + \mathrm{e}^{-4} \approx 1.0183$$

在这个近似中误差是$-\frac{2}{3}f''(\eta)$，$\eta\in[0,\ 2]$. 在这种情形 $f''(x)=(4x^2-2)\mathrm{e}^{-x^2}$，而且 f''在

区间的绝对值在 $x=0$ 达到最大，这里 $|f''(0)|=2$. 因此在这个近似中绝对误差小于或等于 $\frac{4}{3}$. ■

对 $n=2$，Newton-Cotes 公式是什么？取插值点 $x_0=a$，$x_1=\frac{a+b}{2}$ 及 $x_2=b$，我们可以把二次插值多项式写成形式

$$p_2(x)=f(a)\frac{\left(x-\frac{a+b}{2}\right)(x-b)}{\left(a-\frac{a+b}{2}\right)(a-b)}+f\left(\frac{a+b}{2}\right)\frac{(x-a)(x-b)}{\left(\frac{a+b}{2}-a\right)\left(\frac{a+b}{2}-b\right)}$$

$$+f(b)\frac{(x-a)\left(x-\frac{a+b}{2}\right)}{(b-a)\left(b-\frac{a+b}{2}\right)}$$

则公式由对这些二次项的积分确定，这可能是复杂的.

确定公式的另一种方法叫做**待定系数法**. 我们知道对常数，线性函数和二次函数这个公式必须准确，而且它对所有次数小于或等于 2 次的多项式是准确的，该形式的唯一的公式是 229

$$\int_a^b f(x)\mathrm{d}x\approx A_1f(a)+A_2f\left(\frac{a+b}{2}\right)+A_3f(b)$$

这基于对 $p_2(x)$ 公式中每个二次项的积分必须是准确的事实. 于是，譬如，如果定义，

$$\varphi_1(x)\equiv\frac{\left(x-\frac{a+b}{2}\right)(x-b)}{\left[\left(a-\frac{a+b}{2}\right)(a-b)\right]}$$

那么

$$\int_a^b\varphi_1(x)\mathrm{d}x=A_1\varphi_1(a)+A_2\varphi_1\left(\frac{a+b}{2}\right)+A_3\varphi_1(b)\Rightarrow$$

$$A_1=\int_a^b\varphi_1(x)\mathrm{d}x$$

同样的公式对 A_2 和 A_3 成立. 然而，要确定 A_1，A_2 和 A_3，无须计算这些复杂的积分，注意

$$\int_a^b 1\mathrm{d}x=b-a\Rightarrow A_1+A_2+A_3=b-a$$

$$\int_a^b x\mathrm{d}x=\frac{b^2-a^2}{2}\Rightarrow A_1a+A_2\frac{a+b}{2}+A_3b=\frac{b^2-a^2}{2}$$

$$\int_a^b x^2\mathrm{d}x=\frac{b^3-a^3}{3}\Rightarrow A_1a^2+A_2\left(\frac{a+b}{2}\right)^2+A_3b^2=\frac{b^3-a^3}{3}$$

这给出了含三个未知量 A_1，A_2 和 A_3 的三个方程的方程组. 解这些线性方程，得到

$$A_1=A_3=\frac{b-a}{6},\quad A_2=\frac{4(b-a)}{6}$$

这给出 Simpson 法则：

$$\int_a^b f(x)\mathrm{d}x\approx\frac{b-a}{6}\left[f(a)+4f\left(\frac{a+b}{2}\right)+f(b)\right]\tag{10.2}$$

这是在 a、b 和 $\frac{a+b}{2}$ 插值 f 的二次多项式函数之下的面积，如图 10-2 图示.

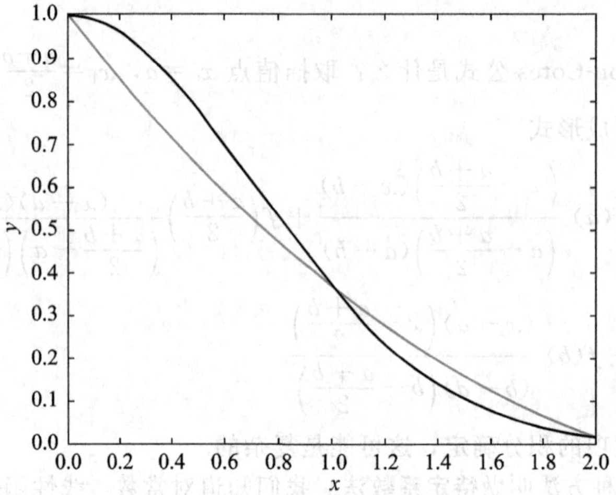

图 10-2　从 a 到 b 的曲线之下的面积用其二次插值多项式之下的面积近似

从它导出的方法，很明显 Simpson 法则对所有次数小于或等于 2 的多项式是准确的. 事实表明它对三次多项式也是准确的. 要明白这一点，注意

$$\int_a^b x^3 \mathrm{d}x = \frac{1}{4}(b^4 - a^4) = \frac{1}{4}(b-a)(b^3 + ab^2 + a^2b + a^3)$$

及

230

$$\frac{b-a}{6}\left[a^3 + 4\left(\frac{a+b}{2}\right)^3 + b^3\right] = \frac{1}{4}(b-a)(b^3 + ab^2 + a^2b + a^3)$$

不用式(8.11)分析 Simpson 法则中的误差，我们将用被积函数以及它关于 a 点的近似的 Taylor 级数展开式看一看多少项相匹配，把 $f\left(\frac{a+b}{2}\right)$ 和 $f(b)$ 关于 a 展开，得

$$f\left(\frac{a+b}{2}\right) = f(a) + \frac{b-a}{2}f'(a) + \frac{(b-a)^2}{8}f''(a) + \frac{(b-a)^3}{48}f'''(a) + \frac{(b-a)^4}{384}f^{(4)}(a) + \cdots$$

$$f(b) = f(a) + (b-a)f'(a) + \frac{(b-a)^2}{2}f''(a) + \frac{(b-a)^3}{6}f'''(a) + \frac{(b-a)^4}{24}f^{(4)}(a) + \cdots$$

由此得到式(10.2)的右端满足

$$\frac{b-a}{6}\left[f(a) + 4f\left(\frac{a+b}{2}\right) + f(b)\right] = (b-a)f(a) + \frac{(b-a)^2}{2}f'(a) + \frac{(b-a)^3}{6}f''(a) + \frac{(b-a)^4}{24}f'''(a) + \frac{5(b-a)^5}{576}f^{(4)}(a) + \cdots \tag{10.3}$$

下面定义 $F(x)\equiv\int_a^x f(t)\mathrm{d}t$，根据微积分基本定理，注意，$F'(x)=f(x)$. 把 $F(b)$关于 a 展开成 Taylor 级数，并用 $F(a)=0$ 的事实，得到 231

$$F(b)=(b-a)f(a)+\frac{(b-a)^2}{2}f'(a)+\frac{(b-a)^3}{6}f''(a)+\frac{(b-a)^4}{24}f'''(a)+\frac{(b-a)^5}{120}f^{(4)}(a)+\cdots \tag{10.4}$$

比较式(10.3)和式(10.4)，我们看到 Simpson 法则中的误差是$\frac{1}{2880}(b-a)^5f^{(4)}(a)+O((b-a)^6)$.

可以证明对某个 $\xi\in[a, b]$，这个误差能写成$\frac{1}{2880}(b-a)^5f^{(4)}(\xi)$.

例 10.1.2 用 Simpson 法则近似 $\int_0^2 \mathrm{e}^{-x^2}\mathrm{d}x$，有

$$\int_0^2 \mathrm{e}^{-x^2}\mathrm{d}x\approx\frac{1}{3}[\mathrm{e}^0+4\mathrm{e}^{-1}+\mathrm{e}^{-4}]\approx 0.8299$$

对某个 $\xi\in[0, 2]$，误差是$\frac{2^5}{2880}f^{(4)}(\xi)$. 乏味的计算说明对 $x\in[0, 2]$，$|f^{(4)}(x)|\leqslant 12$，所以在这个近似中误差小于或等于 0.1333. ■

用更高阶的插值多项式甚至能得到更高阶精度，但是当插值点等间隔时，这种方法并不提倡，通常换用分段多项式更好.

10.2 基于分段多项式插值的公式

复合梯形法则是通过把区间$[a, b]$分成子区间并在每一个子区间用梯形法则近似积分得到的，如图 10-3 所示.

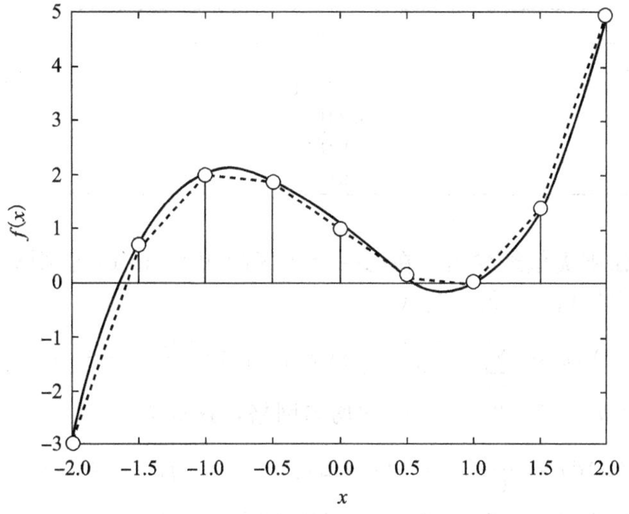

图 10-3 用复合梯形法则近似的从 a 到 b 曲线之下的面积

这里用近似

$$\int_a^b f(x)\mathrm{d}x = \sum_{i=1}^{n}\int_{x_{i-1}}^{x_i} f(x)\mathrm{d}x \approx \sum_{i=1}^{n}\int_{x_{i-1}}^{x_i} p_{1,i}(x)\mathrm{d}x$$

其中 $p_{1,i}(x)$是子区间$[x_{i-1}, x_i]$上的线性插值函数，并且

$$\int_{x_{i-1}}^{x_i} p_{1,i}(x)\mathrm{d}x = f(x_{i-1})\int_{x_{i-1}}^{x_i} \frac{x-x_i}{x_{i-1}-x_i}\mathrm{d}x + f(x_i)\int_{x_{i-1}}^{x_i} \frac{x-x_{i-1}}{x_i-x_{i-1}}\mathrm{d}x$$

$$= (x_i - x_{i-1})\frac{f(x_i)+f(x_{i-1})}{2}$$

于是有公式

232

$$\int_a^b f(x)\mathrm{d}x \approx \sum_{i=1}^{n}(x_i - x_{i-1})\frac{f(x_i)+f(x_{i-1})}{2}$$

对所有的 i 取间隔 $x_i - x_{i-1} = h$ 的均匀网格，它就变成

$$\int_a^b f(x)\mathrm{d}x \approx \frac{h}{2}\sum_{i=1}^{n}(f(x_i)+f(x_{i-1})) = \frac{h}{2}[f_0 + 2f_1 + \cdots + 2f_{n-1} + f_n] \quad (10.5)$$

这里我们又用了符号 f_j 表示 $f(x_j)$.

由式(10.1)得到，对于复合梯形法则，每个子区间上的误差是 $O(h^3)$，更精确地，对第 i 个子区间，误差是$-\frac{1}{12}h^3 f''(\xi_i)$，其中 $\xi_i \in [x_{i-1}, x_i]$. 对所有$\frac{b-a}{h}$个子区间的误差求和，我们有$O(h^2)$的总误差.

例 10.2.1 用复合梯形法则近似$\int_0^2 \mathrm{e}^{-x^2}\mathrm{d}x$，并令 T_h 表示间隔为 h 的复合梯形法则的近似，我们得到表 10-1 中的结果. 注意，每次 h 减半，误差大约减小 1/4.

表 10-1 对 $\int_0^2 \mathrm{e}^{-x^2}\mathrm{d}x$ 用复合梯形法则近似的结果

h	T_h	误差
1.0000	0.877 037	5.0×10^{-3}
0.5000	0.880 619	1.5×10^{-3}
0.2500	0.881 704	3.8×10^{-4}
0.1250	0.881 986	9.5×10^{-5}
0.0625	0.882 058	2.4×10^{-5}

■

复合 Simpson 法则类似地导出。在每一个子区间用 Simpson 法则近似积分，对每个子区间的中点以及端点插值 f，得到公式

233

$$\int_a^b f(x)\mathrm{d}x \approx \sum_{i=1}^{n}\frac{x_i - x_{i-1}}{6}\left[f(x_{i-1}) + 4f\left(\frac{x_i + x_{i-1}}{2}\right) + f(x_i)\right]$$

对于间隔 $x_i - x_{i-1} = h(i=1, 2, \cdots, n)$的均匀网格，这成为

$$\int_a^b f(x)\mathrm{d}x \approx \frac{h}{6}[f_0 + 4f_{\frac{1}{2}} + 2f_1 + \cdots + 2f_{n-1} + 4f_{n-\frac{1}{2}} + f_n] \quad (10.6)$$

因为已证明，用式(10.3)和式(10.4)，在区间$[a, b]$中 Simpson 法则的误差是 $O((b-a)^5)$，可以得出复合 Simpson 法则在每个子区间上的误差是 $O(h^5)$，所以总误差是 $O(h^4)$.

例 10.2.2　用复合 Simpson 法则近似 $\int_0^2 e^{-x^2}dx$，并令 S_h 表示子区间间隔为 h 的复合 Simpson 法则近似，我们得到的结果在表 10-2 中. 注意，每次 h 减半，误差大约减小 1/16.

表 10-2　用复合 Simpson 法则近似 $\int_0^2 e^{-x^2}dx$ 的结果

h	T_h	误差
1.0000	0.881 812 43	2.7×10^{-4}
0.5000	0.882 065 51	1.6×10^{-5}
0.2500	0.882 080 40	9.9×10^{-7}
0.1250	0.882 081 33	6.2×10^{-8}
0.0625	0.882 081 39	3.9×10^{-9}

■

表 10-3 总结了用间隔 $h=\dfrac{b-a}{n}$ 的均匀网格的基本和复合梯形法则及 Simpson 法则的公式和误差项.

表 10-3　求积公式及其误差

方法	对 $\int_a^b f(x)dx$ 的近似	误差
梯形法则	$\frac{b-a}{2}[f(a)+f(b)]$	$-\frac{1}{12}(b-a)^3f''(\eta)$，$\eta\in[a, b]$
Simpson 法则	$\frac{b-a}{6}\left[f(a)+4f\left(\frac{a+b}{2}\right)+f(b)\right]$	$\frac{1}{2880}(b-a)^5f^{(4)}(\xi)$，$\xi\in[a, b]$
复合梯形法则	$\frac{h}{2}[f_0+2f_1+\cdots+2f_{n-1}+f_n]$	$O(h^2)$
复合 Simpson 法则	$\frac{h}{6}[f_0+4f_{\frac{1}{2}}+2f_1+\cdots+2f_{n-1}+4f_{n-\frac{1}{2}}+f_n]$	$O(h^4)$

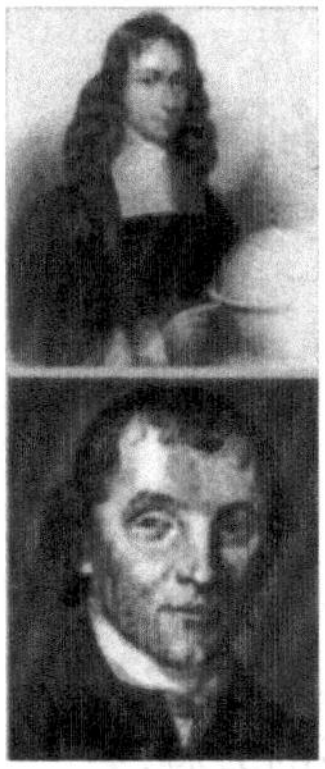

辛普森(SIMPSON)法则

Simpson 法则以英国数学家 Thomas Simpson(见下图)命名. Simpson 出版了代数、几何和三角学方面的教科书，所有的出版物都经过多次再版[3]. 然而，Simpson 法则的发明并不在他的成就之中. 这个方法早已闻名并且由 James Gregory(见上图)提出，他是苏格兰数学家，死于 35 岁，早于 Simpson 出生. 但是 Simpson 的确贡献了一种复合形式的收敛性的(几何)证明方法[106].

10.3　Gauss 求积公式

假设我们想用和的形式

$$\sum_{i=0}^{n}A_i f(x_i)$$

近似 $\int_a^b f(x)dx$.　234

我们已经看到，一旦 x_i 固定，我们可以选择 A_i 使这个公式对所有次数等于或低于 n 的多项式积分是准确的．假设我们也自由地选择结点 x_i．那么如何选择 A_i 和 x_i，使这个公式对尽可能高次的多项式是准确的？以这种方式选择 A_i 和 x_i 的公式叫作 **Gauss 求积公式**．Gauss 在 1816 年给 Göttingen 学会的通信中建立了这些方法，在那里 Gauss 是从重新证明 Cotes 公式开始的．

让我们从考虑 $n=0$ 的情形开始．这里我们用近似

$$\int_a^b f(x)\mathrm{d}x \approx A_0 f(x_0)$$

为了使这个公式对常数是准确的，它必须是以下情形

$$\int_a^b 1\mathrm{d}x = b-a = A_0 \Rightarrow A_0 = b-a$$

为了使这个公式对一次多项式也是准确的，它必须是以下情形

$$\int_a^b x\mathrm{d}x = \frac{b^2-a^2}{2} = (b-a)x_0 \Rightarrow x_0 = \frac{a+b}{2}$$

用这种方法选取 A_0 及 x_0，这个公式对二次多项式将不准确，这是因为

$$\int_a^b x^2\mathrm{d}x = \frac{b^3-a^3}{3} \neq (b-a)\left(\frac{a+b}{2}\right)^2$$

于是单点 Gauss 求积公式

$$\int_a^b f(x)\mathrm{d}x \approx (b-a)f\left(\frac{a+b}{2}\right)$$

235 对一次或低于一次的多项式是准确的，但是对更高次多项式不准确．

如果我们对 $n=1$ 尝试同样的逼近，我们很快变得迟疑．对 $n=1$，我们用近似形式

$$\int_a^b f(x)\mathrm{d}x \approx A_0 f(x_0) + A_1 f(x_1)$$

要求是

$$\int_a^b 1\mathrm{d}x = b-a \Rightarrow A_0 + A_1 = b-a$$

$$\int_a^b x\mathrm{d}x = \frac{b^2-a^2}{2} \Rightarrow A_0 x_0 + A_1 x_1 = \frac{b^2-a^2}{2}$$

$$\int_a^b x^2\mathrm{d}x = \frac{b^3-a^3}{3} \Rightarrow A_0 x_0^2 + A_1 x_1^2 = \frac{b^3-a^3}{3}$$

$$\vdots$$

要知道这个非线性方程组是否有解是困难的，如果有的话，则需要附加更多的方程．

我们将看到 $(n+1)$ 个点的 Gauss 求积公式对 $(2n+1)$ 次或低于 $(2n+1)$ 次多项式是准确的．然而，我们取的逼近完全与上面不同．

正交多项式

定义　如果

$$\langle p,q\rangle \equiv \int_a^b p(x)q(x)\mathrm{d}x = 0$$

那么两个多项式 p 和 q 称为在区间 $[a, b]$ 上**正交**. 如果再满足 $\langle p, p\rangle=\langle q, q\rangle=1$，则称它们为**标准正交**.

由线性无关多项式 $1, x, x^2, \cdots$，采用 Gram-Schmidt 算法(恰如 7.6.2 节中对向量所做)可以构造一组标准正交集合 $q_0, q_1, q_2, \cdots$

$$\text{令 } q_0 = \frac{1}{\left[\int_a^b 1^2 \mathrm{d}x\right]^{\frac{1}{2}}} = \frac{1}{\sqrt{b-a}}$$

$$\text{令 } \tilde{q}_j(x) = xq_{j-1}(x) - \sum_{i=0}^{j-1} \langle xq_{j-1}(x), q_i(x)\rangle q_i(x), \quad j = 1, 2, \cdots$$

$$\text{这里 } \langle xq_{j-1}(x), q_i(x)\rangle \equiv \int_a^b xq_{j-1}(x)q_i(x)\mathrm{d}x$$

$$\text{令 } q_j(x) = \frac{\tilde{q}_j(x)}{\|\tilde{q}_j(x)\|}, \quad \text{这里 } \|\tilde{q}_j(x)\| \equiv \left[\int_a^b (\tilde{q}_j(x))^2 \mathrm{d}x\right]^{\frac{1}{2}}$$

注意由于 q_{j-1} 与次数小于或等于 $j-2$ 次多项式正交，所以如果 $i \leqslant j-3$，$\langle xq_{j-1}(x), q_i(x)\rangle=\langle q_{j-1}(x), xq_i(x)\rangle=0$. 于是 $\tilde{q}_j$ 的公式可被代替为

$$\tilde{q}_j(x) = xq_{j-1}(x) - \langle xq_{j-1}(x), q_{j-1}(x)\rangle q_{j-1}(x) - \langle xq_{j-1}(x), q_{j-2}(x)\rangle q_{j-2}(x)$$

而这组正交多项式满足三项递推，即从 q_{j-1} 和 q_{j-2} 得到 q_j. 236

下面的定理说明正交多项式和 Gauss 求积公式之间的关系.

定理 10.3.1　如果 $x_0, x_1, \cdots, x_n$ 是 $[a, b]$ 上的 $(n+1)$ 次正交多项式 $q_{n+1}(x)$ 的零点，那么公式

$$\int_a^b f(x)\mathrm{d}x \approx \sum_{i=0}^{n} A_i f(x_i) \tag{10.7}$$

对次数小于或等于 $2n+1$ 的多项式是准确的，其中

$$A_i = \int_a^b \varphi_i(x)\mathrm{d}x, \quad \varphi_i(x) \equiv \prod_{\substack{j=0\\ j\neq i}}^{n} \frac{x-x_j}{x_i-x_j} \tag{10.8}$$

证明　设 f 是次数小于或等于 $2n+1$ 的多项式. 如果我们把 f 除以 q_{n+1}，用普通的多项式长除法(综合除法)，那么结果将是 n 次多项式 p_n 以及 n 次的余项 r_n，即我们能把 f 写成形式 $f=q_{n+1}p_n+r_n$，对某个 n 次多项式 p_n 和 r_n. 因为 $q_{n+1}(x_i)=0$，所以 $f(x_i)=r_n(x_i)$ $(i=0, 1, \cdots, n)$. 积分 f，我们得到

$$\int_a^b f(x)\mathrm{d}x = \int_a^b q_{n+1}(x)p_n(x)\mathrm{d}x + \int_a^b r_n(x)\mathrm{d}x = \int_a^b r_n(x)\mathrm{d}x$$

这是因为 q_{n+1} 正交于次数小于或等于 n 的多项式.

通过选择 A_i，得到公式(10.7)对次数等于或小于 n 的多项式是准确的，因此

$$\int_a^b f(x)\mathrm{d}x = \int_a^b r_n(x)\mathrm{d}x = \sum_{i=0}^{n} A_i r_n(x_i) = \sum_{i=0}^{n} A_i f(x_i)$$

□

例 10.3.1　设 $[a, b]=[-1, 1]$，对 $n=1$ 我们求 Gauss 求积公式.

我们求形式为

$$\int_{-1}^{1} f(x)\mathrm{d}x \approx A_0 f(x_0) + A_1 f(x_1)$$

的公式，按照定理它必须对次数小于或等于 3 次的多项式是准确的.

我们从构造[−1，1]上的正交多项式$\tilde{q}_0$，$\tilde{q}_1$，$\tilde{q}_2$ 开始(这些多项式叫 Legendre 多项式). $\tilde{q}_2$ 的根将是结点 x_0 及 x_1. 注意我们不需要标准化这些多项式，忽略标准化时它们的根将相等. 当多项式没有标准化时，我们仅需要用正确的公式去正交化. 当手工进行时，

237 没有标准化，代数常比较容易. 于是，令$\tilde{q}_0=1$，那么

$$\tilde{q}_1(x)=x-\frac{\langle x,1\rangle}{\langle 1,1\rangle}\cdot 1=x-\frac{\int_{-1}^{1}x\mathrm{d}x}{\int_{-1}^{1}1\mathrm{d}x}\cdot 1=x$$

及

$$\begin{aligned}\tilde{q}_2(x)&=x^2-\frac{\langle x^2,1\rangle}{\langle 1,1\rangle}\cdot 1-\frac{\langle x^2,x\rangle}{\langle x,x\rangle}\cdot x\\&=x^2-\frac{\int_{-1}^{1}x^2\mathrm{d}x}{\int_{-1}^{1}1\mathrm{d}x}\cdot 1-\frac{\int_{-1}^{1}x^3\mathrm{d}x}{\int_{-1}^{1}1x^2\mathrm{d}x}\cdot x\\&=x^2-\frac{1}{3}\end{aligned}$$

$\tilde{q}_2$ 的根是$\pm\frac{1}{\sqrt{3}}$.

于是我们的公式将有形式

$$\int_{-1}^{1}f(x)\mathrm{d}x\approx A_0f\left(-\frac{1}{\sqrt{3}}\right)+A_1f\left(\frac{1}{\sqrt{3}}\right)$$

我们可以用待定系数法求 A_0 和 A_1：

$$\int_{-1}^{1}1\mathrm{d}x=2=A_0+A_1,\quad\int_{-1}^{1}x\mathrm{d}x=0=A_0\left(-\frac{1}{\sqrt{3}}\right)+A_1\left(\frac{1}{\sqrt{3}}\right)\Rightarrow$$

$$A_0=A_1=1$$

尽管系数 A_0 和 A_1 是通过强制公式仅对 0 次和 1 次多项式是准确的而确定的，我们知道因为选择结点的方式，这个公式对次数等于或小于 3 次的多项式实际上也是准确的. 要检验这一点，我们注意

$$\int_{-1}^{1}x^2\mathrm{d}x=\frac{2}{3}=\left(-\frac{1}{\sqrt{3}}\right)^2+\left(\frac{1}{\sqrt{3}}\right)^2$$

$$\int_{-1}^{1}x^3\mathrm{d}x=0=\left(-\frac{1}{\sqrt{3}}\right)^3+\left(\frac{1}{\sqrt{3}}\right)^3$$

$$\int_{-1}^{1}x^4\mathrm{d}x=\frac{2}{5}\neq\left(-\frac{1}{\sqrt{3}}\right)^4+\left(\frac{1}{\sqrt{3}}\right)^4=\frac{2}{9}$$ ■

我们还能讨论**加权正交多项式**. 给定在区间[a，b]上的非负权函数 ω，可以定义两个多项式 p 和 q 的**加权内积**是

238

$$\langle p,q\rangle_w\equiv\int_a^b p(x)q(x)w(x)\mathrm{d}x$$

如果$\langle p, q\rangle_\omega=0$，那么多项式$p$和$q$叫作关于权函数$\omega$是正交的，或$\omega$正交.

假设我们想要近似$\int_a^b f(x)\omega(x)\mathrm{d}x$. 那么第$(n+1)$个$\omega$正交多项式的根可以用作$(n+1)$点加权Gauss求积公式中的结点. 这个公式对次数小于或等于$2n+1$的多项式将是准确的. 恰如前面显示的$\omega(x)\equiv 1$情形.

定理 10.3.2 如果ω是区间$[a, b]$上的非负权函数，x_0，x_1，…，x_n是区间$[a, b]$上的第$(n+1)$个ω正交多项式的零点，那么公式

$$\int_a^b f(x)w(x)\mathrm{d}x \approx \sum_{i=0}^{n} A_i f(x_i) \tag{10.9}$$

对项数小于或等于$2n+1$的多项式是准确的，其中

$$A_i = \int_a^b \varphi_i(x)w(x)\mathrm{d}x, \quad \varphi_i(x) \equiv \prod_{\substack{j=0 \\ j\neq i}}^{n} \frac{x-x_j}{x_i-x_j} \tag{10.10}$$

例 10.3.2 取$[a, b]=[-1, 1]$，求加权Gauss求积公式$(n=1)$，取权函数$\omega(x)=(1-x^2)^{\frac{-1}{2}}$.

我们求以下形式

$$\int_{-1}^{1} f(x)w(x)\mathrm{d}x \approx A_0 f(x_0) + A_1 f(x_1)$$

的公式. 根据定理，它必须对次数小于或等于3的多项式是准确的. ■

我们从构造$[-1, 1]$上的ω正交多项式$\tilde{q}_0$，$\tilde{q}_1$，$\tilde{q}_2$开始.（这些多项式叫Chebyshev多项式. 我们在后面将看到它们与前面用公式$T_j(x)=\cos(j\arccos x)$定义的Chebyshev多项式相同.）

$\tilde{q}_2$的根将是结点x_0及x_1. 设$\tilde{q}_0=1$，那么

$$\tilde{q}_1(x) = x - \frac{\langle x,1\rangle_w}{\langle 1,1\rangle_w}\cdot 1 = x - \frac{\int_{-1}^{1} x(1-x^2)^{-\frac{1}{2}}\mathrm{d}x}{\int_{-1}^{1}(1-x^2)^{-\frac{1}{2}}\mathrm{d}x}\cdot 1 = x$$

及

$$\begin{aligned}\tilde{q}_2(x) &= x^2 - \frac{\langle x^2,1\rangle_w}{\langle 1,1\rangle_w}\cdot 1 - \frac{\langle x^2,x\rangle_w}{\langle x,x\rangle_w}\cdot x \\ &= x^2 - \frac{\int_{-1}^{1} x^2(1-x^2)^{-\frac{1}{2}}\mathrm{d}x}{\int_{-1}^{1}(1-x^2)^{-\frac{1}{2}}\mathrm{d}x}\cdot 1 - \frac{\int_{-1}^{1} x^3(1-x^2)^{-\frac{1}{2}}\mathrm{d}x}{\int_{-1}^{1} x^2(1-x^2)^{-\frac{1}{2}}\mathrm{d}x}\cdot x \\ &= x^2 - \frac{\frac{\pi}{2}}{\pi}\cdot 1 - \frac{0}{\frac{\pi}{2}}\cdot x = x^2 - \frac{1}{2}\end{aligned}$$

$\tilde{q}_2$的根是$\pm\frac{1}{\sqrt{2}}$. 239

于是我们的公式将有形式

$$\int_{-1}^{1} f(x)(1-x^2)^{-\frac{1}{2}}\mathrm{d}x \approx A_0 f\left(-\frac{1}{\sqrt{2}}\right) + A_1 f\left(\frac{1}{\sqrt{2}}\right)$$

我们可以用待定系数法求 A_0 和 A_1：

$$\int_{-1}^{1}(1-x^2)^{-\frac{1}{2}}\mathrm{d}x=\pi=A_0+A_1,\quad \int_{-1}^{1}x(1-x^2)^{-\frac{1}{2}}\mathrm{d}x=0=A_0\left(-\frac{1}{\sqrt{2}}\right)+A_1\left(\frac{1}{\sqrt{2}}\right)\Rightarrow$$

$$A_0=A_1=\frac{\pi}{2}$$

尽管 A_0 及 A_1 是通过强制公式对 0 次和 1 次多项式是准确的而确定的，因为结点选择的方式，这个公式对 3 次或 3 次以下的多项式实际上也是准确的．要检验这一点，我们注意

$$\int_{-1}^{1}x^2(1-x^2)^{-\frac{1}{2}}\mathrm{d}x=\frac{\pi}{2}=\frac{\pi}{2}\left(-\frac{1}{\sqrt{2}}\right)^2+\frac{\pi}{2}\left(\frac{1}{\sqrt{2}}\right)^2$$

$$\int_{-1}^{1}x^3(1-x^2)^{-\frac{1}{2}}\mathrm{d}x=0=\frac{\pi}{2}\left(-\frac{1}{\sqrt{2}}\right)^3+\frac{\pi}{2}\left(\frac{1}{\sqrt{2}}\right)^3$$

$$\int_{-1}^{1}x^4(1-x^2)^{-\frac{1}{2}}\mathrm{d}x=\frac{3\pi}{8}\neq\frac{\pi}{2}\left(-\frac{1}{\sqrt{2}}\right)^4+\frac{\pi}{2}\left(\frac{1}{\sqrt{2}}\right)^4=\frac{\pi}{4}$$

10.4　Clenshaw-Curtis 求积公式

在 Newton-Cotes 求积公式中，为了近似定积分，在等距结点插值被积函数的多项式是准确积分的．在 Gauss 求积公式中，选择插值点使结果公式对尽可能高次的多项式——$2n+1$ 次(用 $n+1$ 个 Gauss 求积点)是准确的．Clenshaw-Curtis 求积公式是基于在 Chebyshev 点(8.15)的插值多项式，其优点超过另外两种．

我们在前面看到，用在等距结点与函数匹配的高次多项式插值一个函数，并不是一个好主意，如在 8.5 节中由 Runge 的例子所说明的．在 Chebyshev 点插值做的要好得多，如在 8.5 节中所说明的．因此，可以预期积分在 Chebyshev 点插值函数的多项式将提供一种比由相应的 Newton-Cotes 公式所产生的对实际积分更好的近似．事实恰是如此．当在准确积分可能的最高次多项式的意义下 Gauss 求积公式是最优的，它是否能被需要较少工作
240 和产生同样精确结果的方法代替，即使在准确积分的多项式次数减小，那么这将是一种改进．Clenshaw-Curtis 公式做到了这一点．当 $(n+1)$ 点 Clenshaw-Curtis 公式仅对等于或小于 n 次多项式是准确的时，可以证明提供了一个精度接近相应 Gauss 求积公式而工作大大较少的水平[95]．计算 Gauss 求积公式的点和权的最佳方法需要 $O(n^2)$ 次运算，而用 FFT 执行 Clenshaw-Curtis 公式(将在 14.5.1 节中叙述)仅用了 $O(n\log n)$ 次运算．

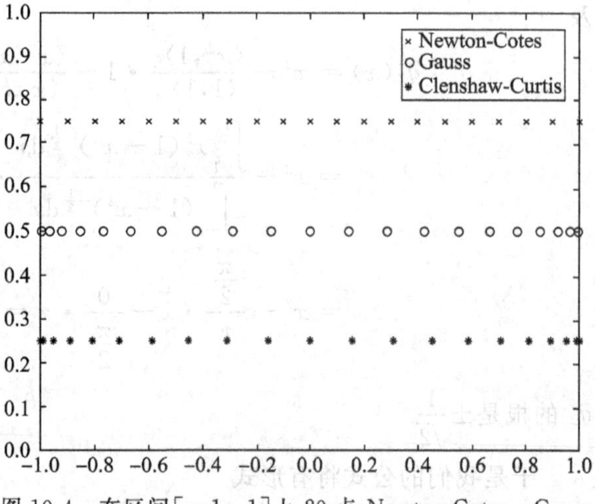

图 10-4　在区间[－1，1]上 20 点 Newton-Cotes、Gauss 和 Clenshaw-Curtis 求积公式所用的插值点

为了比较，我们在图 10-4 中说明在区间[－1，1]上 20 点 Newton-Cotes、Gauss 和 Clenshaw-Curtis 求积公式所用

的插值点. 注意 Gauss 求积点和 Clenshaw-Curtis 求积点都向区间端点聚集.

例 10.4.1 用 MATLAB 中的 Chebfun 软件包近似 $\int_0^2 \mathrm{e}^{-x^2}\mathrm{d}x$，我们打印

```
f = chebfun('exp(-x.^2)',[0,2]), intf = sum(f)
```

软件包将告诉我们 f 的长度是 25，表示它已用与被积函数在区间[0，2]中 25 个移位和标度 Chebyshev 点匹配的 24 次多项式来近似被积函数. [注意要把定义在[−1，1]的 Chebyshev点转换到区间[a，b]，我们用变换 $x \rightarrow \frac{b+a}{2}+\frac{b-a}{2}x$. 在这种情形，每个 $x_j=\cos\left(\frac{j\pi}{n}\right)$被 $1+\cos\left(\frac{j\pi}{n}\right)(j=0,\cdots,n)$代替.]Chebfun 软件包中的积分是用 sum 指令执行的. (恰如在 MATLAB 中的 sum 指令求向量中元素之和，在 chebfun 中的 sum 指令"求和"(即积分)函数的值.)它输出值 intf=0.882 081 390 762 422，精确到机器精度. ■ 241

10.5 Romberg 积分

在前一章叙述的 Richardson 外推思想能够用于积分以及导数的近似计算. 再一次考虑复合梯形法则(10.5). 这种近似的误差是 $O(h^2)$，即它具有形式 Ch^2 再加上 h 的更高次幂. 后面我们将证明如果 $f \in C^{\infty}$，那么误差项仅含 h 的偶次幂，因此

$$\int_a^b f(x)\mathrm{d}x = \frac{h}{2}[f_0+2f_1+\cdots+2f_{n-1}+f_n]+Ch^2+O(h^4)$$

定义 $T_h \equiv \frac{h}{2}[f_0+2f_1+\cdots+2f_{n-1}+f_n]$，并考虑两个近似式 T_h 和 $T_{\frac{h}{2}}$. 因为 $T_{\frac{h}{2}}$的误差项是 $C\left(\frac{h}{2}\right)^2+O(h^4)$，即

$$\int_a^b f(x)\mathrm{d}x = \frac{h}{4}[f_0+2f_{\frac{1}{2}}+2f_1+\cdots+2f_{n-1}+2f_{n-\frac{1}{2}}+f_n]+\frac{C}{4}h^2+O(h^4)$$

通过形成组合 $T_{\frac{h}{2}}^{(h)} \equiv \left(\frac{4}{3}\right)T_{\frac{h}{2}}-\left(\frac{1}{3}\right)T_h$，我们能够消去 $O(h^2)$误差项. 于是

$$\begin{aligned}
\int_a^b f(x)\mathrm{d}x &= \frac{4}{3}T_{\frac{h}{2}}-\frac{1}{3}T_h+O(h^4) \\
&= \frac{h}{3}[f_0+2f_{\frac{1}{2}}+2f_1+\cdots+2f_{n-1}+2f_{n-\frac{1}{2}}+f_n] \\
&\quad -\frac{h}{6}[f_0+2f_1+\cdots+2f_{n-1}+f_n]+O(h^4) \\
&= \frac{h}{6}[f_0+4f_{\frac{1}{2}}+2f_1+\cdots+2f_{n-1}+4f_{n-\frac{1}{2}}+f_n]+O(h^4)
\end{aligned}$$

注意这就是复合 Simpson 法则(10.6). 于是复合梯形法则与一步 Richardson 外推给出了复合 Simpson 法则.

如在第 9 章注释的，这个过程能够重复进行以获得更高阶的精确. 由于在复合梯形法则中误差仅含 h 的偶次幂，每步 Richardson 外推提高误差 2 阶. 用梯形法则以及重复应用 Richardson 外推叫作 **Romberg 积分法**. 图 10-5 出示了 Romberg 积分的 MATLAB 程序.

它估计了误差并调整子区间的个数以达到想要的误差允限.

```
function [q,cnt] = romberg(a, b, tol)

%  Approximates the integral from a to b of f(x)dx to absolute tolerance
%  tol by using the trapezoid rule with repeated Richardson extrapolation.
%  Returns number of function evaluations in cnt.

%  Make first estimate using one interval.

n = 1;  h = b-a;
fv = [f(a); f(b)];
est(1,1) = .5*h*(fv(1)+fv(2));
cnt = 2;                                % Count no. of function evaluations.

%  Keep doubling the number of subintervals until desired tolerance is
%  achieved or max no. of subintervals (2^10 = 1024) is reached.

err = 100*abs(tol);  k = 0;             % Initialize err to something > tol.
while err > tol & k < 10,
  k = k+1;  n = 2*n;  h = h/2;
  fvnew = zeros(n+1,1);                 % Store computed values of f to reuse
  fvnew(1:2:n+1) = fv(1:n/2+1);         % when h is cut in half.
  for i=2:2:n,                          % Compute f at midpoints of previous intervals
    fvnew(i) = f(a+(i-1)*h);
  end;
  cnt = cnt + (n/2);                    % Update no. of function evaluations.
  fv = fvnew;
  trap = .5*(fv(1)+fv(n+1));            % Use trapezoid rule with new h value
  for i=2:n,                            % to estimate integral.
    trap = trap + fv(i);
  end;
  est(k+1,1) = h*trap;                 % Store new estimate in first column of tableau.

%    Perform Richardson extrapolations.
  for j=2:k+1,
    est(k+1,j) = ((4^(j-1))*est(k+1,j-1) - est(k,j-1))/(4^(j-1)-1);
  end;
  q = est(k+1,k+1);

%    Estimate error.
  err = max([abs(q - est(k,k)); abs(q-est(k+1,k))]);
end;
```

图 10-5 Romberg 积分的 MALTAB 编码

这个编码对非常光滑的函数比标准复合梯形或 Simpson 法则算法需要更少的函数求值而达到高水平的精度. 因为它用不同的 h 值和不同水平的外推组成近似公式，这些近似公式之差提供了误差的合理估计.

例 10.5.1 用图 10-5 的 Romberg 积分程序近似 $\int_0^2 e^{-x^2}dx$. 设 tol=1.e-9，我们得到误差大约是 1.2e-13 的近似值 0.882 081 390 762 30. 因为这个误差估计多少有些悲观，这个程序常得到比要求更高的精度. 这个程序用了 65 个函数求值，这与复合 Simpson 法则取 $h=0.0625$，误差是 3.9e-9 所要求的函数求值的个数大约相同. ■ 242

10.6 周期函数和 Euler-Maclaurin 公式

应该注意，对某些函数，复合梯形法则远比在 10.2 节导出的 $O(h^2)$ 误差估计精确. 这是通过由 Leonhard Euler 和 Colin Maclaurin 在 1735 年左右独立证明的 Euler-Maclaurin 公式建立的[16]. 尽管这个结果十分陈旧，但是今天许多数值分析工作者已惊奇地观察到当在等距结点对周期函数积分时使用复合梯形法则能达到的精度水平. 243

让我们进一步检查复合梯形法则中的误差：

$$\int_a^b f(x)dx = \sum_{i=1}^n \int_{x_{i-1}}^{x_i} f(x)dx \approx \sum_{i=1}^n (x_i - x_{i-1}) \frac{f(x_i)+f(x_{i-1})}{2}$$

在 x_{i-1} 和 x_i 把 $f(x)$ 展开成 Taylor 级数，我们有

$$f(x) = f(x_{i-1}) + (x-x_{i-1})f'(x_{i-1}) + \frac{(x-x_{i-1})^2}{2!}f''(x_{i-1}) + \frac{(x-x_{i-1})^3}{3!}f'''(x_{i-1}) + \frac{(x-x_{i-1})^4}{4!}f^{(4)}(x_{i-1}) + \cdots$$

$$f(x) = f(x_i) + (x-x_i)f'(x_i) + \frac{(x-x_i)^2}{2!}f''(x_i) + \frac{(x-x_i)^3}{3!}f'''(x_i) + \frac{(x-x_i)^4}{4!}f^{(4)}(x_i) + \cdots$$

把第一个等式的一半加第二个等式的一半并从 x_{i-1} 到 x_i 积分得到

$$\begin{aligned}\int_{x_{i-1}}^{x_i} f(x)dx = {}& (x_i - x_{i-1})\frac{f(x_i)+f(x_{i-1})}{2} + \frac{(x_i-x_{i-1})^2}{4}(f'(x_{i-1}) - f'(x_i)) \\ & + \frac{(x_i-x_{i-1})^3}{12}(f''(x_{i-1}) + f''(x_i)) + \frac{(x_i-x_{i-1})^4}{48}(f'''(x_{i-1}) - f'''(x_i)) \\ & + \frac{(x_i-x_{i-1})^5}{240}(f^{(4)}(x_{i-1}) + f^{(4)}(x_i)) + \cdots\end{aligned}$$

现在假设 $h=x_i-x_{i-1}$ 是常数，并从 $i=1$ 到 n 求和：

$$\begin{aligned}\int_a^b f(x)dx = {}& \frac{h}{2}[f_0 + 2f_1 + \cdots + 2f_{n-1} + f_n] + \frac{h^2}{4}[f'(a) - f'(b)] \\ & + \frac{h^3}{12}[f''_0 + 2f''_1 + \cdots + 2f''_{n-1} + f''_n] + \frac{h^4}{48}[f'''(a) - f'''(b)] \\ & + \frac{h^5}{240}[f_0^{(4)} + 2f_1^{(4)} + \cdots + 2f_{n-1}^{(4)} + f_n^{(4)}] + \cdots \end{aligned} \tag{10.11}$$

注意误差项 $\frac{h^3}{12}[f''_0 + 2f''_1 + \cdots + 2f''_{n-1} + f''_n]$ 是复合梯形法则对 $\frac{h^2}{6}\int_a^b f''(x)dx = \frac{h^2}{6}[f'(b) -$

$f'(a)]$ 的近似，同样，误差项 $\frac{h^5}{240}[f_0^{(4)}+2f_1^{(4)}+\cdots+2f_{n-1}^{(4)}+f_n^{(4)}]$ 是复合梯形法则对

244 $\frac{h^4}{120}\int_a^b f^{(4)}(x)\mathrm{d}x=\frac{h^4}{120}[f'''(b)-f'''(a)]$ 的近似．通过(10.11)用 f'' 代替 f，我们有

$$\int_a^b f''(x)\mathrm{d}x=\frac{h}{2}[f_0''+2f_1''+\cdots+2f_{n-1}''+f_n'']+\frac{h^2}{4}[f'''(a)-f'''(b)]$$
$$+\frac{h^3}{12}[f_0^{(4)}+2f_1^{(4)}+\cdots+2f_{n-1}^{(4)}+f_n^{(4)}]+O(h^4)$$

于是在(10.11)中的误差项 $\frac{h^3}{12}[f_0''+2f_1''+\cdots+2f_{n-1}''+f_n'']$ 可以写成

$$\frac{h^3}{12}[f_0''+2f_1''+\cdots+2f_{n-1}''+f_n'']=\frac{h^2}{6}[f'(b)-f'(a)]-\frac{h^4}{24}[f'''(a)-f'''(b)]$$
$$-\frac{h^5}{72}[f_0^{(4)}+2f_1^{(4)}+\cdots$$
$$+2f_{n-1}^{(4)}+f_n^{(4)}]+O(h^6)$$

在(10.11)中作这个代换，给出

$$\int_a^b f(x)\mathrm{d}x=\frac{h}{2}[f_0+2f_1+\cdots+2f_{n-1}+f_n]-\frac{h^2}{12}[f'(b)-f'(a)]$$
$$+\frac{h^4}{48}[f'''(b)-f'''(a)]-\frac{7h^5}{720}[f_0^{(4)}+2f_1^{(4)}+\cdots$$
$$+2f_{n-1}^{(4)}+f_n^{(4)}]+\cdots$$

以这种方式继续下去，我们得出由以下定理给出的 Euler-Maclaurin 求和公式．

定理 10.6.1(Euler-Maclaurin 定理)　如果 $f\in C^{2n}[a,b]$，T_h 是对 $\int_a^b f(x)\mathrm{d}x$ 的复合梯形法则的近似公式(10.5)，那么

$$T_h-\int_a^b f(x)\mathrm{d}x=\frac{h^2}{12}[f'(b)-f'(a)]-\frac{h^4}{720}[f^{(3)}(b)-f^{(3)}(a)]$$
$$+\frac{h^6}{30\,240}[f^{(5)}(b)-f^{(5)}(a)]-\cdots$$
$$+(-1)^{n-2}\frac{b_{2n-2}}{(2n-2)!}h^{2n-2}[f^{(2n-1)}(b)-f^{(2n-1)}(a)]$$
$$+(-1)^{n-1}\frac{b_{2n}}{(2n)!}h^{2n}f^{(2n)}(\xi),\quad \xi\in[a,b] \tag{10.12}$$

在这个公式中，数 $(-1)^{j-1}b_{2j}$ 叫作 **Bernoulli(伯努利)数**．

如在前一节所陈述的，这个公式表明梯形法则的误差项都是 h 的偶次幂．但是它可以表明得更多．假设函数 f 是周期是 $b-a$ 或 $\frac{b-a}{m}$(m 是正整数)的周期函数．于是 $f(b)=f(a)$，$f'(b)=f'(a)$，等等．那么(10.12)中的所有项除了最后一项外都是零．而且如果 f 无穷可微，那么在(10.12)中的 n 能够取到任意大．这就意味着在用等距结点的梯形法则中

245 的误差比 h 的任意次幂减小得快，这样的收敛速度叫作是**超代数**的．因此对周期函数，在周期的整数倍上求积分时，梯形法则极其精确．当采用有限精度算术运算在计算机或计算

器上执行时，通常只需中等数目的结点就可以达到机器精度.

例 10.6.1 在等间距结点上用复合梯形法则计算 $\int_0^{2\pi} \exp(\sin x)\,dx$.

因为这是周期为 2π 的周期函数，仅用小数目的子区间我们就能预期极好的答案. 表 10-4 揭示了这个结果. 用 16 个子区间 $\left(h=\frac{\pi}{8}\right)$，基本上已达到了机器精度. 在准确的算术运算中，增加结点可能将戏剧性地连续降低误差，但是我们已达到了计算机算术运算的极限.

表 10-4 在等距结点上用复合梯形法则近似 $\int_0^{2\pi} \exp(\sin x)\,dx$ 的结果

h	T_h	误差
π	6.283 185 307 179 59	$1.7\times10^{+00}$
$\pi/2$	7.989 323 439 822 04	3.4×10^{-02}
$\pi/4$	7.954 927 772 701 78	1.3×10^{-06}
$\pi/8$	7.954 926 521 012 85	5.3×10^{-15}
$\pi/16$	7.954 926 521 012 84	
$\pi/32$	7.954 926 521 012 84	

■

例 10.6.2 在等距结点上用复合梯形法则计算 $\int_1^{1+4\pi} \exp(\sin x)\,dx$.

注意积分从何处开始无关紧要，只要其延伸区间的长度是周期的整数倍，于是我们再一次用中等数目的子区间预期极精确的答案. 表 10-5 给出了这个结果. 用 32 个子区间 $\left(h=\frac{\pi}{8}\right)$已经达到了机器精度.

表 10-5 在等距结点上用复合梯形法则计算 $\int_1^{1+4\pi} \exp(\sin x)\,dx$ 的结果

h	T_h	误差
π	17.284 117 740 365 22	$1.4\times10^{+00}$
$\pi/2$	15.864 887 661 006 67	4.5×10^{-02}
$\pi/4$	15.909 852 677 784 12	3.6×10^{-07}
$\pi/8$	15.909 853 042 025 69	
$\pi/16$	15.909 853 042 025 69	

■

为了比较，用复合梯形法则，其子区间长度随机地分布于$\frac{\pi}{16}$和$\frac{\pi}{8}$之间，误差大概是 3.5×10^{-03}. Euler-Maclaurin 公式仅对等长的子区间成立；当它们不相等时，误差仍是 $O(h^2)$，这里 h 是最大的子区间长度. 246

应该注意，这种超代数收敛性现象并不是唯一地针对复合梯形法则. 其他方法，诸如 Clenshaw-Curtis 求积公式(及 Gauss 求积公式)甚至对非周期光滑函数也达到了超代数收敛性. 理解这一点的关键是注意定义在$[-1, 1]$上的光滑函数 $f(x)$的 Chebyshev 级数的系数，或者定义在$[0, \pi]$上的光滑函数 $f(\cos\theta)$的 Fourier 余弦级数的系数极其迅速地衰减. 因此如果积分法则准确地积分这些级数中的前 n 项，那么对于余下的项的大小，这种积分公式中的误差将比 h 的任何幂次减小得快.

10.7 奇异性

我们已经讨论过几个对光滑函数很有效的积分公式．假设被积函数并不如此光滑，或许它在区间的一个端点趋于$\pm\infty$，而积分保持有限，要不然我们想要计算的积分有一个或两个等于$\pm\infty$的端点．

对于f在积分区间内有有限跳跃间断性的简单情形，前面提供的大部分误差估计将失效，这是因为它们假设f和它的某些导数是连续的．然而，如果我们知道不连续点，譬如说c，那么我们可以把积分分成两段

$$\int_a^b f(x)\mathrm{d}x = \int_a^c f(x)\mathrm{d}x + \int_c^b f(x)\mathrm{d}x \tag{10.13}$$

只要f在每一段光滑，我们对每一段分别用求积公式就能得到前面几节的分析．

假设当$x\to a$(积分下限)时，f变成无穷大．上限能够类似地处理，并且如果f在积分区间内有奇异性，经过如在(10.13)那样把区间分成两段就能像端点那样处理它．特别假设积分有形式

$$\int_a^b \frac{g(x)}{(x-a)^\theta}\mathrm{d}x,\quad 0<\theta<1 \tag{10.14}$$

这里g在$[a,b]$上有足够多的连续导数，以便前面的分析能用于g．可以证明对相当一般的函数g(即$g(a)\neq 0$的那些)，即使被积函数在$x=a$可能趋于∞，但在(10.14)中的积分是有限的．有几种可能近似这种积分的逼近方法．一种是把积分分成两段

$$\int_a^{a+\delta} \frac{g(x)}{(x-a)^\theta}\mathrm{d}x + \int_{a+\delta}^b \frac{g(x)}{(x-a)^\theta}\mathrm{d}x$$

247 第二个积分能用标准的方法来近似，这是因为在这个区间上被积函数光滑而且其导数有界．

要近似第一个积分，可以先把g关于a展成 Taylor 级数

$$g(x) = g(a) + (x-a)g'(a) + \frac{(x-a)^2}{2}g''(a) + \cdots$$

那么第一个积分变成

$$\int_a^{a+\delta}\left[\frac{g(a)}{(x-a)^\theta} + g'(a)(x-a)^{1-\theta} + \frac{g''(a)}{2}(x-a)^{2-\theta} + \cdots\right]\mathrm{d}x$$

$$= g(a)\left.\frac{(x-a)^{1-\theta}}{1-\theta}\right|_a^{a+\delta} + g'(a)\left.\frac{(x-a)^{2-\theta}}{2-\theta}\right|_a^{a+\delta} + \frac{g''(a)}{2}\left.\frac{(x-a)^{3-\theta}}{3-\theta}\right|_a^{a+\delta} + \cdots$$

$$= g(a)\frac{\delta^{1-\theta}}{1-\theta} + g'(a)\frac{\delta^{2-\theta}}{2-\theta} + \frac{g''(a)}{2}\frac{\delta^{3-\theta}}{3-\theta} + \cdots$$

这个和能在某个适当的点处终止并被用作第一个积分的近似．

假设被积函数f光滑，但是积分上限是无穷大，可以对某个大的数R再一次把积分分成两段：

$$\int_a^\infty f(x)\mathrm{d}x = \int_a^R f(x)\mathrm{d}x + \int_R^\infty f(x)\mathrm{d}x$$

如果R充分大，就可能通过解析方法证明第二个积分是零，另一种可能的逼近是在第二个积分中作变量代换$\xi=\dfrac{1}{x}$，所以它变成

$$\int_0^{\frac{1}{R}} f\left(\frac{1}{\xi}\right)\xi^{-2}\,\mathrm{d}\xi$$

如果当 $\xi\to 0$ 时 $f\left(\frac{1}{\xi}\right)\xi^{-2}$ 趋于有限极限，那么这个极限可以被用在标准求积公式来近似这个积分．如果当 $\xi\to 0$ 时 $f\left(\frac{1}{\xi}\right)\xi^{-2}$ 变成无穷大，那么这个积分可以像上面一样处理，通过求一个值 $\theta\in(0,1)$，使得当 $\xi\to 0$ 时，$f\left(\frac{1}{\xi}\right)\xi^{-2}$ 的性态就像 $\frac{g(\xi)}{\xi^{\theta}}$ 一样，这里 g 是光滑的．

为有奇异性的函数设计求积公式依然是现时研究的课题．

10.8　第10章习题

1. 用结点 0，$\frac{1}{3}$，$\frac{2}{3}$ 和 1 对 $\int_0^1 f(x)\mathrm{d}x$ 导出 Newton-Cotes 公式．

2. 求对所有形式是 $f(x)=a\mathrm{e}^x+b\cos\left(\frac{\pi x}{2}\right)$ 的函数都准确的公式

$$\int_0^1 f(x)\mathrm{d}x\approx A_0f(0)+A_1f(1)$$

$f(x)$ 的表达式中的 a 和 b 是常数． 248

3. 考虑积分公式

$$\int_{-1}^1 f(x)\mathrm{d}x\approx f(\alpha)+f(-\alpha)$$

(a) 如果有的话，对 α 的什么值这个公式对所有次数等于或小于1的多项式将是准确的？

(b) 如果有的话，对 α 的什么值这个公式对所有次数等于或小于3的多项式将是准确的？

(c) 如果有的话，对 α 的什么值这个公式对所有形式为 $a+bx+cx^3+dx^4$ 的多项式将是准确的？这里的 a、b、c、d 是常数．

4. 求对所有次数等于或小于3的多项式准确的形式为

$$\int_0^1 xf(x)\mathrm{d}x\approx A_0f(x_0)+A_1f(x_1)$$

的公式．

5. Chebyshev 多项式 $T_j(x)=\cos(j\arccos x)(j=0,1,\cdots)$ 在 $[-1,1]$ 上关于权函数 $(1-x^2)^{-\frac{1}{2}}$ 是正交的；即 $\int_{-1}^1 T_j(x)T_k(x)(1-x^2)^{-\frac{1}{2}}\mathrm{d}x=0$，如果 $j\neq k$．对线性无关集 $\{1,x,x^2\}$ 用 Gram-Schmidt 过程构造关于这个权函数的前三个正交多项式，并证明它们确实是 T_0，T_1 和 T_2 的标量倍．

6. 考虑近似积分的复合中点法则

$$\int_a^b f(x)\mathrm{d}x\approx h\sum_{i=1}^n f\left(\frac{x_i+x_{i-1}}{2}\right)$$

这里 $h=\frac{b-a}{n}$，$x_i=a+ih(i=0,1,\cdots,n)$．

(a) 画一个图从几何上表示什么图形的面积是由这个公式计算得到的．

(b) 证明如果在每个子区间上 f 是常数或者是线性的那么这个公式是准确的．

(c) 假设 $f\in C^2[a,b]$，证明中点法则是二阶精确的，即误差小于或等于常数乘 h^2．要做到这一点，你将首先需要证明在每个子区间的误差具有 h^3 阶．要明白这一点，在子区间的中点 $x_{i-\frac{1}{2}}=\frac{x_i+x_{i-1}}{2}$ 把 f 展开成 Taylor 级数：

$$f(x)=f(x_{i-\frac{1}{2}})+(x-x_{i-\frac{1}{2}})f'(x_{i-\frac{1}{2}})+\frac{(x-x_{i-\frac{1}{2}})^2}{2}f''(\xi_{i-\frac{1}{2}})$$

$$\xi_{i-\frac{1}{2}}\in[x_{i-1},x_i]$$

通过积分每一项，证明精确值$\int_{x_{i-1}}^{x_i}f(x)\mathrm{d}x$和近似值$hf(x_{i-\frac{1}{2}})$之差具有$h^3$阶，最后把每个子区间

249 的结果组合起来证明总误差具有h^2阶.

7. 写出MATLAB程序在等距结点用复合梯形法则和复合Simpson法则近似积分$\int_0^1\cos(x^2)\mathrm{d}x$. 子区间的个数$n=\frac{1}{h}$应该是每个编码的输入. 作出你的编码表.

进行收敛性研究以证明复合梯形法则的二阶精度和复合Simpson法则的四阶精度，即用几个不同的h值运行你的程序，并作表格表示每个h值的误差E_h以及对复合梯形法则作比值$\frac{E_h}{h^2}$而对复合Simpson法则作比值$\frac{E_h}{h^4}$. 对小的h值这些比值应接近常数.

通过比较你的结果和MATLAB程序quad的结果确定积分中的误差. 要学习程序quad，可以在MATLAB中打印help quad. 当你运行quad，可以要求高水平的精度，譬如说

```
q = quad('cos(x.^2)',0,1,[1.e-12 1.e-12])
```

这里最后一个变量[1.e-12 1.e-12]表示你想要一个在相对和绝对意义下精确到10^{-12}的答案. [*注意：当你使用程序quad时，必须定义一个函数，或者在线或者在一个单独分开的存储器，这个函数在向量x处计算被积函数$\cos x^2$；因此你必须写成cos(x.^2)而不是cos(x^2).*]

8. 从书上的网页下载程序romberg.m，并用它计算$\int_0^1\cos(x^2)\mathrm{d}x$，使用$10^{-12}$的容错.（要用romberg你将需要引入你的函数f并让它定义在单独分开的存储器f.m或者作为一个在线函数.）通过打印[q, cnt]=romberg(0, 1, 1.e-12)返回需要计算的函数的个数，输出自变量cnt将包含需要计算的函数的个数. 在前面习题得到的结果的基础上，通过复合梯形法则达到10^{-12}的误差来估计将有多少个需要求值的函数. 解释为什么差别如此之大.

9. 用chebfun计算$\int_0^1\cos(x^2)\mathrm{d}x$的值，它用了多少函数值？（这就是由

```
f = chebfun('cos(x.^2)',[0,1])
```

250 定义的函数f的长度.）

第 11 章　常微分方程初值问题的数值解

这一章，我们研究如下形式的问题

$$y'(t) = f(t, y(t)), \quad t \geqslant t_0$$
$$y(t_0) = y_0 \qquad (11.1)$$

这里独立变量 t 通常表示时间，$y=y(t)$ 是我们要求的未知函数，而 y_0 是给定的初始值. 这就称为常微分方程(ODE)$y'=f(t, y)$的**初值问题**(IVP)(有时微分方程对 $t\leqslant t_0$ 或 t 在关于 t_0 的某个区间成立. 这些问题仍叫作初值问题). 现在，我们假设 y 是 t 的标量值函数，以后将考虑常微分方程组(ODEs). 我们从下面几个例子开始.

例 11.0.1 没有外在限制的人口增长率正比于人口的多少. 如果 $y(t)$表示在时刻 t 的人口，那么对某个正常数 k，$y'=ky$. 我们能解析地求解这个方程：$y(t)=Ce^{kt}$，C 是常数. 知道初始人口的多少，譬如说 $y(0)=100$，我们能够确定 C；在这种情形下 $C=100$. 于是没有外在限制的人口按指数型增长(但在食品、空间等的限制下这种人口就不会长久存在). ■

这个人口增长模型称为 Malthusian(马尔萨斯)增长模型，是以 Thomas Malthus 命名的，他在 1798 年出版的不具名写作的书《人口原理》中建立了这个模型. 常数 k 有时叫作 Malthusian 参数. Malthus 的书是有影响的，Charles Darwin(达尔文)为了他的自然选择观点引用了这本书. 基于这个模型，Malthus 警告人口增长将快于农业生产，并可能导致劳动力供应过剩、低工资和最终广泛的贫困. 251

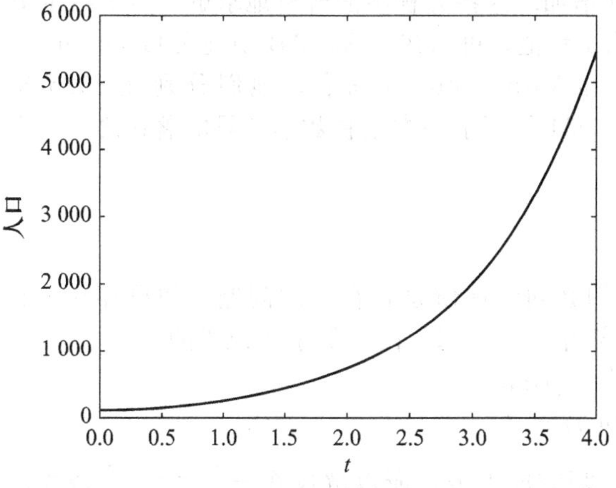

图 11-1　指数型增长的例子

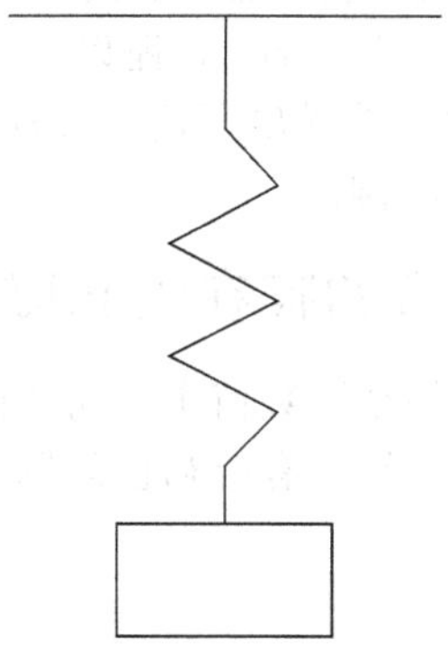

图 11-2　Hooke(胡克)定理模拟弹簧运动

例 11.0.2 Hooke(胡克)定律描述了弹簧上物体的加速度正比于物体离开平衡位置的距离. 如果 $y(t)$表示时刻 t 物体离开平衡位置的距离，这个定律可以写成 $y''=-ky$，这里 $k>0$ 是弹性常数而负号表示加速度的方向背向平衡点. 这个方程有形如 $y=C_1\sin(\sqrt{k}t)+C_2\cos(\sqrt{k}t)$的解，这里 C_1 和 C_2 是常数. 通过求导容易检验这些确实是解. 然而要确定唯一解，我们需要多于一个的初始条件.

这种二阶微分方程(含有二阶导数)能够写成两个一阶方程的方程组．令 $z=y'$，我们就有方程组

$$\begin{aligned} y' &= z \\ z' &= -y \end{aligned} \quad \text{或} \quad \begin{pmatrix} y \\ z \end{pmatrix}' = \begin{pmatrix} 0 & 1 \\ -1 & 0 \end{pmatrix} \begin{pmatrix} y \\ z \end{pmatrix}$$

252 为了确定唯一解，我们需要关于 y 和 z 的初始条件(即，我们需要知道物体的初始位移和速度)．注意，如果代替给定初始值，我们对这个问题给以某种类型的边界条件，那么解的存在性和唯一性问题会变得更困难．例如，假设我们给定 $y(0)=0$ 和 $y(\pi)$．满足 $y(0)=0$ 的解具有形式 $C_1\sin t$，因此在 $t=\pi$ 处取值 0．于是，如果给定的值是 $y(\pi)=0$，这个边值问题有无穷多解，如果 $y(\pi)\neq 0$，它无解．

Hooke 定律以物理学家 Robert Hooke 命名，他在 1676 年用拉丁文 ceiiinosssttuv 发表了他的发现．在专利和知识产权出现之前，发表拉丁文时常宣布一项新发现而不透露细节．直到 1678 年，Hooke 才发表关于拉丁文 Ut tensio sic vis 的解，它意指“因为伸张，所以有力”． ■

例 11.0.3 一般而言，求一个微分方程的解是困难的，并且解析式经常不存在．例如考虑 Lotka-Volterra 捕食者-被捕食者方程．令 $F(t)$表示狐狸(捕食者)在时间 t 的数量，$R(t)$表示兔子(被捕食者)在时刻 t 的数量，这些方程有如下形式

$$\begin{aligned} R' &= (\alpha - \beta F)R \\ F' &= (\gamma R - \delta)F \end{aligned}$$

这里 α，β，γ 和 δ 是正的常数．这些方程背后的原因是兔子数量增长率随兔子数量增长而增长但随吃兔子的狐狸数量增长而减小；狐狸数量的增长率随着狐狸数量增长而减小，因为食物少了，但随以兔子作为食物供应的增加而增加．这些方程不能解析地求解，但是给定 F 和 R 的初始值，它们的解能被数值地近似．为了示范，可以在 MATLAB 中键入 lotkademo.

Lotka-Volterra 方程以 Alfred Lotka 和 Vito Volterra 命名，他们分别在 1925 年和 1926 年独立地导出了这个方程．Lotka 在 1924 年写了一本生物数学最早的著作之一，名为《生物数学基础》． ■

11.1　解的存在性和唯一性

在我们企图数值求解初值问题前，我们必须考虑解是否存在的问题，如果存在，它是否是唯一的解．有时初值问题的解只是局部存在，正如下面的例子所说明的．

$$\begin{aligned} y' &= y\tan t \\ y(0) &= 1 \end{aligned}$$

它的解是 $y(t)=\sec t$，但是当 $t=\pm\frac{\pi}{2}$ 时正割变成无穷，所以解仅在 $-\frac{\pi}{2}<t<\frac{\pi}{2}$ 成立．作

253 为另一个例子，考虑初值问题

$$\begin{aligned} y' &= y^2 \\ y(0) &= 1 \end{aligned}$$

可以检验它的解是 $y(t)=\frac{1}{1-t}$，$t\in[0, 1)$，但在 $t=1$ 处它变成无穷大，因此在这点之外解不存在．

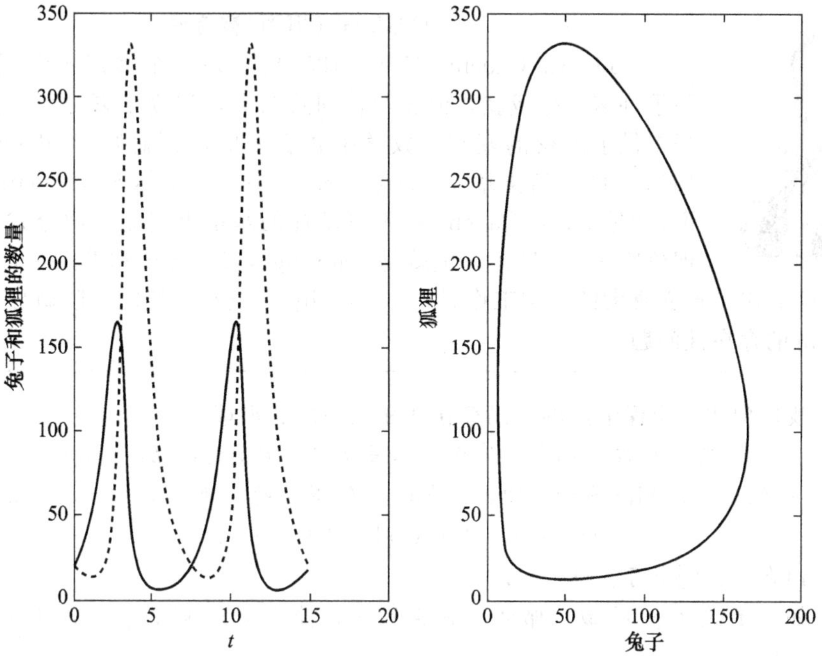

图 11-3 Lotka-Voleterra 方程组描述捕食者-被捕者系统(左：时间历史，右：相平面图)

在研究(11.1)解的存在性和唯一性问题中，我们考虑右端函数是一个有两个独立自变量 t 和 y 的函数，并且假定它的性态像每一个这种自变量的函数一样. 以下定理给出了初值问题存在局部解的充分条件.

定理 11.1.1 如果 f 在以 (t_0, y_0) 为中心的矩形 R 中连续，即

$$R = \{(t,y): |t - t_0| \leqslant \alpha, \quad |y - y_0| \leqslant \beta\} \tag{11.2}$$

那么当 $|t-t_0| \leqslant \min\left(\alpha, \dfrac{\beta}{M}\right)$ 时 IVP(11.1)有解 $y(t)$，这里 $M=\max\limits_{R}|f(t, y)|$.

即使一个解存在，它也可能不唯一，如下面的例子所示：

$$y' = y^{\frac{2}{3}}$$
$$y(0) = 0$$

一个解是 $y(t)\equiv 0$，而另一个解是 $y(t)=\dfrac{1}{27}t^3$.

以下定理对解的局部存在性和唯一性给出了充分条件. 254

定理 11.1.2 如果 f 和 $\dfrac{\partial f}{\partial y}$ 在(11.2)中的矩形 R 内连续，那么当 $|t-t_0| \leqslant \min\left(\alpha, \dfrac{\beta}{M}\right)$ 时，IVP(11.1)有唯一解 $y(t)$，这里 $M=\max\limits_{R}|f(t, y)|$.

注意在非唯一性的例子中，$f(t, y)=y^{\frac{2}{3}}$，所以 $\dfrac{\partial f}{\partial y}=\dfrac{2}{3}y^{-\frac{1}{3}}$，它在任何 $y=0$ 的区间内不连续.

CAUCHY(柯西)存在性

Augustin Cauchy(1789—1857)[105]是一个多产的法国数学家，除了许多其他成就，他还给行列式命名，建立了复分析，为微分方程提供了严密的基础．数学家和后来的法国总理 Paul Painlevé 在 1910 年的一篇文章“Encyclopédie des Sciences Mathématiques”中说，“是 A.-L. Cauchy 在不可动摇的基础上建立了微分方程的一般理论”[20]．当别人，也就是 Lagrange，Laplace 和 Poisson 在微分方程方面已经做出了意义重大的早期工作时，是 Cauchy 首先对一般的一阶微分方程提出和解决了解的存在性问题．

最后，我们叙述一个保证解的全局存在性和唯一性的定理．

定理 11.1.3 假设 t_0 在区间$[a, b]$中．如果 f 在区域 $a \leqslant t \leqslant b$，$-\infty < y < \infty$ 中连续，而且关于 y 一致地 Lipschitz 连续，即，存在数 L 使得对所有的 y_1，y_2 和 $t \in [a, b]$，有

$$|f(t, y_2) - f(t, y_1)| \leqslant L|y_2 - y_1| \tag{11.3}$$

则 IVP(11.1)在$[a, b]$中存在唯一解．

注意，如果 f 关于 y 可微，那么存在常数 L，使得对所有的 y 和所有 $t \in [a, b]$，$\left|\left(\frac{\partial f}{\partial y}\right)(t, y)\right| \leqslant L$，则 f 满足定理中的 Lipschitz 条件．这是由 Taylor 定理得到的．因为对 y_1 和 y_2 之间的某个 ξ 有

$$f(t, y_2) = f(t, y_1) + (y_2 - y_1)\frac{\partial f}{\partial y}(t, \xi)$$

因此

$$|f(t, y_2) - f(t, y_1)| \leqslant \max\left|\frac{\partial f}{\partial y}\right| \cdot |y_2 - y_1|$$

这个定理是对单个常微分方程讲的，不过它对方程组也成立．只要在定理中取 $\boldsymbol{y}$ 为向量，再用任一种向量范数代替绝对值$|\cdot|$；例如，用 Euclidean(欧几里得)范数 $\|\boldsymbol{v}\|_2 =$
255 $\sqrt{\sum_j |v_j|^2}$ 或∞-范数$\|\boldsymbol{v}\|_\infty = \max_j |v_j|$．

除了解的存在性和唯一性，我们还要知道问题是**适定的**，即解连续依赖于初始数据．更明确地讲，如果我们希望数值地计算出一个好的近似解，那么应该是初始数据“小的”改变导致解的相应“小的”改变这种情形，因为初值将不可避免地被舍入(把这点与线性代数方程组的条件数问题相比较)．

定理 11.1.4 假设 $y(t)$和 $z(t)$满足

$$y' = f(t, y), \quad z' = f(t, z)$$

$$y(t_0) = y_0, \quad z(t_0) = z_0 \equiv y_0 + \delta_0$$

这里 f 满足定理 11.1.3 的假设，$t_0 \in [a, b]$．那么对任意 $t \in [a, b]$，

$$|z(t) - y(t)| \leqslant e^{L|t-t_0|} \cdot |\delta_0| \tag{11.4}$$

证明 对微分方程进行积分，我们得到

$$y(t)=y_0+\int_{t_0}^{t}f(s,y(s))\mathrm{d}s$$

$$z(t)=z_0+\int_{t_0}^{t}f(s,z(s))\mathrm{d}s$$

两式相减得

$$z(t)-y(t)=\delta_0+\int_{t_0}^{t}(f(s,z(s))-f(s,y(s)))\mathrm{d}s$$

首先假设 $t>t_0$. 每一边取绝对值并用 Lipschitz 条件得到

$$|z(t)-y(t)|\leqslant|\delta_0|+L\int_{t_0}^{t}|z(s)-y(s)|\mathrm{d}s$$

定义 $\Phi(t)\equiv\int_{t_0}^{t}|z(s)-y(s)|\mathrm{d}s$，那么 $\Phi'(t)=|z(t)-y(t)|$，而上面的不等式变成

$$\Phi'(t)\leqslant L\Phi(t)+|\delta_0|,\quad \Phi(t_0)=0 \tag{11.5}$$

如果(11.5)中的微分不等式是等式，这个初值问题的解是

$$\frac{|\delta_0|}{L}(\mathrm{e}^{L(t-t_0)}-1) \tag{11.6}$$

因为它是不等式，可以证明 $\Phi(t)$是小于或等于这个式子(Gronwall 不等式). 因此用(11.5)和(11.6)，我们有

$$|z(t)-y(t)|=\Phi'(t)\leqslant L\Phi(t)+|\delta_0|\leqslant|\delta_0|\mathrm{e}^{L(t-t_0)}$$

如果 $t<t_0$，若定义$\tilde{y}(t)=y(a+t_0-t)$和$\tilde{z}(t)=z(a+t_0-t)$，$a\leqslant t\leqslant t_0$，则$\tilde{z}(a)-\tilde{y}(a)=z(t_0)-y(t_0)=\delta_0$. 于是$\tilde{y}'(t)=-y'(a+t_0-t)=-f(a+t_0-t,\ \tilde{y}(t))$，对$\tilde{z}'(t)$也类似地处理. 如果定义$\tilde{f}(t,\ x)=-f(a+t_0-t,\ x)$，那么$\tilde{y}'(t)=\tilde{f}(t,\ \tilde{y}(t))$和$\tilde{z}'(t)=\tilde{f}(t,\ \tilde{z}(t))$，$a\leqslant t\leqslant t_0$. 把证明的第一部分用于$\tilde{z}(t)-\tilde{y}(t)$得到 256

$$|\tilde{z}(t)-\tilde{y}(t)|\leqslant|\delta_0|\mathrm{e}^{L(t-a)}$$

它等价于$|z(a+t_0-t)-y(a+t_0-t)|\leqslant|\delta_0|\mathrm{e}^{L(t-a)}$，或者令 $s=a+t_0-t$，则

$$|z(s)-y(s)|\leqslant|\delta_0|\mathrm{e}^{L(t_0-s)}$$

□

11.2　单步方法

假设初值问题(11.1)是适定的，我们通过把区间$[t_0,\ T]$分成小的子区间，并在每个子区间中用第 9 章已讨论过的有限差商代替对时间的导数来求解在时刻 T 的近似. 这将得到关于近似解在子区间端点的值的代数方程组.（为了记号的简单，我们从这里开始假定微分方程对 $t>t_0$ 成立，但是只要问题是适定的，当 $t<t_0$ 时，方法也能用于计算解.

设子区间的端点(叫作**结点**或**网格点**)记为 t_0，t_1，…，t_N，这里 $t_N=T$，并且在时刻 t_j 的近似解表示为 y_j. 单步方法是在 t_{k+1}的近似解由 t_k 上的近似解来决定的一种方法，下一节将讨论的多步方法是，把较早时间步 t_{k-1}，t_{k-2}，…，的近似解的值用于 y_{k+1}的计算. 为了简单，我们假定子区间的长度 $h=t_{k+1}-t_k$ 对所有的 k 是相同的. 为了使用 Taylor 定理分析这种方法的精度，我们还假定解 $y(t)$有所需要的几阶连续导数.

11.2.1　Euler 方法

Leonhard Euler 在他的三卷本教科书《微积分原理》中题名为“论用近似方法积分微分方程”这一章中评论了用级数解微分方程的不符合要求性质并代之以提出以下步骤[20].

从 $y_0=y(t_0)$ 开始，Euler 方法设

$$y_{k+1}=y_k+hf(t_k,y_k),\quad k=0,1,\cdots \tag{11.7}$$

按照 Taylor 定理，精确解满足

$$\begin{aligned} y(t_{k+1}) &= y(t_k)+hy'(t_k)+\frac{h^2}{2}y''(\xi_k) \\ &= y(t_k)+hf(t_k,y(t_k))+\frac{h^2}{2}y''(\xi_k),\quad \xi_k\in[t_k,t_{k+1}] \end{aligned} \tag{11.8}$$

所以在这个公式中舍弃 $O(h^2)$ 项就得到了 Euler 方法.

如果绘制常微分方程 $y'=f(t,\ y)$ 相应于不同初值的解的图形，那么 Euler 方法能理解
257 为每一时间步从一条解曲线沿着曲线的切线移动到另一条解曲线，如图 11-4 所示. 因此这种近似的精确性必然与初值问题的适定性联系起来.

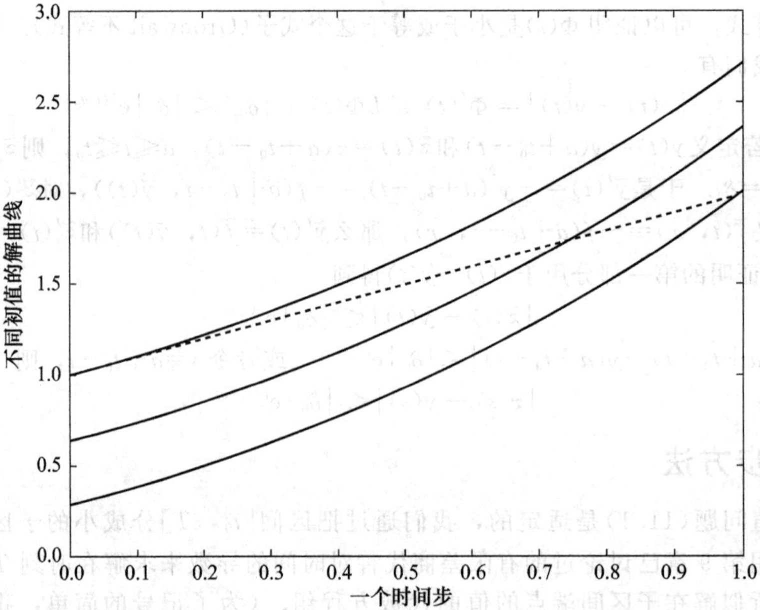

图 11-4　Euler 方法用沿着在 $(t_k,\ y_k)$ 的切线估计 $y(t_k+1)$. 注意这是如何把近似值从一条解曲线移动到另一条(相应于不同的初值)解曲线

例 11.2.1　考虑初值问题

$$y'=y,\quad y(0)=1$$

它的解是 $y(t)=\mathrm{e}^t$. 因为 $f(t,\ y)=y$，$\dfrac{\partial f}{\partial y}=1$，所以这个问题是适定的. 从 $y_0=1$ 开始，Euler 方法置

$$y_{k+1}=y_k+hy_k=(1+h)y_k,\quad k=0,1,\cdots$$

对某个固定的 T，如果 $h=\frac{T}{n}$，那么当 $n\to\infty$ 时，$y_n=(1+h)^n=\left(1+\frac{T}{n}\right)^n\to e^T$. ■

例 11.2.2 如果把 Euler 方法用于例 11.0.3 中的 Lotka-Volterra 捕食者-被捕食者方程组，那么

$$R_{k+1}=R_k+h(\alpha-\beta F_k)R_k$$
$$F_{k+1}=F_k+h(\gamma R_k-\delta)F_k$$

如果我们定义向量 $\boldsymbol{y}\equiv(R,\ F)^{\mathrm{T}}$ 和向量值函数 $\boldsymbol{f}(t,\ \boldsymbol{y})=((\alpha-\beta F)R,\ (\gamma R-\delta)F)^{\mathrm{T}}$，那么 Euler 方法又有

$$\boldsymbol{y}_{k+1}=\boldsymbol{y}_k+h\boldsymbol{f}(t_k,\boldsymbol{y}_k)$$

的形式. 在讨论这种方法时，Euler 在他的教科书中指出通过选取充分小的时间步，在每一步产生的误差可以任意小. 但是他还指出当逐次累进步遍整个区间时，误差会累积起来. Cauchy 在 1820 年提供了这种方法收敛性的严格证明. ■ 258

要分析一种方法的精确性，我们要讨论局部和全局误差. 局部截断误差粗略地定义为真解不满足差分方程的那个量. 但是对这个定义必须小心差分方程所写成的形式. 在 Euler 方法中 $y'(t_k)$ 的近似是 $\frac{y_{k+1}-y_k}{h}$，并且差分方程可以写成

$$\frac{y_{k+1}-y_k}{h}=f(t_k,y_k)$$

的形式. 在这个公式中每一处的 y_j 用真解 $y(t_j)$ 代替，再用(11.8)，我们有

$$\frac{y(t_{k+1})-y(t_k)}{h}=f(t_k,y(t_k))+\frac{h}{2}y''(\xi_k)$$

所以 Euler 方法中的局部截断误差是 $O(h)$，而且这种方法称为是**一阶的**.（遗憾的是，文献中的局部截断误差定义不一致. 因为在 Taylor 级数中第一个舍弃项是 $O(h^2)$，所以有些资料把 Euler 方法的局部误差描述为 $O(h^2)$. 当这些差分方程写成其左边近似导数 y' 的形式，即，用 $\frac{1}{h}$ 乘以 $y(t_{k+1})$ 关于 t_k 的 Taylor 级数中第一个舍弃的项时，我们将一直用局部截断误差是使得真解不满足差分方程的那个量的定义.

作为一种合理的方法，我们期望当 $h\to 0$ 时，局部截断误差将趋于 0. 对 Euler 方法，这一点是成立的，因为

$$\lim_{h\to 0}\frac{y(t_{k+1})-y(t_k)}{h}=y'(t_k)=f(t_k,y(t_k))$$

如果当 $h\to 0$ 时，局部截断误差趋于 0，这种方法叫作相容的.

我们还要考虑一个方法的全局误差；即在网格点 t_k 上真解 $y(t_k)$ 和近似解 y_k 的差. 下面的定理表明，Euler 方法用于适定问题是**收敛的**：当 $h\to 0$ 时，对固定区间 $[t_0,\ T]$ 中网格点 t_k 上 y_k 和 $y(t_k)$ 的最大差趋于 0.

定理 11.2.1 设 $y(t)$ 是 $y'=f(t,\ y)$ 对给定初值 $y(t_0)$ 的解，这里 $f(t,\ y)$ 满足定理 11.1.3 的假设. 令 $T\in[a,\ b]$ 固定，$T>t_0$，再令 $h=\frac{T-t_0}{N}$. 定义

$$y_{k+1}=y_k+hf(t_k,y_k),\quad k=0,1,\cdots,N-1 \tag{11.9}$$

假设当 $h\to 0$ 时，$y_0\to y(t_0)$．那么当 $h\to 0$ 时，对所有的 k，$t_k\in[t_0,\ T]$，$y_k\to y(t_k)$，并且收敛是一致的，即 $\max\limits_k|y(t_k)-y_k|\to 0$.

证明　(11.8)减去(11.9)并用 d_j 表示差 $y(t_j)-y_j$ 给出

259 $$d_{k+1}=d_k+h[f(t_k,y(t_k))-f(t_k,y_k)]+\frac{h^2}{2}y''(\xi_k),\xi_k\in[t_k,t_{k+1}]$$

两边取绝对值并用 Lipschitz 条件(11.3)，我们有

$$|d_{k+1}|\leqslant|d_k|+hL|d_k|+\frac{h^2}{2}M=(1+hL)|d_k|+\frac{h^2}{2}M \tag{11.10}$$

这里 $M\equiv\max\limits_{t\in[t_0,T]}|y''(t)|$.

在证明这一点时，我们需要注意以下事实.

事实．假设

$$\gamma_{k+1}\leqslant(1+\alpha)\gamma_k+\beta,\quad k=0,1,\cdots \tag{11.11}$$

这里 $\alpha>0$，$\beta\geqslant 0$．那么

$$\gamma_n\leqslant e^{n\alpha}\gamma_0+\frac{e^{n\alpha}-1}{\alpha}\beta$$

要证明这个不等式成立，注意通过重复应用不等式(11.11)，我们有

$$\begin{aligned}\gamma_n&\leqslant(1+\alpha)\gamma_{n-1}+\beta\leqslant(1+\alpha)^2\gamma_{n-2}+[(1+\alpha)+1]\beta\leqslant\cdots\\&\leqslant(1+\alpha)^n\gamma_0+\left[\sum_{j=0}^{n-1}(1+\alpha)^j\right]\beta\end{aligned}$$

这个几何级数的和是

$$\sum_{j=0}^{n-1}(1+\alpha)^j=\frac{(1+\alpha)^n-1}{\alpha}$$

所以我们有

$$\gamma_n\leqslant(1+\alpha)^n\gamma_0+\frac{(1+\alpha)^n-1}{\alpha}\beta$$

因为对所有的 $\alpha>0$，$(1+\alpha)^n\leqslant e^{n\alpha}$（因为 $1+\alpha\leqslant e^{\alpha}=1+\alpha+\frac{\alpha^2}{2}e^{\xi}$，$\xi\in(0,\ \alpha)$），就得到

$$\gamma_n\leqslant e^{n\alpha}\gamma_0+\frac{e^{n\alpha}-1}{\alpha}\beta$$

继续这个定理的证明并用以上这个事实，取 $\alpha=hL$，$\beta=\frac{h^2}{2}M$，给(11.10)中的 $|d_{k+1}|$ 定界给出

$$|d_{k+1}|\leqslant e^{(k+1)hL}|d_0|+\frac{e^{(k+1)hL}-1}{L}\,\frac{h}{2}M$$

和

$$\max_{\{k:t_k\in[t_0,T]\}}|d_k|\leqslant e^{L(T-t_0)}|d_0|+\frac{e^{L(T-t_0)}-1}{L}\,\frac{h}{2}M$$

260 这是因为 $kh\leqslant T-t_0$．当 $h\to 0$ 时，上面两个右端项都趋于 0，于是定理得证.　□

LEONHARD EULER(欧拉)

Leonhard Euler(1707－1783)是瑞士数学家，他在数学的许多领域包括解析几何，三角，微积分和数论作出了影响深远的贡献. Euler 引进了符号 e，i 以及 $f(x)$代表函数. 他的记忆力十分有名. 他曾用心算解决了学生们的计算在第 15 位小数出现不同的争论. 1766 年他的双眼失明之后这种技能帮了他大忙. 他通过口授继续发表其成果，一生发表 800 多篇论文.

我们已经证明 Euler 方法不仅收敛而且它的全局误差与局部误差有相同的阶 $O(h)$. 我们在后面将给出关于单步方法的收敛性和精确阶的一般定理，它的证明几乎与 Euler 的证明一样.

在进行其他单步方法之前，我们考虑舍入误差对 Euler 方法的影响. 在第 9 章曾提到舍入误差可能对用有限差商来近似导数造成困难. 这仍是我们在解微分方程中要做的事情，所以应该估计在这里有相同的困难. 假设差分方程(11.7)的计算解满足

$$\tilde{y}_{k+1}=\tilde{y}_k+hf(t_k,\tilde{y}_k)+\delta_k \tag{11.12}$$

这里 δ_k 作为计算 $f(t_k,\ \tilde{y}_k)$的舍入误差，把它乘以 h 并加到$\tilde{y}_k$ 上. 假设$\max\limits_k|\delta_k|\leqslant\delta$. 如果$\tilde{d}_j\equiv\tilde{y}_j-y_j$ 表示计算得到近似解和以精确算术运算将得到的近似解之差，那么从(11.12)减去(11.7)给出

$$\tilde{d}_{k+1}=\tilde{d}_k+h[f(t_k,\tilde{y}_k)-f(t_k,y_k)]+\delta_k$$

每边取绝对值并假设 f 满足 Lipschitz 条件(11.3)，我们得到

$$|\tilde{d}_{k+1}|\leqslant(1+hL)|\tilde{d}_k|+\delta$$

应用在定理(11.2.1)证明过的事实，取 $\alpha=hL$，$\beta=\delta$，我们得到

$$|\tilde{d}_{k+1}|\leqslant \mathrm{e}^{(k+1)hL}|\tilde{d}_0|+\frac{\mathrm{e}^{(k+1)hL}-1}{hL}\delta\leqslant \mathrm{e}^{L(T-t_0)}|\tilde{d}_0|+\frac{\mathrm{e}^{L(T-t_0)}-1}{hL}\delta$$

这里$\tilde{d}_0$ 表示在计算初值 y_0 时的舍入误差(如果有的话). 如在第 9 章讨论的，我们看到如 261
果 h 太小那么与$\dfrac{1}{h}$成正比的舍入误差将占优. 要得到最精确的近似解，应该选择 h 足够小使得在 Euler 方法中的全局误差(它是 $O(h)$)是小的，但又不能太小使得由于舍入导致的误差$\left(\text{它是 } O\left(\dfrac{1}{h}\right)\right)$太大.

11.2.2 基于 Taylor 级数的高阶方法

Euler 方法是在 Taylor 级数的展式(11.8)中去掉 $O(h^2)$项而导出的. 可以在 Taylor 级数中保留更多项得到有更高阶局部截断误差的方法.

因为 y 满足

$$\begin{aligned}y(t+h)&=y(t)+hy'(t)+\frac{h^2}{2}y''(t)+O(h^3)\\&=y(t)+hf(t,y(t))+\frac{h^2}{2}\left(\frac{\partial f}{\partial t}+\frac{\partial f}{\partial y}f\right)(t,y(t))+O(h^3)\end{aligned}$$

去掉 $O(h^3)$ 项给出近似公式

$$y_{k+1} = y_k + hf(t_k, y_k) + \frac{h^2}{2}\left(\frac{\partial f}{\partial t} + \frac{\partial f}{\partial y}f\right)(t_k, y_k) \tag{11.13}$$

注意我们已用过的事实，因为 $y'(t)=f(t,\ y(t))$，二阶导数是

$$y'' = \frac{\partial f}{\partial t} + \frac{\partial f}{\partial y}\frac{\mathrm{d}y}{\mathrm{d}t} = \frac{\partial f}{\partial t} + \frac{\partial f}{\partial y}f$$

公式(11.13)叫作**二阶 Taylor 方法**，其局部截断误差是 $O(h^2)$，因为把差分方程写成形式

$$\frac{y_{k+1} - y_k}{h} = f(t_k, y_k) + \frac{h}{2}\left(\frac{\partial f}{\partial t} + \frac{\partial f}{\partial y}f\right)(t_k, y_k)$$

再用 $y(t_j)$ 代替 y_j 我们有

$$\frac{y(t_{k+1}) - y(t_k)}{h} = f(t_k, y(t_k)) + \frac{h}{2}\left(\frac{\partial f}{\partial t} + \frac{\partial f}{\partial y}f\right)(t_k, y(t_k)) + O(h^2)$$

这种方法的局部截断误差比 Euler 方法的局部截断误差的阶更高，但是需要计算右端函数 f 的偏导数. 计算这种导数通常是困难的或者是昂贵的. 人们甚至可以用需要 f 的更多偏导数的更高阶的 Taylor 方法，但是因为计算导数的困难，这些方法很少使用.

11.2.3　中点方法

中点方法定义为先用 Euler 方法取半步近似在 $t_{k+\frac{1}{2}} \equiv \frac{(t_k + t_{k+1})}{2}$ 上的解，然后用 f 在

262 $t_{k+\frac{1}{2}}$ 和近似解 $y_{k+\frac{1}{2}}$ 的值取完整步：

$$y_{k+\frac{1}{2}} = y_k + \frac{h}{2}f(t_k, y_k) \tag{11.14}$$

$$y_{k+1} = y_k + hf(t_{k+\frac{1}{2}}, y_{k+\frac{1}{2}}) \tag{11.15}$$

注意这种方法每一步需要两次函数值的计算而不是像 Euler 方法中的一次. 因此每一步将更耗费，但是，如果我们能用相当大的时间步，这种额外的耗费可能是值得的.

图 11-5 给出了中点方法的图像说明，注意第一步如何沿着解曲线在 $(t_k,\ y_k)$ 的切线并产生值 $y_{k+\frac{1}{2}}$，然后完整步又从 t_k 开始但沿着解曲线在点 $(t_{k+\frac{1}{2}},\ y_{k+\frac{1}{2}})$ 的切线. 就像 Euler 方法那样，中点方法可理解为 ODE 相应于不同初值的解曲线之间或者在前一个时间步的不同的值之间的跳跃. 在图中我们看到中点方法到达的解曲线在前一时间步的值，比 Euler 方法的解曲线更靠近给定的值.

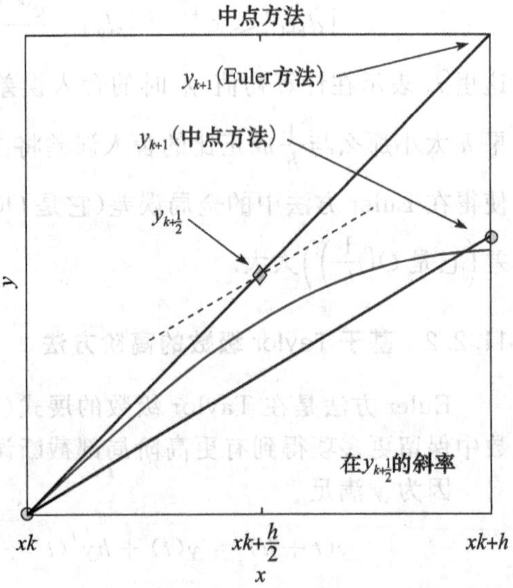

图 11-5　中点方法的图像说明

要确定这种方法的局部截断误差，把真解关于 $t_{k+\frac{1}{2}} = t_k + \frac{h}{2}$ 展成 Taylor 级数：

$$y(t_{k+1}) = y(t_{k+\frac{1}{2}}) + \frac{h}{2}f(t_{k+\frac{1}{2}}, y(t_{k+\frac{1}{2}})) + \frac{\left(\frac{h}{2}\right)^2}{2}y''(t_{k+\frac{1}{2}}) + O(h^3)$$

$$y(t_k) = y(t_{k+\frac{1}{2}}) - \frac{h}{2}f(t_{k+\frac{1}{2}}, y(t_{k+\frac{1}{2}})) + \frac{\left(\frac{h}{2}\right)^2}{2}y''(t_{k+\frac{1}{2}}) + O(h^3)$$ 263

两式相减得

$$y(t_{k+1}) - y(t_k) = hf(t_{k+\frac{1}{2}}, y(t_{k+\frac{1}{2}})) + O(h^3)$$

现在把 $y(t_{k+\frac{1}{2}})$关于 t_k 展开得

$$y(t_{k+\frac{1}{2}}) = y(t_k) + \frac{h}{2}f(t_k, y(t_k)) + O(h^2)$$

并作这个代换，我们有

$$\begin{aligned} y(t_{k+1}) - y(t_k) &= hf(t_{k+\frac{1}{2}}, y(t_k) + \frac{h}{2}f(t_k, y(t_k)) + O(h^2)) + O(h^3) \\ &= hf(t_{k+\frac{1}{2}}, y(t_k) + \frac{h}{2}f(t_k, y(t_k))) + O(h^3) \end{aligned} \tag{11.16}$$

这里第二个等式是因为 f 关于它的第二个变量是 Lipschitz 连续的，所以 $hf(t,\ y+O(h^2)) = hf(t,\ y)+O(h^3)$. 因为从(11.14)和(11.15)知近似解满足

$$y_{k+1} = y_k + hf\left(t_{k+\frac{1}{2}}, y_k + \frac{h}{2}f(t_k, y_k)\right)$$

或等价地

$$\frac{y_{k+1} - y_k}{h} = f(t_{k+\frac{1}{2}}, y_k + \frac{h}{2}f(t_k, y_k))$$

并且，从(11.16)，真解满足

$$\frac{y(t_{k+1}) - y(t_k)}{h} = f(t_{k+\frac{1}{2}}, y(t_k) + \frac{h}{2}f(t_k, y(t_k))) + O(h^2)$$

中点方法的局部截断误差是 $O(h^2)$；即，这种方法是二阶精度的.

11.2.4 基于求积公式的方法

从 t 到 $t+h$ 积分微分方程(11.1)给出

$$y(t+h) = y(t) + \int_t^{t+h} f(s, y(s))\mathrm{d}s \tag{11.17}$$

这个方程右端的积分能用第 10 章叙述的任一种求积法则来近似以得到一个近似解的方法.

例如，用梯形法则来近似这个积分

$$\int_t^{t+h} f(s, y(s))\mathrm{d}s = \frac{h}{2}[f(t, y(t)) + f(t+h, y(t+h))] + O(h^3)$$

导出解 IVP(11.1)的**梯形方法**

$$y_{k+1} = y_k + \frac{h}{2}[f(t_k, y_k) + f(t_{k+1}, y_{k+1})] \tag{11.18}$$

因为新的值 y_{k+1} 出现在方程的左边和右边，所以这个方法叫作**隐式**方法. 要确定 y_{k+1}，必须解非线性方程. 前面我们已讨论的方法是**显式**的，即 y 在新的时间步上的值可以从它的

264 前面步上的值显式计算得到．因为梯形法则近似积分的误差是 $O(h^3)$，所以这种方法的局部截断误差是 $O(h^2)$．

要避免在梯形方法中解非线性方程，可以用 **Heun 方法**，它用 Euler 方法先估计 y_{k+1}，然后把该估计用于(11.18)的右端

$$\tilde{y}_{k+1} = y_k + hf(t_k, y_k)$$

$$y_{k+1} = y_k + \frac{h}{2}[f(t_k, y_k) + f(t_{k+1}, \tilde{y}_{k+1})]$$

Heun 方法是沿着其斜率为解曲线在 $(t_k,\ y_k)$ 的斜率与解曲线在 $(t_{k+1},\ \tilde{y}_{k+1})$ 的斜率的平均值的直线，这里 $\tilde{y}_{k+1}$ 是用 Euler 方法一步的结果．

11.2.5　经典四阶 Runge-Kutta 和 Runge-Kutta-Fehlberg 方法

Heun 方法也被称为二阶 Runge-Kutta 方法．它能够如下导出．对某常数 α，引入中间值 $\tilde{y}_{k+\alpha}$，它作为 $y(t_k+\alpha h)$ 的一种近似，令

$$\begin{aligned}\tilde{y}_{k+\alpha} &= y_k + \alpha h f(t_k, y_k)\\ y_{k+1} &= y_k + \beta h f(t_k, y_k) + \gamma h f(t_k + \alpha h, \tilde{y}_{k+\alpha})\end{aligned} \tag{11.19}$$

其中参数 α，β 和 γ 的选择要与 $y(t_{k+1})$ 在 t_k 的 Taylor 级数展开式中尽可能多的项相匹配．要明白如何能做到这一点，我们需要用到多变量 Taylor 级数展开式．(多变量 Taylor 级数展开式在附录 B 中介绍，但是对于以前没有见过这部分材料的读者可以跳过下面这一段并把关于精度阶的叙述简单地当作事实．)要确定 α，β 和 γ，首先关于 $(t_k,\ y_k)$ 展开 $f(t_k+\alpha h,\ \tilde{y}_{k+\alpha})$：

$$\begin{aligned}f(t_k + \alpha h, \tilde{y}_{k+\alpha}) &= f(t_k + \alpha h, y_k + \alpha h f(t_k, y_k))\\ &= f(t_k, y_k) + \alpha h[f_t + f f_y] + \frac{\alpha^2 h^2}{2}[f_{tt} + 2 f f_{ty} + f^2 f_{yy}] + O(h^3)\end{aligned}$$

这里，除非另外的说明，f 及其导数(这里记作 f_t，f_y 等等)是在 $(t_k,\ y_k)$ 求值．在(11.19)中作这个代换，给出

$$y_{k+1} = y_k + (\beta+\gamma)hf + \alpha\gamma h^2[f_t + f f_y] + \frac{\alpha^2 \gamma h^3}{2}[f_{tt} + 2 f f_{ty} + f^2 f_{yy}] + O(h^4) \tag{11.20}$$

现在真解 $y(t_{k+1})$ 关于 t_k 的 Taylor 展开式是

$$\begin{aligned}y(t_{k+1}) &= y(t_k) + hy'(t_k) + \frac{h^2}{2}y''(t_k) + \frac{h^3}{6}y'''(t_k) + O(h^4)\\ &= y(t_k) + hf + \frac{h^2}{2}[f_t + f f_y] + \frac{h^3}{6}[f_{tt} + 2 f f_{ty} + f_t f_y\\ &\quad + f^2 f_{yy} + f f_y^2] + O(h^4)\end{aligned} \tag{11.21}$$

265

比较(11.20)和(11.21)，我们看到通过适当选择 α，β 和 γ 能匹配 $O(h)$ 项和 $O(h^2)$ 项，但不能匹配 $O(h^3)$ 项．为了做到这一点，我们需要

$$\beta + \gamma = 1, \quad \alpha\gamma = \frac{1}{2} \tag{11.22}$$

满足(11.22)的方法(11.19)，叫作**二阶 Runge-Kutta 方法**，其局部截断误差是 $O(h^2)$．Heun 方法是属于 $\alpha=1$，$\beta=\gamma=\frac{1}{2}$ 的这种方法．

我们进一步采用这种想法，引进两个中间值及附加的参数，可以证明通过适当地选择参数，能够达到四阶精度. 其代数运算很复杂，所以省掉推导过程.

最常见的四阶 Runge-Kutta 方法，叫作经典四阶 Runge-Kutta 方法，可以写成形式

$$q_1 = f(t_k, y_k)$$
$$q_2 = f\left(t_k + \frac{h}{2}, y_k + \frac{h}{2}q_1\right)$$
$$q_3 = f\left(t_k + \frac{h}{2}, y_k + \frac{h}{2}q_2\right)$$
$$q_4 = f(t_k + h, y_k + hq_3)$$
$$y_{k+1} = y_k + \frac{h}{6}[q_1 + 2q_2 + 2q_3 + q_4]$$

注意如果 f 不依赖于 y，这就相应于 Simpson 法则求积公式：

$$y(t+h) - y(t) = \int_t^{t+h} f(s)\mathrm{d}s \approx \frac{h}{6}\left[f(t) + 4f\left(t + \frac{h}{2}\right) + f(t+h)\right]$$

回忆起 Simpson 法则的误差是 $O(h^5)$，假定 f 不依赖于 y，由此得出经典 Runge-Kutta 方法是四阶精度的.

在执行解初值问题的方法中，能够估计计算得到的解的误差而且相应地调整步长很重要. Fehlberg 在努力设计这样的程序的过程中，于 1969 年着眼于计算 5 个函数值的四阶 Runge-Kutta 方法(不同于仅需要计算 4 个函数值的经典四阶方法)和计算 6 个函数值的五阶 Runge-Kutta 方法. 因为函数值的计算通常是求解过程中最耗费的部分，我们希望为了达到所要求的精确水平的计算函数值的个数极小化. Fehlberg 发现，仔细选择参数，能够导出用相同求值点的四阶和五阶方法；即，四阶方法要求五个点上的函数值以及五阶方法需要在相同的五个点再加上一个点上的函数值. 于是，总的来说，一个五阶精度的方法仅 266
需要六个函数值，与之相关的四阶方法用于估计误差以及必要时变更步长，这叫作 Runge-Kutta-Fehlberg 方法，而且它是最有功效的一步显式方法之一. MATLAB ODE 解答器，ode45，就是用一对由 Dormand 和 Prince 设计的 Runge-Kutta 方法在这种想法的基础上建立的.

例 11.2.3 下面的例子是 MATLAB 示范程序 odedemo 的一部分. 它用 ode45 解一对模拟 van der Pol 方程的 ODEs，而且很好地说明如何动态地调整时间步以得到精确解. 这个解在某些时间区间变化迅速，在这些地方 ode45 用小的时间步. 解在其他地方变化很慢，ode45 在那里用较大的时间步而不失精度. 我们在后面将看到当这种在某些时间区间改变迅速而在其他时间区间改变缓慢的现象变得突出时，对刚性问题设计不同的方法看来是需要的，但是对这个例子，ode45 中 Runge-Kutta 方法是合适的.

要解的一对 ODE 是

$$y_1' = y_2$$
$$y_2' = (1 - y_1^2)y_2 - y_1$$

我们首先建立对给定 y_1，y_2 和 t 输出 y_1' 和 y_2' 值的函数 vanderpol.

```
function [dydt] = vanderpol(t,y)
dydt = [y(2); (1 - y(1)^2)*y(2) - y(1)];
```

在从 $t=0$ 到 $t=20$ 的时间区间上，初始值 $y_1(0)=2$，$y_2=0$，解这个常微分方程组.

```
[T,Y] = ode45(@vanderpol, [0, 20], [2, 0]);
```

输出的向量 T 包含计算解的一些时刻，数组 Y 在它的第 i 行中，包含在 T(i)的 y_1 和 y_2 的值. 我们标出解的第一分量，并看到用以下指令进行计算建立的时间步.

```
plot(T,Y(:,1),'-', T,Y(:,1),'o')
xlabel('t'), ylabel('y_1(t)'), title('van der Pol equation')
```

这个结论展示在图 11-6 中.

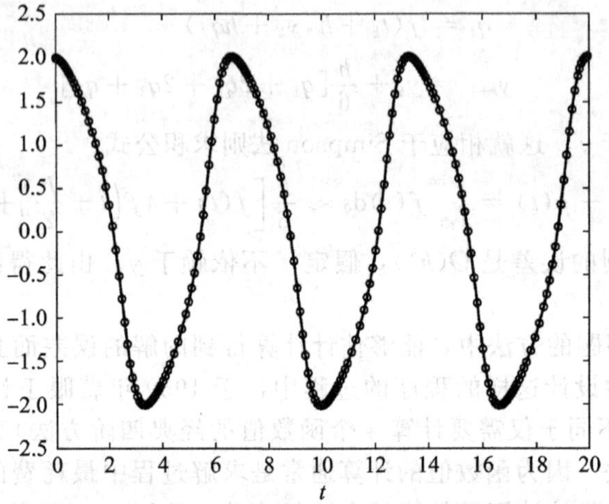

图 11-6　van der Pol 方程的数值解 ■

11.2.6　用 MATLAB 常微分方程解题器的例子

267 要进一步说明 MATLAB 中 ode45 的使用，我们考虑来自恰当命名的文章《微分方程的光辉》的浪漫爱情模型[71]. 在这个模型里有两个人物，罗密欧(Romeo)和朱丽叶(Juliet)，他们的感情被量化在如下描述的从 −5 到 5 的刻度上.

疯狂的憎恶	厌恶	冷淡	甜蜜的感情	心醉神迷的爱情
−5	−2.5	0	2.5	5

由于缺乏感情交流这两个人物和失败的爱情作斗争. 在数学上，他们可能说：

罗密欧："我对朱丽叶的感情的减少正比于她对我的爱."

朱丽叶："我对罗密欧的爱的增加正比于他对我的爱."

我们将按天度量时间，从 $t=0$ 开始，到 $t=60$ 结束. 这件注定不幸的恋爱事件可以用方程来模拟.

$$\frac{dx}{dt}=-0.2y$$

$$\frac{dy}{dt}=0.8x \tag{11.23}$$

这里，x 和 y 分别是罗密欧和朱丽叶的爱情. 注意来自罗密欧的感情加深了朱丽叶的爱情，而朱丽叶的感情促使罗密欧离开. 开始这个故事，我们取 $x(0)=2$，表示罗密欧第一次见到朱丽叶时多少有些被迷住，而取 $y(0)=0$，表示朱丽叶在遇到她最终的白马王子时的冷淡. 有人可能说他们的命运不可捉摸，而在这模型中它不可避免地在这些方程中得到预测.

要用 MATLAB 数值解这组方程，我们定义与(11.23)中的常微分方程相应的函数，love，这是用以下程序完成的：

```
function dvdt = love(t,v)
dvdt = zeros(2,1)
dvdt(1) = -0.2*v(2);
dvdt(2) = 0.8*v(1)
```
268

我们可用 ode45 通过以下代码解这个初值问题(向量 v 中第一个分量初始设置为 2，第二个分量初始设置为 0).

```
[T,V] = ode45(@love,[0,60],[2,0]);
```

有多种方法图示这个结果. 我们用下面的程序展示三种方法.

```
subplot(1,3,1)
plot(T,V(:,1),'-',T,V(:,2),'-.');
h = legend('Romeo','Juliet',2); axis tight
xlabel('t')
subplot(1,3,2)
plot(V(:,1),V(:,2)), xlabel('x'), ylabel('y')
axis equal tight
subplot(1,3,3)
plot3(V(:,1),V(:,2),T)
xlabel('x'),ylabel('y'),zlabel('t')
axis tight
```

在图 11-7 中可以看到这个程序画出的图像. 从这些图中我们看到朱丽叶的情感比冷静的罗密欧上下起伏得更厉害. 然而，两个恋人的命运随着起伏的情感注定像过山车那样来回摆动. 在本章末的习题中，我们考虑微分方程的改动如何影响他们的命运. 269

11.2.7 单步方法分析

一般的，显式单步方法能写成形式

$$y_{k+1} = y_k + h\psi(t_k, y_k, h) \tag{11.24}$$

- Euler 方法

$$y_{k+1} = y_k + hf(t_k, y_k) \Rightarrow \psi(t, y, h) = f(t, y)$$

- Heun 方法

$$y_{k+1} = y_k + \frac{h}{2}[f(t_k, y_k) + f(t_{k+1}, y_k + hf(t_k, y_k))] \Rightarrow$$

$$\psi(t, y, h) = \frac{1}{2}[f(t, y) + f(t+h, y+hf(t, y))]$$

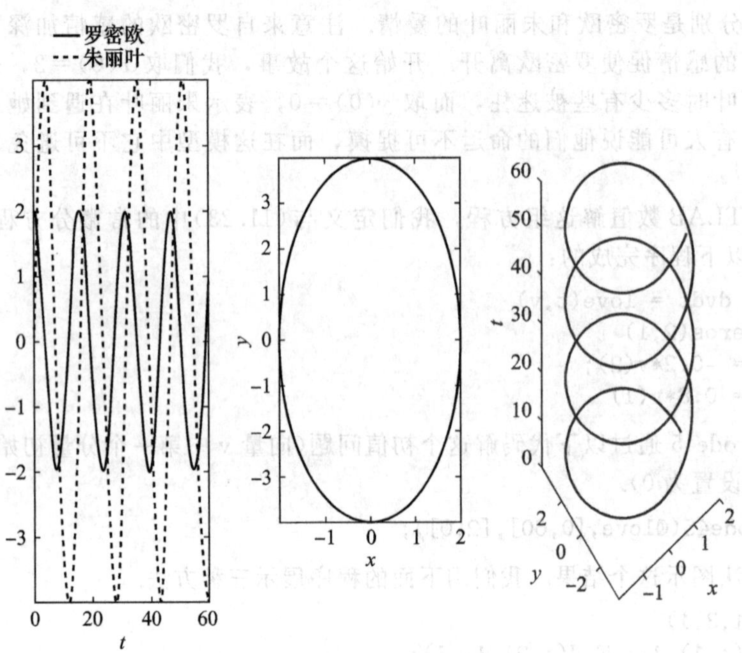

图 11-7　描述罗密欧和朱丽叶感情的微分方程(11.23)的数值结果图

- 中点方法

$$y_{k+1}=y_k+hf(t_{k+\frac{1}{2}},y_k+\frac{h}{2}f(t_k,y_k))\Rightarrow$$

$$\psi(t,y,h)=f\left(t+\frac{h}{2},y+\frac{h}{2}f(t,y)\right)$$

现在我们把 11.2.1 节中给出的几个定义公式化.

定义　如果$\lim\limits_{h\to 0}\psi(t,\ y,\ h)=f(t,\ y)$，那么单步方法(11.24)是**相容的**.

这等价于以前定义所讲的

$$\lim_{h\to 0}\left[\frac{y(t_{k+1})-y(t_k)}{h}-\psi(t_k,y(t_k),h)\right]=0$$

这是因为$\lim\limits_{h\to 0}\frac{y(t_{k+1})-y(t_k)}{h}=f(t_k,\ y(t_k))$. 上面所列的所有单步方法都是相容的.

定义　如果存在常数 K 和步长 $h_0>0$ 使得当 $h\leqslant h_0$ 和 $nh\leqslant T-t_0$ 时，初值分别为 y_0 和 $\widetilde{y}_0$ 的两个解 y_n 和 $\widetilde{y}_n$ 的差满足

$$|y_n-\widetilde{y}_n|\leqslant K|y_0-\widetilde{y}_0|$$

那么单步方法(11.24)是**稳定的**.

事实. 若 $\psi(t,\ y,\ h)$关于 y 是 Lipschitz 连续，即，如果存在常数 L 使得所有的 y 和 $\widetilde{y}$ (以及关于 t_0 的区间中所有 t)，有

$$|\psi(t,y,h)-\psi(t,\widetilde{y},h)|\leqslant L|y-\widetilde{y}|$$

则(11.24)是稳定的.

假设 $f(t, y)$ 关于 y 是一致 Lipschitz 的，上面所列的单步方法是稳定的. 事实上，因为 $\lim_{h\to 0}\psi(t, y, h)=f(t, y)$，当 $f(t, y)$ 关于 y 是 Lipschitz 时很难构造一个不稳定的相容单步方法. 下一节我们将看到对多步方法并非如此. 看似非常合理的多步方法有时是高度 270
不稳定的.

定义　局部截断误差是

$$\tau(t,h) = \frac{y(t+h)-y(t)}{h} - \psi(t,y(t),h)$$

我们已经看到对于 Euler 方法，局部截断误差是 $O(h)$，而对于 Heun 方法和中点方法，局部截断误差是 $O(h^2)$.

有了这些定义我们现在能够证明关于显式单步方法的一般性定理，其类似于 Eduler 方法的定理 11.2.1.

定理 11.2.2　如果形式为(11.24)的单步方法稳定而且相容以及 $|\tau(t, h)|\leqslant Ch^p$，那么全局误差是由

$$\max_{\{k:t_0+kh\leqslant T\}} |y_k - y(t_k)| \leqslant Ch^p \frac{e^{L(T-t_0)}-1}{L} + e^{L(T-t_0)}|y_0 - y(t_0)|$$

界定，这里 L 是 ψ 的 Lipschitz 常数.

证明　证明类似于关于 Euler 方法的证明. 近似解满足

$$y_{k+1} = y_k + h\psi(t_k, y_k, h)$$

而真解满足

$$y(t_{k+1}) = y(t_k) + h\psi(t_k, y(t_k), h) + h\tau(t_k, h)$$

两式相减并令 $d_j = y(t_j) - y_j$，给出

$$d_{k+1} = d_k + h[\psi(t_k, y(t_k), h) - \psi(t_k, y_k, h)] + h\tau(t_k, h)$$

两边取绝对值，并用 ψ 的 Lipschitz 条件和关于 $|\tau(t, h)|$ 的界，我们有

$$|d_{k+1}| \leqslant (1+hL)|d_k| + Ch^{p+1}$$

对 $|d_k|$ 代入类似的不等式，然后代入 $|d_{k-1}|$，等等，就给出了不等式

$$|d_{k+1}| \leqslant (1+hL)^{k+1}|d_0| + \left[\sum_{j=0}^{k}(1+hL)^j\right]Ch^{p+1}$$

几何级数求和，就成为

$$|d_{k+1}| \leqslant (1+hL)^{k+1}|d_0| + \frac{(1+hL)^{k+1}-1}{hL}Ch^{p+1} = (1+hL)^{k+1}|d_0| + \frac{(1+hL)^{k+1}-1}{L}Ch^p$$ 271

下面用 $(1+hL)^{k+1}\leqslant e^{(k+1)hL}$ 这个事实(因为对任意 x，$1+x\leqslant e^x = 1+x+\frac{x^2}{2}e^{\xi}$，$\xi$ 在 0 和 x 之间)，上面的不等式可以换成

$$|d_{k+1}| \leqslant e^{(k+1)hL}|d_0| + \frac{e^{(k+1)hL}-1}{L}Ch^p$$

如果 $t_k\in[t_0, T]$，那么 $kh\leqslant T-t_0$，所以可得

$$\max_{\{k:t_k\in[t_0,T]\}} |d_k| \leqslant e^{L(T-t_0)}|d_0| + \frac{e^{L(T-t_0)}-1}{L}Ch^p$$ □

我们已经证明局部截断误差是$O(h^p)$的稳定的单步方法也有h^p阶的全局误差．这是一个很有功效的结果．只要比较Taylor级数展开式中的项就很容易确定局部截断误差．要直接分析全局误差要困难得多．

为了后面以重复的形式对多步法叙述这个定理的结论，我们还要给出一个定义．

定义　如果对所有的适定的初值问题，当$y_0 \to y(t_0)$和$h \to 0$时，

$$\max_{\{k:t_k \in [t_0,T]\}} |y(t_k) - y_k| \to 0$$

那么单步方法(11.24)是收敛的．

定理11.2.2蕴含着如果单步方法是稳定而且相容的，那么它是收敛的．

11.2.8　实际执行的考虑

如前面指出的，为求解初值问题设计的软件包几乎对问题的不同部分都是采用变步长和/或变阶方法．这需要在每一步估计误差和相应地调整步长和阶，以满足使用者所需要的误差容限，但是不能离容限太多，因为这需要额外的工作．

一种估计步长h在一步中的误差的简单方法是用两步代替一步，每步长$\frac{h}{2}$，并比较这个结果．例如，用Euler方法，我们可以设

$$y_{k+1} = y_k + hf(t_k, y_k)$$

以及

$$\hat{y}_{k+\frac{1}{2}} = y_k + \frac{h}{2} f(t_k, y_k)$$

$$\hat{y}_{k+1} = \hat{y}_{k+\frac{1}{2}} + \frac{h}{2} f(t_{k+\frac{1}{2}}, \hat{y}_{k+\frac{1}{2}})$$

y_{k+1}和$\tilde{y}_{k+1}$的差可以用来作为这一步的误差估计．而且，如果$y(t_{k+1};\ y_k)$表示初值$y(t_k)=y_k$

272 的常微分方程的精确解，那么$y(t_{k+1};\ y_k)$的Taylor级数展开式为

$$\begin{aligned} y(t_{k+1};y_k) &= y_k + hf(t_k, y_k) + \frac{h^2}{2} y''(t_k) + O(h^3) \\ &= y_{k+1} + \frac{h^2}{2} y''(t_k) + O(h^3) \end{aligned} \tag{11.25}$$

同时把$y(t_{k+\frac{1}{2}};\ y_k)$关于$t_k$以及把$y(t_{k+1};\ y_k)$关于$t_{k+\frac{1}{2}}$展开给出

$$\begin{aligned} y(t_{k+\frac{1}{2}};y_k) &= y_k + \frac{h}{2} f(t_k, y_k) + \frac{\left(\frac{h}{2}\right)^2}{2} y''(t_k) + O(h^3) \\ &= \hat{y}_{k+\frac{1}{2}} + \frac{\left(\frac{h}{2}\right)^2}{2} y''(t_k) + O(h^3) \end{aligned}$$

$$\begin{aligned} y(t_{k+1};y_k) = {} & y(t_{k+\frac{1}{2}};y_k) + \frac{h}{2} f(t_{k+\frac{1}{2}}, y(t_{k+\frac{1}{2}};y_k)) \\ & + \frac{\left(\frac{h}{2}\right)^2}{2} y''(t_{k+\frac{1}{2}}) + O(h^3) \end{aligned}$$

$$= \hat{y}_{k+\frac{1}{2}} + \frac{\left(\frac{h}{2}\right)^2}{2} y''(t_k) + \frac{h}{2} f(t_{k+\frac{1}{2}}, \hat{y}_{k+\frac{1}{2}})$$

$$+ \frac{\left(\frac{h}{2}\right)^2}{2} y''(t_k) + O(h^3)$$

$$= \hat{y}_{k+1} + \frac{h^2}{4} y''(t_k) + O(h^3) \tag{11.26}$$

倒数第二行可以通过以下到

$$y(t_{k+\frac{1}{2}}; y_k) = \hat{y}_{k+\frac{1}{2}} + \frac{\left(\frac{h}{2}\right)^2}{2} y''(t_k) + O(h^3)$$

$$\frac{h}{2} f(t_{k+\frac{1}{2}}, y(t_{k+\frac{1}{2}}; y_k)) = \frac{h}{2} f(t_{k+\frac{1}{2}}, \hat{y}_{k+\frac{1}{2}}) + O(h^3)$$

$$\frac{\left(\frac{h}{2}\right)^2}{2} y''(t_{k+\frac{1}{2}}) = \frac{\left(\frac{h}{2}\right)^2}{2} y''(t_k) + O(h^3)$$

因此，用一步 Richardson 外推我们能够改进近似式中的局部截断误差．从(11.25)和(11.26)得到近似式 $2\hat{y}_{k+1} - y_{k+1}$ 与 $y(t_{k+1};\ y_k)$ 相差 $O(h^3)$ 而不是 $O(h^2)$．于是用进行两次附加半步的代价，我们能够得到(局部)更精确的近似，$2\hat{y}_{k+1} - y_{k+1}$，以及误差估计，$|(2\hat{y}_{k+1} - y_{k+1}) - \hat{y}_{k+1}| = |\hat{y}_{k+1} - y_{k+1}|$．

如前所指出的，另一种估计误差的方法是用相同步长的高阶方法．例如，有时使用 2 阶和 3 阶的 Runge-Kutta 方法和 4 阶和 5 阶的 Runge-Kutta-Fehlberg 对．当然，哪一种方法效果最好与问题有关，而且软件包的效率经常依赖误差估计方法和步长调节如何更胜于依赖实际使用哪一个基础方法． 273

激活点组

如在 1.1 节所讨论的，计算机动画中服装的运动是由弹性-质量系统模型生成的，用数值常微分方程解题器来解 Yoda 外衣上每个点的位置，以激活动画中 Yoda 的罩衣．数字化制作的人物的头发也模拟为弹性-质量系统以产生运动．因此数值常微分方程解题器在电影的特效中起着重要作用．(图片由 Lucasfilm 有限公司提供．《星球大战前传Ⅱ：克隆人的进攻》中©2002 Lucasfilm 公司享有版权．版权所有．授权使用．非授权复制违反相关法律．数字化的工作由工业光魔公司完成．)

11.2.9　方程组

到目前为止，我们已做的每件事情，以及本章通篇我们将做的大多数事情同样对常微分方程组适用得很好．令 $\boldsymbol{y}(t)$ 表示向量 $\boldsymbol{y}(t)=(y_1(t),\ \cdots,\ y_n(t))^{\mathrm{T}}$，并且令 $\boldsymbol{f}(t,\ \boldsymbol{y}(t))$ 表示其自变量的向量值函数：$\boldsymbol{f}(t,\ \boldsymbol{y}(t))=(f_1(t,\ \boldsymbol{y}(t)),\ \cdots,\ f_n(t,\ \boldsymbol{y}(t)))^{\mathrm{T}}$．初值问题

$$\boldsymbol{y}' = \boldsymbol{f}(t, \boldsymbol{y}),\quad \boldsymbol{y}(t_0) = \boldsymbol{y}_0$$

表示方程组

$$\begin{aligned} y_1' &= f_1(t, y_1, \cdots, y_n) \\ y_2' &= f_2(t, y_1, \cdots, y_n) \\ &\vdots \\ y_n' &= f_n(t, y_1, \cdots, y_n) \end{aligned}$$

初始条件是

$$y_1(t_0) = y_{10}, \quad y_2(t_0) = y_{20}, \cdots, y_n(t_0) = y_{n0}$$

这里我们用第二个下标表示时间步，因为第一个下标表示向量 $\boldsymbol{y}_0$ 中的指标.

到目前为止，所有讨论过的方法都能用于方程组. 例如，Euler 方法仍有形式

274

$$\boldsymbol{y}_{k+1} = \boldsymbol{y}_k + h\boldsymbol{f}(t_k, \boldsymbol{y}_k)$$

它的分量就是

$$y_{i,k+1} = y_{ik} + hf_i(t_k, y_{1k}, \cdots, y_{nk}), \quad i = 1, \cdots, n$$

当用$\|\cdot\|$代替$|\cdot|$时，到目前为止所有证明过的定理可用于方程组，这里$\|\cdot\|$可以是任何向量范数，譬如 2-范数或∞-范数. 其证明本质上相同.

11.3　多步方法

在初值问题的解法中，当我们到达第 $k+1$ 步时，已经计算了解在时间步 k，$k-1$，$k-2$，…，上的近似值. 去掉 y_{k-1}，y_{k-2}，…，这些值，仅用 y_k 计算 y_{k+1}似乎很可惜. 另一方面，如果知道了在时间步 k 的解，那么这就唯一地确定了在所有未来时间的解(定理 11.1.3)，因此人们可能认为用两个或更多个时间步上计算得到的值来确定下一时间步的近似值是多余的. 然而有时就是这么做的，这种方法叫作多步法.

11.3.1　Adams-Bashforth 和 Adams-Moulton 方法

对(11.1)中的常微分方程从 t_k 到 t_{k+1}积分，得到

$$y(t_{k+1}) = y(t_k) + \int_{t_k}^{t_{k+1}} f(s, y(s))\mathrm{d}s \tag{11.27}$$

用计算得到的值 y_k，y_{k-1}，…，y_{k-m+1}，令 $p_{m-1}(s)$是在点 t_k，t_{k-1}，…，t_{k-m+1} 上插值 $f(t_k, y_k)$，$f(t_{k-1}, y_{k-1})$，…，$f(t_{k-m+1}, y_{k-m+1})$的$(m-1)$次多项式. 插值多项式 p_{m-1} 的 Lagrange 形式是

$$p_{m-1}(s) = \sum_{\ell=0}^{m-1}\left(\prod_{\substack{j=0\\ j\neq\ell}}^{m-1} \frac{s - t_{k-j}}{t_{k-\ell} - t_{k-j}}\right) f(t_{k-\ell}, y_{k-\ell})$$

假定我们用 $p_{m-1}(s)$代替在(11.27)右端的积分中的 $f(s, y(s))$. 结果是

$$y_{k+1} = y_k + \int_{t_k}^{t_{k+1}} p_{m-1}(s)\mathrm{d}s = y_k + h\sum_{\ell=0}^{m-1} b_\ell f(t_{k-\ell}, y_{k-\ell})$$

这里

$$b_\ell = \frac{1}{h}\int_{t_k}^{t_{k+1}}\left(\prod_{\substack{j=0\\ j\neq\ell}}^{m-1} \frac{s - t_{k-j}}{t_{k-\ell} - t_{k-j}}\right)\mathrm{d}s$$

这就是熟知的 **m 步 Admas-Bashforth 方法**. 注意，为了启动这个方法，除了初始值 y_0 以外我们还需要 $m-1$ 个值 y_1，…，y_{m-1}. 这些值可用一步法计算得到. 275

ADAMS 和 BASHFORTH

Adams-Bashforth 方法是由 John Couch Adams(左)设计用来解由 Francis Bashforth 设计模拟毛细血管作用的微分方程的. 为了介绍他的理论和 Adams 方法，Bashforth 在 1883 年出版了《毛细血管作用理论》，它比较了液滴的理论和测量形式[8]. Adams 最广为人知的可能仅用数学预言了海王星的存在和位置(海王星在一年后被 Leverrier 发现). 天王星轨道和开普勒·牛顿定律之间的矛盾引导 Adams 作了这一预言. Bashforth 是 Woolwich 炮兵军官高级班的应用数学教授. 因为他对弹道学的兴趣，Bashforth 在 1864 和 1880 之间做了一系列实验，这些实验为我们现在对空气阻力的理解打下了基础.

对 $m=1$，这就是 Euler 方法：$y_{k+1}=y_k+hf(t_k, y_k)$，对 $m=2$，我们有

$$y_{k+1} = y_k + h[b_0 f(t_k, y_k) + b_1 f(t_{k-1}, y_{k-1})]$$

这里

$$b_0 = \frac{1}{h}\int_{t_k}^{t_{k+1}} \frac{s-t_{k-1}}{t_k - t_{k-1}}\mathrm{d}s = \frac{3}{2}, \quad b_1 = \frac{1}{h}\int_{t_k}^{t_{k+1}} \frac{s-t_k}{t_{k-1}-t_k}\mathrm{d}s = -\frac{1}{2}$$

因此两步 Adams-Boshforth 方法是

$$y_{k+1} = y_k + h\left[\frac{3}{2}f(t_k, y_k) - \frac{1}{2}f(t_{k-1}, y_{k-1})\right] \tag{11.28}$$

Adams-Bashforth 方法是显式的. 因为在近似积分中的误差是 $O(h^{m+1})$，所以局部截断误差，定义为

$$\frac{y(t_{k+1})-y(t_k)}{h} - \sum_{\ell=0}^{m-1} b_\ell f(t_{k-\ell}, y(t_{k-\ell}))$$

是 $O(h^m)$.

Adams-Moulton 方法是隐式方法，和 Adams-Bashforth 方法一样，是由 Adams 独自建立的. Forest Ray Moudlton 的名字与这个方法联系起来是因为他认识到这些方法可以用来与 Adams-Bashforth 方法一起作为一对预测-校正[46].

Adams-Moulton 方法是通过在点 t_{k+1}，t_k，…，t_{k-m+1} 插值 $f(t_{k+1}, y_{k+1})$，$f(t_k, y_k)$，…，$f(t_{k-m+1}, y_{k-m+1})$的多项式 q_m 代替(11.27)右端的积分中的 $f(s, y(s))$得到的. 276
因此，

$$q_m(s) = \sum_{\ell=0}^{m}\left(\prod_{\substack{j=0\\ j\neq \ell}}^{m} \frac{s-t_{k+1-j}}{t_{k+1-\ell}-t_{k+1-j}}\right) f(t_{k+1-\ell}, y_{k+1-\ell})$$

以及

$$y_{k+1} = y_k + h\sum_{\ell=0}^{m} c_\ell f(t_{k+1-\ell}, y_{k+1-\ell})$$

这里

$$c_\ell = \frac{1}{h}\int_{t_k}^{t_{k+1}}\left(\prod_{\substack{j=0\\ j\neq\ell}}^{m}\frac{s-t_{k+1-j}}{t_{k+1-\ell}-t_{k+1-j}}\right)\mathrm{d}s$$

对 $m=0$，它成为

$$y_{k+1} = y_k + hf(t_{k+1}, y_{k+1}) \tag{11.29}$$

这叫作向后 Euler 方法，对 $m=1$，我们有

$$y_{k+1} = y_k + h[c_0 f(t_{k+1}, y_{k+1}) + c_1 f(t_k, y_k)]$$

这里

$$c_0 = \frac{1}{h}\int_{t_k}^{t_{k+1}}\frac{s-t_k}{t_{k+1}-t_k}\mathrm{d}s = \frac{1}{2}$$

$$c_1 = \frac{1}{h}\int_{t_k}^{t_{k+1}}\frac{s-t_{k+1}}{t_k-t_{k+1}}\mathrm{d}s = \frac{1}{2}$$

于是，相应于 $m=1$ 的 Adams-Moulton 方法，就是

$$y_{k+1} = y_k + \frac{h}{2}[f(t_{k+1}, y_{k+1}) + f(t_k, y_k)] \tag{11.30}$$

我们前面已看到这种方法，它是梯形方法，对用 m 次多项式插值的 Adams-Moulton 方法的局部截断误差是 $O(h^{m+1})$.

11.3.2　一般线性 m 步方法

一般线性 m 步方法可以写成形式

$$\sum_{\ell=0}^{m} a_\ell y_{k+\ell} = h\sum_{\ell=0}^{m} b_\ell f(t_{k+\ell}, y_{k+\ell}) \tag{11.31}$$

277 这里 $a_m=1$，其他 a_ℓ 和 b_ℓ 是常数，如果 $b_m=0$，方法是显式的；否则是隐式的.

例 11.3.1　两步 Adams-Bashforth 方法(11.28)能用对 y_{k+2} 的公式写成形式(11.31)：

$$y_{k+2} - y_{k+1} = h\left[\frac{3}{2}f(t_{k+1}, y_{k+1}) - \frac{1}{2}f(t_k, y_k)\right]$$

对于这个方法，$a_2=1$，$a_1=-1$，$a_0=0$，$b_2=0$，$b_1=\frac{3}{2}$ 及 $b_0=-\frac{1}{2}$. ■

例 11.3.2　一步 Adams-Moulton(或梯形)方法(11.30)可以写成(11.31)的形式：

$$y_{k+1} - y_k = h\left[\frac{1}{2}f(t_{k+1}, y_{k+1}) + \frac{1}{2}f(t_k, y_k)\right]$$

这里 $a_1=1$，$a_0=-1$，$b_1=\frac{1}{2}$ 及 $b_0=\frac{1}{2}$.

局部截断误差是

$$\tau(t, y, h) \equiv \frac{1}{h}\sum_{\ell=0}^{m} a_\ell y(t+\ell h) - \sum_{\ell=0}^{m} b_\ell f(t+\ell h, y(t+\ell h)) \tag{11.32}$$

■

定理 11.3.1　多步方法(11.31)的局部截断误差是 p 阶($p\geqslant 1$)，当且仅当

$$\sum_{\ell=0}^{m} a_\ell = 0 \quad 且 \quad \sum_{\ell=0}^{m} \ell^j a_\ell = j\sum_{\ell=0}^{m} \ell^{j-1} b_\ell,\quad j=1,\cdots,p \tag{11.33}$$

证明　展开 $\tau(t, y, h)$ 成 Taylor 级数.（一如经常我们假定 y 充分可微使 Taylor 级数展开式存在，在这情形，y 须 p 次可微.）

$$\begin{aligned}\tau(t,y,h) &= \frac{1}{h}\sum_{\ell=0}^{m} a_\ell y(t+\ell h) - \sum_{\ell=0}^{m} b_\ell y'(t+\ell h)\\ &= \frac{1}{h}\sum_{\ell=0}^{m} a_\ell \sum_{j=0}^{p}\frac{(\ell h)^j}{j!}y^{(j)}(t) - \sum_{\ell=0}^{m} b_\ell \sum_{j=0}^{p-1}\frac{(\ell h)^j}{j!}y^{(j+1)}(t) + O(h^p)\\ &= \frac{1}{h}\Big(\sum_{\ell=0}^{m} a_\ell\Big)y(t) + \sum_{j=1}^{p}\frac{h^{j-1}}{j!}\Big(\sum_{\ell=0}^{m}\ell^j a_\ell\Big)y^{(j)}(t)\\ &\quad - \sum_{j=0}^{p-1}\frac{h^j}{j!}\Big(\sum_{\ell=0}^{m}\ell^j b_\ell\Big)y^{(j+1)}(t) + O(h^p)\\ &= \frac{1}{h}\Big(\sum_{\ell=0}^{m} a_\ell\Big)y(t) + \sum_{j=1}^{p}\frac{h^{j-1}}{j!}\Big(\sum_{\ell=0}^{m}\ell^j a_\ell - j\sum_{\ell=0}^{m}\ell^{j-1}b_\ell\Big)y^{(j)}(t) + O(h^p)\end{aligned}$$

于是在(11.32)中的条件对 τ 是 $O(h^p)$ 是必要而且充分的.　□　278

例 11.3.3　两步 Adams-Bashforth 方法是二阶的，因为

$$a_0 + a_1 + a_2 = 0 + (-1) + 1 = 0$$

$$0\cdot a_0 + 1\cdot a_1 + 2\cdot a_2 = 1 = b_0 + b_1 + b_2 = -\frac{1}{2} + \frac{3}{2} + 0$$

$$0^2\cdot a_0 + 1^2\cdot a_1 + 2^2\cdot a_2 = 3 = 2\cdot(0\cdot b_0 + 1\cdot b_1 + 2\cdot b_2) = 2\cdot\frac{3}{2},\quad \text{但是}$$

$$0^3\cdot a_0 + 1^3\cdot a_1 + 2^3\cdot a_2 = 7 \neq 3\cdot(0^2\cdot b_0 + 1^2\cdot b_1 + 2^2\cdot b_2) = \frac{9}{2}$$

■

例 11.3.4　一步 Adams-Moulton 方法是二阶的，因为

$$a_0 + a_1 = -1 + 1 = 0$$

$$0\cdot a_0 + 1\cdot a_1 = 1 = b_0 + b_1 = \frac{1}{2} + \frac{1}{2}$$

$$0^2\cdot a_0 + 1^2\cdot a_1 = 1 = 2\cdot(0\cdot b_0 + 1\cdot b_1) = 2\cdot\frac{1}{2},\quad \text{但是}$$

$$0^3\cdot a_0 + 1^3\cdot a_1 = 1 \neq 3\cdot(0^2\cdot b_0 + 1^2\cdot b_1) = \frac{3}{2}$$

■

对单步方法，高阶局部截断误差一般意味着高阶全局误差. 为了证明收敛性我们仅建立过(11.24)中的 ψ 关于 y 是一致 Lipschitz 的. 对于多步方法并不是这种情形，有许多看似合理的多步方法却是不稳定的！考虑下面简单的例子：

$$y_{k+2} - 3y_{k+1} + 2y_k = h\left[\frac{13}{12}f(t_{k+2}, y_{k+2}) - \frac{5}{3}f(t_{k+1}, y_{k+1}) - \frac{5}{12}f(t_k, y_k)\right] \quad (11.34)$$

留作习题证明其局部截断误差是 $O(h^2)$. 然而，假设这个方法用于平凡问题 $y'=0$，$y(0)=1$，其解为 $y(t)\equiv 1$. 为了开始这个方法，我们必须先计算 y_1，或许使用一步方法. 假定我们计算带有某一个小误差 δ 的 $y_1 = 1+\delta$，那么

$$y_2 = 3y_1 - 2y_0 = 1 + 3\delta$$
$$y_3 = 3y_2 - 2y_1 = 1 + 7\delta$$

$$y_4 = 3y_3 - 2y_2 = 1 + 15\delta$$
$$\vdots$$
$$y_k = 3y_{k-1} - 2y_{k-2} = 1 + (2^k - 1)\delta$$

如果 δ 像双精度中的舍入误差大约为 2^{-53}，那么在 53 步后误差已增大到大约 1，而在 100 步后它已增大至 2^{47}！

279 为了理解这种不稳定性，以及如何避免它，我们需要研究线性差分方程.

11.3.3 线性差分方程

线性多步方法取线性差分方程的形式

$$\sum_{\ell=0}^{m} \alpha_\ell y_{k+\ell} = \beta_k, \quad k = 0,1,\cdots \tag{11.35}$$

这里 $\alpha_m = 1$，给定 y_0，…，y_{m-1} 的值，并且知道了 $\beta_k(k=0, 1, \cdots)$，这个方程可确定 y_m，y_{m+1}，…

考虑相应的齐次线性差分方程

$$\sum_{\ell=0}^{m} \alpha_\ell x_{k+\ell} = 0, \quad k = 0,1,\cdots \tag{11.36}$$

如果序列 y_0，y_1，…，满足(11.35)以及序列 x_1，x_2，…，满足(11.36)，则序列 y_0+x_0，y_1+x_1，…，也满足(11.35). 而且，如果 $\hat{y}_0$，$\hat{y}_1$，…，是(11.35)的任一特解，则所有的解都具有 $\hat{y}_0+x_0$，$\hat{y}_1+x_1$，…，的形式，其中 x_0，x_1，…，是(11.36)的某一解.

我们来求(11.36)形如 $x_j=\lambda^j$ 的解. 只要

$$\sum_{\ell=0}^{m} \alpha_\ell \lambda^{k+\ell} = \lambda^k \left(\sum_{\ell=0}^{m} \alpha_\ell \lambda^\ell \right) = 0$$

$x_j=\lambda^j$ 将是(11.36)的解.

定义

$$\chi(\lambda) \equiv \sum_{\ell=0}^{m} \alpha_\ell \lambda^\ell \tag{11.37}$$

是(11.36)的**特征多项式**.

如果 $\chi(\lambda)$ 的根 λ_1，…，λ_m 各不相同，那么(11.36)的通解是

$$x_j = \sum_{i=1}^{m} c_i \lambda_i^j, \quad j = 0,1,\cdots$$

常数 c_1，…，c_m 由所加的初始条件 $x_0=\hat{x}_0$，…，$x_{m-1}=\hat{x}_{m-1}$ 确定.

例 11.3.5 Fibonacci(斐波那契)数由差分方程

$$F_{k+2} - F_{k+1} - F_k = 0, \quad k = 0,1,\cdots$$

及初始条件

$$F_0 = 0, \quad F_1 = 1$$

定义.

280 特征多项式是 $\chi(\lambda)=\lambda^2-\lambda-1$，它的根是 $\lambda_1=\frac{1+\sqrt{5}}{2}$ 和 $\lambda_2=\frac{1-\sqrt{5}}{2}$. 所以差分方程的通

解是

$$F_j = c_1\left(\frac{1+\sqrt{5}}{2}\right)^j + c_2\left(\frac{1-\sqrt{5}}{2}\right)^j,\quad j=0,1,\cdots$$

由初始条件知

$$F_0 = c_1 + c_2 = 0,\quad F_1 = c_1\left(\frac{1+\sqrt{5}}{2}\right) + c_2\left(\frac{1-\sqrt{5}}{2}\right) = 1$$

由此可得 $c_1=\frac{1}{\sqrt{5}}$和 $c_2=-\frac{1}{\sqrt{5}}$. ■

例 11.3.6 把不稳定方法(11.34)用于问题 $y'=0$ 给出差分方程

$$y_{k+2} - 3y_{k+1} + 2y_k = 0$$

以及初始条件

$$y_0 = 1,\quad y_1 = 1+\delta$$

这个方程的特征多项式是 $\chi(\lambda)=\lambda^2-3\lambda+2$，它的根是 $\lambda_1=1$ 和 $\lambda_2=2$. 因此差分方程的通解是

$$y_j = c_1 \cdot 1^j + c_2 \cdot 2^j = c_1 + 2^j c_2$$

由初始条件知 $y_0=c_1+c_2=1$，$y_1=c_1+2c_2=1+\delta$. 由此可得，$c_1=1-\delta$ 和 $c_2=\delta$. 如果 $\delta=0$，这就给出所要的解 $y_j\equiv 1$. 但是因为 δ 不是零，结果包含了另一个解 2^j 的小的倍数，当 j 增大时，它很快掩盖了所要的解.

如果特征多项式的几个根的重数大于 1，譬如说 λ_1，…，λ_s 是重数为 q_1，…，q_s 的互不相同的根，那么(11.36)的通解是

$$\{x_j = j^\ell \lambda_i^j : \ell = 0,\cdots,q_i-1, i=1,\cdots,s\}$$

的线性组合. ■

要说明这一点，例如，假设 λ_i 是(11.37)中 χ 的二重根. 这意味着

$$\chi(\lambda_i) = \sum_{\ell=0}^{m} \alpha_\ell \lambda_i^\ell = 0,\quad \chi'(\lambda_i) = \sum_{\ell=1}^{m} \alpha_\ell \ell \lambda_i^{\ell-1} = 0$$

在(11.36)的左边令 $x_j=j\lambda_i^j$，我们得到

$$\sum_{\ell=0}^{m} \alpha_\ell (k+\ell)\lambda_i^{(k+\ell)} = k\lambda_i^k \sum_{\ell=0}^{m} \alpha_\ell \lambda_i^\ell + \lambda_i^{k+1} \sum_{\ell=1}^{m} \alpha_\ell \ell \lambda_i^{\ell-1} = k\lambda_i^k \chi(\lambda_i) + \lambda_i^{k+1}\chi'(\lambda_i) = 0$$ 281

因此当 λ_i 是 χ 的二重根时 $x_j=j\lambda_i^j$，恰如 $x_j=\lambda_i^j$ 是(11.36)的解一样是它的解. 这就导出了称为根条件的结论.

根条件. 如果 χ 的所有根的绝对值小于或等于 1，而且绝对值为 1 的任何根是单根，那么当 $j\to\infty$时，(11.36)的解保持有界.

这是因为如果 $|\lambda_i|\leqslant 1$，那么对所有的 j，λ_i^j 界于 1. 如果 $|\lambda_i|<1$ 以及 ℓ 是一个固定的正整数，那么在一定的范围内 $j^\ell\lambda_i^j$ 随着 j 增大，但当 $j\to\infty$时它趋于 0，因为 λ_i^j 下降的速率快于 j^ℓ 增长的速率.

另一种研究线性差分方程的方法如下：定义向量

$$\boldsymbol{x}_{k+1} \equiv \begin{bmatrix} x_{k+1} \\ x_{k+2} \\ \vdots \\ x_{k+m} \end{bmatrix}$$

那么差分方程(11.36)能够写成如下形式

$$\boldsymbol{x}_{k+1}=\boldsymbol{A}\boldsymbol{x}_k,\quad 这里\ \boldsymbol{A}=\begin{bmatrix}0 & 1 & & & \\ & \ddots & \ddots & & \\ & & & 0 & 1\\ -\alpha_0 & \cdots & & -\alpha_{m-2} & -\alpha_{m-1}\end{bmatrix} \tag{11.38}$$

(11.38)中的矩阵 $\boldsymbol{A}$ 叫作伴随矩阵，而且能证明特征多项式(11.37)就是这个矩阵的特征多项式；即，$\chi(\lambda)=(-1)^m\det(\boldsymbol{A}-\lambda\boldsymbol{I})$. 从(11.38)可得 $\boldsymbol{x}_k=\boldsymbol{A}^k\boldsymbol{x}_0$，这里 $\boldsymbol{x}_0$ 是初始值向量 $(x_0,\cdots,x_{m-1})^{\mathrm{T}}$. 根条件说明 $\boldsymbol{A}$ 的特征值的绝对值小于或等于1，而任何绝对值为1的特征值是单特征值. 在这些条件下，可以证明 $\boldsymbol{A}$ 的幂的范数保持有界：对任意矩阵范数 $\|\cdot\|$，$\sup_{\kappa\geqslant 0}\|\boldsymbol{A}^k\|$是有限的.

分析了线性齐次差分方程(11.36)的解后，我们必须把这些解与线性非齐次方程(11.35)的解联系起来. 如果我们定义

$$\boldsymbol{y}_{k+1}\equiv\begin{bmatrix}y_{k+1}\\ y_{k+2}\\ \vdots\\ y_{k+m}\end{bmatrix},\quad \boldsymbol{b}_k\equiv\begin{bmatrix}0\\ \vdots\\ 0\\ \beta_k\end{bmatrix}$$

那么非齐次方程组可以写成 $\boldsymbol{y}_{k+1}=\boldsymbol{A}\boldsymbol{y}_k+\boldsymbol{b}_k$ 的形式. 由归纳法可得

282

$$\boldsymbol{y}_{k+1}=\boldsymbol{A}^{k+1}\boldsymbol{y}_0+\sum_{v=0}^{k}\boldsymbol{A}^v\boldsymbol{b}_{k-v}$$

两边取无穷范数，给出不等式

$$\|\boldsymbol{y}_{k+1}\|_\infty\leqslant\|\boldsymbol{A}^{k+1}\|_\infty\|\boldsymbol{y}_0\|_\infty+\sum_{v=0}^{k}\|\boldsymbol{A}^v\|_\infty\|\boldsymbol{b}_{k-v}\|_\infty$$

如前所说，如果 χ 满足根条件，那么 $M\equiv\sup_{k\geqslant 0}\|\boldsymbol{A}^k\|_\infty$是有限的. 用这一点和上面的不等式我们有

$$|y_{k+m}|\leqslant\|\boldsymbol{y}_{k+1}\|_\infty\leqslant M\Big(\|\boldsymbol{y}_0\|_\infty+\sum_{v=0}^{k}|\beta_{k-v}|\Big)$$

因此，当 χ 满足根条件时，不但齐次差分方程(11.36)的解保持有界，而且只要当 $k\to\infty$时，$\sum_{v=0}^{k}|\beta_v|$ 保持有界，那么非齐次方程(11.35)的解也保持有界. 如果 $\beta_v=h\sum_{\ell=0}^{m}b_\ell f(t_{v+\ell},y_{v+\ell})$，像线性多步方法(11.31)那样，那么如果对某个固定的时间 T 以及 $k\leqslant N\to\infty$，$h=\dfrac{T-t_0}{N}$就是这种情形. 这是 Dahlquist 等价定理的基础.

11.3.4　Dahlquist 等价定理

Germund Dahlquist 是瑞典斯德哥尔摩皇家技术学院的数学家和数值分析家. 1951 年初 Dahlquist 对微分方程的初值问题的数值方法的理论作出了突出的贡献. 在 20 世纪 50 年代早期就有数值方法，但是没有十分了解它们的性质；可能由于数字计算机带来的问题的

复杂性产生了异常现象，以及对这些异常现象不甚了解. Dahlquist 把稳定性和收敛性分析引入到微分方程的数值方法中，从而把这个课题建立在坚实的理论基础上[13].

定义　如果对每一个初值问题 $y'=f(t, y)$，$y(t_0)=\hat{y}_0$，这里 f 满足定理 11.1.3 的假设，任意选择初始值 $y_0(h)$，$\cdots y_{m-1}(h)$使得 $\lim_{h\to 0}|y(t_0+ih)-y_i(h)|=0(i=0, 1, \cdots, m-1)$，我们就有

$$\lim_{h\to 0}\max_{\{k:t_0+kh\in[t_0,T]\}}|y(t_0+kh)-y_k|=0$$

那么线性多步法(11.31)是收敛的.

定理 11.3.2(Dahlquist 等价定理)　多步法(11.3.1)是收敛的当且仅当局部截断误差的阶 $p\geqslant 1$ 而且(11.37)中的 $\chi(\lambda)$满足根条件.

线性多步法其相关的特征多项式满足根条件就叫作**零-稳定**. Dahlquist 等价定理可以用这种术语重新叙述成：线性多步方法是收敛的，当且仅当它是相容的($\tau(t, y, h)=O(h)$或更高阶)和零-稳定的. 还可以证明如果方法是零-稳定的以及如果局部截断误差是 $O(h^p)$，$p\geqslant 1$，那么全局误差是 $O(h^p)$. 283

11.4　Stiff 方程

至今，我们已考虑当极限 $h\to 0$ 时发生什么. 为了使方法有用，当 $h\to 0$ 时，它当然应该收敛到真解. 但在实践中，我们用固定的非零步长 h，或者至少，有一个基于计算上允许的时间的 h 的下界或者基于机器精度的 h 的下界，这是因为在某点以下舍入将开始产生不精确. 因此我们希望了解对固定的时间步长 h 不同方法的状态如何. 当然，这是一个从属的问题，但是我们希望采用对尽可能广泛的一类问题用固定步长 h 给出合理结果的方法.

考虑以下含两个未知函数的两个常微分方程的方程组.

$$y_1'=-100y_1+y_2$$

$$y_2'=-\frac{1}{10}y_2 \tag{11.39}$$

如果 $\boldsymbol{y}=(y_1, y_2)^{\mathrm{T}}$，那么这个方程组也能写成

$$\boldsymbol{y}'=\boldsymbol{A}\boldsymbol{y},\quad \boldsymbol{A}=\begin{bmatrix}-100 & 1\\ 0 & -\frac{1}{10}\end{bmatrix} \tag{11.40}$$

我们可以解析求解这个方程组. 从第二个方程得到 $y_2(t)=\mathrm{e}^{-\frac{t}{10}}y_2(0)$. 把这个表达式代入第一个方程并解出 $y_1(t)$，我们有

$$y_1(t)=\mathrm{e}^{-100t}\left(y_1(0)-\frac{10}{999}y_2(0)\right)+\mathrm{e}^{-\frac{t}{10}}\frac{10}{999}y_2(0)$$

第一项很快衰减到 0. $y_1(t)$和 $y_2(t)$的表达式中的另一项随时间十分平稳，但相当缓慢地衰减到 0. 因此，可能需要很小时间步的初始瞬间时，一旦 e^{-100t}这项已接近到 0，我们就希望能用更大的时间步.

假定用 Euler 方法解这个问题. 这个方程是

$$y_{2,k+1}=\left(1-\frac{h}{10}\right)y_{2k}\Rightarrow y_{2k}=\left(1-\frac{h}{10}\right)^k y_2(0)$$

和

$$
\begin{aligned}
y_{1,k+1} &= (1-100h)y_{1k} + hy_{2k} \\
&= (1-100h)y_{1k} + h\left(1-\frac{h}{10}\right)^k y_2(0) \\
&= (1-100h)^2 y_{1,k-1} + h\left[(1-100h)\left(1-\frac{h}{10}\right)^{k-1} + \left(1-\frac{h}{10}\right)^k\right]y_2(0) \\
&\ \vdots \\
&= (1-100h)^{k+1}y_1(0) + h\left(1-\frac{h}{10}\right)^k\left[\sum_{\ell=0}^{k}\left[\frac{1-100h}{1-\frac{h}{10}}\right]^{\ell}\right]y_2(0)
\end{aligned}
$$

对几何级数求和并进行一些代数运算，我们有

284

$$
y_{1,k+1} = (1-100h)^{k+1}\left[y_1(0) - \frac{10}{999}y_2(0)\right] + \left(1-\frac{h}{10}\right)^{k+1}\frac{10}{999}y_2(0)
$$

如果 $h>\frac{1}{50}$，那么 $|1-100h|>1$，而且和真解对照其第一项呈几何增大. 即使初始值使 $y_1(0)-\frac{10}{999}y_2(0)=0$，除非 $h<\frac{1}{50}$，舍入将使 Euler 方法中的近似增大. 即使对 $h>\frac{1}{50}$，Euler 方法的局部截断误差也相当小，但因为不稳定性(与以前讨论过的不同，这是另一种不稳定性，因为这种不稳定性仅当 $h>\frac{1}{50}$时出现)这种算法将失败. 图 11-8 是 Euler 方法取 $h=0.03$ 用于这个问题的结果的图形曲线. 如图 11-8 中出现的激烈振荡是不稳定算法的典型性态. 我们在曲线图中常常仅看到一个大的跳跃，因这个最后的跳跃比其他的跳跃大得多，完全遮蔽住了它们；在改变坐标轴的尺度时，我们能够看到振荡开始要早得多.

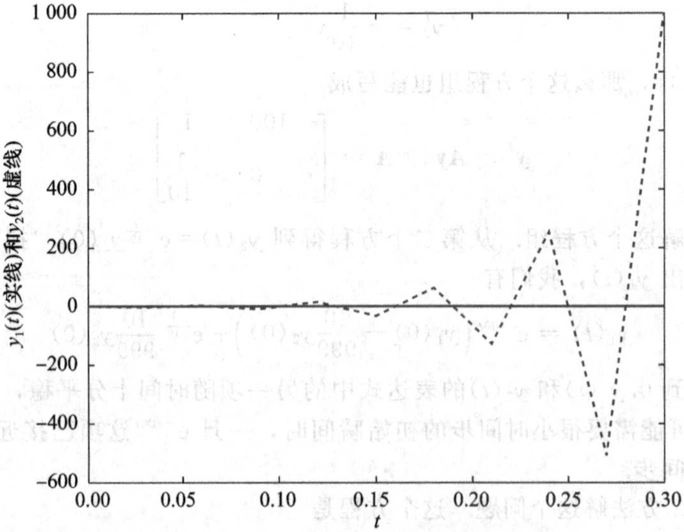

图 11-8　对 Stiff 方程组 Euler 方法的不良表现

像(11.39)的方程组叫作 Stiff 方程，它们是由含有很不同的时间尺度的分量来刻画的. 它在实际问题，诸如化学动力学、控制论、反应堆动力学、气象预报、电子学、生物数学、宇宙学等领域中经常出现.

11.4.1　绝对稳定性

要分析一种取特殊时间步 h 的方法的性态，可以考虑一个非常简单的试验方程：

$$y' = \lambda y \tag{11.41}$$

这里 λ 是复常数. 其解是 $y(t)=e^{\lambda t}y(0)$. 对 λ 的实部大于 0，等于 0 和小于 0 的样本解在图 11-9 中给出. 注意当 $t\to\infty$ 时，$y(t)\to 0$ 当且仅当 $\mathcal{R}(\lambda)<0$，这里 $\mathcal{R}(\cdot)$ 表示实部. 285

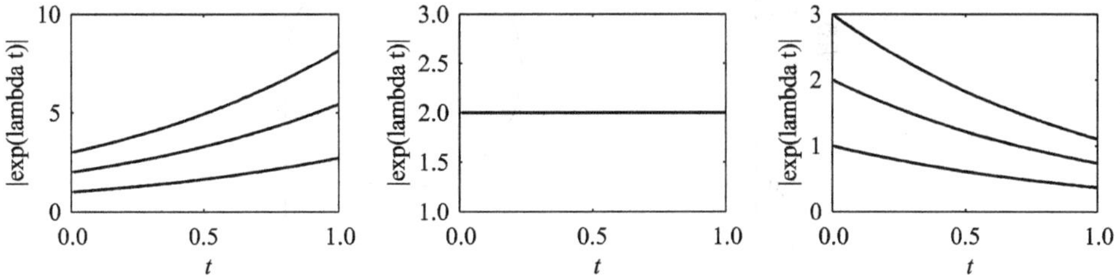

图 11-9　$y'=\lambda y$ 的样本解(左：Re(lambda)＞0，中：Re(lambda)＝0；右：Re(lambda)＜0)

方程(11.41)比我们想要数值求解的问题确实要简单得多，但是如果一种方法在这个试验方程上执行得很差，那么当然就不能期望它在实际问题中执行良好. 下面就是隐藏在这个试验方程背后的思路. 首先假设我们想要解的形如

$$\mathbf{y}' = \mathbf{A}\mathbf{y} \tag{11.42}$$

的方程组，这里 $\mathbf{A}$ 是 $n\times n$ 矩阵. 假设 $\mathbf{A}$ 是可对角化的，即 $\mathbf{A}$ 能写成形式 $\mathbf{A}=\mathbf{V}\mathbf{\Lambda}\mathbf{V}^{-1}$，这里 $\mathbf{\Lambda}$ 是特征值的对角矩阵，$\mathbf{V}$ 的列是 $\mathbf{A}$ 的特征向量. 用 $\mathbf{V}^{-1}$ 左乘方程(11.42)，我们得到

$$(\mathbf{V}^{-1}\mathbf{y})' = \mathbf{\Lambda}(\mathbf{V}^{-1}\mathbf{y})$$

所以，关于 $\mathbf{V}^{-1}\mathbf{y}$ 的分量的方程组分离：

$$(\mathbf{V}^{-1}\mathbf{y})'_j = \lambda_j(\mathbf{V}^{-1}\mathbf{y})_j,\quad j=1,\cdots,n$$

因此，一旦我们在 $\mathbf{A}$ 是对角型的基础上考察这个方程(即考察 $\mathbf{V}^{-1}\mathbf{y}$ 而不是 $\mathbf{y}$)，那么它就像每个有形式(11.41)的独立方程的方程组. 现在这种方法的缺点是它没有注意到向量 $\mathbf{V}^{-1}\mathbf{y}$ 可能与 $\mathbf{y}$ 有多么不同，而对某些问题这种不同可能是十分重要的. 而且，如果我们了解了用于不同 λ 值的试验方程(11.41)的方法的性态，那么就给了我们关于这个方法对于像(11.42)这种线性常微分方程组的运行性态的一些信息. 非线性常微分方程组局部性态如同线性方程组，因此我们也得到了这种方法用于非线性常微分方程组时的性态的信息. 考虑到这一点，我们作以下的定义.

定义　方法的绝对稳定区域是当这个方法以步长 h 用于试验方程(11.41)，使得当 $k\to\infty$ 时，$y_k\to 0$ 的所有数 $h\lambda\in C$ 的集合.

例 11.4.1　当 Euler 方法用于试验方程(11.41)时，对 y_{k+1} 得到的公式是

$$y_{k+1} = y_k + h\lambda y_k = (1+h\lambda)y_k = \cdots = (1+h\lambda)^{k+1}y_0$$ 286

得到绝对稳定域是

$$\{h\lambda: |1+h\lambda|<1\}$$

这是复平面里中心在-1，半径是1的圆盘的内部，如图11-10中所示．这意味着，例如，如果我们解两个常微分方程的方程组$\boldsymbol{y}'=\boldsymbol{A}\boldsymbol{y}$，这里$\boldsymbol{A}$是可对角化的，而且有特征值，譬如说，$-1+10\mathrm{i}$和$-10-10\mathrm{i}$，那么我们必须选择$h$满足

$$|1+h(-1+10\mathrm{i})|<1 \quad 和 \quad |1+h(-10-10\mathrm{i})|<1$$

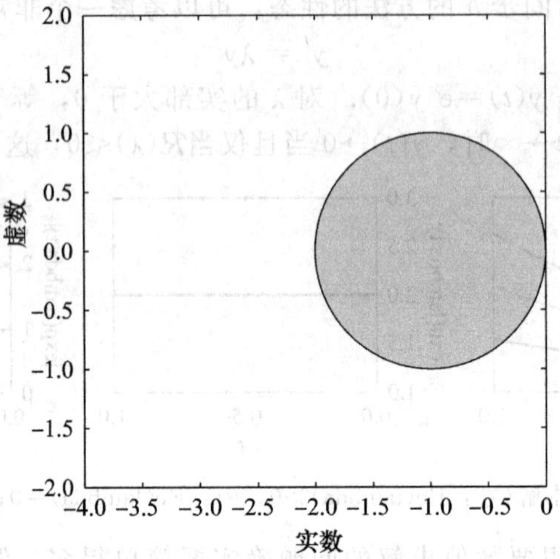

图 11-10 Euler方法的绝对稳定域

或者等价地，

$$(1-h)^2+100h^2<1 \quad 和 \quad (1-10h)^2+100h^2<1$$

要满足第一个不等式我们必须有$h<\frac{2}{101}$，而要满足第二个不等式，$h<\frac{1}{10}$．为了两个特征分量都达到稳定，我们需要$h<\min\left\{\frac{2}{101}, \frac{1}{10}\right\}=\frac{2}{101}$． ■

注意在绝对稳定区域，在一步的差变得比前一步更小；即，假设z_{k+1}也满足$z_{k+1}=(1+h\lambda)z_k$，但是$z_k\neq y_k$．那么z_{k+1}和y_{k+1}之差是$z_{k+1}-y_{k+1}=(1+h\lambda)(z_k-y_k)$，因为$|1+h\lambda|<1$，所以$|z_{k+1}-y_{k+1}|<|z_k-y_k|$．

理想地，我们希望绝对稳定域由整个左半平面组成．这将意味着对于$\mathcal{R}(\lambda)<0$的任何复数λ，这种方法以任何步长$h>0$对试验问题(11.41)所生成的近似解，就像真解那样，随时间衰减．具有这种性质的方法叫A-稳定的．

287 **定义** 一种方法是A-稳定的如果它的绝对稳定域包含了整个左半平面．

例 11.4.2 把向后Euler方法用于试验方程(11.41)时，得到关于y_{k+1}的公式是

$$y_{k+1}=y_k+h\lambda y_{k+1}\Rightarrow y_{k+1}=\frac{1}{1-h\lambda}y_k=\cdots=\frac{1}{(1-h\lambda)^{k+1}}y_0$$

因此绝对稳定区域是

$$\{h\lambda: |1-h\lambda|>1\}$$

因为h是实数，λ是复数，所以$1-h\lambda$的绝对值是

$$\sqrt{(1-h\,\mathcal{R}(\lambda))^2+(h\,\mathcal{I}(\lambda))^2}$$

如果$\mathcal{R}(\lambda)<0$，它恒大于 1，这是因为 $1-h\,\mathcal{R}(\lambda)>1$. 因此向后 Euler 方法的绝对稳定域包含整个左平面，因此方法是 A-稳定的. ■

下面是几个差分方法和它们的绝对稳定区域的例子.

例 11.4.3 把经典四阶 Runge-Kutta 方法用于试验方程(11.41)时，得到的公式是

$$\begin{aligned}
q_1 &= \lambda y_k \\
q_2 &= \lambda\left(y_k+\frac{h}{2}q_1\right)=\left(\lambda+\frac{1}{2}h\lambda^2\right)y_k \\
q_3 &= \lambda\left(y_k+\frac{h}{2}q_2\right)=\left(\lambda+\frac{1}{2}h\lambda^2+\frac{1}{4}h^2\lambda^3\right)y_k \\
q_4 &= \lambda(y_k+hq_3)=\left(\lambda+h\lambda^2+\frac{1}{2}h^2\lambda^3+\frac{1}{4}h^3\lambda^4\right)y_k \\
y_{k+1} &= y_k+\frac{h}{6}[q_1+2q_2+2q_3+q_4] \\
&= y_k+\frac{h}{6}\left[6\lambda+3h\lambda^2+h^2\lambda^3+\frac{1}{4}h^3\lambda^4\right]y_k \\
&= \left[1+h\lambda+\frac{1}{2}(h\lambda)^2+\frac{1}{6}(h\lambda)^3+\frac{1}{24}(h\lambda)^4\right]y_k
\end{aligned}$$

由此绝对稳定域是

$$\left\{z\in\mathbf{C}:\left|1+z+\frac{z^2}{2}+\frac{z^3}{6}+\frac{z^4}{24}\right|<1\right\}$$

这个区域在图 11-11 画出.

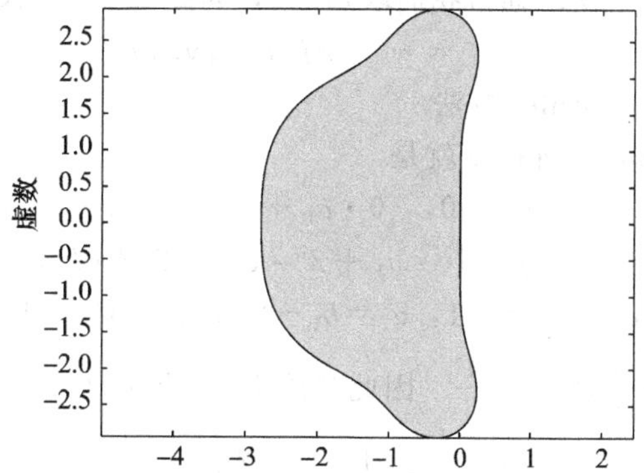

图 11-11 四阶 Runge-Kutta 方法的绝对稳定域 ■

例 11.4.4 把梯形方法用于试验方程(11.41)时，得到 y_{k+1} 的公式是

$$y_{k+1}=y_k+\frac{h}{2}(\lambda y_k+\lambda y_{k+1})\Rightarrow y_{k+1}=\left(\frac{1+\dfrac{h\lambda}{2}}{1-\dfrac{h\lambda}{2}}\right)y_k$$ 288

由此当 $k\to\infty$时，$y_k\to 0$ 当且仅当

$$\left|\frac{1+\frac{h\lambda}{2}}{1-\frac{h\lambda}{2}}\right|<1\Leftrightarrow\left|1+\frac{h\lambda}{2}\right|<\left|1-\frac{h\lambda}{2}\right|\Leftrightarrow\mathcal{R}(h\lambda)<0$$

因此绝对稳域精确地是开左半平面$\{z\in\mathbf{C}:\mathcal{R}(z)<0\}$；因此梯形方法是$A$-稳定的. ■

你可能在这些例子中已经注意到A-稳定的方法仅是隐式方法. 这并非偶然，可以证明不存在形式(11.31)的显式A-稳定方法. 还能进一步证明：

定理 11.41(Dahlquist)　形式是(11.31)的A-稳定线性多步法的最高阶是 2.

尽管这是个负面结果，但我们可以寻求有大的绝对稳定域的高阶方法，即使其绝对稳定域不包含整个左平面. 向后微分公式，或者，BDF 方法是为有大的绝对稳定域而设计的一类隐式方法，而且因此对 Stiff 方程有效.

11.4.2　向后微分公式(BDF 方法)

Curtiss 和 Hirschfelder 在 1952 年最早使用 BDF 方法[29]. Bill Gear 在 20 世纪 60 年代和 70 年代大规模地把它们开发成实用的数值方法以及计算软件[44].

定义　形式为

$$\sum_{\ell=0}^{m}a_\ell y_{k+\ell}=hb_m f(t_{k+m},y_{k+m}) \tag{11.43}$$

的m阶m步方法是**向后微分公式**或 **BDF 方法**.

289 注意所有的 BDF 方法都是隐式的.

我们可以用定理 11.3.1 对不同m值导出 BDF 方法. 对$m=1$，要求方法是一阶的意思是$a_0+a_1=0$和$0\cdot a_0+1\cdot a_1=b_1$. 通常我们取$a_1=1$，因此$a_0=-1$及$b_1=1$，得到方程

$$y_{k+1}=y_k+hf(t_{k+1},y_{k+1})$$

这就是我们前面见过的向后 Euler 方法.

对$m=2$，要求(11.33)二阶精度就是

$$a_0+a_1+a_2=0,\quad 0\cdot a_0+1\cdot a_1+2\cdot a_2=b_2$$
$$0^2\cdot a_0+1^2\cdot a_1+2^2\cdot a_2=2(2\cdot b_2)$$

令$a_2=1$，这些方程变成$a_0+a_1=-1$，$a_1=b_2-2$及$a_1=4b_2-4$，并且解出a_0，a_1及b_2，我们得到$b_2=\frac{2}{3}$，$a_1=-\frac{4}{3}$及$a_0=\frac{1}{3}$. 因此二阶 BDF 方法是

$$y_{k+2}-\frac{4}{3}y_{k+1}+\frac{1}{3}y_k=\frac{2}{3}hf(t_{k+2},y_{k+2})$$

注意到这种多步方法的特征多项式是

$$\chi(z)=z^2-\frac{4}{3}z+\frac{1}{3}=(z-1)\left(z-\frac{1}{3}\right)$$

它有根$z=1$和$z=\frac{1}{3}$. 因为这些根的绝对值都小于或等于 1，而且$z=1$是单根所以这种方法是零-稳定的. 因此根据 Dahlquist 等价定理(定理 11.3.2)这种方法是收敛的而且全局误差与局部误差的阶相同，是$O(h^2)$.

我们可以用这种方法继续导出较高阶 BDF 方法．通过观察它们的特征多项式，能够证明仅对 $1 \leqslant m \leqslant 6$ 的 BDF 方法是零-稳定的，但就实用的目的而言这已是足够高的阶了．

对 $m=3$ 的 BDF 方法是

$$y_{k+3}-\frac{18}{11}y_{k+2}+\frac{9}{11}y_{k+1}-\frac{2}{11}y_k=\frac{6}{11}hf(t_{k+3},y_{k+3}) \tag{11.44}$$

根据定理 11.4.1，它的绝对稳定区域不包含整个开左半平面，但是它却包含了这个区域的大部分，如图 11-12 所示．

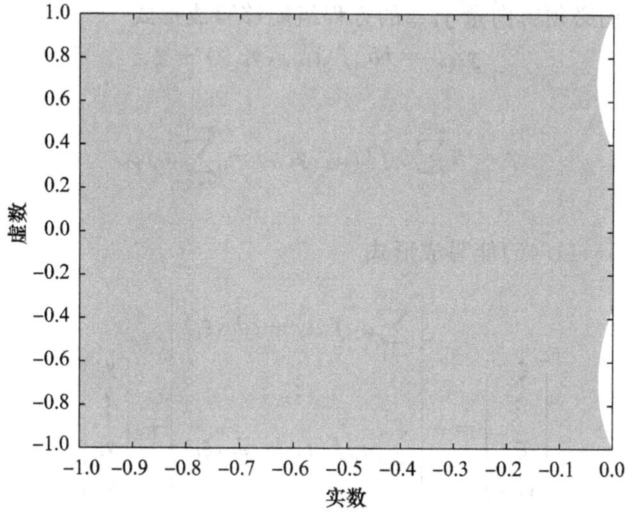

图 11-12　$m=3$ 的 BDF 方法的绝对稳定域

11.4.3　隐式 Runge-Kutta(IRK)方法

另一类对 Stiff 方程有用的方法是**隐式 Runge-Kutta(IRK)方法**．这些方法有形式

$$\xi_j=y_k+h\sum_{i=1}^{v}a_{ji}f(t_k+c_ih,\xi_i),\quad j=1,\cdots,v \tag{11.45}$$

$$y_{k+1}=y_k+h\sum_{j=1}^{v}b_jf(t_k+c_jh,\xi_j) \tag{11.46}$$

290

a_{ji}，b_j 和 c_j 的值可以任意选择，但是为了相容性要求

$$\sum_{i=1}^{v}a_{ji}=c_j,\quad j=1,\cdots,v$$

可以证明对每一个 $v\geqslant 1$，有唯一的 $2v$ 阶 IRK 方法，而且它是 A -稳定的．$2v$ 阶的 IRK 方法是通过取值 c_1，…，c_v 为[0，1]上的 v 次正交多项式的零点得到的．于是这种 IRK 方法相应于在 10.3 节中讨论过的 Gauss 求积公式．

二阶($v=1$)IRK 方法是梯形方法(11.18)．四阶($v=2$)IRK 方法有 $c_1=\frac{1}{2}-\frac{\sqrt{3}}{6}$ 和 $c_2=\frac{1}{2}+\frac{\sqrt{3}}{6}$，而为保证四阶精度导出其他参数．

11.5　隐式方法解非线性方程组

我们已看到，在解 Stiff 常微分方程组中隐式方法的重要性．但是我们还没有讨论如何解为了执行这种方法必须在每一时间步求解的非线性方程．第 4 章描述了解含一个未知量的单个非线性方程的方法，其中一些方法容易推广到含 n 个未知量的 n 个非线性方程的方程组．

来自解常微分方程组的非线性方程有一种特殊的形式．例如，假定我们用 $b_m \neq 0$ 的多步方法(11.31)．我们必须解向量 $\boldsymbol{y}_{k+m}$ 的方程组能够写成形式

291

$$\boldsymbol{y}_{k+m} = hb_m \boldsymbol{f}(t_{k+m}, \boldsymbol{y}_{k+m}) + \boldsymbol{\gamma} \tag{11.47}$$

这里

$$\boldsymbol{\gamma} = h\sum_{\ell=0}^{m-1} b_\ell \boldsymbol{f}(t_{k+\ell}, \boldsymbol{y}_{k+\ell}) - \sum_{\ell=0}^{m-1} a_\ell \boldsymbol{y}_{k+\ell}$$

是已知的．

IRK 方法(11.45－11.46)能写成形式

$$\begin{bmatrix} \xi_1 \\ \vdots \\ \xi_v \\ \boldsymbol{y}_{k+1} \end{bmatrix} = h \begin{bmatrix} \sum_{i=1}^{v} a_{1i} \boldsymbol{f}(t_k + c_i h, \xi_i) \\ \vdots \\ \sum_{i=1}^{v} a_{vi} \boldsymbol{f}(t_k + c_i h, \xi_i) \\ \sum_{j=1}^{v} b_j \boldsymbol{f}(t_k + c_j h, \xi_j) \end{bmatrix} + \begin{bmatrix} \boldsymbol{y}_k \\ \vdots \\ \boldsymbol{y}_k \\ \boldsymbol{y}_k \end{bmatrix} \tag{11.48}$$

(11.47)和(11.48)这两类方法都具有一般的形式

$$\boldsymbol{w} = h\boldsymbol{g}(\boldsymbol{w}) + \boldsymbol{\gamma} \tag{11.49}$$

其中 $\boldsymbol{\gamma}$ 是已知值的向量，$\boldsymbol{w}$ 是我们求值的向量．

11.5.1　不动点迭代

在 4.5 节讨论过的不动点迭代法能够用于(11.49)形式的方程组

$$\boldsymbol{w}^{(j+1)} = h\boldsymbol{g}(\boldsymbol{w}^{(j)}) + \boldsymbol{\gamma} \tag{11.50}$$

其中 $\boldsymbol{w}^{(0)}$ 是初始猜测，上标表示迭代的次数(记住我们在固定时间步长求解)．下面的定理给出了收敛的充分条件．

定理 11.5.1　令 $\boldsymbol{w}_*$ 是(11.49)的解，不妨假设存在邻域 $S_r(\boldsymbol{w}_*) = \{\boldsymbol{v}: \|\boldsymbol{v} - \boldsymbol{w}_*| < r|\}$，在这个邻域上 hg 是压缩的；即，存在 $\alpha < 1$，使得对所有的 $\boldsymbol{u}$，$\boldsymbol{v} \in S_r(\boldsymbol{w}_*)$，有

$$h\|\boldsymbol{g}(\boldsymbol{u}) - \boldsymbol{g}(\boldsymbol{v})\| \leqslant \alpha \|\boldsymbol{u} - \boldsymbol{v}\| \tag{11.51}$$

那么如果 $\boldsymbol{w}^{(0)} \in S_r(\boldsymbol{w}_*)$，则对所有的 j，$\boldsymbol{w}^{(j)} \in S_r(\boldsymbol{w}_*)$，而且

$$\|\boldsymbol{w}^{(j)} - \boldsymbol{w}_*\| \leqslant \alpha \|\boldsymbol{w}^{(j-1)} - \boldsymbol{w}_*\| \leqslant \cdots \leqslant \alpha^j \|\boldsymbol{w}^{(0)} - \boldsymbol{w}_*\| \tag{11.52}$$

因此 $\boldsymbol{w}^{(j)}$ 至少线性地收敛于 $\boldsymbol{w}_*$，收敛因子为 α.

证明　从 hg 的压缩性立刻得到

$$\begin{aligned}\| \boldsymbol{w}^{(j)} - \boldsymbol{w}_* \| &= \| h\boldsymbol{g}(\boldsymbol{w}^{(j-1)}) + \boldsymbol{\gamma} - (h\boldsymbol{g}(\boldsymbol{w}_*) + \boldsymbol{\gamma}) \| \\ &= h \| \boldsymbol{g}(\boldsymbol{w}^{(j-1)}) - \boldsymbol{g}(\boldsymbol{w}_*) \| \\ &\leqslant \alpha \| \boldsymbol{w}^{(j-1)} - \boldsymbol{w}_* \|\end{aligned}$$

由此并由归纳法得到如果 $\boldsymbol{w}^{(0)} \in S_r(\boldsymbol{w}_*)$，那么每一个 $\boldsymbol{w}^{(j)} \in S_r(\boldsymbol{w}_*)$，而且(11.52)成立. □

现在假设(11.49)是解初值问题的一种稳定方法，函数 $\boldsymbol{g}$ 满足 Lipschitz 条件；即存在常数 L 使得对一切向量 $\boldsymbol{u}$ 和 $\boldsymbol{v}$： 292

$$\| \boldsymbol{g}(\boldsymbol{u}) - \boldsymbol{g}(\boldsymbol{v}) \| \leqslant L \| \boldsymbol{u} - \boldsymbol{v} \|$$

因此，如果 $h < \frac{1}{L}$，那么(11.51)成立. 但是这类似于显式方法绝对稳定所必需的对 h 的限制. 例如，当 Euler 方法用于试验问题 $y' = \lambda y$ 时，我们发现当近似解应衰减时为避免其增长的必要条件是 $|1 + h\lambda| < 1$；对 $\lambda = -L$，这意味着我们要求 $h < \frac{2}{L}$. 因此，如果用简单迭代(11.50)来解隐式方法中的非线性方程组，我们无法得到关于显式方法的任何清晰的结论. 所以经验就是当不动点迭代(11.50)可以被非 Stiff 问题所采用时，它并不适合 Stiff 问题.

例 11.5.1 考虑用不动点迭代的梯形方法解(标量)试验方程 $y' = \lambda y$. 梯形方法是

$$y_{k+1} = y_k + \frac{h}{2}\lambda(y_k + y_{k+1})$$

而且它是 A-稳定的. 然而要解 y_{k+1}，我们用迭代

$$y_{k+1}^{(j+1)} = y_k + \frac{h}{2}\lambda(y_k + y_{k+1}^{(j)})$$

把这两个方程相减，我们有

$$y_{k+1}^{(j+1)} - y_{k+1} = \frac{h}{2}\lambda(y_{k+1}^{(j)} - y_{k+1})$$

当 $j \to \infty$ 时，这个差收敛到 0 当且仅当 $|h\lambda| < 2$. 因此我们没有得到 A-稳定的好处！ ■

11.5.2 牛顿法

假设我们要解 n 个未知量的 n 个非线性方程组

$$\boldsymbol{q}(\boldsymbol{w}) = 0, \quad 或, \quad \begin{bmatrix} q_1(w_1, \cdots, w_n) \\ \vdots \\ q_n(w_1, \cdots, w_n) \end{bmatrix} = \begin{bmatrix} 0 \\ \vdots \\ 0 \end{bmatrix}$$

给定初始猜测 $\boldsymbol{w}^{(0)} = (w_1^{(0)}, \cdots, w_n^{(0)})^{\mathrm{T}}$，我们能够把 $\boldsymbol{q}(\boldsymbol{w})$ 展成关于 $\boldsymbol{w}^{(0)}$ 的 Taylor 级数.

$$\begin{bmatrix} q_1(w_1, \cdots, w_n) \\ \vdots \\ q_n(w_1, \cdots, w_n) \end{bmatrix} = \begin{bmatrix} q_1(w_1^{(0)}, \cdots, w_n^{(0)}) \\ \vdots \\ q_n(w_1^{(0)}, \cdots, w_n^{(0)}) \end{bmatrix} + \begin{bmatrix} \sum_{i=1}^{n} \frac{\partial q_1}{\partial w_i}(\boldsymbol{w}^{(0)})(w_i - w_i^{(0)}) \\ \vdots \\ \sum_{i=1}^{n} \frac{\partial q_n}{\partial w_i}(\boldsymbol{w}^{(0)})(w_i - w_i^{(0)}) \end{bmatrix}$$

$$+ \begin{bmatrix} O(\| \boldsymbol{w} - \boldsymbol{w}^{(0)} \|^2) \\ \vdots \\ O(\| \boldsymbol{w} - \boldsymbol{w}^{(0)} \|^2) \end{bmatrix}$$

293

或者等价地，

$$\boldsymbol{q}(\boldsymbol{w}) = \boldsymbol{q}(\boldsymbol{w}^{(0)}) + J_q(\boldsymbol{w}^{(0)})(\boldsymbol{w} - \boldsymbol{w}^{(0)}) + O(\| \boldsymbol{w} - \boldsymbol{w}^{(0)} \|^2) \tag{11.53}$$

这里 $J_q(\boldsymbol{w}^{(0)})$ 是 $\boldsymbol{q}$ 在 $\boldsymbol{w}^{(0)}$ 处的 Jacobi 矩阵：

$$J_q(\boldsymbol{w}^{(0)}) \equiv \left. \begin{bmatrix} \dfrac{\partial q_1}{\partial w_1} & \cdots & \dfrac{\partial q_1}{\partial w_n} \\ \vdots & & \vdots \\ \dfrac{\partial q_n}{\partial w_1} & \cdots & \dfrac{\partial q_n}{\partial w_n} \end{bmatrix} \right|_{\boldsymbol{w}^{(0)}}$$

在(11.53)中舍去 $O(\| \boldsymbol{w} - \boldsymbol{w}^{(0)} \|^2)$ 项，并且令所得展开式为 $\mathbf{0}$，我们得到 n 个未知量，n 个方程的牛顿法：

$$\mathbf{0} = \boldsymbol{q}(\boldsymbol{w}^{(0)}) + J_q(\boldsymbol{w}^{(0)})(\boldsymbol{w}^{(1)} - \boldsymbol{w}^{(0)}) \Rightarrow \boldsymbol{w}^{(1)} = \boldsymbol{w}^{(0)} - [J_q(\boldsymbol{w}^{(0)})]^{-1} \boldsymbol{q}(\boldsymbol{w}^{(0)})$$

而且，一般地，对 $j=0, 1, \cdots$，

$$\boldsymbol{w}^{(j+1)} = \boldsymbol{w}^{(j)} - [J_q(\boldsymbol{w}^{(j)})]^{-1} \boldsymbol{q}(\boldsymbol{w}^{(j)}) \tag{11.54}$$

注意，虽然我们在公式(11.54)中写出了 $[J_q(\boldsymbol{w}^{(j)})]^{-1}$，但是，并不需要实际地计算这个逆矩阵；要计算 $[J_q(\boldsymbol{w}^{(j)})]^{-1}\boldsymbol{q}(\boldsymbol{w}^{(j)})$，只要简单地解线性方程组 $[J_q(\boldsymbol{w}^{(j)})]\boldsymbol{v} = \boldsymbol{q}(\boldsymbol{w}^{(j)})$ 求出 $\boldsymbol{v}$，然后把 $\boldsymbol{w}^{(j)}$ 减去 $\boldsymbol{v}$ 就得到 $\boldsymbol{w}^{(j+1)}$.

如在一维情形那样，倘若 $J_q(\boldsymbol{w}_*)$ 非奇异以及初始猜测 $\boldsymbol{w}^{(0)}$ 充分靠近 $\boldsymbol{w}_*$ 就可以证明 n 维牛顿法二阶收敛于 $\boldsymbol{q}$ 的根 $\boldsymbol{w}_*$.

假设牛顿法用于方程组(11.49)，其中该方程写成

$$\boldsymbol{q}(\boldsymbol{w}) \equiv \boldsymbol{w} - h\boldsymbol{g}(\boldsymbol{w}) - \boldsymbol{\gamma} = 0$$

所得到的方程是

$$\boldsymbol{w}^{(j+1)} = \boldsymbol{w}^{(j)} - [I - hJ_g(\boldsymbol{w}^{(j)})]^{-1}(\boldsymbol{w}^{(j)} - h\boldsymbol{g}(\boldsymbol{w}^{(j)}) - \boldsymbol{\gamma})$$

这里 $J_g(\boldsymbol{w}^{(j)})$ 是 $\boldsymbol{g}$ 在 $\boldsymbol{w}^{(j)}$ 的 Jacobi 矩阵. 现在，对充分小的 h，矩阵 $\boldsymbol{I} - hJ_g(\boldsymbol{w}_*)$ 接近单位矩阵，因此非奇异. 如果用显式方法得到初始猜测 $\boldsymbol{w}^{(0)}$（叫作**预测步**），那么它与 $\boldsymbol{w}_*$ 相差最多 $O(h)$. 于是，对充分小的 h，牛顿法收敛的条件能够保证成立.

为了使牛顿法收敛，对 h 的限制通常比不动点迭代收敛所要求的限制要小得多. 所以，通常选择牛顿法来解关于 Stiff 常微分方程的隐式方法所生成的非线性方程组，其缺点是需要在每一步计算 Jacobi 矩阵和在每一步解以该 Jacobi 矩阵为系数矩阵的线性方程组. 二者都可能十分昂贵. 为此有时采用拟牛顿法. 与第 4 章描述的定常梯度法类似计算在初始猜测 $w^{(0)}$ 处的 Jacobi 矩阵，把它分解成 LU 形式，然后在每一步迭代中用这同一的 Jacobi 矩阵. 回忆一下与计算 L 和 U 需要 $O(h^3)$ 次运算相对照，用 L 和 U 因子逆向求解的时间仅是
294 $O(h^2)$. 用近似 Jacobi 矩阵的其他方法已经发展了，但是与牛顿法相比，其收敛通常需要更多的迭代而且为了收敛可能要求更小的时间步长 h.

11.6　第 11 章习题

1. 解析求解以下初值问题：

(a) $y'=t^3$，$y(0)=0$.

(b) $y'=2y$，$y(1)=3$.

(c) $y'=ay+b$，这里 a 和 b 是给定的标量，$y(0)=y_0$. [提示：乘以积分因子 e^{-ta} 并从 0 到 T 积分.]

2. 用定理 11.1.3 证明前一个习题中的每个初值问题对所有 t 有唯一解.

3. 验证函数 $y(t)=t^{\frac{3}{2}}$ 是初值问题

$$y'=\frac{3}{2}y^{\frac{1}{3}},\quad y(0)=0$$

的解. 对这个问题用 Euler 方法，并且解释为什么数值近似解与解 $t^{\frac{3}{2}}$ 不同.

4. 写出一步 Euler 方法以步长 $h=0.1$ 用于初值问题 $y'=(t+1)\mathrm{e}^{-y}$，$y(0)=0$ 的结果. 对中点方法和 Heun 方法做相同的工作.

5. 写出从 $R_0=2$，$F_0=1$ 开始，取步长 $h=0.1$ 的一步 Euler 方法用于以下捕食-被捕食者方程的结果.

$$R'=(2-F)R$$
$$F'=(R-2)F$$

对中点方法和 Heun 方法做同样的工作.

6. 证明当经典四阶 Runge-Kutta 方法用于问题 $y'=\lambda y$ 时，推导出解公式是

$$y_{k+1}=\left[1+h\lambda+\frac{1}{2}h^2\lambda^2+\frac{1}{6}h^3\lambda^3+\frac{1}{24}h^4\lambda^4\right]y_k$$

以及局部截断误差是 $O(h^4)$.

7. 通过证明当经典四阶 Runge-Kutta 方法写成(11.24)的形式，函数 ψ 满足 Lipschitz 条件来证明它是稳定的.

8. 继续 11.26 节中的爱情长河，朱丽叶的情感波动导致多夜未眠，因而使她情绪沮丧. 数学上，这对情人的爱情现在可以表示为

$$\frac{\mathrm{d}x}{\mathrm{d}t}=-0.2y$$

$$\frac{\mathrm{d}y}{\mathrm{d}t}=0.8x-0.1y$$ 295

假设这段罗曼史的状态仍从罗密欧被朱丽叶迷住($x(0)=2$)以及朱丽叶的冷淡($y(0)=0$)开始.

(a) 解释生成以上方程的(11.23)的变化如何反映朱丽叶的沮丧情绪.

(b) 如在 11.2.6 节，用 ode45 制作像在图 11-7 那样的三幅图，显示罗密欧和朱丽叶在 $0\leqslant t\leqslant 60$ 的爱情.

(c) 从你的图，描述在这个习题中叙述的朱丽叶的改变将如何影响这种关系以及它的最终结局.

9. 证明多步方法(11.34)的局部截断误差是 $O(h^2)$.

10. 证明在(11.38)中矩阵 $\boldsymbol{A}$ 的特征多项式 $\det(\boldsymbol{A}-\lambda\boldsymbol{I})$ 是

$$\chi(\lambda)=(-1)^m\left[\lambda^m+\sum_{\ell=0}^{m-1}\alpha_\ell\lambda^\ell\right]$$

[提示：用最后一行展开行列式].

11. 下列多步方法中哪一个是收敛的? 证实你的答案.

(a) $y_k-y_{k-2}=h(f_k-3f_{k-1}+4f_{k-2})$

(b) $y_k-2y_{k-1}+y_{k-2}=h(f_k-f_{k-1})$

(c) $y_k-y_{k-1}-y_{k-2}=h(f_k-f_{k-1})$

12. 当 $m=3$ 时，用定理 11.3.1 证明 BDF 方法(11.44)的局部截断误差是 $O(h^3)$. 并且证明这个方法是零-稳定的，因而收敛.

13. 写出为了从 $R_0=2$，$F_0=1$ 开始，以步长 $h=0.1$ 对捕食者-被捕食者方程

$$R'=(2-F)R$$
$$F'=(R-2)F$$

用梯形方法所必须求解的非线性方程组. 用 Euler 方法获得对 R_1 和 F_1 的初始猜测 $R_1^{(0)}$ 和 $F_1^{(0)}$，写出用来求解 R_1 和 F_1 的第一个牛顿步.

14. 这个问题涉及卫星绕太阳运动：这个卫星可以是行星、彗星或能量耗尽的宇宙飞船，它们的质量和太阳质量相比可以忽略不计. 这种卫星的运动发生在一个平面，所以我们只需二维空间 x 和 y 来描述其坐标. 假设太阳在原点(0, 0). 描述卫星运动的微分方程组是牛顿在 17 世纪后期发现的牛顿重力定律，即

296

$$x''=\frac{-x}{(\sqrt{x^2+y^2})^3},\quad y''=\frac{-y}{(\sqrt{x^2+y^2})^3}$$

(a) 这个二阶微分方程组可以通过引入两个新变量 $z=x'(t)$(卫星在 x 空间方向的速度)和 $w=y'(t)$(卫星在 y 空间方向的速度)简化成四个一阶微分方程. 写出这个方程组.

(b) 先用 Euler 方法再用四阶 Runge-kutta 方法解出你在(a)中写出的方程组. 从 $x(0)=4$, $y(0)=0$, $z(0)=0$, $\omega(0)=0.5$ 开始. 对 Euler 方法取 $h=0.0025$, 对 Runge-Kutta 方法取 $h=0.25$ 并运行到 $t\max=50$. 画出卫星在每一时间步的位置. 你应看到一个几乎是圆的轨道. 如果你看不到，那么你的代码中就有问题. [注意，如果你在 MATLAB 中绘制图像，务必要写 axis('equal')否则坐标轴会有不同的长度，而且你的圆会看似椭圆!]

保持 $x(0)$, $y(0)$及 $z(0)$固定，尝试变更 $\omega(0)$，现在仅用 Runge-Kuttaa 代码，你必须为精度和 $t\max$ 调整 h 使得你看到一个完整的轨道，下面介绍几个值.

$\omega(0)$	h	$t\max$
0.5	0.25	50
0.6	0.5	150
0.8	0.5	200
0.4	0.25	35
0.2	0.25	30
0.2	0.05	30

对于比 0.5 稍大一些的初速度，你应看到一个椭圆轨道. 行星和彗星有椭圆轨道的事实是 Kepler(开普勒)在 17 世纪早期观察到的，但是它没有得到解释，直到 60 年后牛顿建立了地球重力定律. 椭圆的离心率依赖于初始速度 $\omega(0)$的大小. 行星，譬如地球的轨道并不是非常离心的. 它们看起来几乎像圆. 但是彗星的轨道，譬如 Halley(哈雷)彗星和 Hale-Bopp 彗星可能是非常离心的. 这就是为什么每隔 76 年才能从地球看到 Halley 彗星，而 Hale-Bopp 彗星大约要隔10 000 年，在其余时间它们远离太阳沿着十分高的离心轨道运行.

如果你使初始速度足够大，轨道变成双曲线，卫星差不多以直线方向从太阳系逸出；在这种情形下卫星不受太阳重力吸引的影响. 许多彗星依双曲线轨道穿过太阳系：它们进入太阳系，一度靠近太阳然后又离开太阳系. 有些人造卫星从地球发射，如 1977 年发射并在 1989 飞过冥王星的旅行者二号在双曲线轨道上很快离开太阳系，再也不回来. 椭圆轨道和双曲线轨道的分界情形

297 是当 $\omega(0)$恰好等于逸出速度：刚好大到卫星从太阳系逸出的值. 在这种情形下轨道实际是抛物线，它就是椭圆和双曲线之间的分界情形. 对于小于 0.5 但大于 0 的初始速度，轨道仍是椭圆. 然而如果使 $\omega(0)$太小你会发现曲线图显示卫星盘旋靠近太阳然后摇摆地飞出太阳系. 这是数值影响，不是物理的. 取一个充分小的步长，对任意 $\omega(0)>0$，你能够看到椭圆轨道，但是计算可能太长.

作出表示所描述的轨道类型的曲线图，并标明产生该轨道的 $\omega(0)$值.

(c) 试用 MATLAB 程序 ode45 观察在合理的时段内对小的 $\omega(0)$值能否得到精确解. 评论一下这程序比之于你自己的 Runge-Kutta 代码的优缺点.

15. 考虑方程组

$$\begin{pmatrix} x \\ y \end{pmatrix}' = \begin{bmatrix} -1000 & 1 \\ 0 & -\frac{1}{10} \end{bmatrix} \begin{pmatrix} x \\ y \end{pmatrix}$$

$$x(0)=1, \quad y(0)=2$$

它的精确解是

$$x(t) = \mathrm{e}^{-1000t}\frac{9979}{9999} + \mathrm{e}^{-\frac{t}{10}}\frac{20}{9999}, \quad y(t) = 2\mathrm{e}^{-\frac{t}{10}}$$

用四阶 Runge-Kutta 方法积分到 $t=1$ 解这个方程组．要达到合理精确的近似解时间步长必须是多少？如果你选择的时间步长太大作出显示 $x(t)$和 $y(t)$情况的曲线图，并作出当你已经找到适当时间步长时的 $x(t)$和 $y(t)$曲线图．

现在试用 MATLAB 的 ode23 程序解这个常微分方程组(它用二阶隐式方法)．它需要多少时间步？解释为什么二阶隐式方法能比用四阶 Runge-Kutta 方法少的时间步精确求解这个问题．

16. 下面的简单模型描述了控制心脏阀门的肌肉转变状态．设 $x(t)$表示肌肉在时间 t 的位置，$\alpha(t)$表示化学刺激物在时间 t 的浓度．假设 x 和 α 的动态由下面微分方程组控制

$$\frac{\mathrm{d}x}{\mathrm{d}t} = -\frac{x^3}{3} + x + \alpha$$

$$\frac{\mathrm{d}\alpha}{\mathrm{d}t} = -\varepsilon x$$ 298

这里 $\varepsilon>0$ 是参数；它的倒数可以粗略地估计 x 接近它的一个其余位置所花费的时间．

(a) 取 $\varepsilon=\frac{1}{100}$，$x(0)=2$，$\alpha(0)=\frac{2}{3}$，用所选择的显式方法解这个微分方程组．

例如，积分到 $t=400$，并给出 $x(t)$和 $\alpha(t)$的曲线图．解释你为什么选择所用的方法，你认为计算得到的解大致有多精确，为什么？为了稳定性是否需要对步长作出限制或者选择的步长仅仅是为了精确性的考虑，作出你的评论．

(b) 用向后 Euler 方法

$$\boldsymbol{y}_{k+1} = \boldsymbol{y}_k + h\boldsymbol{f}(t_{k+1}, \boldsymbol{y}_{k+1})$$

解同一问题并在每一步由牛顿法解这个非线性方程组．写出这个方程组的 Jacobi 矩阵，并解释你要用什么初始猜测．你使用向后 Euler 方法能取比你在部分(a)中用显式方法更大的时间步长吗？ 299

第 12 章　数值线性代数的更多讨论：特征值和解线性方程组的迭代法

数值线性代数中两个相关联的问题是如何求特征值/特征向量以及当矩阵太大不能在计算机储存和进行 Gauss 消元法的工作量代价太大时如何求解超大型线性方程组．这两个问题都需要迭代法，也就是为解提供一个初始猜测(例如它可以是随机的向量)，并且逐次地改进这个估计直到可接受的精确水平．在这两个问题中我们不必期望求得准确解(即使假设我们用精确的算术运算)：大多数特征值问题不可能准确求解，而线性方程组能用 Gauss 消元法(用精确的算术运算)精确求解，一种好的近似解如果能在适当的时间内计算出来，那么它是完全可以接受的．

有趣的是这两个问题采用类似的算法．线性方程组的迭代解法一般地会产生关于系数矩阵特征值的某些信息，而某些用于特征值问题的迭代技巧也能产生其右端是初始向量的线性方程组的近似解．

12.1　特征值问题

设 $\boldsymbol{A}$ 是 $n\times n$ 矩阵．我们希望求一实数或复数 λ，称为特征值，以及一非零向量 $\boldsymbol{v}$，称为特征向量满足 $\boldsymbol{Av}=\lambda\boldsymbol{v}$．许多领域，诸如乐器的共振或液体流动的稳定性，会提出特征值问题．在前一章中我们看到特征值分析如何用于研究线性 ODE(常微分方程) $\boldsymbol{y}'=\boldsymbol{Ay}$ 的性
300 态．如果 λ 是 $\boldsymbol{A}$ 的对应于特征向量 $\boldsymbol{v}$ 的特征值，且 $\boldsymbol{y}(0)=\boldsymbol{v}$，那么 $\boldsymbol{y}(t)=\mathrm{e}^{\lambda t}\boldsymbol{v}$．而且一般地，如果 $\lambda_1,\cdots,\lambda_n$ 是 $\boldsymbol{A}$ 的对应于特征向量 $\boldsymbol{v}_1,\cdots,\boldsymbol{v}_n$ 的特征值，且 $\boldsymbol{y}(0)=\sum_{i=1}^{n}c_j\boldsymbol{v}_j$，那么 $\boldsymbol{y}(t)=\sum_{j=1}^{n}c_j\mathrm{e}^{\lambda_j t}\boldsymbol{v}_j$．

$\boldsymbol{A}$ 的特征值是其**特征多项式**

$$\det(\boldsymbol{A}-\lambda\boldsymbol{I})=0$$

的根．求

$$\boldsymbol{A}=\begin{bmatrix}1 & 2\\ 4 & 3\end{bmatrix}$$

的特征值，我们可以写出

$$\det(\boldsymbol{A}-\lambda\boldsymbol{I})=(1-\lambda)(3-\lambda)=\lambda^2-4\lambda-5=0$$

并解这个二次方程得到

$$\lambda=-1\ \text{或}\ \lambda=5$$

如下例所示，即使实矩阵也可以有复特征值：

$$\boldsymbol{A}=\begin{bmatrix}1 & 2\\ -4 & 3\end{bmatrix}\qquad \det(\boldsymbol{A}-\lambda\boldsymbol{I})=(1-\lambda)(3-\lambda)+8=\lambda^2-4\lambda+11$$

$$\lambda=\frac{4\pm\sqrt{-28}}{2}=2\pm\mathrm{i}\sqrt{7}$$

整个这一节，除了特别说明，我们假设矩阵 A 是实的，但是当我们考虑特征值和特征向量时复数将开始起作用.

在大多数情形，求矩阵的特征值并没有解析公式，这是因为特征值是特征多项式的根. 而 Abel(阿贝尔)在 1824 年证明了对一般的 5 次或更高次多项式不可能有(包括有理数、加、减、乘、除及 k 次根的)求根公式，因此可能最好的方法是数值近似特征值. 一种可能的方法是确定特征多项式的系数，然后用在第 4 章描述的求根程序来近似它的根. 可是，这种策略并不好，因为即使涉及的特征值问题不是病态时，多项式求根问题也可能是病态的. 多项式系数的微小改变，可能使它的根改变很大. 我们将寻求近似特征值的其他方法.

和每个特征值 λ 相对应，满足 $\boldsymbol{A}\boldsymbol{v}=\lambda\boldsymbol{v}$ 的非零向量 $\boldsymbol{v}$ 的集合叫作特征向量. 与特征值 λ 相对应的特征向量 $\boldsymbol{v}$ 以及零向量形成一个向量空间，有时称为 λ 的**特征空间**. 在很多情形，这个空间是一维的，而且 $\boldsymbol{v}$ 是由非零标量倍数确定；显然，如果 $\boldsymbol{v}$ 是相应于特征值 λ 的特征向量，那么对于任何非零标量 c，$c\boldsymbol{v}$ 也是相应于 λ 的特征向量，这是因为 $\boldsymbol{A}\boldsymbol{v}=\lambda\boldsymbol{v}\Rightarrow\boldsymbol{A}(c\boldsymbol{v})=\lambda(c\boldsymbol{v})$. 有时存在两个或更多个线性无关的特征向量，譬如 $\boldsymbol{v}_1$，…，$\boldsymbol{v}_m$ 与特征值 λ 相应，而且在这种情形下，对于任何不全为零的标量 c_1，…，c_m，向量 $\sum_{j=1}^{m}c_j\boldsymbol{v}_j$ 也是相应于 λ 的特征 301 向量，这是因为 $\boldsymbol{A}\left(\sum_{j=1}^{m}c_j\boldsymbol{v}_j\right)=\sum_{j=1}^{m}c_jA\boldsymbol{v}_j=\sum_{j=1}^{m}c_j\lambda\boldsymbol{v}_j=\lambda\left(\sum_{j=1}^{m}c_j\boldsymbol{v}_j\right)$. 特征空间的维数叫作 λ 的几何重数. λ 的特征空间与 $\boldsymbol{A}-\lambda\boldsymbol{I}$ 的零空间相同，因此求与 λ 相对应的特征向量我们可以求满足 $(\boldsymbol{A}-\lambda\boldsymbol{I})v=0$ 的非零向量 $\boldsymbol{v}$.

例如，在上面第一个例子中，为求与特征值 $\lambda=-1$ 相对应的特征向量，我们求非零向量 $\boldsymbol{v}=(v_1, v_2)^{\mathrm{T}}$ 满足

$$\begin{bmatrix}1 & 2\\4 & 3\end{bmatrix}\begin{bmatrix}v_1\\v_2\end{bmatrix}=-\begin{bmatrix}v_1\\v_2\end{bmatrix}$$

或者等价地

$$\begin{bmatrix}2 & 2\\4 & 4\end{bmatrix}\begin{bmatrix}v_1\\v_2\end{bmatrix}=-\begin{bmatrix}0\\0\end{bmatrix}$$

如果我们用 Gauss 消元法解这组方程，从第二行减去 2 乘第一行，就得到

$$\left[\begin{array}{cc|c}2 & 2 & 0\\4 & 4 & 0\end{array}\right]\to\left[\begin{array}{cc|c}2 & 2 & 0\\0 & 0 & 0\end{array}\right]$$

其解集由满足 $2v_1+2v_2=0$，即 $v_2=-v_1$ 的所有向量 $\boldsymbol{v}$ 组成. 我们可以取 v_1 为任意非零值，譬如 $v_1=1$，那么特征向量是$(1, -1)^{\mathrm{T}}$.

下面是一个 3×3 的例子：

$$\boldsymbol{A}=\begin{bmatrix}1 & 2 & 3\\4 & 5 & 6\\7 & 8 & 9\end{bmatrix}$$

要求 $\boldsymbol{A}$ 的特征值，我们作出特征多项式 $\det(\boldsymbol{A}-\lambda\boldsymbol{I})$：

$$\det(\boldsymbol{A}-\lambda\boldsymbol{I})=\det\begin{bmatrix}1-\lambda & 2 & 3\\ 4 & 5-\lambda & 6\\ 7 & 8 & 9-\lambda\end{bmatrix}$$
$$=(1-\lambda)\det\begin{bmatrix}5-\lambda & 6\\ 8 & 9-\lambda\end{bmatrix}-2\det\begin{bmatrix}4 & 6\\ 7 & 9-\lambda\end{bmatrix}+3\det\begin{bmatrix}4 & 5-\lambda\\ 7 & 8\end{bmatrix}$$
$$=(1-\lambda)[(5-\lambda)(9-\lambda)-6\times 8]-2[4(9-\lambda)-6\times 7]+3[4\times 8-(5-\lambda)\times 7]$$
$$=-\lambda(\lambda^2-15\lambda-18)$$

这个多项式的根是

302 $$\lambda=0,\quad 及\quad \lambda=\frac{15\pm 3\sqrt{33}}{2}$$

求与特征值 0 相对应的特征向量，为此我们必须求满足

$$\begin{bmatrix}1 & 2 & 3\\ 4 & 5 & 6\\ 7 & 8 & 9\end{bmatrix}\begin{bmatrix}v_1\\ v_2\\ v_3\end{bmatrix}=\begin{bmatrix}0\\ 0\\ 0\end{bmatrix}$$

的所有非零向量 $\boldsymbol{v}=(v_1, v_2, v_3)^{\mathrm{T}}$.

用 Gauss 消元法我们得到

$$\left[\begin{array}{ccc|c}1 & 2 & 3 & 0\\ 4 & 5 & 6 & 0\\ 7 & 8 & 9 & 0\end{array}\right]\rightarrow\left[\begin{array}{ccc|c}1 & 2 & 3 & 0\\ 0 & -3 & -6 & 0\\ 0 & -6 & -12 & 0\end{array}\right]\rightarrow\left[\begin{array}{ccc|c}1 & 2 & 3 & 0\\ 0 & -3 & -6 & 0\\ 0 & 0 & 0 & 0\end{array}\right]$$

最后方程($0\cdot v_1+0\cdot v_2+0\cdot v_3=0$)对任意 $\boldsymbol{v}$ 都成立，第二个方程($-3v_2-6v_3=0$)只要 $v_2=-2v_3$ 就成立，而第一个方程($v_1+2v_2+3v_3=0$)也只要 $v_1=-2v_2-3v_3=v_3$ 就成立. 任取 v_3 等于 1，便给出特征向量$(1, -2, 1)^{\mathrm{T}}$. 你应该检查 $\boldsymbol{Av}$ 确实等于 $0\cdot\boldsymbol{v}$. 与特征值 0 相对应的特征空间由所有标量乘以向量$(1, -2, 1)^{\mathrm{T}}$ 组成.

例 12.1.1　线性变换的特征向量就是这样一个向量，它经过这个变换时保持不变或者对其乘以标量. 例如，切变映射保持沿着一个坐标轴上的点不变，其他点按其到该坐标轴的垂直距离成正比的量平行坐标轴作平移. 平面上的水平切变是通过矩阵

$$\begin{bmatrix}1 & k\\ 0 & 1\end{bmatrix}$$

乘以向量来执行的. 用这个矩阵，坐标$(x, y)^{\mathrm{T}}$ 映射到$(x+ky, y)^{\mathrm{T}}$. 在图 12-1 中能看到 $k=\cot\phi$，其中 ϕ 是经过切变的正方形对 x 轴的角度. 注意这个矩阵的特征多项式是$(1-\lambda)^2$，它有重根 $\lambda=1$. 向量$(1, 0)^{\mathrm{T}}$ 的任一非零标量倍数都是其相应的特征向量，而且是仅有

303 的特征向量，这意味着经过这种变换沿着 x 轴

图 12-1　单位正方形的水平切变

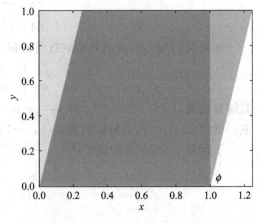

的点保持不变，但是其他所有的点都进行了平移.

在图 12-2 中我们看到对一幅照片用一次水平切变并再进行第二次水平切变的效果. 如在这幅照片中所见，重复应用切变变换使平面中所有向量的方向更接近特征向量的方向. ■

例 12.1.2 作为另一个例子，考虑在各个方向相等地拉伸的一片橡胶皮. 这意味着平面中的所有向量$(x, y)^{\mathrm{T}}$乘以相同的标量λ；即向量乘以对角矩阵.

$$\begin{bmatrix} \lambda & 0 \\ 0 & \lambda \end{bmatrix}$$

这个矩阵有单一的特征值λ，而且所有非零 2 维向量是其相应的特征向量. 图 12-3 显示重复对(a)$\lambda=\frac{1}{2}$和(b)$\lambda=-\frac{1}{2}$使用这种变换的效果. 在这两个图中我们放了原象和在彼此的顶端三次用这种变换的象. 知道λ的值后，你能确定(a)和(b)中的四幅象中哪一幅是开始的象？

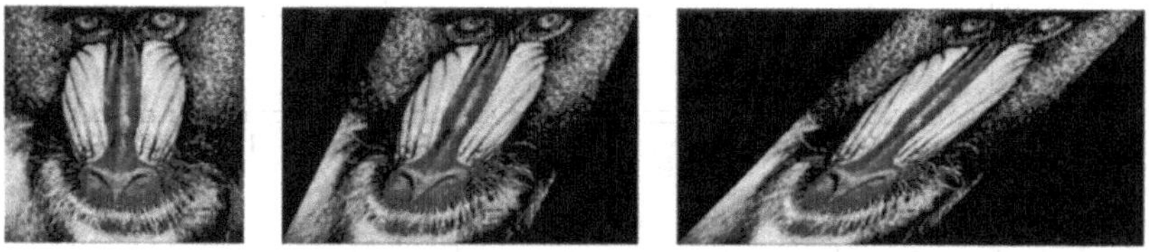

图 12-2　对一幅图像用一次水平切变，然后再用一次

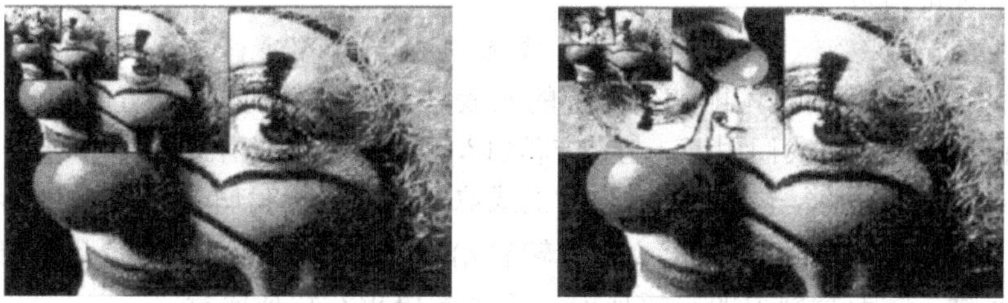

a)　　b)

图 12-3　原象经线性变换重复按比例绘制 ■

例 12.1.3 特征值应用的第三个例子是乐器声音的描述. 例如，吉他的弦按某些自然频率波动. 其频率是一个线性算子的特征值的虚部而衰减率是其负实部. 因此可以通过标绘特征值绘出乐器声音的大致印象[54].

在[90]中测得了实际的小三度A_4 # 钟琴的特征值，并在[85]中作了报告. 这些值绘于图 12-4中，那里的格点线表示相应于小三度弦在 456.8 赫兹(Hz)以及高两个八度和低一个八度的频率. 注意铃的特征值的测量值和理想值非常接近. 304

具有n个线性无关特征向量$\boldsymbol{A}$的$n\times n$矩阵称为可对角化的. 如果v_1, …, v_n是相应于特征值λ_1, …, λ_n的一组线性无关特征向量，那么我们可以写成

$$\boldsymbol{A}(\boldsymbol{v}_1,\cdots,\boldsymbol{v}_n)=(\lambda_1\boldsymbol{v}_1,\cdots,\lambda_n\boldsymbol{v}_n)=(\boldsymbol{v}_1,\cdots,\boldsymbol{v}_n)\begin{bmatrix}\lambda_1 & & \\ & \ddots & \\ & & \lambda_n\end{bmatrix}$$

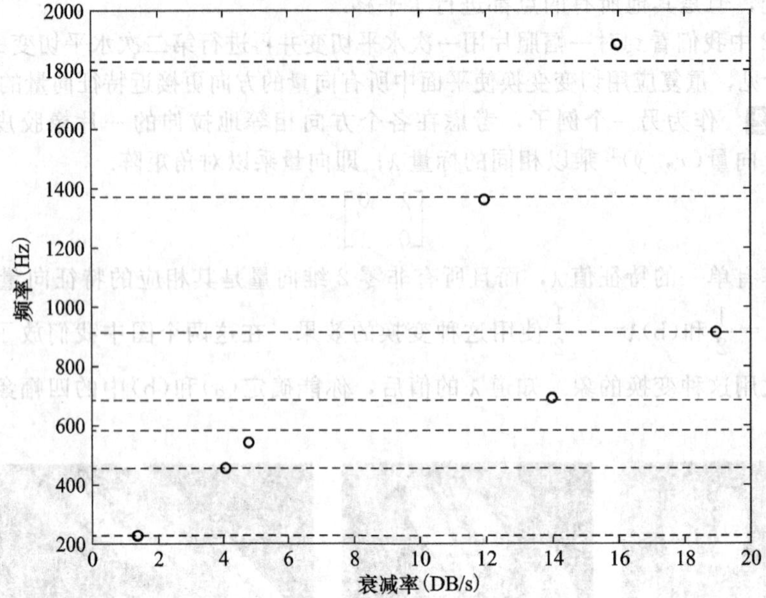

图　12-4

如果 $\boldsymbol{V}\equiv(\boldsymbol{v}_1,\cdots,\boldsymbol{v}_n)$ 是其列为特征向量 $\boldsymbol{v}_1,\cdots,\boldsymbol{v}_n$ 的矩阵，而 $\boldsymbol{\Lambda}$ 是特征值的对角矩阵，那么上式可写成

$$\boldsymbol{AV}=\boldsymbol{V\Lambda},\quad 或者\quad \boldsymbol{A}=\boldsymbol{V\Lambda V}^{-1} \tag{12.1}$$

$\boldsymbol{V}^{-1}$(或者它们的复-共轭转置，即其列向量的元素是 $\boldsymbol{V}^{-1}$ 的每行元素的复共轭)的行就是熟知的 $\boldsymbol{A}$ 的**左特征向量**. 如果我们用 $\boldsymbol{V}^{-1}$ 左乘方程(12.1)，那么可以看到 $\boldsymbol{V}^{-1}\boldsymbol{A}=\boldsymbol{\Lambda V}^{-1}$，所以如果 $\boldsymbol{y}^*$ 表示 $\boldsymbol{V}^{-1}$ 的第 i 行，那么 $\boldsymbol{y}^*\boldsymbol{A}=\lambda_i\boldsymbol{y}^*$. 对上式取复共轭转置我们看到 $\boldsymbol{A}^*\boldsymbol{y}=\overline{\lambda_i}\boldsymbol{y}$，所以 $\boldsymbol{y}$ 是 $\boldsymbol{A}^*$ 的相应于特征值 $\overline{\lambda_i}$ 的**右特征向量**. 进行转置给出 $\boldsymbol{A}^{\mathrm{T}}\overline{\boldsymbol{y}}=\lambda_i\overline{\boldsymbol{y}}$，所以 $\overline{\boldsymbol{y}}$ 是 $\boldsymbol{A}^{\mathrm{T}}$ 相应于特征值 λ_i 的右特征向量. 除非特别说明，特征向量这个术语指右特征向量。

相似变换 $\boldsymbol{A}\to\boldsymbol{W}^{-1}\boldsymbol{AW}$(这里 $\boldsymbol{W}$ 是任意非奇异矩阵)，保持了特征值不变，这是因为如果 $\boldsymbol{Av}=\lambda\boldsymbol{v}$，那么 $\boldsymbol{W}^{-1}\boldsymbol{AW}(\boldsymbol{W}^{-1}\boldsymbol{v})=\boldsymbol{W}^{-1}\boldsymbol{Av}=\lambda(\boldsymbol{W}^{-1}\boldsymbol{v})$，但是 $\boldsymbol{W}^{-1}\boldsymbol{AW}$ 的特征向量是 $\boldsymbol{W}^{-1}$ 乘以 $\boldsymbol{A}$ 的特征向量. 相似变换相当于变量的改变. 例如，考虑线性方程组 $\boldsymbol{Ax}=\boldsymbol{b}$，这里 $\boldsymbol{A}=$
305 $\boldsymbol{V\Lambda V}^{-1}$. 作变量变换 $\boldsymbol{y}=\boldsymbol{V}^{-1}\boldsymbol{x}$ 及 $\boldsymbol{c}=\boldsymbol{V}^{-1}\boldsymbol{b}$，这就变成对角方程组 $\boldsymbol{V}^{-1}\boldsymbol{AVy}\equiv\boldsymbol{\Lambda y}=\boldsymbol{c}$. 下面是两个关于可对角化矩阵类的重要定理. ■

定理 12.1.1　如果 $\boldsymbol{A}$ 是具 n 个不同的特征值的 $n\times n$ 矩阵，那么 $\boldsymbol{A}$ 可以对角化.

证明　设 $\lambda_1,\cdots,\lambda_n$ 是 $\boldsymbol{A}$ 的不同的特征值，而且设 $\boldsymbol{v}_1,\cdots,\boldsymbol{v}_n$ 是相应的特征向量. 如果 $\boldsymbol{v}_1,\cdots,\boldsymbol{v}_n$ 不是线性无关，那么就存在非零系数使其线性组合等于零向量. 设 $\sum_{j=1}^{m}c_j\boldsymbol{v}_j$ 是这种线性组合最短的一个(即包含有最少的 $\boldsymbol{v}_j$ 的一个). 于是我们就有两个方程 $\sum_{j=1}^{m}c_j\boldsymbol{v}_j=\boldsymbol{0}$ 和 $\boldsymbol{A}\sum_{j=1}^{m}c_j\boldsymbol{v}_j=\sum_{j=1}^{m}c_j\lambda_j\boldsymbol{v}_j=0$. 从第二个方程减去 λ_1 乘第一个方程得出 $\sum_{j=2}^{m}c_j(\lambda_j-\lambda_1)\boldsymbol{v}_j=0$，

但这是矛盾的，因为这是带有非零系数的更短的线性组合(因为 $c_j \neq 0$ 且 $\lambda_j - \lambda_1 \neq 0$，$j=2$，…，$m$)并等于 $\mathbf{0}$. 因此一定不存在这种线性组合，而且 $\boldsymbol{v}_1$，…，$\boldsymbol{v}_n$ 一定是线性无关的.

定理 12.1.2　如果 $\boldsymbol{A}$ 是实对称的($\boldsymbol{A}=\boldsymbol{A}^{\mathrm{T}}$)，那么 $\boldsymbol{A}$ 的特征值是实数而且 $\boldsymbol{A}$ 可以通过正交相似变换对角化；即 $\boldsymbol{A}=\boldsymbol{Q}\boldsymbol{\Lambda}\boldsymbol{Q}^{-1}$，这里 $\boldsymbol{Q}^{\mathrm{T}}=\boldsymbol{Q}^{-1}$ 而且 $\boldsymbol{\Lambda}$ 是特征值的对角矩阵.

并不是所有的 $n\times n$ 矩阵都有 n 个线性无关的特征向量. 我们已见过相应于切变变换矩阵的例子. 譬如，考虑以下 2×2 矩阵：

$$\boldsymbol{A}=\begin{bmatrix}1 & 1\\0 & 1\end{bmatrix}$$

其特征多项式是 $\det(\boldsymbol{A}-\lambda\boldsymbol{I})=(1-\lambda)^2$，它在 $\lambda=1$ 有二重根. 关于 $\lambda=1$ 的特征空间是

$$(\boldsymbol{A}-\boldsymbol{I})v=\begin{bmatrix}0 & 1\\0 & 0\end{bmatrix}\begin{bmatrix}v_1\\v_2\end{bmatrix}=\begin{bmatrix}0\\0\end{bmatrix}$$

的解集，它由 $v_2=0$ 的向量 $v=(v_1, v_2)$ 组成；即是 $(1, 0)^{\mathrm{T}}$ 的标量数乘的一维空间.

并不是所有的方阵都可以对角化，但是可以证明每一个方阵都相似于 Jordan 型矩阵.

定理 12.1.3(Jordan 标准型)　每一个 $n\times n$ 矩阵 $\boldsymbol{A}$ 相似于形式为

$$\boldsymbol{J}=\begin{bmatrix}\boldsymbol{J}_1 & & \\ & \ddots & \\ & & \boldsymbol{J}_m\end{bmatrix}$$

的矩阵，这里每一个块矩阵 J_i 具有形式.

$$\boldsymbol{J}_i=\begin{bmatrix}\lambda_i & 1 & & \\ & \ddots & \ddots & \\ & & \ddots & \\ & & & \lambda_i\end{bmatrix}$$

306

ISSAI SCHUR

Issai Schur(1875－1941)在柏林大学建立了一所有名的学院，在那里他度过了大部分生涯，而且出任院长直到 1935 年被纳粹党解雇. Schur 在柏林建立的学院是一个协作活跃的地方，而且那里的讨论影响了一群学生，他们推广了 Schur 的令人难忘的成果. Schur 的超凡魅力像他的教学一样在学院起了很重要的作用. 在 Schur 手下工作的数学家 Walter Ledermann 给出以下描述：

Schur 是一个极好的演讲者……我记得出席他在大约 400 个学生挤得满满的讲堂举行的代数演讲. 有时，当我只能在讲堂后排就座时，就用看歌剧的望远镜使我至少一瞥演讲者.

(照片来源：Mathematisches Forschungsinstut Oberwolfach)

线性无关特征向量的个数就是块的个数 m. 当且仅当 $m=n$ 时，矩阵可以对角化. 特征值 λ_i 的几何重数是特征值 λ_i 的 Jordan 块的个数. λ_i 的代数重数(即它作为特征多项式的

根的次数)是相应于特征值 λ_i 的所有的 Jordan 块的阶数之和.

虽然 Jordan 型是一种重要的理论工具，但它在计算中很少有用. 矩阵的微小变化可能引起其 Jordan 块的很大改变. 例如，假设我们有一个相应于特征值 1 的 $n\times n$ Jordan 块. 用任意小但各不相同的数 ε_i 改变对角元素，我们得到具有不同特征值 $1+\varepsilon_i$ $(i=1, \cdots, n)$ 的矩阵，根据定理 12.1.1，它可以对角化. 即由一个 $n\times n$ 块改换成 n 个 1×1 块组成的 Jordan 型.

大多数有用的相似变换常常是由正交矩阵或更一般地由酉矩阵实现的. 回忆正交矩阵是使得 $\boldsymbol{Q}^{\mathrm{T}}=\boldsymbol{Q}^{-1}$ 的实矩阵. 它的复数类比是酉矩阵：它的复共轭转置(矩阵 Q^* 其 (i, j) 元素等于 Q_{ji} 的复共轭)等于 Q^{-1}. 我们叙述一个更重要的定理，Schur 定理，说的是每一个方阵酉相似于一个上三角矩阵.

定理 12.1.4(Schur 型)　每一个方阵 $\boldsymbol{A}$ 可以写成形式 $\boldsymbol{A}=\boldsymbol{QTQ}^*$，这里 $\boldsymbol{Q}$ 是酉矩阵，$\boldsymbol{T}$
307 是上三角矩阵.

对某些类型的矩阵其特征值和特征向量是容易求得的. 例如，对角矩阵

$$\boldsymbol{A}=\begin{bmatrix} d_1 & & \\ & \ddots & \\ & & d_n \end{bmatrix}$$

的特征值就是对角线元素 $d_1, \cdots, d_n$，而相应的特征向量是单位向量 $\boldsymbol{e}_1, \cdots, \boldsymbol{e}_n$，其中 $\boldsymbol{e}_j$ 在第 j 位处是 1，其余都是 0；这是因为我们有 $\boldsymbol{A}\boldsymbol{e}_j=d_j\boldsymbol{e}_j$. 如果 $\boldsymbol{A}$ 是三角矩阵，不管上三角或下三角，它的特征值还是等于它的对角元素，而特征向量可以经过回代确定. 例如，如果

$$A=\begin{bmatrix} 1 & 2 & 3 \\ 0 & 4 & 5 \\ 0 & 0 & 6 \end{bmatrix}$$

那么其特征值是 1，4 和 6. 与 1 相应的特征向量是 $\boldsymbol{e}_1=(1, 0, 0)^{\mathrm{T}}$. 与 4 相应的特征向量满足

$$\begin{bmatrix} -3 & 2 & 3 \\ 0 & 0 & 5 \\ 0 & 0 & 2 \end{bmatrix}\begin{bmatrix} v_1 \\ v_2 \\ v_3 \end{bmatrix}=\begin{bmatrix} 0 \\ 0 \\ 0 \end{bmatrix}$$

所以必须有 $v_3=0$ 而且 $-3v_1+2v_2=0$，譬如说，$\boldsymbol{v}=\left(\dfrac{2}{3}, 1, 0\right)^{\mathrm{T}}$. 与 6 相应的特征向量满足

$$\begin{bmatrix} -5 & 2 & 3 \\ 0 & -2 & 5 \\ 0 & 0 & 0 \end{bmatrix}\begin{bmatrix} v_1 \\ v_2 \\ v_3 \end{bmatrix}=\begin{bmatrix} 0 \\ 0 \\ 0 \end{bmatrix}$$

所以 v_3 可以是任意非零数，而 $v_2=\dfrac{5}{2}v_3$ 并且 $v_1=\dfrac{2}{5}v_2+\dfrac{3}{5}v_3=\dfrac{8}{5}v_3$，这样就给出，例如，$\boldsymbol{v}=\left(\dfrac{8}{5}, \dfrac{5}{2}, 1\right)^{\mathrm{T}}$.

一个能得到特征值的界并且无须实际做很多计算的非常有用的定理是 Gerschgorin 定理. 我们将证明这个定理的第一部分.

定理 12.1.5(Gerschgorin)　设 $\boldsymbol{A}$ 是元素为 a_{ij} 的 $n\times n$ 矩阵，令 r_i 表示 i 行中非对角线元素的绝对值之和：$r_i=\sum\limits_{\substack{j=1 \\ j\neq i}}^{n}|a_{ij}|$. 令 D_i 表示复平面中圆心在 a_{ii}，半径是 r_i 的圆盘：

$$D_i = \{z \in C: |z - a_{ii}| \leqslant r_i\}$$

那么 $\boldsymbol{A}$ 的所有特征值落在 Gerschgorin 圆盘的并集 $\bigcup_{i=1}^{n} D_i$ 中．如果这些圆盘中的 m 个是连通的而且与其他圆盘不相交，那么确实有 $\boldsymbol{A}$ 的 m 个特征值落在这个连通分支中．

第一部分的证明．设 λ 是 $\boldsymbol{A}$ 的相应于特征向量 $\boldsymbol{v}$ 的特征值．那么，对每一个 $i=1, \cdots, n$，我们有 $\sum_{j=1}^{n} a_{ij}\boldsymbol{v}_j = \lambda\boldsymbol{v}_j$，或者等价地，$(\lambda - a_{ii})\boldsymbol{v}_i = \sum_{j\neq i} a_{ij}\boldsymbol{v}_j$．设 $\boldsymbol{v}_k$ 是 $\boldsymbol{v}$ 的绝对值最大的分量，对所有的 $j=1, \cdots, n$ 有 $|v_k| \geqslant |v_j|$．那么以 $i=k$ 用这个公式并且两边除以 v_k，我们得到 308

$$\lambda - a_{kk} = \sum_{\substack{j=1\\ j\neq k}}^{n} a_{ij}(v_j/v_k)$$

因此，两边取绝对值

$$|\lambda - a_{kk}| \leqslant \sum_{\substack{j=1\\ j\neq k}}^{n} |a_{ij}| \cdot \left|\frac{v_i}{v_k}\right| \leqslant \sum_{\substack{j=1\\ j\neq k}}^{n} |a_{ij}|$$

这个定理是用 Gerschgorin 行圆盘进行阐述的，而因为 $\boldsymbol{A}^{\mathrm{T}}$ 的特征值与 $\boldsymbol{A}$ 的特征值相同，(因为如果 $\boldsymbol{A}=\boldsymbol{SJS}^{-1}$，这里 $\boldsymbol{J}$ 是 Jordan 型，那么 $\boldsymbol{A}^{\mathrm{T}}=(\boldsymbol{S}^{\mathrm{T}})^{-1}\boldsymbol{J}^{\mathrm{T}}\boldsymbol{S}^{\mathrm{T}}$ 而 $\boldsymbol{J}^{\mathrm{T}}$ 的特征值与 $\boldsymbol{J}$ 的特征值相同)，我们可以用 Gerschgorin 列圆盘阐述类似的结论．

设 c_j 表示第 j 列中非对角线元素的绝对值之和：$c_j = \sum_{\substack{i=1\\ i\neq j}}^{n} |a_{ij}|$．设 E_j 表示复平面中圆心在 a_{jj} 半径为 c_j 的圆盘：

$$E_j = \{z \in \mathbf{C}: |z - a_{jj}| \leqslant c_j\}$$

那么 $\boldsymbol{A}$ 的所有特征值落在 Gerschgorin 列圆盘的并集中．如果这些圆盘中的 m 个相连通，而且与其他的圆盘不相交，那么 $\boldsymbol{A}$ 的 m 个特征值确实落在这个连通分支中． □

例 12.1.4　考虑矩阵

$$\boldsymbol{A} = \begin{bmatrix} 3 & 1 & 1 \\ 2 & 2 & 0 \\ 1 & -1 & -4 \end{bmatrix}$$

Gerschgorin 行圆盘是 $D_1=\{z\in\mathbf{C}: |z-3|\leqslant 2\}$，$D_2=\{z\in\mathbf{C}: |z-2|\leqslant 2\}$ 及 $D_3=\{z\in\mathbf{C}: |z+4|\leqslant 2\}$，见图 12-5a．根据定理，一个特征值落在圆心在 -4 的圆盘中，而另两个特征值落在圆心在 2 和 3 的圆盘的并集中． 309

Gerschgorin 列圆盘，$E_1=\{z\in\mathbf{C}: |z-3|\leqslant 3\}$，$E_2=\{z\in\mathbf{C}: |z-2|\leqslant 2\}$ 及 $E_3=\{z\in\mathbf{C}: |z+4|\leqslant 1\}$ 见图 12-5b．结合这两幅图的信息，我们得到更强的结论，即一个特征值落在 E_3 中而另两个落在 $D_1 \cup D_2$ 中．

有时一个简单的相似变换能产生一个矩阵，譬如说，$\boldsymbol{D}^{-1}\boldsymbol{AD}$，它的 Gerschgorin 圆盘甚至告诉我们关于 A 的所有或一些特征值的信息．在上例中，假设我们取 $\boldsymbol{D}=\mathrm{diag}(1, 2, 4)$，那么

$$\boldsymbol{D}^{-1}\boldsymbol{AD} = \begin{bmatrix} 3 & 2 & 4 \\ 1 & 2 & 0 \\ \frac{1}{4} & \frac{-1}{2} & -4 \end{bmatrix}$$

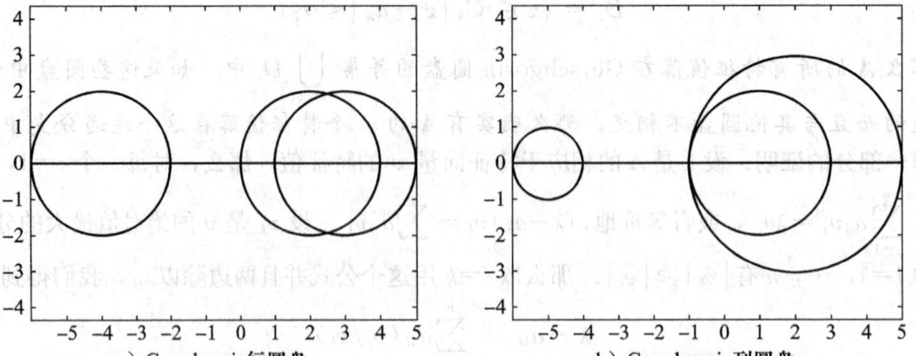

图　12-5

在图 12-6 中注意关于 $D^{-1}AD$ 的 Gerschgorin 行圆盘（$D_1=\{z\in\mathbf{C}:|z-3|\leqslant 6\}$，$D_2=\{z\in\mathbf{C}:|z-2|\leqslant 1\}$及$D_3=\left\{z\in\mathbf{C}:|z+4|\leqslant\frac{3}{4}\right\}$我们看到虽然 $D_1\cup D_2$ 覆盖了比与 A 相应的圆盘更大的区域，因此给出关于这个区域中那两个特征值的位置的较少的信息，但是点$z=-4$的圆盘 D_3 比原来矩阵的那个圆盘要小，因此告诉我们更多的信息：有一个特征值在距离点-4的$\frac{3}{4}$之内. ■

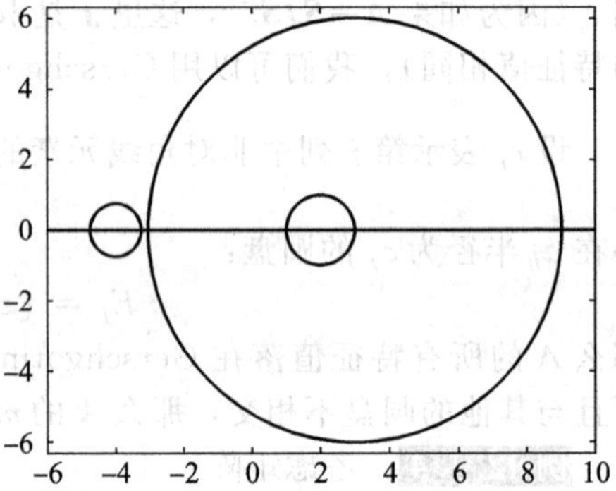

图 12-6　$D^{-1}AD$ 的 Gerschgorin 行圆盘

12.1.1　计算最大特征对的幂法

假设从向量 $\boldsymbol{w}$ 出发，并对它用矩阵 A 作用多次，得到$\boldsymbol{A}^k\boldsymbol{w}(k=1,2,\cdots)$. 让我们假设 $\boldsymbol{A}$ 是可对角化的，即它有形成 $\mathbf{C}^n$ 的一组基的 n 个线性无关的特征向量$\boldsymbol{v}_1,\cdots,\boldsymbol{v}_n$. 对某些标量 $c_1,\cdots,c_n$，向量 $\boldsymbol{w}$ 可以表示成这些特征向量的线性组合：$\boldsymbol{w}=\sum_{j=1}^{n}c_j\boldsymbol{v}_j$. 于是$\boldsymbol{A}\boldsymbol{w}=\sum_{j=1}^{n}c_j\boldsymbol{A}\boldsymbol{v}_j=\sum_{j=1}^{n}c_j\lambda_j\boldsymbol{v}_j$，这里的$\lambda_j$是相应于 v_j 的特征值. 再用 $\boldsymbol{A}$ 相乘，我们得到 $\boldsymbol{A}^2\boldsymbol{w}=\sum_{j=1}^{n}c_j\lambda\boldsymbol{A}\boldsymbol{v}_j=\sum_{j=1}^{n}c_j\lambda_j^2\boldsymbol{v}_j$，以这种方法继续下去，我们看到对每一个 $k=1,2,\cdots$，

310

$$\boldsymbol{A}^k\boldsymbol{w}=\sum_{j=1}^{n}c_j\lambda_j^k\boldsymbol{v}_j \tag{12.2}$$

现在假设绝对值最大的特征值是严格大于所有其他特征值的绝对值：$|\lambda_1|>|\lambda_2|\geqslant\cdots\geqslant|\lambda_n|$. 于是，假设 $c_1\neq 0$，当 k 很大时，和式(12.2)中，支配其他项的项是第一项：$c_1\lambda_1^k\boldsymbol{v}_1$. 因此当 k 增大时，$\boldsymbol{A}^k\boldsymbol{w}$ 看似越来越像乘数乘以第一个特征向量 $\boldsymbol{v}_1$. 考虑另一种方法，如果我们在(12.2)的每一边除以 λ_1^k，那么可以写成

$$\lambda_1^{-k}\boldsymbol{A}^k\boldsymbol{w} = c_1\boldsymbol{v}_1 + \sum_{j=2}^{n} c_j(\lambda_j/\lambda_1)^k\boldsymbol{v}_j, \tag{12.3}$$

而每一项 $c_j(\lambda_j/\lambda_1)^k\boldsymbol{v}_j(j=2, \cdots, n)$，当 $k\to\infty$ 时都趋于 0，这是因为 $|\lambda_i/\lambda_1|<1$，因此

$$\lim_{k\to\infty}\lambda_i^{-k}\boldsymbol{A}^k\boldsymbol{w} = c_1\boldsymbol{v}_1$$

计算相应于 $\boldsymbol{A}$ 的绝对值最大的特征值的特征向量的**幂法**通常执行如下：

给定非零向量 $\boldsymbol{w}$，置 $\boldsymbol{y}^{(0)}=\boldsymbol{w}/\|\boldsymbol{w}\|$.

对 $k=1, 2, \cdots$,

置 $\boldsymbol{y}^{(k)}=\boldsymbol{A}\boldsymbol{y}^{(k-1)}/\|\boldsymbol{A}\boldsymbol{y}^{(k-1)}\|$.

将向量 $\boldsymbol{y}^{(k)}$ 正则化，不影响方法的收敛性却避免了可能上溢或下溢的问题. 因为 $\boldsymbol{y}^{(k)}$ 收敛于特征向量 $\hat{\boldsymbol{v}}_1\equiv\pm\boldsymbol{v}_1/\|\boldsymbol{v}_1\|$，所以相应的特征值 λ_1 可以用不同的方法近似. 如果 $\boldsymbol{y}^{(k)}$ 是真正的特征向量，那么 $\boldsymbol{A}\boldsymbol{y}^{(k)}$ 的任一分量对 $\boldsymbol{y}^{(k)}$ 的相应分量之比等于 λ_1. 因此近似 λ_1 的一种方法就是对任意非零分量 $i=1, \cdots, n$，取比值 $(\boldsymbol{A}\boldsymbol{y}^{(k)})_i/(y_i^{(k)})$. 如果 $\boldsymbol{y}^{(k)}$ 是真正的正则化特征向量 $\hat{\boldsymbol{v}}_1$，另一种方法是取内积 $\langle\boldsymbol{A}\boldsymbol{y}^{(k)}, \boldsymbol{y}^{(k)}\rangle\equiv\boldsymbol{y}^{(k)\mathrm{T}}\boldsymbol{A}\boldsymbol{y}^{(k)}$，它等于 $\langle\lambda_1\hat{\boldsymbol{v}}_1, \hat{\boldsymbol{v}}_1\rangle=\lambda_1\langle\hat{\boldsymbol{v}}_1, \hat{\boldsymbol{v}}_1\rangle=\lambda_1$. 通常选择取后面的方法，这时幂法成为：

计算绝对值最大的特征值和相应标准化特征向量的幂法

给定非零向量 $\boldsymbol{w}$，置 $\boldsymbol{y}^{(0)}=\boldsymbol{w}/\|\boldsymbol{w}\|$.

对 $k=1, 2, \cdots$,

计算 $\tilde{\boldsymbol{y}}^{(k)}=\boldsymbol{A}\boldsymbol{y}^{(k-1)}$.

置 $\lambda^{(k)}=\langle\tilde{\boldsymbol{y}}^{(k)}, \boldsymbol{y}^{(k-1)}\rangle$. [注意 $\lambda^{(k)}=\langle\boldsymbol{A}\boldsymbol{y}^{(k-1)}, \boldsymbol{y}^{(k-1)}\rangle$.]

形成 $\boldsymbol{y}^{(k)}=\dfrac{\tilde{\boldsymbol{y}}^{(k)}}{\|\tilde{\boldsymbol{y}}^{(k)}\|}$.

注意每一步迭代仅需一次矩阵-向量相乘加上一些有关向量的附加工作.

我们已证明幂法收敛于相应于绝对值最大的特征向量，只要这个特征值的绝对值严格大于其他特征值的绝对值. 从(12.3)可以看到其收敛速度依赖于比值 $\left|\dfrac{\lambda_2}{\lambda_1}\right|$，这里的 λ_2 是绝对值第二大的特征值；即 311

$$\|\lambda_1^{-k}\boldsymbol{A}^k\boldsymbol{w} - c_1\boldsymbol{v}_1\| = O\left(\left|\frac{\lambda_2}{\lambda_1}\right|^k\right) \tag{12.4}$$

如果能够减小比值 $\left|\dfrac{\lambda_2}{\lambda_1}\right|$，那么就能达到更快的收敛.

例如，假设 $\boldsymbol{A}$ 有特征值 10，9，8，7，6，5. 那么应用于 A 的幂法将以收敛因子 0.9 收敛于相应于 10 的特征向量. 考虑位移矩阵 $\boldsymbol{A}-7\boldsymbol{I}$，它的特征向量与 $\boldsymbol{A}$ 的特征向量相同，而它的特征值是 3，2，1，0，−1，−2，如图 12-7 所示.

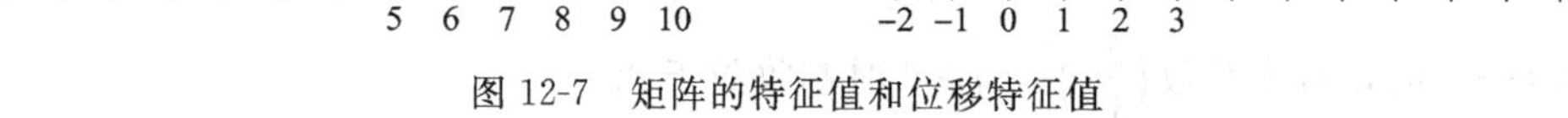

图 12-7　矩阵的特征值和位移特征值

如果幂法用于这个位移矩阵，那么它将收敛于同一个特征向量(现在在位移矩阵中相应于特征值 3)，但是收敛速度将由比值$\frac{2}{3}\approx 0.667$所控制. 从位移矩阵的特征值恰好加上 7 就又得到了原来矩阵的特征值.

这就导出了位移幂法的想法.

计算离 s 最远的特征值和相应标准化特征向量的位移 s 的幂法

给定位移 s 及非零向量 $\boldsymbol{w}$，置 $\boldsymbol{y}^{(0)}=\frac{\boldsymbol{w}}{\|\boldsymbol{w}\|}$.

对 $k=1, 2, \cdots,$

计算 $\tilde{\boldsymbol{y}}^{(k)}=(\boldsymbol{A}-s\boldsymbol{I})\boldsymbol{y}^{(k-1)}$.

置 $\lambda^{(k)}=\langle\tilde{\boldsymbol{y}}^{(k)}, \boldsymbol{y}^{(k-1)}\rangle+s$. [注意 $\lambda^{(k)}=\langle\boldsymbol{A}\boldsymbol{y}^{(k-1)}, \boldsymbol{y}^{(k-1)}\rangle$.]

形成 $\boldsymbol{y}^{(k)}=\frac{\tilde{\boldsymbol{y}}^{k}}{\|\tilde{\boldsymbol{y}}^{(k)}\|}$.

这个迭代收敛于相应于 $\boldsymbol{A}-s\boldsymbol{I}$ 的绝对值最大特征值的特征向量. 注意在前例中，如果位移超过 7.5，譬如位移 8，给出特征值 2，1，0，－1，－2，－3，那么绝对值最大的特征值现在是代数值最小的特征值－3. 在这种情形，位移幂法收敛到相应于原来矩阵的特征向量的最小特征值 5. 因此，用适当选择的位移，可以使幂法收敛到具有实特征值的矩阵的最大或最小特征值. 但是它不能求出其他特征值，因为位移绝不可能使内部的特征值落在离原来的最远处. 要求出这些特征值可以用叫作逆迭代的方法. 当 $\boldsymbol{A}$ 对称时，要完成这一点的另一种方法是通过压缩.

压缩

假设 $\boldsymbol{A}$ 对称，其特征值 $\lambda_1, \cdots, \lambda_n$ 满足 $|\lambda_1|>|\lambda_2|>|\lambda_3|\geqslant\cdots\geqslant|\lambda_n|$，而且假设我们
312 已用幂法计算出绝对值最大的特征值 λ_1 以及相应的正则的特征向量 $\boldsymbol{v}_1$. 假如我们已用初始向量 $\boldsymbol{w}=\sum_{j=1}^{n}c_j\boldsymbol{v}_j$. 知道了 $\boldsymbol{v}_1$，我们可构造仅是 $\boldsymbol{v}_2, \cdots, \boldsymbol{v}_n$ 的线性组合的初始向量 $\hat{\boldsymbol{w}}$：

$$\hat{\boldsymbol{w}}=\boldsymbol{w}-\langle\boldsymbol{w},\boldsymbol{v}_1\rangle\boldsymbol{v}_1=\sum_{j=2}^{n}c_j\boldsymbol{v}_j.$$

因为对称矩阵 $\boldsymbol{A}$ 的特征向量正交，所以这个工作可行；使任一向量 $\boldsymbol{w}$ 与一组特征向量正交生成了一个仅是其他特征向量的线性组合的向量. 修改初始向量或者由算法产生的其他向量使它们正交于已算得的特征向量的过程叫作**压缩**.

如果幂法以初始向量 $\hat{\boldsymbol{w}}$ 运行，那么，它并不是收敛于 $\boldsymbol{v}_1$，而是收敛于 $\boldsymbol{v}_2$(假设 $c_2\neq0$)，这是因为

$$\boldsymbol{A}^k\hat{\boldsymbol{w}}=\sum_{j=1}^{n}c_j\boldsymbol{A}^k\boldsymbol{v}_j=\sum_{j=2}^{n}c_j\lambda_j^k\boldsymbol{v}_j=\lambda_2^k\left[c_2\boldsymbol{v}_2+\sum_{j=3}^{n}c_j\left(\frac{\lambda_j}{\lambda_2}\right)^k\boldsymbol{v}_j\right]$$

以及当 $k\to\infty$ 时，每个系数$\left(\frac{\lambda_j}{\lambda_2}\right)^2$，$j\geqslant3$ 时都收敛于 0.

在实践中，我们并不精确地知道 $\boldsymbol{v}_1$，所以上面构造的 $\hat{\boldsymbol{w}}$ 也许至少有 $\boldsymbol{v}_1$ 方向的小的分

量．即使不是如此，在计算 $\boldsymbol{A}$ 的幂乘 $\hat{\boldsymbol{w}}$ 中产生的舍入误差会扰动随后的向量使他们有 $\boldsymbol{v}_1$ 方向的分量，而这个方法最终又收敛到 $\boldsymbol{v}_1$．要防止这一点，在幂法中要定时把这些向量关于 v_1 进行正交化．即，如果 $\hat{\boldsymbol{y}}^{(k)}$ 是幂法在第 k 步产生的向量，那么我们用

$$\hat{\boldsymbol{y}}^{(k)}-\langle\hat{\boldsymbol{y}}^{(k)},\boldsymbol{v}_1\rangle\boldsymbol{v}_1$$

代替 $\hat{\boldsymbol{y}}^{(k)}$．

这并不需要在每步都做，仅偶尔为之，以防止特征向量 v_1 的重复出现．

12.1.2　逆迭代

设矩阵 $\boldsymbol{A}$ 可逆，把幂法用于 $\boldsymbol{A}^{-1}$，或者更一般地，设 s 是一给定的位移，它不等于 $\boldsymbol{A}$ 的准确特征值，并把幂法用于矩阵 $(\boldsymbol{A}-s\boldsymbol{I})^{-1}$．又设 λ_1，…，λ_n 表示 $\boldsymbol{A}$ 的特征值以及 $\boldsymbol{v}_1$，…，$\boldsymbol{v}_n$ 是相应的特征向量，那么 $(\boldsymbol{A}-s\boldsymbol{I})^{-1}$ 的特征向量与 $\boldsymbol{A}$ 的特征向量相同，而且相应的特征值是 $(\lambda_1-s)^{-1}$，…，$(\lambda_n-s)^{-1}$，这是因为

$$A\boldsymbol{v}_j=\lambda_j\boldsymbol{v}_j\Leftrightarrow(\boldsymbol{A}-s\boldsymbol{I})\boldsymbol{v}_j=(\lambda_j-s)\boldsymbol{v}_j\Leftrightarrow\frac{1}{\lambda_j-s}\boldsymbol{v}_j=(\boldsymbol{A}-s\boldsymbol{I})^{-1}\boldsymbol{v}_j$$

$(\boldsymbol{A}-s\boldsymbol{I})^{-1}$ 的离开原点最远的特征值是 $\frac{1}{|\lambda_j-s|}$ 最大的那一个；即 $|\lambda_j-s|$ 是最小的那一个．因此，例如，如果 $\boldsymbol{A}$ 有特征值 1，2，…，10，那么 $\boldsymbol{A}^{-1}$ 有特征值 1，$\frac{1}{2}$，…，$\frac{1}{10}$，以 313
及应用于 $\boldsymbol{A}^{-1}$ 的幂法收敛于 1．更进一步，它的收敛率由 $\boldsymbol{A}^{-1}$ 的第二大的特征值与最大特征值的比值所控制，这个比值是 $\frac{1}{2}$．注意这是比我们对 $\boldsymbol{A}$ 用带位移的幂法得到的更快的收敛率．如果我们位移，譬如说是 6，所以 $\boldsymbol{A}-6\boldsymbol{I}$ 有特征值 -5，-4，…，4，那么用于这个位移矩阵的幂法将收敛到原矩阵中相应于 1 的特征对，但是其收敛率被比值 $\frac{4}{5}$ 所控制．因此，逆迭代法对 $\boldsymbol{A}$ 的最小特征值可以提供更快的收敛．

此外，适当选择移位、逆迭代法能收敛到 $\boldsymbol{A}$ 的任何特征值．例如，假设我们选择 $s=3.2$．那么 $\boldsymbol{A}-s\boldsymbol{I}$ 的特征值是 -2.2，-1.2，-0.2，0.8，…，6.8，所以 $(\boldsymbol{A}-s\boldsymbol{I})^{-1}$ 的特征值近似于 -0.45，-0.83，-5，1.25，…，0.15．离原点最远的一个是 -5，而且它相应于 $\boldsymbol{A}$ 的内部特征值 3．因此逆迭代法收敛于 $\boldsymbol{A}$ 的内部特征对．另外，如果我们对所求的特征值已有相当好的估计，那么逆迭代法的收敛可以大大提高．因为位移 $s=3.2$ 已经相当靠近特征值 3，当我们对 $\boldsymbol{A}$ 移位 s，位移特征值 -0.2 将比下一个最靠近原点的特征值要更靠近原点得多，而且当我们取 $\boldsymbol{A}-s\boldsymbol{I}$ 的逆时，位移特征值的逆 $\frac{1}{-0.2}$ 将比下一个最远离原点的特征值要更远离原点．在这种情形下，$(\boldsymbol{A}-s\boldsymbol{I})^{-1}$ 的下一个离原点最远的特征值是 1.25，因此逆迭代的收敛率被比值 $\frac{1.25}{5}=0.15$ 所控制．只要我们选择一个更靠近的移位，譬如说 $s=3.01$，那么收敛将会更快．$(\boldsymbol{A}-3.01\boldsymbol{I})^{-1}$ 的特征值是 $\frac{-1}{2.01}$，$\frac{-1}{1.01}$，-100，$\frac{1}{0.99}$，…，$\frac{1}{6.99}$，所以用于这个矩阵的幂法的收敛率是由比值 $\frac{\frac{1}{0.99}}{100}\approx0.01$ 给出．逆迭代算法如下：

计算 A 的最靠近 s 的特征值和相应正则化特征向量的位移 s 逆迭代

给定位移 s 及非零向量 $\boldsymbol{w}$，置 $\boldsymbol{y}^{(0)}=\dfrac{\boldsymbol{w}}{\|\boldsymbol{w}\|}$.

对 $k=1, 2, \cdots$,

解出 $(\boldsymbol{A}-s\boldsymbol{I})\tilde{\boldsymbol{y}}^{(k)}=\boldsymbol{y}^{(k-1)}$ 的 $\tilde{\boldsymbol{y}}^{(k)}$.

置 $\lambda^{(k)}=\dfrac{1}{\langle\tilde{\boldsymbol{y}}^{(k)}, \boldsymbol{y}^{(k-1)}\rangle}+s$. $\left(\text{注意}\dfrac{1}{\lambda^{(k)}-s}=\langle(\boldsymbol{A}-s\boldsymbol{I})^{-1}\boldsymbol{y}^{(k-1)}, \boldsymbol{y}^{(k-1)}\rangle.\right)$

形成 $\boldsymbol{y}^{(k)}=\dfrac{\tilde{\boldsymbol{y}}^{(k)}}{\|\tilde{\boldsymbol{y}}^{(k)}\|}$.

注意我们没有实际计算 $\boldsymbol{A}-s\boldsymbol{I}$ 的逆，而是解线性方程组 $(\boldsymbol{A}-s\boldsymbol{I})\tilde{\boldsymbol{y}}^{(k)}=\boldsymbol{y}^{(k-1)}$ 得到 $\tilde{\boldsymbol{y}}^{(k)}=(\boldsymbol{A}-s\boldsymbol{I})^{-1}\boldsymbol{y}^{(k-1)}$. 回忆第 7 章中这个方法需要较少的工作且比计算逆矩阵更稳定.

还要注意所用的特征值近似：$\lambda^{(k)}=\dfrac{1}{\langle\tilde{\boldsymbol{y}}^{(k)}, \boldsymbol{y}^{(k-1)}\rangle}+s$. 因为 $\boldsymbol{y}^{(k-1)}$ 是 $(\boldsymbol{A}-s\boldsymbol{I})^{-1}$ 的近似

314 正则化特征向量，$\langle(\boldsymbol{A}-s\boldsymbol{I})^{-1}\boldsymbol{y}^{(k-1)}, \boldsymbol{y}^{(k-1)}\rangle$ 是 $(\boldsymbol{A}-s\boldsymbol{I})^{-1}$ 的一个近似特征值。

JOHN WILLIAM STRUTT, LORD RAYLEIGH

John William Strutt(1842－1919)是英国物理学家，他与 William Ramsay 一起发现了氩元素并荣获 1904 年 Nobel 物理奖. 他也发现了现在称为 Rayleigh 耗散的现象，给出了天空为什么是蓝的第一种正确的解释. 在他的许多贡献中，Rayleigh 还预言了现在熟知的 Rayleigh 波的表面波的存在性.

$(\boldsymbol{A}-s\boldsymbol{I})^{-1}$ 的特征值是 $\boldsymbol{A}-s\boldsymbol{I}$ 的特征值的倒数；即它们有 $\dfrac{1}{\lambda-s}$ 的形式，这里 λ 是 $\boldsymbol{A}$ 的特征值. 因此 λ 具有 $\dfrac{1}{(\boldsymbol{A}-s\boldsymbol{I})^{-1}\text{的特征值}}+s$ 的形式. 因为 $(\boldsymbol{A}-s\boldsymbol{I})^{-1}$ 的特征向量与 $\boldsymbol{A}$ 的特征向量相同，向量 $\boldsymbol{y}^{(k-1)}$ 也是 $\boldsymbol{A}$ 的近似特征向量，因此可以像在幂法中所做的那样，用内积 $\langle\boldsymbol{A}\boldsymbol{y}^{(k-1)}, \boldsymbol{y}^{(k-1)}\rangle$ 来近似相应的特征值. 用这种近似的缺陷是需要一次额外的矩阵-向量相乘法. 然而，在 Rayleigh 商迭代中经常用这种近似，我们将简短地作出描述.

用逆迭代计算特征向量

一旦用其他方法算出特征值，譬如后面叙述的 QR 算法，就常用逆迭代计算特征向量. 如果位移 s 是对一个特征值的很好的近似，那么如同前面解释过的那样逆迭代将非常快地收敛到相应的特征向量，但是注意，如果 s 是精确的特征值，那么矩阵 $\boldsymbol{A}-s\boldsymbol{I}$ 是奇异的，而且如果 s 很接近一个特征值，那么可以预期舍入误差将阻碍我们得到线性方程组 $(\boldsymbol{A}-s\boldsymbol{I})\tilde{\boldsymbol{y}}^{(k)}=\boldsymbol{y}^{(k-1)}$ 的精确解. 尽管确是这样的情形，但在解这个线性方程组中的误差大都落在我们正在近似的特征向量的方向. 因此这种误差在逆迭代的执行中并没有减少.

12.1.3　Rayleigh 商迭代

假设我们想用逆迭代近似一个特征对，但并不知道靠近该特征值的有效的位移. 因为逆迭代法生成近似 $\boldsymbol{A}$ 的一个特征向量的向量，我们可以用幂法中所用的相同方法来近似相应的特征值：$\lambda^{(k)}=\langle \boldsymbol{A}\boldsymbol{y}^{(k-1)}, \boldsymbol{y}^{(k-1)}\rangle$. 那么这些值可以用作逆迭代算法中逐次的位移. 以下称之为 Rayleigh 商迭代： 315

计算 A 的特征值和相应特征向量的 Rayleigh 商迭代

给定非零向量 $\boldsymbol{w}$，置 $\boldsymbol{y}^{(0)}=\dfrac{\boldsymbol{w}}{\|\boldsymbol{w}\|}$ 和 $\lambda^{(0)}=\langle \boldsymbol{A}\boldsymbol{y}^{(0)}, \boldsymbol{y}^{(0)}\rangle$.

对 $k=1, 2, \cdots$,

解 $(\boldsymbol{A}-\lambda^{(k-1)}\boldsymbol{I})\tilde{\boldsymbol{y}}^{(k)}=\boldsymbol{y}^{(k-1)}$ 得到 $\tilde{\boldsymbol{y}}^{(k)}$.

形成 $\boldsymbol{y}^{(k)}=\dfrac{\tilde{\boldsymbol{y}}^{(k)}}{\|\tilde{\boldsymbol{y}}^{(k)}\|}$.

置 $\lambda^{(k)}=\langle \boldsymbol{A}\boldsymbol{y}^{(k)}, \boldsymbol{y}^{(k)}\rangle$.

注意 Rayleigh 商迭代的每次迭代需要解一次线性方程组($(\boldsymbol{A}-\lambda^{(k-1)}\boldsymbol{I})\tilde{\boldsymbol{y}}^{(k)}=\boldsymbol{y}^{(k-1)}$)和计算一次矩阵-向量相乘($\boldsymbol{A}\boldsymbol{y}^{(k)}$).

当 $\boldsymbol{v}$ 是近似特征向量时，Rayleigh 商 $\dfrac{\langle \boldsymbol{A}\boldsymbol{v}, \boldsymbol{v}\rangle}{\langle \boldsymbol{v}, \boldsymbol{v}\rangle}$ 对一个特征值的近似程度如何？假设 $\boldsymbol{v}=\gamma\boldsymbol{v}_j+\boldsymbol{u}$，这里 $\boldsymbol{v}_j$ 是 $\boldsymbol{A}$ 的相应于特征值 λ_j 的正则化特征向量以及 $\boldsymbol{u}$ 与 $\boldsymbol{v}_j$ 正交. 那么

$$\frac{\langle \boldsymbol{A}\boldsymbol{v},\boldsymbol{v}\rangle}{\langle \boldsymbol{v},\boldsymbol{v}\rangle}=\frac{\langle \gamma\lambda_j\boldsymbol{v}_j+\boldsymbol{A}\boldsymbol{u},\gamma\boldsymbol{v}_j+\boldsymbol{u}\rangle}{\langle \gamma\boldsymbol{v}_j+\boldsymbol{u},\gamma\boldsymbol{v}_j+\boldsymbol{u}\rangle}=\frac{|\gamma|^2\lambda_j+\gamma\langle \boldsymbol{A}\boldsymbol{u},\boldsymbol{v}_j\rangle+\langle \boldsymbol{A}\boldsymbol{u},\boldsymbol{u}\rangle}{|\gamma|^2+\langle \boldsymbol{u},\boldsymbol{u}\rangle}$$

如果 $\boldsymbol{A}$ 对称，那么 $\langle \boldsymbol{A}\boldsymbol{u}, \boldsymbol{v}_j\rangle=\langle \boldsymbol{u}, \boldsymbol{A}\boldsymbol{v}_j\rangle=\langle \boldsymbol{u}, \lambda_j\boldsymbol{v}_j\rangle=0$，所以上式变成

$$\frac{\langle \boldsymbol{A}\boldsymbol{v},\boldsymbol{v}\rangle}{\langle \boldsymbol{v},\boldsymbol{v}\rangle}=\frac{|\gamma|^2\lambda_j+\langle \boldsymbol{A}\boldsymbol{u},\boldsymbol{u}\rangle}{|\gamma|^2+\langle \boldsymbol{u},\boldsymbol{u}\rangle}=\lambda_j+\frac{\langle \boldsymbol{A}\boldsymbol{u},\boldsymbol{u}\rangle-\lambda_j\langle \boldsymbol{u},\boldsymbol{u}\rangle}{|\gamma|^2+\langle \boldsymbol{u},\boldsymbol{u}\rangle}=\lambda_j+\frac{\langle \boldsymbol{A}\boldsymbol{u},\boldsymbol{u}\rangle-\lambda_j\langle \boldsymbol{u},\boldsymbol{u}\rangle}{\|\boldsymbol{v}\|^2}$$

因此 Rayleigh 商和特征值 λ_j 的差满足

$$\left|\frac{\langle \boldsymbol{A}\boldsymbol{v},\boldsymbol{v}\rangle}{\langle \boldsymbol{v},\boldsymbol{v}\rangle}-\lambda_j\right|\leqslant(\|\boldsymbol{A}\|+|\lambda_j|)\left[\frac{\|\boldsymbol{u}\|}{\|\boldsymbol{v}\|}\right]^2\leqslant 2\|\boldsymbol{A}\|\left[\frac{\|\boldsymbol{u}\|}{\|\boldsymbol{v}\|}\right]^2$$

Rayleigh 商近似于 λ_j 的误差正比于 $\boldsymbol{v}$ 的正交于 $\boldsymbol{v}_j$ 那部分的范数的平方. 因此如果 $\boldsymbol{v}$ 是特征向量 $\boldsymbol{v}_j$ 相当好的近似，譬如说：$\|\boldsymbol{v}\|=1$ 和 $\|\boldsymbol{u}\|=0.1$，那么 Rayleigh 商给出了特征值 λ_j 的更好的近似，其误差约为 $2\|\boldsymbol{A}\|$ 乘以 0.01. 对于一般的非对称矩阵，$\langle \boldsymbol{A}\boldsymbol{u}, \boldsymbol{v}_j\rangle$ 这项不等于 0，Rayleigh 商逼近 λ_j 的误差与特征向量逼近的误差 $\dfrac{\|\boldsymbol{u}\|}{\|\boldsymbol{v}\|}$ 在同一阶位上. 由于这个理由，Rayleigh 商迭代主要用于对称特征问题.

12.1.4　QR 算法

迄今我们已看到近似确定的特征值和特征向量的方法. 能同时求出所有的特征值/向 316
量吗？QR 算法对 $\boldsymbol{A}$ 用一系列正交相似变换直到它趋于一个上三角矩阵. 然后，近似特征值就取为这个(近似的)上三角矩阵中的对角线元素.

回到7.6.2节中描述的矩阵的QR分解：每个$n\times n$矩阵$\boldsymbol{A}$能写成$\boldsymbol{A}=\boldsymbol{QR}$的形式，这里$Q$是正交矩阵(它的列是正交的)以及$\boldsymbol{R}$是上三角矩阵．这种分解是用Gram-Schmidt算法实施的．在实践中，它通常用Householder反射实施．这里不再阐述，但是，例子可见[96]．现在考虑以下程序：首先分解$\boldsymbol{A}\equiv\boldsymbol{A}_0$成$\boldsymbol{A}_0=\boldsymbol{QR}$的形式；然后生成矩阵$\boldsymbol{A}_1=\boldsymbol{RQ}$．注意$\boldsymbol{A}_1=(\boldsymbol{Q}^{\mathrm{T}}\boldsymbol{Q})\boldsymbol{RQ}=\boldsymbol{Q}^{\mathrm{T}}(\boldsymbol{QR})\boldsymbol{Q}=\boldsymbol{Q}^{\mathrm{T}}\boldsymbol{A}_0\boldsymbol{Q}$，所以$\boldsymbol{A}_1$相似于$\boldsymbol{A}_0$，这是因为$\boldsymbol{Q}^{\mathrm{T}}=\boldsymbol{Q}^{-1}$．我们可以重复施行这种QR分解过程，并且，随后这些因子倒序相乘得到一个都与$\boldsymbol{A}$正交相似的矩阵序列．这就叫作QR算法：

设$\boldsymbol{A}_0=\boldsymbol{A}$．对$k=0, 1, \cdots$，

计算$\boldsymbol{A}_k$的QR分解：$\boldsymbol{A}_k=\boldsymbol{Q}_k\boldsymbol{R}_k$，

形成乘积$\boldsymbol{A}_{k+1}=\boldsymbol{R}_k\boldsymbol{Q}_k$

下面的定理，给出了关于QR算法的基本收敛性结论，我们叙述但不予证明．

定理12.1.6　假设$\boldsymbol{A}$的特征值$\lambda_1, \cdots, \lambda_n$满足$|\lambda_1|>|\lambda_2|>\cdots>|\lambda_n|$，那么由QR算法生成的矩阵$\boldsymbol{A}_k$收敛于其对角线元素为$\boldsymbol{A}$的特征值的上三角矩阵．另外，如果$\boldsymbol{A}=\boldsymbol{V\Lambda V}^{-1}$，这里$\boldsymbol{V}$有LU分解(即特征向量矩阵$\boldsymbol{V}$的Gauss消元法不需选主元)，那么在严格下三角矩阵$\boldsymbol{A}_k$中的元素$a_{ij}^{(k)}$，$i>j$，收敛于0的速率由

$$|a_{ij}^{(k)}|=O\left(\left|\frac{\lambda_i}{\lambda_j}\right|^k\right)$$

给出．

$\boldsymbol{V}$有LU分解的技术条件保证特征值按量阶下降地出现在对角线中．这是通常的情形，这个定理的证明是基于QR算法与前面描述的幂法分块形式的对比．

Hessenberg型

到目前为止对一般矩阵$\boldsymbol{A}$实施所描述的QR算法花费太大．第一个问题是每一步需要
317 $O(n^3)$次运算．要减少每步的运算次数，可以先用相似变换把$\boldsymbol{A}$变成一种QR分解不再花费太大的形式．一般的矩阵$\boldsymbol{A}$可以先约化为上Hessenberg型

$$\begin{bmatrix} * & \cdots & \cdots & * \\ * & \ddots & & \vdots \\ & \ddots & \ddots & \vdots \\ & & * & * \end{bmatrix}$$

它在主对角线下面仅有一排非零对角线元素．关于用Householder反射的这种变换的详细描述见[96]．如果$\boldsymbol{A}$对称，那么这种对称性是保持的，因此上Hessenberg型实际上是三对角形，即仅有中间的三条对角线有非零元素．

虽然用于上Hessenberg矩阵的QR算法的细节十分明确，而这一步可仅用$O(n^2)$次运算来实现，例如见[32]．其想法是避免直接计算上Hessenberg矩阵的QR分解而是简单地计算没有显式生成$\boldsymbol{Q}_k$的，$\boldsymbol{A}_{k+1}=\boldsymbol{R}_k\boldsymbol{Q}_k=\boldsymbol{Q}_k^{\mathrm{T}}\boldsymbol{A}_k\boldsymbol{Q}_k$．而且正交矩阵$\boldsymbol{Q}_k$仍是上Hessenberg，乘积$\boldsymbol{R}_k\boldsymbol{Q}_k$保持这种上Hessenberg型．通过考虑用于上Hessenberg矩阵列的Gram-Schmidt算法以及注意到在j列关于前面各列的正交化中$j+1$行以下面没有产生非零元素，这是因为所有前面的列在$j+1$行以下的元素都是零，你就能确信这一点．然后容易看到上三角矩阵和上Hessenberg矩阵的乘积仍是上Hessenberg矩阵．

在对称情形，因为上 Hessenberg 型实际上是三对角的，所以节省甚至更大. 三对角矩阵的 QR 分解仅用 $O(n)$次运算就能得到. 要明白这一点，注意到当 Gram-Schmidt 算法用于三对角矩阵的列时，每一列仅需关于前两列进行正交化(这是因为它关于更早的那些列已经正交化)，而且做这种正交化的工作量是 $O(1)$. 而且，如曾指出的，正交矩阵 $\boldsymbol{Q}_k$ 和乘积 $\boldsymbol{R}_k\boldsymbol{Q}_k$ 都是上 Hessenberg. 但是，因为 $\boldsymbol{R}_k\boldsymbol{Q}_k=\boldsymbol{Q}_k^{\mathrm{T}}(\boldsymbol{Q}_k\boldsymbol{R}_k)\boldsymbol{Q}_k$ 和 $\boldsymbol{Q}_k\boldsymbol{R}_k$ 是对称的，所以 $\boldsymbol{R}_k\boldsymbol{Q}_k$ 也是对称的，因此是三对角的. 由此整个 QR 算法保持三对角形而且当矩阵 A 对称时每一步仅需 $O(n)$次运算.

位移

在通常的情况下矩阵 $\boldsymbol{A}$ 到上 Hessenberg 型的初始变换把 QR 算法的每步迭代的工作量从 $O(n^3)$减少到 $O(n^2)$，而在对称情形则减少到 $O(n)$. 但是至今所述算法需要的迭代次数仍然太大，收敛是慢的. 要改进收敛性，如在幂法，逆迭代和 Rayleigh 商迭代所做的那样，我们常用近似特征值作为位移；即不是把 $\boldsymbol{A}_k$ 分解成 $\boldsymbol{Q}_k\boldsymbol{R}_k$，而是选择位移 s_k 并分解 $\boldsymbol{A}_k-s_k\boldsymbol{I}=\boldsymbol{Q}_k\boldsymbol{R}_k$，然后置 $\boldsymbol{A}_{k+1}=\boldsymbol{R}_k\boldsymbol{Q}_k+s_k\boldsymbol{I}$. 注意 $\boldsymbol{A}_{k+1}$ 仍相似于 $\boldsymbol{A}_k$：$\boldsymbol{A}_{k+1}=\boldsymbol{Q}_k^{\mathrm{T}}\boldsymbol{Q}_k(\boldsymbol{R}_k\boldsymbol{Q}_k+s_k\boldsymbol{I})=$ 318
$\boldsymbol{Q}_k^{\mathrm{T}}(\boldsymbol{Q}_k\boldsymbol{R}_k+s_k\boldsymbol{I})\boldsymbol{Q}_k=\boldsymbol{Q}_k^{\mathrm{T}}\boldsymbol{A}_k\boldsymbol{Q}_k$. 于是所有的 $\boldsymbol{A}_k$ 和 $\boldsymbol{A}$ 有相同的特征值.

有许多选择位移的策略，用得最多的一种是 Wilkinson 移位[108]. 这里 s_k 取成 $\boldsymbol{A}_k$ 的右边底部的 2×2 块矩阵的特征值；选择一个较接近 $\boldsymbol{A}_k$ 的(n, n)元素的特征值，或者在带状情形任何特值都能用作位移.

压缩

使 QR 算法高效的最后一种策略是重要的，它就是压缩. 如果上 Hessenberg(或三对角)矩阵 $\boldsymbol{A}_k$ 的次对角线元素是 0，那么这个问题能分裂成两个分离的问题. 这是因为矩阵

$$\left[\begin{array}{ccc|ccc} x & x & x & x & x & x \\ x & x & x & x & x & x \\ 0 & x & x & x & x & x \\ \hline 0 & 0 & 0 & x & x & x \\ 0 & 0 & 0 & x & x & x \\ 0 & 0 & 0 & 0 & x & x \end{array}\right]$$

的特征值与它的两个对角块矩阵的特征值相同.

如果 $\boldsymbol{A}_k$ 中次对角线元素是 0 或充分接近 0(譬如说，有机器精度的阶)，那么它可置为 0 而 QR 算法分别在 $\boldsymbol{A}_k$ 的两个对角块矩阵继续运行. 注意如果 QR 算法每次迭代的工作量是 Cn^2，C 是某一常数，那么若 $n\times n$ 矩阵 $\boldsymbol{A}_k$ 能分裂成两块，譬如说每块的大小是 $\frac{n}{2}$，那么分别把 QR 算法用于每一个这种块矩阵，每一步迭代工作量是 $C\left(\frac{n}{2}\right)^2+C\left(\frac{n}{2}\right)^2=\frac{1}{2}Cn^2$. 另外，我们期望找到更好的移位分别用于每一个块矩阵，由此来改进这个算法的收敛性.

实用的 QR 算法

下面给出结合上面所有建议改进措施的 QR 算法：

令 $\boldsymbol{A}_0=\boldsymbol{A}$. 对 $k=0, 1, \cdots,$

通过求 $\boldsymbol{A}_k$ 右下 2×2 块矩阵的特征值选择位移 s_k 并取较接近 $\boldsymbol{A}_k$ 的右下端元素的那一个. 计算 $\boldsymbol{A}_k-s_n\boldsymbol{I}$ 的 QR 分解：$\boldsymbol{A}_k-s_k\boldsymbol{I}=\boldsymbol{Q}_k\boldsymbol{R}_k$.

形成乘积 $\boldsymbol{A}_{k+1}=\boldsymbol{R}_k\boldsymbol{Q}_k+s_k\boldsymbol{I}$.

如果 $\boldsymbol{A}_{k+1}$ 中的任一次对角线元素充分接近 0，就置它为 0 以得到对角块为 $\boldsymbol{B}$ 和 $\boldsymbol{C}$ 的块上三角矩阵 $\widetilde{\boldsymbol{A}}_{k+1}$. 分别对 $\boldsymbol{B}$ 和 $\boldsymbol{C}$ 用 QR 算法.

319 当你打出 eig($\boldsymbol{A}$)时，这基本上是 MATLAB 使用的算法.

12.1.5 谷歌的 PageRank

我们现在考虑特征向量和计算相应于最大特征值的特征向量的幂法的重要应用. 这就是 Google 的 PageRank 计算. 在 1.5 节我们介绍了排序网页的 PageRank 模型. 在 3.4 节我们已看到如何通过随机搜索互联网的 Monte Carlo 模拟来计算 PageRank. 现在我们从 Markov(马尔可夫)链的观点研究这个问题. 更多的信息见[21]. 信息获取的通用和经常有效的形式是向搜索引擎提问. 事实上. 在全世界平均每分钟有超过二百九十万次搜索由年龄在 15 岁或大一些的人进行[25].

假设我们对 Google 提问 mathematics. 在 2010 年夏季，Google 按次序回应以下网页(另有几千条以上)：

- Mathematics-Wikipedia，the free encyclopedia，http://en.wikipedia.org/wiki/Mathematics
- Wolfram Math World：The Web's Most Extensive Mathematics Resource，mathworld.Wolfram.com/
- Mathematics in the Yahoo! Directory，http://dir.yahoo.com/science/mathematics/
- Math tutorials，resources，help，resources and Math Worksheets，http://math.about.com

在 Wikipedia 目录中的数学分类是看作有关这种提问的“最好”的网页. 对于一个提问，处于顶端的条目是引人注目的，因为列在第 40 或第 50 位的条目实质上可以把该页面淹没.

Google 搜索了亿万网页并且求解了生成一种网页的“重要”排序的大型线性代数问题. 我们将看到特征向量值深入地用于 Google 以及从提问返回的结果.

按级别排列网页

Google 成功的一部分来自由 Google 奠基人 Larry Page 和 Sergey Brin 发展的 PageRank 算法，他们在建立 Google 基本理念时是 Stanford 大学的研究生[81]. 算法的结果是由 WWW 链接结构决定的，且不涉及任何页面的内容. 从历史上来看，Jon Kleinbery 首先提出链接分析以及谱图理论[58]作为一种改进网页搜索的方法，虽然其发展和分析与 Page 和 Brin 后来发展的不一样。

网页级别算法如何实施？页面 A 如果有更多的页面与之链接，就把该页面看成是“重
320 要的”，然而，Google 也考虑了与页面 A 链接的页面的重要性；给“重要”页面的链接赋以更大的权，最终，具有高权利的页面就赋以高 PageRank，Google 以此来排序提问的结果. PageRank 结合文本匹配算法来找出“重要”和与提问相应的页面. 保持最新的级别显示了其自身的结果，因为当链接改动以及页面增加或删除时，Web 的结构不断地变化.

PageRank 算法如何确定链接的权？试一试下面的例子：

从你喜欢的一个页面开始，随机选择一个链接并点击它，在下一个页面，随机选择一个链接，继续这种跟随的随机链接.

有两种可能的结果

- 你访问的页面没有向外的链接——一个晃动的结点，终止.
- 另一种，你最终重访一个页面. 你不能无休止访问新的页面，因为只有有限的页面.

用 Markov 搜索

在上述例子中你的随机走访可以用 Markov 链进行数学模拟.

模拟离散系统的 Markov 需要确定该系统的状态以及对每对有序的状态 i 和 j，从状态 i 到状态 j 的概率 m_{ij}. Markov 转移矩阵是 $\boldsymbol{M}=(m_{ij})$. [注意：有时转换矩阵定义为这里的矩阵的转置，所以(i, j)元素是从状态 j 转到状态 i 的概率，这个定义在数值分析的文献中更常用，因为从一步进行到下一步是指用转换矩阵左乘以状态向量(一个列向量). 在概率和统计的文献中，$\boldsymbol{M}$ 的标准定义就是我们这里所定义的，于是从一步进到下一步就相应于用矩阵 $\boldsymbol{M}$ 右乘以状态向量(一个行向量).]

为访问 Web，状态就是指标页面，Markov 过程模拟随机系统的行为，其概率分布仅依赖于当前的状态，我们进行的随机走访（“搜索”)就具有这种特性。我们访问的页面部分依赖与当前页面的有效的链接.

就 Google 的目的而言，不希望 Markov 链停止在晃动的点上，所以我们也考虑搜索直接跳到另一页面而不是从当前页面链接，选择这样的页面总是随机的. 一旦确定了这种随机跳跃的概率，我们就有了 Google 使用的 Markov 链的完整的概念性描述，但是确定从页面 i 转到页面 j 的所有的概率的转换矩阵——Google 矩阵，看来是艰巨的工作. 321

Googled 矩阵

设 W 是包含在 Google 的指标内的网页页面的集合. 设 n 是 W 的基数(W 中网页页面数). 注意 n 随时间而变化. 如在 2004 年 11 月，n 大概是 8 万亿[28]且增长很快. 亿万网页的 Google 指标化是一件不平凡的工作. 我们假设这样的集合 W 已经建立. 考虑 WWW 的有向图，其中一个顶点表示一个网页页面，从顶点 i 到顶点 j 的边相应于面页 i 到页面 j 的链接. 设 $\boldsymbol{G}$ 是这个图的 $n\times n$ 邻接矩阵；即如果存在从第 i 页面到第 j 页面的超链接，那么 $g_{ij}=1$，否则 $g_{ij}=0$. 在第 i 行中的非零元素的个数是在第 i 页面上从次数 n 非常大的可能链接中的超链接的次数. 因此每一行中大多数元素是零，而且矩阵是稀疏的. 回想一下 n 的大小. $\boldsymbol{G}$ 的稀疏性将是在计算操作中的极大优势. 特别是，只需储存行和列中非零元素所在的位置. 因为在 Web 上的页面平均输出度大约是 7[59]，这样就节省了储存空间中亿万阶的部分，而且因为 n 随时间增大而每个页面间链接的平均数大致保持常数，这种节省仅随时间增加. 从 $\boldsymbol{G}$ 得到的信息导出了变换矩阵. 设 c_j 和 r_i 分别是 $\boldsymbol{G}$ 的列和及行和；即

$$c_j=\sum_{1\leqslant i\leqslant n} g_{ij},\quad r_i=\sum_{1\leqslant j\leqslant n} g_{ij} \tag{12.5}$$

那么 c_k 和 r_k 是状态页面 k 的输入度和输出度.

设 p 是在当前页面对可用链接随机走访的时间的比例，所以$(1-p)$是搜索者从 W 中平等地选择一个随机网页的时间的比例. Google 通常设 $p=0.85$.

变换矩阵 M 具有元素

$$m_{ij}=p\left(\frac{g_{ij}}{r_i}\right)+\frac{1-p}{n} \tag{12.6}$$

这里 m_{ij} 是我们在当前页面 i 时下一步访问页面 j 的概率.

Google 特征向量

满足 $vM=v$ 的非负左特征向量叫作 Markov 过程的**稳态向量**(这里 v 是正则化的，所以 $\sum v_i=1$，它就是概率向量). (回想起用 M 右乘行向量 v 是 Markov 链的文献中的标准记法，但是我们也能写成 $M^{T}w=w$，这里 $w=v^{T}$ 是 M^{T} 的右特征向量). Markov 链的理论证明这种向量是存在的，而且从任意起始状态，在时刻 t 当 $t\to\infty$ 时，访问页面 i 的极限概率是 v_i.

Google 定义页面 i 的 PageRank 是 v_i. 因此 v 的最大元素相应于具有最高 PageRank 的页面，第二大的元素相应于第二高的 PageRank 的页面，等等. 无限地进行随机搜索，任一特定页面的极限频率就是该页面的 PageRank.

322

下面定理保证稳态向量的唯一性且具有正分量.

定理 12.1.7(Perron)　每一个其元素全正的方阵 P 有唯一的(容许一个正标量相乘)分量全正的特征向量. 它相应的特征值的重数为 1，而且它是主特征值，其余每一个特征值严格小于它.

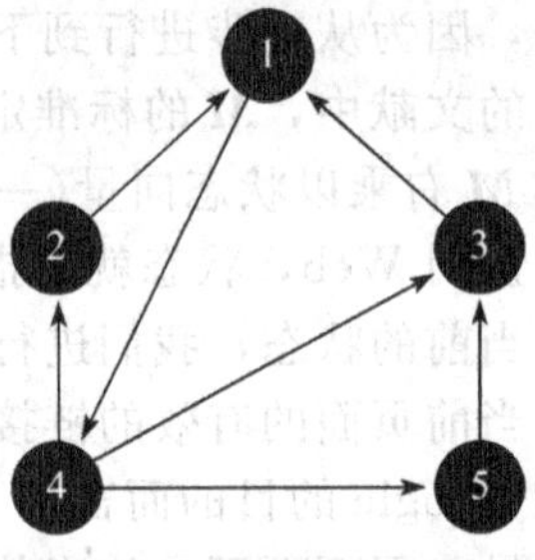

图 12-8　网页的小型网络系统

表 12-1　图 12-8 网络中页面的网页级别

网页	网页级别
1	0.2959
4	0.2851
3	0.2031
2	0.1098
5	0.1098

回顾起 M 的各行之和为 1，因此 $M\mathbf{1}=\mathbf{1}$，这里的 $\mathbf{1}$ 是所有分量为 1 的列向量. 即 $\mathbf{1}$ 是 M 相应于特征值 1 的右特征向量，而且它的分量全是正的. 因为 $1-p>0$，M 中的元素全是正的，因此 Perron 定理保证 1 是唯一的(容许一个正标量相乘)具有全部正分量的右特征向量，而且它的特征值 1 一定是占优的. 矩阵的右特征值和左特征值是相同的，所以 1 也是占优左特征值. 因此，存在唯一的稳态向量 v 满足 $vM=v$ 而且是正则化的，所以 $\sum v_i=1$. 以 PageRank 算法之后紧接这一理论，我们把它用于图 12-8 中的小型网络系统.

这个网络系统的邻接矩阵 G 是

$$G=\begin{bmatrix}0&0&0&1&0\\1&0&0&0&0\\1&0&0&0&0\\0&1&1&0&1\\0&0&1&0&0\end{bmatrix}$$

回忆 r_k 是页面 k 的输出度. 我们从 G 看到除了页面 4 外每个页面有输出度 1，而页面 4 的输出度是 3.

我们从 G 组成变换矩 M. (12.6)指出，如果 $g_{ij}=0$，那么 $m_{ij}=\dfrac{1-p}{n}=\dfrac{0.15}{5}=0.03$. 考虑

元素 m_{14}，根据(12.6)，我们有 $m_{14}=(0.85)\left(\frac{1}{1}\right)+0.03=0.88$. 类似地，$m_{42}=(0.85)\left(\frac{1}{3}\right)+0.03\approx0.3133$. 用这种方法计算每个元素，我们得到 323

$$\boldsymbol{M}=\begin{bmatrix}0.0300 & 0.0300 & 0.0300 & 0.8800 & 0.0300\\0.8800 & 0.0300 & 0.0300 & 0.0300 & 0.0300\\0.8800 & 0.0300 & 0.0300 & 0.0300 & 0.0300\\0.0300 & 0.3133 & 0.3133 & 0.0300 & 0.3133\\0.0300 & 0.0300 & 0.8800 & 0.0300 & 0.0300\end{bmatrix}$$

$\boldsymbol{M}$ 的每一行和等于 1；方程(12.6)保证了这一点. 因为 m_{1j} 是从页面 1 移到页面 j 的概率，如果在页面 1，那么有 88%的机会下次访问页面 4，而只有 3%的机会从页面 1 跳到页面 4 之外的特定的页面(包括页面 1，搜索可能跳回来.)

解 $\boldsymbol{vM}=\boldsymbol{v}$ 得到

$$\boldsymbol{v}=(0.2959,0.1098,0.2031,0.2815,0.1098)$$

因此，一个随机搜索访问页面 1 的时间大约是 30%，而页面 2 大约 11%. 这个小网络的 PageRank($\boldsymbol{v}$ 的元素)在表 12-1 中给出.

把这些 PageRank 与图 12-8 中的网格系统进行比较. 页面 1 和页面 3 有相同的输入度和输出度. 而页面 1 有更高的 PageRank，因为它有比链接页面 3 的页面更重要的(有更高的 PageRank)页面的链接. 或者有较低的输出度使得更可能把这些页面向页面 1 移动. 如果搜索登录页面 1(大约 30%的时间出现)，那么 85%的时间这个搜索将按链接到页面 4.

实施

在 PageRank 的这种描述中，我们已简化了许多信息检索的课题. 现在我们介绍这种量级问题一些内在的复杂性.

幸运的是，PageRank 算法仅需要求主特征向量；要想计算这种规模的矩阵的所有特征值和特征向量在计算上是办不到的(按量级与工作量和储存量). 然而，只要计算主特向量就可以使用幂法. 324

幂法会收敛吗? 回答是肯定的，因为主特征值，1，在数量上比其他的特征值要大. 如果允许 $p=1$，这不是必然的情形. 因为 $\boldsymbol{M}$ 中的元素非负但可以是 0，所以不能用 Perron 定理. 在这种情形，Perron 定理推广到非负矩阵，称之为 Perron-Frobenius 定理，这是合适的，但是它需要一个附加的假设，即，矩阵是不可约的. 当且仅当每一网页页面都可以从每一个其他页面通过超链接按路径达到时就出现不可约矩阵. 如果有晃动点就不是这种情形. 有了这个附加假设就能证明 1 是非负矩阵 $\boldsymbol{M}$ 的单特征值，并且所有其他的特征值在数量上小于或等于 1. 但是要证明所有其他特征值在数量上严格小于 1 还需要另外的假设，即假设 $\boldsymbol{M}$ 是本原的. 这个性质必须与在一给定页面 p_i 从起始和结束可能路径的长度一起使用，而这一般是行不通的. 因此以小的概率搜索到一个随机页面，不仅仅得到了一个更实用的模型，而且也大大地简化了数学描述.

于是，假设 $|\lambda_1|>|\lambda_2|\geqslant\cdots\geqslant|\lambda_n|$. 那么从(12.4)我们知道幂法的收敛率是 $\frac{|\lambda_2|}{|\lambda_1|}$. 由 Perron 定理，我们知道 $\lambda_1=1$ 而且 $i>1$ 时 $|\lambda_i|<1$，但是它没给出 $|\lambda_2|$ 的其他信息. 在

[50]中证明了$|\lambda_2|$以$p=0.85$为上界．这意味着即使问题的规模增大，幂法将以同样的速率收敛(大约需要相同的迭代次数)．

更强的事实是幂法并不需要储存整个矩阵$\boldsymbol{M}$．事实上，知道p，n，$\boldsymbol{G}$的非零元素以及每个页面的输出度就足够了．这方面更多的信息，见[63]：这篇文章包含了 PageRank 各方面研究的综述，超出了本书的范围．

退出前的注记

要确定所检索页面的 PageRank，Google 求解大型线性代数问题——求 80 亿阶矩阵的特征向量．

还要记得 PageRank 单独并不能确定 Google 对提问返回目录的次序．例如 http://mathworld.wolfram.com 比 http://www.google.com 有较低的 PageRank．但是，我们的提问 mathematics 在 Google 返回的前 100 页中并没有产生 http://www.google.com．为什么？Google 用文本匹配算法确定对提问的页面的贴切性并把这个与它的 PageRank 结合起来以确定对提问的最终级别．

为反映语言的巧妙和文本匹配的作用，假设我们提问 show boat．返回目录顶端的页面是 http://www.imdb.com/title/tt0044030/，它给出基于 Jerome Kern 和 Oscar Hammerstein Ⅱ的
325 音乐剧的 1951 年影片《演艺船》的细节．对提问 boat show，目录顶端是 http://www.showmangement.com/，包含了长年生产游艇影片的 Show Management 公司的信息．

通过转换提问的词序，我们改变了返回页面的目录，这就是我们所想要的．如果我们寻找关于游艇展示的信息，我们可能并不想要关于音乐剧 show boat 的信息．仔细设计的文本匹配算法在区分内容中有词 boat 和 show 的页面时发挥作用．

文本匹配算法怎样运作？对一系列所定的量合适吗？这些问题已进入令人深思的领域，超出了本教科书的范围．然而，其答案可以只是对 Google 提的一个问题．

GOOGLE 炸弹

很多才能掌握在那些能利用基础数学和信息检索的计算机科学知识使其更为有利的人的手中．例如，2003 年 10 月 George Johnston 开始施行了称为“痛苦的失败”炸弹的 Google 炸弹，它瞄准了总统 George W. Bush 并在同年 11 月晚些时候起爆．其结果是 Google 返回 the official White House Biography of the President 作为提问 miserable failure 的最高级别的结果．组成 Google 炸弹相对地比较容易．它含有几个网页页面，这些页面链接到一个具有给定支撑文本(点击到超链接的文本)的公共网页页面．

就“痛苦的失败”项目而言，超过 800 个链接点的 Bush 传记，只有 32 个链接用了支撑文本中的词语“痛苦的失败”[64]．这就引发了网页要点间一种策略的冲突，并在 2004 年 1 月前后，对 Miseralde failure 提问返回结果的前四位是 Micheal Moore，President Buch，Jimmy Garter 和 Hillary Chinton．如所预期的，Google 完全知道如何去处理好这些和其他能减弱其结果有效性的问题．更多的信息，可搜索关于 Google Bomb 的互联网或 link farm 或参看 Langville 和 Meyer 关于信息检索的新的文本[64]．
326

12.2 解线性方程组的迭代法

12.2.1 解线性方程组的基本迭代法

我们在第 7 章看到如何用 Gauss 消元法解非奇异 $n\times n$ 线性方程组 $\boldsymbol{Ax}=\boldsymbol{b}$. 对一适当大小的 n，譬如说，n 具有几百阶或几千阶，这是一种合理的方法. 然而有时 n 很大，具有数十万阶甚至百万或亿万阶. 前面我们看到描述 World Wide Web 的所有网页页面之间连接的 Google 矩阵就有亿万阶的维数.

许多大型线性方程组来自差分化偏微分方程，如在 7.2.4 节中所说那样，来自 Poisson 方程的矩阵. 来自小的二维问题时，这种矩阵相对小一些，但是在三维空间中差分化偏微分方程能产生相当大的矩阵. 在 14 章我们将精确地看到这种线性方程组是如何产生的，但是在这里给出一些提示，在三维空间中考虑单位立方体上的 Poisson 方程：

$$\frac{\partial^2 u}{\partial x^2}+\frac{\partial^2 u}{\partial y^2}+\frac{\partial^2 u}{\partial z^2}=f(x,y,z),\quad 0\leqslant x,y,z\leqslant 1$$

为近似其解 $u(x,\ y,\ z)$，我们把立方体分成许多小的子立方体，并用有限差商(在第 9 章中叙述)来近似其偏导数. 这涉及未知解 u 在子立方体的每个角$(x_i,\ y_j,\ z_k)$上的值 u_{ijk}. 这些值就成了线性方程组中的未知量. 如果在每个方向有 m 个子立方体，那么未知量的个数约为 m^3. 因此，若在每个方向有 100 个子立方体，其结果是 1 百万×1 百万的线性方程组.

对这样的问题，Gauss 消元法所需的工作量和储存量都是通不过的. 回忆起 Gauss 消元法解一个一般的 $n\times n$ 线性方程组，需要大约 $\left(\frac{2}{3}\right)n^3$ 次运算(加，减，乘和除). 对 $n=10^6$，这就是 $\left(\frac{2}{3}\right)\times 10^{18}$ 次运算，在例如，每秒运算 10^9 次的计算机上就需要 $\left(\frac{2}{3}\right)\times 10^9$ 秒或者大约 21 年！如在 7.2.4 节讨论过，可以利用这种矩阵带状结构的一些优点. 用熟知的未知量的自然排序(见 14 章)这个矩阵的半带宽大约是 m^2，利用这一事实计算工作量能减少到大约 $2(m^2)^2n=2\times 10^{14}$ 次运算，这在每秒 10^9 次运算的计算机上，要运算大约 2.3 天. 还有，工作量并不是仅有的限制因素. 储存矩阵是另一个问题. 要储存 $n=10^6$ 的稠密 $n\times n$ 矩阵需要 10^{12}字节的储存器. 这大大超过了单个信息处理机一般能有的储存量，而矩阵元素要分配到多个信息处理机. 同样，可取带状结构的某些优点；因为在 Gauss 消元过程中带外的零保持为零，它们不需要储存. 还有，带内的每一元素(包括零，因为在 Gauss 消元中它们与非零元素一起输入)必须储存，这需要大约 $m^2n=10^{10}$字节的储存量，仍大大超过了单个信息处理机通常具有的储存容量. 327

为克服这两个困难，可以用迭代法解 $\boldsymbol{Ax}=\boldsymbol{b}$. 这些方法仅需要矩阵-向量乘法，或许还要解一个预优化方程组(以后介绍). 要计算 $\boldsymbol{A}$ 与给定向量 $\boldsymbol{v}$ 的乘积只需储存 $\boldsymbol{A}$ 的非零元素以及它的行和列数. 上面的 Poisson 方程以标准的差分格式产生的矩阵每行仅有大约 7 个非零元素，需要 7 百万字节的储存. 这种稀疏的性质——大部元素等于 0——是从偏微分方程产生的，而且是从许多其他数学公式得到的矩阵的典型性质. 而且，如果矩阵元素非常容易计算，那么它们根本无须储存；知道了非零元素以及它们的位置不用对矩阵做额外的储存就可以写出计算矩阵 $\boldsymbol{A}$ 和给定向量的乘积的程序. 对一个稠密 $n\times n$ 矩阵，矩阵-向量乘法的花费大约是 $2n^2$ 次运算，但是如果 $\boldsymbol{A}$ 稀疏，那么这种花费将显著地减小. 对一个每行平均有 r 个非零元素的矩阵，这种花费大约是 $2rn$. 因此如果我们设想 r 固定而矩阵的规模 n 增大，那么一次矩阵-向量相乘需要的运算次数是 $O(n)$. 如果线性方程组 $\boldsymbol{Ax}=\boldsymbol{b}$ 的一个可接受的好的近似解能够用适当次数的矩阵-向量相乘，譬如说，$O(n)$次附加的工作得到，那么进行这一工作的迭代法将比 Gauss 消元法快得多.

可以指出用上面提出的方法求解线性方程组 $\boldsymbol{Ax}=\boldsymbol{b}$ 并不十分适合；即，如果一次迭代包括简单地计算 $\boldsymbol{A}$ 和一个适当的向量的乘积以及进行 $O(n)$次附加的运算，那么要得到 $\boldsymbol{Ax}=\boldsymbol{b}$的一个好的近似解需要很多很多次迭代. 在这种情况下，原方程组可以通过预优或矩阵分裂进行修改. 如果 $\boldsymbol{A}$ 是单位矩阵，那么我们讨论的所有迭代法立刻就能求出解. 因此可以寻找一个具有这样性质的矩阵 $\boldsymbol{M}$ 使得以其为系数矩阵的线性方程组容易求解，而 $\boldsymbol{M}^{-1}\boldsymbol{A}$ 在某种意义上接近单位矩阵. 于是可以用预优方程组 $\boldsymbol{M}^{-1}\boldsymbol{Ax}=\boldsymbol{M}^{-1}\boldsymbol{b}$ 来代替原来的线性方程组 $\boldsymbol{Ax}=\boldsymbol{b}$ 并且把迭代法用于这个新的线性方程组. 不需要构造矩阵 $\boldsymbol{M}^{-1}\boldsymbol{A}$；只要能计算 $\boldsymbol{M}^{-1}\boldsymbol{A}$ 和给定向量 $\boldsymbol{v}$ 的乘积. 这可以通过计算乘积 $\boldsymbol{Av}$ 然后解方程组 $\boldsymbol{Mw}=\boldsymbol{Av}$ 求得 $\boldsymbol{w}=\boldsymbol{M}^{-1}\boldsymbol{Av}$. 有时用到的预优矩阵 $\boldsymbol{M}$ 的例子包括 $\boldsymbol{A}$ 的对角矩阵和 $\boldsymbol{A}$ 的下(或上)三角矩阵，因为具有对角型或三角系数矩阵的线性方程组相对容易求解.

12.2.2　简单迭代

假设为求解 $\boldsymbol{Ax}=\boldsymbol{b}$，有一个初始猜测 $\boldsymbol{x}^{(0)}$. 如果能够计算误差 $\boldsymbol{e}^{(0)}\equiv\boldsymbol{A}^{-1}\boldsymbol{b}-\boldsymbol{x}^{(0)}$，那
328 么就能求出解，$\boldsymbol{x}=\boldsymbol{x}^{(0)}+\boldsymbol{e}^{(0)}$. 不幸的是，我们并不能计算关于 $\boldsymbol{x}^{(0)}$ 的误差(在没有解一个与解原方程组一样困难的方程组)，但却可以计算残量 $\boldsymbol{r}^{(0)}\equiv\boldsymbol{b}-\boldsymbol{Ax}^{(0)}$. 注意 $\boldsymbol{r}^{(0)}=\boldsymbol{Ae}^{(0)}$，所以如果 $\boldsymbol{M}$ 是具有使 $\boldsymbol{M}^{-1}\boldsymbol{A}$ 近似于单位矩阵的这种性质的矩阵，还有系数矩阵为 $\boldsymbol{M}$ 的线性方程组容易求解，那么就可以用 $\boldsymbol{M}^{-1}\boldsymbol{r}^{(0)}$ 来近似这个误差. 因此，可以解线性方程组$\boldsymbol{Mz}^{(0)}=\boldsymbol{r}^{(0)}$得到 $\boldsymbol{z}^{(0)}$，然后有望用改进的近似 $\boldsymbol{x}^{(1)}\equiv\boldsymbol{x}^{(0)}+\boldsymbol{z}^{(0)}$ 来代替近似 $\boldsymbol{x}^{(0)}$. 这一过程可以用 $\boldsymbol{x}^{(1)}$来重复；即，计算残量 $\boldsymbol{r}^{(1)}\equiv\boldsymbol{b}-\boldsymbol{Ax}^{(1)}$，解 $\boldsymbol{Mz}^{(1)}=\boldsymbol{r}^{(1)}$得到关于 $\boldsymbol{x}^{(1)}$ 的误差的近似 $\boldsymbol{z}^{(1)}$，然后把 $\boldsymbol{z}^{(1)}$ 加到 $\boldsymbol{x}^{(1)}$，有望形成改进的近似. 这是最简单形式的迭代算法.

DAVID M. YOUNG

David M. Young(1923—2008)在 1950 年获哈佛大学博士学位. Young 的研究工作集中于发展在数字计算机上自动解线性方程组的松弛方法. 这不是有关松弛方法的最早的工作. 例如，Richard Southwell 先生已经发展了为手算而设计的这类方法，包括，像 Young 在学位论文中所写的“残量浏览，对人工计算器容易的过程却不能在已有的或将制造的大型自动计算机上有效地执行”. 不必惊奇，Young 研究了 Southwell 的工作. 针对 Young 的学位论文标题的异议，Southwell 在访问 Young 的导师时说，“任何使松弛方法机械化的企图都是浪费时间”![41,109,110]

简单迭代

给定初始猜测 $\boldsymbol{x}^{(0)}$，计算 $\boldsymbol{r}^{(0)}=\boldsymbol{b}-\boldsymbol{A}\boldsymbol{x}^{(0)}$，解 $\boldsymbol{M}\boldsymbol{z}^{(0)}=\boldsymbol{r}^{(0)}$ 求出 $\boldsymbol{z}^{(0)}$.

对 $k=1, 2, \cdots$,

置 $\boldsymbol{x}^{(k)}=\boldsymbol{x}^{(k-1)}+\boldsymbol{z}^{(k-1)}$.

计算 $\boldsymbol{r}^{(k)}=\boldsymbol{b}-\boldsymbol{A}\boldsymbol{x}^{(k)}$.

解 $\boldsymbol{M}\boldsymbol{z}^{(k)}=\boldsymbol{r}^{(k)}$ 求出 $\boldsymbol{z}^{(k)}$.

按照所用的预优矩阵 $\boldsymbol{M}$，这种算法取过不同的名称．当 $\boldsymbol{M}$ 等于 $\boldsymbol{A}$ 的对角线矩阵，称它为 Jacobi 迭代；当 $\boldsymbol{M}$ 等于 $\boldsymbol{A}$ 的下三角矩阵，称它为 Gauss-Seidel 迭代法；当 $\boldsymbol{M}=$ 329
$\boldsymbol{\omega}^{-1}\boldsymbol{D}-\boldsymbol{L}$，这里 $\boldsymbol{D}$ 是 $\boldsymbol{A}$ 的对角线矩阵，$-\boldsymbol{L}$ 是 $\boldsymbol{A}$ 的严格下三角矩阵，$\boldsymbol{\omega}$ 是为加速收敛选择的参数，称为**逐次超松弛**(SOR)方法．SOR 方法是同时由 David M. Young 和 H. Frankel 导出的．Young 在他的哈佛大学的博士论文中提出了这种方法，而 Frankel 在他的论文《偏微分方程的迭代方法的收敛率》[41] 提出了这种方法，在论文中他称此过程为“外推 Liebmann”方法．两者都发表在 1950 年．

导出这种方法的另一种方式如下：把矩阵 $\boldsymbol{A}$ 写成 $\boldsymbol{A}=\boldsymbol{M}-\boldsymbol{N}$ 的形式．这叫作**矩阵分裂**．现在，真解 $\boldsymbol{x}$ 满足

$$\boldsymbol{M}\boldsymbol{x}=\boldsymbol{N}\boldsymbol{x}+\boldsymbol{b} \quad \text{或} \quad \boldsymbol{x}=\boldsymbol{M}^{-1}\boldsymbol{N}\boldsymbol{x}+\boldsymbol{M}^{-1}\boldsymbol{b}$$

回顾 4.5 节点的不动点迭代，在那里我们求标量方程 $x=\varphi(x)$ 的解．这里我们是求向量方程 $\boldsymbol{x}=\boldsymbol{\varphi}(\boldsymbol{x})$ 的解，其中 $\boldsymbol{\varphi}(\boldsymbol{x})=\boldsymbol{M}^{-1}\boldsymbol{N}\boldsymbol{x}+\boldsymbol{M}^{-1}\boldsymbol{b}$，用相同的不动点迭代

$$\boldsymbol{M}\boldsymbol{x}^{(k)} = \boldsymbol{N}\boldsymbol{x}^{(k-1)}+\boldsymbol{b}, \text{或 } \boldsymbol{x}^{(k)} = \boldsymbol{M}^{-1}\boldsymbol{N}\boldsymbol{x}^{(k-1)}+\boldsymbol{M}^{-1}\boldsymbol{b} \tag{12.7}$$

在 4.5 节我们证明了如果 φ 是压缩映射，那么该不动点迭代收敛到唯一解 $x=\varphi(x)$．在下一小节中我们将看到对向量方程 $\boldsymbol{x}=\boldsymbol{\varphi}(\boldsymbol{x})$ 本质上有同样的结论．但是，我们现在必须考虑不同的范数，因为 $\boldsymbol{\varphi}$ 在一种范数是压缩的，但在另一种范数下却不是压缩的．在下一小节中的结论表明如果在某种范数意义下 $\boldsymbol{\varphi}$ 是压缩的，那么这种迭代收敛到唯一解 $\boldsymbol{x}$．

要明白(12.7)与前面所描述的简单迭代算法是相同的，注意到 $\boldsymbol{M}^{-1}\boldsymbol{N}=\boldsymbol{I}-\boldsymbol{M}^{-1}\boldsymbol{A}$，所以(12.7)等价于

$$\boldsymbol{x}^{(k)} = (\boldsymbol{I}-\boldsymbol{M}^{-1}\boldsymbol{A})\boldsymbol{x}^{(k-1)}+\boldsymbol{M}^{-1}\boldsymbol{b} = \boldsymbol{x}^{(k-1)}+\boldsymbol{M}^{-1}(\boldsymbol{b}-\boldsymbol{A}\boldsymbol{x}^{(k-1)}) = \boldsymbol{x}^{(k-1)}+\boldsymbol{z}^{(k-1)} \tag{12.8}$$

例 12.2.1　写出用 Jacobi 和 Gauss-Seidel 方法解 $\boldsymbol{A}\boldsymbol{x}=\boldsymbol{b}$ 两步所得到的近似解，这里

$$\boldsymbol{A}=\begin{bmatrix}2 & -1\\ -1 & 2\end{bmatrix}, b=\begin{bmatrix}1\\ 1\end{bmatrix}$$

从初始猜测 $\boldsymbol{x}^{(0)}=(0, 0)^{\mathrm{T}}$ 开始．

对 Jacobi 方法，$\boldsymbol{M}$ 是 $\boldsymbol{A}$ 的对角线矩阵，所以第一步后得到

$$\begin{bmatrix}x_1\\ x_2\end{bmatrix}^{(1)}=\begin{bmatrix}0\\ 0\end{bmatrix}+\begin{bmatrix}2 & 0\\ 0 & 2\end{bmatrix}^{-1}\begin{bmatrix}1\\ 1\end{bmatrix}=\begin{bmatrix}1/2\\ 1/2\end{bmatrix}$$

残量是

$$\begin{bmatrix}r_1\\ r_2\end{bmatrix}^{(1)}=\begin{bmatrix}1\\ 1\end{bmatrix}-\begin{bmatrix}2 & -1\\ -1 & 2\end{bmatrix}\begin{bmatrix}1/2\\ 1/2\end{bmatrix}=\begin{bmatrix}1/2\\ 1/2\end{bmatrix}$$ 330

而且向量 $z^{(1)} \equiv M^{-1} r^{(1)}$ 是

$$\begin{bmatrix} z_1 \\ z_2 \end{bmatrix}^{(1)} = \begin{bmatrix} 1/4 \\ 1/4 \end{bmatrix}$$

第二次迭代，$x^{(2)} = x^{(1)} + z^{(1)}$，是

$$\begin{bmatrix} x_1 \\ x_2 \end{bmatrix}^{(2)} = \begin{bmatrix} 3/4 \\ 3/4 \end{bmatrix}$$

注意，对这个问题每一个逐次迭代解 $x^{(0)}$，$x^{(1)}$，$x^{(2)}$ 向真解 $x=(1,\ 1)^{\mathrm{T}}$ 靠近.

对 Gauss-Seidel 方法 M 是 A 的下三角部分，所以第一步后我们得到

$$\begin{bmatrix} x_1 \\ x_2 \end{bmatrix}^{(1)} = \begin{bmatrix} 0 \\ 0 \end{bmatrix} + \begin{bmatrix} 2 & 0 \\ -1 & 2 \end{bmatrix}^{-1} \begin{bmatrix} 1 \\ 1 \end{bmatrix} = \begin{bmatrix} 1/2 \\ 3/4 \end{bmatrix}$$

残量是

$$\begin{bmatrix} r_1 \\ r_2 \end{bmatrix}^{(1)} = \begin{bmatrix} 1 \\ 1 \end{bmatrix} - \begin{bmatrix} 2 & -1 \\ -1 & 2 \end{bmatrix} \begin{bmatrix} 1/2 \\ 3/4 \end{bmatrix} = \begin{bmatrix} 3/4 \\ 0 \end{bmatrix}$$

而向量 $z^{(1)} \equiv M^{-1} r^{(1)}$ 是

$$\begin{bmatrix} z_1 \\ z_2 \end{bmatrix}^{(1)} = \begin{bmatrix} 3/8 \\ 3/16 \end{bmatrix}$$

第二次迭代，$x^{(2)} = x^{(1)} + z^{(1)}$ 是

$$\begin{bmatrix} x_1 \\ x_2 \end{bmatrix}^{(2)} = \begin{bmatrix} 7/8 \\ 15/16 \end{bmatrix}$$

注意，Gauss-Seidel 迭代比相应的 Jacobi 迭代更接近真解 $x=(1,\ 1)^{\mathrm{T}}$. ■

例 12.2.2 图 12-9 中的曲线表示 Jacobi，Gauss-Seidel 和 SOR 迭代法对二维正方形上的 Poisson 方程生成的线性方程组的收敛性. 每个方向的网格点是 50 个，矩阵的维数是 $n=50^2=2500$. 对这个模型问题，SOR 参数 ω 的最优值是知道的，用该值得到的结果在图 12-9 中. 注意到 Jacobi 和 Gauss-Seidel 方法收敛得很慢. 500 次迭代后残量范数仍在 10^{-2} 或 10^{-3} 阶. 当问题的规模增大时，这个收敛速度只能变得更坏. 选择好参数 ω 的 SOR 方法会收敛得相当快，但是，除了像这一种特殊的模型问题，ω 的最优值是不知道的. 实施这种 SOR 方法的软件必须要求使用者提供一个好的 ω 值，或者动态地估计它.
331 在后节中，我们将讨论达到 SOR 型收敛率或更好的迭代方法，且不需要任何参数的估计. ■

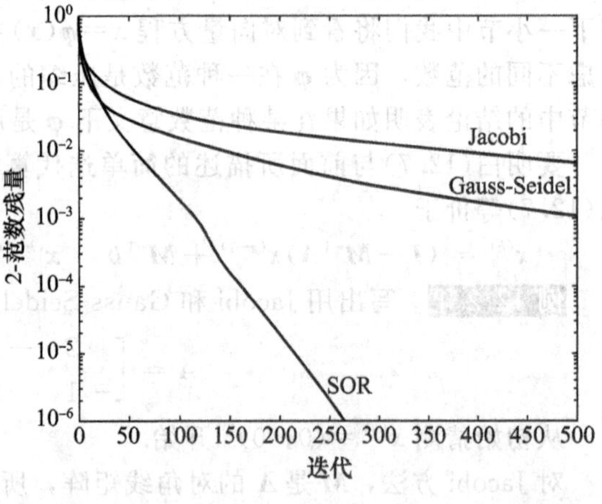

图 12-9 Jacobi，Gauss-Seidel 和 SOR 迭代法的收敛性

12.2.3 收敛性分析

在研究求解线性方法组的这种或其他迭代方法中，我们将考虑的问题是：(1)方法是

否收敛到线性方程组的解 $\boldsymbol{A}^{-1}\boldsymbol{b}$，以及(2)如果收敛，它收敛多快(即计算一个与其真解相差不超过某个给定容限的近似解需要多少次迭代)？我们也必须记住每步迭代的工作量；如果一种方法每次迭代比另一种方法需要更多的工作量，那么为了具有竞争性，它必须在相应较少次迭代下收敛.

为回答对这里描述的简单迭代法的这些问题，我们要注意在第 k 步关于误差 $\boldsymbol{e}^{(k)} \equiv \boldsymbol{A}^{-1}\boldsymbol{b} - \boldsymbol{x}^{(k)}$ 的方程. 从 $\boldsymbol{A}^{-1}\boldsymbol{b}$ 减去(12.8)的两边，我们得到方程

$$\boldsymbol{e}^{(k)} = \boldsymbol{e}^{(k-1)} - \boldsymbol{M}^{-1}\boldsymbol{r}^{(k-1)} = (\boldsymbol{I} - \boldsymbol{M}^{-1}\boldsymbol{A})\boldsymbol{e}^{(k-1)}$$

类似的公式对 $\boldsymbol{e}^{(k-1)}$ 也成立，把这个公式代入上面这个式子而且继续下去，就得到

$$\boldsymbol{e}^{(k)} = (\boldsymbol{I} - \boldsymbol{M}^{-1}\boldsymbol{A})\boldsymbol{e}^{(k-1)} = (\boldsymbol{I} - \boldsymbol{M}^{-1}\boldsymbol{A})^2\boldsymbol{e}^{(k-2)} = \cdots = (\boldsymbol{I} - \boldsymbol{M}^{-1}\boldsymbol{A})^k\boldsymbol{e}^{(0)}$$

两边取范数，就得到

$$\|\boldsymbol{e}^{(k)}\| \leqslant \|(\boldsymbol{I} - \boldsymbol{M}^{-1}\boldsymbol{A})^k\| \cdot \|\boldsymbol{e}^{(0)}\| \tag{12.9}$$

这里的 $\|\cdot\|$ 可以是任何一种向量范数，而且我们取矩阵范数为由向量范数：$\|\boldsymbol{B}\| \equiv \max_{\|v\|=1}\|\boldsymbol{B}\boldsymbol{v}\|$ 引入的那种范数. 在这种情形，(12.9)中的界是灵敏的，即，对每个 k 存在初始误差 $\mathrm{e}^{(0)}$ 使等式成立(尽管使等式在第 k 步成立的初始误差可能与在某个其他第 j 步使等式成立的初始误差不同). 332

定理 12.2.1　*对每个初始误差 $\boldsymbol{e}^{(0)}$，当 $k \to \infty$ 时在迭代(12.8)中，误差的范数收敛于 0 以及 $\boldsymbol{x}^{(k)}$ 收敛于 $\boldsymbol{A}^{-1}\boldsymbol{b}$，当且仅当*

$$\lim_{k\to\infty}\|(\boldsymbol{I} - \boldsymbol{M}^{-1}\boldsymbol{A})^k\| = 0$$

证明　在(12.9)两边取极限表明如果 $\lim_{k\to\infty}\|(\boldsymbol{I}-\boldsymbol{M}^{-1}\boldsymbol{A})^k\|=0$，那么 $\lim_{k\to\infty}\|\boldsymbol{e}^{(k)}\|=0$. “仅当”部分需更多一点手段来证明. 假设相反，$\lim_{k\to\infty}\|(\boldsymbol{I}-\boldsymbol{M}^{-1}\boldsymbol{A})^k\| \neq 0$. 那么存在正数 α，对无穷多个 k 的值使得 $\|(\boldsymbol{I}-\boldsymbol{M}^{-1}\boldsymbol{A})^k\| > \alpha$. 使(12.9)中的等式在第 k 步成立其范数为 1 的向量 $\boldsymbol{e}^{(0,k)}$ $(k=1, 2, \cdots)$组成 $\mathbf{C}^n$ 中一个有界无限集，因此由 Bolzano-Weierstrass 定理，它们含有一个收敛的子序列. 令 $\boldsymbol{e}^{(0)}$ 是这个子序列的极限. 那么对任意 $\varepsilon > 0$，在这个子序列中当 k 充分大，我们有 $\|\boldsymbol{e}^{(0)} - \boldsymbol{e}^{(0,k)}\| \leqslant \varepsilon$，因此

$$\begin{aligned}\|(\boldsymbol{I} - \boldsymbol{M}^{-1}\boldsymbol{A})^k\boldsymbol{e}^{(0)}\| &\geqslant \|(\boldsymbol{I} - \boldsymbol{M}^{-1}\boldsymbol{A})^k\boldsymbol{e}^{(0,k)}\| - \|(\boldsymbol{I} - \boldsymbol{M}^{-1}\boldsymbol{A})^k(\boldsymbol{e}^{(0,k)} - \boldsymbol{e}^{(0)})\| \\ &\geqslant \|(\boldsymbol{I} - \boldsymbol{M}^{-1}\boldsymbol{A})^k\|(1-\epsilon) \geqslant \alpha(1-\epsilon)\end{aligned}$$

对 $\varepsilon < 1$，上式右端是正的，又因为这个不等式对无限多个 k 值成立，这就得出 $\lim_{k\to\infty}\|(\boldsymbol{I}-\boldsymbol{M}^{-1}\boldsymbol{A})^k\boldsymbol{e}^{(0)}\|$ 不可能是 0，或者这个极限不存在或者它大于 0.

矩阵 $\boldsymbol{G}$ 的谱半径，或者矩阵 $\boldsymbol{G}$ 的绝对值最大的特征值，将用来进一步解释定理 12.2.1 的结论.

定义　*$n \times n$ 矩阵 $\boldsymbol{G}$ 的谱半径是*

$$\rho(\boldsymbol{G}) = \max\{|\lambda|：\lambda \text{ 是 } \boldsymbol{G} \text{ 的特征值}\}$$

下面的定理把谱半径与矩阵范数联系起来. 它的证明有赖于 12.1 节中介绍的 Schur 型.

定理 12.2.2　*对每一个矩阵范数 $\|\cdot\|$ 和每一个 $n \times n$ 矩阵 $\boldsymbol{G}$，$\rho(\boldsymbol{G}) \leqslant \|\boldsymbol{G}\|$. 给定 $n \times n$ 矩阵 $\boldsymbol{G}$ 和任意 $\varepsilon > 0$，存在由某种向量范数引出的矩阵范数 $\|\!|\cdot|\!\|$ 使得 $\|\!|\boldsymbol{G}|\!\| \leqslant \rho(\boldsymbol{G}) + \varepsilon$.*

证明　要弄清 $\rho(\boldsymbol{G}) \leqslant \|\boldsymbol{G}\|$，注意至少存在 $\boldsymbol{G}$ 的一个特征值 λ，使得 $|\lambda| = \rho$. 设 $\boldsymbol{v}$ 是与

这个特征值λ相应的特征向量，并设$\boldsymbol{V}$是各列是v的$n\times n$矩阵．于是$\boldsymbol{GV}=\lambda\boldsymbol{V}$，并且对任何矩阵范数$\|\cdot\|$有$|\lambda|\cdot\|\boldsymbol{V}\|=\|\lambda\boldsymbol{V}\|=\|\boldsymbol{GV}\|\leqslant\|\boldsymbol{G}\|\cdot\|\boldsymbol{V}\|$．所以$\rho(\boldsymbol{G})=|\lambda|\leqslant\|\boldsymbol{G}\|$．现在假设给定$n\times n$矩阵$\boldsymbol{G}$及数$\varepsilon>0$．我们要确定一种范数$|||\cdot|||$使得$|||\boldsymbol{G}|||\leqslant\rho(\boldsymbol{G})+\varepsilon$．根据Schur三对角化定理12.1.4，存在单位矩阵$\boldsymbol{Q}$和上三角矩阵$\boldsymbol{T}$使得$\boldsymbol{G}=\boldsymbol{QTQ}^*$．设$\delta>0$是
333 待确定的参数，并设$\boldsymbol{D}=\mathrm{diag}(1,\delta,\delta^2,\cdots,\delta^{n-1})$．那么

$$\boldsymbol{D}^{-1}\boldsymbol{TD}=\begin{bmatrix} t_{11} & \delta t_{12} & \delta^2 t_{13} & \cdots & \delta^{n-1}t_{1n} \\ & t_{22} & \delta t_{23} & \cdots & \delta^{n-2}t_{2n} \\ & & \ddots & \ddots & \vdots \\ & & & \ddots & \delta t_{n-1,n} \\ & & & & t_{nn} \end{bmatrix}$$

对充分小的$\delta>0$，我们能使这个矩阵的严格上三角的元素如我们想要的那么小．尤其是，我们能使这个严格上三角的任意列的元素的绝对值之和小于ε．因为对角线元素是特征值而且每个特征值的绝对值小于或等于$\rho(\boldsymbol{G})$，这就得到$\|\boldsymbol{D}^{-1}\boldsymbol{TD}\|_1\leqslant\rho(\boldsymbol{G})+\varepsilon$．（回忆$\|\cdot\|_1$是最大的绝对值列和）．对任意$n\times n$矩阵$\boldsymbol{C}$用

$$|||\boldsymbol{C}|||\equiv\|\boldsymbol{D}^{-1}\boldsymbol{Q}^*\boldsymbol{CQD}\|_1$$

定义矩阵范数$|||\cdot|||$．那么$|||\boldsymbol{G}|||=\|\boldsymbol{D}^{-1}\boldsymbol{TD}\|_1\leqslant\rho(\boldsymbol{G})+\varepsilon$．要弄清$|||\cdot|||$确实是由某种向量范数引入的矩阵范数，注意到，如果对每一个n维向量$\boldsymbol{y}$，我们定义$|||\boldsymbol{y}|||\equiv\|\boldsymbol{D}^{-1}\boldsymbol{Q}^*\boldsymbol{y}\|_1$，那么

$$\begin{aligned}\max_{|||\boldsymbol{y}|||=1}|||\boldsymbol{Cy}|||&=\max_{\|\boldsymbol{D}^{-1}\boldsymbol{Q}^*\boldsymbol{y}\|_1=1}\|\boldsymbol{D}^{-1}\boldsymbol{Q}^*\boldsymbol{Cy}\|_1=\max_{\|\boldsymbol{D}^{-1}\boldsymbol{Q}^*\boldsymbol{y}\|_1=1}\|\boldsymbol{D}^{-1}\boldsymbol{Q}^*\boldsymbol{CQD}(\boldsymbol{D}^{-1}\boldsymbol{Q}^*\boldsymbol{y})\|_1\\&=\max_{\|\boldsymbol{w}\|_1=1}\|\boldsymbol{D}^{-1}\boldsymbol{Q}^*\boldsymbol{CQDw})\|_1=\|\boldsymbol{D}^{-1}\boldsymbol{Q}^*\boldsymbol{CQD}\|_1\equiv|||\boldsymbol{C}|||\end{aligned}$$

因此如果$|||\boldsymbol{y}|||\equiv\|\boldsymbol{D}^{-1}\boldsymbol{Q}^*\boldsymbol{y}\|_1$定义一种向量范数，那么矩阵范数$|||\cdot|||$就是由这个向量范数所引入的．留作习题，检验$|||\cdot|||$是满足向量范数的要求的．

以下是定理12.2.2的推论．

定理 12.2.3　*设$\boldsymbol{G}$是$n\times n$矩阵，那么$\lim\limits_{k\to\infty}\boldsymbol{G}^k=0$，当且仅当$\rho(\boldsymbol{G})<1$．*

证明　首先假设$\lim\limits_{k\to\infty}\boldsymbol{G}^k=0$．设$\lambda$是$\boldsymbol{G}$相应于特征向量$\boldsymbol{v}$的特征值．因为当$k\to\infty$时，$\boldsymbol{G}^k\boldsymbol{v}=\lambda\boldsymbol{v}\to0$，这就意味着$|\lambda|<1$．

相反地，如果说$\rho(\boldsymbol{G})<1$，那么由定理12.2.2，存在矩阵范数$|||\cdot|||$使得$|||\boldsymbol{G}|||<1$．这就得出当$k\to\infty$时$|||\boldsymbol{G}^k|||\leqslant|||\boldsymbol{G}|||^k\to0$．因为$n\times n$矩阵集合的所有范数等价(即，对任意两种范数$\|\cdot\|$和$|||\cdot|||$，存在常数$c$和$C$使得对所有$n\times n$矩阵$\boldsymbol{G}$，有$c\|\boldsymbol{G}\|\leqslant|||\boldsymbol{G}|||\leqslant C\|\boldsymbol{G}\|$)，这就得出当$k\to\infty$时，$\boldsymbol{G}^k$的所有范数趋于0．譬如说，取范数为1-范数(最大绝对值列和)或∞-范数(最大
334 绝对值行和)，很清楚这就意味着当$k\to\infty$时$\boldsymbol{G}^k$的所有元素趋于0；也就是，$\lim\limits_{k\to\infty}\boldsymbol{G}^k=0$．　□

有了这个结论，定理12.2.1能重述如下：

定理 12.2.4　*对每一个初始误差$\boldsymbol{e}^{(0)}$，当$k\to\infty$时，迭代(12.8)中误差的范数收敛于0而且$\boldsymbol{x}^{(k)}$收敛于$\boldsymbol{A}^{-1}\boldsymbol{b}$，当且仅当*

$$\rho(\boldsymbol{I}-\boldsymbol{M}^{-1}\boldsymbol{A})<1$$

定理12.2.4给出了迭代方法(12.8)收敛的充要条件，验证起来并不容易．一般而言，

并不知道迭代矩阵 $\boldsymbol{I}-\boldsymbol{M}^{-1}\boldsymbol{A}$ 的谱半径，或者它是否小于 1. 然而在有些场合，这个条件能够验证. 有大量足以保证 $\rho(\boldsymbol{I}-\boldsymbol{M}^{-1}\boldsymbol{A})<1$ 的关于 $\boldsymbol{A}$ 和 $\boldsymbol{M}$ 的性质的文献. 这里我们仅证明两个这种结论. 回忆 $n\times n$ 矩阵称为严格对角占优(或严格行对角占优)，如果对每一个 $i=1,\cdots,n,|a_{ii}|>\sum_{j\neq i}|a_{ij}|$；用文字来表达，就是每一个对角线元素的绝对值大于这一行的非对角线元素的绝对值之和.

定理 12.2.5　如果 $\boldsymbol{A}$ 严格对角占优，那么对任一初始向量 $\boldsymbol{x}^{(0)}$，Jacobi 迭代收敛于线性方程组 $\boldsymbol{Ax}=\boldsymbol{b}$ 的唯一解.

证明　因为 $\boldsymbol{M}=\mathrm{diag}(\boldsymbol{A})$，所以矩阵 $\boldsymbol{I}-\boldsymbol{M}^{-1}\boldsymbol{A}$ 在主对角线上全是 0，而且对 $i\neq j$，它的$(i,\ j)$元素是 $-a_{ij}/a_{ii}$. 考虑这个矩阵的∞-范数：

$$\|\boldsymbol{I}-\boldsymbol{M}^{-1}\boldsymbol{A}\|_{\infty}=\max_{i=1,\cdots,n}\sum_{j\neq i}\left|\frac{a_{ij}}{a_{ii}}\right|=\max_{i=1,\cdots,n}\frac{1}{|a_{ii}|}\sum_{j\neq i}|a_{ij}| \tag{12.10}$$

因为 $\boldsymbol{A}$ 严格对角占优，$|a_{ii}|>\sum_{j\neq i}|a_{ij}|$ 对所有的 i 成立，因此从表达式(12.10)得出 $\|\boldsymbol{I}-\boldsymbol{M}^{-1}\boldsymbol{A}\|_{\infty}<1$. 于是由定理 12.2.1 得出 Jacobi 迭代收敛到 $\boldsymbol{A}^{-1}\boldsymbol{b}$(根据 Gerschgorin 定理，$\boldsymbol{A}$ 严格对角占优也蕴含了非奇异，因此 $\boldsymbol{Ax}=\boldsymbol{b}$ 的解唯一). □

如果 $\boldsymbol{A}$ 严格对角占优，也能证明 Gauss-Seidel 方法收敛. 然而，代之以我们将就 $\boldsymbol{A}$ 对称正定证明 Gauss-Seidel 方法的收敛性. 为方便起见，我们假设 $\boldsymbol{A}$ 已由它的对角元预调过了；即，实对称正定矩阵 $\boldsymbol{A}$ 有 $\boldsymbol{A}=\boldsymbol{I}+\boldsymbol{L}+\boldsymbol{L}^{\mathrm{T}}$ 的形式，这里 $\boldsymbol{I}$(单位矩阵)是 $\boldsymbol{A}$ 的对角矩阵，而 $\boldsymbol{L}$ 是 $\boldsymbol{A}$ 的严格下三角矩阵；严格上三角矩阵是 $\boldsymbol{L}^{\mathrm{T}}$，因为 $\boldsymbol{A}$ 是对称的. 我们以前提到一个实对称矩阵是正定的如果它的所有特征值是正的. 一个等价准则是：$\boldsymbol{A}$ 是正定的如果对所有非零向量 $\boldsymbol{v}$(实或复)有

$$\boldsymbol{v}^{*}\boldsymbol{Av}>0 \tag{12.11}$$

这里 $\boldsymbol{v}^{*}$ 表示 Hermitian 转置. 如 $\boldsymbol{v}$ 是实的，那么它就是通常的转置，但是如果 $\boldsymbol{v}$ 是复的，那么它是复共轭转置：$\boldsymbol{v}^{*}\equiv(\bar{v}_1,\ \cdots,\ \bar{v}_n)$，因此，$\boldsymbol{v}^{*}A\boldsymbol{v}=\sum_{i,j=1}^{n}a_{ij}\bar{v}_i v_j$. 335

定理 12.2.6　如果 $\boldsymbol{A}$ 是实对称而且正定，并有形式 $\boldsymbol{A}=\boldsymbol{I}+\boldsymbol{L}+\boldsymbol{L}^{\mathrm{T}}$，这里 $\boldsymbol{I}$ 是 $\boldsymbol{A}$ 的对角矩阵，而 $\boldsymbol{L}$ 是 $\boldsymbol{A}$ 的严格下三角矩阵，那么对任意初始向量 $\boldsymbol{x}^{(0)}$，Gauss-Seidel 迭代收敛于线性方程组 $\boldsymbol{Ax}=\boldsymbol{b}$ 的唯一解.

证明　首先指出，因为 $\boldsymbol{A}$ 有正的特征值，它是非奇异的，因此线性方程组 $\boldsymbol{Ax}=\boldsymbol{b}$ 有唯一解. Gauss-Seidel 迭代矩阵是 $\boldsymbol{I}-\boldsymbol{M}^{-1}\boldsymbol{A}$，这里 $\boldsymbol{M}=\boldsymbol{I}+\boldsymbol{L}$；因此

$$\boldsymbol{I}-\boldsymbol{M}^{-1}\boldsymbol{A}=\boldsymbol{I}-(\boldsymbol{I}+\boldsymbol{L})^{-1}(\boldsymbol{I}+\boldsymbol{L}+\boldsymbol{L}^{\mathrm{T}})=-(\boldsymbol{I}+\boldsymbol{L})^{-1}\boldsymbol{L}^{\mathrm{T}}$$

基于定理 12.2.4，我们要证明这个矩阵的所有特征值的绝对值小于 1. 设 λ 是特征值而 $\boldsymbol{v}$ 是其相应的正则化特征向量($\|\boldsymbol{v}\|_2=1$). 那么 $-(\boldsymbol{I}+\boldsymbol{L})^{-1}\boldsymbol{L}^{\mathrm{T}}\boldsymbol{v}=\lambda\boldsymbol{v}$，或者用$(\boldsymbol{I}+\boldsymbol{L})$乘两边得

$$-\boldsymbol{L}^{\mathrm{T}}\boldsymbol{v}=\lambda(\boldsymbol{I}+\boldsymbol{L})\boldsymbol{v}$$

用 $\boldsymbol{v}^{*}$ 左乘这个方程的两端，得到

$$-\boldsymbol{v}^{*}\boldsymbol{L}^{\mathrm{T}}\boldsymbol{v}=\lambda(1+\boldsymbol{v}^{*}\boldsymbol{Lv}) \tag{12.12}$$

设复数 $\boldsymbol{v}^{*}\boldsymbol{Lv}$ 表示为 $\alpha+\mathrm{i}\beta$，这里 $\mathrm{i}=\sqrt{-1}$. 于是，因为这个量就是一个数，它的 Hermitian 转置 $v^* L v$ 就是它的共轭复数 $\alpha - \mathrm{i}\beta$. 因此方程(12.12)能写成

$$-\alpha + \mathrm{i}\beta = \lambda(1 + \alpha + \mathrm{i}\beta)$$

在两边取模，我们得到

$$\sqrt{\alpha^2 + \beta^2} = |\lambda| \sqrt{1 + 2\alpha + \alpha^2 + \beta^2}$$

如果 $1 + 2\alpha > 0$，就得到 $|\lambda| < 1$. 但是因为 $A = I + L + L^{\mathrm{T}}$ 是正定的. 从(12.1)得到 $v^* A v > 0$，以及 $v^* A v = 1 + v^* L v + v^* L^{\mathrm{T}} v = 1 + (\alpha + \mathrm{i}\beta) + (\alpha - \mathrm{i}\beta) = 1 + 2\alpha$. □

对任一非奇异矩阵，可以证明矩阵 $A^{\mathrm{T}}A$ 是对称正定的. 因此，如果线性方程组 $Ax = b$ 被对称正定方程组 $A^{\mathrm{T}}Ax = A^{\mathrm{T}}b$ 所代替，那么 Gauss-Seidel 迭代是保证收敛的. 问题是收敛速度可能非常慢，一般而言这种对称正定方程组，称为法方程，以此来代替 $Ax = b$ 是一个坏主意. 我们在第 7.6 节已经看到 $A^{\mathrm{T}}A$ 的条件数是 A 的条件数的平方，导致在直接解线性方程组或最小二乘问题时可能失去精度.

12.2.4 共轭梯度法

在这一小节，我们集中注意对称正定矩阵 A. 如果用到预优矩阵 M，那么我们也要求 M 是对称正定的.

现在假设 M 是单位矩阵，而且希望仅用矩阵-向量相乘以及可能还有一些向量的运算来解 $Ax = b$. 如前，以初始猜测 $x^{(0)}$ 开始求解并计算初始残量 $r^{(0)} = b - Ax^{(0)}$. 因为 $r^{(0)}$ 是
336 与 $x^{(0)}$ 的误差有关的仅有可用的向量，看来有理由用 $x^{(0)}$ 加上一个 $r^{(0)}$ 的标量倍数来代替 $x^{(0)}$ 以期得到一个改进的近似 $x^{(1)} = x^{(0)} + c_0 r^{(0)}$（在简单的迭代法中，取 $c_0 = 1$）. 于是新的残量 $r^{(1)} \equiv b - Ax^{(1)}$ 满足 $r^{(1)} = b - Ax^{(0)} - c_0 A r^{(0)} = (I - c_0 A) r^{(0)}$. 在计算了新的残量后，看来有理由用 $x^{(1)}$ 加上一个 $r^{(1)}$ 的标量倍数来代替 $x^{(1)}$ 以期得到更好的近似解. 换句话说，新的近似解 $x^{(2)}$ 可以令其等于 $x^{(0)}$ 加上 $r^{(0)}$ 和 $r^{(1)}$ 的某个线性组合，由此使得在 $x^{(2)}$ 的选择中更加灵活. 因为 $r^{(1)} = r^{(0)} - c_0 A r^{(0)}$，这等价于把 $x^{(2)}$ 取作 $x^{(0)}$ 加上 $r^{(0)}$ 和 $Ar^{(0)}$ 的线性组合. 当计算新的残量 $r^{(2)} \equiv b - Ax^{(2)}$ 时，容易看到向量 $r^{(0)}$，$r^{(1)}$ 和 $r^{(2)}$ 张成与 $r^{(0)}$，$Ar^{(0)}$ 和 $A^2 r^{(0)}$ 张成相同的空间. 因此下一个近似 $x^{(3)}$ 可以取为 $x^{(0)}$ 加上这些向量的某个线性组合. 一般地，在第 k 步，可取 $x^{(k)}$ 为 $x^{(0)}$ 加上

$$\{r^{(0)}, Ar^{(0)}, A^2 r^{(0)}, \cdots, A^{k-1} r^{(0)}\} \tag{12.13}$$

的某个线性组合.

由(12.13)中的向量张成的空间叫作 **Krylov 空间**. 简单的迭代法以及几乎每一种以 $M = I$ 的其他迭代法都生成近似解 $x^{(k)}$，而 $x^{(k)} - x^{(0)}$ 落在这种 Krylov 空间中. 根据选择这些向量不同的线性组合作为近似解的迭代方法互不相同.

如果用了预优矩阵 M，那么用改进的问题 $M^{-1}Ax = M^{-1}b$ 来代替原线性方程组 $Ax = b$，而且对 $k = 1, 2, \cdots$，置近似解 $x^{(k)}$ 为 $x^{(0)}$ 加上

$$\{z^{(0)}, (M^{-1}A) z^{(0)}, (M^{-1}A)^2 z^{(0)}, \cdots, (M^{-1}A)^{k-1} z^{(0)}\} \tag{12.14}$$

的某个线性组合，这里 $z^{(0)} = M^{-1}(b - Ax^{(0)})$.

理想地，人们喜欢从仿射空间，$x^{(0)}$ 加上(12.13)或(12.14)中的向量张成的空间来选择向量 $x^{(k)}$，以使在某种想要的范数意义下误差 $e^{(k)} \equiv A^{-1}b - x^{(k)}$ 最小. 通常，譬如说，人们可能对误差的 2-范数取极小感兴趣. 但这做起来很困难. 已经证明如果 A 和 M 对称正

定，且对误差的 A-范数 $\|\boldsymbol{e}^{(k)}\|_A \equiv \langle \boldsymbol{e}^{(k)}, \boldsymbol{A}\boldsymbol{e}^{(k)} \rangle^{1/2}$ 取极小，那么有一种能做到这一点的简单算法．它称为**共轭梯度算法**，是 M. Hestenes 和 E. Stiefel 在 1952 年发明的[51]，但在同一年(并且在 Jour. of the Nat. Bur. Standards 的同一卷中)Cornelius Lanczos[62] 指出它等价于 1950 年他为计算特征值描述的算法[61]．

共轭梯度法能由许多不同的方法导出．因为在 7.6 节讨论过最小二乘问题，我们将以类似于那里用过的方法来导出它，只是，现在我们是在最小化误差的 A-范数，所以我们需要在其上进行最小化的空间的一组 A-正交基．为了简化记号，再假设预优矩阵就是单位矩阵．假定 $\{\boldsymbol{p}^{(0)}, \cdots, \boldsymbol{p}^{(k-1)}\}$ 组成 Krylov 空间的一组 A-正交基 337

$$K_k(\boldsymbol{A}, \boldsymbol{r}^{(0)}) \equiv \text{span}\{\boldsymbol{r}^{(0)}, \boldsymbol{A}\boldsymbol{r}^{(0)}, \cdots, \boldsymbol{A}^{k-1}\boldsymbol{r}^{(0)}\} \tag{12.15}$$

即，向量 $\{\boldsymbol{p}^{(0)}, \cdots, \boldsymbol{p}^{(k-1)}\}$ 与 $\{\boldsymbol{r}^{(0)}, \boldsymbol{A}\boldsymbol{r}^{(0)}, \cdots, \boldsymbol{A}^{k-1}\boldsymbol{r}^{(0)}\}$ 张成相同的空间，而且 $\langle \boldsymbol{p}^{(i)}, \boldsymbol{A}\boldsymbol{p}^{(j)} \rangle = 0$，当 $i \neq j$．对于某些系数 c_j 近似解具有形式

$$\boldsymbol{x}^{(k)} = \boldsymbol{x}^{(0)} + \sum_{j=0}^{k-1} c_j \boldsymbol{p}^{(j)} \tag{12.16}$$

所以误差 $\boldsymbol{e}^{(k)}$ 具有形式

$$\boldsymbol{e}^{(k)} = \boldsymbol{e}^{(0)} - \sum_{j=0}^{k-1} c_j \boldsymbol{p}^{(j)}$$

要最小化 $\boldsymbol{e}^{(k)}$ 的 A-范数，人们必须选取系数使 $\boldsymbol{e}^{(k)}$ A-正交于 $\{\boldsymbol{p}^{(0)}, \cdots, \boldsymbol{p}^{(k-1)}\}$，即

$$c_j = \frac{\langle \boldsymbol{e}^{(0)}, \boldsymbol{A}\boldsymbol{p}^{(j)} \rangle}{\langle \boldsymbol{p}^{(j)}, \boldsymbol{A}\boldsymbol{p}^{(j)} \rangle} = \frac{\langle \boldsymbol{r}^{(0)}, \boldsymbol{p}^{(j)} \rangle}{\langle \boldsymbol{p}^{(j)}, \boldsymbol{A}\boldsymbol{p}^{(j)} \rangle} \tag{12.17}$$

这里我们用到了 $\boldsymbol{A}$ 对称(所以 $\langle \boldsymbol{e}^{(0)}, \boldsymbol{A}\boldsymbol{p}^{(j)} \rangle = \langle \boldsymbol{A}\boldsymbol{e}^{(0)}, \boldsymbol{p}^{(j)} \rangle$)和 $\boldsymbol{A}\boldsymbol{e}^{(0)} = \boldsymbol{r}^{(0)}$ 的事实来导出这些无须知道误差向量 $\boldsymbol{e}^{(0)}$ 就能计算得到的系数的表达式．[注意到如果我们以一组正交(在通常的 Euclidean 意义下)基最小化 $\boldsymbol{e}^{(k)}$ 的 2-范数而不是 A-范数，不知道初始误差 $\boldsymbol{e}^{(0)}$ 及其解 $\boldsymbol{x}^{(0)} + \boldsymbol{e}^{(0)}$ 就不能算出所需要的系数公式 $\dfrac{\langle \boldsymbol{e}^{(0)}, \boldsymbol{p}^{(j)} \rangle}{\langle \boldsymbol{p}^{(j)}, \boldsymbol{p}^{(j)} \rangle}$.]

在以(12.17)为系数的方程(12.16)为来自每一个逐次的 Krylov 空间的最优近似解提供公式时，这种形式在实行时并不实用．我们看一下在构造 A-正交基向量 $\boldsymbol{p}^{(0)}, \boldsymbol{p}^{(1)}, \cdots$，和在形成近似解 $\boldsymbol{x}^{(k)}$ 的过程中能节省多少．首先注意如果已经构造 $\boldsymbol{x}^{(k-1)}$ 使得 $\boldsymbol{e}^{(k-1)}$ A-正交于 $\boldsymbol{p}^{(0)}, \cdots, \boldsymbol{p}^{(k-2)}$，那么因为 $\boldsymbol{p}^{(k-1)}$ 也 A-正交这些向量，如果我们取

$$\boldsymbol{x}^{(k)} = \boldsymbol{x}^{(k-1)} + a_{k-1}\boldsymbol{p}^{(k-1)}$$

其中

$$a_{k-1} = \frac{\langle \boldsymbol{e}^{(k-1)}, \boldsymbol{A}\boldsymbol{p}^{(k-1)} \rangle}{\langle \boldsymbol{p}^{(k-1)}, \boldsymbol{A}\boldsymbol{p}^{(k-1)} \rangle} = \frac{\langle \boldsymbol{r}^{(k-1)}, \boldsymbol{p}^{(k-1)} \rangle}{\langle \boldsymbol{p}^{(k-1)}, \boldsymbol{A}\boldsymbol{p}^{(k-1)} \rangle}$$

那么 $\boldsymbol{e}^{(k)} = \boldsymbol{e}^{(k-1)} - a_{k-1}\boldsymbol{p}^{(k-1)}$ A-正交于 $\boldsymbol{p}^{(k-1)}$ 以及 $\boldsymbol{p}^{(0)}, \cdots, \boldsymbol{p}^{(k-2)}$.

要构造 A-正交基向量 $\boldsymbol{p}^{(0)}, \boldsymbol{p}^{(1)}, \cdots\cdots$，我们通过置 $\boldsymbol{p}^{(0)} = \boldsymbol{r}^{(0)}$ 开始．假设已构造了具有所要求正交性的 $\boldsymbol{p}^{(0)}, \cdots, \boldsymbol{p}^{(k-1)}$，并从这些向量计算得到 $\boldsymbol{x}^{(1)}, \cdots, \boldsymbol{x}^{(k)}$ 以及 $\boldsymbol{r}^{(1)}, \cdots, \boldsymbol{r}^{(k)}$．要构造下一个 A-正交基向量 $\boldsymbol{p}^{(k)}$，我们首先注意 $\boldsymbol{r}^{(k)} = \boldsymbol{r}^{(k-1)} - a^{k-1}\boldsymbol{A}\boldsymbol{p}^{(k-1)}$ 落在 $(k+1)$ 维 338
Krylov空间 $K_{k+1}(A, \boldsymbol{r}^{(0)})$ 中，而且因为 $\boldsymbol{e}^{(k)}$ A-正交于 $\text{span}\{\boldsymbol{p}^{(0)}, \cdots, \boldsymbol{p}^{(k-1)}\} = K_k(\boldsymbol{A}, \boldsymbol{r}^{(0)})$，于是 $\boldsymbol{r}^{(k)} = \boldsymbol{A}\boldsymbol{e}^{(k)}$ A-正交于这些除了最后一个向量以外的所有向量；即，$\langle \boldsymbol{r}^{(k)}, \boldsymbol{A}\boldsymbol{p}^{(j)} \rangle = 0$ $(j = 0, \cdots, k-2)$．因此如果我们置

$$\boldsymbol{p}^{(k)} = \boldsymbol{r}^{(k)} + b_{k-1}\boldsymbol{p}^{(k-1)}$$

这里

$$b_{k-1} = -\frac{\langle \boldsymbol{r}^{(k)}, \boldsymbol{A}\boldsymbol{p}^{(k-1)} \rangle}{\langle \boldsymbol{p}^{(k-1)}, \boldsymbol{A}\boldsymbol{p}^{k-1} \rangle}$$

那么 $\boldsymbol{p}^{(k)}$ A-正交于 $\boldsymbol{p}^{(k-1)}$ 以及 $\boldsymbol{p}^{(0)}, \cdots, \boldsymbol{p}^{(k-2)}$. 这就是共轭梯度法是如何执行的.

在实际中，经常用略有不同但是等价的系数公式：

对称正定问题的共轭梯度(CG)算法

给定初始猜测 $\boldsymbol{x}^{(0)}$，计算 $\boldsymbol{r}^{(0)} = \boldsymbol{b} - \boldsymbol{A}\boldsymbol{x}^{(0)}$，并且置 $\boldsymbol{p}^{(0)} = \boldsymbol{r}^{(0)}$.

对 $k = 1, 2, \cdots$,

计算 $\boldsymbol{A}\boldsymbol{p}^{(k-1)}$.

置 $\boldsymbol{x}^{(k)} = \boldsymbol{x}^{(k-1)} + a_{k-1}\boldsymbol{p}^{(k-1)}$，这里 $a_{k-1} = \dfrac{\langle \boldsymbol{r}^{(k-1)}, \boldsymbol{r}^{(k-1)} \rangle}{\langle \boldsymbol{p}^{(k-1)}, \boldsymbol{A}\boldsymbol{p}^{(k-1)} \rangle}$.

计算 $\boldsymbol{r}^{(k)} = \boldsymbol{r}^{(k-1)} - a_{k-1}\boldsymbol{A}\boldsymbol{p}^{(k-1)}$.

置 $\boldsymbol{p}^{(k)} = \boldsymbol{r}^{(k)} + b_{k-1}\boldsymbol{p}^{(k-1)}$，这里 $b_{k-1} = \dfrac{\langle \boldsymbol{r}^{(k)}, \boldsymbol{r}^{(k)} \rangle}{\langle \boldsymbol{r}^{(k-1)}, \boldsymbol{r}^{(k-1)} \rangle}$.

注意每次迭代需要一次矩阵-向量乘法(计算 $\boldsymbol{A}\boldsymbol{p}^{(k-1)}$)和两个内积(计算 $\langle \boldsymbol{p}^{(k-1)}, \boldsymbol{A}\boldsymbol{p}^{(k-1)} \rangle$ 和 $\langle \boldsymbol{r}^{(k)}, \boldsymbol{r}^{(k)} \rangle$；内积 $\langle \boldsymbol{r}^{(k-1)}, \boldsymbol{r}^{(k-1)} \rangle$ 可根据前一次迭代省去计算)，以及三次一个向量和另一个向量标量倍乘的加法，在大多数情形，矩阵-向量乘法是迭代最耗费的部分，而一些额外的向量运算是从 Krylov 空间得到最优的(在 A-范数定义下)近似解. 因此，依据迭代次数，共轭梯度算法比任何其他(没有预优)迭代法更快地把误差的 A-范数降低到给定的界限之下.

还注意到因为第 k 步的误差具有 $\boldsymbol{e}^{(0)}$ 加上 $\{\boldsymbol{r}^{(0)}, \boldsymbol{A}\boldsymbol{r}^{(0)}, \cdots, \boldsymbol{A}^{k-1}\boldsymbol{r}^{(0)}\}$ 的线性组合的形式，如果，在第 k 步，向量集合 $\{\boldsymbol{e}^{(0)}, \boldsymbol{r}^{(0)} = \boldsymbol{A}\boldsymbol{e}^{(0)}, \cdots, \boldsymbol{A}^{k-1}\boldsymbol{r}^{(0)} = \boldsymbol{A}^{k}\boldsymbol{e}^{(0)}\}$ 线性无关，它是这一形式的所有向量中，A-范数最小的，那么 $\boldsymbol{e}^{(k)}$ 是 0，而且这个算法将求得精确解；在这种情形，因为存在这些向量的一个线性组合 $\sum_{j=0}^{k} c_j \boldsymbol{A}_j \boldsymbol{e}^{(0)}$ 等于 0 但并不是所有 c_j 为 0. 如果 c_J 是在这个线性组合中第一个非零系数，那么就得到 $c_J \boldsymbol{A}^J \boldsymbol{e}^{(0)} = -\sum_{j=J+1}^{k} c_j \boldsymbol{A}^j \boldsymbol{e}^{(0)}$ 或者

339 $\boldsymbol{e}^{(0)} = -\sum_{j=1}^{k-J} \frac{c_{j+J}}{c_J} A^j \boldsymbol{e}^{(0)}$，所以，事实上，$\boldsymbol{e}^{(k-J)}$ 为 0. 因为最多能有 n 个线性无关的 n 维向量，这就得到共轭梯度法在 n 步内总能求出精确解. 因此这种算法实际上被认为是解线性方程组的直接方法. 既然有望早在 n 步之前它将生成一个好的近似解，那么把它看成一种迭代技巧并问得到一个好的近似解需要多少步则更为有用.

共轭梯度算法的收敛性分析，特别在有限精度计算中是一个非常吸引人的课题，可惜的是我们在这里不能触及更多的信息，例如，可见[48]. 我们特别叙述以下定理，用对称正定矩阵 $\boldsymbol{A}$ 的 2-范数条件数(即最大和最小特征值之比)给出 CG 算法在第 k 步误差的 A-范数上界.

定理 12.2.7 设 $\boldsymbol{e}^{(k)}$ 是 CG 算法用于实对称正定线性方程组 $\boldsymbol{A}\boldsymbol{x} = \boldsymbol{b}$ 在第 k 步的误差. 那么

$$\frac{\|\boldsymbol{e}^{(k)}\|_A}{\|\boldsymbol{e}^{(0)}\|_A} \leqslant 2\left(\frac{\sqrt{\kappa}-1}{\sqrt{\kappa}+1}\right)^k \tag{12.18}$$

这里 $\kappa=\lambda_{\max}/\lambda_{\min}$ 是 A 的最大对最小特征值之比.

例 12.2.3 图 12-10 给出了未经预优的 CG 算法用于前面小节中用 Jacobi，Gauss-Seidel 和 SOR 迭代方法求解 Poisson 方程在正方形上以每个方向取 50 个结点生成的同一线性方程组的收敛性.

对这个问题，即使以最优参数的 SOR 方法也需要超过 250 次迭代才把残量的 2-范数减少到 10^{-6} 以下，而没有预优的 CG 需要少于 150 次迭代，而且还有很大的改进空间！

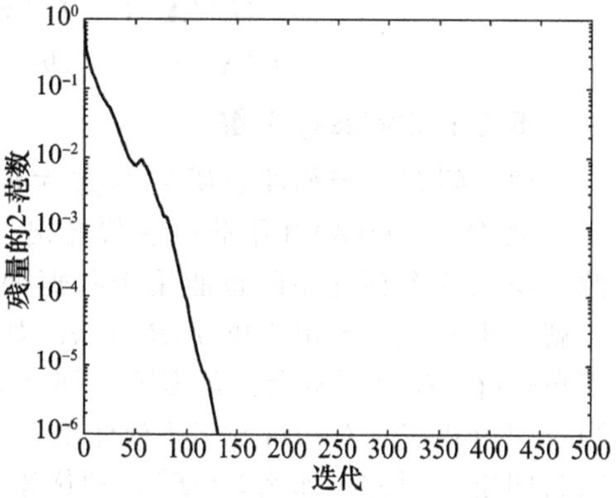

图 12-10 未经预优的 CG 算法的收敛性

340

尽管 CG 方法求出形式(12.16)的最优(在 A-范数意义下)近似解，然而对某些矩阵 $\boldsymbol{A}$，人们在得到这种形式的好的近似解之前必须运行许多步 k. 利用预优矩阵有可能减少迭代次数. 假设预优矩阵 $\boldsymbol{M}$ 对称正定. 那么 7.2.4 节已证明 $\boldsymbol{M}$ 可以分解成形式 $\boldsymbol{M}=\boldsymbol{L}\boldsymbol{L}^{\mathrm{T}}$，这里 $\boldsymbol{L}$ 是对角元素为正的下三角矩阵，设想把 CG 算法应用于对称预优线性方程组 $\boldsymbol{L}^{-1}\boldsymbol{A}\boldsymbol{L}^{-\mathrm{T}}\boldsymbol{y}=\boldsymbol{L}^{-1}\boldsymbol{b}$，其解 $\boldsymbol{y}$ 是 $\boldsymbol{L}^{\mathrm{T}}$ 乘以原线性方程组的解. 那么从初始猜测 $\boldsymbol{y}^{(0)}$ 开始求解并且置 $\hat{\boldsymbol{p}}^{(0)}=\hat{\boldsymbol{r}}^{(0)}=\boldsymbol{L}^{-1}\boldsymbol{b}-\boldsymbol{L}^{-1}\boldsymbol{A}\boldsymbol{L}^{-\mathrm{T}}\boldsymbol{y}^{(0)}$，CG 迭代将取形式

$$\begin{aligned}
\boldsymbol{y}^{(k)} &= \boldsymbol{y}^{(k-1)}+a_{k-1}\hat{\boldsymbol{p}}^{(k-1)}, \quad a_{k-1}=\frac{\langle \hat{\boldsymbol{r}}^{(k-1)},\hat{\boldsymbol{r}}^{(k-1)}\rangle}{\langle \hat{\boldsymbol{p}}^{(k-1)},\boldsymbol{L}^{-1}\boldsymbol{A}\boldsymbol{L}^{-\mathrm{T}}\hat{\boldsymbol{p}}^{(k-1)}\rangle}\\
\hat{\boldsymbol{r}}^{(k)} &= \hat{\boldsymbol{r}}^{(k-1)}-a_{k-1}\boldsymbol{L}^{-1}\boldsymbol{A}\boldsymbol{L}^{-\mathrm{T}}\hat{\boldsymbol{p}}^{(k-1)}\\
\hat{\boldsymbol{p}}^{(k)} &= \hat{\boldsymbol{r}}^{(k)}+b_{k-1}\hat{\boldsymbol{p}}^{(k-1)}, \quad b_{k-1}=\frac{\langle \hat{\boldsymbol{r}}^{(k)},\hat{\boldsymbol{r}}^{(k)}\rangle}{\langle \hat{\boldsymbol{r}}^{(k-1)},\hat{\boldsymbol{r}}^{(k-1)}\rangle}
\end{aligned}$$

定义

$$\boldsymbol{x}^{(k)}\equiv\boldsymbol{L}^{-\mathrm{T}}\boldsymbol{y}^{(k)}, \quad \boldsymbol{r}^{(k)}\equiv\boldsymbol{L}\hat{\boldsymbol{r}}^{(k)}, \quad \boldsymbol{p}^{(k)}\equiv\boldsymbol{L}^{-\mathrm{T}}\hat{\boldsymbol{p}}^{(k)}$$

上面的公式可以用 $\boldsymbol{x}^{(k)}$，$\boldsymbol{r}^{(k)}$ 和 $\boldsymbol{p}^{(k)}$ 写出，这样做就导出了以下求 $\boldsymbol{A}\boldsymbol{x}=\boldsymbol{b}$ 的预优 CG 算法. ■

具有对称正定预优矩阵的对称正定问题的预优共轭梯度(PCG)算法

给定初始猜测 $\boldsymbol{x}^{(0)}$，计算 $\boldsymbol{r}^{(0)}=\boldsymbol{b}-\boldsymbol{A}\boldsymbol{x}^{(0)}$，并解 $\boldsymbol{M}\boldsymbol{z}^{(0)}=\boldsymbol{r}^{(0)}$. 置 $\boldsymbol{p}^{(0)}=\boldsymbol{z}^{(0)}$.

对 $k=1, 2, \cdots$，

计算 $\boldsymbol{A}\boldsymbol{p}^{(k-1)}$.

置 $\boldsymbol{x}^{(k)}=\boldsymbol{x}^{(k-1)}+a_{k-1}\boldsymbol{p}^{(k-1)}$，这里 $a_{k-1}=\dfrac{\langle \boldsymbol{r}^{(k-1)}, \boldsymbol{z}^{(k-1)}\rangle}{\langle \boldsymbol{p}^{(k-1)}, \boldsymbol{A}\boldsymbol{p}^{(k-1)}\rangle}$.

计算 $\boldsymbol{r}^{(k)}=\boldsymbol{r}^{(k-1)}-a_{k-1}\boldsymbol{A}\boldsymbol{p}^{(k-1)}$.

解 $\boldsymbol{M}\boldsymbol{z}^{(k)}=\boldsymbol{r}^{(k)}$.

置 $\boldsymbol{p}^{(k)}=\boldsymbol{z}^{(k)}+b_{k-1}\boldsymbol{p}^{(k-1)}$，这里 $b_{k-1}=\dfrac{\langle \boldsymbol{r}^{(k)}, \boldsymbol{z}^{(k)}\rangle}{\langle \boldsymbol{r}^{(k-1)}, \boldsymbol{z}^{(k-1)}\rangle}$.

341 还有，这种算法使预优方程组的近似解 $\boldsymbol{y}^{(k)}$ 的误差的 $L^{-1}AL^{-\mathrm{T}}$-范数取极小，但这和 $\boldsymbol{x}^{(k)}$ 中的误差的 A-范数相同，这是因为

$$\begin{aligned}
&\langle (\boldsymbol{L}^{-1}\boldsymbol{A}\boldsymbol{L}^{-\mathrm{T}})^{-1}\boldsymbol{L}^{-1}\boldsymbol{b}-\boldsymbol{y}^{(k)},\boldsymbol{L}^{-1}\boldsymbol{b}-(\boldsymbol{L}^{-1}\boldsymbol{A}\boldsymbol{L}^{-\mathrm{T}})\boldsymbol{y}^{(k)}\rangle\\
&=\langle \boldsymbol{L}^{\mathrm{T}}(\boldsymbol{A}^{-1}\boldsymbol{b}-\boldsymbol{L}^{-\mathrm{T}}\boldsymbol{y}^{(k)}),\boldsymbol{L}^{-1}(\boldsymbol{b}-\boldsymbol{A}\boldsymbol{L}^{-\mathrm{T}}\boldsymbol{y}^{(k)})\rangle\\
&=\langle \boldsymbol{A}^{-1}\boldsymbol{b}-\boldsymbol{x}^{(k)},\boldsymbol{b}-\boldsymbol{A}\boldsymbol{x}^{(k)}\rangle=\langle \boldsymbol{e}^{(k)},\boldsymbol{A}\boldsymbol{e}^{(k)}\rangle
\end{aligned}$$

不完全 Cholesky 分解

预优问题是当前注重研究的重大课题之一．我们已经少量提到预优的一些可能选择．取 $\boldsymbol{M}=\mathrm{diag}(\boldsymbol{A})$ 并用简单迭代导出 Jacobi 方法．如果 $\boldsymbol{A}$ 对称正定那么 $\mathrm{diag}(\boldsymbol{A})$ 也是如此，所以这个预优矩阵也能用于共轭梯度算法．另两个提及的预优矩阵与简单迭代法结合就给出 Gauss-Seidel 和 SOR 方法．如果 $\boldsymbol{A}=\boldsymbol{D}-\boldsymbol{L}-\boldsymbol{U}$，这里 $\boldsymbol{D}$ 是对角矩阵，$\boldsymbol{L}$ 是严格下三角矩阵，$\boldsymbol{U}$ 是严格上三角矩阵，那么 SOR 预优矩阵有形式 $\boldsymbol{M}=\omega^{-1}\boldsymbol{D}-\boldsymbol{L}$，$\omega$ 是某参数，当$\omega=1$就相应于 Gauss-Seidel 预优矩阵，这种形式的预优矩阵不能与共轭梯度法一起使用，因为即使 $\boldsymbol{A}$ 对称，那么 $\boldsymbol{U}=\boldsymbol{L}^{\mathrm{T}}$，预优矩阵 $\boldsymbol{M}=\omega^{-1}\boldsymbol{D}-\boldsymbol{L}$ 非对称．SOR 预优矩阵的对称形式是

$$\boldsymbol{M}=\frac{\omega}{2-\omega}(\omega^{-1}\boldsymbol{D}-\boldsymbol{L})\boldsymbol{D}^{-1}(\omega^{-1}\boldsymbol{D}-\boldsymbol{U})$$

如果这种预优矩阵用于简单迭代法，得出的方法叫作**对称逐次超松弛**(SSOR)方法．当 $\boldsymbol{U}=L^{T}$ 时，容易验证这个预优矩阵是对称的，而且如果 $\boldsymbol{A}$ 正定，那么这个预优矩阵也正定．因此 SOR 预优矩阵可用于共轭梯度算法．无论与简单迭代还是共轭梯度算法一起使用，每次迭代必须解一个系数矩阵为 $\boldsymbol{M}$ 的线性方程组．这一点很容易做到．因为 $\boldsymbol{M}$ 是已知下三角和上三角因子的乘积，一般而言，如果 $\boldsymbol{M}=\mathcal{L}\mathcal{U}$，这里$\mathcal{L}$是下三角的而$\mathcal{U}$是上三角的，那么要解 $\boldsymbol{M}\boldsymbol{z}=\boldsymbol{r}$ 得到 $\boldsymbol{z}$，先解下三角方程组$\mathcal{L}\boldsymbol{y}=\boldsymbol{r}$ 得到 $\boldsymbol{y}$，然后再解上三角方程$\mathcal{U}\boldsymbol{z}=\boldsymbol{y}$ 得到 $\boldsymbol{z}$.

当 $\boldsymbol{A}$ 对称正定，在 7.2.4 节我们看到它可以分解成 $\boldsymbol{L}\boldsymbol{L}^{\mathrm{T}}$ 的形式，这里 $\boldsymbol{L}$ 是下三角的．然而在大多数情形，$\boldsymbol{L}$ 比 $\boldsymbol{A}$ 的下三角部分要稀疏得多；如果 $\boldsymbol{A}$ 是带状的(当 $|i-j|$ 大于半带宽时，$a_{ij}=0$)，那么 $\boldsymbol{L}$ 也是带状的，但是在 $\boldsymbol{A}$ 的带内的零元素通常要与 $\boldsymbol{L}$ 中非零元素一起输入．我们可以通过令 $\boldsymbol{L}$ 中的某些元素为 0 并选择非零元素，使得 $\boldsymbol{L}\boldsymbol{L}^{\mathrm{T}}$ 尽可能近地与 $\boldsymbol{A}$ 匹配而得到近似分解．

在对 $\boldsymbol{L}$ 选择任一种稀疏型时，我们经常选择 $\boldsymbol{L}$ 具有与 $\boldsymbol{A}$ 的下三角有相同的稀疏型；即，对某些 $i>j$，如果 $a_{ij}=0$，那么 $l_{ij}=0$．如果作了这种选择，那么(在关于 $\boldsymbol{A}$ 的一个附
342 加假设下)，可以证明能选择 $\boldsymbol{L}$ 中的非零元素使得 $\boldsymbol{L}\boldsymbol{L}^{\mathrm{T}}$ 在 $\boldsymbol{A}$ 有非零元素处与 A 匹配，但是在 $\boldsymbol{A}$ 有零元素处，$\boldsymbol{L}\boldsymbol{L}^{\mathrm{T}}$ 有一些非零元素．更一般地，Meijerink 和 van der Vorst[73] 证明了下面关于不完全 LU 分解存在的结论．

定理 12.2.8　如果 $\boldsymbol{A}=[a_{ij}]$是 $n\times n$ 的 M-矩阵(即，$\boldsymbol{A}$ 的对角元是正的，非对角元非正的，$\boldsymbol{A}$ 非奇异，且 $\boldsymbol{A}^{-1}$ 中的元素都大于或等于 0)，那么对每一个非对角指标的子集 P 存在具有单位对角元的下三角矩阵 $\boldsymbol{L}=[l_{ij}]$和上三角矩阵 $\boldsymbol{U}=[u_{ij}]$使 $\boldsymbol{A}=\boldsymbol{L}\boldsymbol{U}-\boldsymbol{R}$，这里

$$l_{i,j}=0\text{ 如果}(i,j)\in P,\quad u_{ij}=0\text{ 如果}(i,j)\in P,\quad \text{及 }r_{i,j}=0\text{ 如果}(i,j)\notin P$$

换言之，这个定理说明不管对 $\boldsymbol{L}$ 和 $\boldsymbol{U}$ 的稀疏型如何选取，总能找到具有该稀疏型的因子使得乘积 $\boldsymbol{L}\boldsymbol{U}$ 在 $\boldsymbol{L}$ 和 $\boldsymbol{U}$ 有非零元素的位置与 $\boldsymbol{A}$ 相匹配．如果 $\boldsymbol{A}$ 是对称 M-矩阵而且选择 $\boldsymbol{L}$ 和

$\boldsymbol{U}^{\mathrm{T}}$ 有同样的稀疏型(即，l_{ij}，$i>j$ 非零，当且仅当 u_{ji} 非零)，那么，通过适当地选择对角元，人们能使 $\boldsymbol{U}=\boldsymbol{L}^{\mathrm{T}}$. 定理描述的这种近似分解叫作不完全 LU 分解，并且当 $\boldsymbol{U}=\boldsymbol{L}^{\mathrm{T}}$ 时，它就熟知的**不完全 Cholesky 分解**.

这个定理的证明是构造性的. 在 Gauss 消元的第 k 步，首先把当前的系数矩阵中下标为$(k,\ j)\in P$ 及$(i,\ k)\in P$ 的元素换成为 0. 然后以通常的方式执行一步 Gauss 消元：从第$(k+1)$行到 n 行减去第 k 行的适当的倍数以消去第 k 列的$(k+1)$行到 n 行的元素. 这就是不完全 LU 或不完全 Cholesky 分解是如何执行的.

例 12.2.4　图 12-11 显示了带不完全 Cholesky 预优矩阵的 CG 算法(称为 ICCG)用 343
于曾用来说明 Jacobi，Gauss-Seidel，SOR 和预优 CG 方法的同一线性方程组的收敛性；即，在每个方向有 50 个结点的正方形上由 Poisson 方程生成的线性方程组. 选择 L 的稀疏型与 A 的稀疏型相匹配；即仅对 $j=i$，$i-1$，$i-50$，l_{ij} 非零.

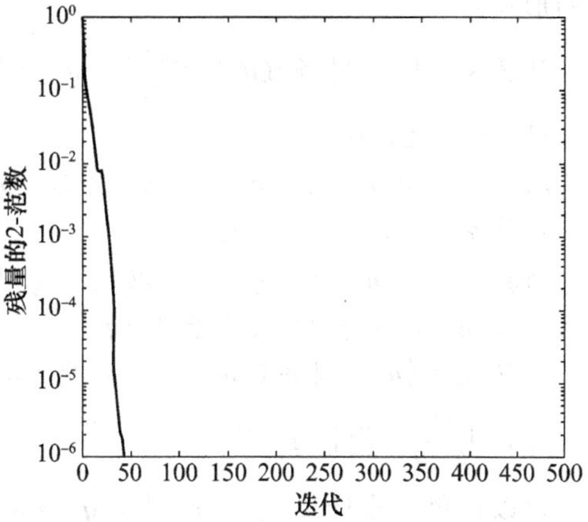

图 12-11　不完全 Cholesky 预优 CG 算法的收敛性

把残量的范数减小到 10^{-6} 所需要的迭代次数减少大约是未预优的 CG 算法的三分之一. 这种在迭代次数上的减少的代价大约是 $7n$ 次运算以计算不完全 Cholesky 分解，以及每次迭代中附加的 $11n$ 次运算以求解预优方程组 $\boldsymbol{L}\boldsymbol{L}^{\mathrm{T}}\boldsymbol{z}=\boldsymbol{r}$.

12.2.5　解非对称线性方程组的方法

求解对称正定线性方程组的共轭梯度法有从逐次的 Krylov 空间中产生最优的(A-范数意义下)近似解的优良性质，而且每次迭代仅比，譬如说，简单迭代法略多的向量运算. 可惜的是对非对称线性方程组没有这种方法. 人们必须或者为了从逐次的 Krylov 空间中求最优近似解的每次迭代中做越来越多的工作或者放弃最优性。(完全)GMRES(广义最小残量)算法[87]求出残量的 2-范数最小的近似解，但需要额外的工作和储存. 其他如重新启动的 GMRES，QMR(拟最小残量法)[42]，BiCGSTAB[98] 以及 IDR[91] 生成非最优近似解，但它们比完全 GMRES 的每次迭代需要较少的工作，因此如果它们仅需要稍许多一些迭代，其代价可能是值得的. 在这节我们仅仅叙述 GMRES 算法. 我们还是从最小二乘的观点来做，尽管这不是最通用的.

如同对称情形，我们想通过在每一步 k=1，2，…，选取具有 $\boldsymbol{x}^{(0)}$ 加上$\{\boldsymbol{r}^{(0)},\ \boldsymbol{A}\boldsymbol{r}^{(0)},\ \cdots,\ \boldsymbol{A}^{k-1}\boldsymbol{r}^{(0)}\}$的某线性组合形式的近似解 $\boldsymbol{x}^{(k)}$ 来解 $\boldsymbol{A}\boldsymbol{x}=\boldsymbol{b}$. 因此残量 $\boldsymbol{r}^{(k)}\equiv b-\boldsymbol{A}\boldsymbol{x}^{(k)}$ 具有形式

$$\boldsymbol{r}^{k}=\boldsymbol{r}^{(0)}-\sum_{j=1}^{k}c_j\boldsymbol{A}^{j}\boldsymbol{r}^{(0)}$$

这里系数 c_1，…，c_k 的选择使 $\boldsymbol{r}^{(k)}$ 的 2-范数最小. 我们从 7.6 节知道如果空间 $\mathrm{Span}\{\boldsymbol{A}\boldsymbol{r}^{(0)},\ \cdots,$

$A^k r^{(0)}\}$有一组正交基$\hat{\boldsymbol{q}}^{(1)}$，…，$\hat{\boldsymbol{q}}^{(k)}$，那么取$\boldsymbol{r}^{(k)}=\boldsymbol{r}^{(0)}-\sum_{j=1}^{k}\langle \boldsymbol{r}^{(0)},\hat{\boldsymbol{q}}^{(j)}\rangle \hat{\boldsymbol{q}}^{(j)}$就有$\|\boldsymbol{r}^{(k)}\|_2$最小.在这种情形下，近似解$\boldsymbol{x}^{(k)}=\boldsymbol{x}^{(0)}+\sum_{j=1}^{k}\langle \boldsymbol{r}^{(0)},\hat{\boldsymbol{q}}^{(j)}\rangle A^{-1}\hat{\boldsymbol{q}}^{(j)}$，所以为了以这种形式执行GMRES算法，必须要有向量$A^{-1}\hat{\boldsymbol{q}}^{(j)}$.

要构造向量$\hat{\boldsymbol{q}}^{(j)}$和$\boldsymbol{q}^{(j)}\equiv A^{-1}\hat{\boldsymbol{q}}^{(j)}$，可以用第7章讨论的Gram-Schmidt算法或者稍微修改的形式：

344 计算$\beta_0=\|A\boldsymbol{r}^{(0)}\|$并置$\hat{\boldsymbol{q}}^{(1)}=\frac{A\boldsymbol{r}^{(0)}}{\beta_0}$，$\boldsymbol{q}^{(1)}=\frac{\boldsymbol{r}^{(0)}}{\beta_0}$. [注意$\hat{\boldsymbol{q}}^{(1)}$的范数是1以及$\boldsymbol{q}^{(1)}=A^{-1}\hat{\boldsymbol{q}}^{(1)}$.]

对$j=1$，2，…，

从$\hat{\boldsymbol{q}}^{(j+1)}=A\hat{\boldsymbol{q}}^{(j)}$以及$\boldsymbol{q}^{(j+1)}=\hat{\boldsymbol{q}}^{(j)}$开始. 对$i=1$，…，$j$，

计算$\gamma_{ij}=\langle \hat{\boldsymbol{q}}^{(j+1)},\hat{\boldsymbol{q}}^{(i)}\rangle$.

用$\hat{\boldsymbol{q}}^{(j+1)}-\gamma_{ij}\hat{\boldsymbol{q}}^{(i)}$代替$\hat{\boldsymbol{q}}^{(j+1)}$，以及用$\boldsymbol{q}^{(j+1)}-\gamma_{ij}\boldsymbol{q}^{(i)}$代替$\boldsymbol{q}^{(j+1)}$. [注意现在$\hat{\boldsymbol{q}}^{(j+1)}$正交于$\hat{\boldsymbol{q}}^{(1)}$，…，$\hat{\boldsymbol{q}}^{(i)}$以及$\boldsymbol{q}^{(j+1)}$仍等于$A^{-1}\hat{\boldsymbol{q}}^{(j+1)}$.]

计算$\beta_j=\|\hat{\boldsymbol{q}}^{(j+1)}\|$并且用$\hat{\boldsymbol{q}}^{(j+1)}/\beta_j$代替$\hat{\boldsymbol{q}}^{(j+1)}$进行正则化.

还要用$\frac{\boldsymbol{q}^{(j+1)}}{\beta_j}$代替$\boldsymbol{q}^{(j+1)}$.

可以在每一步计算$a_k=\langle \boldsymbol{r}^{(k-1)},\hat{\boldsymbol{q}}^{(k)}\rangle$并置

$$\boldsymbol{x}^{(k)}=\boldsymbol{x}^{(k-1)}+a_k\boldsymbol{q}^{(k)},\quad \boldsymbol{r}^{(k)}=\boldsymbol{r}^{(k-1)}-a_k\hat{\boldsymbol{q}}(k)$$

来更新近似解$\boldsymbol{x}^{(k)}$以及残量向量$\boldsymbol{r}^{(k)}=\boldsymbol{b}-A\boldsymbol{x}^{(k)}$.

这是GMRES算法的一种形式.

注意，不像对称情形，每一个新的基向量$\hat{\boldsymbol{q}}^{(j+1)}$必须与前面所有的向量$\hat{\boldsymbol{q}}^{(1)}$，…，$\hat{\boldsymbol{q}}^{(j)}$正交. 这在$j$次迭代中需要$O(nj)$次工作量和储存，所以每次迭代的时间比前一次要长. GMRES的重新启动形式是常用的. 运行某个最多次数的迭代K(根据可用的贮存和或时间)，然后用最后的迭代解$x^{(k)}$作为初始猜测重新启动这个算法.

与其他迭代法一起，预优矩阵可用于GMRES算法以改进收敛性. 这里有几种不同的方式应用预优矩阵M. 我们可以把GMRES算法用于从左预优的线性方程组$M^{-1}A\boldsymbol{x}=M^{-1}\boldsymbol{b}$，或者把GMRES算法用于从右预优的线性方程组$AM^{-1}\boldsymbol{y}=\boldsymbol{b}$并置$\boldsymbol{x}=M^{-1}\boldsymbol{y}$. 如果$M$是已知因子$M_1$和$M_2$的乘积，那么原来的方程组$A\boldsymbol{x}=\boldsymbol{b}$能用$M_1^{-1}AM_2^{-1}\boldsymbol{y}=M_1^{-1}\boldsymbol{b}$代替，而GMRES算法能用于这个线性方程组，用原来方程组的解给出$\boldsymbol{x}=M_2^{-1}\boldsymbol{y}$. 无论哪种情形，都无须计算$M^{-1}$或$M_1$和$M_2$；仅需要能解以$M$为系数矩阵的方程组. 原线性方程组的近似解可以通过其与GMRES算法改进的方程组的近似解的关系直接计算得到.

12.3　第12章习题

1. 证明由幂法生成的正则化向量$\boldsymbol{y}^{(k)}$是无须标准化生成的向量$A^k\boldsymbol{w}$的标量倍数. 即，$\boldsymbol{y}^{(k)}=(A^k\boldsymbol{w})/\|A^k\boldsymbol{w}\|$. 证明在幂法中$\lambda^{(k+1)}\equiv\langle A\boldsymbol{y}^{(k)},\boldsymbol{y}^{(k)}\rangle$等于$\langle A^{k+1}\boldsymbol{w},A^k\boldsymbol{w}\rangle/\langle A^k\boldsymbol{w},A^k\boldsymbol{w}\rangle$.
2. 假设矩阵A是实的，但有复特征值. 如果幂法中的初始向量w是实的，那么所有其他的量，包括由算法生成的近似特征值都是实的. 因此，如果A的绝对值最大的特征值有非零虚部，那么幂法不收敛于它. 你能解释这种明显的矛盾吗？[提示：实矩阵能有非零虚部的复特征值λ_1满足$|\lambda_1|>|\lambda_2|\geqslant\cdots\geqslant$

$|\lambda_n|$吗？为什么是或者为什么不是？] 345

3. 当 A 的特征值满足 $\lambda_1=-\lambda_2>|\lambda_3|\geqslant\cdots\geqslant|\lambda_n|$ 时，决定能用于幂法中计算 λ_1 的移位.

4. 设 A 的特征值满足 $\lambda_1>\lambda_2>\cdots>\lambda_n$（全是实数但不一定为正的）. 在幂法中应该用什么位移使之最快地收敛到 λ_1？

5. 考虑矩阵

$$\boldsymbol{A}=\begin{bmatrix} 2 & -1 & & & \\ -1 & 2 & \ddots & & \\ & \ddots & \ddots & \ddots & \\ & & \ddots & \ddots & -1 \\ & & & -1 & 2 \end{bmatrix}$$

取 $\boldsymbol{A}$ 为 10×10 矩阵，试回答以下问题：

(a) 关于这个矩阵的特征值 Gerschgorin 定理给了你什么信息？

(b) 施行幂法计算绝对值最大的特征值的近似和它相应的特征向量.

[注意：用随机的初始向量. 如果你选择某种特殊的，如像分量全为 1 的向量，它有可能与你所求的特征向量正交.]写出你的代码和计算出的特征值/特征向量表格. 一旦你有了好的近似特征值，注意前几个近似的误差，并对幂法的收敛率作出评论.

(c) 取 $\boldsymbol{A}$ 为对角形式施行 QR 算法. 你可以用 MATLAB 程序[Q，R]＝qr(A)；施行必要的 QR 分解. 对关于 $\boldsymbol{A}$ 中非对角线元素减少的速率作出评论.

(d) 在你的 QR 算法中取一个计算得出的特征值，并用它作为逆迭代中的位移，计算相应的特征向量.

6. 在 MATLAB 中生成几个随机的对角占优矩阵，并用 Jacobi 和 Gauss-Seidel 方法解这些系数矩阵的线性方程组. 你可以用以下方法生成这些矩阵：

```
n = input('Enter dimension of matrix: ');
dd = input('Enter diagonal dominance factor dd > 1: ');

A = randn(n,n);   % Start with a random matrix.
for i=1:n,        % Make it diagonally dominant.
  A(i,i) = 0;
  A(i,i) = sum(abs(A(i,:)))*dd;
end;
```
346

取随机的右端向量 b＝randn(n，1)；并用 0 初始猜测 x0＝zeros(n，1). 在每一步，计算残量范数，norm(b-A＊xk)，对每一种方法依迭代次数作残量范数的图表(用 semilogy 绘图命令得到残量范数的对数标度). 你可以运行固定次数的迭代或者当残数范数降落到某个水平之下停止，用不同规模 n 的矩阵和不同的对角占优因子 dd 进行实验. (你甚至可以尝试几种小于 1 的 dd 值，在那种情形 Jacobi 和/或 Gauss-Seidel 方法可能收敛或可能不收敛.)对每一种情况标上矩阵规模和对角占优因子，作出你的图表.

7. 证明迭代(12.8)中的残量 $\boldsymbol{r}^{(k)}\equiv\boldsymbol{b}-\boldsymbol{A}\boldsymbol{x}^{(k)}$ 满足

$$\boldsymbol{r}^{(k)}=(\boldsymbol{I}-\boldsymbol{A}\boldsymbol{M}^{-1})\boldsymbol{r}^{(k-1)}$$

以及向量 $\boldsymbol{z}^{(k)}=\boldsymbol{M}^{-1}\boldsymbol{r}^{(k)}$（有时称为预优残量）满足

$$\boldsymbol{z}^{(k)}=(\boldsymbol{I}-\boldsymbol{M}^{-1}\boldsymbol{A})\boldsymbol{z}^{(k-1)}$$

8. 解线性方程组的简单迭代算法(12.8)与计算特征值的幂法有一些相似性. 从前一个习题得到 $\boldsymbol{r}^{(k)}=(\boldsymbol{I}-\boldsymbol{A}\boldsymbol{M}^{-1})^k\boldsymbol{r}^{(0)}$ 和 $\boldsymbol{z}^{(k)}=(\boldsymbol{I}-\boldsymbol{M}^{-1}\boldsymbol{A})^k\boldsymbol{z}^{(0)}$. 解释为什么，对大的 k，可以期盼 $\boldsymbol{r}^{(k)}$ 近似 $\boldsymbol{I}-\boldsymbol{A}\boldsymbol{M}^{-1}$ 的一个特征向量以及 $\boldsymbol{z}^{(k)}$ 近似 $\boldsymbol{I}-\boldsymbol{M}^{-1}\boldsymbol{A}$ 的一个特征向量. 证明矩阵 $\boldsymbol{I}-\boldsymbol{A}\boldsymbol{M}^{-1}$ 和 $\boldsymbol{I}-\boldsymbol{M}^{-1}\boldsymbol{A}$ 有相同的特征值，并解释 $r^{(k)}$ 或 $z^{(k)}$ 如何可以用于估计绝对值最大的特征值.

9. 通过证明如果 $\boldsymbol{C}$ 是任一非奇异 $n\times n$ 矩阵，并对 n 维向量 $\boldsymbol{y}$ 定义 $|||\boldsymbol{y}|||\equiv\|\boldsymbol{C}\boldsymbol{y}\|_1$，那么 $|||\cdot|||$ 是一种

向量范数，来完成定理 12.2.2 的证明．更一般地，证明如果 $\boldsymbol{C}$ 是任一非奇异矩阵，而且 $\|\cdot\|$ 是任一向量范数，那么 $\|\boldsymbol{y}\| \equiv \|\boldsymbol{C}\boldsymbol{y}\|$ 是一种向量范数．

10. 对习题 5 中的矩阵 $\boldsymbol{A}$，即

$$\boldsymbol{A} = \begin{bmatrix} 2 & -1 & & & \\ -1 & 2 & \ddots & & \\ & \ddots & \ddots & \ddots & \\ & & \ddots & \ddots & -1 \\ & & & -1 & 2 \end{bmatrix}$$

施行共轭梯度算法．

347 尝试几个不同规模的矩阵，例如取，$n=10, 20, 40, 80$，并建立以残量 2-范数除以右端向量 2-范数 $\|\boldsymbol{b}-\boldsymbol{A}\boldsymbol{x}^{(k)}\|/\|\boldsymbol{b}\|$ 为基础的收敛准则．关于把这个量减小到一个给定的水平，譬如说 10^{-6} 需要的迭代次数与矩阵规模之间的关系加以评论．对右端向量，取 $\boldsymbol{b}=(b_1, \cdots, b_n)^{\mathrm{T}}$，其中 $b_i=(i/(n+1))^2(i=1, \cdots, n)$，并取初始猜测 $\boldsymbol{x}^{(0)}$ 为零向量．（我们将在 13 章看到这相应于有限差分方法，它针对的是两点边值问题：$u''(\chi)=\chi^2$，$0<\chi<1$，$u(0)=u(1)=0$，其解为 $u(\chi)=\frac{1}{12}(\chi^4-\chi)$．这个线性方程组的解向量 $\boldsymbol{x}$ 的分量是 u 在点 $i/(n+1)(i=1, \cdots, n)$ 的近似．）

11. 对习题 6 中用过的同一线性方程组施行 GMRES 算法．把它的性能与 Jacobi 和 Gauss-Seidel 方法的性能进行比较．

12. 假设我们要解 $\boldsymbol{A}\boldsymbol{x}=\boldsymbol{b}$．把 $\boldsymbol{A}$ 写成形式

$$\boldsymbol{A}=\boldsymbol{D}-\boldsymbol{L}-\boldsymbol{U}$$

这里 $\boldsymbol{D}$ 是对角型，$\boldsymbol{L}$ 是严格下三角型和 $\boldsymbol{U}$ 是严格上三角型，Jacobi 方法可以写成

$$\boldsymbol{x}^{(k+1)}=\boldsymbol{D}^{-1}(\boldsymbol{L}+\boldsymbol{U})\boldsymbol{x}^{(k)}+\boldsymbol{D}^{-1}\boldsymbol{b}$$

在本书的网页中的文本 gsMorph.m 用这个 Jacobi 方法的公式解线性方程组．矩阵 $\boldsymbol{A}$ 用 MATLAB 中的 delsq 命令构造成如在正方形上的 5-点有限差分拉普拉斯矩阵．这个问题中，向量 $\boldsymbol{b}$ 是乘积 $\boldsymbol{A}\boldsymbol{x}$，其中 $\boldsymbol{x}$ 是由 David. M. Young 的像的灰色标度值组成．作为初始猜测，我们令 $\boldsymbol{x}^{(0)}$ 是 Carl Gustav Jacobi 的像的灰色标度值向量．那么我们设想 $\boldsymbol{x}^{(k)}$ 为 Jacobi 方法每一步迭代从 Jacobi 的像到 Young 的像所创造的形态后的灰色标度向量．

Jacobi

Young

(a) 在代码中，你将发现变量 diagonallncrement 的值为 0．以 diagonallncrement=0.5 运行代码．这使 $\boldsymbol{A}$ 的每个对角元增加 0.5．然后再置变量为 1 最后置为变量 2 运行该代码．从这些不同的值描述其对形态的影响．这种值的增加是如何影响迭代法的收敛性？$\boldsymbol{A}$ 中主对角性元素的增大会对得到

348 的迭代矩阵的谱半径产生什么影响？

(b) 置 diagonallncrement 为 0.5. Gauss-Seidel 方法可以写成

$$\boldsymbol{x}^{(k+1)}=(\boldsymbol{D}-\boldsymbol{L})^{-1}\boldsymbol{U}\boldsymbol{x}^{(k)}+(\boldsymbol{D}-\boldsymbol{L})^{-1}\boldsymbol{b}$$

修改代码执行 Gauss-Seidel 方法以取代 Jacobi 方法．还有，从 Gauss 的像取代 Jacobi 的像开始改变这

349 个形态．在本书的网页中你将找到 Gauss 的像以及这个代码．

第 13 章　两点边值问题的数值解

第 11 章我们讨论了初值问题：$y'=f(t,\ y(t))$，这里 $y(t_0)$给定．对像这样的单个一阶方程，y 在任何一点的值决定它在所有时间的值．然而，如果 y 是向量，那么我们就有一阶方程组，或者我们有较高阶的方程，如

$$u''(x) = F(x,u(x),u'(x)),\quad 0 \leqslant x \leqslant 1$$

于是需要更多的条件．如果在某个点 $x_0\in[0,\ 1]$给定 u 和 u'的值，那么这正是初值问题的典型例子，但是如果代之以，譬如说，在 $x=0$ 和 $x=1$ 处给定 u 的值，那么它就成为两点边值问题．限制在区间[0，1]仅是为了方便；方程可以通过作变量变换 $x\to a+x(b-a)$给定在任何区间$[a,\ b]$.

如果 F 关于 u 或 u'是非线性的，边值问题(BVP)叫作非线性的．二阶线性两点 BVP 取形式

$$-\frac{\mathrm{d}}{\mathrm{d}x}\left(p(x)\frac{\mathrm{d}u}{\mathrm{d}x}\right)+q(x)\frac{\mathrm{d}u}{\mathrm{d}x}+r(x)u = f(x),\qquad 0\leqslant x\leqslant 1 \tag{13.1}$$

$$u(0)=\alpha,\quad u(1)=\beta \tag{13.2}$$

如果 $p(x)$可微，那么第一项能够求导得到$-(pu''+p'u')$，但是有充分的理由保留形式(13.1).

13.1　应用：稳态温度分布

考虑如图 13-1 所示的细杆.

假设有一热源作用在这根杆子，设 $u(x,\ t)$表示在位置 x，时间 t 的温度．根据牛顿冷却定律，从左流向右经过 x 在时间 Δt 的热量是$-\kappa(x)\frac{\partial u}{\partial x}(x,\ t)\Delta t$，其中 $\kappa(x)$是杆在位置 x 处的热传导系数；因此热流与温度的梯度成正比．在 t 到 $t+\Delta t$ 的时间间隔内流入杆在 x 和 $x+\Delta x$ 之间部分的净热量是 350

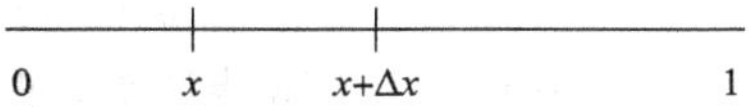

图 13-1　细杆

$$\kappa(x+\Delta x)\frac{\partial u}{\partial x}(x+\Delta x,t)\Delta t-\kappa(x)\frac{\partial u}{\partial x}(x,t)\Delta t$$

在这个时间区间内流入这部分杆的净热量也能表示为

$$(\rho\Delta x)\cdot c\cdot\left(\frac{\partial u}{\partial t}\Delta t\right)$$

这里 ρ 是密度而 $\rho\Delta x$ 是这部分杆的质量，c 是比热(把一单位质量升高一单位温度需要的热量)，$\left(\frac{\partial u}{\partial t}\right)\Delta t$ 是在给定的时段温度的改变．令这两个表达式相等，我们得到

$$\frac{\left(\kappa\frac{\partial u}{\partial x}\right)(x+\Delta x,t)-\left(\kappa\frac{\partial u}{\partial x}\right)(x,t)}{\Delta x}=\rho c\frac{\partial u}{\partial t}$$

当 $\Delta x \to 0$，取极限给出

$$\frac{\partial}{\partial x}\left(\kappa \frac{\partial u}{\partial x}\right)=\rho c \frac{\partial u}{\partial t}$$

当$\frac{\partial u}{\partial t}=0$ 这个系统达到稳态温度分布时，这个方程成为

$$\frac{\partial}{\partial x}\left(\kappa \frac{\partial u}{\partial x}\right)=0$$

它与 $p(x)=\kappa$，$q(x)\equiv r(x)\equiv f(x)=0$ 时的方程(13.1)有相同的形式，这里的 u 现在仅仅是 x 的函数，它表示稳态温度．如果杆的两端保持温度 $u(0)=\alpha$ 和 $u(1)=\beta$，那么我们得到(13.2)中的边界条件．这些叫作 **Dirichlet 边界条件**．如果代之以一个或两个端点是绝热的，所以在 $x=0$ 和/或 $x=1$ 没有热量流进或流出．于是 Dirichlet 边界条件换成齐次**Neumann条件**：$u'(0)=0$ 和/或 $u'(1)=0$．有时有混合的或者 Robin(罗宾)边界条件：$c_{00}u(0)$
351 $+c_{01}u'(0)=g_0$，$c_{10}u(1)+c_{11}u'(1)=g_1$，这里 c_{00}，c_{01}，c_{10}，c_{11}，g_0 和 g_1 给定．

为有限差分建立网格

有限差分法经常用于包含复杂，运动几何体的科学模拟．为处理这样的几何体，已经开发了精致的软件包．有时要用多重网格，如在左边的网格中所见[80]．注意液体流过潜水艇的模拟将包含解偏微分方程，这将在 14 章中讨论．(图像来源：Bill Henshaw)

13.2　有限差分方法

在(13.1)中考虑 $p(x)\equiv 1$ 和 $q(x)\equiv 0$ 的特殊情形：

$$-u''(x)+r(x)u(x)=f(x),\quad 0\leqslant x\leqslant 1 \tag{13.3}$$

$$u(0)=\alpha,\quad u(1)=\beta \tag{13.4}$$

如果 $r(x)\geqslant 0$ 就能证明，两点边值问题(13.3-13.4)有唯一解．一般地证明边值问题解的存在性和唯一性比证明初值问题的这些结果更困难．然而，给定这个问题有唯一解，人们就能够着手数值逼近这个解．

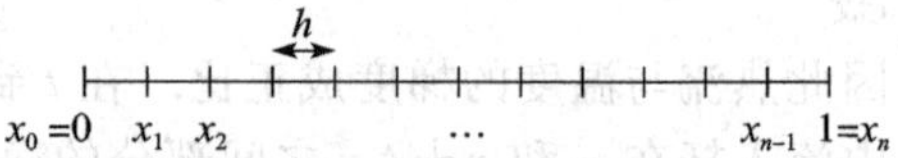

图 13-2　把区间[0，1]分为长度为 $h=\frac{1}{n}$ 的小的子区间

第一步是把区间[0，1]分成长度 $h=\frac{1}{n}$ 的小子区间，如图 13-2 所示．网格点或结点标记为 $x_0=0$，$x_1=h$，…，$x_n=nh=1$．

下一步如第 9 章所叙述的那样用有限差商近似导数．例如，要近似二阶导数 $u''(x_i)$，可以先用中心差商

$$u'\left(x_i \pm \frac{h}{2}\right)\approx \frac{u(x_{i+1})-u(x_i)}{h},\quad u'\left(x_i-\frac{h}{2}\right)\approx \frac{u(x_i)-u(x_{i-1})}{h}$$

近似 $u'\left(x_i \pm \frac{h}{2}\right)$，然后结合这两个近似得到

$$u''(x_i) \approx \frac{u'\left(x_i+\frac{h}{2}\right)-u'\left(x_i-\frac{h}{2}\right)}{h} \approx \frac{u(x_{i+1})-2u(x_i)+u(x_{i-1})}{h^2}$$ 352

把这个表达式代入(13.3)，用 u_i 表示近似解在 x_i 的值，我们得到线性方程组

$$-\frac{1}{h^2}[u_{i+1}-2u_i+u_{i-1}]+r(x_i)u_i=f(x_i),\quad i=1,\cdots,n-1 \tag{13.5}$$

结合边界条件 $u_0=\alpha$，$u_n=\beta$ 就给出了个未知值 u_1，…，u_{n-1} 的 $n-1$ 个方程的方程组．把所有的已知项移到右端，这些方程可以写成矩阵形式

$$\frac{1}{h^2}\begin{bmatrix} 2+h^2r(x_1) & -1 & & & \\ -1 & 2+h^2r(x_2) & -1 & & \\ & \ddots & \ddots & \ddots & \\ & & -1 & 2+h^2r(x_{n-2}) & -1 \\ & & & -1 & 2+h^2r(x_{n-1}) \end{bmatrix}\begin{bmatrix} u_1 \\ u_2 \\ \vdots \\ u_{n-2} \\ u_{n-1} \end{bmatrix}$$

$$=\begin{bmatrix} f(x_1)+\frac{\alpha}{h^2} \\ f(x_2) \\ \vdots \\ f(x_{n-2}) \\ f(x_{n-1})+\frac{\beta}{h^2} \end{bmatrix} \tag{13.6}$$

注意这个线性方程组是三对角的，且可以仅用 $O(n)$ 次运算的 Gauss 消元法求解(见 7.2.4 节)．

例 13.2.1　设 $r(x)=e^x$．我们能够用一个已知解来构造一个试验问题，这个解 $u(x)$ 可以由我们的意愿来确定，并随后确定 $f(x)$ 应是什么函数．假设我们希望有解 $u(x)=x^2+\sin(\pi x)$．于是 $u'(x)=2x+\pi\cos(\pi x)$ 和 $u''(x)=2-\pi^2\sin(\pi x)$．因此我们必须置 $f(x)=-2+(\pi^2+e^x)\sin(\pi x)+e^x x^2$．注意 u 满足边界条件 $u(0)=0$ 和 $u(1)=1$，所以我们在(13.6)中置 $\alpha=0$ 和 $\beta=1$．

以下是建立和解这个问题的 MATLAB 程序．

```
% Define r and f via inline functions that can work on
% vectors of x values.
r = inline('exp(x)');
f = inline('-2 + (pi^2 + exp(x)).*sin(pi*x) + (exp(x).*x.^2)');

% Set boundary values.
alpha = 0; beta = 1;

% Ask user for number of subintervals.
n = input('Enter no. of subintervals n: ');

% Set up the grid.
h = 1/n;
x = [h:h:(n-1)*h]';
```

353

```
% Form the matrix A.  Store it as a sparse matrix.
A = sparse(diag(2 + h^2*r(x),0) + diag(-ones(n-2,1),1)
    + diag(-ones(n-2,1),-1));
A = (1/h^2)*A;

% Form right-hand side vector b.
b = f(x);  b(n-1) = b(n-1) + beta/h^2;

% Compute approximate solution.
u_approx = A\b;

% Compare approximate solution with true solution.
u_true = x.^2 + sin(pi*x);
err = max(abs(u_true - u_approx))
```

取 n=10，20，40 和 80 个子区间运行这个程序，我们发现在网格点上精确解和近似解之差的最大绝对值分别是 0.0071，0.0018，4.4×10^{-4} 和 1.1×10^{-4}. 当子区间的个数加倍时，误差下降大约是四分之一. 我们将在下一节明白为什么是这样的.

13.2.1 精确性

和以往一样，我们将关心用这种有限差分方法生成的近似解的精确性，特别是当 $h\to0$ 时的极限. 全局误差(或全局误差的∞-范数)定义为

$$\max_{i=0,\cdots,n}|u(x_i)-u_i|$$

这里 $u(x_i)$是网格点 i 上的精确解而 u_i 是在网格点 i 上的近似解. 局部离散误差或截断误差指的是精确解未能满足差分方程的量：

$$\tau(x,h)\equiv-\frac{1}{h^2}[u(x+h)-2u(x)+u(x-h)]+r(x)u(x)-f(x) \tag{13.7}$$

这里 $u(x)$是微分方程的精确解. 从(13.3)得到

$$\tau(x,h)=-\frac{1}{h^2}[u(x+h)-2u(x)+u(x-h)]+u''(x) \tag{13.8}$$

用 Taylor 定理能分析截断误差. 假设 $u\in\mathbf{C}^4[0,1]$，而且把 $u(x+h)$和 $u(x-h)$关于 x 展开成 Taylor 级数：

$$u(x+h)=u(x)+hu'(x)+\frac{h^2}{2!}u''(x)+\frac{h^3}{3!}u'''(x)+\frac{h^4}{4!}u''''(\xi),\quad \xi\in[x,x+h]$$

354

$$u(x-h)=u(x)-hu'(x)+\frac{h^2}{2!}u''(x)-\frac{h^3}{3!}u'''(x)+\frac{h^4}{4!}u''''(\eta),\quad \eta\in[x-h,x]$$

把这两个表达式代入(13.8)给出

$$\tau(x,h)=-\frac{1}{h^2}\left[\frac{h^4}{4!}u''''(\xi)+\frac{h^4}{4!}u''''(\eta)\right]=O(h^2)$$

下面我们将要把局部截断误差与全局误差联系起来. 这一般是分析中更困难的部分. 从(13.5)和(13.7)，我们有

$$-\frac{1}{h^2}[u_{i+1}-2u_i+u_{i-1}]+r(x_i)u_i-f(x_i)=0$$

$$-\frac{1}{h^2}[u(x_{i+1})-2u(x_i)+u(x_{i-1})]+r(x_i)u(x_i)-f(x_i)=\tau(x_i,h)$$

把这两个方程相减并令 $e_i\equiv u(x_i)-u_i$ 表示在网格点 i 的误差，我们得到

$$-\frac{1}{h^2}[e_{i+1}-2e_i+e_{i-1}]+r(x_i)e_i=\tau(x_i,h),\quad i=1,\cdots,n-1 \tag{13.9}$$

令 $\boldsymbol{e}\equiv(e_1, \cdots, e_{n-1})^{\mathrm{T}}$ 表示误差值的向量，这些方程可以写成矩阵形式

$$\boldsymbol{A}\boldsymbol{e}=\boldsymbol{\tau}$$

这里 $\boldsymbol{\tau}\equiv(\tau(x_1, h), \cdots, \tau(x_{n-1}, h))^{\mathrm{T}}$ 是截断误差的向量，以及

$$\boldsymbol{A}=\frac{1}{h^2}\begin{bmatrix}2+h^2r(x_1) & -1 & & \\ -1 & \ddots & \ddots & \\ & \ddots & \ddots & -1 \\ & & -1 & 2+h^2r(x_{n-1})\end{bmatrix} \tag{13.10}$$

是与(13.6)中相同的矩阵．假设 $\boldsymbol{A}^{-1}$存在，于是误差由

$$\boldsymbol{e}=\boldsymbol{A}^{-1}\boldsymbol{\tau} \tag{13.11}$$

给出．因此我们必须研究当 $h\to0$ 时的 $\boldsymbol{A}^{-1}$性质．

首先假设对一切 $x\in[0, 1]$，$r(x)\geqslant\gamma>0$．在(13.9)两边乘以 h^2，我们得到

$$(2+r(x_i)h^2)e_i=e_{i+1}+e_{i-1}+h^2\tau(x_i,h)$$

因此

$$(2+\gamma h^2)|e_i|\leqslant|e_{i+1}|+|e_{i-1}|+h^2|\tau(x_i,h)|\leqslant2\|\boldsymbol{e}\|_\infty+h^2\|\boldsymbol{\tau}\|_\infty$$

因为它对一切 $i=1, \cdots, n-1$ 都成立，所以

$$(2+\gamma h^2)\|\boldsymbol{e}\|_\infty\leqslant2\|\boldsymbol{e}\|_\infty+h^2\|\boldsymbol{\tau}\|_\infty$$

或者

$$\|\boldsymbol{e}\|_\infty\leqslant\frac{\|\boldsymbol{\tau}\|}{\gamma}=O(h^2)$$ 355

于是全局误差与局部截断误差具有相同的阶．当 $r(x)=0$ 时，有相同的结果，但是证明更困难．

我们考虑 $r(x)\equiv0$ 的情形．有不同的范数能够度量误差，现在我们将用 L_2-范数：

$$\left(\int_0^1(u(x)-\hat{u}(x))^2\mathrm{d}x\right)^{\frac{1}{2}}$$

这里 $u(x)$是精确解，$\hat{u}(x)$是我们的近似解．可是近似解仅定义在网格点 x_i 上，但是如果我们认为$\hat{u}$是在每个 $x_i(i=1, \cdots, n-1)$等于 u_i，在 $x=0$ 等于 α 以及在 $x=1$ 等于 β，并且在整个区间[0，1]的其余部分以某种适当方式定义的函数，那么这个积分能被

$$\|\boldsymbol{e}\|_{L_2}=\left(h\sum_{i=1}^{n-1}e_i^2\right)^{\frac{1}{2}}=\frac{1}{\sqrt{n}}\|\boldsymbol{e}\|_2$$

近似，这里$\|\cdot\|_2$ 表示向量的 Euclidean 范数(欧氏范数)．这就是上面积分的复合梯形法则的近似：$\frac{h}{2}e_0^2+h\sum_{i=1}^{n-1}e_i^2+\frac{h}{2}e_n^2=h\sum_{i=1}^{n-1}e_i^2$ ，因为 $e_0=e_n=0$(见 10.2 节)．注意因子$\frac{1}{\sqrt{n}}$. 当我们加密网格，网格点的个数 n 增加，如果我们度量这个误差向量的欧氏范数，我们要在越来越多的点上累加这些误差．这是用相应子区间的大小作为误差平方的权．

当 $r(x)\equiv0$ 时，(13.10)中的矩阵 $\boldsymbol{A}$ 变成

$$\mathbf{A}=\frac{1}{h^2}\begin{bmatrix} 2 & -1 & & \\ -1 & \ddots & \ddots & \\ & \ddots & \ddots & -1 \\ & & -1 & 2 \end{bmatrix} \tag{13.12}$$

它是三对角对称 Toeplitz(特普利茨)矩阵(**TST**). 因为仅仅中间三条对角线有非零元素，所以它是三对角的，因为 $\mathbf{A}=\mathbf{A}^{\mathrm{T}}$，所以它是对称的. 因为它沿任一对角线是常数所以它是 Toeplitz 矩阵(主对角线由 $\frac{2}{h^2}$ 组成，第一上，下对角线由 $\frac{-1}{h^2}$ 组成，其余对角线元素都是 0). 这种矩阵的特征值和特征向量是已知的.

356 **定理 13.2.1**　$m\times m$　阶 TST 矩阵

$$\boldsymbol{G}=\begin{bmatrix} a & b & & \\ b & \ddots & \ddots & \\ & \ddots & \ddots & b \\ & & b & a \end{bmatrix}$$

的特征值是

$$\lambda_k=a+2b\cos\left(\frac{k\pi}{m+1}\right),\quad k=1,\cdots,m \tag{13.13}$$

相应的标准正交特征向量是

$$v_\ell^{(k)}=\sqrt{\frac{2}{m+1}}\sin\left(\frac{k\ell\pi}{m+1}\right),\qquad k,\ell=1,\cdots,m \tag{13.14}$$

证明　这个定理可以简单地通过检查 $\boldsymbol{G}\boldsymbol{v}^{(k)}=\lambda_k\boldsymbol{v}^{(k)}(k=1,\cdots,m)$ 和 $\|\boldsymbol{v}^{(k)}\|=1$ 而得证. 因为 $\boldsymbol{G}$ 是对称的，而且有不同的特征值，它的特征向量是正交的(见 2.1 节). 然而要导出这个公式，假设 λ 是 $\boldsymbol{G}$ 的一个特征值，且 v 是相应的特征向量.

设 $v_0=v_{m+1}=0$，方程 $\boldsymbol{A}\boldsymbol{v}=\lambda\boldsymbol{v}$ 可以写成

$$bv_{\ell-1}+(a-\lambda)v_\ell+bv_{\ell+1}=0,\quad \ell=1,\cdots,m \tag{13.15}$$

这是在 11.3.3 节讨论过的一种齐次线性差分方程. 为求其解，我们考虑特征多项式

$$\chi(z)=b+(a-\lambda)z+bz^2$$

如果 ζ 是 χ 的根，那么 $v_\ell=\zeta^\ell$ 就是(13.15)的解. 若 χ 的根记为 ζ_1 和 ζ_2，而且如果 ξ_1 与 ξ_2 不相同，那么(13.15)的通解是 $v_\ell=c_1\zeta_1^\ell+c_2\zeta_2^\ell$；或者 $\zeta_1=\zeta_2=\zeta$，那么(13.15)的通解是 $v_\ell=c_1\zeta^\ell+c_2\ell\zeta^\ell$，这里 c_1 和 c_2 由条件 $v_0=v_m=0$ 确定.

χ 的根是

$$\zeta_1=\frac{\lambda-a+\sqrt{(\lambda-a)^2-4b^2}}{2b},\quad \zeta_2=\frac{\lambda-a-\sqrt{(\lambda-a)^2-4b^2}}{2b} \tag{13.16}$$

如果这两个根相等(就是 $(\lambda-a)^2-4b^2=0$，即 $\lambda=a\pm 2b$ 的情形)，那么条件 $v_0=0$ 推出 $c_1=0$，而且条件 $v_{m+1}=0$，推出 $c_2(m+1)\zeta^{m+1}=0$，因而 $c_2=0$ 或者 $\zeta=0$. 两种情形都对一切 ℓ 有 $v_\ell=0$. 因此对 $\zeta_1=\zeta_2$，λ 不是特征值，这是因为不存在对应的非零特征向量.

于是，假设 ζ_1 和 ζ_2 不相同，条件 $v_0=0$ 推出 $c_1+c_2=0$ 或者 $c_2=-c_1$. 连同这一点，条件 $v_{m+1}=0$ 推出 $c_1\zeta_1^{m+1}-c_2\zeta_2^{m+1}=0$，于是或者 $c_1=0$(在这种情形 $c_2=0$ 以及对一切 ℓ，$v_e=0$)或者 $\zeta_1^{m+1}=\zeta_2^{m+1}$. 后面这个条件等价于对 $k=0,1,\cdots,m$，有

$$\zeta_2 = \zeta_1 \exp\left(\frac{2\pi i k}{m+1}\right) \tag{13.17}$$

这里 $i=\sqrt{-1}$. 我们不考虑 $k=0$ 的情形，因为它相应于 $\zeta_2=\zeta_1$. 357

把 ζ_1 和 ζ_2 的表达式(13.16)代入(13.17)且在两边乘以 $\exp\left(\frac{-ik\pi}{m+1}\right)$，我们得到方程

$$\left[\lambda - a - \sqrt{(\lambda-a)^2-4b^2}\right]\exp\left(\frac{-ik\pi}{m+1}\right) = \left[\lambda - a + \sqrt{(\lambda-a)^2-4b^2}\right]\exp\left(\frac{ik\pi}{m+1}\right)$$

用 $\cos\left(\frac{k\pi}{m+1}\right)\pm i\sin\left(\frac{k\pi}{m+1}\right)$代替 $\exp\left(\frac{\pm ik\pi}{m+1}\right)$，它就变成

$$\sqrt{(\lambda-a)^2-4b^2}\cos\left(\frac{k\pi}{m+1}\right) = -(\lambda-a)i\sin\left(\frac{k\pi}{m+1}\right)$$

两边平方给出

$$\left[(\lambda-a)^2-4b^2\right]\cos^2\left(\frac{k\pi}{m+1}\right) = -(\lambda-a)^2\sin^2\left(\frac{k\pi}{m+1}\right)$$

或者

$$(\lambda-a)^2 = 4b^2\cos^2\left(\frac{k\pi}{m+1}\right)$$

最后取平方根给出

$$\lambda = a \pm 2b\cos\left(\frac{k\pi}{m+1}\right), \quad k=1,\cdots,m$$

我们只需要取加号，因为减号给出相同数值的集合，这就建立了(13.13).

把(13.13)代入(13.16)我们容易得到

$$\zeta_1 = \cos\left(\frac{k\pi}{m+1}\right)+i\sin\left(\frac{k\pi}{m+1}\right) = \exp\left(\frac{ik\pi}{m+1}\right),$$

$$\zeta_2 = \cos\left(\frac{k\pi}{m+1}\right)-i\sin\left(\frac{k\pi}{m+1}\right) = \exp\left(\frac{-ik\pi}{m+1}\right)$$

因此

$$v_\ell^{(k)} = c_1(\zeta_1^\ell - \zeta_2^\ell) = 2c_1 i\sin\left(\frac{k\ell\pi}{m+1}\right)$$

因为这是(13.14)中的向量 $v^{(k)}$ 的倍数，只要证明通过选择 c_1 使得 $v^{(k)}$ 满足(13.14)，我们便得范数为 1 的向量. 留作习题证明

$$\sum_{\ell=1}^{m}\sin^2\left(\frac{k\ell\pi}{m+1}\right) = \frac{m+1}{2}$$

因此(13.14)中的向量有单位范数. □ 358

利用定理 13.2.1，我们可以把(13.12)中矩阵 **A** 的特征值写成

$$\lambda_k = \frac{1}{h^2}\left[2-2\cos\left(\frac{k\pi}{n}\right)\right], \quad k=1,\cdots,n-1 \tag{13.18}$$

注意 A 的特征值都是正的. 所有特征值是正数的对称矩阵叫作是**正定**的.

还要注意在(13.14)中定义的特征向量 $\boldsymbol{v}^{(k)}$ 是与微分算子 $-\frac{d^2}{dx^2}$ 的特征函数 $\boldsymbol{v}^{(k)}(x)=$

$\sin(k\pi x)$，$k=1$，2，…，相关的．这些函数称为**特征函数**，因为它们满足

$$-\frac{\mathrm{d}^2}{\mathrm{d}x^2}v^{(k)}(x)=k^2\pi^2v^{(k)}(x)$$

而且在 $x=0$ 和 $x=1$ 有 0 值．值 $k^2\pi^2(k=1, 2, \cdots)$的无限集是微分算子的特征值．离散系统(即矩阵 $\boldsymbol{A}$ 的)的特征向量 $\boldsymbol{v}^{(k)}(k=1, \cdots, n-1)$是前 $n-1$ 个特征函数在网格点上的值．$\boldsymbol{A}$ 的特征值与微分算子的前 $n-1$ 特征值不完全相同；但是对小的 k 值，它们很接近；把(13.18)中的 $\cos\left(\frac{k\pi}{n}\right)$在 0 点展成 Taylor 级数，我们得到当 $h\to 0$，对固定的 k 有

$$\lambda_k=\frac{1}{h^2}\left[2-2\left(1-\frac{1}{2}\left(\frac{k\pi}{n}\right)^2+O(h^4)\right]=k^2\pi^2+O(h^2)\right.$$

为了利用(13.11)估计$\|\boldsymbol{e}\|_{L_2}$，我们必须估计

$$\|\boldsymbol{A}^{-1}\|_{L_2}\equiv\max_{\|\boldsymbol{w}\|_{L_2}=1}\|\boldsymbol{A}^{-1}\boldsymbol{w}\|_{L_2}=\max_{\|(1/\sqrt{n})\boldsymbol{w}\|_2=1}\|\boldsymbol{A}^{-1}(1/\sqrt{n})\boldsymbol{w}\|_2\equiv\|\boldsymbol{A}^{-1}\|_2$$

回忆对称矩阵的 2-范数是它的特征值的最大绝对值，以及 $\boldsymbol{A}^{-1}$的特征值是 $\boldsymbol{A}$ 的特征值的倒数．因此$\|\boldsymbol{A}^{-1}\|_{L_2}$是 $\boldsymbol{A}$ 的最小特征值的倒数．

从(13.18)得到 $\boldsymbol{A}$ 的最小特征值是

$$\lambda_1=\frac{1}{h^2}\left[2-2\cos\left(\frac{\pi}{n}\right)\right]$$

把 $\cos\left(\frac{\pi}{n}\right)=\cos(\pi h)$关于 0 展成 Taylor 级数，有

$$\cos(\pi h)=1-\frac{(\pi h)^2}{2}+O(h^4)$$

把它代入 λ_1 的表达式，得到

$$\lambda_1=\frac{1}{h^2}[\pi^2h^2+O(h^4)]=\pi^2+O(h^2)$$

因此，$\|\boldsymbol{A}^{-1}\|_{L_2}=\pi^{-2}+O(h^2)=O(1)$，故从(13.11)得到

359 $$\|\boldsymbol{e}\|_{L_2}\leqslant\|\boldsymbol{A}^{-1}\|_{L_2}\cdot\|\boldsymbol{\tau}\|_{L_2}=O(1)\cdot O(h^2)=O(h^2)$$

这样我们就在 $r(x)\equiv 0$ 的情形确定了全局误差的 L_2-范数具有与局部截断误差相同的阶；即 $O(h^2)$．

从(13.18)还注意到 $\boldsymbol{A}$ 的最大特征值是

$$\lambda_{n-1}=\frac{1}{h^2}\left[2-2\cos\left(\frac{(n-1)\pi}{n}\right)\right]$$

把 $\cos\left(\frac{n-1)\pi}{n}\right)=\cos(\pi-\pi h)$关于 π 展成 Taylor 级数给出

$$\cos(\pi-\pi h)=-1+\frac{(\pi h)^2}{2}+O(h^4)$$

而且得出

$$\lambda_{n-1}=\frac{1}{h^2}[4-\pi^2h^2+O(h^4)]=O(h^{-2})$$

回忆起对称矩阵的 2-范数条件数是绝对值最大的特征值与绝对值最小的特征值之比．因此

A 的条件数是 $O(h^{-2})$. 在决定用共轭梯度算法解线性方程组(13.6)需要的迭代次数中条件数起了重要作用(见定理 12.2.7).

13.2.2 更一般的方程和边界条件

假设(13.1)中的 $p(x)$不恒等于 1 而是 x 的函数. 如果对 $x\in[0, 1]$, $p(x)>0$, $r(x)\geqslant 0$, 那么又能证明边值问题

$$\frac{-\mathrm{d}}{\mathrm{d}x}\left(p(x)\frac{\mathrm{d}u}{\mathrm{d}x}\right)+r(x)u=f(x),\quad 0\leqslant x\leqslant 1 \tag{13.19}$$

$$u(0)=\alpha,\quad u(1)=\beta \tag{13.20}$$

有唯一解.

我们可以用相同的方法来差分化这个更一般的方程. 用中心差分公式近似

$$\begin{aligned}
-\frac{\mathrm{d}}{\mathrm{d}x}\left(p(x)\frac{\mathrm{d}u}{\mathrm{d}x}\right)&\approx-\left[\left(\frac{p\mathrm{d}u}{\mathrm{d}x}\right)\left(x+\frac{h}{2}\right)-\left(\frac{p\mathrm{d}u}{\mathrm{d}x}\right)\left(x-\frac{h}{2}\right)\right]/h\\
&\approx-\left[p\left(x+\frac{h}{2}\right)\frac{u(x+h)-u(x)}{h}-p\left(x-\frac{h}{2}\right)\frac{u(x)-u(x-h)}{h}\right]/h\\
&=\frac{1}{h^2}\left[\left(p\left(x+\frac{h}{2}\right)+p\left(x-\frac{h}{2}\right)\right)u(x)-p\left(x+\frac{h}{2}\right)u(x+h)-p\left(x-\frac{h}{2}\right)u(x-h)\right]
\end{aligned}$$

它也是二阶精度的. 于是在网格点 i 上的差分方程变成

$$\frac{1}{h^2}\left[\left(p(x_i+\frac{h}{2})+p\left(x_i-\frac{h}{2}\right)+h^2r(x_i)\right)u_i-p\left(x_i+\frac{h}{2}\right)u_{i+1}-p\left(x_i-\frac{h}{2}\right)u_{i-1}\right]=f(x_i)$$ 360

把在网格点 $i=1$, …, $n-1$ 的差分方程写成矩阵形式. 我们得到线性方程组

$$\frac{1}{h^2}\begin{bmatrix}a_1 & b_1 & & & \\ b_1 & a_2 & b_2 & & \\ & \ddots & \ddots & \ddots & \\ & & b_{n-3} & a_{n-2} & b_{n-2}\\ & & & b_{n-2} & a_{n-1}\end{bmatrix}\begin{bmatrix}u_1\\ u_2\\ \vdots\\ u_{n-2}\\ u_{n-1}\end{bmatrix}=\begin{bmatrix}f(x_1)-\alpha b_0/h^2\\ f(x_2)\\ \vdots\\ f(x_{n-2})\\ f(x_{n-1})-\beta b_{n-1}/h^2\end{bmatrix}$$

这里

$$a_i=p\left(x_i+\frac{h}{2}\right)+p\left(x_i-\frac{h}{2}\right)+h^2r(x_i),\quad i=1,\cdots,n-1,$$

$$b_i=-p\left(x_i+\frac{h}{2}\right),\quad i=0,1,\cdots,n-1$$

注意这个问题的系数矩阵又是对称和三对角的, 但是它不再是 Toeplitz 矩阵, 还能证明这个矩阵也是正定的.

如果 $p(x)$可微, 那么根据乘积的求导法则我们可用$-(pu''+p'u')$代替(13.19)中的$-\left(\frac{d}{\mathrm{d}x}\right)\left(p(x)\frac{\mathrm{d}u}{\mathrm{d}x}\right)$. 然而, 通常这不是一个好主意, 因为下面我们将看到当差分化一阶导数, 得到的矩阵并不对称. 因为原来的微分算子$-\left(\frac{d}{\mathrm{d}x}\right)\left(p(x)\frac{\mathrm{d}u}{\mathrm{d}x}\right)$是自共轭的(这是与对称算子等价的算子, 将在下一节定义), 所以这个矩阵也应有这个性质.

现在假设(13.1)中的 $q(x)$不恒等于 0. 为简单起见, 让我们回到 $p(x)\equiv 1$ 的情形, 于

是微分方程成为

$$-u''+q(x)u'+r(x)u=f(x),\quad 0\leqslant x\leqslant 1$$

如果我们用中心差分近似 $u'(x)$

$$u'(x)\approx\frac{u(x+h)-u(x-h)}{2h}\tag{13.21}$$

它是 h^2 阶精度，于是差分方程成为

$$\frac{1}{h^2}[2u_i-u_{i+1}-u_{i-1}]+q(x_i)\frac{u_{i+1}-u_{i-1}}{2h}+r(x_i)u_i=f(x_i),\quad i=1,\cdots,n-1$$

这是一个非对称三对角方程组

361

$$\begin{bmatrix}a_1 & b_1 & & \\ c_2 & a_2 & b_2 & \\ \ddots & \ddots & \ddots & \\ & c_{n-2} & a_{n-2} & b_{n-2}\\ & & c_{n-1} & a_{n-1}\end{bmatrix}\begin{bmatrix}u_1\\ u_2\\ \vdots\\ u_{n-2}\\ u_{n-1}\end{bmatrix}=\begin{bmatrix}f(x_1)-c_1\alpha\\ f(x_2)\\ \vdots\\ f(x_{n-2})\\ f(x_{n-1})-b_{n-1}\beta\end{bmatrix}\tag{13.22}$$

这里

$$a_i=\frac{2}{h^2}+r(x_i),\quad b_i=-\frac{1}{h^2}+\frac{q(x_i)}{2h},\quad c_i=-\frac{1}{h^2}-\frac{q(x_i)}{2h},\quad i=1,\cdots,n-1\tag{13.23}$$

对充分小的 h，次对角线元素 b_i 和 c_i 是负数而且满足

$$|b_i|+|c_i|=\frac{2}{h^2}$$

如果对一切 $i=1,\cdots,n-1$，$r(x_i)>0$，那么对角元 a_i 满足

$$|a_i|=\frac{2}{h^2}+r(x_i)>|b_i|+|c_i|$$

由于这个原因，这个矩阵称为**严格行对角占优**，我们在 12.2.3 节已经看到其定义：矩阵中每个对角元严格大于它这一行非对角元绝对值之和.

严格对角占优的重要性是用它可以证明矩阵的非奇异性. 显然，如果差分方程(13.22)有唯一解，那么其矩阵必定是非奇异的，从 Gerschgorin 定理(见 12.1 节)可知一个严格行或列对角占优矩阵不可能有零作为特征值，所以必是非奇异的. 因此对充分小的 h，(13.22)中的矩阵是非奇异的.

有时用单边差分

$$u'(x_i)\approx\begin{cases}\dfrac{1}{h}(u_{i+1}-u_i) & \text{如果 } q(x_i)<0\\[2mm] \dfrac{1}{h}(u_i-u_{i-1}) & \text{如果 } q(x_i)\geqslant 0\end{cases}$$

代替 $u'(x)$的中心差分近似(13.21). 这叫作**迎风差分**格式. 它仅是一阶精确度，但是有其他的优点. 用这种差分格式，并用

$$a_i=\frac{2}{h^2}+r(x_i)+\frac{|q(x_i)|}{h}$$

$$b_i = \begin{cases} -\dfrac{1}{h^2}+\dfrac{q(x_i)}{h} & \text{如果 } q(x_i)<0 \\ -\dfrac{1}{h^2} & \text{如果 } q(x_i)\geqslant 0 \end{cases} \qquad c_i = \begin{cases} -\dfrac{1}{h^2} & \text{如果 } q(x_i)<0 \\ -\dfrac{1}{h^2}-\dfrac{q(x_i)}{h} & \text{如果 } q(x_i)\geqslant 0 \end{cases}$$

$i=1,\cdots,n-1$

替换(13.23)，则(13.22)成立.

现在，对一切 i，当 $r(x_i)>0$ 时，矩阵是严格行对角占优，与 h 无关. 这是因为 $|b_i|+|c_i|=\dfrac{2}{h^2}+\dfrac{|q(x_i)|}{h}$，而 $|a_i|=\dfrac{2}{h^2}+\dfrac{|q(x_i)|}{h}+r(x_i)$.

如前所说，有时会给定不同的边界条件. 回到问题(13.3-13.4). 假设第二个 Dirichlet 条件 $u(1)=\beta$ 由 Neumann 条件 $u'(1)=\beta$ 代替. 现在不再从 $x=1$ 处的边界条件知道 u_n 的值，代之以却是一个附加的未知量. 我们将加上一个附加的方程来近似边界条件. 362

有几种途径做这件事情，一种方法是用区间外的点来近似 $u''(1)$：

$$u''(1)\approx\frac{1}{h^2}[u_{n-1}-2u_n+u_{n+1}]$$

然后用

$$\beta=u'(1)\approx\frac{1}{2h}[u_{n+1}-u_{n-1}]$$

来近似 Neumann 边界条件，我们能够求出 u_{n+1}

$$u_{n+1}=u_{n-1}+2h\beta$$

把它代入 $u''(1)$的近似表达式并且要求微分方程(13.3)在 $x=1$ 近似地成立，我们得到方程

$$\frac{1}{h^2}[2u_n-2u_{n-1}-2h\beta]+r(x_n)u_n=f(x_n)$$

这就对矩阵方程(13.6)多加了一个未知量和一个方程：

$$\frac{1}{h^2}\begin{bmatrix} 2+h^2r(x_1) & -1 & & & \\ -1 & 2+h^2r(x_2) & -1 & & \\ & \ddots & \ddots & \ddots & \\ & & -1 & 2+h^2r(x_{n-1}) & -1 \\ & & & -2 & 2+h^2r(x_n) \end{bmatrix}\begin{bmatrix} u_1 \\ u_2 \\ \vdots \\ u_{n-1} \\ u_n \end{bmatrix}$$

$$=\begin{bmatrix} f(x_1)+\dfrac{\alpha}{h^2} \\ f(x_2) \\ \vdots \\ f(x_{n-1}) \\ f(x_n)+\dfrac{2\beta}{h} \end{bmatrix} \tag{13.24}$$

这个矩阵不再对称，但是它能够容易地对称化(见本章最后的习题 4).

另外，如果第一个 Dirichlet 条件 $u(0)=\alpha$ 换成 Neumann 条件 $u'(0)=\alpha$，那么 u_0 成为未知量，而类似的论证引出方程

363 $$\frac{1}{h^2}[2u_0-2u_1+2h\alpha]+r(x_0)u_0=f(x_0)$$

把这个方程和未知量加到方程组(13.24)中去，我们有

$$\frac{1}{h^2}\begin{bmatrix} 2+h^2r(x_0) & -2 & & & \\ -1 & 2+h^2r(x_1) & -1 & & \\ & \ddots & \ddots & \ddots & \\ & & -1 & 2+h^2r(x_{n-1}) & -1 \\ & & & -2 & 2+h^2r(x_n) \end{bmatrix}\begin{bmatrix} u_0 \\ u_1 \\ \vdots \\ u_{n-1} \\ u_n \end{bmatrix}$$

$$=\begin{bmatrix} f(x_1)-\dfrac{2\alpha}{h} \\ f(x_1) \\ \vdots \\ f(x_{n-1}) \\ f(x_n)+\dfrac{2\beta}{h} \end{bmatrix} \tag{13.25}$$

如果对所有的 $i=0,1,\cdots,n-1,n$，$r(x_i)>0$，那么这矩阵是严格行对角占优，因此非奇异。另一方面，如果对所有的 i，$r(x_i)=0$，那么这矩阵奇异，这是因为它的行和都是 0；这就意味着如果用这个矩阵去乘分量全是 1 的向量，就得到零向量. 这是因为边值问题

$$-u''(x)=f(x),\quad u'(0)=\alpha,\quad u'(1)=\beta$$

的解或者不存在(例如，如果 $f(x)=0$，但是 $\alpha\neq\beta$，这是因为在这种情形 $f(x)=0\Rightarrow u(x)=c_0+c_1x\Rightarrow u'(x)=c_1$，$c_1$ 是某常数)或者不唯一；如果 $u(x)$ 是任意一个解，那么 $u(x)+\gamma$ 是另一个解，γ 是任一常数.

例 13.2.2　我们可以修改在这一节开始给出的程序范例来处理在区间[0，1]的一个或两个端点的 Neumann 边界条件. 以下是执行 Neumann 边界条件 $u'(1)=2-\pi$ 的修改了的程序. 其解与前一个例题相同，$u(x)=x^2+\sin(\pi x)$.

```
% Define r and f via inline functions that can work on
% vectors of x values.
r = inline('exp(x)');
f = inline('-2 + (pi^2 + exp(x)).*sin(pi*x) + (exp(x).*x.^2)');

% Set boundary values.  Beta is now the value of u'(1).
alpha = 0; beta = 2 - pi;

% Ask user for number of subintervals.
n = input('Enter no. of subintervals n: ');

% Set up the grid.  There are now n grid points at which to
364
% find the soln.
```

```
h = 1/n;
x = [h:h:n*h]';

% Form the matrix A. Store it as a sparse matrix.
% It is now n by n.
% It is nonsymmetric but can easily be symmetrized.
A = sparse(diag(2 + h^2*r(x),0) + diag(-ones(n-1,1),1)
    + diag(-ones(n-1,1),-1));
A(n,n-1) = -2;
A = (1/h^2)*A;

% Form right-hand side vector b. It now has length n.
b = f(x); b(n) = b(n) + 2*beta/h;

% Compute approximate solution.
u_approx = A\b;

% Compare approximate solution with true solution.
u_true = x.^2 + sin(pi*x);
err = max(abs(u_true - u_approx))
```

取 $n=10$，20，40 和 80 个子区间运行这个程序，我们得到误差的 ∞-范数分别是 0.0181，0.0045，0.0011 和 2.8×10^{-4}，而其绝对误差比用 Dirichlet 边界条件要稍微大一些，这个方法仍是二阶精度.

13.3 有限元方法

人们可以用不同的方法来解形式(13.1-13.2)的问题. 代之以有限差商近似导数，人们可以试图用诸如多项式或者分段多项式这种简单函数来逼近解 $u(x)$. 这样的函数可能不能精确地满足(13.1-13.2)，但可以选择系数使得这种函数近似地满足这些方程. 这就是有限元方法的内涵.

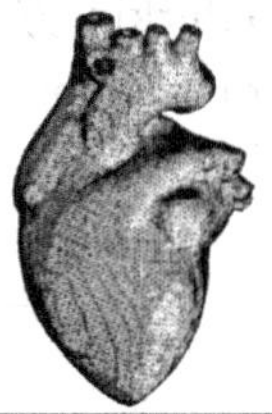

生物医学模拟

像有限差分方法一样，有限元方法也用于科学模拟. 左边我们看到用来模拟心脏活动的有限元方法在其上的四面体网格. 这种模型在发展心脏血管外科过程和人工心脏瓣膜的设计中发挥了作用(创作及来源：Texas 大学 Austin 分校计算显影中心). 365

现在让我们再把注意力集中在 BVP(13.3-13.4)，并且假设 $\alpha=\beta=0$. 这个问题能够写成很一般的形式

$$\mathcal{L}u = -u'' + r(x)u = f(x), \quad 0 \leqslant x \leqslant 1 \tag{13.26}$$

$$u(0) = u(1) = 0 \tag{13.27}$$

近似地满足方程(13.26)的含义是什么？一种想法是使它在某些点 x_1，……，x_{n-1} 上成立. 这就导出所谓的*配置法*. 另一种想法是从某函数类 S 中选取近似解，譬如说 $\hat{u}(x)$ 使得 $\mathcal{L}\hat{u}-f$ 的 L_2-范数取极小：

$$\min_{\hat{u}\in S}\left(\int_0^1 |\mathcal{L}\hat{u}-f|^2\mathrm{d}x\right)^{\frac{1}{2}}$$

这就导致最小二乘逼近.

再一种想法是注意到如果 u 满足(13.26)，那么对任一(性质充分好使得积分有意义的)函数 φ，$\mathcal{L}u$ 和 φ 的乘积的积分等于 f 与 φ 的乘积的积分. 我们用

$$\langle v,w\rangle \equiv \int_0^1 v(x)w(x)\mathrm{d}x$$

定义[0，1]上函数之间的内积. 如果 u 满足(13.26)，那么对一切函数 φ，它也满足

$$\langle \mathcal{L}u,\varphi\rangle \equiv \int_0^1(-u''(x)+r(x)u(x))\varphi(x)\mathrm{d}x=\int_0^1 f(x)\varphi(x)\mathrm{d}x \equiv \langle f,\varphi\rangle \quad (13.28)$$

方程(13.28)有时叫作微分方程的弱形式.

注意到我们可以对弱形式(13.28)在左边的积分进行分部积分.

$$\int_0^1 -u''(x)\varphi(x)\mathrm{d}x=-u'(x)\varphi(x)\Big|_0^1+\int_0^1 u'(x)\varphi'(x)\mathrm{d}x$$

因此(13.28)成为

$$-u'(x)\varphi(x)\Big|_0^1+\int_0^1 u'(x)\varphi'(x)\mathrm{d}x+\int_0^1 r(x)u(x)\varphi(x)\mathrm{d}x=\int_0^1 f(x)\varphi(x)\mathrm{d}x \quad (13.29)$$

有了这个式子，我们可以考虑“近似”解 $\hat{u}$ 仅是一次可微而不是二次可微的要求.

如果限制 $\hat{u}$ 来自所谓试探空间的某个集合 S，那么我们大概不可能找到对一切 φ 满足(13.28)或者(13.29)的函数 $\hat{u}\in S$；但是我们有可能找到对所谓试验空间的某个集合 T 中的一切函数 φ 满足(13.29)的函数 $\hat{u}\in S$. 最常见的选择是 $T=S$. 然后取 S 是分段多项式空
366 间，这就导致 Galerkin 有限元逼近.

BORIS GALERKIN

Boris Galerkin(1871—1945)是俄国数学家和工程师，他的第一篇技术论文是关于杆的弯曲，发表在俄国革命前的 1906 年，当时他被沙皇关在牢里. 因为 I. G. Bubnov 在 1915 年发表了用这种想法的论文，俄国教科书常称 Galerkin 有限元方法为 Bubnov-Galerkin 方法. 欧洲应用科学计算方法协会为了表彰 Walter Ritz 和 Boris Galerkin 以及他们在数学、数值分析和工程相结合的卓越工作颁发了 Ritz-Galerkin 奖章[23].

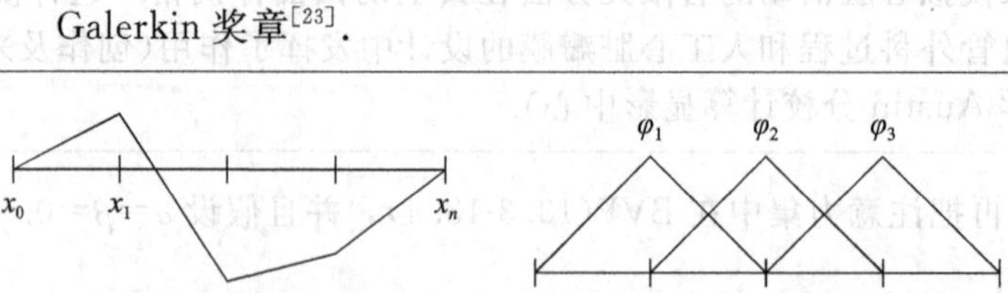

a) 连续分段线性函数　　b) 有限元方法的“帽子函数”基

图 13-3

特别地，把区间[0，1]分成长度 $h=\frac{1}{n}$ 的子区间，其端点为 $x_0=0$，$x_1=h$，…，$x_n=nh=1$，而且令 S 是满足边界条件(13.27)的连续分段线性函数空间. S 中的函数如图 13-3a

中所示.

我们要找对一切函数 $\varphi\in S$ 满足(13.29)的函数$\hat{u}\in S$. 为此，空间 S 有一组基将是有用的. 空间 S 的一组基是 S 中的一组线性无关函数，它有性质：S 中的每个函数能够写成这些函数的线性组合，图 13-3b 所示的“帽子函数”集组成 S 的一组基.

更精确地说，连续分段线性函数集 $\varphi_i(i=1,\cdots,n-1)$ 这里 φ_i 在网格点 i 上等于 1，而且其他各网格点都等于 0；即

$$\varphi_i(x)=\begin{cases}\dfrac{x-x_{i-1}}{x_i-x_{i-1}} & x\in[x_{i-1},x_i]\\ \dfrac{x_{i+1}-x}{x_{i+1}-x_i} & x\in[x_i,x_{i+1}]\\ 0 & \text{其他}\end{cases}\quad i=1,\cdots,n-1 \tag{13.30}$$

形成 S 的一组基. 要把 S 中的任一连续分段线性函数写成这些基函数的线性组合，$\varphi(x)=\sum_{i=1}^{n-1}c_i\varphi_i(x)$，我们简单地取系数 c_i 为函数 φ 在网格点 x_i 上的值. 那么线性组合 $\sum_{i=1}^{n-1}c_i\varphi_i$ 在每个网格点 $x_1,\cdots,x_{n-1}$(以及在端点 x_0 和 x_n，它们都是零)上与 φ 有相同的值，因为在这个网格上的分段线性函数完全由它们在网格点上的值所决定，所以它们必定是同一函数. 367

例 13.3.1 假设区间[0，1]分为四个相等的子区间，而且假设 $\varphi(x)$是由下式

$$\varphi(x)=\begin{cases}x & \text{如果 } 0\leqslant x\leqslant\dfrac{1}{4}\\ 2x-\dfrac{1}{4} & \text{如果}\dfrac{1}{4}\leqslant x\leqslant\dfrac{1}{2}\\ \dfrac{7}{4}-2x & \text{如果}\dfrac{1}{2}\leqslant x\leqslant\dfrac{3}{4}\\ 1-x & \text{如果}\dfrac{3}{4}\leqslant x\leqslant 1\end{cases}$$

定义的连续分段线性函数. 在区间端点为 0 的连续分段线性函数空间 S 的基函数 φ_1，φ_2 和 φ_3 分别在 $x=\frac{1}{4}$，$x=\frac{1}{2}$和 $x=\frac{3}{4}$取值 1，且在各自的另外的网格点上取值 0. 因为$\varphi\left(\frac{1}{4}\right)=\frac{1}{4}$，$\varphi\left(\frac{1}{2}\right)=\frac{3}{4}$以及 $\varphi\left(\frac{3}{4}\right)=\frac{1}{4}$. 就得到 $\varphi(x)=\frac{1}{4}\varphi_1(x)+\frac{3}{4}\varphi_2(x)+\frac{1}{4}\varphi_3(x)$. 要明白之所以是这样，注意

$$\varphi_1(x)=\begin{cases}4x & \text{如果 } 0\leqslant x\leqslant\dfrac{1}{4}\\ 2-4x & \text{如果}\dfrac{1}{4}\leqslant x\leqslant\dfrac{1}{2}\\ 0 & \text{其他}\end{cases}\qquad \varphi_2(x)=\begin{cases}4x-1 & \text{如果}\dfrac{1}{4}\leqslant x\leqslant\dfrac{1}{2}\\ 3-4x & \text{如果}\dfrac{1}{2}\leqslant x\leqslant\dfrac{3}{4}\\ 0 & \text{其他}\end{cases}$$

$$\varphi_3(x)=\begin{cases}4x-2 & \text{如果}\dfrac{1}{2}\leqslant x\leqslant\dfrac{3}{4}\\ 4-4x & \text{如果}\dfrac{3}{4}\leqslant x\leqslant 1\\ 0 & \text{其他}\end{cases}$$

因此

$$\frac{1}{4}\varphi_1(x)+\frac{3}{4}\varphi_2(x)+\frac{1}{4}\varphi_3(x)$$

$$=\begin{cases}\frac{1}{4}4x=x & \text{如果}\ 0\leqslant x\leqslant\frac{1}{4}\\ \frac{1}{4}(2-4x)+\frac{3}{4}(4x-1)=2x-\frac{1}{4} & \text{如果}\ \frac{1}{4}\leqslant x\leqslant\frac{1}{2}\\ \frac{3}{4}(3-4x)+\frac{1}{4}(4x-2)=\frac{7}{4}-2x & \text{如果}\ \frac{1}{2}\leqslant x\leqslant\frac{3}{4}\\ \frac{1}{4}(4-4x)=1-x & \text{如果}\ \frac{3}{4}\leqslant x\leqslant 1.\end{cases}$$

我们把近似解 $\hat{u}(x)$ 写成 $\hat{u}(x)=\sum_{j=1}^{n-1}c_j\varphi_j(x)$．选择系数 c_1，…，c_{n-1}，使得对一切 $i=1$，…，$n-1$ 成立 $\langle\mathcal{L}\hat{u},\ \varphi_i\rangle=\langle f,\ \varphi_i\rangle$．（表达式 $\langle\mathcal{L}\hat{u},\ \varphi_i\rangle$ 应理解为如(13.29)中分部积分以后的积分；否则我们定义 $\mathcal{L}\hat{u}$ 将有麻烦，这是因为 $\hat{u}'$ 不连续；$\hat{u}$ 的二阶导数在每个子区间的内部为零，而在网格点为无穷大.）因为 S 中任意函数 φ 能够写成 φ_i 的线性组合，譬如说，$\varphi(x)=$
368 $\sum_{i=1}^{n-1}d_i\varphi_i(x)$，而且因为它的每一个自变量中内积是线性的，这就保证

$$\langle\mathcal{L}\hat{u}-f,\varphi\rangle=\langle\mathcal{L}\hat{u}-f,\sum_{i=1}^{n-1}d_i\varphi_i\rangle=\sum_{i=1}^{n-1}d_i\langle\mathcal{L}\hat{u}-f,\varphi_i\rangle=0$$

或者等价地，$\langle\mathcal{L}\hat{u},\ \varphi\rangle=\langle f,\ \varphi\rangle$

更具体地，用(13.29)我们选择 c_1，…，c_{n-1} 使得

$$-\hat{u}'(x)\varphi_i(x)\Big|_0^1+\int_0^1\Big(\sum_{j=1}^{n-1}c_j\varphi_j'(x)\Big)\varphi_i'(x)\mathrm{d}x+\int_0^1 r(x)\Big(\sum_{j=1}^{n-1}c_j\varphi_j(x)\Big)\varphi_i(x)\mathrm{d}x$$

$$=\int_0^1 f(x)\varphi_i(x)\mathrm{d}x,\quad i=1,\cdots,n-1$$

这是 $n-1$ 个未知量 c_1，…，c_{n-1} 的 $n-1$ 个线性方程的方程组. 首先注意，边界项 $-u'(x)\varphi_i(x)\Big|_0^1$ 是零，这是因为在 S 中 φ 都有 $\varphi(0)=\varphi(1)=0$. 还要注意到求和号可以移到积分外面.

$$\sum_{j=1}^{n-1}c_j\Big[\int_0^1\varphi_j'(x)\varphi_i'(x)\mathrm{d}x+\int_0^1 r(x)\varphi_j(x)\varphi_i(x)\mathrm{d}x\Big]$$
$$=\int_0^1 f(x)\varphi_i(x)\mathrm{d}x,\quad i=1,\cdots,n-1 \tag{13.31}$$

方程组(13.31)能写成矩阵形式

$$\boldsymbol{A}\boldsymbol{c}=\boldsymbol{f} \tag{13.32}$$

这里 $\boldsymbol{c}\equiv(c_1,\ \cdots,\ c_{n-1})^{\mathrm{T}}$ 是未知系数的向量，$\boldsymbol{f}$ 是其第 i 分量为 $\int_0^1 f(x)\varphi_i(x)\mathrm{d}x(i=1,\cdots,n-1)$ 的向量，而 $\boldsymbol{A}$ 是 $(n-1)\times(n-1)$ 矩阵，它的 $(i,\ j)$ 元素是

$$a_{ij}\equiv\int_0^1\varphi_j'(x)\varphi_i'(x)\mathrm{d}x+\int_0^1 r(x)\varphi_j(x)\varphi_i(x)\mathrm{d}x \tag{13.33}$$

换言之，f 的第 i 分量是 $\langle f, \varphi_i\rangle$，而 $\mathbf{A}$ 中的 (i, j) 元素是分部积分后的 $\langle \mathcal{L}\varphi_j, \varphi_i\rangle$. 回到 $\varphi_i(x)$ 的表达式(13.30)，可以看到 φ_i' 满足

$$\varphi_i'(x)=\begin{cases}\dfrac{1}{x_i-x_{i-1}} & x\in[x_{i-1},x_i]\\ \dfrac{-1}{x_{i+1}-x_i} & x\in[x_i,x_{i+1}]\\ 0 & \text{其他}\end{cases}\tag{13.34}$$

可以得出仅在 $j=i$，$j=i+1$ 或 $j=i-1$ 时 a_{ij} 非零. 因此矩阵 $\mathbf{A}$ 是三对角的. 从(13.33)可知 $\mathbf{A}$ 是对称的：对一切 i，j 有 $a_{ij}=a_{ji}$.

如果(13.33)中的 $r(x)$ 是足够简单的函数，那么那里的积分能精确求出. 否则可以用第 10 章中所述的求积公式来近似，对(13.31)中涉及的 f 的积分也同样如此. 369

让我们考虑 $r(x)\equiv 0$ 这种最简单的情形. 假设网格点均匀分开：对一切 i，$x_i-x_{i-1}\equiv h$. 那么

$$a_{ii}=\int_0^1(\varphi_i'(x))^2\mathrm{d}x=\int_{x_{i-1}}^{x_i}\left(\frac{1}{h}\right)^2\mathrm{d}x+\int_{x_i}^{x_{i+1}}\left(-\frac{1}{h}\right)^2=\frac{2}{h}\tag{13.35}$$

$$a_{i,i+1}=a_{i+1,i}=\int_0^1\varphi_i'(x)\varphi_{i+1}'(x)\mathrm{d}x=\int_{x_i}^{x_{i+1}}\left(-\frac{1}{h}\right)\left(\frac{1}{h}\right)\mathrm{d}x=-\frac{1}{h}\tag{13.36}$$

如果在(13.32)的两边除以 h，那么线性方程组为

$$\frac{1}{h^2}\begin{bmatrix}2 & -1 & & \\ -1 & \ddots & \ddots & \\ & \ddots & \ddots & -1\\ & & -1 & 2\end{bmatrix}\begin{bmatrix}c_1\\ c_2\\ \vdots\\ c_{n-2}\\ c_{n-1}\end{bmatrix}=\frac{1}{h}\begin{bmatrix}\langle f,\varphi_1\rangle\\ \langle f,\varphi_2\rangle\\ \vdots\\ \langle f,\varphi_{n-2}\rangle\\ \langle f,\varphi_{n-1}\rangle\end{bmatrix}$$

注意左边的矩阵与(13.12)中心有限差分格式导出的是同一矩阵. 有限元方法经常显示出和有限差分公式几乎相同. 但是，有时细微的差别表现在边界条件处理的方式和右端向量的组成方式对精度是重要的. 一旦导出了用连续分段线性有限元近似问题(13.26-13.27)的方程，就容易推广到方程(13.1). 适当地定义微分算子$\mathcal{L}$并且和前面一样分部积分. 对方程(13.1)，(13.32)的系数矩阵中 (i, j) 元素将是

$$\begin{aligned}a_{ij}&=\langle\mathcal{L}\varphi_j,\varphi_i\rangle\\ &=\int_0^1-\frac{\mathrm{d}}{\mathrm{d}x}\left(p(x)\frac{d\varphi_j}{\mathrm{d}x}\right)\varphi_i(x)\mathrm{d}x+\int_0^1 q(x)\varphi_j'(x)\varphi_i(x)\mathrm{d}x\\ &\quad+\int_0^1 r(x)\varphi_j(x)\varphi_i(x)\mathrm{d}x\\ &=-\varphi_i(x)p(x)\frac{d_{\varphi_j}}{\mathrm{d}x}\bigg|_0^1+\int_0^1 p(x)\varphi_j'(x)\varphi_i'(x)\mathrm{d}x+\int_0^1 q(x)\varphi_j'(x)\varphi_i(x)\mathrm{d}x\\ &\quad+\int_0^1 r(x)\varphi_j(x)\varphi_i(x)\mathrm{d}x\\ &=\int_0^1 p(x)\varphi_j'(x)\varphi_i'(x)\mathrm{d}x+\int_0^1 q(x)\varphi_j'(x)\varphi_i(x)\mathrm{d}x+\int_0^1 r(x)\varphi_j(x)\varphi_i(x)\mathrm{d}x\end{aligned}$$

这个矩阵还是三对角的. 如果 $q(x)\equiv 0$，那么它是对称的.

例 13.3.2 假设我们要写一个有限元代码来用连续分段线性函数解例 13.2.1 中的问题：在区间[0, 1]上，$-u''(x)+r(x)u(x)=f(x)$，这里 $r(x)=e^x$. 因为我们仅讨论过齐次
370 Dirichlet 边界条件，让我们稍微修改前一节用过的解，使它满足 $u(0)=u(1)=0$，譬如说，$u(x)=x^2-x+\sin(\pi x)$. 那么 $u'(x)=2x-1+\pi\cos(\pi x)$ 以及 $u''(x)=2-\pi^2\sin(\pi x)$，所以右端函数 f 是 $f(x)=-2+(\pi^2+e^x)\sin(\pi x)+e^x(x^2-x)$. 有限元矩阵 $\boldsymbol{A}$ 将是三对角的，而且它的非零元素和(13.35)和(13.36)中的一样，但是多了附加项

$$\int_0^1 e^x\varphi_j(x)\varphi_i(x)\mathrm{d}x \tag{13.37}$$

解析计算这个积分可能是困难的，但是我们能用求积公式来近似它. 如果我们期盼解的某种精度，求积公式应该与有限元逼近有相同的或者更高阶的精度. 例如，假设我们对每个子区间用二阶精度的中点法则作为求积公式. 如果 $x_{i\pm\frac{1}{2}}$ 表示中点$\frac{x_i+x_{i+1}}{2}$，那么

$$\int_0^1 e^x\varphi_i^2(x)\mathrm{d}x=\int_{x_{i-1}}^{x_i} e^x\varphi_i^2(x)\mathrm{d}x+\int_{x_i}^{x_{i+1}} e^x\varphi_i^2(x)\mathrm{d}x\approx\frac{h}{4}e^{x_{i-\frac{1}{2}}}+\frac{h}{4}e^{x_{i+\frac{1}{2}}}$$

$$\int_0^1 e^x\varphi_i(x)\varphi_{i-1}(x)\mathrm{d}x=\int_{x_{i-1}}^{x_i} e^x\varphi_i(x)\varphi_{i-1}(x)\mathrm{d}x\approx\frac{h}{4}e^{x_{i-\frac{1}{2}}}$$

$$\int_0^1 e^x\varphi_i(x)\varphi_{i+1}(x)\mathrm{d}x=\int_{x_i}^{x_{i+1}} e^x\varphi_i(x)\varphi_{i+1}(x)\mathrm{d}x\approx\frac{h}{4}e^{x_{i+\frac{1}{2}}}$$

同样我们可以用中点法则近似包含右端函数 f 的积分.

$$\int_0^1 f(x)\varphi_i(x)\mathrm{d}x=\int_{x_{i-1}}^{x_i} f(x)\varphi_i(x)\mathrm{d}x+\int_{x_i}^{x_{i+1}} f(x)\varphi_i(x)\mathrm{d}x$$
$$\approx\frac{h}{2}f(x_{i-\frac{1}{2}})+\frac{h}{2}f(x_{i+\frac{1}{2}})$$

以下是中点法则近似所有子区间上包含 $r(x)$ 和 $f(x)$ 的积分的有限元代码.

```
% Define r and f via inline functions that can work on
% vectors of x values.
r = inline('exp(x)');
f = inline('-2 + (pi^2 + exp(x)).*sin(pi*x)+(exp(x).*(x.^2-x))');

% Boundary conditions are homogeneous Dirichlet: u(0)=u(1) = 0.

% Ask user for number of subintervals.
n = input('Enter no. of subintervals n: ');

% Set up the grid.
h = 1/n;
x = [h:h:(n-1)*h]';
% Form the matrix A.  Store it as a sparse matrix.
% First form the matrix corres to u'' then add in
% the terms for r(x)u.
A = sparse(diag(2*ones(n-1,1),0)+diag(-ones(n-2,1),1)
   +diag(-ones(n-2,1),-1));
A = (1/h)*A;
xmid = [x(1)/2; (x(1:n-2)+x(2:n-1))/2; (x(n-1)+1)/2];
% Midpoints of subints
```

371

```
A = A + (h/4)*diag(exp(xmid(1:n-1))+exp(xmid(2:n)),0);
A = A + (h/4)*diag(exp(xmid(2:n-1)),-1)
   + (h/4) *diag(exp(xmid(2:n-1)),1);

% Form right-hand side vector b.
fmid = f(xmid);
b = (h/2)*fmid(1:n-1) + (h/2)*fmid(2:n);

% Compute approximate solution.
u_approx = A\b;

% Compare approximate solution with true solution.
u_true = x.^2 - x + sin(pi*x);
err = max(abs(u_true - u_approx))
```

取 $n=10$，20，40 和 80 运行代码，我们得到误差的∞-范数分别是 0.0022，5.5×10^{-4}，1.4×10^{-4}以及 3.4×10^{-5}. 如果我们对积分用更高精度的近似，例如 Simpson 法则，这些值可能将会稍微小一点. 但精度的阶仍是 $O(h^2)$.

精确性

有限元方法的最大好处之一是它们有时容易证明精度的阶. 这是因为在某种意义上试探空间 S 的一切可能的近似中有限元近似式是最优的.

当算子$\mathcal{L}$是自共轭(即对一切 v 和 w 有$\langle \mathcal{L}v, w\rangle=\langle v, \mathcal{L}w\rangle$)而且正定(即对一切 $v\neq 0$ 有$\langle \mathcal{L}v, v\rangle>0$)时，可以选取近似解$\tilde{u}\in S$ 使误差的能量范数达到极小：

$$\langle \tilde{u}-\mathcal{L}^{-1}f,\mathcal{L}(\tilde{u}-\mathcal{L}^{-1}f)\rangle = \langle \mathcal{L}\tilde{u},\tilde{u}\rangle - 2\langle f,\tilde{u}\rangle + \text{常数} \tag{13.38}$$

因为$\mathcal{L}$是自共轭而且正定，所以(13.38)中的表达式是一种范数；它经常表示系统的能量，而且有时原问题就以这种形式表示. 把这个表达式极小化就导出了 Ritz 有限元逼近.

注意当我们不能计算(13.18)中的$\mathcal{L}^{-1}f$(因为这是我们正在求的解)时，我们能计算右端含$\tilde{u}$的表达式，而且这个表达式与左边的量仅相差一个常数(不依赖$\tilde{u}$). 因此它等价于选 372
取$\tilde{u}\in S$ 使$\langle \mathcal{L}\tilde{u}, \tilde{u}\rangle-2\langle f, \tilde{u}\rangle$极小，对(13.19)中的微分算子，它是

$$\int_0^1 \Big(-\frac{\mathrm{d}}{\mathrm{d}x}(p(x)\,\tilde{u}'(x))+r(x)\,\tilde{u}(x)\Big)\tilde{u}(x)\mathrm{d}x-2\int_0^1 f(x)\,\tilde{u}(x)\mathrm{d}x$$

分部积分后并且用$\tilde{u}(0)=\tilde{u}(1)=0$ 这个事实，它就变成

$$\int_0^1 (p(x)(\tilde{u}'(x))^2+r(x)(\tilde{u}(x))^2)\mathrm{d}x-2\int_0^1 f(x)\,\tilde{u}(x)\mathrm{d}x$$

把$\tilde{u}$表示为 $\sum_{j=1}^{n-1} d_j\varphi_j$ ，得到 d_1，…，d_{n-1}的二次函数：

$$\min_{d_1,\cdots,d_{n-1}} \int_0^1 \Big[p(x)\Big(\sum_{j=1}^{n-1} d_j\varphi_j'(x)\Big)^2 + r(x)\Big(\sum_{j=1}^{n-1} d_j\varphi_j(x)\Big)^2\Big]\mathrm{d}x$$
$$-2\int_0^1 f(x)\Big(\sum_{j=1}^{n-1} d_j\varphi_j(x)\Big)\mathrm{d}x$$

这个函数的极小值出现在它关于每一个自变量 d_i 的导数等于 0 的地方. 对每个 d_i 求导并令这些导数为 0，我们得到线性方程组

$$2\int_0^1 p(x)\Big(\sum_{j=1}^{n-1} d_j\varphi'_j(x)\Big)\varphi'_i(x)\mathrm{d}x + 2\int_0^1 r(x)\Big(\sum_{j=1}^{n-1} d_j\varphi_j(x)\Big)\varphi_i(x)\mathrm{d}x$$

$$-2\int_0^1 f(x)\varphi_i(x)\mathrm{d}x = 0,\quad i=1,\cdots,n-1$$

或者，等价地，

$$\sum_{j=1}^{n-1} d_j\langle \mathcal{L}\varphi_j,\varphi_i\rangle = \langle f,\varphi_i\rangle,\quad i=1,\cdots,n-1$$

这些正是定义 Galerkin 有限元近似的相同的方程！这并不意外；当$\mathcal{L}$是自共轭且正定时 Ritz 和 Galerkin 近似是相同的.

定理 13.3.1　如果$\mathcal{L}$是自共轭而且正定，那么对问题$\mathcal{L}u=f$，Galerkin 近似与 Ritz 近似是相同的.

证明　设$\widetilde{u}$使

$$\mathcal{I}(v)\equiv\langle v-\mathcal{L}^{-1}f,\mathcal{L}(v-\mathcal{L}^{-1}f)\rangle,\quad \text{所有 } v\in S$$

373 取极小，对这个空间中任一函数 v 和任一数 ε，我们有

$$\mathcal{I}(\widetilde{u}+\varepsilon v)=\langle \widetilde{u}-\mathcal{L}^{-1}f+\varepsilon v,\mathcal{L}(\widetilde{u}-\mathcal{L}^{-1}f+\varepsilon v)\rangle$$

$$=\mathcal{I}(\widetilde{u})+2\varepsilon\langle\mathcal{L}\widetilde{u}-f,v\rangle+\varepsilon^2\langle\mathcal{L}v,v\rangle \tag{13.39}$$

对一任意 ε(即对 ε 或正或负而其绝对值充分小，使得 ε^2 项可以忽略不计)在(13.39)中的$\mathcal{I}(\widetilde{u}+\varepsilon v)$能大于或等于$\mathcal{I}(\widetilde{u})$的仅有的方法是 ε 的系数等于 0，即对一切 $v\in S$，$\langle\mathcal{L}\widetilde{u}-f,\ v\rangle=0$.

反过来，如果对一切 $v\in S$，$\langle\mathcal{L}\widetilde{u}-f,\ v\rangle=0$，那么表达式(13.39)永远大于或等于$\mathcal{I}(\widetilde{u})$，故$\widetilde{u}$使$\mathcal{I}(v)$达到极小. □

这个定理很重要，因为它表明就误差的能量范数极小化来说，试探空间 S 的所有函数中有限元近似是最佳的. 现在只要确定 S 中的函数，例如连续分段线性函数，即分段线性插值逼近 u 到什么程度就能推出(在能量范数意义下的)全局误差. 用其他的试探空间也是可能的，诸如连续分段二次函数，或者 Hermite 三次函数，或者三次样条函数空间. 第 8 章处理了用分段多项式插值逼近一个函数的误差，所以该章的结果可以用来给出分段多项式试探空间中的有限元近似的误差值.

例如，下面的定理给出了函数的分段多项式插值误差的 L_2-范数的界. 在 L_2-范数意义下有限元逼近不是最佳的，但可以证明在 L_2-范数意义下它精度的阶与这个空间的最佳逼近相同. 因此它精度的阶至少与用 u 的插值多项式逼近的精度阶一样.

定理 13.23.2　设 u_I 是 u 的$(k-1)$次分段多项式插值(即在每一个网格点 x_0，x_1，…，x_{n-1}，x_n 上，u_I 与 u 相等，而且，如果 $k>2$，u_I 与 u 在每一个子区间中 $k-2$ 个等距点上也相等)，则

$$\|u-u_I\|_{L_2}\leqslant Ch^k\|u^{(k)}\|_{L_2}$$

其中 $h\equiv\max\limits_i|x_{i+1}-x_i|$，且$\|v\|_{L_2}\equiv\left[\int_0^1(v(x))^2\mathrm{d}x\right]^{\frac{1}{2}}$.

对分段线性函数定理中 $k=2$ 的情形，这个定理告诉我们，用分段线性插值多项式逼近误差的 L_2-范数是 $O(h^2)$. 这也是用分段线性有限元近似的误差的 L_2-范数的阶.

13.4 谱方法

谱方法与有限元方法有许多共同之处．差别是不再用分段多项式来近似解而是用次数等于网格点个数减 1 的多项式，或者用这个空间的正交基函数的线性组合(譬如 8.5 节中定义的 Chebyshev 多项式)来近似解．其优点是在适当的光滑性条件下，这些方法收敛到解比 n^{-1} 的任何次幂要快，这里 n 是网格点的个数或者是用在这个表达式中基函数的个数．例如，见 8.5 节中的定理 8.5.1. 374

如有限元方法一样，近似解可以有多种不同的选择．我们在这里考虑**谱配置方法**，有时称为伪谱方法，其中选择近似解 $u(x)$ 使得在(8.15)中定义的 Chebyshev 点上$\mathcal{L}u(x_j)=f(x_j)$，但是要换算和移位到这个问题定义的区间.

再考虑一般的线性两点边值问题(13.1-13.2)．假设我们寻求以下形式.

$$\hat{u}(x)=\sum_{j=0}^{n}c_jT_j(x)$$

的近似解$\hat{u}$，这里 c_0，…，c_n 是未知系数，函数 T_j 是定义在区间[0，1]上的 Chebyshev 多项式 $T_j(x)=\cos(j\arccos t)$，这里 $t=2x-1$．如果我们要求边界条件(13.2)成立

$$\sum_{j=0}^{n}c_jT_j(0)=\alpha,\quad \sum_{j=0}^{n}c_jT_j(1)=\beta$$

以及在$(n-1)$个点上微分方程(13.1)成立

$$-\sum_{j=0}^{n}c_j\frac{\mathrm{d}}{\mathrm{d}x}(p(x)T_j'(x))\Big|_{x_i}+q(x_i)\sum_{j=0}^{n}c_iT_j'(x_i)+r(x_i)\sum_{j=0}^{n}c_jT_j(x_i)=f(x_i)$$
$$i=1,\cdots,n-1$$

那么我们得到 $n+1$ 个未知量 c_0，…，c_n 的 $n+1$ 个线性方程的方程组．它不再像有限差分或者有限元近似那样是稀疏的；一般而言，系数矩阵 $\boldsymbol{A}$ 的所有元素非零．另外，还有较有效的方法来处理这些问题，在 8.5 节中介绍的 MATLAB 软件包 chebfun 中执行.

例 13.4.1 以下代码用 chebfun 软件包中的谱配置方法解在 13.3 节中提出的同一实例问题.

```
[d,x] = domain(0,1);               % Specify domain as [0,1].
L = -diff(d,2) + diag(exp(x));     % Create differential operator -u''+exp(x)u.
L.lbc = 0; L.rbc = 0;              % Specify homogeneous Dirichlet bcs.
f = chebfun('-2 + (pi^2 + exp(x)).*sin(pi*x) + exp(x).*(x.^2 - x)',d)
                                   % Create right-hand side function.
u = L\f                            % Solve the differential equation using
                                   % same notation as for solving a linear system

u_true = chebfun('x.^2 - x + sin(pi*x)',d)
err = max(abs(u_true - u))
```
375

首先这个问题的定义域确定为[0，1]，然后构成微分算子$\mathcal{L}$；第一项是负的二阶求导算子，第二项是与 e^x 的乘积．在定义域的左右端点指定齐次 Dirichlet 边界条件．然后定义右端函数 f．软件包告诉我们 f 的长度是 17，意思是它通过在 17 个 Chebyshev 点上用 16 次多项式插值这个函数 $f(x)$．我们使用和解线性代数方程组一样的符号 L \ f 解这个边值问

题．最后，比较实解和近似解，我们得到差的最大绝对值是 9.3×10^{-15}．这远比我们得到的有限差分解或有限元解精确．它需要对一个稠密矩阵进行工作，但是对于像这样一个系数矩阵是 17×17 的光滑问题，其解很快可以得到．谱方法的精度也依赖解的光滑性．如果微分方程(13.1)的右端函数或其他函数不连续，那么需要修改程序．

13.5 第 13 章习题

1. 考虑两点边值问题

$$u''+2xu'-x^2u=x^2,\quad u(0)=1,\quad u(1)=0$$

(a) 设 $h=\frac{1}{4}$，用中心差分表示所有的导数并写出差分方程．

(b) 用单边近似

$$u'(x_i)\approx\frac{u(x_i)-u(x_{i-1})}{h}$$

重复(a)部分．

(c) 对边界条件 $u'(0)+u(0)=1$，$u'(1)+\frac{1}{2}u(1)=0$，重复(a)部分．

2. 一根长为 1 米的杆有作用于它的热源，而最终达到温度不变的稳定状态．杆的热传导系数是位置 x 的函数，它由 $c(x)=1+x^2$ 给出．杆的左端保持常温 1 度．杆的右端绝热，所以没有热量从杆的右端点流入或流出．这个问题由边值问题：

$$\frac{\mathrm{d}}{\mathrm{d}x}\left((1+x^2)\frac{\mathrm{d}u}{\mathrm{d}x}\right)=f(x),\quad 0\leqslant x\leqslant1$$

$$u(0)=1,\quad u'(1)=0$$

所描述．

376 (a) 写出这个问题的差分方程，务必说明你对两端点是如何进行差分的．

(b) 写出解这个差分方程的 MATLAB 程序．你可以用一个已知其解的问题来检验你的程序，这个解可以通过选择满足边界条件的函数 $u(x)$，并确定这个 $u(x)$ 作为这个问题的解时 $f(x)$ 应是什么函数．用 $u(x)=(1-x)^2$ 试一下．那么 $f(x)=2(3x^2-2x+1)$．

(c) 对网格步长 h 尝试几个不同的值．根据你的结果，说出你的方法的精度的阶是多少？

3. 证明(13.14)中的向量 $\boldsymbol{v}^{(k)}$ 标准正交；即证明

$$\sum_{\ell=1}^{m}v_\ell^{(k)}v_\ell^{(j)}=\begin{cases}1 & 如果\ j=k\\ 0 & 否则\end{cases}$$

4. 证明(13.24)中的矩阵相似于对称矩阵[提示：设 $D=\mathrm{diag}(1,\cdots,1,\sqrt{2})$．如果 $\boldsymbol{A}$ 是(13.24)中的矩阵，那么 $D^{-1}AD$ 是什么？]

5. 用连续分段线性基函数的 Galerkin 有限元方法解习题 2 中的问题，但是带有齐次 Dirichlet 边界条件：

$$\frac{\mathrm{d}}{\mathrm{d}x}\left((1+x^2)\frac{\mathrm{d}u}{\mathrm{d}x}\right)=f(x),\quad 0\leqslant x\leqslant1$$

$$u(0)=0,\quad u(1)=0$$

(a) 导出求解这个问题所需要的矩阵方程．

(b) 编写解这组方程的 MATLAB 程序，你可以用一个已知其解的问题来检验你的程序，还可以通过选择满足边界条件的函数 $u(x)$，并确定这个 $u(x)$ 是这个问题的解时 $f(x)$ 应是什么函数．试一下 $u(x)=x(1-x)$．那么 $f(x)=-2(3x^2-x+1)$．

(c) 对网格步长 h 取几个不同的值．根据你的结果，对连续分段线性基函数 Galerkin 方法的精度的阶你要说些什么？

6. 如课文中说明的，配置方法从空间 S 选择近似解使所给的微分方程在定义域中的某些点成立. 考虑两点边值问题

$$u''(x)=u(x)+x^2, \quad 0\leqslant x\leqslant 1$$
$$u(0)=u(1)=0$$

(a) 考虑基函数 $\phi_j(x)=\sin(j\pi x)(j=1, 2, 3)$以及配置点 $x_i=\frac{i}{4}(i=1, 2, 3)$. 假设 $u(x)$将用这些基函数的线性组合来逼近：$u(x)\approx\sum_{j=1}^{3}c_j\phi_j(x)$，并且假设选择其系数使得微分方程在配置点上成立. 写出为确定 c_1，c_2 和 c_3 所要解的线性方程组. 377

这种方法存在一个问题. 你知道它是什么吗？不是对所有的试探空间都可以用所有的配置方法.

(b) 用 $\phi_j(x)=x^j(1-x)(j=1, 2, 3)$重复(a)部分. 它有你在(a)部分发现的同样问题吗？

(c) 用 chebfun 软件包解这个问题. 它用几次多项式来近似 $u(x)$，以及它用什么配置点？通过计算 $\max_{x\in[0,1]}|u''(x)-u(x)-x^2|$检查解的精度. 它是否接近机器精度？ 378

第 14 章　偏微分方程的数值解

前几章已经讨论了单个独立变量的微分方程．第 11 章讨论了不定常问题，而第 13 章讨论了单个空间变量的问题．这一章我们将结合以上两章讨论其解既和时间又和空间有关并且可能多于一个空间变量的问题．这些问题将归结为*偏微分方程*．

一般有两个独立自变量 x 和 y 的二阶线性偏微分方程可以写成形式

$$au_{xx}+2bu_{xy}+cu_{yy}+du_x+eu_y+fu=g \tag{14.1}$$

这里系数 a，b，c，d，e，f 和 g 是给定的关于 x 和 y 的函数．根据判别式 $D\equiv b^2-ac$，这个方程分为三种类型：如果 $D<0$，它是椭圆型；如果 $D=0$，它是抛物型；如果 $D>0$，它是双曲型．有时问题是混合型的，这是因为判别式在定义域的一部分有一种符号而在另一部分却有不同的符号．注意在这种分类中低阶项(涉及 u_x，u_y 和 u)是忽略的．

典型的椭圆型方程是 Poisson *方程*

$$u_{xx}+u_{yy}=g \tag{14.2}$$

(这里 $b=0$，$a=c=1$，所以 $D\equiv b^2-ac=-1$.)在 $g=0$ 的特殊情形，它叫作 Laplace(拉普拉斯)方程．通过变量的线性变换，常系数椭圆型方程可以变换成 Poisson 方程．椭圆型方程通常规定使能量极小化的定常解．

典型的抛物型方程是*热传导方程*(也叫扩散方程)：

379

$$u_t=u_{xx} \tag{14.3}$$

SIMEON-DENIS POISSON

Siméon-Denis Poisson(1781—1840)在 Ecole 工业大学作为一个学生时因为其数学才能引起了他的老师，Laplace 和 Lagrange 的注意．他十八岁时关于有限差分的研究报告吸引了 Legendre 的注意．在巴黎的严格学习和研究开端了其 300 到 400 篇数学著作的多产生涯．他成就的广度反映在许多出现他名字的领域：Poisson 积分，位势理论中的 Poisson 方程，在微分方程中的 Poisson 括号，弹性力学中的 Poisson 比，以及电学中的 Poisson 常数，等等．

(我们在这里已经把变量 y 改为 t，这是因为它通常代表时间．在形式(14.1)中，把方程写成 $-u_{xx}+u_t=0$，我们有 $a=-1$，$b=c=0$，所以 $D=0$.)这个方程曾在 13.1 节中描述，其中说明了 $u(x, t)$可以表示杆在位置 x 处和时间 t 的温度．如果有两个独立的空间变量 x 和 y，加上时间 t，那么热传导方程成为

$$u_t=u_{xx}+u_{yy}$$

抛物型方程通常描述光滑传播的流量，譬如经过杆(在一维空间变量)或者电热毯(二维空间变量)的热流．抛物型方程也可以描述液体通过疏松介质的扩散．

典型的双曲型方程是波动方程

$$u_{tt}=u_{xx} \tag{14.4}$$

(我们又用 t 代替 y，这是因为这个自变量通常表示时间，按照(14.1)的记法，把这个方程写成 $-u_{xx}+u_{tt}=0$，我们有 $a=-1$，$c=1$ 和 $b=0$，所以 $D=1$.)双曲型方程通常描述保持干扰波的运动，例如在声学中.

双曲型问题的经典例子是弦振动，譬如像弹拉的吉他的弦. 假设弦在 $x=0$ 和 $x=1$ 固定. 设 $u(x,t)$表示弦在点 x 和时间 t 的位移，并假设位移仅在垂直方向. 设 $T(x,t)$表示弦上的张力(即在时间 t 弦上的作用力以 x 的右边作用到 x 的左边). 假设 T 与弦相切，而大小正比于局部伸长因子 $\sqrt{1+u_x^2}$，如图 14-1 所示. (注意如果当拉弹弦时没有拉弹的弦上的点$(x,0)$移动到位置$(x,u(x,t))$，以及没有拉弹的弦上的点$(x+h,0)$移动到 380

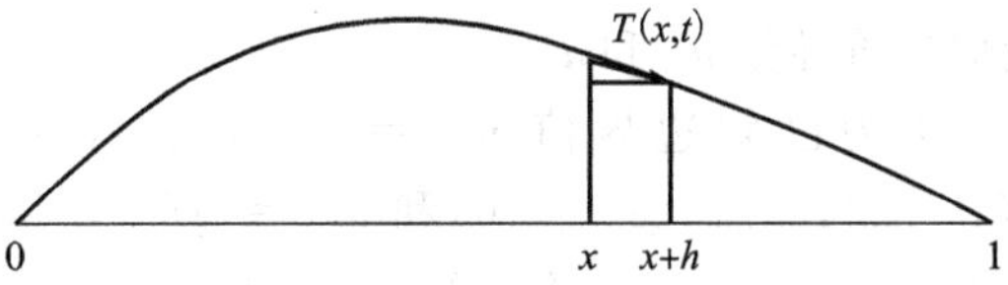

图 14-1　弦振动和与弦相切的弦的张力 $T(x,t)$

$(x+h,u(x+h,t))$，那么连接新点的线段长度是 $\sqrt{h^2+(u(x+h,t)-u(x,t))^2}=h\sqrt{1+\left(\frac{u(x+h,t)-u(x,t)}{h}\right)^2}$，这个长度和原线段之比是$\sqrt{1+\left(\frac{u(x+h,t)-u(x,t)}{h}\right)^2}$，当 $h\to 0$时，它趋于$\sqrt{1+u_x^2}$，这个量称作局部伸长因子.)

如果 τ 是平衡状态下沿着水平轴的张力，那么 $T(x,t)$的大小是 $\tau\sqrt{1+u_x(x,t)^2}$，而且 $T(x,t)$的垂直分量是 $\tau u_x(x,t)$. 现在考虑弦在 x 和 $x+h$ 之间的部分，作用这段弦的力的垂直分量是 $\tau u_x(x+h,t)-\tau u_x(x,t)$，而这段弦的质量是 ρh，这里的 ρ 是密度. 加速度是$u_{tt}(x,t)$. 因此把牛顿第二定律($F=ma$，作用力等于质量乘以加速度)用到这段弦上.

$$\tau u_x(x+h,t)-\tau u_x(x,t)=\rho h u_{tt}(x,t)$$

两边除以 h 并取极限 $h\to 0$，给出方程

$$\tau u_{xx}=\rho u_{tt}$$

标准化单位使 $\rho=\tau$，于是得到波动方程(14.4).

14.1　椭圆型方程

我们从研究与时间无关的椭圆型方程开始，譬如二维空间中的 Poisson 方程

$$u_{xx}+u_{yy}=f(x,y),\quad (x,y)\in\Omega \tag{14.5}$$

这里 Ω 是平面内的一个区域. 要唯一确定解，我们需要边界值，譬如说，

$$u(x,y)=g(x,y),\quad (x,y)\in\partial\Omega \tag{14.6}$$

这里 $\partial\Omega$ 表示 Ω 的边界.

14.1.1　有限差分方法

为了方便，假设 Ω 是单位正方形$[0,1]\times[0,1]$. 把 $x=0$ 到 $x=1$ 的区间分成长度 $h_x=\frac{1}{n_x}$

的小段，把 $y=0$ 到 $y=1$ 的区间分成长度 $h_y=\dfrac{1}{n_y}$ 的小段，如图 14-2 所示．设 u_{ij} 表示网格点 $(x_i,$
381 $y_j)\equiv(ih_x, jh_y)$ 上解的近似值．用有限差商

$$u_{xx}(x_i,y_j)\approx\frac{-2u_{ij}+u_{i+1,j}+u_{i-1,j}}{h_x^2}$$

$$u_{yy}(x_i,y_j)\approx\frac{-2u_{ij}+u_{i,j+1}+u_{i,j-1}}{h_y^2} \tag{14.7}$$

近似二阶导数 u_{xx} 和 u_{yy}．

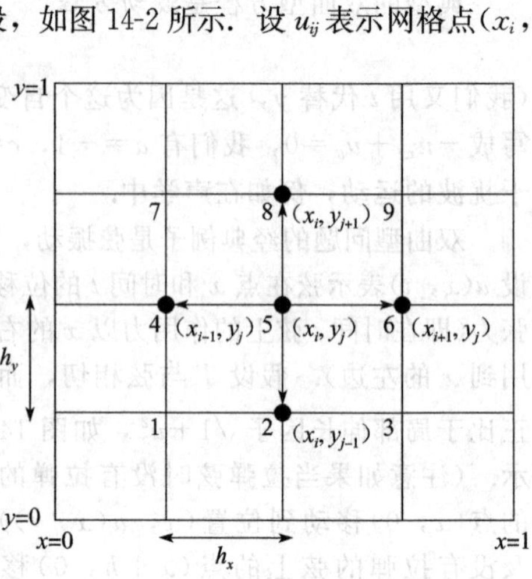

图 14-2　按自然次序排列网格点 1 到 9，Poisson 方程的五点差分算子

因为已知边界值 $u_{0,j}=g(0, y_j)$，$u_{nx,j}=g(1, y_j)$，$u_{i,0}=g(x_i, 0)$ 和 $u_{i,n_y}=g(x_i, 1)$，所以有 $(n_x-1)(n_y-1)$ 个未知量 $u_{ij}(i=1,\cdots,n_x-1, j=1,\cdots,n_y-1)$．如果我们把表达式(14.7)代入方程(14.5)并且要求结果得到的差分方程在内部网格点成立，那么我们得到关于未知量 u_{ij} 的 $(n_x-1)(n_y-1)$ 个线性方程

$$\frac{-2u_{ij}+u_{i+1,j}+u_{i-1,j}}{h_x^2}+\frac{-2u_{ij}+u_{i,j+1}+u_{i,j-1}}{h_y^2}=f(x_i,y_i)$$

$$i=1,\cdots,n_x-1,\quad j=1,\cdots,n_y-1$$

左边的有限差分算子有时叫作五点算子，这是因为它把 u_{ij} 和它的四个相邻的 $u_{i+1,j}$，$u_{i-1,j}$，$u_{i,j+1}$ 和 $u_{i,j-1}$ 联在一起．它在图 14-2 中格式化表出．在 $n_x=n_y\equiv n$，因此 $h_x=h_y\equiv\dfrac{1}{n}$ 的特殊情形，这些方程变成

$$\frac{-4u_{ij}+u_{i+1,j}+u_{i-1,j}+u_{i,j+1}+u_{i,j-1}}{h^2}=f(x_i,y_i),\quad i,j=1,\cdots,n-1 \tag{14.8}$$

我们能把这些方程集合成一个矩阵方程，但是矩阵的准确形式将取决于未知量和方程
382 的次序．采用自然顺序从最低下一行开始逐次到上面一行，方程和未知量从左到右排列通过每一行的网格点，如图 14-2 所示．因此在这个网格中点 (i, j) 在这组方程中有下标 $k=i+(j-1)(n_x-1)$．采用这种顺序对于(14.8)集合成的矩阵方程有形式

$$\frac{1}{h^2}\begin{bmatrix}\boldsymbol{T} & \boldsymbol{I} & & & \\ \boldsymbol{I} & \boldsymbol{T} & \boldsymbol{I} & & \\ & 0 & 0 & 0 & \\ & & \boldsymbol{I} & \boldsymbol{T} & \boldsymbol{I} \\ & & & \boldsymbol{I} & \boldsymbol{T}\end{bmatrix}\begin{bmatrix}\boldsymbol{u}_1\\ \boldsymbol{u}_2\\ \vdots\\ \boldsymbol{u}_{n-2}\\ \boldsymbol{u}_{n-1}\end{bmatrix}=\begin{bmatrix}\boldsymbol{f}_1-\dfrac{1}{h^2}\boldsymbol{u}_0\\ \boldsymbol{f}_2\\ \vdots\\ \boldsymbol{f}_{n-2}\\ \boldsymbol{f}_{n-1}-\dfrac{1}{h^2}\boldsymbol{u}_n\end{bmatrix} \tag{14.9}$$

这里 $\boldsymbol{T}$ 是 $(n-1)\times(n-1)$ 三对角矩阵

$$T = \begin{bmatrix} -4 & 1 & & \\ 1 & \ddots & \ddots & \ddots \\ & \ddots & \ddots & 1 \\ & & 1 & -4 \end{bmatrix}$$

I 是$(n-1)\times(n-1)$单位矩阵，以及

$$u_j = \begin{bmatrix} u_{1,j} \\ u_{2,j} \\ \vdots \\ u_{n-2,j} \\ u_{n-1,j} \end{bmatrix}, \quad f_j = \begin{bmatrix} f(x_1,y_j) - \frac{1}{h^2}g(0,y_j) \\ f(x_2,y_j) \\ \vdots \\ f(x_{n-2},y_j) \\ f(x_{n-1},y_j) - \frac{1}{h^2}g(1,y_j) \end{bmatrix}, \quad j=1,\cdots,n-1$$

$$u_0 = \begin{bmatrix} g(x_1,0) \\ \vdots \\ g(x_{n-1},0) \end{bmatrix}, \quad u_n = \begin{bmatrix} g(x_1,1) \\ \vdots \\ g(x_{n-1},1) \end{bmatrix}$$

这个矩阵是块状三对角的(因为仅仅主对角块和第一个次上对角块非零)，而且它是对称的. 因为沿着每一个块对角的块相等，它也叫作块状 Toeplitz. 然而注意尽管单独的块是 Toeplitz 的，但作为整体矩阵并不是的. 这是因为第一个(按元素)次上对角线除了$(n-1)$倍的位置包含 0 之外，包含 1.

矩阵(14.9)是带状的，其半带宽是 $n-1$. 在 7.2.4 节已证明在大小为 N 阶，半带宽为 m 的带状矩阵执行不选主元的 Gauss 消元法大约需要 $2m^2N$ 次运算. 在 Gauss 消元的过程中，带中的零充满了必须储存的非零元素. 因此储存的数量大约需要 mN 个字. 对于方程(14.9)，$N=(n-1)^2$，$m=n-1$，所以用 Gauss 消元法解这个线性方程组需要的整个工作量大约是 $2(n-1)^4$ 次运算，需要$(n-1)^3$ 个字的储存量. 在 12.2 节中我们看到用迭代法解这种线性方程组时不用储存矩阵甚至不必储存带内的部分. 因为这个矩阵是对称 383
而且负定的(所以在方程两边乘以-1 产生一个正定矩阵)，所以带合适预优的共轭梯度法将可能是选择的方法. 我们也将看到(14.9)中的特别方程用快速 Poisson 解法可以迅速求解.

在两点边值问题的情形，我们用二维空间中的有限差分可以处理更一般的方程和更一般的边界条件. 我们也能够处理更一般的区域 Ω，但是这可能变得更复杂. 例如考虑图 14-3 中画的区域 Ω.

假设我们想要解带有同样的 Dirichlet 边界条件(14.6)定义域上的方程(14.5). 考虑在图中点$(x_i,\ y_j)$上的差分方程. 因为$(x_{i+1},\ y_j)$落在定义域之外，在 u_{xx} 的近似中我们不能用它. 相反我们将愿意用给定的边界值，它沿着网格线 $y=y_j$ 离 x_i 右边距离，譬如 αh 远. 我们将再一次用 Taylor 级数试图在$(x_i,\ y_j)$对 u_{xx} 导出二阶精度的近似. 因为在表达式中所有的函数将在 $y=y_j$ 求值，所以我们将省去第二个自变量来简化记号. 首先把 $u(x_{i-1})$关于点$(x_i,\ y_j)$展开，得到

$$u(x_{i-1}) = u(x_i) - hu_x(x_i) + \frac{h^2}{2!}u_{xx}(x_i) - \frac{h^3}{3!}u_{xxx}(x_i) + O(h^4) \qquad (14.10)$$

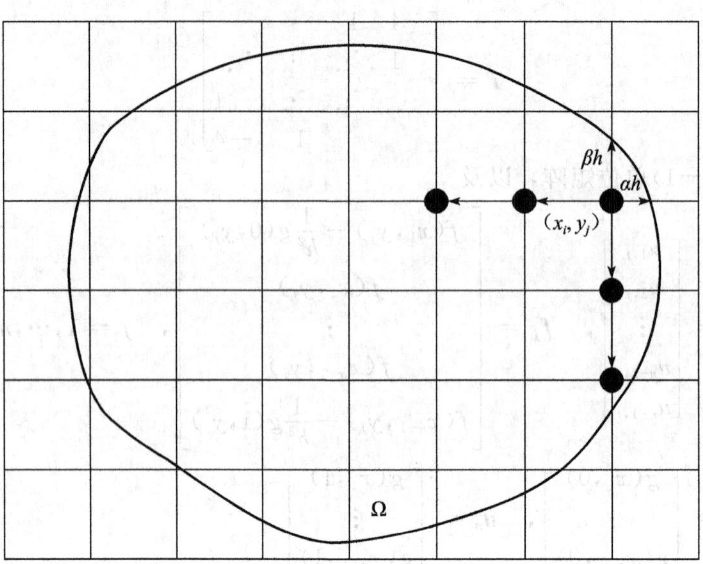

图 14-3 在一般区域 Ω 的边界附近进行差分化

现在把 $u(x_i+\alpha h)$ 关于点 (x_i, y_j) 展开，给出

384 $$u(x_i+\alpha h)=u(x_i)+\alpha h u_x(x_i)+\frac{(\alpha h)^2}{2!}u_{xx}(x_i)+\frac{(\alpha h)^3}{3!}u_{xxx}(x_i)+O(h^4) \quad (14.11)$$

用 α 乘以等式(14.10)并加到等式(14.11)中，我们得到

$$\alpha u(x_{i-1})+u(x_i+\alpha h)=(\alpha+1)u(x_i)+\frac{\alpha(1+\alpha)h^2}{2!}u_{xx}(x_i)$$
$$-\frac{\alpha(1-\alpha^2)h^3}{3!}u_{xxx}(x_i)+O(h^4)$$

并解出 $u_{xx}(x_i)$ 得到

$$u_{xx}(x_i)=2\frac{\alpha u(x_{i-1})+u(x_i+\alpha h)-(\alpha+1)u(x_i)}{\alpha(1+\alpha)h^2}+\frac{(1-\alpha)h}{3}u_{xxx}(x_i)+O(h^2)$$

因此，当能够用网格值 u_{ij} 和 $u_{i-1,j}$ 以及边界值 $u(x_i+\alpha h, y_j)=g(x_i+\alpha h, y_j)$ 来近似在 (x_i, y_j) 的 u_{xx} 时，这种近似仅仅是一阶精确的；其误差是 $(1-\alpha)\frac{h}{3}u_{xxx}(x_i)$ 加上 h 的高阶的项.

为了保持二阶局部截断误差，我们必须用包括附加点，譬如说 $u_{i-2,j}$ 的差分公式. 把 $u(x_{i-2}, y_j)$ 关于 (x_i, y_j) 展开 Taylor 级数，再一次在表达式中丢掉第二个自变量，这因为它永远是 y_j，我们得到

$$u(x_{i-2})=u(x_i)-2hu_x(x_i)+\frac{(2h)^2}{2!}u_{xx}(x_i)-\frac{(2h)^3}{3!}u_{xxx}(x_i)+O(h^4) \quad (14.12)$$

令 A，B 和 C 是待定系数，而且把 A 乘以等式(14.10)和 B 乘以等式(14.11)以及 C 乘以等式(14.12)相加：

$$Au(x_{i-1})+Bu(x_i+\alpha h)+Cu(x_{i-2})-(A+B+C)u(x_i)=h(-A+\alpha B-2C)u_x(x_i)$$
$$+\frac{h^2(A+\alpha^2B+4C)}{2!}u_{xx}(x_i)+\frac{h^3(-A+\alpha^3B-8C)}{3!}u_{xxx}(x_i)+O(h^4)$$

除以右边 u_{xx} 的系数后，为了使左边是关于 u_{xx} 的二阶精度的近似，我们必须有

$$-A+\alpha B-2C=0,\quad -A+\alpha^3B-8C=0$$

稍经代数运算后，我们得到以下对 u_{xx} 的二阶精度近似

$$u_{xx}(x_i)\approx\frac{1}{h^2}\left[\frac{\alpha-1}{\alpha+2}u(x_{i-2})+\frac{2(2-\alpha)}{\alpha+1}u(x_{i-1})+\frac{\alpha-3}{\alpha}u(x_i)+\frac{6}{\alpha(\alpha+1)(\alpha+2)}u(x_i+\alpha h)\right]$$

为了求出对 u_{yy} 的二阶精度近似必须执行类似的过程，即要用在 $(x_i,\ y_{j-2})$，$(x_i,\ y_{i-1})$，(x_i, y_j) 和 $(x_i,\ y_j+\beta h)$ 上的值，这里 βh 是沿着网格线 $x=x_i$，从 y_j 到边界的距离．把这两 385
种近似结合起来，我们就得到在网格点 $(x_i,\ y_j)$ 的差分方程．

14.1.2　有限元方法

有限元方法能够用于二维(或更高维)空间．这里我们只是简单地描述解如(14.5)这样的微分方程 $\mathcal{L}\,u=f$ 的程序．该方程在边界 $\partial\Omega$ 上带有齐次 Dirichlet 边界条件 $u(x,\ y)=0$．

人们可以通过所谓试探空间 S 中的函数 $\hat{u}(x,\ y)$ 来近似 $u(x,\ y)$．我们将选择 $\hat{u}$ 使得对于所谓试验空间 T 中的的一切函数 $\hat{u}$ 有

$$\langle\mathcal{L}\hat{u},\hat{u}\rangle=\langle f,u\rangle$$

取 $T=S$ 就给出 Galerkin 有限元近似．这里的内积 $\langle\cdot,\ \cdot\rangle$ 定义如下

$$\langle u,w\rangle\equiv\iint_\Omega u(x,y)w(x,y)\,\mathrm{d}x\mathrm{d}y$$

当计算 $\langle\mathcal{L}\hat{u},\ \hat{u}\rangle$ 时，我们将用分部积分的二维类推，即 Green 定理：

$$\iint_\Omega(\hat{u}_{xx}+\hat{u}_{yy})\,\hat{v}\,\mathrm{d}x\mathrm{d}y=-\iint_\Omega(\hat{u}_x\,\hat{v}_x+\hat{u}_y\,\hat{v}_y)\mathrm{d}x\mathrm{d}y+\int_{\partial\Omega}\hat{u}_n\,\hat{v}\,\mathrm{d}\gamma$$

这里 $\hat{u}_n$ 表示 $\hat{u}$ 在边界 $\partial\Omega$ 上的外法向导数．然而因为我们将处理的函数 $\hat{v}$ 是在 $\partial\Omega$ 满足齐次 Dirichlet 边界条件 $\hat{v}=0$，所以边界项将为零．

和在一维情形一样，我们必须选取试探空间 S 并且求出 S 的一组基 $\varphi_1,\ \cdots,\ \varphi_N$．一种选择是取由定义在矩形上的分块双线性连续函数所组成的 S．例如，假设 Ω 是单位正方形 $[0,\ 1]\times[0,\ 1]$．人们可以把正方形分成 x 方向长度为 $h_x=\dfrac{1}{n_x}$ 和 y 方向长度为 $h_y=\dfrac{1}{n_y}$ 的正方形．试探空间将由满足边界条件，而且在每个矩形中有形式 $a+bx+cy+\mathrm{d}xy$(a，b，c 和 d 是系数)的连续函数所组成．这个空间的一组基可以由“金字塔”函数组成，这些函数在一个结点上等于 1 而在其他结点上等于 0，非常像一维中的“帽子”函数．对每一个内点 $(x_i,\ y_j)$ 存在一个这种基函数，这种基函数一个实例见图 14-4．

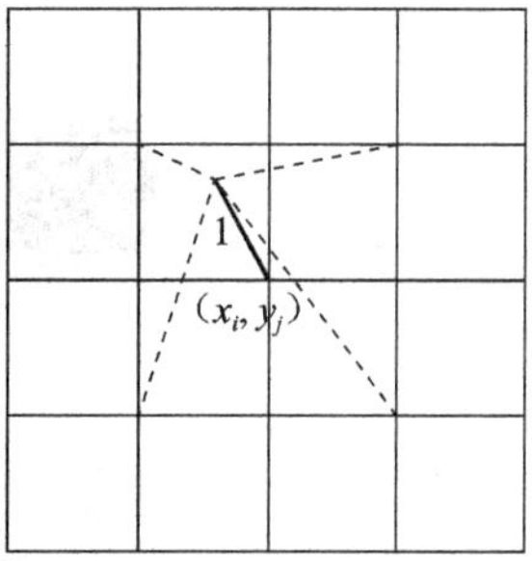

图 14-4　双线性基函数实例

每个基函数仅仅在四个矩形内非零．它的双线性表达式中的四个参数(在单个子矩形内)要选择为使它在这个矩形的四个角点的每一个点上有所想要的值．例如，与网格点 $(x_i,\ y_j)$ 相应的基函数 $\varphi_{i+(j-1)(n_x-1)}$ 有公式 386

$$\varphi_{i+(j-1)(n_x-1)}(x,y)=\begin{cases}\dfrac{(x-x_{i-1})(y-y_{j-1})}{(x_i-x_{i-1})(y_j-y_{j-1})} & 在[x_{i-1},x_i]\times[y_{j-1},y_j],\\ \dfrac{(x-x_{i+1})(y-y_{j-1})}{(x_i-x_{i+1})(y_j-y_{j-1})} & 在[x_i,x_{i+1}]\times[y_{j-1},y_j],\\ \dfrac{(x-x_{i-1})(y-y_{j+1})}{(x_i-x_{i-1})(y_j-y_{j+1})} & 在[x_{i-1},x_i]\times[y_j,y_{j+1}],\\ \dfrac{(x-x_{i+1})(y-y_{j+1})}{(x_i-x_{i+1})(y_j-y_{j+1})} & 在[x_i,x_{i+1}]\times[y_j,y_{j+1}],\\ 0 & 其他处\end{cases}$$

注意因为沿着相应于 $x=x_{i-1}$，$x=x_{i+1}$，$y=y_{j-1}$，和 $y=y_{j+1}$ 的整个边，这个双线性基函数是零，所以它是连续的.

另一种选择是用定义在三角形上的连续分块线性函数. 它的优点是一般区域 Ω 通常用三角形的并集近似比用类似大小的矩形的并集近似更好. 人们还是选择在一个网格结点上等于 1 而在其余的所有结点等于 0 的基函数，如图 14-5 所示.

在每一个三角形内基函数有形式 $a+bx+cy$，其中三个参数 a，b 和 c 的选择使在这个三角形的三个网格结点给出正确值. 与网格点 k 相应的基函数在所有以网格点 k 作为顶点的三角形中不等于零.

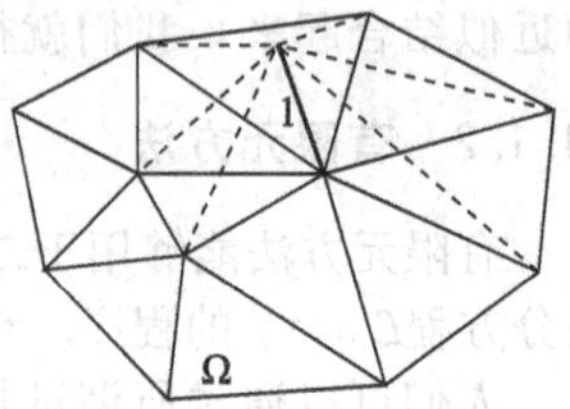

图 14-5　在一个网格点等于 1 而在其他各点等于 0 的三角形基函数

地球热量的重新分布

图像 a 显示了 1961 年到 1990 年的年平均地球表面空气温度. 它们大约从 −58℉（在南极）到 85℉（沿着赤道）不等. b 中的曲线图是 a 中图像的等高线地图，所以地球沿着图中的等高线区域有相同的温度. 这个数据用作热传导方程的初始条件 $u(x, y, 0)$，并不定义在三维地球上而是在下面所表示的二维投影上，具有 Neumann 边界条件（表示没有热量流入或流出，仅仅是重新分布而已）. 在 c 中，我们看到解在 $t=1$ 的高等曲线，而 d 中是解在 $t=10$ 的等高曲线.（图 a 创作及来源：Robert A. Rohde，全球变暖艺术.）

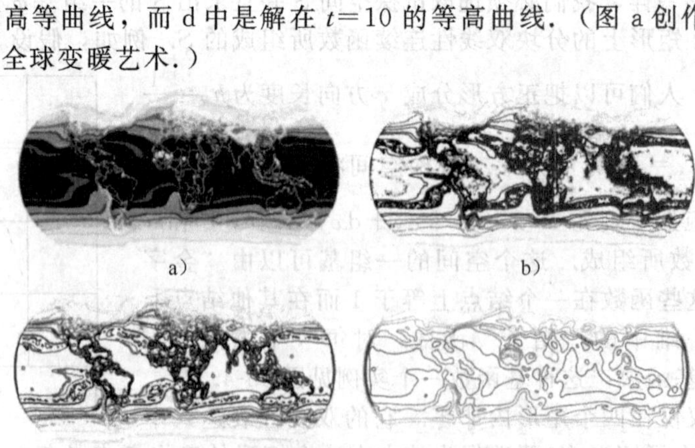

a)　b)　c)　d)

和一维情形一样，我们把近似解$\hat{u}$写成这些基函数的线性组合

$$\hat{u}(x,y) = \sum_{k=1}^{N} c_k \varphi_k(x,y)$$

然后再选择系数 c_1，…，c_N 使得

$$\langle \mathcal{L}\hat{u},\varphi_\ell\rangle = \sum_{k=1}^{N} c_k \langle \mathcal{L}\varphi_k,\varphi_\ell\rangle = \langle f,\varphi_\ell\rangle,\quad \ell = 1,\cdots,N$$ 387

(表达式$\langle \mathcal{L}\varphi_k, \varphi_\ell\rangle$是用 Green 定理表示的，所以并不包含二阶导数，它仅包含一阶导数$(\varphi_\ell)_x$，$(\varphi_k)_x$，$(\varphi_\ell)_y$ 和$(\varphi_k)_y$.)这是有 N 个未知系数(它们实际上是$\hat{u}$在内部网格点上的值)N 个方程(这里 N 是网格区域中的内部网格点的个数)的方程组. 它有形式 $\boldsymbol{Ac}=\boldsymbol{f}$，这里 $\boldsymbol{c}=(c_1, \cdots, c_N)^{\mathrm{T}}$，$\boldsymbol{f}=(\langle f, \varphi_1\rangle, \cdots, \langle f, \varphi_N\rangle)^{\mathrm{T}}$ 以及 $A_{\ell k}=\langle \mathcal{L}\varphi_k, \varphi_\ell\rangle$.

14.2 抛物型方程

我们回到与时间有关的一维空间的热传导方程

$$u_t = u_{xx} \tag{14.13}$$

为了唯一确定解，我们必须有初始条件(譬如，在 $t=0$)，以及边界条件(在 x 的区间的端点，除非方程在无限区域 $x\in(-\infty, \infty)$成立). 例如，如果方程在 $x\in[0, 1]$和 $t\geqslant 0$ 成立， 388
那么我们可以有相伴的初始条件和边界条件.

$$u(x,0) = q(x),\quad 0\leqslant x\leqslant 1 \tag{14.14}$$

$$u(0,t) = \alpha,\quad u(1,t) = \beta,\quad t\geqslant 0 \tag{14.15}$$

这里 q 是关于 x 的给定函数，α 和 β 是给定的常数，这样的问题称为初边值问题(IBVP).

14.2.1 半离散化和直线法

如果我们把空间区间[0, 1]分成长度是 $h=\frac{1}{n}$ 的子区间，并且令 $u_1(t)$，…，$u_{n-1}(t)$表示在时间 t 求每个网格点 x_1，…x_{n-1}上近似解的值，然后，和前面一样用有限差商代替(14.13)中的空间导数 u_{xx}.

$$u_{xx}(x_i,t) \approx \frac{-2u_i(t) + u_{i+1}(t) + u_{i-1}(t)}{h^2}$$

把这个近似代入方程(14.13)，最后得到关于时间的近似解为 $u_1(t)$，…，$u_{n-1}(t)$的常微分方程组(ODEs)，其中

$$\frac{\mathrm{d}u_i}{\mathrm{d}t} = \frac{-2u_i(t) + u_{i+1}(t) + u_{i-1}(t)}{h^2},\quad i = 1,\cdots,n-1$$

令 $\boldsymbol{u}(t)$表示向量$(u_1(t), \cdots, u_{n-1}(t))^{\mathrm{T}}$，这个常微分方程组可写成形式 $\boldsymbol{u}'=\boldsymbol{Au}+\boldsymbol{b}$，其中

$$\boldsymbol{A} = \frac{1}{h^2}\begin{bmatrix} -2 & 1 & & & \\ 1 & -2 & 1 & & \\ & \ddots & \ddots & \ddots & \\ & & 1 & -2 & 1 \\ & & & 1 & -2 \end{bmatrix},\quad \boldsymbol{b} = \frac{1}{h^2}\begin{bmatrix} \alpha \\ 0 \\ \vdots \\ 0 \\ \beta \end{bmatrix}$$

于是在第 11 章中讨论过的任何一种解常微分方程(ODEs)初值问题的方法都可以用来解这

个带有初值 $\boldsymbol{u}(0)=(q(x_1),\ \cdots,\ q(x_{n-1}))^{\mathrm{T}}$ 的常微分方程组，那里的分析能够用来估计对常微分方程的解进行数值计算近似中的误差. 另一方面也必须估计这个常微分方程的真解和原偏微分方程问题的解的差. 这种先在空间离散化然后用关于时间的常微分方程的解法的近似有时叫直线法.

14.2.2　时间离散化

让我们考虑几种具体的时间离散化方法. 恰如空间区域被分成长度为 h 的子区间，让我们把时间区域分成长为 Δt 的区间，然后我们将用在时间方向的有限差分近似 u_t，并让
389 $u_i^{(k)}$ 表示在 $x_i=ih$ 和 $t_k=k\Delta t$ 的近似解.

显式方法和稳定性

用时间方向的向前差商，我们用 $\dfrac{u_t(x,\ t+\Delta t)-u(x,\ t)}{\Delta t}$ 近似 $u_t(x,\ t)$，给出差分方程

$$\frac{u_i^{(k+1)}-u_i^{(k)}}{\Delta t}=\frac{-2u_i^{(k)}+u_{i+1}^{(k)}+u_{i-1}^{(k)}}{h^2},\quad i=1,\cdots,n-1,\quad k=0,1,\cdots \tag{14.16}$$

等价地，用在旧的时间步上(已计算得到)的值来表示在新的时间步上的值，我们有

$$u_i^{(k+1)}=u_i^{(k)}+\frac{\Delta t}{h^2}[-2u_i^{(k)}+u_{i+1}^{(k)}+u_{i-1}^{(k)}],\quad i=1,\cdots,n-1 \tag{14.17}$$

这里边界条件(14.15)给出

$$u_0^{(k)}=\alpha,\quad u_n^{(k)}=\beta,\quad k=0,1,\cdots \tag{14.18}$$

的值. 而初值条件(14.14)给出

$$u_i^{(0)}=q(x_i),\quad i=1,\cdots,n-1 \tag{14.19}$$

的值. 于是公式(14.17)给出从一个时间步向前到下一个时间步的过程. 从 $u_i^{(0)}$ 值开始，我们取 $k=0$，用公式(14.17)得到 $u_i^{(1)}$，知道了这些值然后我们可以计算在第 2 个时间步 $u_i^{(2)}$ 的值，等等.

利用 Taylor 定理，我们可以证明这种方法在空间是二阶精度而在时间是一阶精度，也就是局部截断误差是 $O(h^2)+O(\Delta t)$. 要明白这一点，把其解 $u(x,\ t)$ 代入差分方程(14.16)并观察左边和右边的差.

$$\tau(x,t)\equiv\frac{u(x,t+\Delta t)-u(x,t)}{\Delta t}-\frac{-2u(x,t)+u(x+h,t)+u(x-h,t)}{h^2}$$

在$(x,\ t)$展开 $u(x,\ t+\Delta t)$ 给出

$$u(x,t+\Delta t)=u(x,t)+(\Delta t)u_t(x,t)+O((\Delta t)^2)$$

并且因为 $u_t=u_{xx}$，它就变成

$$u(x,t+\Delta t)=u(x,t)+(\Delta t)u_{xx}(x,t)+O((\Delta t)^2)$$

我们已经看到

$$u_{xx}(x,t)=\frac{-2u(x,t)+u(x+h,t)+u(x-h,t)}{h^2}+O(h^2)$$

因此得到

$$u(x,t+\Delta t)=u(x,t)+(\Delta t)\left(\frac{-2u(x,t)+u(x+h,t)+u(x-h,t)}{h^2}+O(h^2)\right)+O((\Delta t)^2)$$ 390

两边减去 $u(x,\ t)$ 并除以 Δt，得

$$\begin{aligned}\tau(x,t)&=\frac{u(x,t+\Delta t)-u(x,t)}{\Delta t}-\frac{-2u(x,t)+u(x+h,t)+u(x-h,t)}{h^2}\\&=O(h^2)+O(\Delta t)\end{aligned}\tag{14.20}$$

从(14.20)得到当 h 和 Δt 趋于 0 时，局部截断误差收敛于 0，但是这并没有得到全局误差——其解和近似解之差——收敛于 0. 要证明在某个时间区间$[0,\ T]$上近似解收敛于其解比较困难，并且通常要求对 h 和 Δt 的关系附加条件. 当 $h\to 0$，$\Delta t\to 0$ 时 $\tau(x,\ t)\to 0$ 的条件是收敛的必要条件，而且如果它成立，那么差分方程叫作相容的. 为了建立近似解对精确解的收敛性，我们也必须证明这种差分方法是稳定的.

有许多不同的稳定性概念. 一种定义要求如果精确解随时间衰减到零，那么近似解必须也一样. 如果我们设(14.15)中的 $\alpha=\beta=0$，那么因为 $u(x,\ t)$ 表示端点处保持固定温度 0 的杆的温度，从物理的理论得到 $\lim_{t\to\infty}u(x,\ t)=0$ 对一切 x 成立. 因此我们应期盼近似解的值在网格点 x_1，…，x_{n-1} 有同样的结论. 要明白在什么条件下这一点成立，我们将把方程(14.17)写成矩阵形式，并且用矩阵分析来确定关于 h 和 Δt 的充要条件以保证 $\lim_{k\to\infty}u_i^{(k)}=0$，对一切 $i=1$，…，$n-1$ 成立.

定义 $\mu\equiv\frac{\Delta t}{h^2}$，还是假设 $\alpha=\beta=0$，方程(14.17)可以写成形式 $\boldsymbol{u}^{(k+1)}=\boldsymbol{A}\boldsymbol{u}^{(k)}$，这里 $\boldsymbol{u}^{(k)}\equiv(u_1^{(k)},\ \cdots,\ u_{n-1}^{(k)})^{\mathrm{T}}$ 以及

$$\boldsymbol{A}=\begin{bmatrix}1-2\mu & \mu & & & \\ \mu & \ddots & \ddots & & \\ & \ddots & \ddots & \mu \\ & & \mu & 1-2\mu\end{bmatrix}\tag{14.21}$$

从它可得出 $\boldsymbol{u}^{(k)}=\boldsymbol{A}^k\boldsymbol{u}^{(0)}$，因此当 $k\to\infty$ 时 $\boldsymbol{u}^{(k)}$ 收敛到 $\mathbf{0}$ 的充要条件是当 $k\to\infty$ 时，矩阵幂 $\boldsymbol{A}^k$ 收敛到 $\mathbf{0}$. 这情形将是当且仅当谱半径 $\rho(A)$（$\boldsymbol{A}$ 的特征值的绝对值的最大者）小于 1.

幸运地，我们知道(14.21)中矩阵 $\mathbf{A}$ 的特征值. 根据定理 13.2.1，它们是

$$1-2\mu+2\mu\cos\left(\frac{\ell\pi}{n}\right),\quad \ell=1,\cdots,n-1$$

为了稳定性，我们要所有这些特征值的绝对值小于 1；即

$$-1<1-2\mu\left(1-\cos\frac{\ell\pi}{n}\right)<1,\quad \ell=1,\cdots,n-1\tag{14.22}$$ 391

两边减去 1 并除以 -2，这个不等式变成

$$1>\mu\left(1-\cos\frac{\ell\pi}{n}\right)>0$$

只要 $\mu<\frac{1}{2}$，它对一切 $\ell=1$，…，$n-1$ 都成立(因为 $1-\cos\left(\frac{\ell\pi}{n}\right)$ 是正的而在 $\ell=n-1$ 取最大值，因此如果 n 很大，这个最大值接近 2). 因此显式方法(14.17)稳定的充要条件是

$$\frac{\Delta t}{h^2}<\frac{1}{2}\tag{14.23}$$

这是对时间步长很严格的限制．例如，如果 $h=0.01$，它表明我们必须用时间步长 $\Delta t<\frac{1}{20\,000}$．因此要对 t 从 0 到 1 解这个问题将需要 20 000 多个时间步，这很慢．由于这个原因，很少用显式时间差分方法来解热传导方程．

例 14.2.1 要弄清稳定性的影响，譬如我们可以取 $h=\frac{1}{4}$，$\Delta t=\frac{1}{4}$，于是 $\mu\equiv\frac{\Delta t}{h^2}=4$．从初始解 $q(x)=x(1-x)$ 开始，我们置 $u_1^{(0)}=q\left(\frac{1}{4}\right)=\frac{3}{16}$，$u_2^{(0)}=q\left(\frac{1}{2}\right)=\frac{1}{4}$ 及 $u_3^{(0)}=q\left(\frac{3}{4}\right)=\frac{3}{16}$．对于解在时间方向前进的公式(14.17)变成

$$u_i^{(k+1)}=-7u_i^{(k)}+4u_{i+1}^{(k)}+4u_{i-1}^{(k)},\quad i=1,2,3,\quad k=0,1,\cdots$$

利用这个公式，我们得到

$$\boldsymbol{u}^{(1)}=\begin{bmatrix}\frac{-5}{16}\\ \frac{-1}{4}\\ \frac{-5}{16}\end{bmatrix},\ \boldsymbol{u}^{(2)}=\begin{bmatrix}\frac{19}{16}\\ \frac{-3}{4}\\ \frac{19}{16}\end{bmatrix},\ \boldsymbol{u}^{(3)}=\begin{bmatrix}\frac{-181}{16}\\ \frac{59}{4}\\ \frac{-181}{16}\end{bmatrix},\ \boldsymbol{u}^{(4)}=\begin{bmatrix}\frac{2211}{16}\\ \frac{-775}{4}\\ \frac{2211}{16}\end{bmatrix}$$

仅仅四个时间步之后，$\boldsymbol{u}$ 的 ∞-范数已从初始值的 $\frac{1}{4}$ 增加到 $\frac{775}{4}\approx194$，而且十个时间步之后它大概是 10^{+9}．关于这一点的原因很清楚：我们在每个时间步与“近似解”向量相乘的矩阵

$$\boldsymbol{A}=\begin{bmatrix}-7 & 4 & 0\\ 4 & -7 & 4\\ 0 & 4 & -7\end{bmatrix}$$

的谱半径是 $\left|-7+8\cos\left(\frac{3\pi}{4}\right)\right|\approx12.66$，所以当我们在时间方向前进时，这个向量在每一步被近似地乘上了这个因子，尽管精确解在时间方向衰减到 0．图 14-6 中显示了 u_1 和 u_2 在最初四个时间步的曲线图．

考虑稳定性的另一种方法(它导出相同的结论)是设想在某步引入误差(可以取作第 0
392 步)而且要求误差随着时间缩小而不是放大．因此，不是从初始向量 $\boldsymbol{u}^{(0)}$ 开始而是从稍微不同的向量 $\widetilde{\boldsymbol{u}}^{(0)}$ 开始，那么在第 k 步产生的解将是 $\widetilde{\boldsymbol{u}}^{(k)}=\boldsymbol{A}^k\widetilde{\boldsymbol{u}}^{(0)}$ 而不是 $\boldsymbol{u}^{(k)}=\boldsymbol{A}^k\boldsymbol{u}^{(0)}$．它们的差是

$$\boldsymbol{u}^{(k)}-\widetilde{\boldsymbol{u}}^{(k)}=\boldsymbol{A}^k(\boldsymbol{u}^{(0)}-\widetilde{\boldsymbol{u}}^{(0)})$$

于是，当 $k\to\infty$ 时这个差趋于 0 的充要条件是当 $k\to\infty$ 时，$\boldsymbol{A}^k\to0$，即当且仅当 $\rho(\boldsymbol{A})<1$．

分析稳定性的另一种途径有时称为 **von Neumann 稳定性分析**或 **Fourier 方法**．现在我们将改变记号让空间变量表示为下标 j，这是因为 i 将表示 $\sqrt{-1}$．关于这种分析，我们经常假设无限空间区域．假设差分方程(14.17)的解 $u_j^{(k)}$ 能写成以下形式

$$u_j^{(k)}=g^k\mathrm{e}^{\mathrm{i}jh\xi}=g^k(\cos(jh\xi)+\mathrm{i}\sin(jh\xi))\tag{14.24}$$

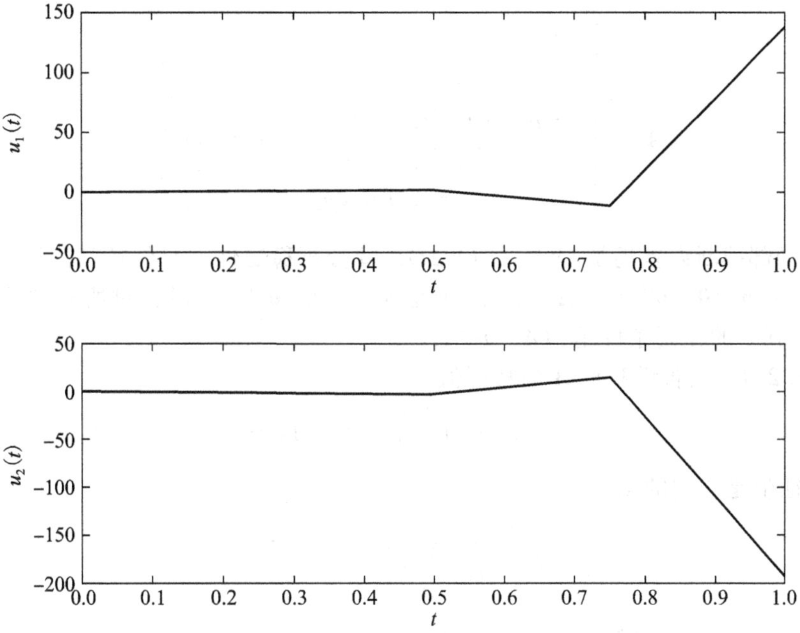

图 14-6　不稳定方法，$h=\frac{1}{4}$，$\Delta t=\frac{1}{4}$

这里 g 表示放大因子(因为 $|u_j^{(k)}|=|g|^k$)，ξ 是解的 Fourier 变换中的频率. 把这个表达式代入(14.17)得到

$$g^{k+1}\mathrm{e}^{\mathrm{i}jh\xi}=(1-2\mu)g^k\mathrm{e}^{\mathrm{i}jh\xi}+\mu g^k(\mathrm{e}^{\mathrm{i}(j+1)h\xi}+\mathrm{e}^{\mathrm{i}(j-1)h\xi})$$

从它可得到

$$g=(1-2\mu)+\mu(\mathrm{e}^{\mathrm{i}h\xi}+\mathrm{e}^{-\mathrm{i}h\xi})=1-2\mu(1-\cos(h\xi))$$

稳定的条件是对一切频率 ξ，$|g|$ 要小于 1，这与条件(14.22)是相同的. 因此，我们又导出了方法稳定的充要条件是(14.23)成立的结论. 393

隐式方法

有限差分方法(14.17)叫作显式方法，这是因为它给出了用旧的时间步上的解来表示新的时间步上的解这种显式公式. 而对隐式方法，我们必须解方程组来确定新的时间步上的解. 这在每一步需要更多的工作，但是，因为它有更好的稳定性，允许较大的时间步长，这种额外的耗费可能是值得的.

作为例子，代替用时间的向前差分导出的公式(14.17)，假设用时间方向的向后差分

$$u_t(x,t)\approx\frac{(u(x,t)-u(x,t-\Delta t))}{(\Delta t)}$$

结果得到的差分方程组是

$$\frac{u_i^{(k+1)}-u_i^{(k)}}{\Delta t}=\frac{-2u_i^{(k+1)}+u_{i+1}^{(k+1)}+u_{i-1}^{(k+1)}}{h^2},\quad i=1,\cdots,n-1,\quad k=0,1,\cdots \tag{14.25}$$

现在要从 $\boldsymbol{u}^{(k)}$ 确定 $\boldsymbol{u}^{(k+1)}\equiv(u_1^{(k+1)},\ \cdots,\ u_{n-1}^{(k+1)})^{\mathrm{T}}$，我们必须解线性方程组

$$\boldsymbol{A}\boldsymbol{u}^{(k+1)}=\boldsymbol{u}^{(k)}+\boldsymbol{b} \tag{14.26}$$

这里

$$A = \begin{bmatrix} 1+2\mu & -\mu & & & \\ -\mu & \ddots & \ddots & & \\ & \ddots & \ddots & -\mu \\ & & -\mu & 1+2\mu \end{bmatrix}, \quad b = \mu \begin{bmatrix} \alpha \\ 0 \\ \vdots \\ 0 \\ \beta \end{bmatrix} \tag{14.27}$$

这种方法的局部截断误差仍是 $O(h^2)+O(\Delta t)$. 要分析稳定性，我们还是假设 $\alpha=\beta=0$，因此在(14.26)中 $\boldsymbol{b}=\boldsymbol{0}$；$\boldsymbol{u}^{(k+1)}=\boldsymbol{A}^{-1}\boldsymbol{u}^{(k)}$. 于是 $\boldsymbol{u}^{(k)}=\boldsymbol{A}^{-k}\boldsymbol{u}^{(0)}$，而且(对所有的 $\boldsymbol{u}^{(0)}$)当 $k\to\infty$ 时，$\boldsymbol{u}^{(k)}$ 收敛到 0 的充要条件是 $\rho(\boldsymbol{A}^{-1})<1$.

定理 13.2.1 又告诉我们 $\boldsymbol{A}$ 的特征值

$$1-2\mu+2\mu\cos\left(\frac{\ell\pi}{n}\right), \quad \ell=1,\cdots,n-1$$

而 $\boldsymbol{A}^{-1}$ 的特征值是它们的倒数

$$\frac{1}{1+2\mu\left(1-\cos\dfrac{\ell\pi}{n}\right)}, \quad \ell=1,\cdots,n-1 \tag{14.28}$$

因为 $\mu\equiv\dfrac{\Delta t}{h^2}>0$，$1-\cos\left(\dfrac{\ell\pi}{n}\right)\in(0,\ 2)$，所以(14.28)中的分母恒大于 1. 因此对每一个 μ 的值，$\boldsymbol{A}^{-1}$ 的特征值是正的而且小于 1. 这种方法称为是无条件稳定的，而且可以证明近似解以速度 $O(h^2)+O(\Delta t)$ 收敛到精确解，与 h 和 Δt 的关系无关.

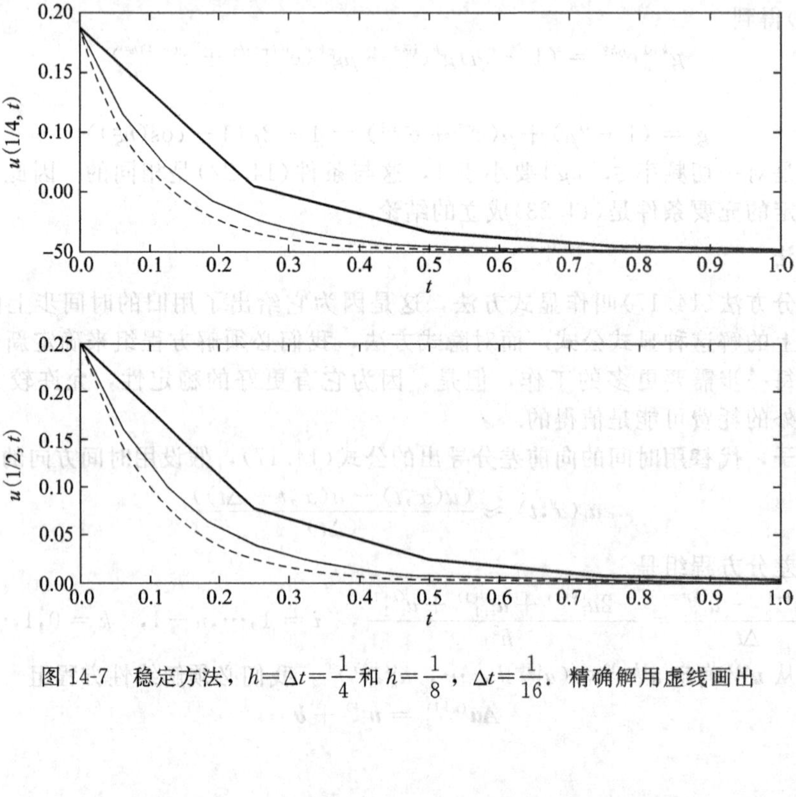

图 14-7　稳定方法，$h=\Delta t=\dfrac{1}{4}$ 和 $h=\dfrac{1}{8}$，$\Delta t=\dfrac{1}{16}$. 精确解用虚线画出

例 14.2.2 当隐式方法(14.25)用于 $h=\frac{1}{4}$ 和 $\Delta t=\frac{1}{4}$ 时，结果得到的近似解如它应该的那样，随着时间衰减. 从 $q(x)=x(1-x)$ 开始，于是

$$\boldsymbol{u}^{(0)}=\left(q\left(\frac{1}{4}\right),q\left(\frac{1}{2}\right),q\left(\frac{3}{4}\right)\right)^{\mathrm{T}}=\left(\frac{3}{16},\frac{1}{4},\frac{3}{16}\right)^{\mathrm{T}}$$

在时间步 1 到时间步 4 产生的近似解向量是 394

$$\boldsymbol{u}^{(1)}=\begin{bmatrix}0.0548\\0.0765\\0.0548\end{bmatrix},\quad \boldsymbol{u}^{(2)}=\begin{bmatrix}0.0163\\0.0230\\0.0163\end{bmatrix},\quad \boldsymbol{u}^{(3)}=\begin{bmatrix}0.0049\\0.0069\\0.0049\end{bmatrix},\quad \boldsymbol{u}^{(4)}=\begin{bmatrix}0.0015\\0.0021\\0.0015\end{bmatrix}$$

在图 14-7 中对时间给出了前面两个分量. 在 $x=\frac{1}{4}$ 和 $x=\frac{1}{2}$ 的精确解也用虚线描绘出来. 尽管这种方法稳定，但取 $h=\frac{1}{4}$，$\Delta t=\frac{1}{4}$ 它并不很精确. 取 $h=\frac{1}{8}$，$\Delta t=\frac{1}{16}$ 的近似解的值也在图中给出，因为这种方法在空间方向是二阶精度而在时间方向是一阶精度，这些值的误差应该大约是原来近似的 $\frac{1}{4}$.

可能较好的隐式方法是 **Crank-Nicolson 方法**，它用了(14.16)和(14.25)右端的平均

$$\frac{u_i^{(k+1)}-u_i^{(k)}}{\Delta t}=\frac{1}{2}\left[\frac{-2u_i^{(k)}+u_{i+1}^{(k)}+u_{i-1}^{(k)}}{h^2}+\frac{-2u_i^{(k+1)}+u_{i+1}^{(k+1)}+u_{i-1}^{(k+1)}}{h^2}\right] \tag{14.29}$$

这两个右端的平均是关于 $u_{xx}\left(x_i,\ \frac{t_k+t_{k+1}}{2}\right)$ 的近似，它在空间方向和时间方向都是二阶的；即我们能用 Taylor 定理证明误差是 $O(h^2)+O((\Delta t)^2)$. (14.29)的左端是对 $u_t\left(x_i,\ \frac{t_k+t_{k+1}}{2}\right)$ 的中心差分近似，因此它是二阶精度，即误差是 $O((\Delta t)^2)$. 因此 Crank-Nicolson 方法的局部截断误差是 $O(h^2)+O((\Delta t)^2)$. 395

把包含新的时间步上的解的项移到左边，再把包含旧的时间步上的解的项移到右边，公式(14.29)可以写成

$$(1+\mu)u_i^{(k+1)}-\frac{1}{2}\mu u_{i+1}^{(k+1)}-\frac{1}{2}\mu u_{i-1}^{(k+1)}=(1-\mu)u_i^{(k)}+\frac{1}{2}\mu u_{i+1}^{(k)}+\frac{1}{2}\mu u_{i-1}^{(k)} \tag{14.30}$$

我们又能用矩阵分析和定理 11.2.1 分析这种方法的稳定性，或者我们能用 Fourier 方法把形式(14.24)的 Fourier 分量代入(14.30)并确定这种分量是否随时间增长或衰减. 这两种方法导出相同的结论. 用后面这种方法(还是让 j 表示空间变量所以 i 可以用作 $\sqrt{-1}$)，我们得到

$$(1+\mu)g^{k+1}\mathrm{e}^{\mathrm{i}jh\xi}-\frac{1}{2}\mu g^{k+1}\left[\mathrm{e}^{\mathrm{i}(j+1)h\xi}+\mathrm{e}^{\mathrm{i}(j-1)h\xi}\right]=(1-\mu)g^k\mathrm{e}^{\mathrm{i}jh\xi}$$
$$+\frac{1}{2}\mu g^k\left[\mathrm{e}^{\mathrm{i}(j+1)h\xi}+\mathrm{e}^{\mathrm{i}(j-1)h\xi}\right]$$

或者除以 $g^k\mathrm{e}^{\mathrm{i}jh\xi}$ 并解出 g，

$$g=\frac{1-\mu(1-\cos(h\xi))}{1+\mu(1-\cos(h\xi))}$$

因为在分子和分母中的项 $\mu(1-\cos(h\xi))$ 永远是正的，分子的绝对值永远比分母的绝对值小：

$$|1-\mu(1-\cos(h\xi))| < |1| + |\mu(1-\cos(h\xi))| = 1+\mu(1-\cos(h\xi))$$

因此这种方法也是无条件稳定的.

例 14.2.3　取前面的例子用相同的 h 和 Δt，用 Crank-Nicolson 方法得出图 14-8 中的结果. 对 $h=\Delta t=\frac{1}{4}$，方法是稳定的，但是不太精确. 对 $h=\frac{1}{8}$，$\Delta t=\frac{1}{16}$，用 Crank-Nicolson 方法得到的解很少能与在图中用虚线画出的精确解区分开来.

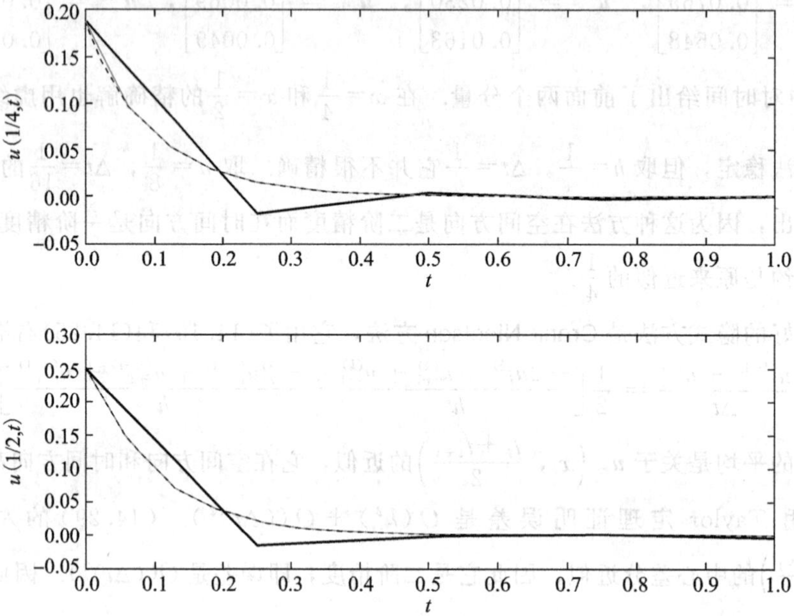

图 14-8　Crank-Nicolson 方法，$h=\Delta t=\frac{1}{4}$ 和 $h=\frac{1}{8}$，$\Delta t=\frac{1}{16}$. 精确解用虚线画出

14.3　分离变量

我们已经讨论了许多包含偏微分方程的模型问题的数值解，实际上其中有些问题可以用所谓分离变量的技巧进行解析求解. 这种技巧仅仅对解可以写成两个函数的乘积的问题起作用，每一个这种函数只含有一个独立的自变量. 作为对比，我们已讨论过的数值技巧可以用于形式(14.1)的一般问题.

396 要通过分离变量解热传导方程，让我们考虑带周期边界条件的问题：

$$\begin{aligned} &u_t = u_{xx}, \quad 0 \leqslant x \leqslant 2\pi, \quad t>0 \\ &u(x,0) = q(x), \quad 0 \leqslant x \leqslant 2\pi \\ &u(0,t) = u(2\pi,t), \quad u_x(0,t) = u_x(2\pi,t), \quad t>0 \end{aligned} \tag{14.31}$$

这是 Fourier 研究过的问题，它模拟长 2π 的圆杆中的温度.

要通过分离变量解初始边值问题(IBVP)(14.31). 假设解 $u(x,t)$ 能写成形式

$$u(x,t) = v(x)w(t)$$

对某些函数 v 和 w. 于是微分方程变成

$$v(x)w'(t)=v''(x)w(t)$$

假设 $v(x)\neq 0$，$w(t)\neq 0$，我们可以在两边除以 $v(x)w(t)$得到

$$\frac{w'(t)}{w(t)}=\frac{v''(x)}{v(x)}$$

因为左边仅与 t 有关，右边仅与 x 有关，所以两边必等于某个常数，譬如说$-\lambda$，因此

$$w'(t)=-\lambda w(t),\quad t>0 \tag{14.32}$$ 397

和

$$v''(x)=-\lambda v(x),\quad 0\leqslant x\leqslant 2\pi \tag{14.33}$$

方程(14.32)的通解是

$$w(t)=C\mathrm{e}^{-\lambda t} \tag{14.34}$$

关于 v 的方程(14.33)是特征值问题，为了让 $v(x)w(t)$满足(14.31)中的边界条件，因此必须配上边界条件

$$v(0)=v(2\pi),\quad u'(0)=v'(2\pi) \tag{14.35}$$

v 的方程(14.33)永远有解 $v=0$，但是它的其他解与 λ 的值有关.

我们必须考虑三种情形

情形(i)$\lambda<0$：可以证明，在这种情形满足边界条件(14.35)的(14.33)的解只有 $v=0$.

情形(ii)$\lambda=0$：在这种情形，(14.33)的通解是 $v(x)=c_1+c_2x$. 条件$v(0)=v(2\pi)$隐含 $c_1=c_1+c_2(2\pi)$，或者 $c_2=0$. 因此 $v(x)$一定是常数，在这种情形边界条件 $v'(0)=v'(2\pi)$也成立，这是因为 $v'\equiv 0$.

情形(iii)$\lambda>0$：在这种情形，(14.33)的通解是

$$v(x)=c_1\cos(\sqrt{\lambda}x)+c_2\sin(\sqrt{\lambda}x)$$

边界条件(14.35)隐含

$$c_1=c_1\cos(\sqrt{\lambda}2\pi)+c_2\sin(\sqrt{\lambda}2\pi)$$

$$c_2=-c_1\sin(\sqrt{\lambda}2\pi)+c_2\cos(\sqrt{\lambda}2\pi)$$

或者，等价地

$$\begin{bmatrix}2-\cos(\sqrt{\lambda}2\pi) & -\sin(\sqrt{\lambda}2\pi)\\ \sin(\sqrt{\lambda}2\pi) & 1-\cos(\sqrt{\lambda}2\pi)\end{bmatrix}\begin{bmatrix}c_1\\ c_2\end{bmatrix}=\begin{bmatrix}0\\ 0\end{bmatrix}$$

这个方程组有非零解的充要条件是左边的矩阵奇异；即当且仅当它的行列式等于 0：

$$(1-\cos(\sqrt{\lambda}2\pi))^2+\sin^2(\sqrt{\lambda}2\pi)=0$$

换言之，它必须是 $\sin(\sqrt{\lambda}2\pi)=0$ 和 $1-\cos(\sqrt{\lambda}2\pi)=0$ 的情形；即$\sqrt{\lambda}=1$，2，…，等价地，$\lambda=m^2$，$m=1$，2，…在这种情形，$\cos(mx)$和 $\sin(mx)$是微分方程(14.33)与边界条件(14.35)的两个线性无关解. 把 λ 代入到(14.34)，并考虑所有的情形(i)-(iii)，我们求出满足周期边界条件的微分方程(14.31)的解由

$$1,\quad \cos(mx)\mathrm{e}^{-m^2t},\quad \sin(mx)\mathrm{e}^{-m^2t},\quad m=1,2,\cdots$$

的所有的线性组合组成. 它们叫作带周期边界条件的微分方程的基本形式. 398

要满足初始条件 $u(x,0)=q(x)$，我们必须在这些基本模型上展开 $q(x)$：即 Fourier

级数

$$q(x)=a_0+\sum_{m=1}^{\infty}(a_m\cos(mx)+b_m\sin(mx))$$

一大类 2π 为周期的函数 $q(x)$ 可以用这种方式表示.（在我们的问题中，q 仅仅定义在区间 $[0, 2\pi]$，但是假设 q 满足边界条件 $q(0)=q(2\pi)$，$q'(0)=q'(2\pi)$ 那么它可以周期延伸到整条实轴.）假设这个级数收敛，那么 IBVP(14.31)的解是

$$u(x,t)=a_0+\sum_{m=1}^{\infty}(a_m\cos(mx)+b_m\sin(mx))\mathrm{e}^{-m^2t}$$

通过对这个级数逐项求导我们能够检查它满足微分方程(假设这个级数收敛，逐步求导是正确的)：

$$u_t=\sum_{m=1}^{\infty}(a_m\cos(mx)+b_m\sin(mx))(-m^2)\mathrm{e}^{-m^2t}$$

$$u_{xx}=\sum_{m=1}^{\infty}(a_m(-m^2)\cos(mx)+b_m(-m^2)\sin(mx))\mathrm{e}^{-m^2t}$$

如果边界条件不同，譬如说，不是(14.31)的那些而是齐次 Dirichlet 边界条件，我们对问题(14.33)的分析稍有不同. 关于收敛性，让我们把这个问题定义的区间从 $[0, 2\pi]$ 改变到 $[0, \pi]$，在这种情形，用

$$v(0)=0,\quad v(\pi)=0 \tag{14.36}$$

代替边界条件(14.35). 我们又发现在情形(i)，$\lambda<0$，满足边界条件(14.36)的(14.33)的解只有 $v=0$. 在情形(ii)，$\lambda=0$，(14.33)的通解还是 $v(x)=c_1+c_2x$，但是现在 $v(0)=0\Rightarrow c_1=0$，因此 $v(\pi)=0\Rightarrow c_2=0$，因此 $v=0$ 也是这种情形的唯一解. 在情形(iii)，$\lambda>0$，我们还是有通解 $v(x)=c_1\cos(\sqrt{\lambda}x)+c_2\sin(\sqrt{\lambda}x)$，但是边界条件 $v(0)=0$ 隐含 $c_1=0$，于是边界条件 $v(\pi)=0$ 隐含 $\sin(\sqrt{\lambda}\pi)=0$，或者 $\sqrt{\lambda}=1, 2, \cdots$ 因此这个问题的基本形式是

$$\sin(mx),\quad m=1,2,\cdots$$

要满足初始条件，我们必须在这些基本形式上展开 $q(x)$；即 Fourier 正弦级数：

399

$$q(x)=\sum_{m=1}^{\infty}b_m\sin(mx)$$

这个级数恰好用于满足边界条件 $q(0)=q(\pi)=0$ 的函数. 假设这个级数以正确的方式收敛，于是 IBVP 的解是

$$u(x,t)=\sum_{m=1}^{\infty}b_m\sin(mx)\mathrm{e}^{-m^2t} \tag{14.37}$$

只要满足给定边界条件的微分方程的基本形式集足够丰富使得初始函数能够表成这些基本形式的线性组合，分离变量法就能对所给问题奏效. 否则解 $u(x, t)$ 不能写成乘积 $v(x)w(t)$，因此必须用不同的方法来解或近似求解 IBVP.

以前我们曾表明基于物理背景，端点持有固定的温度 0 的杆中的热传导方程的解将随时间衰减到 0. 现在，通过表达式(14.37)，对所有的 x，当 $t\to\infty$ 时，它的每一项趋于 0，就能解析地明白这一点.

差分方程的分离变量法

就像对解 IBVP(14.31)用分离变量和 Fourier 级数一样，假设 $\alpha=\beta=0$，它们也能用来解差分方程(14.17—14.19). 假设 $u_i^{(k)}$ 可以写成形式

$$u_i^{(k)} = v_i w_k$$

在(14.16)中进行这种代换，我们有

$$\frac{v_i w_{k+1} - v_i w_k}{\Delta t} = \frac{-2v_i w_k + v_{i+1} w_k + v_{i-1} w_k}{h^2}, \quad i = 1,\cdots,n-1, \quad k = 0,1,\cdots$$

把包含 k 的项集中放到左边并把包含 i 的项集中放在右边. 并假设 $v_i \neq 0$，$w_k \neq 0$，给出

$$\frac{w_{k+1} - w_k}{\mu w_k} = \frac{-2v_i + v_{i+1} + v_{i-1}}{v_i}$$

这里 $\mu=\frac{\Delta t}{h^2}$. 因为左边与 i 无关而右边与 k 无关，所以两边必定等于某个常数，譬如说，$-\lambda$，于是

$$w_{k+1} = (1-\lambda\mu) w_k, \quad k = 0,1,\cdots \tag{14.38}$$

$$2v_i - v_{i+1} - v_{i-1} = \lambda v_i, \quad i = 1,\cdots,n-1, \quad v_0 = v_n = 0 \tag{14-39}$$

方程(14.39)表示主对角线元素为 2，上次对角线元素为 -1 的 TST 矩阵的特征值问题. 根据定理 13.2.1，这些特征值是 $\lambda_\ell = 2-2\cos\left(\frac{\ell\pi}{n}\right)$($\ell=1$, …, $n-1$)，并且相应的标准正交特征向量是

$$\boldsymbol{v}^{(\ell)} = \sqrt{\frac{2}{n}}\left(\sin\left(\frac{\ell\pi}{n}\right),\sin\left(\frac{2\ell\pi}{n}\right),\cdots,\sin\left((n-1)\frac{\ell\pi}{n}\right)\right)^{\mathrm{T}} \tag{14.40}$$ 400

因此对每一个 $\lambda=\lambda_\ell$，$v_i=\sqrt{\frac{2}{n}}\sin\left(\frac{i\ell\pi}{n}\right)$($i=1$, …, $n-1$)的向量 $\boldsymbol{v}$ 是(14.39)的解. (14.38)的解是 $w_k=(1-\lambda\mu)^k w_0$，所以带齐次 Dirichlet 边界条件的差分方程(14.16)的解是

$$\left\{\left(1-2\mu+2\mu\cos\left(\frac{\ell\pi}{n}\right)\right)^k\sqrt{\frac{2}{n}}\sin\left(\frac{i\ell\pi}{n}\right): \ell = 1,\cdots,n-1\right\}$$

的线性组合.

要满足初始条件 $u_i^{(0)}=q(x_i)$($i=1$, …, $n-1$)，我们必须依(14.40)中的特征向量展开初始向量；即，我们必须求出系数 a_ℓ($\ell=1$, …, $n-1$)，使得

$$\sum_{\ell=1}^{n-1} a_\ell \sqrt{\frac{2}{n}}\sin\left(\frac{i\ell\pi}{n}\right) = q(x_i), \quad i = 1,\cdots,n-1$$

因为特征向量张成 $\boldsymbol{R}^{n-1}$，所以这个表达式总是可行的，而且，因为这组特征向量标准正交，就能得到

$$a_\ell = \sqrt{\frac{2}{n}}\sum_{j=1}^{n-1} q(x_j)\sin\left(\frac{j\ell\pi}{n}\right), \quad \ell = 1,\cdots,n-1$$

因此 $\alpha=\beta=0$ 时，(14.17—14.19)的解是

$$u_i^{(k)} = \sum_{\ell=1}^{n-1}\left(1-2\mu+2\mu\cos\left(\frac{\ell\pi}{n}\right)\right)^k\left(\frac{2}{n}\right)\sum_{j=1}^{n-1} q(x_j)\sin\left(\frac{j\ell\pi}{n}\right)\sin\left(\frac{i\ell\pi}{n}\right)$$

如以前做的那样，我们能够用这个表达式回答这种差分方法的稳定性. 当 $k\to\infty$时，近似

解 $u_i^{(k)}$ 趋于 0 的充要条件是 $\left|1-2\mu+2\mu\cos\left(\frac{\ell\pi}{n}\right)\right|$ 小于 1，对一切 $\ell=1, \cdots, n-1$. 我们在前面已看到它的充分条件是 $\mu\leqslant\frac{1}{2}$.

MATLAB的标识

在由三个单位正方形组成的 L 形区域上的波动方程是波动方程的解不能解析表出的最简单的几何形状之一. 类似于矩阵的特征向量，微分算子的特征函数起了重要作用. 波动方程的任一解能够表成它的特征函数的线性组合. 研发 MATLAB 的公司，Math Works 的标识来自 L 形的薄膜的第一个特征函数. 给定 L 形的几何形状，
401 MATLAB 标识只能通过数值计算得到.

14.4　双曲线方程

14.4.1　特征

通过考虑单向波动方程

$$u_t + au_x = 0, \quad x \in (-\infty, \infty), t > 0, \quad u(x,0) = q(x) \tag{14.41}$$

我们开始研究双曲线方程. 在这里我们考虑无限空间区域，所以不出现边界条件. 要唯一确定解，还需要初始条件 $u(x, 0)=q(x)$，所以称之为初值问题(IVP). 这个问题可以解析求解. 它的解是

$$u(x,t) = q(x - at) \tag{14.42}$$

通过求导容易验证：$u_t(x, t) = -aq'(x-at)$，$u_x(x, t)=q'(x-at)$，所以 $u_t+au_x=0$.

这个解在任何时间 $t>0$ 是原来函数 $q(x)$的复制. 如果 a 是正的就向右平移，如果 a 是负的就向左平移，如图 14-9 所示. 因此在(x, t)的解仅依赖于 q 在 $x-at$ 的值. 在(x, t)平面内 $x-at$ 是常数的直线叫作特征. 解是以速度 a 传播的波，形状不变.

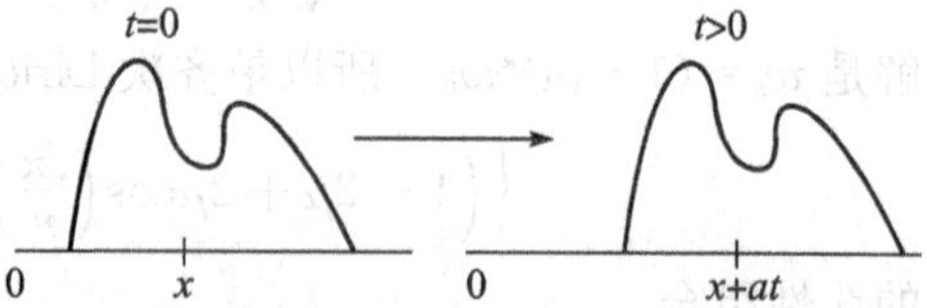

图 14-9　单向波动方程的解是原来函数的移位拷贝

还要注意仅当 u 关于 x 可微，微分方程才有意义，但是即使 q 不可微，"解"(14.42)也有定义. 一般地，双曲型问题允许不连续解. 例子是可能出现在非线性双曲型方程中的激波.

考虑更一般的方程

$$u_t(x,t) + au_x(x,t) + bu(x,t) = f(x,t), \quad x \in (-\infty, \infty), \quad t > 0 \tag{14.43}$$

基于前面的观察，让我们把变量(x, t)变换为(ξ, τ)，这里

$$\tau = t, \quad \xi = x - at(x = \xi + a\tau)$$

定义$\widetilde{u}(\xi, \tau)=u(x, t)$. 于是

$$\frac{\partial \widetilde{u}}{\partial \tau} = \frac{\partial u}{\partial t}\frac{\partial t}{\partial \tau} + \frac{\partial u}{\partial x}\frac{\partial x}{\partial \tau} = u_t + au_x$$

因为$\frac{\partial t}{\partial \tau}=1$，$\frac{\partial x}{\partial \tau}=a$. 因此方程(14.43)变成

$$\frac{\partial \tilde{u}}{\partial \tau}(\xi,\tau)+b\,\tilde{u}(\xi,\tau)=f(\xi+a\tau,\tau)$$

402

这是在 τ 方向的常微分方程(ODE)，它的解是

$$\tilde{u}(\xi,\tau)=q(\xi)\mathrm{e}^{-b\tau}+\int_0^{\tau}f(\xi+as,s)\mathrm{e}^{-b(\tau-s)}\mathrm{d}s$$

回到原来的变量

$$u(x,t)=q(x-at)\mathrm{e}^{-bt}+\int_0^{t}f(x-a(t-s),s)\mathrm{e}^{-b(t-s)}\mathrm{d}s$$

注意 $u(x, t)$仅依赖于 q 在 $x-at$ 的值以及 f 在点$(\hat{x}, \hat{t})$使得$\hat{x}-a\hat{t}=x-at$ 的值，即仅仅依赖于 q 和 f 沿着经过(x, t)的特征的值，这种沿着特征求解的方法能够推广到形为$u_t+au_x=f(x, t, u)$的非线性方程.

14.4.2 双曲型方程组

定义 如果 $\boldsymbol{A}$ 有实特征值而且可以对角化，那么形为

$$\boldsymbol{u}_t+\boldsymbol{A}\boldsymbol{u}_x+\boldsymbol{B}\boldsymbol{u}=\boldsymbol{f}(x,t) \tag{14.44}$$

的方程组是双曲型的.

例 14.4.1 作为双曲型方程组的例子，假设我们从波动方程 $u_{tt}=a^2u_{xx}$ 出发，其中 a 是给定的标量，我们引进函数 $v=au_x$ 和 $w=u_t$，那么我们得到方程组

$$\begin{bmatrix} v \\ w \end{bmatrix}_t=\begin{bmatrix} 0 & a \\ a & 0 \end{bmatrix}\begin{bmatrix} v \\ w \end{bmatrix}_x \tag{14.45}$$

(14.45)中的矩阵的特征值是$\lambda^2-a^2=0$ 的解，即$\lambda=\pm a$. 它们是实数而且矩阵对角化的. $\boldsymbol{A}$ 的特征值是方程的特征速度. 如果$\boldsymbol{A}=\boldsymbol{S}\boldsymbol{\Lambda}\boldsymbol{S}^{-1}$，这里$\boldsymbol{\Lambda}=\mathrm{diag}(\lambda_1, \cdots, \lambda_m)$，那么在变量代换$\hat{\boldsymbol{u}}=\boldsymbol{S}^{-1}\boldsymbol{u}$下，方程(14.44)通过左乘$\boldsymbol{S}^{-1}$，就变成

$$\hat{\boldsymbol{u}}_t+\boldsymbol{\Lambda}\,\hat{\boldsymbol{u}}_x+(\boldsymbol{S}^{-1}\boldsymbol{B}\boldsymbol{S})\,\hat{\boldsymbol{u}}=\boldsymbol{S}^{-1}\boldsymbol{f}$$

当$\boldsymbol{B}=\boldsymbol{0}$时，这些方程分离成

$$(\hat{u}_i)_t+\lambda_i(\hat{u}_i)_x=(\boldsymbol{S}^{-1}\boldsymbol{f})_i,\cdots,\quad i=1,\cdots,m$$

例 14.4.2 相应于$\lambda=a$ 的(14.45)中的矩阵的特征向量是$\left(\frac{\sqrt{2}}{2}, \frac{\sqrt{2}}{2}\right)^{\mathrm{T}}$，相应于$\lambda=-a$ 的是$\left(\frac{\sqrt{2}}{2}, -\frac{\sqrt{2}}{2}\right)^{\mathrm{T}}$，因此

$$\boldsymbol{S}=\begin{bmatrix} \frac{\sqrt{2}}{2} & \frac{\sqrt{2}}{2} \\ \frac{\sqrt{2}}{2} & -\frac{\sqrt{2}}{2} \end{bmatrix},\quad \boldsymbol{S}^{-1}=\begin{bmatrix} \frac{\sqrt{2}}{2} & \frac{\sqrt{2}}{2} \\ \frac{\sqrt{2}}{2} & -\frac{\sqrt{2}}{2} \end{bmatrix}$$

定义$\hat{u}_1=\frac{\sqrt{2}}{2}v+\frac{\sqrt{2}}{2}w$，$\hat{u}_2=\frac{\sqrt{2}}{2}v-\frac{\sqrt{2}}{2}w$. 于是$(\hat{u}_1)_t=a(\hat{u}_1)_x$，所以$\hat{u}_1(x, t)=\hat{q}_1(x+at)$，以及$(\hat{u}_2)_t=-a(\hat{u}_2)_x$，所以$\hat{u}_2(x, t)=\hat{q}_2(x-at)$，因此这个解是以速度 a 向左运动

403 的波和另一个以速度 a 向右运动的波的组合.

14.4.3　边界条件

双曲型偏微分方程(PDE)可以定义在有限区间而不是整个实轴，因此必须确定边界条件. 这就得出初边值问题，但务必给出正确类型的边界条件.

还是考虑单向波动方程

$$u_t + au_x = 0,\quad 0 \leqslant x \leqslant 1,\quad t > 0 \tag{14.46}$$

现在定义在有限区间[0, 1]. 如果 $a>0$，特征在这个区域向右传播，如果 $a<0$，它们向左传播，如果 14-10 所示. 因此，除了在 $t=0$ 的初始数据外；当 a 是正数时必须在区域的左边界($x=0$)给定解，当 a 是负数时，必须在区域的右边界($x=1$)给定解.

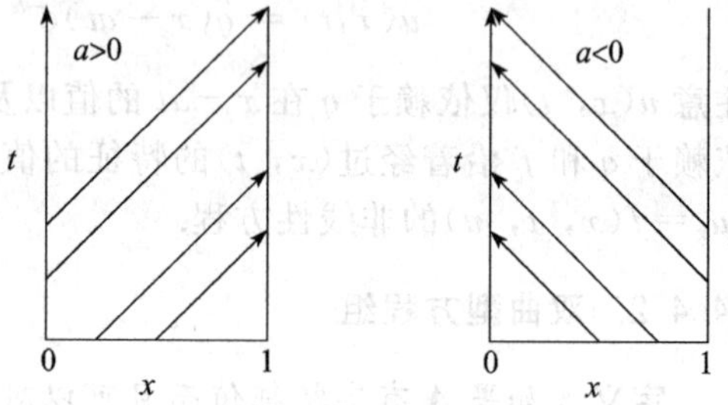

图 14-10　当 $a>0$ 时单向波方程的特征(左)和 $a<0$ 时单向波方程的特征(右)

如果我们给定初始数据 $u(x,0)=q(x)$ 和边界数据 $u(0,t)=g(t)$，对 $a>0$，那么解是

$$u(x,t) = \begin{cases} q(x-at) & \text{如果 } x-at>0, \\ g\left(t-\dfrac{x}{a}\right) & \text{如果 } x-at<0. \end{cases}$$

对 $a<0$，两边界的角色(任务)相反.

14.4.4　有限差分方法

我们可以想象许多差分化方程(14.46)的方法. 令 $u_j^{(h)}$ 表示在空间点 $x_j=jh$ 和时间 $t_k=k(\Delta t)$ 的近似解，我们可以用在时间方向的向前差分和在空间方向的向前差分得到方程

404
$$\frac{u_j^{(k+1)}-u_j^{(k)}}{\Delta t} + a\frac{u_{j+1}^{(k)}-u_j^{(k)}}{h} = 0,\quad j=1,\cdots,n-1,\quad k=0,1,\cdots \tag{14.47}$$

另一种方法，可以在时间方向用向前差分而在空间方向用向后差分

$$\frac{u_j^{(k+1)}-u_j^{(k)}}{\Delta t} + a\frac{u_j^{(k)}-u_{j-1}^{(k)}}{h} = 0,\quad j=1,\cdots,n-1,\quad k=0,1,\cdots \tag{14.48}$$

第三种方法是在时间方向用向前差分，在空间方向用中心差分

$$\frac{u_j^{(k+1)}-u_j^{(k)}}{\Delta t} + a\frac{u_{j+1}^{(k)}-u_{j-1}^{(k)}}{2h} = 0,\quad j=1,\cdots,n-1,\quad k=0,1,\cdots \tag{14.49}$$

蛙跳格式在时间和空间方向都用中心差分

$$\frac{u_j^{(k+1)}-u_j^{(k-1)}}{2(\Delta t)} + a\frac{u_{j+1}^{(k)}-u_{j-1}^{(k)}}{2h} = 0,\quad j=1,\cdots,n-1,\quad k=0,1,\cdots \tag{14.50}$$

蛙跳方法叫作多步方法，因为它用前两个时间步的解(第 k 步和 $k-1$ 步)来计算在新的时间步(第 $k+1$ 步)的解. 为了启动这个方法，我们必须给定在时间 $t_0=0$ 的初始数据，并用一步方法求出在 t_1 处的近似解. 一旦知道了两个相邻时间步的近似解，那么就可以用公式(14.50)向以后的时间步前进.

还有另一种可能是 Lax-Friedrichs 格式

$$\frac{u_j^{(k+1)}-\dfrac{1}{2}\left(u_{j+1}^{(k)}+u_{j-1}^{(k)}\right)}{\Delta t} + a\frac{u_{j+1}^{(k)}-u_{j-1}^{(k)}}{2h} = 0,\quad j=1,\cdots,n-1,\quad k=0,1,\cdots \tag{14.51}$$

恰如对抛物型问题所做的那样，能够分析这些差分方法的局部截断误差(LTE). 利用 Taylor 定理确定精确解不满足差分方程的量，我们得到向前时间，向前空间方法(14.47)的 LTE 是 $O(\Delta t)+O(h)$，这个结果对向前时间，向后空间方法(14.48)同样成立. 对于向前时间，中心空间方法(14.49)是 $O(\Delta t)+O(h^2)$，这是因为对 u_x 的中心差分近似是二阶精确的.

蛙跳格式(14.50)在空间和时间两个方向都有二阶的 LTE：$O(\Delta t)^2+O(h^2)$. Lax-Friedrichs 格式(14.51)的 LTE 是 $O(\Delta t)+O(h^2)+O\left(\frac{h^2}{(\Delta t)}\right)$，最后一项的出现是因为 $\frac{1}{2}(u(x_{j+1},\ t_k)+u(x_{j-1},\ t_k))$是对 $u(x_j,\ t_k)$的 $O(h^2)$近似，但在公式(14.51)中这个误差要除以 Δt. 405

然而，如我们以前所见，局部截断误差仅仅是问题的一部分. 为了使差分方法产生微分方程的合理的近似解，它还必须是稳定的.

稳定性和 CFL 条件

Lax-Richtmyer 等价定理表明，如果求解适定的线性初值问题的差分方法是相容的(即当 h 和 Δt 趋于 0 时，局部截断误差趋于 0)，那么它是收敛的(即当 h 和 Δt 趋于 0 时，近似解一致收敛到精确解)当且仅当它是稳定的. 尽管还没有给出稳定性的正式定义，我们注意，因为方程(14.41)的精确解并不随着时间增大，所以由有限差分格式产生的近似解应该也是如此.

例如，考虑向前时间，向前空间差分格式(14.47). 如果我们定义 $\lambda\equiv\frac{\Delta t}{h}$，那么(14.47)能够写成

$$u_j^{(k+1)}=u_j^{(k)}-a\lambda(u_{j+1}^{(k)}-u_j^{(k)})$$

观察两边分量的平方和，我们得到

$$\begin{aligned}\sum_j(u_j^{(k+1)})^2&=\sum_j((1+a\lambda)u_j^{(k)}-a\lambda u_{j+1}^{(k)})^2\\&=\sum_j[(1+a\lambda)^2(u_j^{(k)})^2-2(1+a\lambda)a\lambda u_j^{(k)}u_{j+1}^{(k)}+(a\lambda)^2(u_{j+1}^{(k)})^2]\\&\leqslant(|1+a\lambda|+|a\lambda|)^2\sum_j(u_j^{(k)})^2.\end{aligned}$$

因此稳定的充分条件是

$$|1+a\lambda|+|a\lambda|\leqslant 1$$

或，等价地，$-1\leqslant a\lambda\leqslant 0$，可以证明它也是稳定的必要条件. 因为$\lambda\equiv\frac{\Delta t}{h}$是正的，如果 $a>0$，这种方法不可能稳定. 对于 $a<0$，要求是 $\lambda\leqslant\frac{1}{|a|}$，或者

$$\Delta t\leqslant\frac{h}{|a|}\tag{14.52}$$

我们能够以另一种方式了解条件(14.52)对差分方法(14.47)能够对微分方程(14.41)的解产生合理的近似是必要的. 考虑在时间 $t_k=k(\Delta t)$和空间点 $x_j=jh$ 对解的近似 $u_j^{(k)}$. 我们知道真解是 $u(x_j,\ t_k)=q(x_j-at_k)$. 假设 a 是正的. 现在 $u_j^{(k)}$ 由 $u_j^{(k-1)}$ 和 $u_{j+1}^{(k-1)}$ 所确定.

这些值又由 $u_j^{(k-2)}$，$u_{j+1}^{(k-2)}$ 和 $u_{j+2}^{(k-2)}$ 所确定．继续在时间方向往回追溯这些值，我们得到如图 14-11所示的相互依赖的三角形结构．

$u_j^{(k)}$ 仅仅与在 $x=x_j$ 和 $x=x_j+kh$ 之间的初始解 q 的值有关．还有如果 a 是正的，那么在 (x_j, t_k) 的精确解是由 q 在 x_j 左边的点上的值所确定的，即，$q(x_j-ak\Delta t)$．因此尽管有差分格式相容这个事实，但它并不能对精确解产生合理的近似解．对于负的 a，我们仍需要 $u_j^{(k)}$ 的依赖
406 区域包含精确解的依赖区域；即我们需要 x_j+kh 大于或等于 $x_j+|a|k(\Delta t)$，它等价于条件(14.52)．

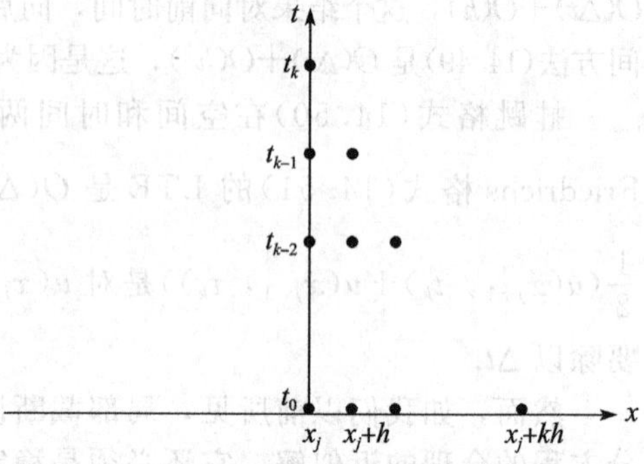

图 14-11　稳定性分析中形成的相互依赖的三角形结构

近似解的依赖区域必须包括精确解的依赖区域的想法称为 CFL(Courant-Friedrichs-Lewy)条件．更精确地，我们可以阐述如下．

定理 14.4.1　*考虑方程(14.41)的形如*

$$u_j^{(k+1)}=\alpha u_{j-1}^{(k)}+\beta u_j^{(k)}+\gamma u_{j+1}^{(k)}$$

的相容差分格式．稳定的必要条件是 CFL 条件：

$$\Delta t\leqslant\frac{h}{|a|}$$

证明　精确解 $u(x_j, t_k)$是 $q(x_j-at_k)$．另一方面，"近似解" $u_j^{(k)}$ 由 $u_{j-1}^{(k-1)}$，$u_j^{(k-1)}$ 和 $u_{j+1}^{(k-1)}$ 所确定；它们本身又由 $u_{j-2}^{(k-2)}$，…，$u_{j+2}^{(k-2)}$ 所确定；等等．继续下去，得到 $u_j^{(k)}$ 仅仅与 x_j-kh 和 x_j+kh 之间的 q 值有关．因此，为了使这个方法收敛，必须使 $x_j-ak\Delta t\in[x_j-kh, x_j+kh]$．这意味着 $kh\geqslant|a|k\Delta t$，或者 $\Delta t\leqslant\dfrac{h}{|a|}$．根据 Lax-Richtmyer 定理，相容方法收敛当且仅当它是稳定的．因此条件 $\Delta t\leqslant\dfrac{h}{|a|}$是稳定的必要条件．□

除了用 CFL 条件去确定稳定的必要条件，用类似于对抛物型问题所做的工作的这种方式也能分析双曲型问题差分方法的稳定性，即通过对假设近似解 $u_j^{(k)}$ 具有形式 $g^k e^{ijh\xi}$(g 是放大因子，ξ 是频率)．稳定的条件是对一切频率，$|g|\leqslant 1$．利用这种逼近，让我们考虑向前时间，中心空间方法(14.49)．用 $g^k e^{ijh\xi}$代替 $u_j^{(k)}$，两边除 $g^k e^{ijh\xi}$给出

407 $$\frac{g-1}{\Delta t}+a\frac{e^{ih\xi}-e^{-ih\xi}}{2h}=0$$

或者记 $\lambda=\dfrac{\Delta t}{h}$，

$$g=1-\frac{a}{2}\lambda(e^{ih\xi}-e^{-ih\xi})=1-a\lambda i\sin(h\xi)$$

因为 $|g|^2=1+(a\lambda\sin h\xi)^2>1$，所以这种方法永远是不稳定的！

我们考虑双向波动方程

$$u_{tt}=a^2u_{xx},\quad 0\leqslant x\leqslant 1,\quad t>0\tag{14.53}$$

在例 14.4.1 中已证明这种二阶方程能够化简成两个一阶双曲型方程的方程组，数值求解这个问题的一种方法是先化简，然后对一阶方程采用合适的差分方法. 另一种近似方法是当它保持不变时对方程进行差分化. 为了确定唯一解，除了微分方程以外，还需初始条件，而且，如果空间区域是有限的，还需要合适的边界条件. 因为方程包含关于时间的二阶导数，我们将需要两个初始条件，譬如

$$u(x,0)=q(x),\quad u_t(x,0)=p(x),\quad 0\leqslant x\leqslant 1$$

如果我们取齐次 Dirichlet 边界条件

$$u(0,t)=u(1,t)=0$$

那么为了稳定性，我们还需要近似解不随着时间增大.

假设对方程(14.53)用中心时间，中心空间方法

$$\frac{-2u_j^{(k)}+u_j^{(k+1)}+u_j^{(k-1)}}{(\Delta t)^2}=a^2\frac{-2u_j^{(k)}+u_{j+1}^{(k)}+u_{j-1}^{(k)}}{h^2}\tag{14.54}$$

因为在$(k+1)$时间步的近似解依赖于 k 步以及$(k-1)$步的近似解，我们称它为多步方法. 要启动求解过程，我们需要知道 $\boldsymbol{u}^{(0)}$，它能够从初始条件 $u_j^{(0)}=q(x_j)$得到，但是我们还需要 $\boldsymbol{u}^{(1)}$. 它能从另一个初始条件 $u_t(x,0)=p(x)$得到. 用$\frac{u_j^{(1)}-u_j^{(0)}}{\Delta t}$来近似$u_t(x_j,0)$，我们得到 $u_j^{(1)}=u_j^{(0)}+(\Delta t)p(x_j)$. 知道了在时间步 0 步和 1 步上 u 的值，就能用方程(14.54)向前求时间步 2 步上的解，等等.

因为在(14.54)中对 u_{tt} 和 u_{xx} 都用中心差分，所以局部截断误差是 $O((\Delta t)^2)+O(h^2)$. 我们可以通过假设 $u_j^{(k)}$ 有形式 $g^k e^{ijh\xi}$并且确定$|g|\leqslant 1$ 的条件，来研究这种方法的稳定性. 在(14.54)中作此代换并除以 $g^k e^{ijh\xi}$给出

$$\frac{-2+g+g^{-1}}{(\Delta t)^2}=a^2\frac{-2+e^{ih\xi}+e^{-ih\xi}}{h^2}$$

或者，取$\lambda=\frac{\Delta t}{h}$，

$$-2+g+g^{-1}=a^2\lambda^2(-2+2\cos h\xi)$$

经过一些代数运算后，可以证明，对一切 ξ，$|g|\leqslant 1$ 的充要条件是$|a\lambda|\leqslant 1$. 因此，我们又导出稳定条件(14.52). 408

有重大意义的涂鸦

快速 Fourier 变换可以至少追溯到 Gauss，但是由于 James W. Cooley 和 John W. Tukey(左图)的一篇文章，这种方法才引起了注意. 在肯尼迪总统的科学顾问委员会的一次会议中，IBM 的 Richard Garwin 正好坐在 Tukey 的旁边，而 Tukey 以他一贯的风格正在进行有关改进离散 Fourier 变换的想法的涂鸦，Tukey 的公式将减少乘法和加法的次数的总量，这引起了 Garwin 的极大注意使他去和 Cooley 接洽让它付诸执行. 为了隐瞒国家安全局对这方法的兴趣，Garwin 告诉 Cooley 这种算法是另一种应用所需要的. Tukey 和 Cooley 工作产生了 1965 年突破性的论文，它对现代手机、计算机光盘驱动、DVD 和 JPEG 都有应用[24,26,43].

14.5 Poisson 方程的快速方法

我们已经看到，求解椭圆型方程和抛物型方程经常涉及解大型线性方程组. 对于 Poisson 方程这曾经是必须做的，而对于热传导方程，如果使用隐式差分格式那么在每一时间步必须解一个线性方程组. 如果用 Gauss 消元法解这些方程组，那么需要的工作量是 $O(m^2N)$，这里 m 是半带宽，N 是方程和未知量的总数. 对于在 $n\times n$ 网格上的 Poisson 方程，半带宽是 $m=n-1$，方程的总数是 $N=(n-1)^2$，总共 $O(n^4)$次运算. 对某些问题，譬如在矩形区域上的带有 Dirichlet 边界条件的 Poisson 方程，有一种仅需要 $O(N\log N)$次运算的解线性方程组的快速方法. 这种方法利用快速 Fourier 变换(FFT).

假设我们有一个具有 TST(三对角对称 Toeplitz)块的块状 TST 矩阵

409

$$\boldsymbol{A}=\begin{bmatrix}\boldsymbol{S} & \boldsymbol{T} & & \\ \boldsymbol{T} & \ddots & \ddots & \\ & \ddots & \ddots & \boldsymbol{T} \\ & & \boldsymbol{T} & \boldsymbol{S}\end{bmatrix},\quad \boldsymbol{S}=\begin{bmatrix}\alpha & \beta & & \\ \beta & \ddots & \ddots & \\ & \ddots & \ddots & \beta \\ & & \beta & \alpha\end{bmatrix},\quad \boldsymbol{T}=\begin{bmatrix}\gamma & \delta & & \\ \delta & \ddots & \ddots & \\ & \ddots & \ddots & \delta \\ & & \delta & \gamma\end{bmatrix} \tag{14.55}$$

如果 $\boldsymbol{A}$ 来自在 $n_x\times n_y$ 矩形网格上带 Dirichlet 边界条件 Poisson 方程的五点有限差分近似(14.7)，那么按方程和未知量的自然排序，$\boldsymbol{S}$ 和 $\boldsymbol{T}$ 是下式给出的$(n_x-1)\times(n_x-1)$矩阵

$$S=\begin{bmatrix}-\frac{2}{h_x^2}-\frac{2}{h_y^2} & \frac{1}{h_x^2} & & \\ \frac{1}{h_x^2} & \ddots & \ddots & \\ & \ddots & \ddots & \frac{1}{h_x^2} \\ & & \frac{1}{h_x^2} & -\frac{2}{h_x^2}-\frac{2}{h_y^2}\end{bmatrix},\quad T=\frac{1}{h_y^2}I$$

这里 $h_x=\dfrac{1}{n_x}$，$h_y=\dfrac{1}{n_y}$，而且 $\boldsymbol{A}$ 包含$(n_y-1)\times(n_y-1)$个这种块.

TST 矩阵的特征值和特征向量是知道的. 在定理 11.2.1 中证明了一切 TST 矩阵有相同的特征向量；仅是它们的特征值不同. 令 $\boldsymbol{A}$ 是(14.55)中的块状 TST 矩阵，而且假设 $\boldsymbol{S}$ 和 $\boldsymbol{T}$ 是 $m_1\times m_1$ 块，而整个矩阵是 $m_2\times m_2$ 这种块. 考虑线性方程组 $\boldsymbol{Au}=\boldsymbol{f}$，这里向量 $\boldsymbol{u}$ 和 $\boldsymbol{f}$ 也能分成 m_2 块，每一块长度 m_1，相应于网格中 $m_1\times m_2$ 个内部网格点的直线段：$\boldsymbol{u}=(\boldsymbol{u}_1,\cdots,\boldsymbol{u}_{m_2})^{\mathrm{T}}$，$\boldsymbol{f}=(\boldsymbol{f}_1,\cdots,\boldsymbol{f}_{m_2})^{\mathrm{T}}$. 这个线性方程组有形式

$$\boldsymbol{Tu}_{\ell-1}+\boldsymbol{Su}_\ell+\boldsymbol{Tu}_{\ell+1}=\boldsymbol{f}_\ell,\quad \ell=1,\cdots,m_2 \tag{14.56}$$

这里 $\boldsymbol{u}_0=\boldsymbol{u}_{m_2+1}=\boldsymbol{0}$. 令 $\boldsymbol{Q}$ 是其列 $\boldsymbol{q}^1,\cdots,\boldsymbol{q}^{m_1}$ 是 $\boldsymbol{S}$ 和 $\boldsymbol{T}$ 的特征向量的正交矩阵. 那么能把 $\boldsymbol{S}$ 和 $\boldsymbol{T}$ 写成 $\boldsymbol{S}=\boldsymbol{Q\Lambda Q}^{\mathrm{T}}$，$\boldsymbol{T}=\boldsymbol{Q\Theta Q}^{\mathrm{T}}$，这里 $\boldsymbol{\Lambda}$ 和 $\boldsymbol{\Theta}$ 是 $\boldsymbol{S}$ 和 $\boldsymbol{T}$ 的特征值的对角矩阵. 在方程(14.56)两边左乘 $\boldsymbol{Q}^{\mathrm{T}}$ 给出

$$\boldsymbol{\Theta}(\boldsymbol{Q}^{\mathrm{T}}\boldsymbol{u}_{\ell-1})+\boldsymbol{\Lambda}(\boldsymbol{Q}^{\mathrm{T}}\boldsymbol{u}_\ell)+\boldsymbol{\Theta}(\boldsymbol{Q}^{\mathrm{T}}\boldsymbol{u}_{\ell+1})=\boldsymbol{Q}^{\mathrm{T}}\boldsymbol{f}_\ell$$

定义 $\boldsymbol{y}_\ell=\boldsymbol{Q}^{\mathrm{T}}\boldsymbol{u}_\ell$ 以及 $\boldsymbol{g}_\ell\equiv\boldsymbol{Q}^{\mathrm{T}}\boldsymbol{f}_\ell$，它就成为

$$\boldsymbol{\Theta y}_{\ell-1}+\boldsymbol{\Lambda y}_\ell+\boldsymbol{\Theta y}_{\ell+1}=\boldsymbol{g}_\ell,\quad \ell=1,\cdots,m_2$$

设 $\boldsymbol{y}$ 的 ℓ 块中的元素表示为 $y_{1,\ell},\cdots,y_{m_1,\ell}$，对 $\boldsymbol{g}$ 的每一块类似如此. 观察方程中每一

个 $\boldsymbol{y}$ 块中的第 j 个分量

$$\theta_j y_{j,\ell-1}+\lambda_j y_{j,\ell}+\theta_j y_{j,\ell+1}=g_{j,\ell},\quad \ell=1,\cdots,m_2$$

注意这些方程隔绝了与其他分量的方程的联系. 如果对每一个 $j=1$, …, m_1, 我们定义 $\widetilde{\boldsymbol{y}}_j=(y_{j,1}, \cdots, y_{j,m_2})^{\mathrm{T}}$, 以及 $\widetilde{\boldsymbol{g}}_j=(g_{j,1}, \cdots, g_{j,m_2})^{\mathrm{T}}$, 那么我们有 m_1 个独立的三对角方程组, 每一个包含 m_2 个未知量

$$\begin{bmatrix}\lambda_j & \theta_j & & \\ \theta_j & \ddots & \ddots & \\ & \ddots & \ddots & \theta_j \\ & & \theta_j & \lambda_j\end{bmatrix}\widetilde{\boldsymbol{y}}_j=\widetilde{\boldsymbol{g}}_j,\quad j=1,\cdots,m_1$$

410

解这些三对角方程组的工作量是 $O(m_1m_2)$ 次运算. 求解结果给了我们向量 $\widetilde{\boldsymbol{y}}_1$, …, $\widetilde{\boldsymbol{y}}_{m_1}$, 将它们重新安排后得到向量 $\boldsymbol{y}_1$, …, $\boldsymbol{y}_{m_2}$. 它们是从 $\boldsymbol{u}_1$, …, $\boldsymbol{u}_{m_2}$ 通过乘以 $\boldsymbol{Q}^{\mathrm{T}}$ 得到的. 因此仅剩下的任务是重新从 $\boldsymbol{y}$ 恢复成解 $\boldsymbol{u}$

$$\boldsymbol{u}_\ell=\boldsymbol{Q}\boldsymbol{y}_\ell,\quad \ell=1,\cdots,m_2 \tag{14.57}$$

这需要 m_2 次矩阵-向量的乘法, 这里的矩阵是 $m_1\times m_1$ 阶. 通常这种工作量将是 $O(m_2m_1^2)$ 次运算. 需要类似的矩阵-向量乘法从 f 来计算 g: $g_\ell=Q^{\mathrm{T}}f_\ell(\ell=1, \cdots, m_2)$. 由于矩阵 Q 的特殊形式, 可以证明用 FFT 的这些矩阵-向量乘法的每一种能在时间 $O(m_1\log_2 m_1)$ 内执行, 而且解原来的线性方程组的工作的主要部分是 $O(m_2m_1\log_2 m_1)$. 它几乎是最优阶 $O(m_2m_1)$.

快速 Fourier 变换

要计算(14.57)中 $\boldsymbol{u}_\ell$ 的分量, 我们必须计算以下形式的和

$$u_{k,\ell}=\sum_{j=1}^{m_1}Q_{k,j}y_{j,\ell}=\sqrt{\frac{2}{m_1+1}}\sum_{j=1}^{m_1}\sin\left(\frac{\pi jk}{m_1+1}\right)y_{j,\ell},\quad k=1,\cdots,m_1$$

这种和称为**离散正弦变换**, 它密切相关于离散 Fourier 变换(**DFT**), 而且能够从中算出.

$$F_k=\sum_{J=0}^{N-1}\mathrm{e}^{\frac{2\pi ijk}{N}}f_j,\quad k=0,1,\cdots,N-1 \tag{14.58}$$

在讨论如何计算 DFT 之前, 让我们简单地叙述一下一般的 Fourier 变换. 当我们测量在某时间或空间区间内的信号, 譬如按触摸式电话机的键发出的声音, 我们可能要问这个信号的频率是多少, 它的大小是多少这种问题. 要回答这个问题, 我们计算 f 的 Fourier 变换:

$$F(\omega)=\frac{1}{\sqrt{2\pi}}\int_{-\infty}^{\infty}\mathrm{e}^{\mathrm{i}\omega t}f(t)\mathrm{d}t,\quad -\infty<\omega<\infty$$

Fourier 变换的优秀特征是可以用非常类似的公式进行逆变换把 F 变回原函数 f:

$$f(t)=\frac{1}{\sqrt{2\pi}}\int_{-\infty}^{\infty}\mathrm{e}^{-\mathrm{i}\omega t}F(\omega)\mathrm{d}\omega,\quad -\infty<t<\infty$$

在各种文献中, Fourier 变换的精确定义不相同. 有时在 F 的定义中因子 $\frac{1}{\sqrt{2\pi}}$ 并不出现, 于是在逆变换的公式中需要因子 $\frac{1}{\sqrt{2\pi}}$. 有时 F 的定义包含因子 $\mathrm{e}^{-\mathrm{i}\omega t}$, 那么逆变换的公

式必须有因子 $e^{i\omega t}$. 通常，在记号上的差别无关紧要，因为我们在变换数据上执行某些运
411 算，计算 Fourier 变换，然后再变回来.

在实践中，我们不可能在时间上连续抽样信号，所以我们譬如在 N 个点 $t_j=j(\Delta t)(j=0, 1, \cdots, N-1)$ 抽样，因此得到 N 个函数值 $f_j=f(t_j)(j=0, 1, \cdots, N-1)$ 的向量. 仅知道在 N 个点上的 f，不能期望在所有的频率 ω 计算 F. 而我们可能希望在 N 种频率 $\omega_k=\frac{2\pi k}{N(\Delta t)}(k=0, 1, \cdots, N-1)$ 来计算 F. $F(\omega_k)$ 的公式包含积分，这个积分可以用包含测得的值 f_j 的和来近似

$$F(\omega_k)=\frac{1}{\sqrt{2\pi}}\int_{-\infty}^{\infty}e^{i\omega_k t}f(t)\mathrm{d}t\approx\frac{1}{\sqrt{2\pi}}\sum_{j=0}^{N-1}e^{i\omega_k t_j}f_j\cdot(\Delta t)=\frac{\Delta t}{\sqrt{2\pi}}\sum_{j=0}^{N-1}e^{\frac{2\pi ijk}{N}}f_j$$

记住，定义离散 Fourier 变换(DFT)如在(14.58). 它是对在频率 ω_k 的连续 Fourier 变换的一种近似(模数是因子 $\frac{\Delta t}{\sqrt{2\pi}}$). 和连续 Fourier 变换一样，DFT 能用相类似的公式求逆

$$f_j=\frac{1}{N}\sum_{k=0}^{N-1}e^{\frac{-2\pi ijk}{N}}F_k,\quad j=0,1,\cdots,N-1 \tag{14.59}$$

计算 DFT(14.58)(或逆 DFT(14.59))将可能需要 $O(N^2)$ 次运算：我们必须计算 N 个值，$F_0, \cdots, F_{N-1}$，其中每一个需要 N 项求和. 然而可以证明，利用 Cooley 和 Tukey[27] 的 FFT 算法，这种计算仅需要 $O(N\log N)$ 次运算. 至少追溯至 Gauss 的早期论文中已提出 FFT 的想法. 另一篇解释 FFT 的意义重大的论文是由 Danielson 和 Lanczos[30] 写的. 但是直到 1960 年代，才在计算机上执行完整的 FFT 算法.

在计算长度为 N 的 DFT 中的关键是注意它能用两个长度为 $\frac{N}{2}$ 的 DFT 来表示，其中一个包含(14.58)中的偶数项而另一个包含奇数项. 要得到这个结果，假设 N 是偶数，并定义 $\omega=e^{\frac{2\pi i}{N}}$. 我们可以写

$$\begin{aligned}F_k&=\sum_{j=0}^{N/2-1}e^{\frac{2\pi i(2j)k}{N}}f_{2j}+\sum_{j=0}^{N/2-1}e^{\frac{2\pi i(2j+1)k}{N}}f_{2j+1}\\&=\sum_{j=0}^{N/2-1}e^{\frac{2\pi i(2j)k}{N}}f_{2j}+\omega^k\sum_{j=0}^{N/2-1}e^{\frac{2\pi i(2j)k}{N}}f_{2j+1}\\&=F_k^{(e)}+\omega^kF_k^{(o)},\quad k=0,1,\cdots,N-1\end{aligned} \tag{14.60}$$

这里 $F^{(e)}$ 表示偶数标出的数据点的 DFT，$F^{(o)}$ 表示奇数标出的数据点的 DFT. 还注意到 DFT 是周期的，其周期等于数据点的数目. 因此 $F^{(e)}$ 和 $F^{(o)}$ 有周期 $\frac{N}{2}$：$F_{N/2+p}^{(e,o)}=F_p^{(e,o)}$，其中 $p=0, 1, \cdots, \frac{N}{2}-1$. 因此，一旦 $F^{(e)}$ 和 $F^{(o)}$ 的一周期中 $\frac{N}{2}$ 个元素已经算出，我们按(14.60)结合这两部分就能够得到长度 N 的 DFT. 如果 N 个系数 $\omega^k(k=0, 1, \cdots, N-1)$
412 已经算出，那进行这项工作需要 $2N$ 次运算；我们把这些系数 ω^k 乘以元素 $F_k^{(o)}$ 再加上元素 $F^{(e)}$，其中 $k=0, 1, \cdots, N-1$.

这个过程可以重复！例如，要计算长度$\frac{N}{2}$的离散 Fourier 变换 $F^{(e)}$(现在假设 N 是 4 的倍数)，我们可以写

$$\begin{aligned}F_k^{(e)} &= \sum_{j=0}^{N/4-1} \mathrm{e}^{\frac{2\pi\mathrm{i}(2j)k}{N/2}} f_{4j} + \sum_{j=0}^{N/4-1} \mathrm{e}^{\frac{2\pi\mathrm{i}(2j+1)k}{N/2}} f_{4j+2} \\ &= \sum_{j=0}^{N/4-1} \mathrm{e}^{\frac{2\pi\mathrm{i}jk}{N/4}} f_{4j} + \omega^{2k} \sum_{j=0}^{N/4-1} \mathrm{e}^{\frac{2\pi\mathrm{i}jk}{N/4}} f_{4j+2} \\ &= F_k^{(ee)} + \omega^{2k} F_k^{(eo)}, \quad k = 0,1,\cdots,\frac{N}{2}-1\end{aligned}$$

这里 $F^{(ee)}$ 表示“偶偶”数据(f_{4j})的 DFT，$F^{(eo)}$ 表示“偶奇”数据(f_{4j+2})的 DFT. 因为长度$\frac{N}{4}$的 DEF $F^{(ee)}$ 和 $F^{(eo)}$ 的周期为$\frac{N}{4}$，一旦这两个变换的一个周期中的$\frac{N}{4}$个元素已知，我们就能按以上公式把它们结合起来得到 $F^{(e)}$. 这需要$\frac{2N}{2}$次运算(假设 ω 的值已经算出)，计算 $F^{(o)}$需要相同次数的运算，总共是 $2N$ 次运算.

假设 N 是 2 的幂，这个过程可以重复，直至我们达到长度是 1 的 DFT. 因为长度为 1 的 DFT 是单位元，所以计算它们无需工作. 这个过程中有 $\log_2 N$ 阶段，每一阶段需要 $2N$ 次运算把长度为 2^j 的 DFT 结合成长度为 2^{j+1} 的 DFT，这就给出了总工作量近似为 $2N\log_2 N$.

留下的问题仅是弄清楚输入数据原向量中的哪个元素对应于长度为 1 的变换. 例如 $F^{(eooeoe)}=f_?$这看似簿记的噩梦！但是它实际上并不如此困难. 反转 e 和 o 的序列，指定 o 到 e 和 1 到 o，那么你将得到原数据点的下标的二进制表示. 你明白为什么这就奏效？这是因为在每一阶段我们按照从右往后一个来分离数据. 在第一阶段的偶数数据由二进制下标中最右的位置有 0 的元素组成.“偶偶”数据点在它的下标的最后两位有 0，而“偶奇”数据点在最右的位置有一个 0 而在离右边第二个位置有一个 1. 等等. 进行这种符记确实容易. 我们能够一开始就用二进制下标的反序来排序数据. 例如，如果有 8 个数据点，那么我们将把它们排序为

$$\begin{bmatrix} f_0 = 000 \\ f_1 = 001 \\ f_2 = 010 \\ f_3 = 011 \\ f_4 = 100 \\ f_5 = 101 \\ f_6 = 110 \\ f_7 = 111 \end{bmatrix} \rightarrow \begin{bmatrix} f_0 = 000 \\ f_4 = 100 \\ f_2 = 010 \\ f_6 = 110 \\ f_1 = 001 \\ f_5 = 101 \\ f_3 = 011 \\ f_7 = 111 \end{bmatrix}$$

于是，长度为 2 的变换正好是相邻元素的线性组合，长度为 4 的变换是相邻长度为 2 的变换的线性组合，等等. 413

借助于 FFT 的 Chebyshev 展开

回想起在 8.5 节中描述的 chebfun 软件包，以及在 9.1 节和 10.4 节中进一步用于数值

微分和数值积分．在那里所用的算法的效率的关键在于把函数在 Chebyshev 点(8.15)的值迅速转化到 n 次插值多项式 $p(x)=\sum_{j=0}^{n}a_jT_j(x)$ 的 Chebyshev 展开式的系数的能力，其中 $T_j(x)=\cos(j\arccos x)$ 是 j 次 Chebyshev 多项式．

知道了系数 a_0，…，a_n，我们通过计算和可以得到在 Chebyshev 点 $\cos\left(\frac{k\pi}{n}\right)(k=0,\ \cdots,\ n)$ 的 p 的值，

$$p\left(\cos\left(\frac{k\pi}{n}\right)\right)=\sum_{j=0}^{n}a_j\cos\left(\frac{jk\pi}{n}\right),\quad k=0,\cdots,n$$

这些和十分类似(14.58)中和的实部，但是余弦的幅角和使它们相等的值相差两倍．它们能用快速余弦变换进行计算，或者可以把它们写成能够使用 FFT 的形式；例如，见[83，p.508]．要从其他方向进行，确定函数值 $f\left(\cos\left(\frac{k\pi}{n}\right)\right)(k=0,\ \cdots,\ n)$的系数 a_0，…，a_n，我们只要用逆余弦变换或逆 FFT 即可．

14.6 多重网格法

在 12.2 节中曾讨论过用于线性方程组的迭代解法的预优．当线性方程组来自差分化偏微分方程时，譬如 Poisson 方程，自然的想法是用粗网格得到一个不太精确的，但较容易计算的 PDE 的近似解．当然产生于较粗网格上的差分化的线性方程组比原来的维数较少，所以它的解是在较少网格点上的值的向量．还有，如果我们把这个向量理解成分段双线性函数在粗网格结点上的值，那么函数在中间点(包括细网格的结点)的函数值能用双线性插值求得．

粗网格算法独自并不能作出好的预优，但可以证明当它与细网格松弛方法结合起来(例如 Jacobi 迭代或者 Gauss-seidel 迭代)，这种结合可能非常有效！这种松弛方法迅速降低了“高频”误差分量，而粗网格解法消除了“低频”误差分量，这就是**双网格**方法的思想．采用 12.2.2 节描述的简单迭代方法，这种过程如下：

在所要的网格上对微分方程问题形成差分方程 $\boldsymbol{Au}=\boldsymbol{f}$，还用粗网格点对这个问题形成
414 矩阵 $\boldsymbol{A}_C$，在细网格上为解线性方程组给出初始猜测 $\boldsymbol{u}^{(0)}$，计算初始残量 $\boldsymbol{r}^{(0)}=\boldsymbol{f}-\boldsymbol{Au}^{(0)}$．对 $k=1,\ 2,\ \cdots$，

1. 认为 $\boldsymbol{r}^{(k-1)}$ 已确定，譬如说，分段双线性函数，它在细网格上的值是 $\boldsymbol{r}^{(k-1)}$ 中的元素，相应于微分方程中的右端函数确定粗网格上的右端向量 $\boldsymbol{r}_C^{(k-1)}$．

2. 解粗网格问题 $\boldsymbol{A}_C\boldsymbol{z}_C^{(k-1)}=\boldsymbol{r}_C^{(k-1)}$ 得到 $\boldsymbol{z}_C^{(k-1)}$．

3. 认为 $\boldsymbol{z}_C^{(k-1)}$ 包含在粗网格上的分段双线性函数的结点值．利用双线性插值确定这个函数在细网格结点上的值，并且把这些值集中到向量 $\boldsymbol{z}^{(k-1,0)}$．

4. 置 $\boldsymbol{u}^{(k,0)}=\boldsymbol{u}^{(k-1)}+\boldsymbol{z}^{(k-1,0)}$，并且计算新的残量 $\boldsymbol{r}^{(k,0)}=\boldsymbol{f}-\boldsymbol{Au}^{(k,0)}$．

5. 在细网格上执行一步或更多的松弛步．对 $\ell=0,\ \cdots,\ L$，如果 $\boldsymbol{G}$ 是预优矩阵，置 $\boldsymbol{u}^{k,t+1}=\boldsymbol{u}^{k,\ell}+\boldsymbol{G}^{-1}(\boldsymbol{f}\text{-}\boldsymbol{Au}^{k,\ell})$．置 $\boldsymbol{u}^{(k)}=\boldsymbol{u}^{(k,L)}$ 和 $\boldsymbol{r}^{(k)}=\boldsymbol{f}-\boldsymbol{Au}^{(k)}$．

第一步有时称为投影或限制步，这是因为细网格残量被缩短到与粗网格一致．第三步

称为插值或延拓步，这是因为粗网格解向量加长到与细网格一致．假设细网格有 N 个结点，粗网格有 N_C 个结点．于是投影运算(假设它是线性的)可以看作为用 $N_c\times N$ 矩阵 $\boldsymbol{P}$ 左乘细网格残量．插值运算可以看作为用 $N\times Nc$ 矩阵 $\boldsymbol{Q}$ 左乘粗网格解向量．因此第一步到第三步的结果是向量 $\boldsymbol{z}^{(k-1,0)}=\boldsymbol{Q}\boldsymbol{A}_C^{-1}\boldsymbol{P}\boldsymbol{r}^{(k-1)}$．在 $\boldsymbol{u}^{(k,0)}$ 中的误差是 $\boldsymbol{e}^{(k,0)}\equiv\boldsymbol{A}^{-1}\boldsymbol{f}-\boldsymbol{u}^{(k,0)}=\boldsymbol{e}^{(k-1)}-\boldsymbol{z}^{(k-1,0)}=(\boldsymbol{I}-\boldsymbol{Q}\boldsymbol{A}_c^{-1}\boldsymbol{P}\boldsymbol{A})\boldsymbol{e}^{(k-1)}$．$L$ 步松弛后误差变成 $\boldsymbol{e}^{(k)}\equiv\boldsymbol{A}^{-1}\boldsymbol{f}-\boldsymbol{u}^{(k)}=(\boldsymbol{I}-\boldsymbol{G}^{-1}\boldsymbol{A})^L(\boldsymbol{I}-\boldsymbol{Q}\boldsymbol{A}_C^{-1}\boldsymbol{P}\boldsymbol{A})\boldsymbol{e}^{(k-1)}$．我们从 12.2.2 节中知道如果谱半径 $\rho[(\boldsymbol{I}-\boldsymbol{G}^{-1}\boldsymbol{A})^L(\boldsymbol{I}-\boldsymbol{Q}\boldsymbol{A}_C^{-1}\boldsymbol{P}\boldsymbol{A})]$小于 1，那么这种方法收敛．

这里，我们已把两种网格近似与简单迭代结合起来，但是这种以 $\boldsymbol{r}^{(n-1)}$ 开始，为了得到 $\boldsymbol{u}^k$ 而确定 $\boldsymbol{u}^{(k-1)}$ 的增量的过程可以看成解预优方程组 $\boldsymbol{M}\boldsymbol{z}^{(k-1)}=\boldsymbol{r}^{(k-1)}$，因此这种预优可以与任何其他的迭代方法一起使用．例如，如果 $\boldsymbol{A}$ 和 $\boldsymbol{M}$ 对称且正定，那么这种预优可以与共轭梯度算法一起使用．

可以循环应用这种思想．显然，在第二步中，我们愿意粗网格充分细至少以适合的精度表示微分方程，否则，粗细网格解可能彼此毫无共同之处．另一方面，为了粗网格问题的快速求解，我们将希望粗网格只有很少的网格结点；或许就是其上的 $N_C\times N_C$ 线性方程组 $\boldsymbol{A}_C\boldsymbol{z}_C^{(k-1)}=\boldsymbol{r}_C^{(k-1)}$ 可以仅用适当次算术运算直接求解的那一种网格．使用多重网格法就可能达到这两个对抗的目标．把“粗”网格取得仅比细网格适度的粗(一般地，如果细网格 415
间隔为 h，粗网格间隔为 $2h$)，但是在第二步中通过应用双网格方法解方程组仍用较粗的网格．使用必要的多层次网格，直到你得到一种网格含有足够少的网格点，线性方程组在这种网格上可以直接求解．

在实践中，发现并不需要非常精确地解线性方程组 $\boldsymbol{A}_C\boldsymbol{z}_C^{(k-1)}=r_C^{(k-1)}$，代之以可用一次或多次 Gauss-Seidel 迭代来近似求解在不同细的层的问题的解．当到达粗网格层时直接求解该问题．以最大网格步长 $h_0\leqslant h_1\leqslant\cdots\leqslant h_J$ 定义网格层 0，1，…，J，并用 A_j 表示问题在第 j 层的系数矩阵．向量的下标也表示网格层．最细层上的线性方程组是 $\boldsymbol{A}\boldsymbol{u}=\boldsymbol{f}$，这里 $\boldsymbol{A}\equiv\boldsymbol{A}_0$．V 循环多重网格法由以下步骤组成：

给定初始值 $\boldsymbol{u}^{(0)}$，计算 $\boldsymbol{r}^{(0)}\equiv\boldsymbol{r}_0^{(0)}=\boldsymbol{f}-\boldsymbol{A}\boldsymbol{u}^{(0)}$．

对 $k=1$，…，

对 $j=1$，…，$J-1$，

把 $r_{j-1}^{(k-1)}$ 投影到 j 网格层；即置

$$\boldsymbol{f}_j=\boldsymbol{P}_{j-1}^j\boldsymbol{r}_{j-1}^{(k-1)}$$

这里 $\boldsymbol{P}_{j-1}^j$ 是从 $j-1$ 网格层到 j 网格层的限制矩阵．

在 j 网格层执行 Gauss-Seidel 迭代(取 0 为初始值)；即，解

$$\boldsymbol{G}_j\boldsymbol{\delta}_j^{(k-1)}=\boldsymbol{f}_j$$

这里 $\boldsymbol{G}_j$ 是 $\boldsymbol{A}_j$ 的下三角部分，并计算

$$\boldsymbol{r}_j^{(k-1)}=\boldsymbol{f}_j-\boldsymbol{A}_j\boldsymbol{\delta}_j^{(k-1)}$$

结束循环．

通过置 $\boldsymbol{f}_J=\boldsymbol{P}_{J-1}^J\boldsymbol{r}_{J-1}^{(k-1)}$ 投影 $\boldsymbol{r}_{J-1}^{(k-1)}$ 到 J 网格层，并在粗网格上解 $\boldsymbol{A}_J\boldsymbol{d}_J^{(k-1)}=\boldsymbol{f}_J$．

对 $j=J-1$，…，1，

把 $d_{j+1}^{(k-1)}$ 插值到 j 网格层并加到 $\delta_j^{(k-1)}$，即替代

$$\delta_j^{(k-1)} \leftarrow \delta_j^{(k-1)} + Q_{j+1}^{j} d_{j+1}^{(k-1)}$$

这里 Q_{j+1}^{j} 是从 $j+1$ 网格层到 j 网格层的延拓矩阵.

在 j 网格层上执行 Gauss-Seidel 迭代(取初始值 $\delta_j^{(k-1)}$). 即置

$$d_j^{(k-1)} = \delta_j^{(k-1)} + G_j^{-1}(f_j - A_j\delta_j^{(k-1)})$$

416 **结束循环**

对 0 网格层插值 $d_1^{(k-1)}$ 并代替 $u^{(k-1)} \leftarrow u^{(k-1)} + Q_1^0 d_1^{(k-1)}$.

在 0 网格层取初始值 $u^{(k-1)}$ 执行 Gauss-Seidel 迭代；即置 $u^{(k)} = u^{(k-1)} + G^{-1}(f - Au^{(k-1)})$. 计算新的残量 $r^{(k)} \equiv r_0^{(k)} = f - Au^{(k)}$.

这种迭代叫作 V 循环，这是因为它包括在每一网格层从细网格层到粗网格层执行 Gauss-Seidel 迭代下降，再从粗网格层到细网格层执行 Gauss-Seidel 迭代又向上回升. 还有访问网格的其他模型，如图 14-12 所示.

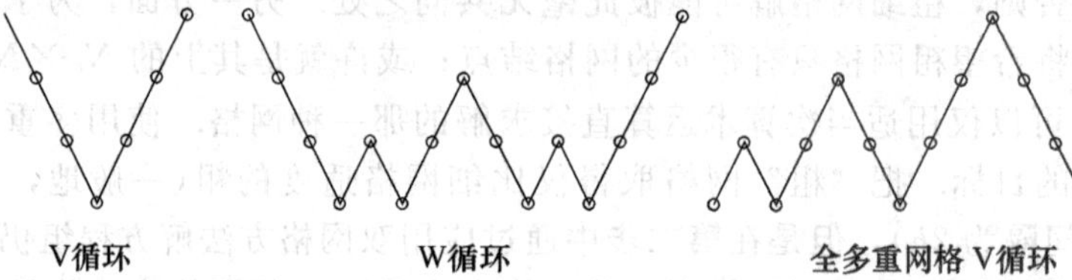

图 14-12　多重网格循环模型

例 14.6.1 图 14-13 中的曲线显示了对于每个方向有 63 个和 127 个内部结点的正方形上的 Poisson 问题所产生的线性方程组，用不同的 Gauss-Seidel 松弛，多重网格 V 循环的收敛性. 计算分别用 5 或 6 个网格层，每一个在每个方向取三个内部网格结点直接求解.

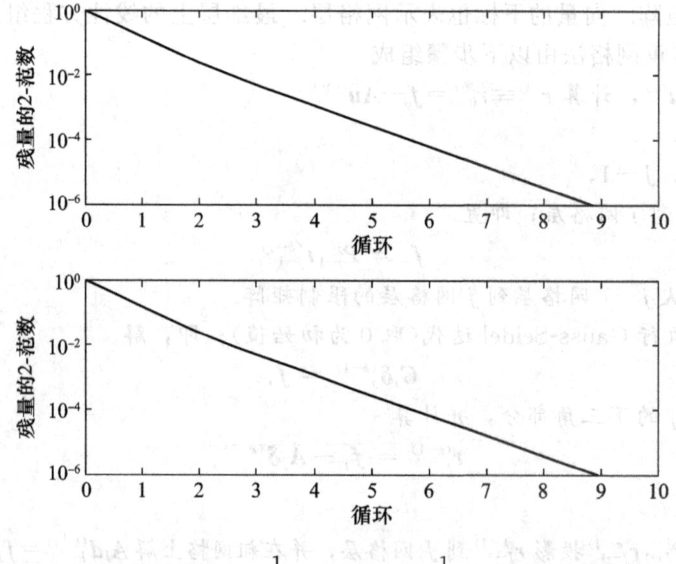

图 14-13　用 Gauss-Seidel 松弛迭代 $h=\frac{1}{64}$(上图)和 $h=\frac{1}{128}$(下图)的多重网格 V 循环的收敛性

注意，达到固定的精确水平所需要的循环次数与网格步长无关．这是在 12.2 节中所描述的其他的线性方程组的迭代解法无法分享的多重网格法的明显特征．例如，对于 ICCG 方法(12.2.4 节)，迭代次数是 $O(h^{-1})$．多重网格 V 循环的耗费大约仅是细网格的松弛方 417
法迭代耗费的$\frac{5}{3}$，这是因为在细网格上执行一个松弛步而在每一个粗网格上要执行两个松弛步(一步向下，一步向上)．因为每一个粗网格层大约有下一个细网格层网格点的$\frac{1}{4}$，所以一个循环中在粗网格上的整个工作少于在细网格上的松弛步所花费的 $2\sum_{j=1}^{\infty}\frac{1}{4^j}=\frac{2}{3}$ 倍．这并没有计及网格点之间插值的总花费，但是即使把这个工作包括进去，用 Gauss-Seidel 松弛的多重网格 V 循环的工作少于 ICCG 迭代的工作的$\frac{5}{3}$．多重网格法的缺点是对于形式为(14.1)的更一般的问题，投影和插值算子以及所用的松弛方法为了达到好的性能，可能要特殊地适合于这种问题．对于不规则网格点上的问题或者完全不包括网格点的问题，代数多重网格法试图通过用标准多重网格法对类似于粗网格问题的较小的问题的工作达到好的收敛性．

14.7 第 14 章习题

1. 令 Δ 表示 Laplace 算子：$\Delta u=u_{xx}+u_{yy}$．证明形式为

$$\Delta u=f\text{ 在 }\Omega\text{ 内}，\quad u=g\text{ 在 }\partial\Omega\text{ 上}$$

的问题能求解如下：首先求在 Ω 内满足 $\Delta v=f$(不考虑边界条件)的任一函数 v，然后求解 w：$\Delta w=0$ 在 Ω 内，$w=g-v$ 在 $\partial\Omega$ 上，再置 $u=v+w$；即证明 $v+w$ 满足原边值问题．

2. 假设要解在单位正方形的 Poisson 方程 $\Delta u=f$，$u=g$ 在边界上．用 4×3 网格(在 x 方向有 3 个内部网格点，在 y 方向有 2 个内部网格点)写出你为了得到二阶精度近似解所要求解的矩阵形式的线性方程组．

3. 书中的网页中叫作 poisson.m 的代码用于求解带有 Dirichlet 边界条件的单位正方形上的 Poisson 方程：

$$\Delta u=f\text{ 在 }\Omega\text{ 内}，\quad u=g\text{ 在 }\partial\Omega\text{ 上}$$

这里 Ω 是单位正方形$(0，1)\times(0，1)$．下载这个代码并通读它，看你是否懂得它是怎样进行的．然后尝试用不同的 h 值运行它(它在 x 和 y 方向使用相同数量的子区间，所以 $h_x=h_y=h$)．现在建立它解 $f(x，y)=x^2+y^2$ 和 $g=1$ 的问题．

如果你不知道问题的解析解，检验代码的一种方法是在细网格上解问题并自认为其结果是准确解，然后在粗网格上求解并把你的解与细网格解进行比较．然而你必须确保比较相应于相同网格点上解的值．用这种理念检验这个代码的精度．对几种不同的网格步长记录误差的(近似)L_2-范数和∞-范数．基于 418
你的结果，说明这种方法的精度的阶是什么？

4. 在时间方向用向前差分，在空间方向用中心差分求解一维空间的热传导方程

$$\begin{cases}u_t=u_{xx}，\quad 0\leqslant x\leqslant 1，\quad t\geqslant 0\\ u(x,0)=u_0(x)，\quad u(0,t)=u(t)=0\\ \dfrac{u_i^{(k+1)}-u_i^{(k)}}{\Delta t}=\dfrac{1}{h^2}(-2u_i^{(k)}+u_{i+1}^{(k)}+u_{i-1}^{(k)})\end{cases}$$

编写求解它的程序，取 $u_0(x)=x(1-x)$，并运行到时间 $t=1$．画出在时间 $t=0$ 及 $t=1$ 处以及沿着这个方向不同时间的解．用不同的网格步长和不同的时间步进行试验，并记录你关于精确性和稳定性的观察．

5. 用差分方法

$$\frac{u_j^{(k+1)}-2u_j^{(k)}+u_j^{(k-1)}}{(\Delta t)^2}=\frac{a^2}{h^2}(-2u_j^{(k)}+u_{j+1}^{(k)}+u_{j-1}^{(k)})$$

求解波动方程

$$u_{tt}=a^2u_{xx},0\leqslant x\leqslant 1,t\geqslant 0$$

$$u(x,0)=f(x),\quad u_t(x,0)=g(x),\quad u(0,t)=u(1,t)=0$$

写出求解的程序．取 $f(x)=x(1-x)$，$g(x)=0$，$a^2=2$，并运行到时间 $t=2$．画出在每一时间步的解；你将看到解的性态就像拨动的吉他的弦．为了验证数值稳定条件

$$\Delta t\leqslant\frac{h}{|a|}$$

取不同的 h 和 Δt 的值进行试验，画出满足稳定条件的 h 和 Δt 的值的解，还画出表示如果不满足稳定要求所发生的情形．

6. 考虑关于微分方程 $u_t+au_x=0$ 的 Lax-Friedrichs 方法

$$\frac{u_j^{(k+1)}-\frac{1}{2}(u_{j+1}^{(k)}+u_{j-1}^{(k)})}{\Delta t}+a\frac{u_{j+1}^{(k)}-u_{j-1}^{(k)}}{2h}=0$$

并进行稳定性分析，从而确定使方法稳定的 $\lambda=\frac{\Delta t}{h}$ 的值．

7. 这是一个写作练习．设 $\boldsymbol{f}$ 是有分量 f_0，f_1，…，f_7 的长度为 8 的向量．写出并清楚地解释，使用 FFT 技术，你将用于计算 f 的离散 Fourier 变换的一系列运算．你的解释应该足够清楚使得不熟悉 FFT(快

419 速 Fourier 变换)的人能够按你的说明计算任一给定的长度为 8 的向量的 FFT．

附录A　线性代数复习

A.1　向量和向量空间

在几何中，向量包括大小和方向. 假设它始于原点，则它由其终点坐标来表达. 例如，向量(1，2)是平面 $\mathbf{R}^2$ 中大小是$\sqrt{5}$，与 x 轴正方向成 arctan(2)的一个向量。

这个概念能够推广到 $\mathbf{R}^n$，其中的**向量**由有序 n 元数组$(r_1, r_2, \cdots, r_n)$给出，而每个 r_i 是实数. 它经常写成一列数而不是一行数，

$$\begin{bmatrix} r_1 \\ \vdots \\ r_n \end{bmatrix}$$

这也能记为$(r_1, \cdots, r_n)^{\mathrm{T}}$，这里的上标 T 表示**转置**.

$\mathbf{R}^n$ 中两个向量 $\boldsymbol{u}=(u_1, \cdots, u_n)^{\mathrm{T}}$ 和 $\boldsymbol{v}=(v_1, \cdots, v_h)^{\mathrm{T}}$ 的和也是 $\mathbf{R}^n$ 中由 $\boldsymbol{u}+\boldsymbol{v}=(u_1+v_1, \cdots, u_n+v_n)^{\mathrm{T}}$ 给出的向量. 如果 α 是实数，那么 α 与向量 $\boldsymbol{u}$ 的乘积是

$$\alpha\boldsymbol{u} = (\alpha u_1, \cdots, \alpha u_n)^{\mathrm{T}}$$

向量空间 V 是一些向量的集合，对其加法和标量相乘以某种方式定义，使得这些运算的结果也在这个集合中而且这些运算满足一些标准的规则：

A1　如果 $\boldsymbol{u}$ 和 $\boldsymbol{v}$ 在 V 中，那么 $\boldsymbol{u}+\boldsymbol{v}$ 有定义而且在 V 中.

A2　交换率：如果 $\boldsymbol{u}$ 和 $\boldsymbol{v}$ 在 V 中，那 $\boldsymbol{u}+\boldsymbol{v}=\boldsymbol{v}+\boldsymbol{u}$.

A3　结合率：如果 $\boldsymbol{u}$，$\boldsymbol{v}$ 和 $\boldsymbol{w}$ 在 V 中，那么 $\boldsymbol{u}+(\boldsymbol{v}+\boldsymbol{w})=(\boldsymbol{u}+\boldsymbol{v})+\boldsymbol{w}$.

A4　加法恒等率：存在向量 $\mathbf{0}\in V$，使得对所有的 $\boldsymbol{u}\in V$ 成立 $\boldsymbol{u}+\mathbf{0}=\boldsymbol{u}$.

A5　加法逆元，对每一个向量 $\boldsymbol{u}\in V$，存在向量 $-\boldsymbol{u}\in V$ 使得 $\boldsymbol{u}+(-\boldsymbol{u})=\mathbf{0}$.

M1　如果 α 是标量，$\boldsymbol{u}$ 在 V 中，那么 $\alpha\boldsymbol{u}$ 有定义而且在 V 中.

M2　分配率和结合率的性质：如果 α 和 β 是标量，$\boldsymbol{u}$ 和 $\boldsymbol{v}$ 在 V 中，那么 $\alpha(\boldsymbol{u}+\boldsymbol{v})=\alpha\boldsymbol{u}+\alpha\boldsymbol{v}$，而且$(\alpha+\beta)\boldsymbol{u}=\alpha\boldsymbol{u}+\beta\boldsymbol{u}$. 还有$(\alpha\beta)\boldsymbol{u}=\alpha(\beta\boldsymbol{u})$.

M3　$1\boldsymbol{u}=\boldsymbol{u}$，$0\boldsymbol{u}=\mathbf{0}$ 以及$(-1)\boldsymbol{u}=-\boldsymbol{u}$.

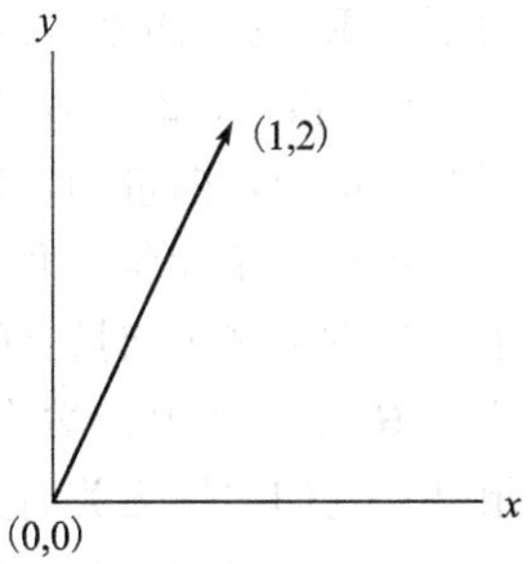

图 A-1　平面中的向量

标量 α 必须来自给定的域，通常是实数或者复数. 除非另外说明，我们假定这个域是实数 $\mathbf{R}$ 的集合. 你应该相信在上面给出的关于对向量加法和标量乘法的规则之下，$\mathbf{R}^n$ 是一个向量空间，因为它满足这些规则. 其他向量空间例如包括次数小于或等于 2 的多项式：$a_0+a_1x+a_2x^2$ 的空间. 当我们把两个多项式相加，$(a_0+a_1x+a_2x^2)+(b_0+b_1x+b_2x^2)=(a_0+b_0)+(a_1+b_1)x+(a_2+b_2)x^2$，我们得到一个次数小于或等于 2 的多项式，而且当我们用标量 c 乘以这样的多项式，我们得到 $c(a_0+a_1x+a_2x)=(ca_0)+(ca_1)x+(ca_2)^{x^2}$，它还是次数小于或等于 2 的多项式. 容易检验其他规则也成立，所以这是一个向量空间.

421

向量空间 V 的**子集** S 是 V 的一些或全部(或者全没有，如果 S 是一个空集)元素的集合；亦即，如果 S 的每一个元素是 V 的元素，S 是 V 的子集. 如果 S 也是向量空间(亦即，如果它在加法和标量乘法下是封闭的)，那么 S 叫作 V 的**子空间**. 例如，假设 V 是由全体有序数对组成的向量空间 $\mathbf{R}^2$. 那么所有第一和第二坐标相同的向量 (c, c) 组成 V 的子集就是子空间，因为这个集合中两个向量 $(c, c)^{\mathrm{T}}$ 和 $(d, d)^{\mathrm{T}}$ 的和 $(c+d, c+d)^{\mathrm{T}}$ 在这个集合中，以及这种向量和标量的乘积 $\alpha(c, c)^{\mathrm{T}}=(\alpha c, \alpha c)^{\mathrm{T}}$ 也在这个集合中.

A.2　线性无关和相关

向量空间 V 中的一组向量 $\boldsymbol{v}_1, \cdots \boldsymbol{v}_m$ 称为**线性无关**，如果使 $c_1\boldsymbol{v}_1+\cdots c_m\boldsymbol{v}_m=\mathbf{0}$ 的标量 $c_1, \cdots, c_m$ 只有是 $c_1=\cdots=c_m=0$. 如果一组向量不是线性无关；即，存在不全为零的标量 $c_1, \cdots, c_m$ 使得 $c_1\boldsymbol{v}_1+\cdots+c_m\boldsymbol{v}_m=\mathbf{0}$，那么 $\boldsymbol{v}_1, \cdots, \boldsymbol{v}_m$ 称为**线性相关**的. 在 $\mathbf{R}^2$ 中，向量 $(1, 0)^{\mathrm{T}}$ 和 $(0, 1)^{\mathrm{T}}$ 是线性无关，因为如果 $c_1(1, 0)^{\mathrm{T}}+c_2(0, 1)^{\mathrm{T}}\equiv(c_1, c_2)^{\mathrm{T}}=(0, 0)^{\mathrm{T}}$，那么 $c_1=c_2=0$. 另一方面，向量 $(1, 1)^{\mathrm{T}}$ 和 $(2, 2)^{\mathrm{T}}$ 是线性相关的，因为如果，例如 $c_1=-2$，$c_2=1$，那么 $c_1(1, 1)^{\mathrm{T}}+c_2(2, 2)^{\mathrm{T}}=(0, 0)^{\mathrm{T}}$.

向量的标量积的和，诸如 $c_1\boldsymbol{v}_1+\cdots+c_m\boldsymbol{v}_m=\sum_{j=1}^{m} c_j\boldsymbol{v}_j$ 称为向量的**线性组合**. 如果标量不全为 0，那么它称为非平凡线性组合. 向量 $\boldsymbol{v}_1, \cdots, \boldsymbol{v}_m$ 是线性相关的，如果存在这些向
422 量的等于零的非平凡线性组合.

A.3　向量组的张集；基和坐标；向量空间的维数

一组向量 $\boldsymbol{v}_1, \cdots, \boldsymbol{v}_m$ 的**张集**是指 $\boldsymbol{v}_1, \cdots, \boldsymbol{v}_m$ 的一切线性组合. 如果 $\boldsymbol{v}_1, \cdots, \boldsymbol{v}_m$ 落在向量空间 V 中，那么它们的张集，记为 $\mathrm{span}(\boldsymbol{v}_1, \cdots, \boldsymbol{v}_m)$，是 V 的子空间，因为它们对加法和标量的乘法是封闭的. 如果每个向量 $\boldsymbol{v}\in V$ 能写成 $\boldsymbol{v}_1, \cdots, \boldsymbol{v}_m$ 的线性组合，那么向量 $\boldsymbol{v}_1, \cdots, \boldsymbol{v}_m$ 张成 V.

如果向量 $\boldsymbol{v}_1, \cdots, \boldsymbol{v}_m$ 线性无关，而且张成向量空间 V，称它们构成 V 的一组**基**. 例如，向量 $(1, 0)^{\mathrm{T}}$ 和 $(0, 1)^{\mathrm{T}}$ 构成 $\mathbf{R}^2$ 的一组基. 向量 $(1, 0)^{\mathrm{T}}$，$(0, 1)^{\mathrm{T}}$ 和 $(1, 1)^{\mathrm{T}}$ 张成 $\mathbf{R}^2$. 但它们不是 $\mathbf{R}^2$ 的一组基，因为它们线性相关：$1(1, 0)^{\mathrm{T}}+1(0, 1)^{\mathrm{T}}-1(1, 1)^{\mathrm{T}}=1(0, 0)^{\mathrm{T}}$. 向量 $(1, 1)^{\mathrm{T}}$ 和 $(2, 2)^{\mathrm{T}}$ 不张成 $\mathbf{R}^2$，因为这些向量的一切线性组合的第一坐标和第二坐标相等，因此，例如，向量 $(0, 1)^{\mathrm{T}}$ 就不能写成这些向量的线性组合；因此它们不构成 $\mathbf{R}^2$ 的一组基.

虽然一个向量空间 V 的基有无穷多种选择，但能证明所有的基都有相同数量的向量. 这个数量就是这个向量空间 V 的**维数**. 因此向量空间 $\mathbf{R}^2$ 有维数 2，因为向量 $(1, 0)^{\mathrm{T}}$ 和 $(0, 1)^{\mathrm{T}}$ 构成 $\mathbf{R}^2$ 的一组基. 数次小于或等于 2 的多项式空间维数是 3，因为多项式 1，x 和 x^2 构成一组基；它们线性无关而且任何次数小于或等于 2 的多项式能够写成这些向量的线性组合 $a_0 1+a_1x+a_2x^2$. 在 $\mathbf{R}^n$ 中，基向量集合 $\boldsymbol{e}_1, \cdots, \boldsymbol{e}_n$，其中 $\boldsymbol{e}_j$ 在位置 j 处取 1，而在其余处都取 0，叫作 $\mathbf{R}^n$ 的**标准基**. 另外，还能证明，在 n 维向量空间 V 中，任何一组 n 个线性无关的向量是 V 的一组基. 而张成 V 的任一组 n 个向量是线性无关的，因此是 V 的一组基.

给定向量空间 V 的一组基 $\boldsymbol{v}_1, \cdots, \boldsymbol{v}_m$，任何向量 $\boldsymbol{v}\in V$ 能唯一地写成基向量的线性组

合：$v=\sum_{j=1}^{m} c_j v_j$．标量 c_1，…，c_m 叫作 v 关于这组基 v_1，…，v_m 的**坐标**．例如，向量(1，2，3)^T 关于 R^3 的标准基的坐标是 1，2，3，因为(1，2，3)$^T=1e_1+2e_2+3e_3$．(1，2，3)^T 关于基{(1，1，1)^T，(1，1，0)^T，(1，0，0)^T}的坐标是 3，－1，－1，因为

$$(1,2,3)^T=3(1,1,1)^T-(1,1,0)^T-(1,0,0)^T$$

A.4　内积；正交和正交集；GRAM-SCHMIDT 算法

$\mathbf{R}^n$ 中两个向量 $u=(u_1,\cdots u_n)^T$ 和 $v=(v_1,\cdots v_n)^T$ 的点积或内积是

$$u\cdot v\equiv\langle u,v\rangle=\sum_{j=1}^{n}u_j v_j$$ 423

在其他的向量空间，内积定义可能不同．例如在区间[0，1]上连续函数的向量空间(可以检查这是一个向量空间)，两个函数 f 和 g 的内积能够定义为 $\int_0^1 f(x)g(x)\mathrm{d}x$．**内积**满足取一对向量 u 和 v，把它们映射成一个实数记为 $\langle u,v\rangle$(或者有时表示为 (u,v) 或者 $u\cdot v$)且具有以下性质的运算规则：

1. $\langle u,v\rangle=\langle v,u\rangle$.
2. $\langle u,v+w\rangle=\langle u,v\rangle+\langle u,w\rangle$.
3. $\langle u,\alpha v\rangle=\alpha\langle u,v\rangle$，$\alpha$ 是任意实数.
4. $\langle u,u\rangle\geqslant 0$，等式成立当且仅当 u 是零向量.

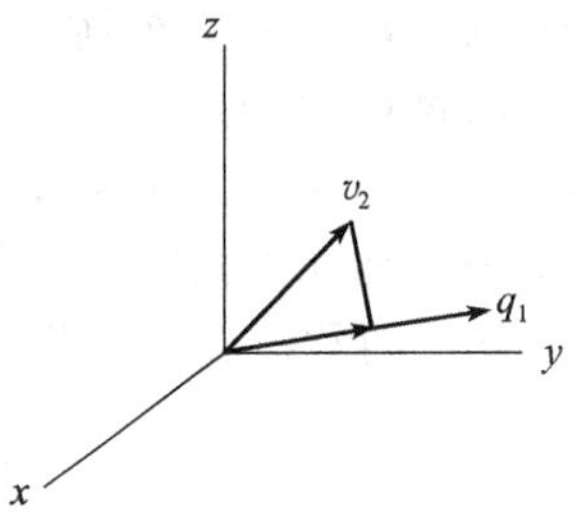

图 A-2　向量到一维子空间的正交投影

内积导出一个**范数**．向量 u 的范数定义为 $\|u\|=\langle u,u\rangle^{\frac{1}{2}}$．在 $\mathbf{R}^n$ 中，由上面定义的内积导出的范数就是通常的 Euclidean 范数：$\|u\|=\langle u,u\rangle^{\frac{1}{2}}=\sqrt{\sum_{j=1}^{n}u_j^2}$．例如，在 $\mathbf{R}^3$ 中向量(1，2，3)^T 的范数是 $\sqrt{1^2+2^2+3^2}=\sqrt{14}$．向量(1，2，3)^T 与向量(3，－2，1)^T 的内积为 $1\cdot 3-2\cdot 2+3\cdot 1=2$．如果两个向量的内积为 0．那么它们称为**正交**．向量(1，2，3)^T 和(3，－3，1)^T 是正交的，因为 1.3－2.3＋3.1＝0．$\mathbf{R}^n$ 的标准基向量也是正交的，因为任何一对 e_i 和 e_j，$i\neq j$，它们的内积为 0．如果正交向量的范数都是 1，就称它们为标准正交的．$\mathbf{R}^n$ 的标准基向量是**标准正交**的，因为除了满足正交条件 $\langle e_i,e_j\rangle=0$，$i\neq j$，它们还满足 $\|e_i\|=1$，其中 $i=1,2,\cdots,n$．向量(1，2，3)^T 和(3，－3，1)^T 是正交的但不是标准正交的，因为 $\|(1,2,3)^T\|=\sqrt{14}$，以及 $\|(3,-3,1)^T\|=\sqrt{19}$．给定一对正交向量，我们可以通过除以各自的范数，生成范数为 1 的向量而构造一对标准正交向量．向量 $[1/\sqrt{14},2/\sqrt{14},3/\sqrt{14}]^T$ 和 $[3/\sqrt{19},-3/\sqrt{19},1/\sqrt{19}]^T$ 是标准正交的.

给定一组线性无关向量 v_1，…，v_m，我们可以用 Gram-Schmidt 算法构造一组标准正交向量 q_1，…，q_m．由令 $q_1=v_1/\|v_1\|$ 开始，所以 q_1 有范数 1，且与 v_1 有同样的方向．下一步，取 v_2 并减去它到 q_1 上的正交投影．v_2 到 q_1 上的**正交投影**是从 Span(q_1)到 v_2(在 Euclidean 范数之下)最近的向量．从几何上讲它是由 v_2 对 q_1 作垂线而得到的向量 q_1 的标

424 量倍数. 这个公式是 $\langle \boldsymbol{v}_2, \boldsymbol{q}_1 \rangle \boldsymbol{q}_1$.

注意向量 $\widetilde{\boldsymbol{q}}_2 = \boldsymbol{v}_2 - \langle \boldsymbol{v}_2, \boldsymbol{q}_1 \rangle \boldsymbol{q}_1$ 正交于 $\boldsymbol{q}_1$，因为 $\langle \widetilde{\boldsymbol{q}}_2, \boldsymbol{q}_1 \rangle = \langle \boldsymbol{v}_2, \boldsymbol{q}_1 \rangle - \langle \boldsymbol{v}_2, \boldsymbol{q}_1 \rangle \langle \boldsymbol{q}_1, \boldsymbol{q}_1 \rangle = 0$. 现在我们必须标准化 $\widetilde{\boldsymbol{q}}_2$ 以得到下一个标准正交向量 $\boldsymbol{q}_2 = \widetilde{\boldsymbol{q}}_2 / \| \widetilde{\boldsymbol{q}}_2 \|$. 现在我们已构造了与 $\boldsymbol{v}_1$ 和 $\boldsymbol{v}_2$ 张成相同空间的两个标准正交向量 $\boldsymbol{q}_1$ 和 $\boldsymbol{q}_2$.

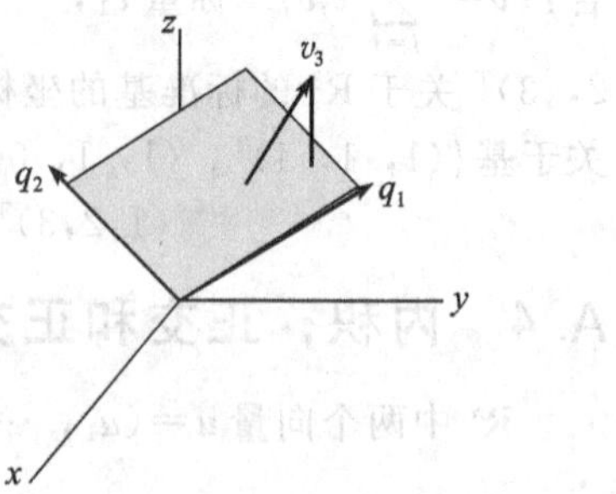

图 A-3　向量到二维子空间的正交投影

再下一步是取向量 $\boldsymbol{v}_3$ 并减去它到 $\boldsymbol{q}_1$ 和 $\boldsymbol{q}_2$ 的张集上的正交投影. 这是从 $\mathrm{Span}(\boldsymbol{q}_1, \boldsymbol{q}_2)$ 到 $\boldsymbol{v}_3$ 最近的向量；几何上，它是从 $\boldsymbol{v}_3$ 向 $\boldsymbol{q}_1$ 和 $\boldsymbol{q}_2$ 生成的平面作垂线而得到在 $\boldsymbol{q}_1$ 和 $\boldsymbol{q}_2$ 生成的平面中的一个向量. 这个公式是 $\langle \boldsymbol{v}_3, \boldsymbol{q}_1 \rangle \boldsymbol{q}_1 + \langle \boldsymbol{v}_3, \boldsymbol{q}_2 \rangle \boldsymbol{q}_2$.

注意向量 $\widetilde{\boldsymbol{q}}_3 = \boldsymbol{v}_3 - \langle \boldsymbol{v}_3, \boldsymbol{q}_1 \rangle \boldsymbol{q}_1 - \langle \boldsymbol{v}_3, \boldsymbol{q}_2 \rangle \boldsymbol{q}_2$ 和两个向量 $\boldsymbol{q}_1$ 和 $\boldsymbol{q}_2$ 都正交，因为 $\langle \widetilde{\boldsymbol{q}}_3, \boldsymbol{q}_1 \rangle = \langle \boldsymbol{v}_3, \boldsymbol{q}_1 \rangle - \langle \boldsymbol{v}_3, \boldsymbol{q}_1 \rangle \langle \boldsymbol{q}_1, \boldsymbol{q}_1 \rangle - \langle \boldsymbol{v}_3, \boldsymbol{q}_2 \rangle \langle \boldsymbol{q}_2, \boldsymbol{q}_1 \rangle = 0$ 以及类似地 $\langle \widetilde{\boldsymbol{q}}_3, \boldsymbol{q}_2 \rangle = 0$. 要得到下一个标准正交向量，我们置 $\boldsymbol{q}_3 = \widetilde{\boldsymbol{q}}_3 / \| \boldsymbol{q}_3 \|$.

重复这一过程. 在每一步 j，我们置

$$\widetilde{\boldsymbol{q}}_j = \boldsymbol{v}_j - \sum_{i=1}^{j-1} \langle \boldsymbol{v}_j, \boldsymbol{q}_i \rangle \boldsymbol{q}_i, \quad \boldsymbol{q}_j = \widetilde{\boldsymbol{q}}_j / \| \widetilde{\boldsymbol{q}}_j \|.$$

A.5　矩阵和线性方程组

考虑以下包含三个未知量 x，y，z 的三个线性方程的方程组

$$\begin{cases} x + y - 2z = 1 \\ 3x - y + z = 0 \\ -x + 3y - 2z = 4 \end{cases} \tag{A.1}$$

要解这个方程组，人们通过把一个方程的适当倍数加到或减到另一个方程. 例如，要从第二方程消去变量 x，人们可以从第 2 个方程减去 3 乘第一个方程得到

425 $$(3x - y + z) - 3(x + y - 2z) = 0 - 3 \quad 或 \quad -4y + 7z = -3$$

要从第 3 个方程消去 x，人们可以把第 1 个方程加到第三个得到

$$(-x + 3y - 2z) + (x + y - 2z) = 4 + 1 \quad 或 \quad 4y - 4z = 5$$

最后把最后一个方程加上前一个方程就能消去 y：

$$(4y - 4z) + (-4y + 7z) = 5 - 3 \quad 或 \quad 3z = 2$$

从这个方程得到 $z = 2/3$，并把这个值代入前面的方程：$4y - 4(2/3) = 5$，或 $y = 23/12$. 最后把这些值代入第一方程：$x + 23/12 - 4/3 = 1$ 或 $x = 5/12$.

我们进行的过程叫作回代 Gauss 消元法. 用矩阵和向量的记号可以把它写成简单的形式. 矩阵就是数或其他元素的长方形排列. 在这种情形下系数矩阵是 3×3 排列，而方程组可以写成如下：

$$\begin{bmatrix} 1 & 1 & -2 \\ 3 & -1 & 1 \\ -1 & 3 & -2 \end{bmatrix} \begin{bmatrix} x \\ y \\ z \end{bmatrix} = \begin{bmatrix} 1 \\ 0 \\ 4 \end{bmatrix} \tag{A.2}$$

这个 3×3 矩阵和未知量 $(x, y, z)^{T}$ 的向量之积定义为维数为 3 的向量，其元素就是方程组(A.2)右端的表达式. 一般地，$m\times n$ 矩阵具有形式

$$
\boldsymbol{A}=\begin{bmatrix} a_{11} & a_{12} & \cdots & a_{1n} \\ a_{21} & a_{22} & \cdots & a_{2n} \\ \cdots & \cdots & \cdots & \cdots \\ a_{m1} & a_{m2} & \cdots & a_{mn} \end{bmatrix}
$$

其中 a_{ij} 称作 $\boldsymbol{A}$ 中 (i, j) 元素. 这样的矩阵叫作有 m 行和 n 列. 这个矩阵和 n 维向量 $(x_1, x_2, \cdots, x_n)^{T}$ 的乘积是 m 维向量，其第 i 个元素是 $\sum_{j=1}^{n} a_{ij}x_j(i=1,\cdots,m)$.

人们也能定义 $\boldsymbol{A}$ 与其 (j,k) 元素是 $b_{jk}(j=1,\cdots,n,k=1,\cdots,p)$ 的 $n\times p$ 矩阵 $\boldsymbol{B}$ 的乘积. 它是 $m\times p$ 矩阵，它的列是 A 与 B 的每一列的乘积. $\boldsymbol{AB}$ 的 (i,k) 元素是 $\sum_{j=1}^{n} a_{ij}b_{jk}$，其中 $i=1, \cdots, m$，$k=1, \cdots, p$. 为了使两个矩阵的乘积有定义，第一个矩阵的列数必须等于第二个矩阵的行数. 一般而言，矩阵和矩阵的乘积是不可交换的：$\boldsymbol{AB}\neq\boldsymbol{BA}$，即使矩阵的维数使这两种乘积都有定义.

矩阵加法定义较为简单. 分别有元素为 a_{ij} 和 b_{ij} 的两个 $m\times n$ 矩阵，$\boldsymbol{A}$ 和 $\boldsymbol{B}$ 的和是 (i,j) 元素为 $a_{ij}+b_{ij}$ 的 $m\times n$ 矩阵，为了能相加，两个矩阵必须有相同的维数.

回到 3×3 的例子(A.2)，Gauss 消元法的过程能用简单的矩阵符号实行. 首先把右端向 426
量附加到(A.2)中的矩阵

$$
\left[\begin{array}{ccc|c} 1 & 1 & -2 & 1 \\ 3 & -1 & 1 & 0 \\ -1 & 3 & -2 & 4 \end{array}\right]
$$

从第二个方程减去 3 乘第一个方程意味着在这增广矩阵中用第二行和 3 乘第一行的差代替第二行. 把第一个方程加到第三个方程意味着用第三行和第一行的和代替第三行

$$
\left[\begin{array}{ccc|c} 1 & 1 & -2 & 1 \\ 0 & -4 & 7 & -3 \\ 0 & 4 & -4 & 5 \end{array}\right]
$$

注意这个新的增广矩阵正是方程组

$$
\begin{cases} x+y-2z=1 \\ -4y+7z=-3 \\ 4y-4z=5 \end{cases}
$$

的简写记号. 把这些方程中第二个加到第三个上意味着用第二行和第三行的和代替这个增广矩阵的第三行：

$$
\left[\begin{array}{ccc|c} 1 & 1 & -2 & 1 \\ 0 & -4 & 7 & -3 \\ 0 & 0 & 3 & 2 \end{array}\right]
$$

现在我们对方程组

$$\begin{cases} x+y-2z=1 \\ -4y+7z=-3 \\ 3z=2 \end{cases}$$

有了简写记号，如前面一样先解第三个方程求出 z，把它的值代入第二个方程求出 y，然后把这两个值代入第一个方程并解得 x.

A.6　解的存在性和唯一性；逆矩阵；可逆的条件

在什么条件下含 n 个未知量 m 个方程的线性方程组有解以及在什么条件下这个解唯一？这样的线性方程组可以写成 $\boldsymbol{Ax}=\boldsymbol{b}$ 的形式，这里 $\boldsymbol{A}$ 是 (i,j) 元素为 a_{ij} 的 $m\times n$ 矩阵，$\boldsymbol{b}$ 是形为 $(b_i,\cdots,b_m)^{\mathrm{T}}$ 的给定的 m 维向量，而 $\boldsymbol{x}$ 是未知量 $(x_1,\cdots,x_n)^{\mathrm{T}}$ 的 n 维向量.

427 首先，假设 $\boldsymbol{b}$ 是零向量. 它叫作**齐次线性方程组**. 当然，$\boldsymbol{x}=\boldsymbol{0}$ 是一个解. 如果存在另一个解，譬如 $\boldsymbol{y}$，其元素不全为 0，那么就有无穷多解，因为对任何标量 α，$\boldsymbol{A}(\alpha\boldsymbol{y})=\alpha\boldsymbol{A}\boldsymbol{y}=\alpha\boldsymbol{0}=\boldsymbol{0}$. 现在假设 $\hat{\boldsymbol{b}}$ 是其元素不全为 0 的向量，而且考虑**非齐次**线性方程组 $\boldsymbol{A}\hat{\boldsymbol{x}}=\hat{\boldsymbol{b}}$. 根据定义，这个线性方程组有解当且仅当 $\hat{\boldsymbol{b}}$ 落在 $\boldsymbol{A}$ 的值域. 如果这个线性方程组有一个解，譬如说 $\hat{\boldsymbol{y}}$，并且如果齐次方程组 $\boldsymbol{Ax}=\boldsymbol{0}$ 有解 $\boldsymbol{y}\neq\boldsymbol{0}$，那么非齐次方程组有无穷多解，因为对任何标量 α 都有 $\boldsymbol{A}(\hat{\boldsymbol{y}}+\alpha\boldsymbol{y})=\boldsymbol{A}\hat{\boldsymbol{y}}+\alpha\boldsymbol{A}\boldsymbol{y}=\hat{\boldsymbol{y}}+\alpha\boldsymbol{0}=\hat{\boldsymbol{b}}$. 相反，如果齐次方程组仅有平凡解 $\boldsymbol{x}=\boldsymbol{0}$，那么非齐次方程组不可能有一个以上的解，因为如果 $\hat{\boldsymbol{y}}$ 和 $\hat{\boldsymbol{z}}$ 是两个不同的解，那么 $\hat{\boldsymbol{y}}-\hat{\boldsymbol{z}}$ 是齐次方程组的一个非平凡解，因为 $\boldsymbol{A}(\hat{\boldsymbol{y}}-\hat{\boldsymbol{z}})=\boldsymbol{A}\hat{\boldsymbol{y}}-\boldsymbol{A}\hat{\boldsymbol{z}}=\hat{\boldsymbol{b}}-\hat{\boldsymbol{b}}=\boldsymbol{0}$. 我们把这些论述概括在以下定理中.

定理 A.6.1　设 $\boldsymbol{A}$ 是 $m\times n$ 矩阵. 齐次方程组 $\boldsymbol{Ax}=\boldsymbol{0}$ 或者仅有平凡解 $\boldsymbol{x}=\boldsymbol{0}$ 或者有无穷多解. 如果 $\hat{\boldsymbol{b}}\neq 0$ 是一个 m 维向量，那么非齐次方程 $\boldsymbol{A}\hat{\boldsymbol{x}}=\hat{\boldsymbol{b}}$ 有：

1. 如果 $\hat{\boldsymbol{b}}$ 不在 $\boldsymbol{A}$ 的象空间，那么没有解.

2. 如果 $\hat{\boldsymbol{b}}$ 在 $\boldsymbol{A}$ 的象空间而且齐次方程组仅有平凡解，那么确有一解.

3. 如果 $\hat{\boldsymbol{b}}$ 在 $\boldsymbol{A}$ 的象空间而且齐次方程组有非平凡解，那么有无穷多解. 在这种情形下 $\boldsymbol{A}\hat{\boldsymbol{x}}=\hat{\boldsymbol{b}}$ 的所有解具有形式 $\hat{\boldsymbol{y}}+\boldsymbol{y}$，这里 $\hat{\boldsymbol{y}}$ 是一个特解而 $\boldsymbol{y}$ 取遍自齐次方程组的所有解.

现在考虑 $m=n$ 的情形，所以我们有 n 个未知向量的 n 个线性方程. 矩阵 $\boldsymbol{A}$ 和向量 $\boldsymbol{x}$ 的乘积是 $\boldsymbol{A}$ 的列的某个线性组合；如果这些列表示为 $\boldsymbol{a}_1$，…，$\boldsymbol{a}_n$，那么 $\boldsymbol{Ax}=\sum_{j=1}^{n}x_j\boldsymbol{a}_j$. 如在 A.2 中指出的，齐次方程组 $\boldsymbol{Ax}=\boldsymbol{0}$ 仅有平凡解当且仅当向量 $\boldsymbol{a}_1$，…，$\boldsymbol{a}_n$ 线性无关. 在这种情形下，这些向量张成 $\mathbf{R}^n$，因为如在 A.3 中所指出的，在 n 维空间中任何一组 n 个线性无关向量张成那个空间(因此形成这个空间的一组基). 因此每一个 n 维向量 $\hat{\boldsymbol{b}}\in\boldsymbol{R}^n$ 落在 $\boldsymbol{A}$ 的象空间，从定理 A.6.1 得到对每一个 n 维向量 $\tilde{\boldsymbol{b}}$，线性方程组 $\boldsymbol{A}\hat{\boldsymbol{x}}=\hat{\boldsymbol{b}}$ 有唯一解.

$n\times n$ 单位矩阵 $\boldsymbol{I}$ 在主对角线上的元素全是 1(即 $(j,\ j)$ 元素，$j=1$，…，n，都是 1)而且其余各处全为 0. 对于矩阵乘法，这种矩阵是恒等的，因为对任何 $n\times n$ 矩阵 $\boldsymbol{A}$，$\boldsymbol{AI}=\boldsymbol{IA}=\boldsymbol{A}$，还有对 n 维向量 $\hat{\boldsymbol{x}}$，$\boldsymbol{I}\hat{\boldsymbol{x}}=\hat{\boldsymbol{x}}$.

如果存在 $n\times n$ 矩阵 $\boldsymbol{B}$ 使 $\boldsymbol{BA}=\boldsymbol{I}$，那么 $n\times n$ 矩阵 $\boldsymbol{A}$ 称为可逆；能够证明其等价的条件是 $n\times n$ 矩阵 $\boldsymbol{B}$ 满足 $\boldsymbol{AB}=\boldsymbol{I}$. 也能证明这个矩阵 $\boldsymbol{B}$，它称为 $\boldsymbol{A}$ 的逆矩阵并表示为 $\boldsymbol{A}^{-1}$，是唯一的. 如果 $\boldsymbol{A}$ 可逆，那么线性方程组 $\boldsymbol{A}\hat{\boldsymbol{x}}=\hat{\boldsymbol{b}}$ 能通过两边左乘以 $\boldsymbol{A}^{-1}$ 而解出

$\hat{\boldsymbol{x}}$：$\boldsymbol{A}^{-1}(\boldsymbol{A}\hat{\boldsymbol{x}})=(\boldsymbol{A}^{-1}A)\hat{x}=\boldsymbol{I}\hat{\boldsymbol{x}}=\hat{x}=\boldsymbol{A}^{-1}\hat{\boldsymbol{b}}$. 因此，如果 $\boldsymbol{A}$ 可逆，那么对任何 n 维向量$\hat{\boldsymbol{b}}$，线性方程组 $\boldsymbol{A}\hat{\boldsymbol{x}}=\hat{\boldsymbol{b}}$有唯一解. 从前面的讨论得到 $\boldsymbol{A}$ 的列是线性无关的. 反过来，如果 $\boldsymbol{A}$ 的列线性无关，那么每一个方程 $\mathsf{A}b_i=\boldsymbol{e}_j(i=1,\cdots,n)$有唯一解 $\boldsymbol{b}_j$，这里 $\boldsymbol{e}_j$ 是第 j 个标准基向 428
量(即 $\boldsymbol{I}$ 的第 j 列). 这就得到如果 $\boldsymbol{B}$ 是其列为$(\boldsymbol{b}_1,\cdots,\boldsymbol{b}_n)$的 $n\times n$ 矩阵，那么 $\boldsymbol{AB}=\boldsymbol{I}$，即 $\boldsymbol{A}$ 是可逆的，而且 $\boldsymbol{B}=\boldsymbol{A}^{-1}$.

以下定理总结了这些结果.

定理 A.6.2　*设 $\boldsymbol{A}$ 是 $n\times n$ 矩阵. 以下条件是等价的：*

1. *A 可逆.*
2. *A 的列线性无关.*
3. *方程组 $\boldsymbol{Ax}=\boldsymbol{0}$ 仅有平凡解 $\boldsymbol{x}=\boldsymbol{0}$.*
4. *对每一个 n 维向量$\hat{\boldsymbol{b}}$，方程组 $\boldsymbol{A}\hat{\boldsymbol{x}}=\hat{\boldsymbol{b}}$有唯一解.*

可逆矩阵也叫作非奇异的，而奇异矩阵是不可逆的 $n\times n$ 矩阵.

$\boldsymbol{A}$ 的转置，记为 $\boldsymbol{A}^{\mathrm{T}}$，是其$(i,j)$元素为 $\boldsymbol{A}$ 的(j,i)元素的矩阵；换言之，$\boldsymbol{A}$ 的列变成 $\boldsymbol{A}^{\mathrm{T}}$ 的行. 乘积 $\boldsymbol{AB}$ 的转置是相反次序的转置的乘积：$(\boldsymbol{AB})^{\mathrm{T}}=\boldsymbol{B}^{\mathrm{T}}\boldsymbol{A}^{\mathrm{T}}$. 要明白这一点，注意 $(\boldsymbol{AB})^{\mathrm{T}}$ 中的(i,j)元素是 $\boldsymbol{AB}$ 中的(j,i)元素，它是 $\sum_k a_{jk}b_{ki}$，而在 $\boldsymbol{B}^{\mathrm{T}}\boldsymbol{A}^{\mathrm{T}}$ 中的(i,j)元素是 $\sum_k(\boldsymbol{B}^{\mathrm{T}})_{ik}(\boldsymbol{A}^{\mathrm{T}})_{kj}=\sum_k b_{ki}a_{jk}$. 由此得到，如果 $\boldsymbol{A}$ 可逆，而且 $\boldsymbol{B}$ 是 $\boldsymbol{A}$ 的逆，那么 $\boldsymbol{B}^{\mathrm{T}}$ 是 $\boldsymbol{A}^{\mathrm{T}}$ 的逆，因为 $\boldsymbol{AB}=\boldsymbol{I}\Leftrightarrow(\boldsymbol{AB})^{\mathrm{T}}=\boldsymbol{B}^{\mathrm{T}}\boldsymbol{A}^{\mathrm{T}}=\boldsymbol{I}^{\mathrm{T}}=\boldsymbol{I}\Leftrightarrow\boldsymbol{B}^{\mathrm{T}}=(\boldsymbol{A}^{\mathrm{T}})^{-1}$. 因此，$n\times n$ 矩阵 $\boldsymbol{A}$ 可逆，当且仅当 $\boldsymbol{A}^{\mathrm{T}}$ 可逆. 由定理 A.6.2 我们知道 $\boldsymbol{A}^{\mathrm{T}}$ 可逆当且仅当它的列是线性无关的；即，当且仅当 A 的行线性无关. 因此我们有关于 $n\times n$ 矩阵可逆的另一个等价条件：

5. *$\boldsymbol{A}$ 的行线性无关.*

2×2 矩阵的**行列式**定义如下：

$$\det\begin{bmatrix}a_{11}&a_{12}\\a_{21}&a_{22}\end{bmatrix}=a_{11}a_{22}-a_{12}a_{21}$$

例如

$$\det\begin{bmatrix}3&1\\2&-4\end{bmatrix}=3\cdot(-4)-2\cdot1=-14$$

$n\times n$ 矩阵的行列式是用$(n-1)\times(n-1)$矩阵的行列式递归地定义. 设 $\boldsymbol{A}$ 是 $n\times n$ 矩阵并定义 $\boldsymbol{A}_{ij}$是从 $\boldsymbol{A}$ 划去第 i 行和第 j 列得到的$(n-1)\times(n-1)$矩阵. 那么

$$\det(\boldsymbol{A})=\sum_{j=1}^{n}(-1)^{i+j}a_{ij}\det(\boldsymbol{A}_{ij})=\sum_{i=1}^{n}(-1)^{i+j}a_{ij}\det(\boldsymbol{A}_{ij}).$$

这叫行列式的 Laplace 展开式；第一个和式是按第 i 行展开，而第二个和式是按第 j 列展开. 可以证明按任一 i 行或任一 j 列展开给出相同的值，$\det(\boldsymbol{A})$. 例如 $\boldsymbol{A}$ 是 3×3 矩阵 429

$$\boldsymbol{A}=\begin{bmatrix}3&1&2\\2&-2&3\\-1&0&1\end{bmatrix}$$

那么按第一行展开我们得到

$$\begin{aligned}\det(\boldsymbol{A}) &= 3\cdot\det\begin{bmatrix}-2 & 3\\ 0 & 1\end{bmatrix}-1\cdot\det\begin{bmatrix}2 & 3\\ -1 & 1\end{bmatrix}+2\cdot\det\begin{bmatrix}2 & -2\\ -1 & 0\end{bmatrix}\\ &= 3\cdot[(-2)\cdot 1-3\cdot 0]-[2\cdot 1-3\cdot(-1)]+2[2\cdot 0-(-1)\cdot(-2)]\\ &= -15\end{aligned}$$

而按第二列展开给出

$$\begin{aligned}\det(\boldsymbol{A}) &= -1\cdot\det\begin{bmatrix}2 & 3\\ -1 & 1\end{bmatrix}+(-2)\cdot\det\begin{bmatrix}3 & 2\\ -1 & 1\end{bmatrix}-0\cdot\det\begin{bmatrix}3 & 2\\ 2 & 3\end{bmatrix}\\ &= -[2\cdot 1-3\cdot(-1)]-2[3\cdot 1-2\cdot(-1)]=-15.\end{aligned}$$

可以证明关于 $n\times n$ 矩阵 $\boldsymbol{A}$ 可逆的另一个等价条件是

6. $\det(A)\neq 0$.

当 $n\times n$ 矩阵 $\boldsymbol{A}$ 非奇异时，$\det(\boldsymbol{A})\neq 0$，线性方程组 $\boldsymbol{Ax}=\boldsymbol{b}$ 能用 Cramer 法则求解. 设 $\boldsymbol{A}\overset{j}{\leftarrow}\boldsymbol{b}$ 表示用向量 $\boldsymbol{b}$ 代替 $\boldsymbol{A}$ 的第 j 列而得到矩阵. 那么解向量 $\boldsymbol{x}$ 中的第 j 个元素是

$$x_j=\frac{\det(\boldsymbol{A}\overset{j}{\leftarrow}\boldsymbol{b})}{\det(\boldsymbol{A})},\quad j=1,\cdots,n.$$

例如，解线性方程组

$$\begin{bmatrix}3 & 1 & 2\\ 2 & -2 & 3\\ -1 & 0 & 1\end{bmatrix}\begin{bmatrix}x_1\\ x_2\\ x_3\end{bmatrix}=\begin{bmatrix}1\\ -1\\ 0\end{bmatrix}$$

因为我们从前面已经知道系数矩阵 $\boldsymbol{A}$ 的行列式是-15，求其他行列式的值我们得到

$$\det\begin{bmatrix}1 & 1 & 2\\ -1 & -2 & 3\\ 0 & 0 & 1\end{bmatrix}=-1,\ \det\begin{bmatrix}3 & 1 & 2\\ 2 & -1 & 3\\ -1 & 0 & 1\end{bmatrix}=-10,\ \det\begin{bmatrix}3 & 1 & 1\\ 2 & -2 & -1\\ -1 & 0 & 0\end{bmatrix}=-1$$

因此

430 $$x_1=\frac{1}{15},\ x_2=\frac{10}{15}=\frac{2}{3},\ x_3=\frac{1}{15}$$

A.7　线性变换；线性变换的矩阵

线性变换是向量空间 V 到向量空间 W 的映射 T，对一切向量 $\boldsymbol{u}$，$\boldsymbol{v}\in V$ 和一切标量 α 满足

$$T(\boldsymbol{u}+\boldsymbol{v})=T(\boldsymbol{u})+T(\boldsymbol{v}),\quad T(\alpha\boldsymbol{u})=\alpha T(\boldsymbol{u})$$

假设 V 的维数是 n，W 的维数是 m. 设$\mathcal{B}_1=\{\boldsymbol{v}_1,\ \cdots,\ \boldsymbol{v}_n\}$是 V 的一组基，$\mathcal{B}_2=\{\boldsymbol{w}_1,\ \cdots,\ \boldsymbol{w}_m\}$是 W 的一组基. 于是任何向量 $\boldsymbol{v}\in V$ 能够对某些标量 c_1，…，c_n 写成 $\boldsymbol{v}=\sum_{j=1}^{n}c_j\boldsymbol{v}_j$ 的形式. 同样，任何向量 $\boldsymbol{w}\in W$ 能够写成基向量 $\boldsymbol{w}_1$，…，$\boldsymbol{w}_m$ 的线性组合. 特别地，每一个向量 $T(\boldsymbol{v}_j)$ 能够对某些标量 a_{1j}，…，a_{mj} 写成 $T(\boldsymbol{v}_j)=\sum_{i=1}^{m}a_{ij}\boldsymbol{w}_i$ 的形式. 根据 T 的线性得到

$$T(\boldsymbol{v})=\sum_{j=1}^{n}c_jT(\boldsymbol{v}_j)=\sum_{j=1}^{n}c_j\Big[\sum_{i=1}^{m}a_{ij}\boldsymbol{w}_i\Big]=\sum_{i=1}^{m}\Big[\sum_{j=1}^{n}a_{ij}c_j\Big]\boldsymbol{w}_i$$

因此，$T(\boldsymbol{v})$关于基$\mathcal{B}_2$ 的坐标是数 $\sum_{j=1}^{n} a_{ij}c_j, i = 1,\cdots,m$. 这些数是 $\boldsymbol{Ac}$ 中元素，其中 $\boldsymbol{A}$ 是其(i, j)元素为 a_{ij} 的 $m\times n$ 矩阵，$\boldsymbol{c}$ 是 $\boldsymbol{v}$ 关于基 B_1 的坐标的 n 维向量. 矩阵 $\boldsymbol{A}$ 叫作 T 关于基$\mathcal{B}_1$ 和$\mathcal{B}_2$ 的矩阵，它有时表示为${}_{\mathcal{B}_2}[T]_{\mathcal{B}_1}$.

当向量空间 V 和 W 分别是 $\mathbf{R}^n$ 和 $\mathbf{R}^m$ 并在这两个空间中用标准基向量时，那么如果 $\boldsymbol{v} = \sum_{j=1}^{n} c_j \boldsymbol{e}_j = (c_1,\cdots,c_n)^{\mathrm{T}} = \boldsymbol{c}$,这正好说明 $T(\boldsymbol{v}) = \sum_{i=1}^{m} (\boldsymbol{Ac})_i e_i = \boldsymbol{Ac}$.

作为例子，考虑在平面内向量逆时针旋转角 θ 的线性变换 T. 向量$(1, 0)^{\mathrm{T}}$ 在 T 下的象是向量$(\cos\theta, \sin\theta)^{\mathrm{T}}$，以及向量$(0, 1)^{\mathrm{T}}$ 在 T 下的象是向量$(\cos(\pi/2+\theta), \sin(\pi/2+\theta))^{\mathrm{T}} = (-\sin\theta, \cos\theta)^{\mathrm{T}}$，如图 A.4 所示. 431

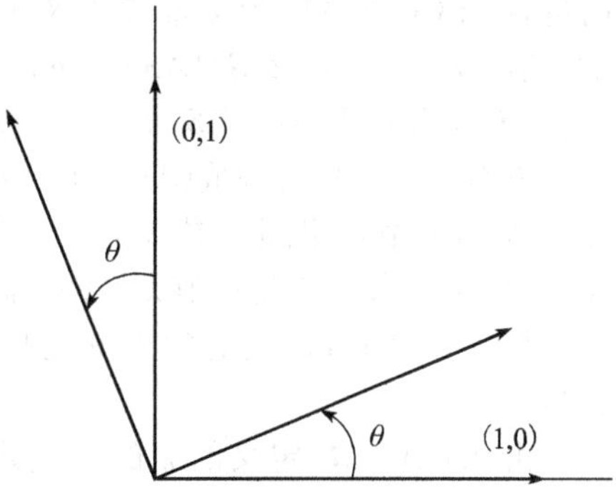

图 A-4　向量的逆时针方向旋转

因此对于 $\boldsymbol{R}^2$ 中任意向量 $\boldsymbol{v}=(c_1, c_2)^{\mathrm{T}}$，我们有

$$T\begin{bmatrix} c_1 \\ c_2 \end{bmatrix} = c_1\begin{bmatrix} \cos\theta \\ \sin\theta \end{bmatrix} + c_2\begin{bmatrix} -\sin\theta \\ \cos\theta \end{bmatrix} = \begin{bmatrix} \cos\theta & -\sin\theta \\ \sin\theta & \cos\theta \end{bmatrix}\begin{bmatrix} c_1 \\ c_2 \end{bmatrix}$$

而 T 关于标准基的矩阵是

$$\begin{bmatrix} \cos\theta & -\sin\theta \\ \sin\theta & \cos\theta \end{bmatrix}$$

另一方面，如果，譬如说 $\mathcal{B}_1 = \{(1, 1)^{\mathrm{T}}, (1, -1)^{\mathrm{T}}\}$和$\mathcal{B}_2 = \{(-1, 1)^{\mathrm{T}}, (0, 1)^{\mathrm{T}}\}$，那么 T 关于这些基的矩阵是不同的. 我们有

$$T\begin{bmatrix} 1 \\ 1 \end{bmatrix} = \begin{bmatrix} \cos\theta - \sin\theta \\ \sin\theta + \cos\theta \end{bmatrix} = (\sin\theta - \cos\theta)\begin{bmatrix} -1 \\ 1 \end{bmatrix} + 2\cos\theta\begin{bmatrix} 0 \\ 1 \end{bmatrix}$$

$$T\begin{bmatrix} 1 \\ -1 \end{bmatrix} = \begin{bmatrix} \cos\theta + \sin\theta \\ \sin\theta - \cos\theta \end{bmatrix} = -(\cos\theta + \sin\theta)\begin{bmatrix} -1 \\ 1 \end{bmatrix} + 2\sin\theta\begin{bmatrix} 0 \\ 1 \end{bmatrix}$$

因此 T 关于基$\mathcal{B}_1$ 和$\mathcal{B}_2$ 的矩阵是

$${}_{\mathcal{B}_2}[T]_{\mathcal{B}_2} = \begin{bmatrix} \sin\theta - \cos\theta, & -(\cos\theta + \sin\theta) \\ 2\cos\theta & 2\sin\theta \end{bmatrix}$$

注意，如果我们构成其列分别是$\mathcal{B}_1$ 和$\mathcal{B}_2$ 的两个基向量的矩阵 $\boldsymbol{S}_1$ 和 $\boldsymbol{S}_2$，

$$\boldsymbol{S}_1 = \begin{bmatrix} 1 & 1 \\ 1 & -1 \end{bmatrix},\quad \boldsymbol{S}_2 = \begin{bmatrix} -1 & 0 \\ 1 & 1 \end{bmatrix}$$

那么如果 $\boldsymbol{A}$ 是 T 在标准基下的矩阵，那么 $\boldsymbol{AS}_1 = \boldsymbol{S}_2({}_{\mathcal{B}_2}[T]_{\mathcal{B}_1})$. 下一节我们考虑两组基$\mathcal{B}_1$ 和$\mathcal{B}_2$ 相同的情形.

A.8　相似变换；特征值和特征向量

在不同的基上(但是每一个对定义域和值域都用相同基)表示从 $\mathbf{R}^n$ 到 $\mathbf{R}^n$ 的同一个线性变换 T 的两个 $n\times n$ 矩阵叫作是相似的. 假定 $\boldsymbol{A}$ 是 T 在标准基下的矩阵. 设$\mathcal{B}$是 $\mathbf{R}^n$ 的一组不同的基，再设 S 是其列为$\mathcal{B}$的基向量的 $n\times n$ 矩阵. 如在前一节指出的，矩阵 A 和${}_{\mathcal{B}}[T]_{\mathcal{B}}$满足 $\boldsymbol{AS} = \boldsymbol{S}({}_{\mathcal{B}}[T]_{\mathcal{B}})$，或 $\boldsymbol{A} = \boldsymbol{S}({}_{\mathcal{B}}[T]_{\mathcal{B}})\boldsymbol{S}^{-1}$，在这里我们知道 S 是可逆的，因为它的列是线性无关的. 一个

类似的等价定义是：两个 $n\times n$ 矩阵 $\boldsymbol{A}$ 和 $\boldsymbol{C}$ 是相似的．如果存在非奇异矩阵 $\boldsymbol{S}$ 使得 $\boldsymbol{A}=\boldsymbol{SCS}^{-1}$(或等价地，$\boldsymbol{C}=\mathcal{S}\boldsymbol{A}\mathcal{S}^{-1}$，这里 $\mathcal{S}=\boldsymbol{S}^{-1}$)．如果 $\boldsymbol{A}$ 和 $\boldsymbol{C}$ 按这个定义是相似的；即，如果 $\boldsymbol{A}=\boldsymbol{SCS}^{-1}$，那么若我们把 A 看作线性变换 T 在标准基下的矩阵，那么 $\boldsymbol{C}$ 是 T 在由 $\boldsymbol{S}$ 的列组成的基下的矩
432 阵；我们知道这些向量是线性无关的，因此构成 $\mathbf{R}^n$ 的一组基，因为 $\boldsymbol{S}$ 是可逆的．

设 $\boldsymbol{A}$ 是 $n\times n$ 矩阵．如果存在非零 n 维向量 $\boldsymbol{v}$ 和标量 λ(可能是复数)使得 $\boldsymbol{Av}=\lambda\boldsymbol{v}$，那么 λ 叫作 $\boldsymbol{A}$ 的特征值而 $\boldsymbol{v}$ 是相应的特征向量．相似矩阵有相同特征值，但可能有不同的特征向量．要明白这一点，假设 $\boldsymbol{A}$ 和 $\boldsymbol{C}$ 相似，所以存在矩阵 $\boldsymbol{S}$ 使 $\boldsymbol{A}=\boldsymbol{SCS}^{-1}$．于是如果对某个非零向量 $\boldsymbol{v}$ 有 $\boldsymbol{Av}=\lambda\boldsymbol{v}$，那么 $\boldsymbol{SCS}^{-1}\boldsymbol{v}=\lambda\boldsymbol{v}$，或者 $\boldsymbol{C}(\boldsymbol{S}^{-1}\boldsymbol{v})=\lambda(\boldsymbol{S}^{-1}\boldsymbol{v})$．因此 λ 是 $\boldsymbol{C}$ 关于特征向量 $\boldsymbol{S}^{-1}\boldsymbol{v}$(它非零因为 $\boldsymbol{v}$ 非零以及 $\boldsymbol{S}^{-1}$ 非奇异)的一个特征值．反过来，如果对某个非零向量 $\boldsymbol{u}$ 有 $\boldsymbol{Cu}=\lambda\boldsymbol{u}$，那么 $\boldsymbol{S}^{-1}\boldsymbol{ASu}=\lambda\boldsymbol{u}$，或者 $\boldsymbol{A}(\boldsymbol{Su})=\lambda(\boldsymbol{Su})$．因此 λ 是 $\boldsymbol{A}$ 相应于特征向量 $\boldsymbol{Su}$(它非零因为 $\boldsymbol{u}$ 非零以及 $\boldsymbol{S}$ 非奇异)的特征值．

方程 $\boldsymbol{Av}=\lambda\boldsymbol{v}$ 能够写成 $(\boldsymbol{A}-\lambda\boldsymbol{I})\boldsymbol{v}=\boldsymbol{0}$ 的形式．这个方程有非零解向量 $\boldsymbol{v}$ 当且仅当 $\boldsymbol{A}-\lambda\boldsymbol{I}$ 是奇异的(见 A.6 节)．因此 λ 是 $\boldsymbol{A}$ 的一个特征值当且仅当 $\boldsymbol{A}-\lambda\boldsymbol{I}$ 是奇异的，其等价条件是 $\det(\boldsymbol{A}-\lambda\boldsymbol{I})=0$．$\boldsymbol{A}$ 的相应于特征值 λ 的特征向量是 $\boldsymbol{A}-\lambda\boldsymbol{I}$ 的零空间中的向量；即，使得 $(\boldsymbol{A}-\lambda\boldsymbol{I})\boldsymbol{v}=\boldsymbol{0}$ 的一切非零向量 $\boldsymbol{v}$．注意如果 $\boldsymbol{v}$ 是相应于特征值 λ 的特征向量，那么对任何非零标量 α，$\alpha\boldsymbol{v}$ 也是．

由 $\det(\boldsymbol{A}-\lambda\boldsymbol{I})$ 定义的 λ 的多项式叫作 $\boldsymbol{A}$ 的特征多项式．它的根就是 $\boldsymbol{A}$ 的特征值．例如，要求 2×2 矩阵

$$\boldsymbol{A}=\begin{bmatrix}2 & 1\\1 & 2\end{bmatrix}$$

的特征值，我们建立特征多项式

$$\det\begin{bmatrix}2-\lambda & 1\\1 & 2-\lambda\end{bmatrix}=(2-\lambda)^2-1=\lambda^2-4\lambda+3$$

并注意到它可以分解成 $(\lambda-3)(\lambda-1)$，它的根是 3 和 1．它们就是 $\boldsymbol{A}$ 的特征值．
例如，求相应于特征值 3 的特征向量，我们求出齐次方程组 $(\boldsymbol{A}-3\boldsymbol{I})\boldsymbol{v}=0$：

$$\begin{bmatrix}-1 & 1\\1 & -1\end{bmatrix}\begin{bmatrix}x_1\\x_2\end{bmatrix}=\begin{bmatrix}0\\0\end{bmatrix}$$

的所有解．
这些解由所有非零标量乘以向量 $(1,\ 1)^{\mathrm{T}}$ 组成．要求与特征值 1 相关联的特征向量，我们求齐次方程组 $(\boldsymbol{A}-\boldsymbol{I})\boldsymbol{v}=\boldsymbol{0}$：

433

$$\begin{bmatrix}1 & 1\\1 & 1\end{bmatrix}\begin{bmatrix}x_1\\x_2\end{bmatrix}=\begin{bmatrix}0\\0\end{bmatrix}$$

的所有解．
这些解由所有非零标量乘以向量 $(1,\ -1)^{\mathrm{T}}$ 组成．

即使是实矩阵也可以有复特征值．例如，矩阵

$$\begin{bmatrix}2 & 1\\-1 & 2\end{bmatrix}$$

有特征多项式

$$\det\begin{bmatrix}2-\lambda & 1\\ -1 & 2-\lambda\end{bmatrix}=(2-\lambda)^2+1=\lambda^2-4\lambda+5$$

这个多项式的根是 $2\pm \mathrm{i}$，这里 $\mathrm{i}=\sqrt{-1}$.

对角矩阵的特征值恰是对角线元素，而相应的特征向量是标准基向量 $\boldsymbol{e}_1$，…，$\boldsymbol{e}_n$，因为

$$\begin{bmatrix}\lambda_1 & & & & \\ & \ddots & & & \\ & & \lambda_j & & \\ & & & \ddots & \\ & & & & \lambda_n\end{bmatrix}\begin{bmatrix}0\\ \vdots\\ 1\\ \vdots\\ 0\end{bmatrix}=\lambda_j\begin{bmatrix}0\\ \vdots\\ 1\\ \vdots\\ 0\end{bmatrix}$$

如果 $n\times n$ 矩阵 $\boldsymbol{A}$ 有几个线性无关的特征向量，那么我们就说 $\boldsymbol{A}$ 是可对角化的，因为它与特征值的对角矩阵相似．要明白这一点，令 $\boldsymbol{V}=(\boldsymbol{v}_1，\cdots，\boldsymbol{v}_n)^{\mathrm{T}}$ 是其列为 $\boldsymbol{A}$ 的特征向量的 $n\times n$ 矩阵．于是 $\boldsymbol{V}$ 可逆，这是因为它的列线性无关．我们可以写成 $\boldsymbol{AV}=\boldsymbol{V\Lambda}$，这里 $\boldsymbol{\Lambda}=\mathrm{diag}(\lambda_1，\cdots，\lambda_n)$，或 $\boldsymbol{A}=\boldsymbol{V\Lambda V}^{-1}$.

并不是所有的矩阵都可对角化．例如，矩阵

$$\boldsymbol{A}=\begin{bmatrix}1 & 1\\ 0 & 1\end{bmatrix}$$

有特征多项式

$$\det\begin{bmatrix}1-\lambda & 1\\ 0 & 1-\lambda\end{bmatrix}=(1-\lambda)^2$$

它有二重根 $\lambda=1$．我们就说这个矩阵具有其(代数)**重数**为 2 的特征值 1．其相应的特征向量是

$$\begin{bmatrix}0 & 1\\ 0 & 0\end{bmatrix}\begin{bmatrix}x_1\\ x_2\end{bmatrix}=\begin{bmatrix}0\\ 0\end{bmatrix}$$

的非零解，即，$(1，0)^{\mathrm{T}}$ 的一切非零标量倍数．因为这个矩阵没有两个线性无关的特征向量，所以它不相似于对角矩阵．注意重复特征值的出现(即特征值的重数大于 1)并不一定表示矩阵不可对角化；2×2 单位矩阵(它已经是对角的)有重数为 2 的特征值 1，但是它也有两个相应这个特征值的线性无关的特征向量．例如，两个标准基向量 $(1，0)^{\mathrm{T}}$ 和 $(0，1)^{\mathrm{T}}$. 434

下面的定理阐述关于 $n\times n$ 矩阵 $\boldsymbol{A}$ 的特征值和特征向量的一些重要事实.

定理 A. 8. 1　设 $\boldsymbol{A}$ 是 $n\times n$ 矩阵.

1. 如果 $\boldsymbol{A}$ 实对称(即 $\boldsymbol{A}=\boldsymbol{A}^{\mathrm{T}}$)，那么 $\boldsymbol{A}$ 的特征值是实的，以及 $\boldsymbol{A}$ 有 n 个线性无关的标准正交特征向量，因此如果 $\boldsymbol{Q}$ 是其列为这些标准正交特征向量的 $n\times n$ 矩阵，而 $\boldsymbol{\Lambda}$ 是特征值的对角矩阵，那么 $\boldsymbol{A}=\boldsymbol{Q\Lambda Q}^{\mathrm{T}}$，这是因为 $\boldsymbol{Q}^{\mathrm{T}}=\boldsymbol{Q}^{-1}$.
2. 如果 $\boldsymbol{A}$ 有 n 个不同的特征值(即，特征多项式的根都是单根)，那么 $\boldsymbol{A}$ 可对角化.
3. 如果 $\boldsymbol{A}$ 是三角矩阵(其主对角线以上或以下的元素为 0)，那么其特征值就是对角元素.
4. $\boldsymbol{A}$ 的行列式是它的特征值的乘积(计及重数).
5. $\boldsymbol{A}$ 的迹，即它对角元素的和 $\sum_{j=1}^{n}a_{jj}$，等于它的特征值的和(计及重数). 435

附录 B　多元 Taylor 定理

回顾一元带余项的 Taylor 定理，设 $k+1$ 次可微的函数 $f\colon \mathbf{R}\to\mathbf{R}$ 在点 $a\in\mathbf{R}$ 可以展开如下：

$$f(a+h)=f(a)+hf'(a)+\frac{h^2}{2!}f''(a)+\cdots+\frac{h^k}{k!}f^{(k)}(a)+\frac{h^{k+1}}{(k+1)!}f^{(k+1)}(\xi)$$

这里 ξ 是 a 和 $a+h$ 之间的一个点．

现在假设 $f\colon \mathbf{R}^2\to\mathbf{R}$ 是两个独立变量 x_1 和 x_2 的函数，我们想把 $f(a_1+h_1,\ a_2+h_2)$ 在 $(a_1,\ a_2)$ 展开．考虑连接点 $(a_1,\ a_2)$ 和 $(a_1+h_1,\ a_2+h_2)$ 的线段．这条线段能够描述为点的集合 $\{(a_1+th_1,\ a_2+th_2):\ 0\leqslant t\leqslant 1\}$．我们定义单个实变量 t 的函数 g

$$g(t)=f(a_1+th_1,a_2+th_2).$$

用链式法则求 g 的导数，我们得到

$$g'(t)=\frac{\partial f}{\partial x_1}h_1+\frac{\partial f}{\partial x_2}h_2$$

$$g''(t)=\frac{\partial^2 f}{\partial x_1^2}h_1^2+\frac{\partial^2 f}{\partial x_1\partial x_2}h_1h_2+\frac{\partial^2 f}{\partial x_2\partial x_1}h_2h_1+\frac{\partial^2 f}{\partial x_2^2}h_2^2=\sum_{i_1,i_2=1}^{2}\frac{\partial^2 f}{\partial x_{i_1}\partial x_{i_2}}h_{i_1},h_{i_2}$$

$$g'''(t)=\sum_{i_1,i_2,i_3=1}^{2}\frac{\partial^3 f}{\partial x_{i_1}\partial x_{i_2}\partial x_{i_3}}h_{i_1}h_{i_2}h_{i_3}$$

$$\vdots$$

$$g^{(k)}(t)=\sum_{i_1,i_2,\cdots,i_k=1}^{2}\frac{\partial^k f}{\partial x_{i_1}\partial x_{i_2}\cdots\partial x_{i_k}}h_{i_1}h_{i_2}\cdots h_{i_k}$$

$$g^{(k+1)}(t)=\sum_{i_1,i_2,\cdots,i_{k+1}=1}^{2}\frac{\partial^{k+1} f}{\partial x_{i_1}\partial x_{i_2}\cdots\partial x_{i_{k+1}}}h_{i_1}h_{i_2}\cdots h_{i_{k+1}}$$

436 这里所有 f 的偏导数在点 $(a_1+th_1,\ a_2+th_2)$ 求值．

现在对 $g(1)=f(a_1+h_1,\ a_2+h_2)$ 用在 0 点（这里 $g(0)=f(a_1,\ a_2)$）的一元 Taylor 级数展开式，即

$$g(1)=\sum_{\ell=0}^{k}\frac{1}{\ell!}g^{(\ell)}(0)+\frac{1}{(k+1)!}g^{(k+1)}(\tau),\quad 0<\tau<1 \tag{B.1}$$

以及用 g 的导数代入上述表达式，我们得到

$$\begin{aligned}f(a_1+h_1,a_2+h_2)=&f(a_1,a_2)+\left[\frac{\partial f}{\partial x_1}h_1+\frac{\partial f}{\partial x_2}h_2\right]\\&+\left[\frac{1}{2!}\sum_{i_1,i_2=1}^{2}\frac{\partial^2 f}{\partial x_{i_1}\partial x_{i_2}}h_{i_1}h_{i_2}\right]+\cdots\\&+\left[\frac{1}{k!}\sum_{i_1,i_2,\cdots,i_k=1}^{2}\frac{\partial^k f}{\partial x_{i_1}\partial x_{i_2}\cdots\partial x_{i_k}}h_{i_1}h_{i_2}\cdots h_{i_k}\right]\\&+\left[\frac{1}{(k+1)!}\sum_{i_1,i_2,\cdots,i_{k+1}=1}^{2}\frac{\partial^{k+1} f(a_1+\tau h_1,a_2+\tau h_2)}{\partial x_{i_1}\partial x_{i_2}\cdots\partial x_{i_{k+1}}}h_{i_1}h_{i_2}\cdots h_{i_{k+1}}\right]\end{aligned} \tag{B.2}$$

这里 f 的直到 k 阶的偏导数都在点(a_1, a_2)取值. 这就是 $\mathbf{R}^2$ 中带余项的 Taylor 定理.

如果假设 f 的直到 $k+1$ 阶偏导数都连续，那么可以证明求导次序不影响结果，例如，$\dfrac{\partial^2 f}{\partial x_1 \partial x_2}=\dfrac{\partial^2 f}{\partial x_2 \partial x_1}$. 在这种情形下，公式(B.2)可以写成

$$
\begin{aligned}
f(a_1+h_1, a_2+h_2) = f(a_1, a_2) &+ \left[\frac{\partial f}{\partial x_1}h_1 + \frac{\partial f}{\partial x_2}h_2\right] \\
&+ \left[\frac{1}{2!}\sum_{i=0}^{2}\begin{bmatrix}2\\ i\end{bmatrix}\frac{\partial^2 f}{\partial x_1^{2-i}\partial x_2^{i}}h_1^{2-i}h_2^{i}\right] + \cdots \\
&+ \left[\frac{1}{k!}\sum_{i=0}^{k}\begin{bmatrix}k\\ i\end{bmatrix}\frac{\partial^k f}{\partial x_1^{k-i}\partial x_2^{i}}h_1^{k-i}h_2^{i}\right] \\
&+ \left[\frac{1}{(k+1)!}\sum_{i=0}^{k+1}\begin{bmatrix}k+1\\ i\end{bmatrix}\times\frac{\partial^{k+1} f(a_1+\tau h_1, a_2+\tau h_2)}{\partial x_1^{k+1-i}\partial x_2^{i}}h_1^{k+1-i}h_2^{i}\right]
\end{aligned}
$$

再有，f 的直到 k 阶的偏导数也都在点(a_1, a_2)取值. 437

用同样的技巧，公式(B.2)可以推广到 n 维. 考虑从点$(a_1, \cdots, a_n)$(关于它展开的)到点$(a_1+h_1, \cdots, a_n+h_n)$的线段. 这种线段能表示为$\{(a_1+th_1, \cdots, a_n+th_n): 0\leqslant t\leqslant 1\}$. 定义单个实变量的函数 $g(t)$

$$g(t) = f(a_1+th_1, \cdots, a_n+th_n)$$

并考虑在(B.1)中给出的 $g(1)=f(a_1+h_1, \cdots, a_n+h_n)$在 0 点(这里 $g(0)=f(a_1, \cdots, a_n)$)的一元 Taylor 展开式. 用链式法则对 g 求导并把 f 的偏导数的表达式代替 g 的导数. 结果是

$$
\begin{aligned}
f(a_1+h_1, \cdots, a_n+h_n) &= \sum_{\ell=0}^{k}\frac{1}{\ell!}\sum_{i_1,\cdots,i_\ell=1}^{n}\frac{\partial^\ell f}{\partial x_{i_1}\cdots\partial x_{i_\ell}}h_{i_1}\cdots h_{i_\ell} + \frac{1}{[k+1]!} \\
&\times \sum_{i_1,\cdots,i_{k+1}=1}^{n}\frac{\partial^{k+1} f(a_1+\tau h_1, \cdots, a_n+\tau h_n)}{\partial x_{i_1}\cdots\partial x_{i_{k+1}}}h_{i_1}\cdots h_{i_{k+1}} \qquad (\text{B}.3)
\end{aligned}
$$

现在假设 $\boldsymbol{f}$: $\mathbf{R}^n\to\mathbf{R}^m$ 是 n 个变量的向量值函数

$$\boldsymbol{f}(x)=\begin{bmatrix}f_1(x_1, \cdots, x_n)\\ \vdots \\ f_m(x_1, \cdots, x_n)\end{bmatrix}$$

对每一个标量值函数 $f_1, \cdots, f_m$ 可以进行展开式(B.3)

$$f(a_1+h_1, \cdots, a_n+h_n) = f_i(a_1, \cdots, a_n) + \sum_{j=1}^{n}\frac{\partial f_i}{\partial x_j}h_j + O(h^2), \quad i=1, \cdots, m \qquad (\text{B}.4)$$

这里 $h=\max\{h_1, \cdots, h_n\}$以及 $O(h^2)$表示包括两个或更多 h_i 的乘积项. 用矩阵-向量的记号，方程组(B.4)能简洁地写成

$$\boldsymbol{f}(\boldsymbol{a}+\boldsymbol{h}) = \boldsymbol{f}(\boldsymbol{a}) + J_f(\boldsymbol{a})\boldsymbol{h} + \boldsymbol{O}(\|\boldsymbol{h}\|)^2$$

这里 $\boldsymbol{a}=(a_1, \cdots, a_n)^{\mathrm{T}}$，$\boldsymbol{h}=(h_1, \cdots, h_n)^{\mathrm{T}}$，而且 J_f 是 f 的 $m\times n$ 阶 Jacobi 矩阵

$$J_f(\boldsymbol{a})=\begin{bmatrix}\partial f_1/\partial x_1 \cdots \partial f_1/\partial x_n\\ \vdots \qquad \vdots \\ \partial f_m/\partial x_1 \cdots \partial f_m/\partial x_n\end{bmatrix}$$

记号 $\boldsymbol{O}(\|\boldsymbol{h}\|)^2$ 是表示其范数是 $O(\|\boldsymbol{h}\|)^2$ 的向量项. 438

参考文献

[1] Anderson, E., Z. Bai, C. Bischof, S. Blackford, J. Demmel, J. Dongarra, J. D. Croz, A. Greenbaum, S. Hammarling, A. McKenney, and D. Sorensen (1999). *LAPACK Users' Guide* (3rd ed.). Philadelphia, PA: SIAM.

[2] Anderson, M., R. Wilson, and V. Katz (Eds.) (2004). *Sherlock Holmes in Babylon and Other Tales of Mathematical History*. Mathematical Association of America.

[3] Anton, H., I. Bivens, and S. Davis (2009). *Calculus* (9th ed.). Wiley.

[4] Ariane (2004, October). Inquiry board traces Ariane 5 failure to overflow error. *SIAM News 29*(8). http://www.cs.clemson.edu/ steve/Spiro/arianesiam.htm, accessed September 2011.

[5] Arndt, J. and C. Haenel (2001). *Pi-Unleashed*. Springer.

[6] Barber, S. and T. Chartier (2007, July/August). Bending a soccer ball with CFD. *SIAM News 40*(6), 6.

[7] Barber, S., S. B. Chin, and M. J. Carré (2009). Sports ball aerodynamics: a numerical study of the erratic motion of soccer balls. *Computers and Fluids 38*(6), 1091–1100.

[8] Bashforth, F. (1883). *An Attempt to Test the Theories of Capillary Action by Comparing the Theoretical and Measured Forms of Fluid. With an Explanation of the Method of Integration Employed in Constructing the Tables Which Give the Theoretical Forms of Such Drops, by J. C. Adams*. Cambridge, England: Cambridge Univeristy Press.

[9] Battles, Z. and L. Trefethen (2004). An extension of MATLAB to continuous functions and operators. *SIAM J. Sci. Comput. 25*(5), 1743–1770.

[10] Berggren, L., J. Borwein, and P. Borwein (2000). *Pi: A Source Book* (2nd ed.). Springer.

[11] Berrut, J.-P. and L. N. Trefethen (2004). Barycentric Lagrange interpolation. *SIAM Review* 46(3), 501–517.

[12] Berry, M. W. and M. Browne (2005). *Understanding Search Engines: Mathematical Modeling and Text Retrieval (Software, Environments, Tools)* (Second ed.). Philadelphia, PA: SIAM.

[13] Björck, A., C. W. Gear, and G. Söderlind (2005, May). Obituary: Germund Dahlquist. *SIAM News*. http://www.siam.org/news/news.php?id=54.

[14] Blackford, L. S., J. Choi, A. Cleary, E. D'Azevedo, J. Demmel, I. Dhillon, J. Dongarra, S. Hammarling, G. Henry, A. Petitet, K. Stanley, D. Walker, and R. C. Whaley (1997). *ScaLAPACK Users' Guide*. Philadelphia, PA: SIAM.

[15] Blackford, L. S., J. Demmel, J. Dongarra, I. Duff, S. Hammarling, G. Henry, M. Heroux, L. Kaufman, A. Lumsdaine, A. Petitet, R. Pozo, K. Remington, and R. C. Whaley (2002). An updated set of basic linear algebra subprograms (BLAS). *ACM Trans. Math. Soft. 28*, 135–151.

[16] Bradley, R. E. and C. E. Sandifer (Eds.) (2007). *Leonhard Euler: Life, Work and Legacy*. Elsevier Science.

[17] Brezinski, C. and L. Wuytack (2001). *Numerical Analysis: Historical Developments in the 20th Century*. Gulf Professional Publishing.

[18] Brin, S. and L. Page (1998). The anatomy of a large-scale hypertextual web search engine. *Computer Networks and ISDN Systems 30*, 107–117.

[19] Bultheel, A. and R. Cools (2010). *The Birth of Numerical Analysis.* World Scientific: Hackensack, NJ.

[20] Chabert, J. L. (Ed.) (1999). *A History of Algorithms: From the Pebble to the Microchip.* New York: Springer. (Translation of 1994 French edition).

[21] Chartier, T. (2006, April). Googling Markov. *The UMAP Journal 27*, 17–30.

[22] Chartier, T. and D. Goldman (2004, April). Mathematical movie magic. *Math Horizons*, 16–20.

[23] Chowdhury, I. and S. ~P. Dasgupta (2008). *Dynamics of Structure and Foundation: A Unified Approach.* Vol. 2. Boca Raton, FL: CRC Press.

[24] Citation Classic (1993, December). This week's citation classic. *Current Contents 33.* http://www.garfield.library.upenn.edu/classics1993/A1993MJ84500001.pdf.

[25] comScore Report (2010, January). comScore reports global search market growth of 46 percent in 2009. http://www.comscore.com/Press_Events/Press_Releases/2010/1/Global_Search_Market_Grows_46_Percent_in_2009.

[26] Cooley, J. W. (1997, March). James W. Cooley, an oral history conducted by Andrew Goldstein.

[27] Cooley, J. W. and J. W. Tukey (1965). An algorithm for the machine calculation of complex Fourier series. *Math. Comput. 19*, 297–301.

[28] Coughran, W. (2004, November). Google's index nearly doubles. http://googleblog.blogspot.com/2004/11/googles-index-nearly-doubles.html.

[29] Curtiss, C. F. and J. O. Hirschfelder (1952). Integration of stiff equations. *Proc. US Nat. Acad. Sci. 38*, 235–243.

[30] Danielson, G. C. and C. Lanczos (1942). Some improvements in practical Fourier analysis and their application to X-ray scattering from liquids. *J. Franklin Inst.*, 365–380 and 435–452.

[31] Davis, P. (1996). B-splines and geometric design. *SIAM News 29(5).*

[32] Demmel, J. W. (1997). *Applied Numerical Linear Algebra.* Philadelphia, PA: SIAM.

[33] Devaney, R. L. (2006, September). Unveiling the Mandelbrot set. *Plus magazine 40.* http://plus.maths.org/content/unveiling-mandelbrot-set, accessed May 2011.

[34] Devlin, K. Devlin's angle: Monty Hall. http://www.maa.org/devlin/devlin_07_03.html, accessed August 2010.

[35] Diefenderfer, C. L. and R. B. Nelsen (Eds.) (2010). *Calculus Collection: A Resource for AP and Beyond.* MAA.

[36] Dovidio, N. and T. Chartier (2008). Searching for text in vector space. *The UMAP Journal 29*(4), 417–430.

[37] Edelman, A. (1997). The mathematics of the Pentium division bug. *SIAM Review 39*, 54–67.

[38] Farin, G. and D. Hansford (2002, March). Reflection lines: Shape in automotive design. *Ties Magazine.*

[39] Floudas, C. A. and P. M. Pardalos (Eds.) (2001). *Encyclopedia of Optimization.* Kluwer.

[40] Forsythe, G. E. (1953). Solving linear algebraic equations can be interesting. *Bull. Amer. Math. Soc. 59*, 299–329.

[41] Frankel, S. P. (1950). Convergence rates of iterative treatments of par-

tial differential equations. *Math. Tables and Other Aids to Comput.* 4(30), 65–75.

[42] Freund, R. W. and N. M. Nachtigal (1991). QMR: A quasi-minimal residual method for non-Hermitian linear systems. *Numer. Math.* 60, 315–339.

[43] Garwin, R. L. (2008, November). U.S. Science Policy at a Turning Point. *Plenary talk at the 2008 Quadrennial Congress of Sigma Pi Sigma*. http://www.fas.org/rlg/20.htm.

[44] Gear, C. W. (1971). *Numerical Initial Value Problems in Ordinary Differential Equations*. Englewood Cliffs, NJ: Prentice-Hall.

[45] Gleick, J. (1996, December). A bug and a crash: Sometimes a bug is more than a nuisance. *New York Times Magazine*. http://www.around.com/ariane.html, accessed September 2005.

[46] Goldstine, H. H. (1972). *The Computer from Pascal to von Neumann*. Princeton University Press.

[47] Grandine, T. A. (2005). The extensive use of splines at Boeing. *SIAM News* 38(4).

[48] Greenbaum, A. (1997). *Iterative Methods for Solving Linear Systems*. Philadelphia, PA: SIAM.

[49] Hall, A. (1873). On an experimental determination of π. *Messenger of Mathematics* 2, 113–114.

[50] Haveliwala, T. and S. Kamvar (2003). The second eigenvalue of the Google matrix.

[51] Hestenes, M. R. and E. Stiefel (1952). Methods of conjugate gradients for solving linear systems. *J. Res. Nat. Bur. Standards* 49, 409–436.

[52] Higham, D. J. and N. J. Higham (2005). *MATLAB Guide*. Philadelphia, PA: SIAM.

[53] Hotelling, H. (1943). Some new methods in matrix calculations. *Annals of Mathematical Statistics* 14, 1–34.

[54] Howle, V. E. and L. N. Trefethen (2001). Eigenvalues and musical instruments. *Journal of Computational and Applied Mathematics* 135, 23–40.

[55] Janeba, M. The Pentium problem. http://www.willamette.edu/~mjaneba/pentprob.html, accessed September 2005.

[56] Julia, G. (1919). Mémoire sur l'itération des fonctions rationelles. *Journal de Mathématiques Pures et Appliquées* 8, 47–245.

[57] Katz, V. (1998). *A History of Mathematics: An Introduction* (2nd ed.). Addison Wesley.

[58] Kleinberg, J. (1999). Authoritative sources in a hyperlinked environment. *Journal of the ACM* 46(5), 604–632.

[59] Kleinberg, J., R. Kumar, P. Raghavan, S. Rajagopalan, and A. Tomkins (1999). The Web as a graph: Measurements, models and methods. *Lecture Notes in Computer Science* 1627, 1–18.

[60] Kollerstrom, N. (1992). Thomas Simpson and 'Newton's method of approximation': An enduring myth. *The British Journal for the History of Science* 25, 347–354.

[61] Lanczos, C. (1950). An iteration method for the solution of the eigenvalue problem of linear differential and integral operators. *J. Res. Nat. Bur. Standards* 45, 255–282.

[62] Lanczos, C. (1952). Solutions of linear equations by minimized iterations. *J. Res.*

Nat. Bur. Standards 49, 33–53.

[63] Langville, A. and C. Meyer (2004). Deeper inside PageRank. *Internet Mathematics 1*(3), 335–380.

[64] Langville, A. and C. Meyer (2006). *Google's PageRank and Beyond: The Science of Search Engine Rankings*. Princeton University Press.

[65] Lilley, W. (1983, November). Vancouver stock index has right number at last. *Toronto Star*, C11.

[66] MacTutor. MacTutor history of mathematics - indexes of biographies. http://www.gap-system.org/~history/BiogIndex.html.

[67] Massey, K. (1997). Statistical models applied to the rating of sports teams. *Bluefield College*.

[68] Math Whiz. Math whiz stamps profound imprint on computing world. http://www.bizjournals.com/albuquerque/stories/2009/02/02/story9.html, accessed May 2011.

[69] Mathews, J. H. and R. W. Howell (2006). *Complex Analysis for Mathematics and Engineering* (5th ed.). Jones and Bartlett Mathematics.

[70] McCullough, B. D. and H. D. Vinod (1999, June). The numerical reliability of econometric software. *Journal of Economic Literature 37*(2), 633–665.

[71] McDill, J. and B. Felsager (1994, November). The lighter side of differential equations. *The College Mathematics Journal 25*(5), 448–452.

[72] Meijering, E. (2002, March). A chronology of interpolation: From ancient astronomy to modern signal and image processing. *Proceedings of the IEEE 90*, 319–342.

[73] Meijerink, J. A. and H. A. van der Vorst (1977). An iterative solution method for linear systems of which the coefficient matrix is a symmetric M-matrix. *Math. Comp. 31*, 148–162.

[74] Meurant, G. (2006). *The Lanczos and Conjugate Gradient Algorithms: From Theory to Finite Precision Computations*. Philadelphia, PA: SIAM.

[75] Meyer, C. D. (2000). *Matrix Analysis and Applied Linear Algebra: Solutions Manual*, Volume 2. Philadelphia, PA: SIAM.

[76] Moler, C. B. (1995, January). A tale of two numbers. *SIAM News 28*(1), 16.

[77] Newton, I. (1664–1671). Methodus fluxionum et serierum infinitarum.

[78] Nicely, T. Dr. Thomas Nicely's Pentium email. http://www.emery.com/bizstuff/nicely.htm, accessed September 2005.

[79] Overton, M. L. (2001). *Numerical Computing with IEEE Floating Point Arithmetic*. Philadelphia, PA: SIAM.

[80] Overture. https://computation.llnl.gov/casc/Overture/, accessed August 2010.

[81] Page, L., S. Brin, R. Motwani, and T. Winograd (1998, November). The PageRank citation ranking: Bringing order to the web. Technical report, Stanford Digital Library Technologies Project, Stanford University, Stanford, CA, USA.

[82] Peterson, I. (1997, May). Pentium bug revisited. http://www.maa.org/mathland/mathland_5_12.html, accessed September 2005.

[83] Press, W. H., S. A. Teukolski, W. T. Vettering, and B. H. Flannery (1992). *Numerical Recipes in Fortran 77* (Second ed.). Cambridge, England: Cambridge Univeristy Press.

[84] Quinn, K. (1983, November). Ever had problems rounding off figures? This stock exchange has. *The Wall Street Journal*, 37.

[85] Roozen-Kroon, P. (1992). *Structural Optimization of Bells*. Ph. D. thesis, Technische Universiteit Eindhoven.

[86] Rosenthal, J. S. (2008, September). Monty Hall, Monty Fall, Monty Crawl. *Math Horizons*, 5–7.

[87] Saad, Y. and M. H. Schultz (1986). GMRES: A generalized minimal residual algorithm for solving nonsymmetric linear systems. *SIAM J. Sci. Statist. Comput. 7*, 856–869.

[88] Salzer, H. (1972). Lagrangian interpolation at the Chebyshev points $x_{n,\nu} = \cos(\nu\pi/n)$, $\nu = 0(1)n$; some unnoted advantages. *Computer J. 15*, 156–159.

[89] Selvin, S. A problem in probability (letter to the editor). *The American Statistician 29*(1), 67.

[90] Slaymaker, F. H. and W. F. Meeker (1954). Measurements of tonal characteristics of carillon bells. *J. Acoust. Soc. Amer. 26*, 515–522.

[91] Sonneveld, P. and M. ~B. van Gijzen (2008). A family of simple and fast algorithms for solving large nonsymmetric linear systems. *SIAM J. Sci. Comput.* 31, 1035–1062.

[92] Stearn, J. L. (1951). Iterative solutions of normal equations. *Bull. Geodesique*, 331–339.

[93] Stein, W. and D. Joyner (2005). SAGE: System for algebra and geometry experimentation. *ACM SIGSAM Bulletin 39*(2), 61–64.

[94] The Mathworks, Inc. MATLAB website. http://www.mathworks.com, accessed September 2011.

[95] Trefethen, L. N. (2008). Is Gauss quadrature better than Clenshaw–Curtis? *SIAM Review 50*(1), 67–87.

[96] Trefethen, L. N. and D. Bau (1997). *Numerical Linear Algebra*. Philadelphia, PA: SIAM.

[97] Trefethen, L. N., N. Hale, R. B. Platte, T. A. Driscoll, and R. Pachón (2009). Chebfun version 4. http://www.maths.ox.ac.uk/chebfun/. Oxford University.

[98] van der Vorst, H. A. (1992). Bi-CGSTAB: A fast and smoothly converging variant of Bi-CG for the solution of nonsymmetric linear systems. *SIAM J. Sci. Comput. 13*, 631–644.

[99] von Neumann, J. and H. H. Goldstine (1947). Numerical inverting of matrices of high order. *Bulletin of the American Mathematical Society 53*, 1021–1099.

[100] vos Savant, M. (1990a, September). Ask Marilyn. *Parade Magazine*.

[101] vos Savant, M. (1990b, December). Ask Marilyn. *Parade Magazine*.

[102] vos Savant, M. (1991, February). Ask Marilyn. *Parade Magazine*.

[103] Weisstein, E. W. Buffon–Laplace needle problem. http://www.mathworld.wolfram.com/Buffon-LaplaceNeedleProblem.html, accessed May 2011.

[104] Weisstein, E. W. Buffon's needle problem. http://www.mathworld.wolfram.com/BuffonNeedleProblem.html, accessed May 2011.

[105] Weisstein, E. W. Cauchy, Augustin (1789–1857). http://scienceworld.wolfram.com/biography/Cauchy.html, accessed May 2011.

[106] Weisstein, E. W. Simpson, Thomas (1710–1761). http://scienceworld.wolfram.com/biography/Simpson.html, accessed July 2006.

[107] Wilkinson, J. H. (1961). Error analysis of direct methods of matrix inversion. *Journal of the ACM 8*, 281–330.

[108] Wilkinson, J. H. (1965). *The Algebraic Eigenvalue Problem*. Oxford, UK: Oxford University Press.

[109] Young, D. M. (1950). *Iterative Methods for Solving Partial Differential Equations of Elliptical Type*. Ph. D. thesis, Harvard University.

[110] Young, D. M. (1990) A historical review of iterative methods. http://history.siam.org/pdf/dyoung.pdf Reprinted from *A History of Scientific Computing*. S. G. Nash (ed.), 180–194. Reading, MA: ACM Press, Addison–Wesley.

索引

索引中的页码为英文原书页码，与书中页边标注的页码一致.

D

E

F

J

K

L

O

Q

R

S

T

U

V

W

Y